杨旺功
刘陆翔
王聪聪
董姝颖 / 著

Cinema 4D
完全实操技术手册

清華大学出版社
北 京

内 容 简 介

本书旨在帮助读者掌握Cinema 4D这款功能强大的三维设计软件。本书从零开始，通过浅显易懂的语言和丰富的实例，逐步介绍Cinema 4D的各项功能；从基础知识点入手，逐步引导读者掌握Cinema 4D的各类技巧，助力初学者快速上手，并能独立完成设计项目。通过本书的学习，读者能够全面掌握基础建模、材质、纹理设置、灯光、渲染等核心技术，进而创作出专业级的三维作品。

本书适合三维设计、广告设计、影视特效、游戏开发、建筑可视化爱好者和从业人员使用，也可以作为相关院校的教材和辅导用书。

图书在版编目（CIP）数据

Cinema 4D完全实操技术手册 / 杨旺功等著.
北京：清华大学出版社，2025. 2. -- ISBN 978-7-302-68374-2
Ⅰ. TP391.414-62
中国国家版本馆CIP数据核字第2025SC4687号

责任编辑：陈绿春
封面设计：潘国文
责任校对：胡伟民
责任印制：宋　林

出版发行：清华大学出版社
网　　址：https://www.tup.com.cn，https://www.wqxuetang.com
地　　址：北京清华大学学研大厦A座　　邮　编：100084
社 总 机：010-83470000　　邮　购：010-62786544
投稿与读者服务：010-62776969，c-service@tup.tsinghua.edu.cn
质 量 反 馈：010-62772015，zhiliang@tup.tsinghua.edu.cn
印 装 者：涿州汇美亿浓印刷有限公司
经　　销：全国新华书店
开　　本：188mm×260mm　　印　张：20　　字　数：635千字
版　　次：2025年4月第1版　　印　次：2025年4月第1次印刷
定　　价：99.90元

产品编号：106757-01

前　言

为什么学习 Cinema 4D ?

Cinema 4D 是一款功能强大且用户友好的三维设计软件，在广告、影视特效、游戏开发和建筑可视化等多个领域都有广泛应用。其直观的界面设计和灵活的工作流程让初学者能迅速上手，同时，其高级功能和良好的扩展性也能满足专业设计师的需求。学习 Cinema 4D 不仅能提升个人的设计技能，还能为职业发展开辟更广阔的道路，更好地适应多样化的三维设计工作。

如何系统地学习 Cinema 4D ?

系统地学习 Cinema 4D 需要从基础知识出发，逐步深入到高级技术和实际案例应用。本书为读者提供了一条全面的学习路径，内容覆盖从界面操作到复杂建模、材质选择、渲染和动画制作等各个环节。通过结合理论与实践，读者可以循序渐进地掌握 Cinema 4D 的各项功能，最终实现独立完成复杂三维项目的能力。

Cinema 4D 的核心技术有哪些?

Cinema 4D 的核心技术涵盖多种建模技术，包括多边形建模、样条建模、NURBS 建模和体积建模；材质与纹理的创建和编辑；精准的灯光设置与高质量渲染；以及动画制作和动力学系统。此外，Cinema 4D 还支持 XPresso 节点系统和 Python 脚本编写，使用户能够创建自定义特效和工具，进一步提升了软件的功能性和灵活性。这些核心技术共同构成了 Cinema 4D 强大的三维设计能力。

如何将 Cinema 4D 应用于实际项目?

将 Cinema 4D 应用于实际项目时，需要结合具体的行业需求和项目特点。本书通过展示多个实际案例，如产品模型制作、动态海报设计和运动动画设计等，来指导读者如何在不同领域应用 Cinema 4D。每个案例都详细阐述了从项目策划到最终渲染的完整工作流程，帮助读者理解如何将所学技术应用于实际工作中，解决实际问题并创作出高质量的三维作品。

本书特点

※ 系统性与深度兼具：本书从基础知识讲起，逐步深入到高级技术和实战应用，全面覆盖 Cinema 4D 的各个方面。通过层层递进的学习路径，帮助读者从零开始，逐步掌握核心功能和高级技术。

※ 实例丰富且操作具体：各章节均配备丰富的实例和详尽的操作步骤，便于读者在实践中掌握关键技能。

※ 实战导向与项目体验：本书通过真实项目案例，展示技术在实际工作中的应用，提供从策划到渲染的全流程指导。

※ 细节关注与技巧传授：在讲解技术点时，注重操作细节和技巧分享，提升读者的工作效率和作品质量。

※ 跨领域适用性强：内容涵盖广告、影视、游戏、建筑等多个领域，满足不同行业读者的学习需求。

本书读者群体

※ 三维设计初学者：适合从零开始，快速入门并掌握 Cinema 4D 的基本操作。

※ 在职设计师：有助于提升专业技能，深入探索高级技术和实际案例。

※ 影视特效制作人员：可学习动画制作、灯光渲染等特效技术。

※ 游戏开发者：能够掌握游戏模型的创建和动画制作技巧。

※ 建筑可视化从业者：学习如何制作逼真的建筑和室内设计效果图。

本书致谢

本书受到 2022 年度北京市属高校教师队伍建设支持计划项目（BPHR202203072）的支持。

全书共计 63.5 万字，由北京印刷学院杨旺功完成主要 48.5 万字的编写，北京印刷学院董姝颖，北京印刷学院王聪聪，北京印刷学院刘陆翔协助完成编写，其中，北京印刷学院董姝颖完成第 3 和第 4 章的内容共计 5 万字，北京印刷学院王聪聪完成第 5 和第 6 章的内容共计 5 万字，北京印刷学院刘陆翔完成第 7 和第 8 章的内容共计 5 万字，特此感谢。

配套资源及技术支持

本书配套资源请扫描下面的二维码进行下载。如果有任何技术性问题，请扫描下面的技术支持二维码，联系相关人员进行解决。如果在配套资源的下载过程中碰到问题，请联系陈老师，联系邮箱：chenlch@tup.tsinghua.edu.cn。

配套资源

技术支持

作者

2025 年 3 月

目 录

第4章 生成器

第5章 变形器

第6章 多边形建模及样条的编辑

第7章 动画模块与摄像机

第8章 标签

第9章 粒子、毛发和布料

第10章 灯光模块

第11章 材质系统

第12章 渲染输出模块

第13章 Octane外置渲染器

第14章 产品模型制作

第15章 动态海报设计

第16章 运动动画设计

第1章
初识Cinema 4D

Cinema 4D（以下简称 C4D）是德国 Maxon Computer 公司开发的 3D 建模、动画和渲染软件，它是一款广受欢迎的全功能 3D 软件，在广告、影视、建筑、游戏等多个领域有着广泛的应用。C4D 配备了强大的建模、动画和渲染工具，并拥有用户友好的界面和简便易用的工作流程。此外，它支持多种导出和导入格式，例如 FBX、OBJ、DXF、STL、3DS 等。C4D 还享有广泛的插件支持，这些插件可以进一步提升其功能和性能。

在开始深入学习 C4D 之前，我们需要先对其有一个初步的认识，了解 C4D 的优越性和应用领域。同时，也需要熟悉构成软件界面的各个模块及其名称和功能，以便为后续创建模型做好充分准备。通过掌握这些基础知识和软件的基本操作，我们将能够更高效地使用 C4D 进行创作。

本章主要涉及的知识点如下。

※ 了解 C4D 的优势。

※ 熟悉 C4D 的应用领域。

※ 熟悉 C4D 的界面布局。

※ 熟练使用菜单栏、工具栏、视图等各个模块。

※ 熟悉文件基本操作、对象基本操作和视图基本操作。

※ 理解 C4D 中父子级的概念并熟练使用。

1.1 C4D 的优势

3D 绘图和建模已成为许多设计师不可或缺的重要技能，而 C4D 在众多建模软件中脱颖而出，主要得益于其独特的优势。接下来，将从 5 个方面简要阐述 C4D 的显著优点。

1.简单易用

相较于其他建模软件，C4D 的用户界面更为直观，操作逻辑也更加清晰易懂，对初学者非常友好。用户可以迅速上手，制作出所需的模型和效果。同时，C4D 提供了丰富的工具和功能，适用于各种不同类型的项目，包括建筑建模、物品设计、角色制作以及动画制作等，用户可以根据实际需求选择最合适的工具。

2.功能全面

在建模、动画和渲染方面，C4D 都配备了极其强大的工具和功能，如粒子系统、动力学模拟等。此外，C4D 还能与其他应用程序（如 After Effects）实现无缝集成，从而为制作带来更加多样化的可能性。

3.技术领先

C4D 拥有出色的渲染引擎，不仅支持实时渲染，还能与多种第三方渲染器如 Octane、Arnold、VRAY 等兼容，使场景和细节的呈现极具质感和真实感，进而创造出卓越的视觉效果。

4.高度开放

作为一个开放性平台，C4D 允许通过其 Python API 和 C++ SDK 编写各类插件，并能与其他应用程序进行交互。用户还可以通过社区平台轻松获取所需的插件、预设或脚本并加以使用。

5.高效便捷

C4D 提供了高效的工作流程以及丰富且强大的预设库，能够助力用户快速准确地完成建模、动画、渲染等各项任务，从而节省大量时间和精力。

6.综上所述

C4D 是一款功能全面、易于上手且技术先进的建模工具，它能够迅速创造出真实感与设计感兼具的图像和动画，满足不同用户的需求。

1.2 C4D 的应用

C4D 是一款集 3D 建模、动画和渲染于一体的软件，它广泛应用于多个创意和设计领域，包括广告、影视制作、工业设计、建筑设计、游戏开发以及虚拟现实设计等。这款软件能够帮助各行业的从业者轻松地制作出精美的视觉效果，将想象变为触手可及的“现实”。接下来，将介绍 C4D 在不同领域中的应用。

1.2.1 广告设计

C4D 在广告行业中有着广泛的应用。以汽车广告为例，C4D 的汽车建模工具能够精确地构建汽车的外观和内部结构模型。此外，C4D 还能创建引人入胜的环境场景和动态图形，使广告更具吸引力，从而有效提升品牌形象，增强宣传效果。这种应用在电商广告设计中尤为常见，如图 1–1 和图 1–2 所示。

图1-1

图1-2

1.2.2 影视制作

在影视制作领域，C4D 常被用于创建特效和 CGI 场景。举例来说，在《星球大战》《变形金刚》《猩球崛起》等知名系列电影中，C4D 均得到了广泛应用。导演和特效团队借助 C4D 的三维建模、粒子系统、动力学模拟以及动画等功能，成功打造出影视作品中那些复杂的特效场景，如图 1–3 和图 1–4 所示。

1.2.3 工业设计

在工业设计中，C4D 常被用于产品建模和渲染。借助 C4D，工业设计师能够更精细地展现产品的细节与质感。此外，C4D 还支持工业设计产品的动画演示和模拟测试，为设计师提供了更为全面和直观的设计呈现方式，如图 1–5 和图 1–6 所示。

图1-3

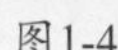

图1-4

图1-5

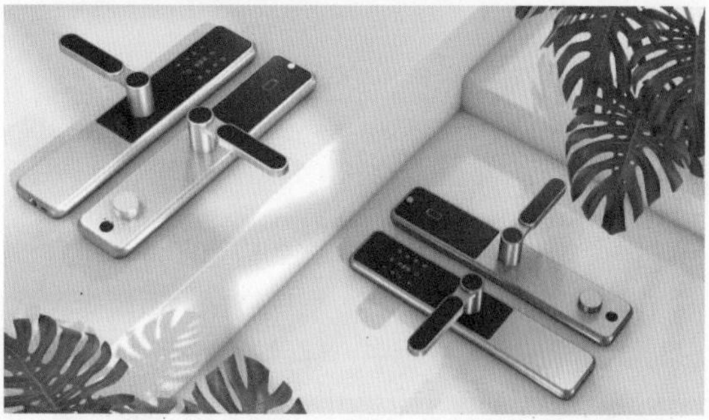

图1-6

1.2.4 建筑设计

C4D 在建筑设计领域的应用虽然不像在其他领域那样广泛，但在建筑形象构思、内部空间再现以及产品展示等方面，C4D 依然发挥着重要作用。以建筑形象设计为例，C4D 的建筑结构建模和材质渲染功能为建筑设计师提供了强大的支持，帮助他们精准地处理和展示建筑物的外观。而在室内建筑设计方面，C4D 能在近乎完美的三维框架内呈现设计方案，使客户能更直观地理解设计师的创意和构想，如图 1-7 和图 1-8 所示。

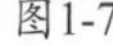

图1-7

图1-8

1.2.5 游戏设计

在游戏开发领域，C4D 常被用于创建游戏场景和角色模型。得益于其丰富的建模工具和强大的动画功能，C4D 能够助力开发者轻松构建出虚拟的三维游戏世界。此外，C4D 还能生成游戏中所需的 UI 界面等元素，为游戏开发提供全方位的支持，如图 1-9 和图 1-10 所示。

图1-9

图1-10

1.2.6 虚拟现实设计

在虚拟现实设计领域，C4D的应用正逐渐扩展。C4D可用于管理VR内容和资源，涵盖建模、动画、特效等多个方面。举例而言，借助虚拟现实技术，我们可以将三维场景以虚拟现实的形式展现出来，使用户能够如同在真实世界中一样自由地进行探索，如图1–11和图1–12所示。

图1-11

图1-12

1.3 C4D的操作界面

本节将重点介绍C4D操作界面的各个组成模块，旨在帮助大家认识各模块的名称和功能，熟悉常用工具的位置及使用方法。这不仅有助于理解C4D的创作流程和原理，还为接下来学习C4D的基本操作打下坚实的基础。

C4D的界面主要包括以下部分："标题栏""菜单栏""创建工具栏""编辑工具栏""视图窗口""动态工具栏""对象/场次管理器""属性/层管理器""动画时间轴""渲染设置与材质管理器""系统界面预设""撤回/恢复与项目列表""资产浏览器"以及"提示栏"等，具体布局如图1–13所示。通过对这些模块的深入了解，我们将能够更高效地使用C4D进行创作。

Cinema 4D R26.015 - [未标题 1] - 主要
[1] 标题栏

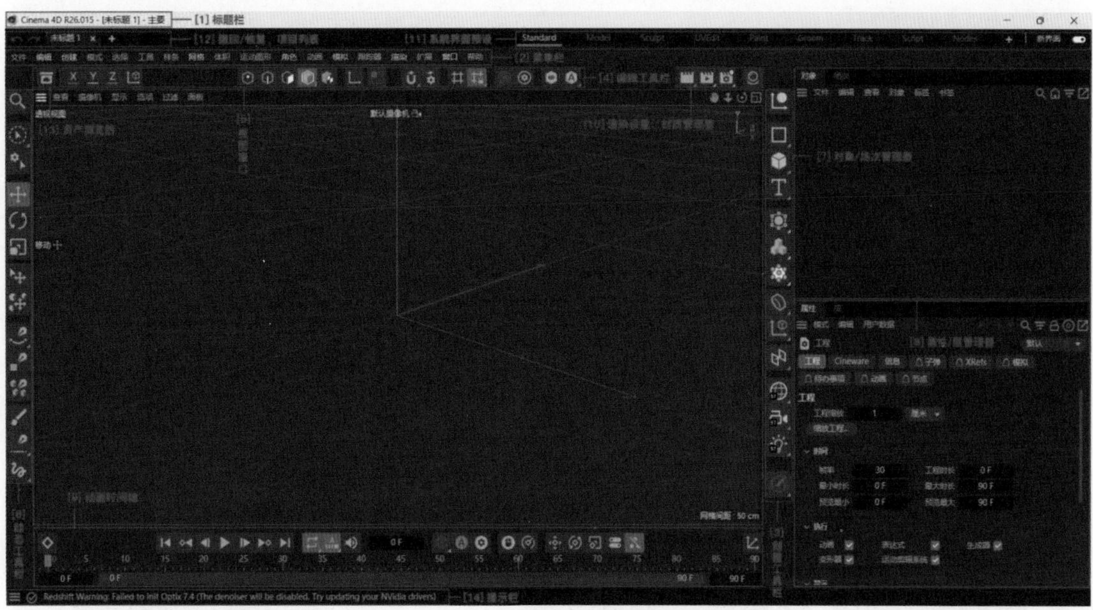

图1-13

1.3.1 标题栏

标题栏位于 C4D 界面的顶端，主要用于展示 C4D 的版本信息以及当前正在编辑的文件名称。

1.3.2 菜单栏

菜单栏包括主菜单（如图 1-14 所示）和子菜单。主菜单中的每个标题都清晰地指明了对应子菜单中命令的用途，而且大部分工具都可以在菜单栏中找到。

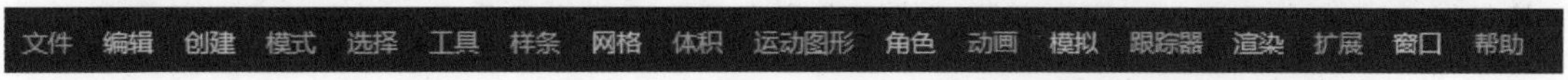

文件 编辑 创建 模式 选择 工具 样条 网格 体积 运动图形 角色 动画 模拟 跟踪器 渲染 扩展 窗口 帮助

图1-14

特别是关于文件的基本操作，如保存文件、打开文件、导入 / 导出文件等，都可以在“文件”菜单中找到，这些操作是整个软件的基础功能，如图 1-15 所示。

在接下来的工具栏操作界面讲解中，本书将详细介绍对象的基本操作和视图的基本操作等内容。同时，我们会尽量将这些操作与菜单栏中的子菜单相对应，以帮助读者构建一个完整的思维网络，从而更深入地理解 C4D。

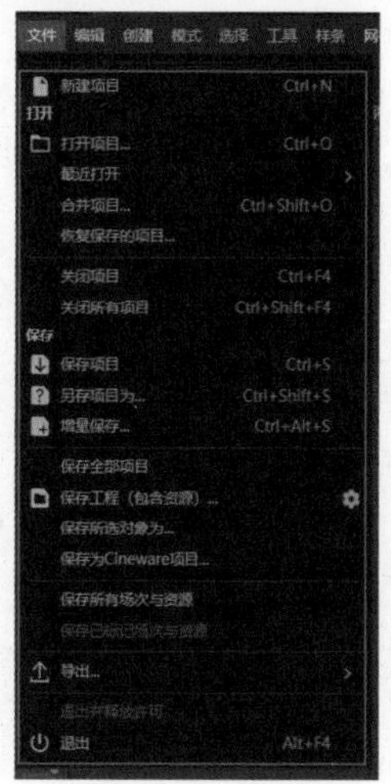

图1-15

1.3.3 “创建”工具栏

“创建”工具栏中包含了一些常用于创建和编辑对象的基本工具，如图 1–16 所示。值得注意的是，这些工具中的大部分图标在右下角都带有一个小三角标志。当长按这些按钮时，会展开显示更多的相关工具，如图 1–17 所示。

1.空白对象

空白对象在 C4D 中通常作为辅助工具使用，它具有多种功能，如分组等。关于空白对象的详细使用方法，后文会详细介绍。在菜单栏中创建空白对象的方法如图 1–18 所示。

2.参数体

“创建”工具栏中的样条工具（如图 1–19 所示）和几何体工具（如图 1–20 所示）也被称为“样条参数对象”和“网格参数对象”，这两者合起来被称为“参数体”。而文本工具则包括文本样条和文本（如图 1–21 所示），它们分别属于样条参数对象和网格参数对象。为了方便用户使用，C4D 的开发者特意将文本工具单独列出。在菜单栏中创建参数对象的方法可以参考图 1–22 和图 1–23。

图1-16

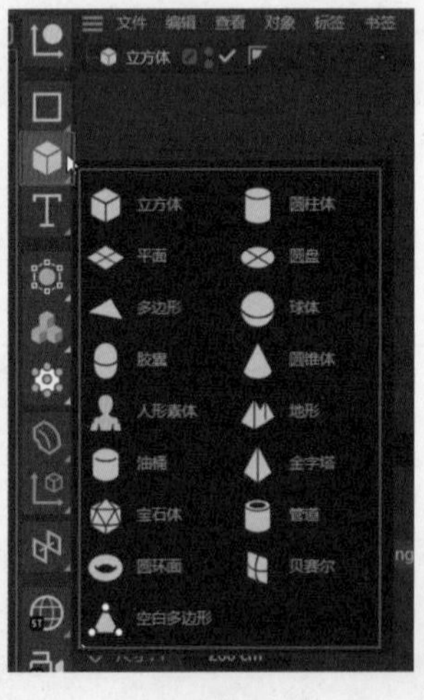

图1-17

图1-18

图1-19

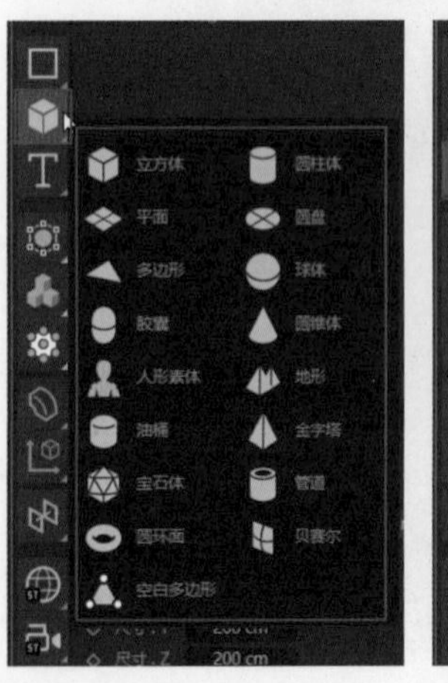

图1-20

图1-21

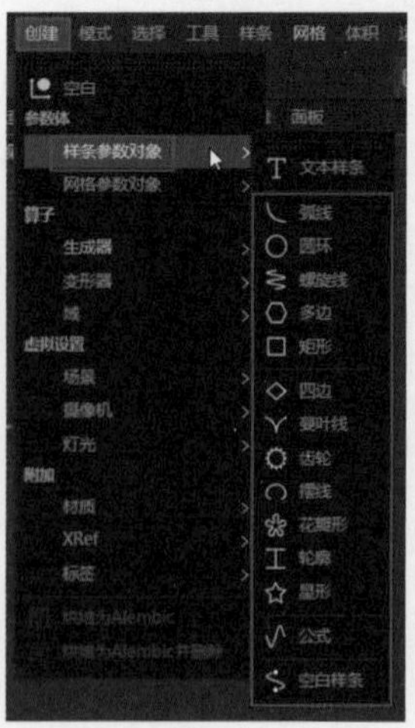

图1-22

图1-23

3.生成器

通过添加生成器，可以为三维模型创造特定的效果。生成器建模工具（如图1-24所示）、体积工具（如图1-25所示）以及运动图形工具（如图1-26所示）都是在C4D中常用的工具。这些工具与菜单栏中的对应位置可以分别在如图1-27~图1-29所示中找到。

图1-24　　图1-25　　图1-26

图1-27　　图1-28　　图1-29

4.变形器

通过添加变形器，我们能够使三维模型产生相应的形态变化。变形器建模工具（如图1-30所示）和效果器工具（如图1-31所示）是实现这一功能的重要工具。这些工具与菜单栏中的对应位置可以分别在如图1-32和图1-33所示中找到。使用这些工具，我们可以创建出丰富多样的三维形态和动画效果。

5.域

通过控制域（如图1-34所示），我们可以对域范围内的图形或选集进行参数化的变化控制。在菜单栏中，创建域的方法可以参考如图1-35所示。这种方法为我们提供了更多的灵活性和控制力，以实现复杂的三维效果和动画效果。

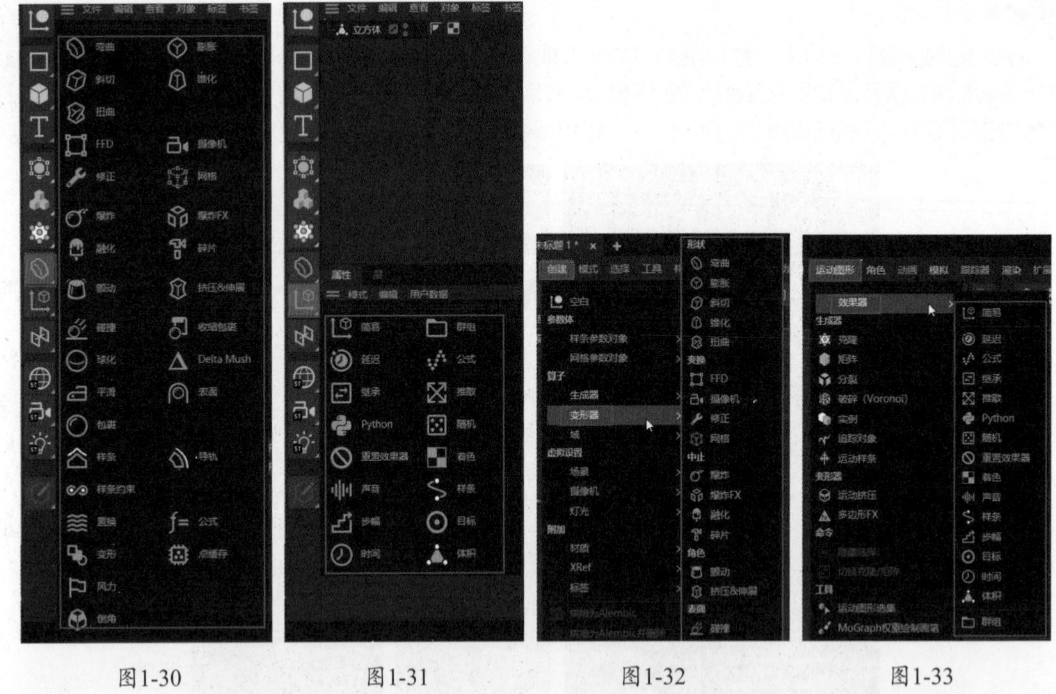

图1-30　图1-31　图1-32　图1-33

6.虚拟设置

虚拟设置涵盖了场景辅助工具（如图1-36所示）、摄像机工具（如图1-37所示）以及灯光工具（如图1-38所示）。借助这些工具，我们能够模拟出更加逼真的虚拟世界，为三维场景增添真实感和深度。这些虚拟设置工具在菜单栏中的对应位置分别如图1-39~图1-41所示，便于用户快速访问和使用。

图1-34　图1-35　图1-36　图1-37　图1-38

7. 可编辑对象

将模型转为可编辑对象后，用户便可以对模型的点、边、多边形进行详细的编辑，进而使模型变得更为复杂和精细。

转换为可编辑对象有 3 种主要方法：一是在创建工具栏中找到并单击转换按钮，如图 1-42 所示；二是在视图窗口中，通过右击对象并在弹出的快捷菜单中选择“转换为可编辑对象”选项，如图 1-43 所示；三是在菜单栏中执行“工具”→“转换”子菜单中的命令进行操作，如图 1-44 所示。这些方法为用户提供了灵活的编辑选项，以满足不同的建模需求。

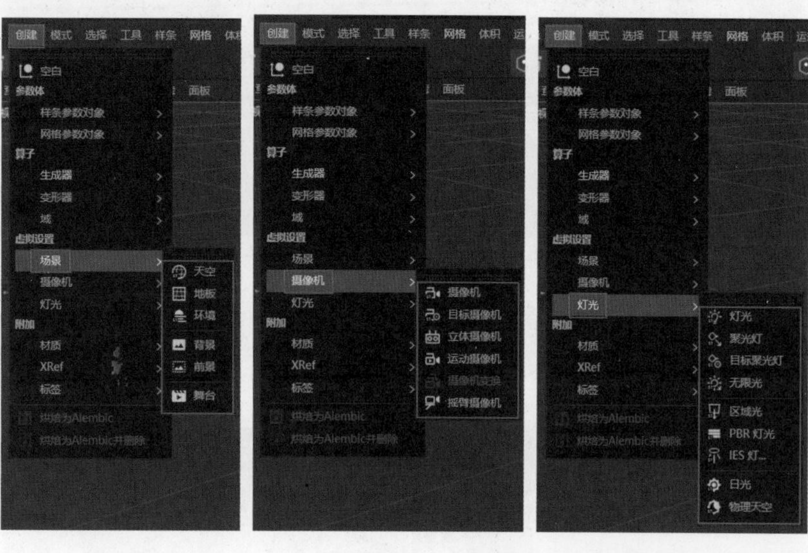

图1-39　　图1-40　　图1-41

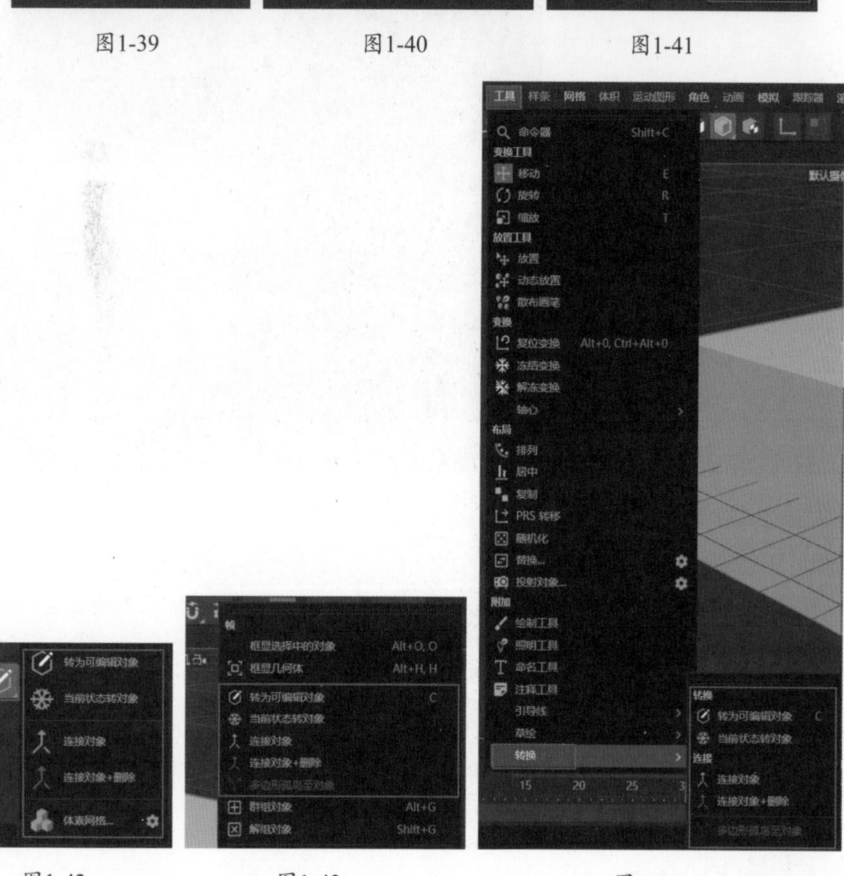

图1-42　　图1-43　　图1-44

1.3.4 “编辑”工具栏

“编辑”工具栏主要用于对可编辑对象执行各种编辑操作。通过它，用户可以调整模型的点、线、面，以及进行 UV 编辑和网格吸附等操作，如图 1-45 所示。

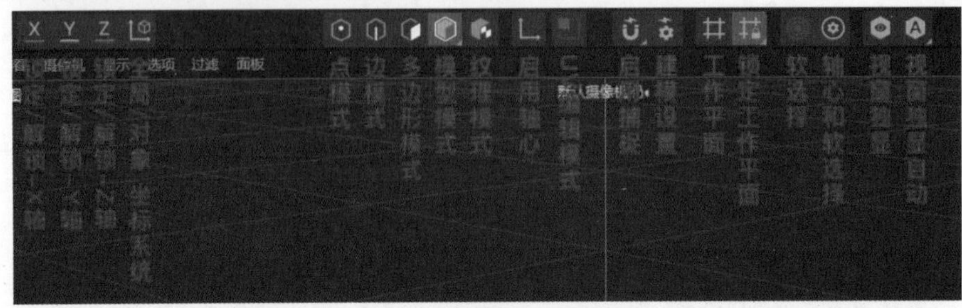

图1-45

编辑工具栏中的大部分工具都与菜单栏中的“模式”子菜单相对应。这种对应关系使用户可以更加方便地找到并使用他们需要的编辑工具。图 1-46 和图 1-47 展示了这种对应关系，帮助用户更高效地理解和使用这些工具。

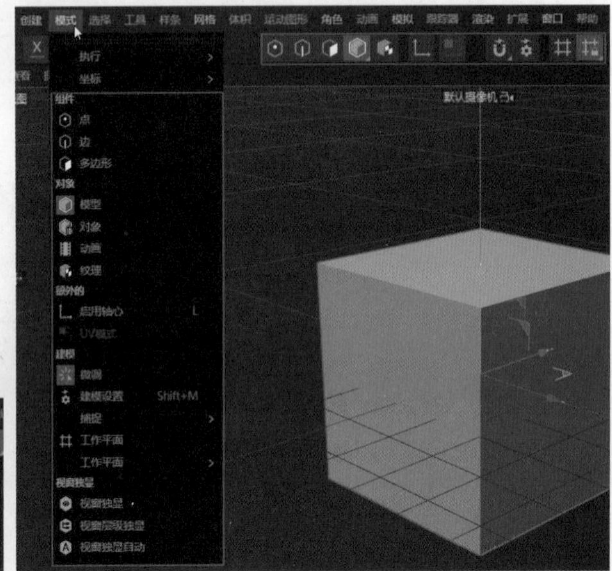

图1-46　　图1-47

8.锁定/解锁X、Y、Z轴

限制功能可以锁定所选中对象的特定运动轴向。举例来说，当 X 轴和 Y 轴被锁定，而 Z 轴处于解锁状态时，使用“移动”工具拖动所选对象，该物体将只能在 Z 轴方向上移动，其 X 轴和 Y 轴上的位置参数将保持不变。

9.坐标系统工具

对象坐标系统工具允许所选对象沿着其自身的 X、Y、Z 轴进行变换；而世界坐标系统工具则是使所选对象沿着全局或世界坐标系的 X、Y、Z 轴进行变换。

10.点、边、多边形模式

当所选对象为可编辑对象时，可以在点、边或多边形模式下选择具体的点、边或多边形进行编辑。被选中的点、边或多边形会以高亮显示，便于用户清晰地识别和编辑所选内容。

11.启用轴心

所选对象为可编辑对象时，启用轴心功能可以允许用户对所选对象的坐标轴进行移动、旋转等操作，而这些操作并不会改变对象本身在场景中的位置参数。这意味着，虽然坐标轴发生了变换，但对象在世界空间中的绝对位置保持不变。

12.启用捕捉

启用捕捉功能后，在改变所选对象或元素的位置参数时，若其靠近预设的目标位置，系统会自动进行吸附对齐操作，从而提高位置调整的精确性和便捷性。

13.视窗独显

在复杂的场景中，开启视窗独显功能可以让用户只看到当前选中的对象，而其他对象则会被隐藏。这样做有助于用户更清晰地观察和编辑当前选中的对象，以提高工作效率。

1.3.5 视图窗口

视图窗口主要用于展示模型或可编辑对象。在 C4D 中，默认的视图界面是透视图，如图 1-48 所示，这种视图方式为用户提供了一个三维空间的直观展示。

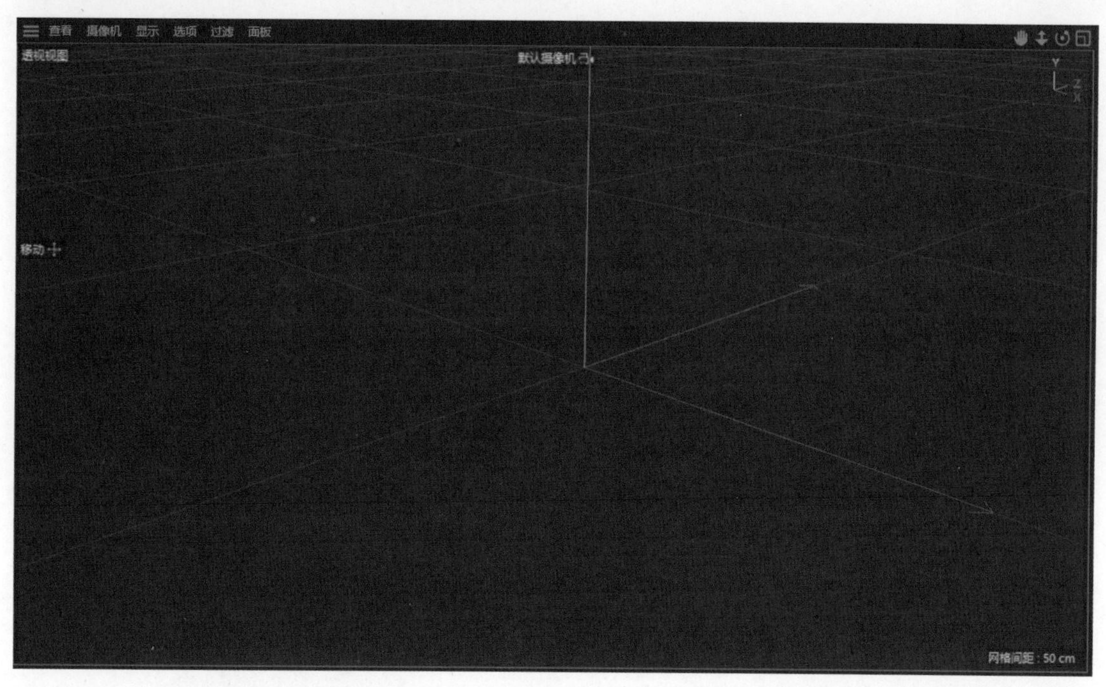

图1-48

1.切换视图

可以通过在希望切换到的视图上单击鼠标中键来进行视图切换。另外，按 F5 键可以同时打开 4 个视图窗口，如图 1-49 所示。除此之外，还可以通过在“摄像机”菜单中执行不同的命令更改视图，如图 1-50 所示。这些方法提供了灵活的视图切换方式，以适应不同的工作需求。

2.旋转视图

在视图窗口中，按住 Alt 键的同时拖动鼠标左键，可以方便地旋转视图，以便从不同角度观察场景。

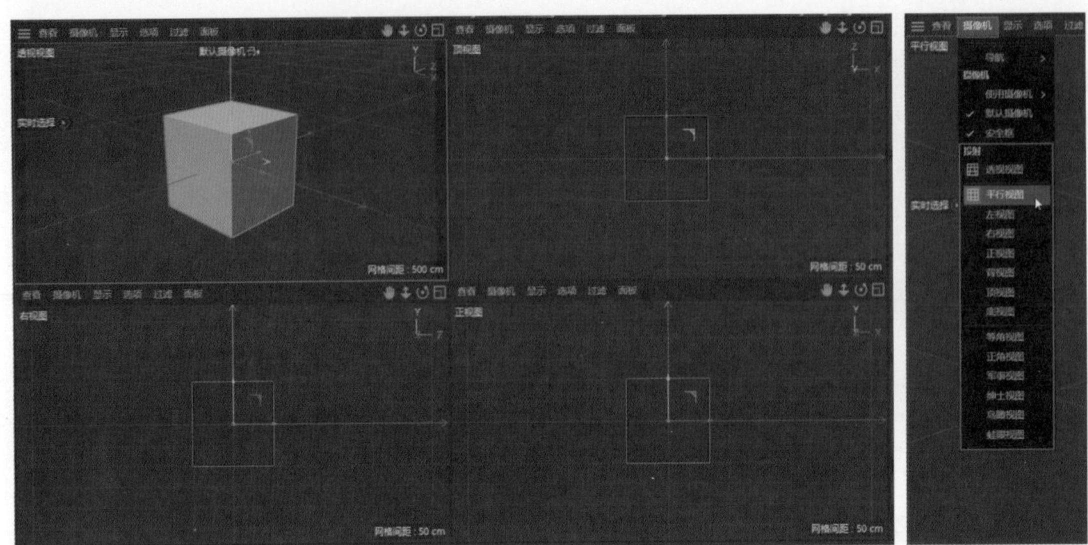

图1-49　　图1-50

3.平移视图

在视图窗口中，若想要平移视图以查看场景的不同部分，可以按住Alt键并同时拖动鼠标中键来实现。

4.缩放视图

为了更详细地查看场景中的特定部分或获得更广阔的视野，可以在视图窗口中通过滚动鼠标滚轮来缩放视图。

1.3.6　动态工具栏

动态工具栏位于C4D界面的左侧，并且会根据不同的操作需求和界面预设进行变化。在标准界面中，动态工具栏包含了诸如命令器、选择工具、变换工具、放置工具以及样条工具等多种工具，具体的工具名称可以如图1-51所示。该工具栏为用户提供了便捷的操作方式，以适应不同的建模和编辑需求。

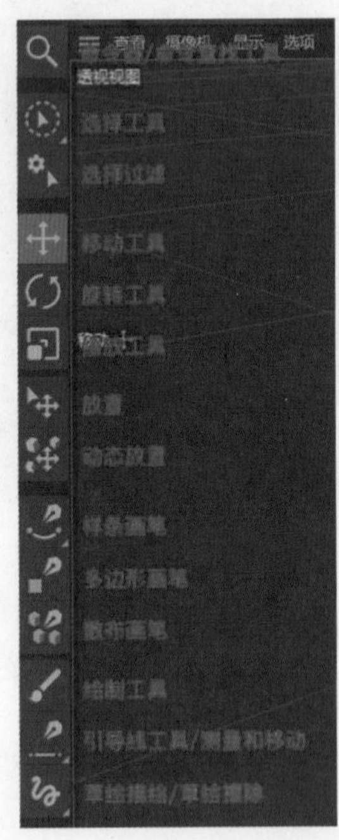

图1-51

1.命令器

命令器，也被称为“命令查找工具”，其快捷键为Shift+C。通过搜索功能，用户可以快速调出所需的工具或命令，如图1-52所示。这一功能大幅提高了工作效率，使用户能够更快速地找到并执行相关操作。

2.选择工具

C4D 提供了丰富多样的选择工具，以满足用户在不同场景下的选择需求，如图 1-53 所示。这些工具不仅支持选择整个对象，还能精确选择可编辑对象的点、边、多边形等元素，以便进行更细致的编辑操作。此外，菜单栏中还提供了更多的选择工具选项，如图 1-54 所示，进一步增强了选择功能的灵活性和全面性。

在处理复杂场景时，选择过滤工具（图 1-55）成为不可或缺的好帮手。通过这一工具，用户可以轻松筛选出特定类型的对象，实现精准选择，从而极大地提高了工作效率和准确性。这一功能在处理包含大量不同类型对象的复杂场景时尤为实用。

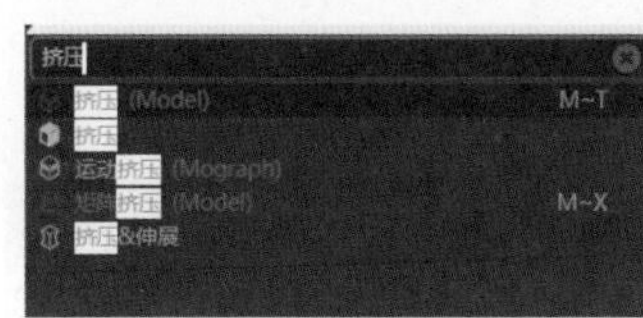

图1-52　图1-53　图1-54　图1-55

3.变换工具

变换工具包括“移动”工具、“旋转”工具和“缩放”工具，它们的快捷键分别为 E、R 和 T。使用这些工具，可以将选中的对象沿着 X、Y、Z 单个轴向、两个轴向所形成的面，或者三个轴向所形成的空间进行移动、旋转或缩放操作。若在进行这些操作时同时按住 Shift 键，可以进行量化操作（量化数值可以在建模设置中进行修改，如图 1-56 所示）。

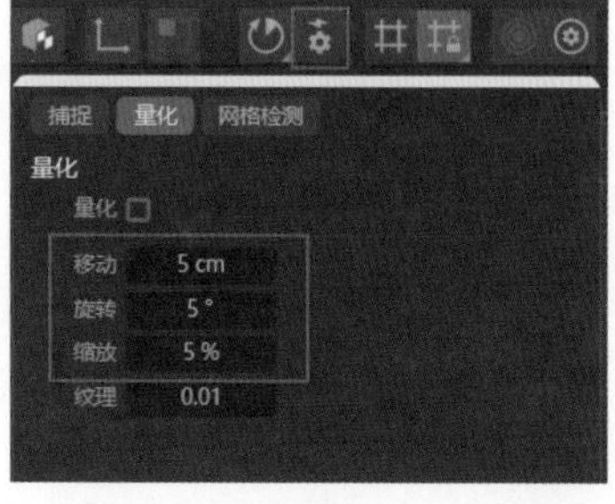

图1-56

4.放置工具

放置工具组中包含放置工具、动态放置工具和散布画笔工具，这些工具能够使所选对象与其他模型实现紧密切合。在菜单栏中，这些放置工具的对应位置如图 1–57 所示。

5.样条工具

除创建工具栏中的样条工具外，动态工具栏还提供了多个样条工具(如图1–58 所示)用于创建样条。在菜单栏中，样条工具的位置如图 1–59 所示。

图1-57　　图1-58　　图1-59

1.3.7　对象 / 场次管理器

对象 / 场次管理器位于界面的右上角。其中，对象管理器的主要功能是管理场景中的所有对象，它会显示对象的名称、标签等信息，并允许用户设置对象之间的层级关系，这与 Photoshop 中的图层概念相似。此外，通过有效利用空白对象，用户可以实现分组功能，如图 1–60 所示。

而场次管理器则主要用于管理同一场景的不同场次，使用户能在同一工程中轻松切换不同的动画、材质、摄像机视角以及渲染设置，同时保持场景的初始状态不变，如图 1–61 所示。

图1-60

图1-61

1.3.8　属性 / 层管理器

属性 / 层管理器位于界面的右下角。其中，属性管理器的主要用途是修改所选对象的属性参数，如图 1–62 所示。

层管理器则主要通过不同的颜色来进行区分，用户可以将对象分配到不同的层，并自由地进行独显、隐藏、锁定等操作，从而有效地管理复杂的场景，如图 1–63 所示。

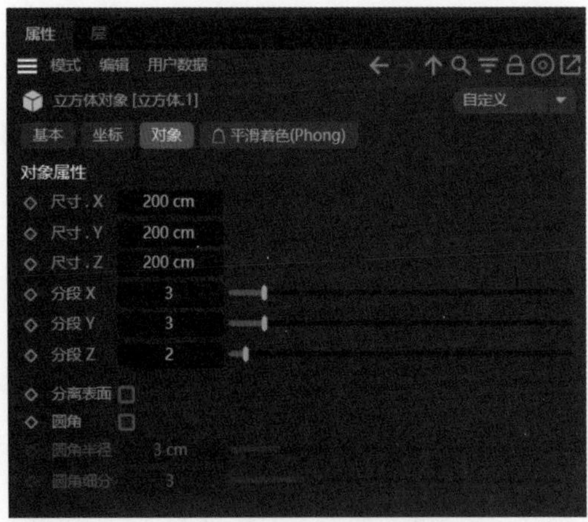

图1-62

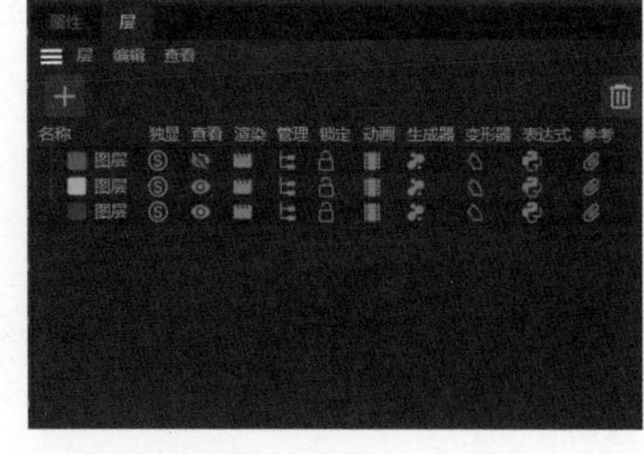

图1-63

1.3.9 动画时间轴

动画时间轴位于视图窗口的下方，主要包含时间线和动画编辑工具，用于制作关键帧动画，如图1-64所示。

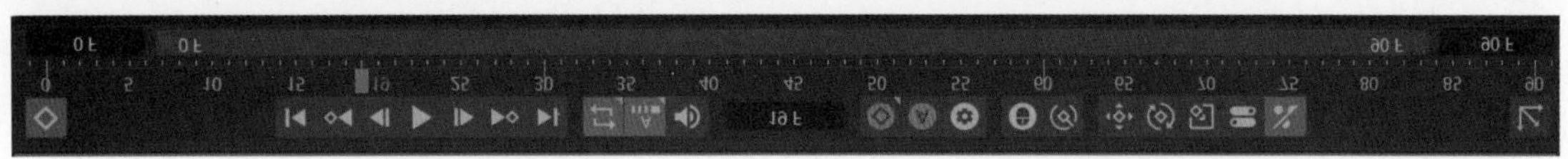

图1-64

1.3.10 渲染设置、材质管理器

渲染设置部分主要包含渲染活动视图、渲染到图像查看器、编辑渲染设置等工具，具体工具名称如图 1-65 所示。这些工具主要用于测试渲染效果、渲染图像以及调整渲染参数等。另外，材质管理器则专门用于创建、编辑和管理各种材质。

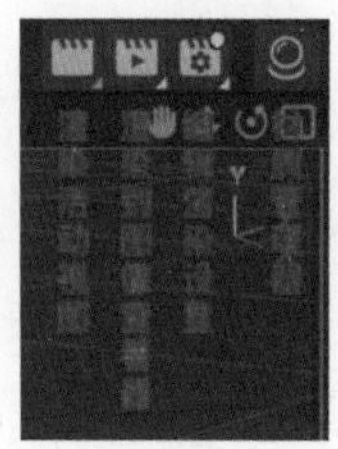

图1-65

1.3.11 系统界面预设

系统界面预设位于标题栏下一行的右侧，这些是 C4D 系统根据不同的操作需求所预设的界面。用户只需单击即可切换到不同的界面，具体的界面名称如图 1-66 所示。此外，用户还可以根据自己的操作需求自定义布局，并将其设置为预设，以便日后使用。

图1-66

1.3.12　资产浏览器

资产浏览器的主要功能是管理预设库，其中涵盖了对象、材质、场景等元素，具体界面如图1-67所示。用户不仅可以在此创建或编辑预设，还能直接将预设库中的内容添加到场景中使用。

1.3.13　提示栏

提示栏会显示鼠标停留位置对应工具的基本信息、当前所选工具的操作提示，以及当前操作的参数化信息等。

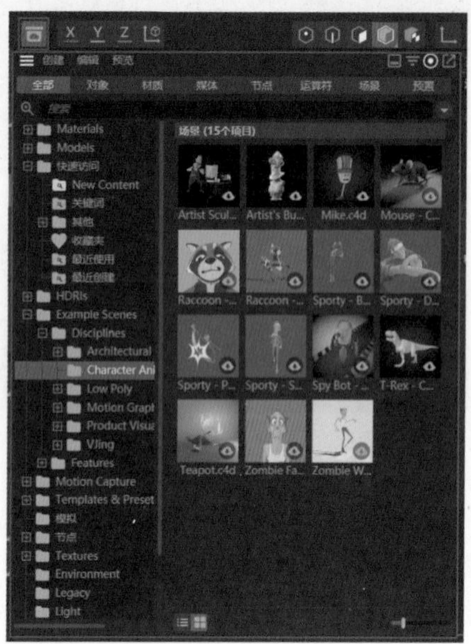

图1-67

1.4　父子级的概念及使用方法

在C4D中，父子级关系被广泛应用，用于描述对象之间的层级关系。具体来说，一个父对象可以包含一个或多个子对象，同时这些子对象也可能包含它们自己的子对象，从而形成一个多层次的结构，这与文件夹的层级结构类似。

这种父子级关系极大地帮助用户更好地控制和管理对象。举个例子，如果我们需要对多个对象执行平移、旋转或缩放等操作，可以将这些对象设置为某个对象的子对象，然后只需调整父对象的变换参数，即可实现对所有子对象的统一操作，如图1-68~图1-70所示。这种方法避免了逐个手动调整对象的烦琐，使操作更为简便、高效，并且在实现复杂的动画效果时特别有用。

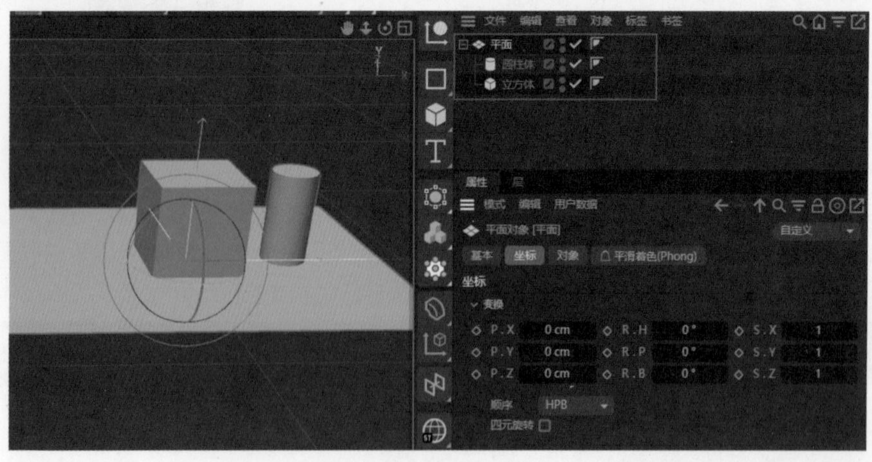

图1-68

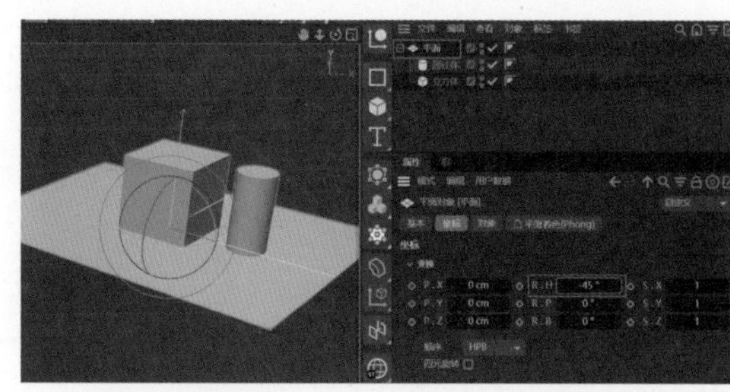
图1-69

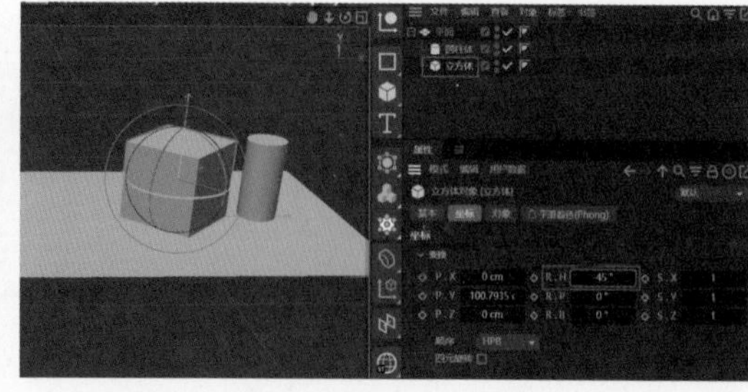
图1-70

此外，在 C4D 中，父子级关系在建模过程中的运用也极为广泛。这主要通过调整参数对象、生成器和变形器之间的关系来实现理想的建模效果。通常情况下，生成器（带有绿色图标的工具）会作为参数对象的父对象，而变形器（带有紫色图标的工具）则作为参数对象的子对象，如图 1-71 和图 1-72 所示。在后续的章节中，将对这些内容进行详细的讲解，并提供实例操作。

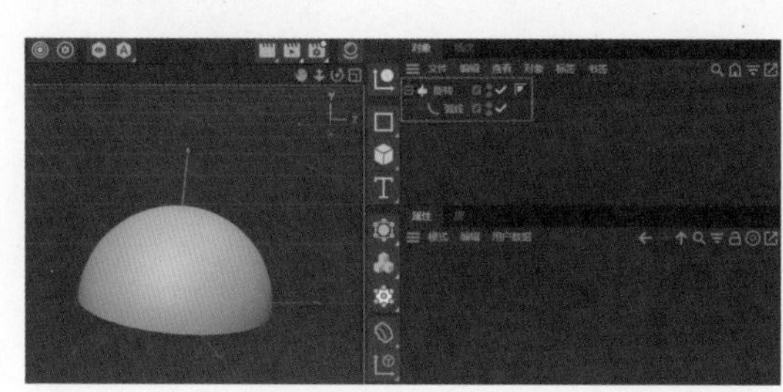
图1-71

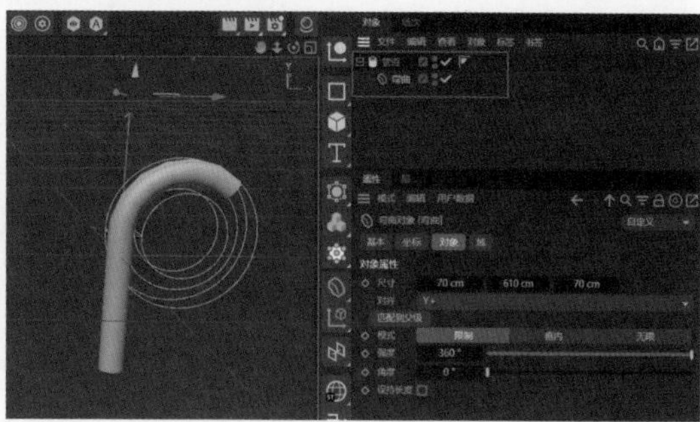
图1-72

第2章

基础操作

在探索 3D 世界的过程中，建模无疑是我们的起点。C4D 这款软件为我们提供了多样化的建模手段，而在这些方法中，参数体建模以其直观性和易用性成为初学者的最佳选择。参数体主要由网格参数对象和样条参数对象构成，通俗地说，就是几何体与样条线。在本章中，我们将深入学习几何体建模与样条线建模的基础知识，并通过实践制作简单的3D模型，从而为未来打造更为精致的模型作品奠定坚实基础。

本章主要涉及的知识点如下。

※ 熟练掌握空白对象的使用方法。

※ 熟悉常用几何体的参数。

※ 熟练掌握常用几何体的创建方法。

※ 熟悉不同样条的参数。

※ 熟练掌握编辑样条线。

※ 熟练使用钢笔工具。

2.1 空白对象的使用方法

空白对象，即虚拟对象，虽然在渲染时不会显示，但其作用却不容忽视。通过有效使用空白对象，我们可以实现多种功能。例如，将空白对象作为父级使用，可以实现对子对象的精确控制和管理，如图 2-1 和图 2-2 所示。

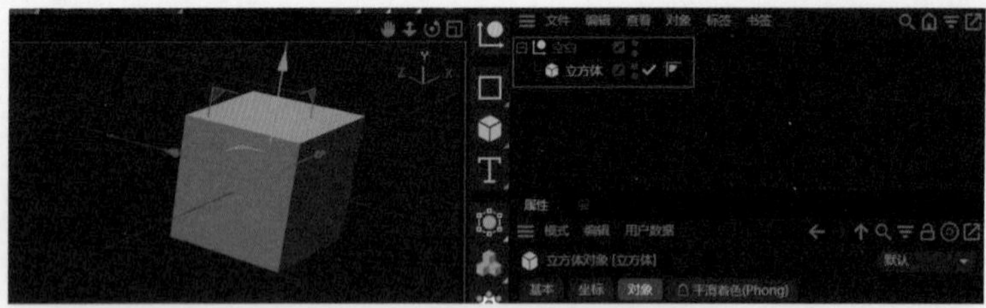

图2-1

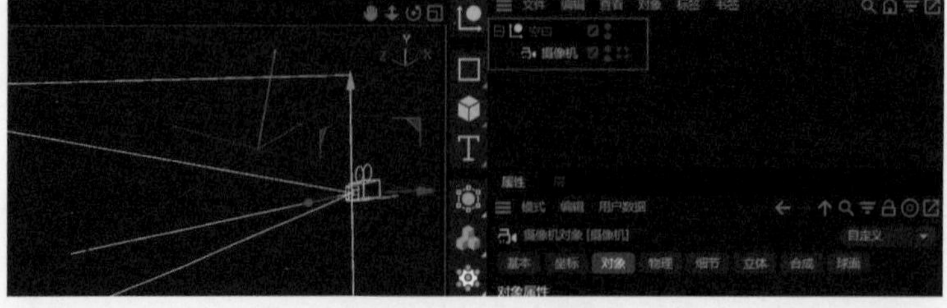

图2-2

此外，我们还可以在空白对象下添加多个子对象，以实现分组功能，这使场景管理更为便捷，如图2-3所示。

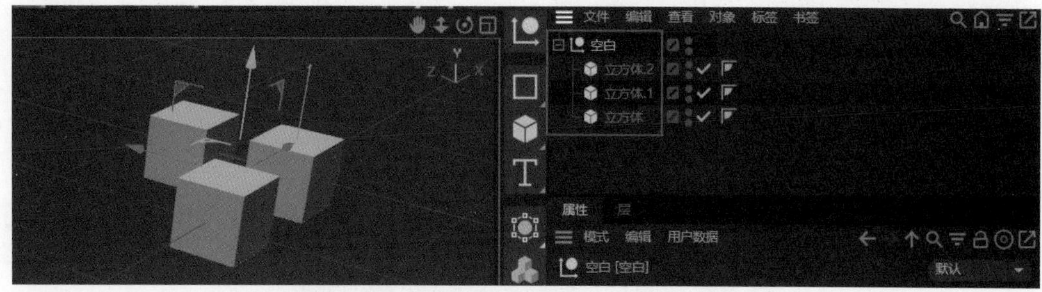

图2-3

2.1.1 实例：利用空白对象将模型进行组合

本例利用空白对象将几个模型进行组合，从而方便统一管理。

方法一：

01 在创建工具栏中长按■按钮，再单击“立方体”等按钮创建4个模型，并移动至合适位置，如图2-4所示。

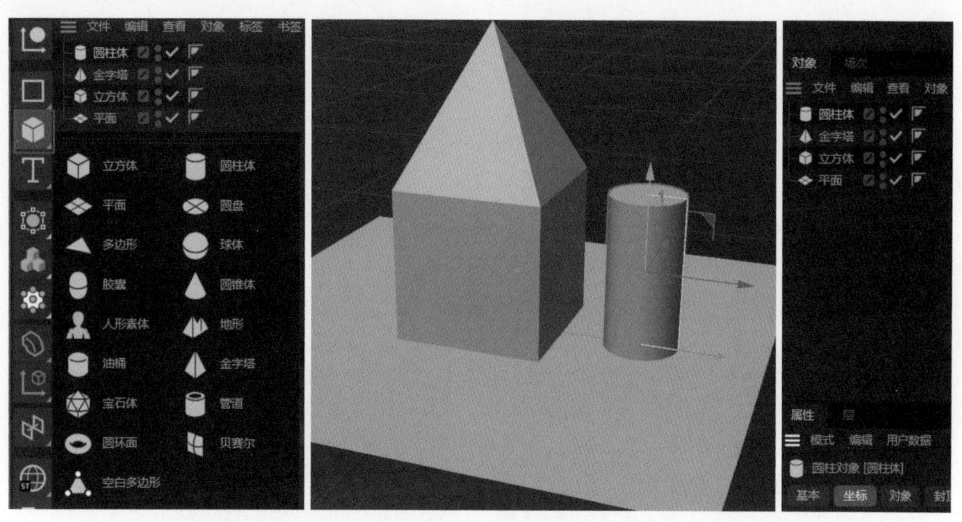

图2-4

02 在创建工具栏中单击■按钮，创建“空白”对象，如图2-5所示。

图2-5

03 在“对象管理器”中框选4个模型，按住鼠标左键将其拖至“空白”对象上，出现向下箭头↓图标时释放鼠标。4个模型与“空白”对象的关系如图2-6所示。

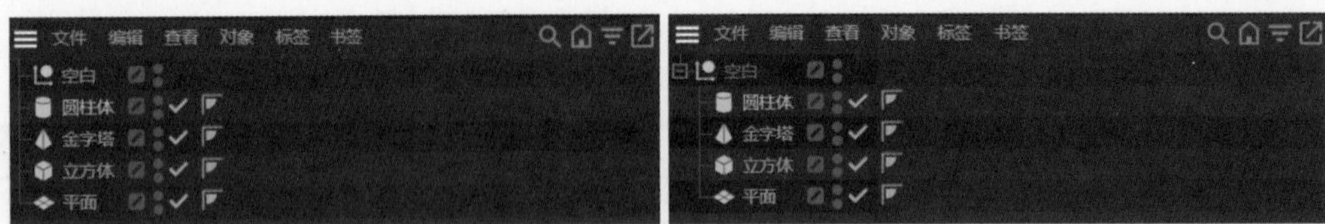

图2-6

方法二：

同时选中 4 个模型，按快捷键 Alt+G 编组，4 个模型自动被放入“空白”对象下方，如图 2-7 所示。

图2-7

2.1.2 参数讲解

1.基本

“空白”对象的“基本”参数选项卡如图 2-8 所示，其中的主要参数含义如下。

※ 名称：用于输入或修改所选对象的名称。

※ 图层：用于指定所选对象应被分配到哪一个图层。

※ 编辑器可见：设置所选对象是否在视图窗口中可见。

※ 渲染器可见：设置所选对象在渲染时是否会被显示出来。

※ 显示颜色：用于设置所选对象在视图窗口中的显示颜色，可选择材质颜色、所属图层颜色、自动颜色或自定义颜色。

2.坐标

“空白”对象的“坐标”参数选项卡如图 2-9 所示，其中的主要参数含义如下。

图2-8

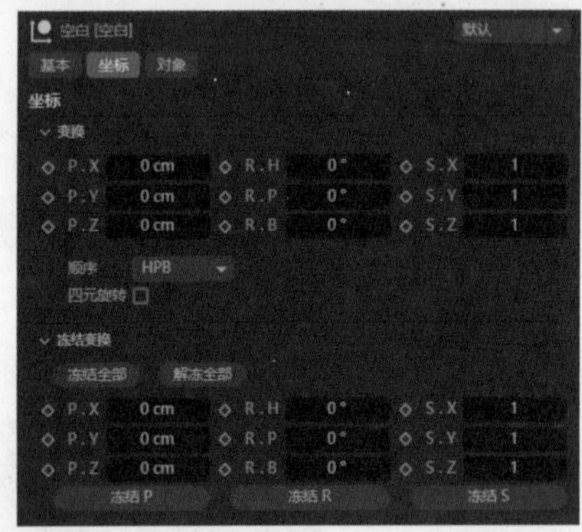

图2-9

※ P.X/P.Y/P.Z：若所选对象为父级，则代表该对象在世界坐标系中的 X、Y、Z 轴位置；若为子级，则表示该对象相对于其父对象的坐标位置。

※ R.H/R.P/R.B：对于父级对象，这些值反映了对象相对于世界坐标系的 H、P、B（航向、俯仰、横滚）轴角度；对于子级对象，它们表示对象相对于其父对象的坐标系的角度。

※ S.X/S.Y/S.Z：在父级对象中，这些参数描述了对象相对于世界的大小比例；而在子级对象中，它们则表示对象相对于其父对象的大小比例。

※ 冻结全部：单击该按钮，将所选对象当前的P（位置）、S（缩放）、R（旋转）值进行冻结，并在“变换”属性面板中将相应参数重置为0。例如，对一个立方体进行旋转操作后执行冻结全部，冻结前后的参数变化如图2-10和图2-11所示。

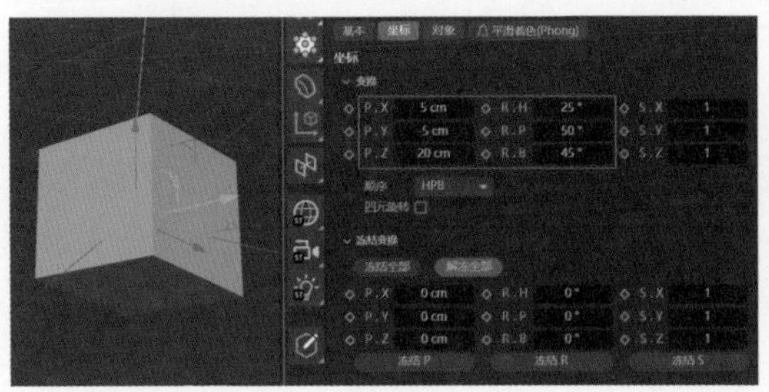

图2-10

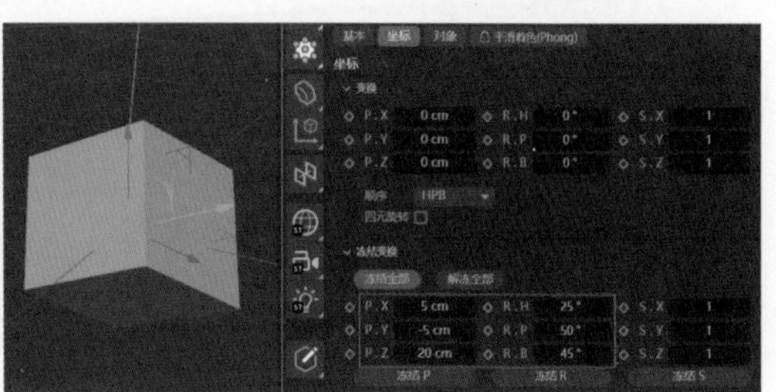

图2-11

※ 解冻全部：该按钮用于恢复所选对象之前被冻结的P（位置）、S（缩放）、R（旋转）值。解冻后，对象的参数将恢复到冻结前的状态，如图2-12所示。

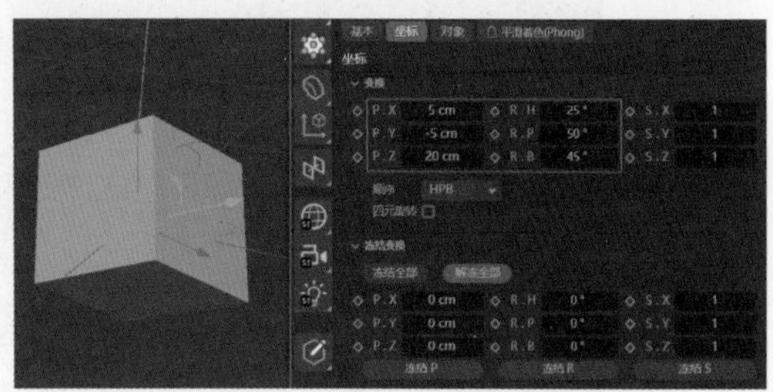

图2-12

3.对象

“空白”对象的“对象”参数选项卡如图2-13所示，其中的主要参数含义如下。

※ 外形：空白对象提供了多种外形选择，如图2-14所示。

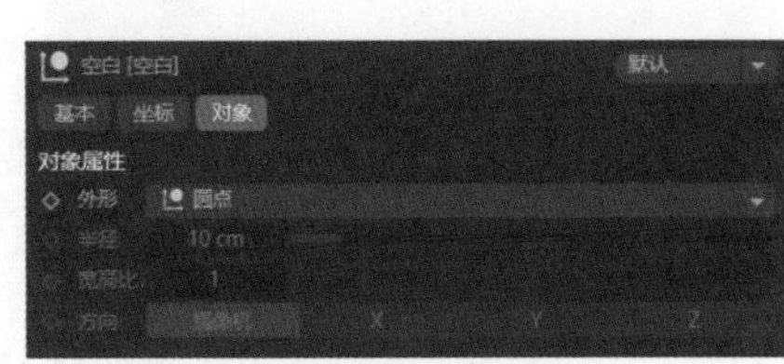

图2-13

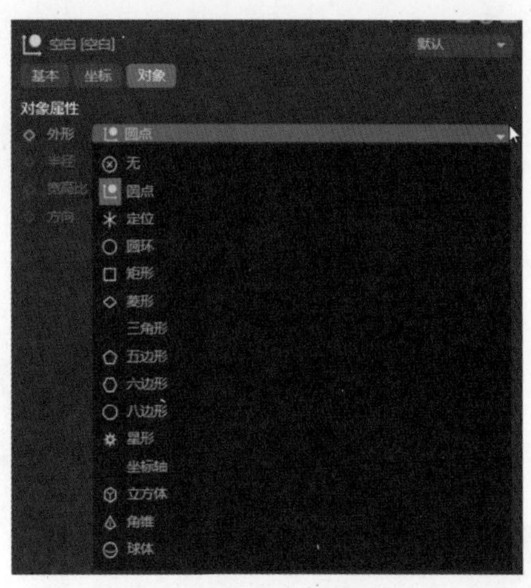

图2-14

※ 半径：当空白对象的外形选择为除“圆点”外的任何类型时，此选项将被激活。用户可以通过该选项设置外形的半径大小。

※ 宽高比：同样，在选择了除“圆点”外的外形时，该选项会变为可用，允许用户调整外形的宽

度与高度之间的比例。

※ 方向：当选择的外形不是“圆点”时，此选项会被激活。用户可以通过这个选项来设置摄像机或对象在 X、Y、Z 轴上的朝向。

2.2 常用的几何体

几何体，也被称为“网格参数对象”，允许用户在属性面板中调整对象的各种参数值，如高度、半径、分段等。一旦将几何体转换为可编辑对象，用户就可以对其点、边和多边形进行详细的编辑。接下来，将详细介绍一些常用的几何体及其相关参数。

2.2.1 立方体

立方体及其“对象”参数选项卡如图 2-15 所示，其中的主要参数含义如下。

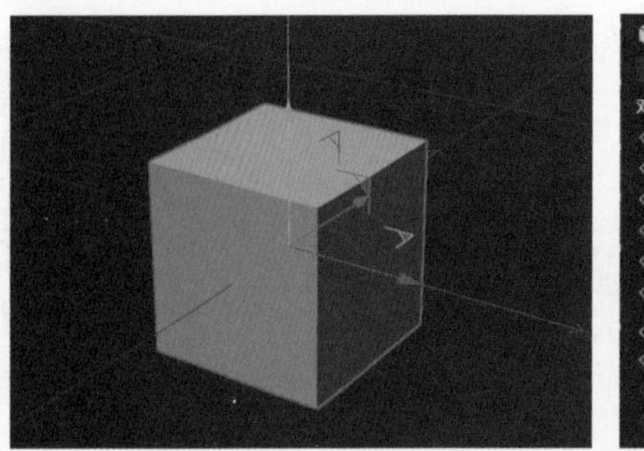

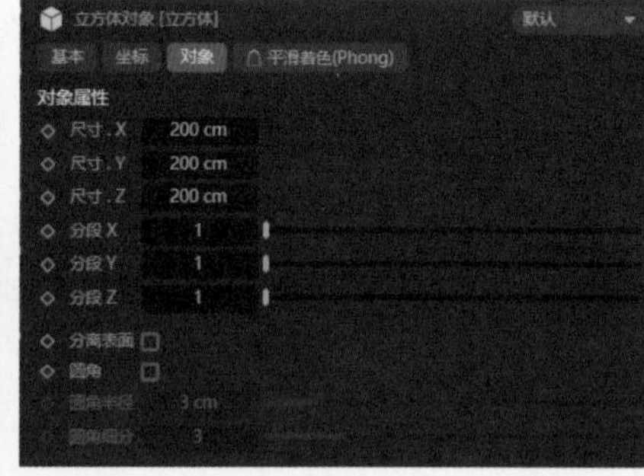

图2-15

※ 尺寸 .X/ 尺寸 .Y/ 尺寸 .Z：这些参数用于设置立方体的长度、高度和宽度。此外，也可以通过“缩放”工具来调整这些尺寸。

※ 分段 X/ 分段 Y/ 分段 Z：这些参数允许你调整立方体在 X、Y、Z 轴方向上的分段数量，从而实现更精细的模型控制。

※ 分离表面：当选中“分离表面”复选框后，若将立方体转换为可编辑对象，其每一个面将会被分离成独立的部分，如图 2-16 所示。这一功能在某些特定的建模需求中非常有用。

※ 圆角：选中“圆角”复选框后，立方体将呈现倒角效果。同时，“圆角半径”和“圆角细分”参数将被激活。通过调整这些参数，可以设置立方体边缘的平滑程度，从而得到所需的效果，如图 2-17 所示。

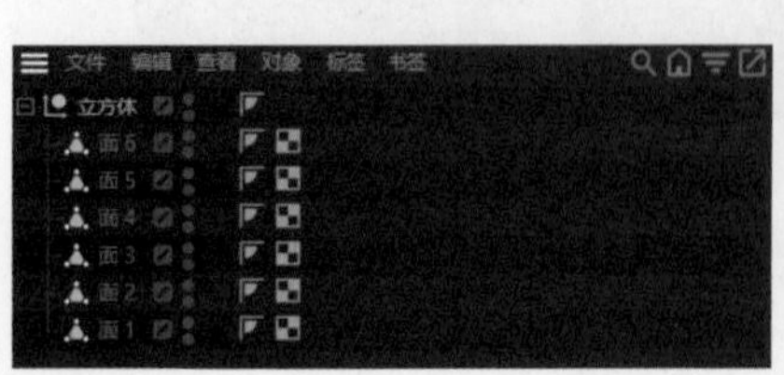

图2-16

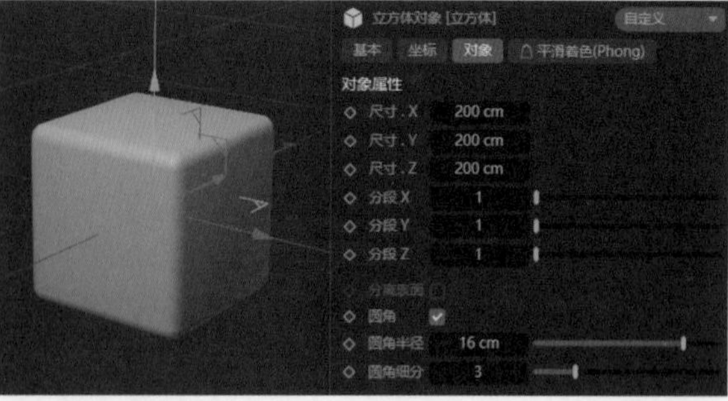

图2-17

2.2.2 圆柱体 / 圆锥体

圆柱体和圆锥体分别如图 2-18 所示，虽然它们在形状上有所不同，但其参数设置具有相似性。下面以圆锥体为例进行详细介绍。

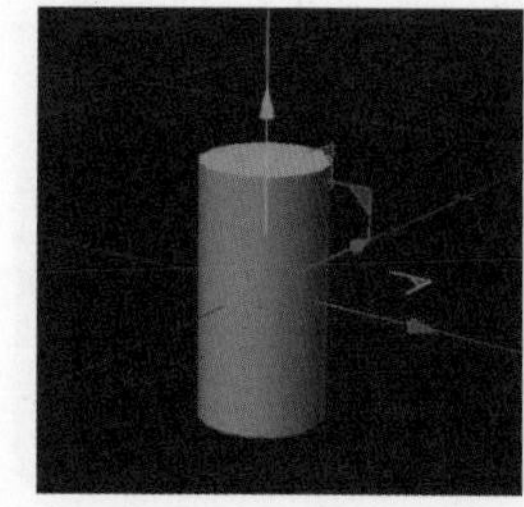

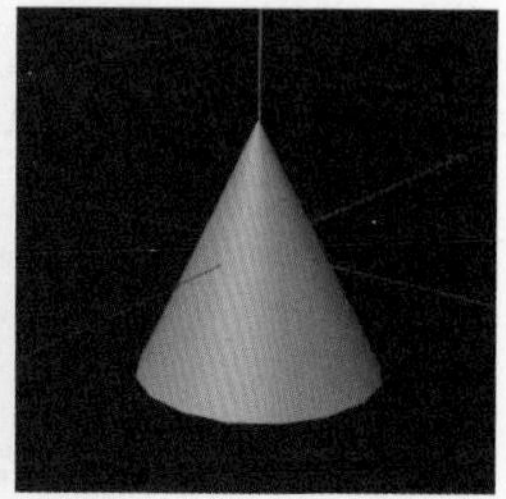

图2-18

1.“对象”参数选项卡

圆锥体的“对象”参数选项卡如图 2-19 所示，其中的主要参数含义如下。

※ 顶部半径：此参数用于设置圆锥体顶部的半径大小。当半径值设置为 0 时，圆锥体的顶部将呈现尖锐状态。

※ 底部半径：通过此参数，可以调整圆锥体底部的半径。值得注意的是，当顶部半径设置为与底部半径相同时，圆锥体实际上就变成了圆柱体。

※ 高度：此参数用于控制圆锥体的高度。

※ 高度分段：此参数用于设置圆锥体在横向（即沿着高度方向）的分段数量，从而控制模型的细节和曲率。

※ 旋转分段：此参数决定了圆锥体在纵向（即围绕中心轴的方向）的分段数量，同样影响模型的精细度和外观。

2.“封顶”参数选项卡

圆锥体的“封顶”参数选项卡如图 2-20 所示，其中的主要参数含义如下。

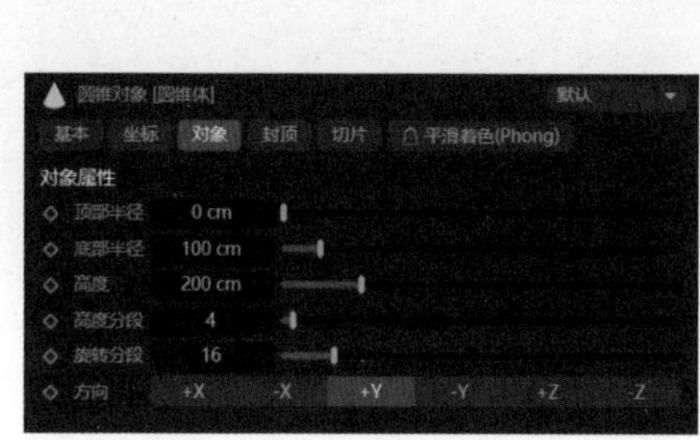

图2-19

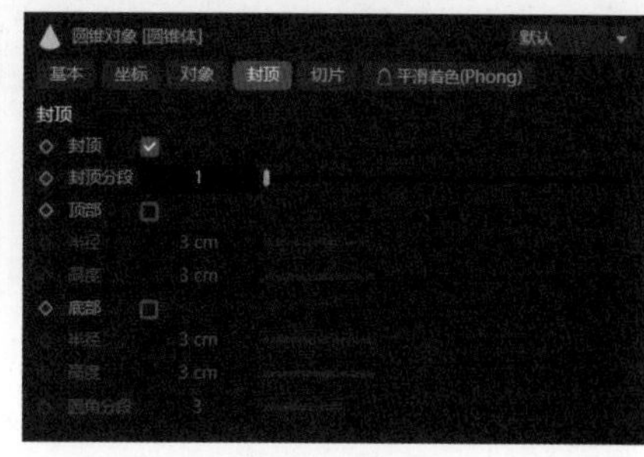

图2-20

※ 封顶：当选中“封顶”复选框时，圆锥体的顶部和底部将呈现封闭状态，形成一个完整的面；若不选中“封顶”复选框，则圆锥体将没有顶面和底面，如图 2-21 所示。

※ 顶部 / 底部：在选中“顶部”或“底部”复选框后，圆锥体的对应部分将出现倒角效果。此时，“半径”和“高度”文本框将被激活，通过调整这些参数，可以设置倒角边的平滑程度，如图 2-22 所示。

※ 圆角分段：当选中“顶部”或“底部”复选框时，“圆角分段”文本框将被激活。这个参数用于设置圆角的分段数，从而控制圆角的细腻程度，如图 2-22 所示。通过调整圆角分段数，可以进一步优化圆锥体的外观效果。

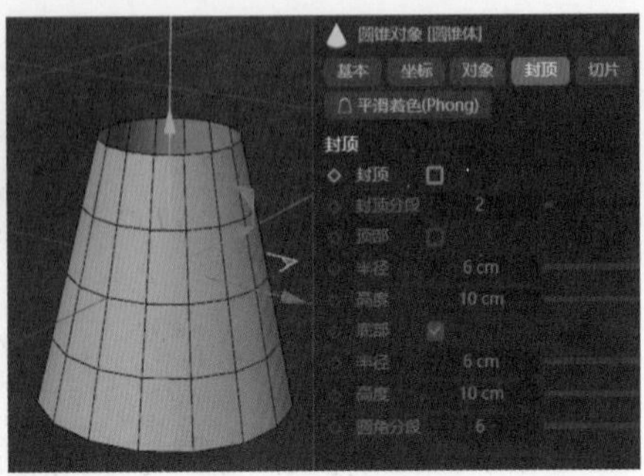

图2-21

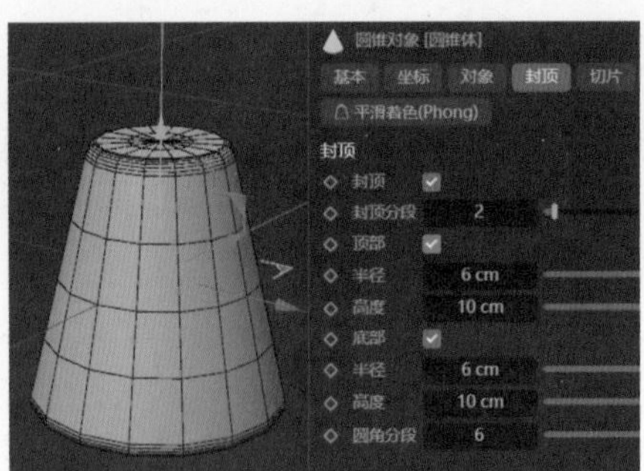

图2-22

3. “切片”参数选项卡

圆锥体的“切片”参数选项卡如图2-23所示，其中的主要参数含义如下。

※ 切片：选中“切片”复选框后，圆锥体会被切割开。此时，“起点”和“终点”文本框将被激活，允许设置切片的起始角度和终止角度，如图2-23所示。通过调整这些参数，可以控制圆锥体被切割的具体位置和范围。

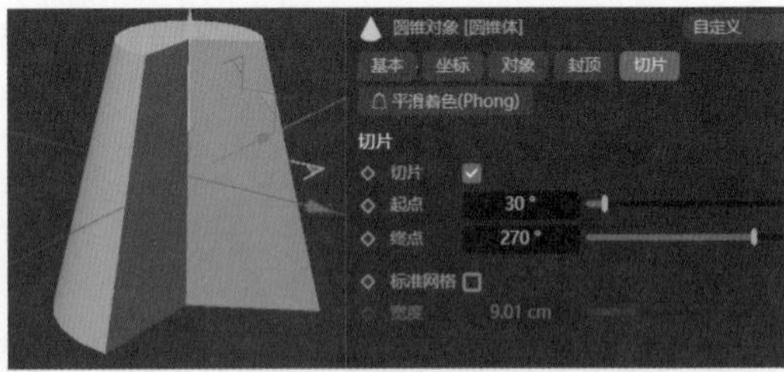

图2-23

2.2.3 平面

平面及其“对象”参数选项卡如图2-24所示，其中的主要参数含义如下。

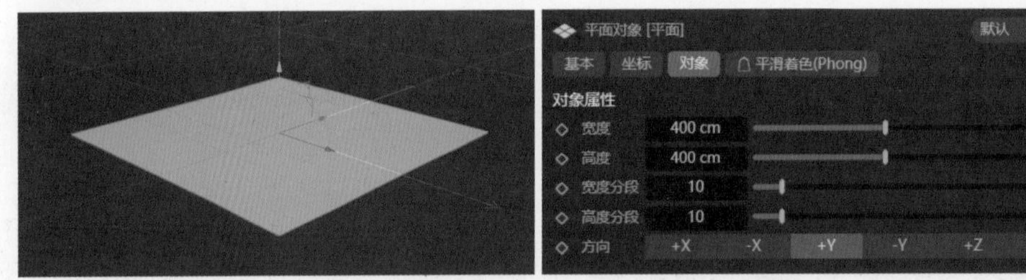

图2-24

※ 宽度/高度：这些参数用于设置平面的宽度和高度。另外，用户也可以在视图中直接使用“缩放”工具来调整平面的尺寸。

※ 宽度/高度分段：这些参数允许用户设置平面在宽度和高度方向上的分段数量，从而实现更精细的网格划分。

※ 方向：此参数用于设置平面正面的朝向，确保平面在场景中的正确显示和定位。

2.2.4 圆盘

圆盘及其“对象”参数选项卡如图2-25所示，其中的主要参数含义如下。

※ 内部半径/外部半径：这两个参数分别用于设置圆盘的内部半径和外部半径。当内部半径值设置为0时，圆盘呈现为完整的圆形；而当内部半径值大于0时，圆盘则呈现为圆环形状，如图2-26所示。

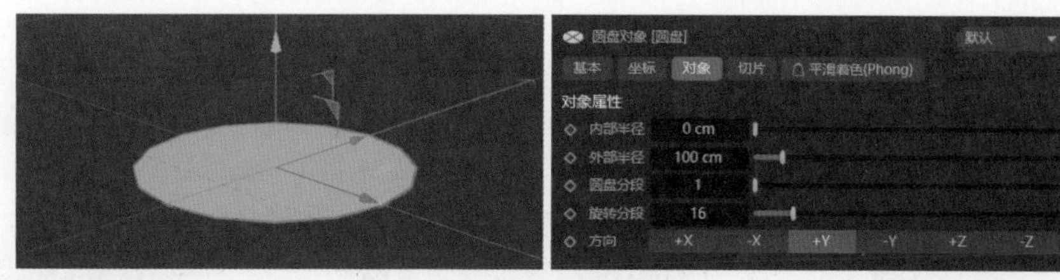

图2-25

※ 圆盘分段：此参数用于设置圆盘从内部到外部的分段数量，它决定了圆盘表面的细节程度。通过调整圆盘分段值，可以控制圆盘的外观和渲染质量，如图 2-27 所示。

※ 旋转分段：此参数用于设置圆盘的纵向分段数量。旋转分段值越大，圆盘在纵向上的曲线就越平滑，整体外观更加圆润，如图 2-27 所示。

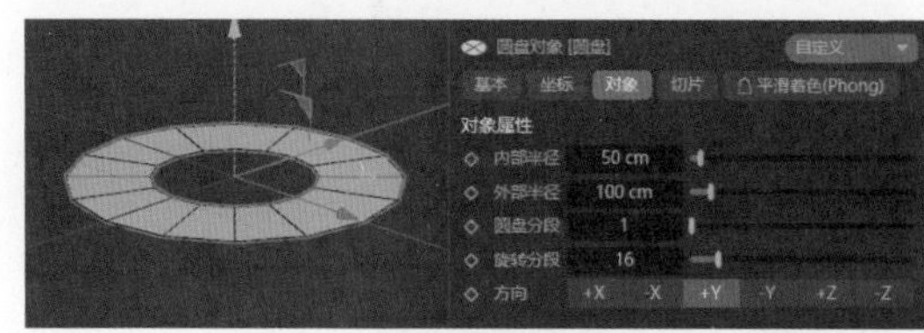

图2-26

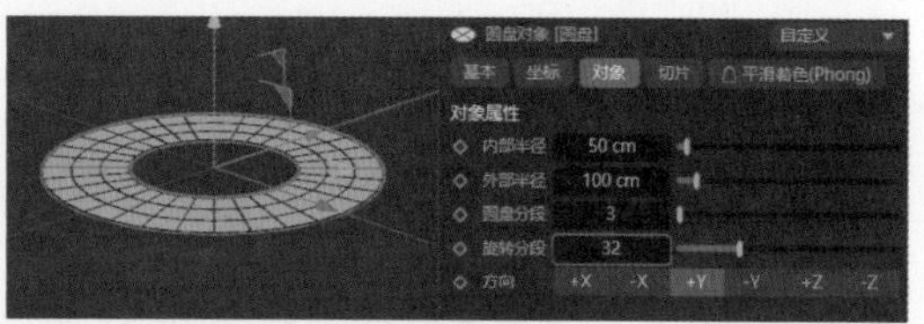

图2-27

※ 方向：此参数允许用户设置圆盘正面的朝向，以确保圆盘在三维空间中的正确方向和定位。

2.2.5 球体

球体及其“对象”参数选项卡如图 2-28 所示，其中的主要参数含义如下。

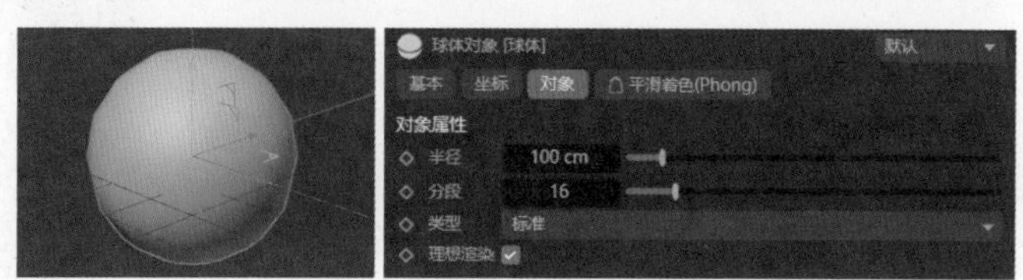

图2-28

※ 半径：该参数用于调整球体的半径大小，从而控制球体的整体尺寸。

※ 分段：通过此参数可以设置球体的分段数量。分段值越大，球体的表面就越平滑，呈现出更加圆润的外观。

※ 类型：该下拉列表允许用户选择球体的不同类型，包括标准球体、半球体、四面体、六面体、八面体以及二十面体。每种类型的面排列方式各不相同，从而为用户提供了多样化的选择，以满足不同的建模需求，如图 2-29 所示。通过更改类型，可以轻松创建出具有独特形状的球体模型。

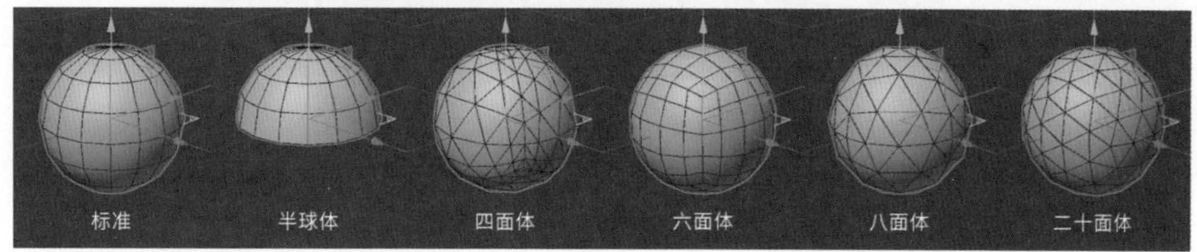

图2-29

※ 理想渲染：当选中该复选框，并且球体处于不可编辑状态时，无论球体的分段数量设置为多少，其渲染效果都将呈现为圆滑的球体。以分段数为 6 的标准球体为例，图 2-30 展示了原始效果、选中“理想渲染”复选框后的渲染效果以及未选中“理想渲染”复选框时的渲染效果。通过对比，可以明显看出选中“理想渲染”复选框后，球体的渲染效果更加圆滑。

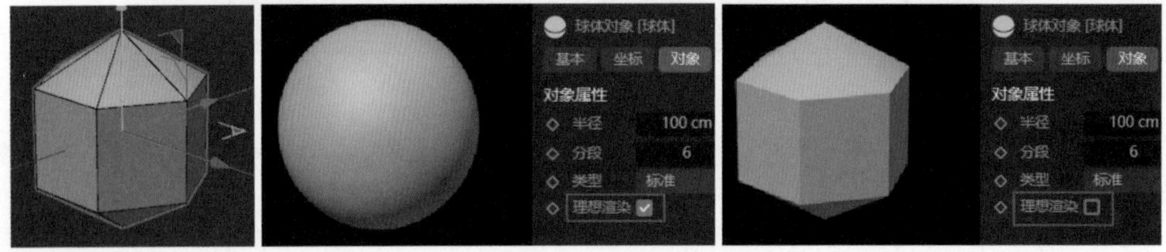

图2-30

2.2.6 胶囊

胶囊及其“对象”参数选项卡如图 2-31 所示，其中的主要参数含义如下。

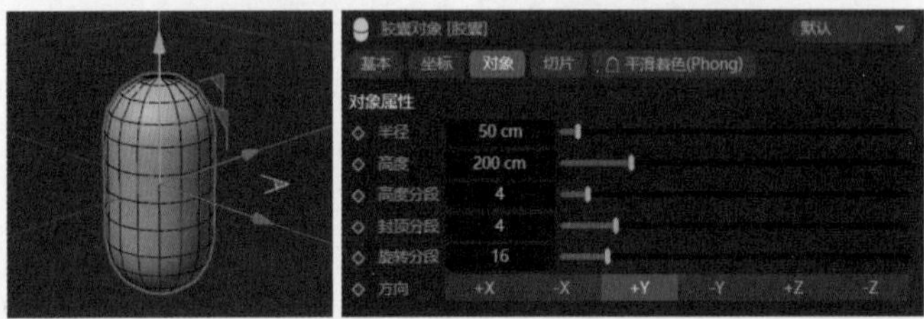

图2-31

※ 半径 / 高度：这两个参数分别用于设置胶囊体在横向（半径）和纵向（高度）上的大小。

※ 高度分段 / 封顶分段 / 旋转分段：这些参数用于调整胶囊体的分段数量。“高度分段”决定了胶囊体在高度方向上的分段数，“封顶分段”则影响胶囊体顶部和底部的分段，而“旋转分段”控制的是胶囊体圆周方向的分段数。这些分段数的增加会使胶囊体的外观更加圆滑。

2.2.7 人形素体

人形素体及其“对象”参数选项卡如图 2-32 所示，其中的主要参数含义如下。

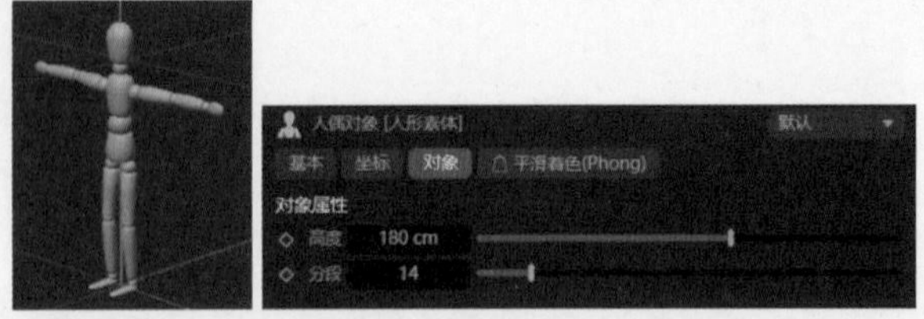

图2-32

※ 高度：此参数用于调整人形素体的大小，主要影响其整体高度。

※ 分段：通过该参数，可以设置人形素体各个部位的分段数量。分段值越大，人形素体的表面就越平滑，整体看起来更加圆润和自然。当将人形素体转换为可编辑对象时，其各个部位会自动进行编组，这样用户可以方便地对每个部位进行单独的调节和编辑，如图 2-33 所示。此功能大大增强了人形素体的可塑性和编辑灵活性。

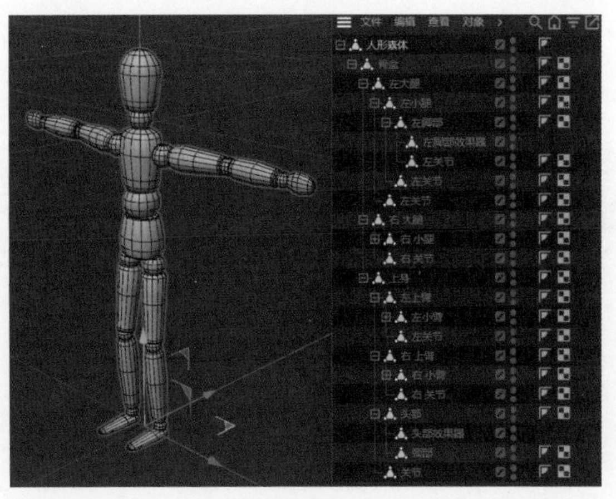

图2-33

2.2.8 地形

地形及其“对象”参数选项卡如图 2-34 所示，其中的主要参数含义如下。

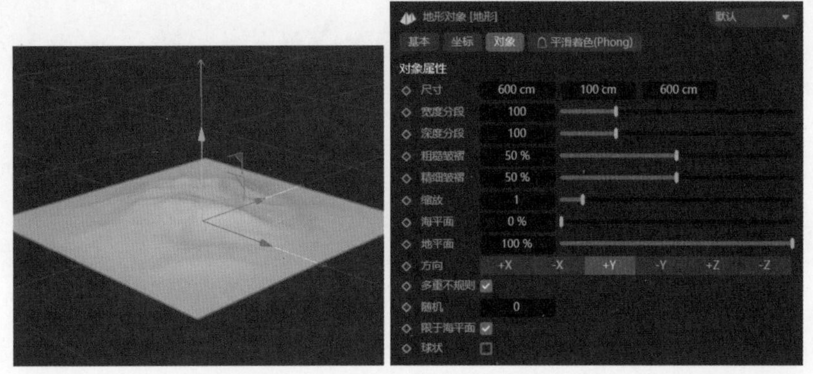

图2-34

※ 尺寸：该参数允许设置地形在 X、Y、Z 三个轴向上的大小，从而调整地形的整体尺寸。

※ 宽度分段 / 深度分段：这两个参数分别用于设置地形在宽度（X 轴）和深度（Y 轴）方向上的分段数量。分段值越大，地形的细节表现就越精细，能够更好地模拟真实地形的复杂性和多样性。

※ 粗糙褶皱：此参数用于调整地形中较为明显的凹凸程度，增强地形的真实感和自然效果。通过对比效果，如图 2-35 所示，可以清晰地看到不同粗糙褶皱设置对地形外观的影响。

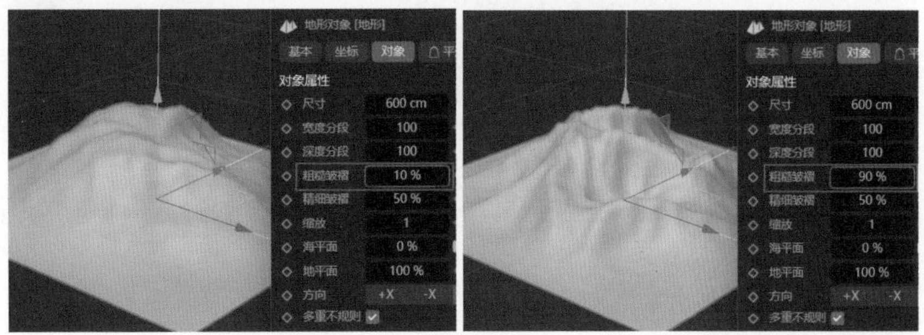

图2-35

※ 精细褶皱：此参数用于在粗糙褶皱的基础上，进一步设置地形中更为精细的凹凸程度。通过调整精细褶皱，可以在地形表面增加更多细节和变化，使其看起来更加自然和真实。对比效果如图 2-36 所示，可以明显看出精细褶皱对地形细节的提升作用。

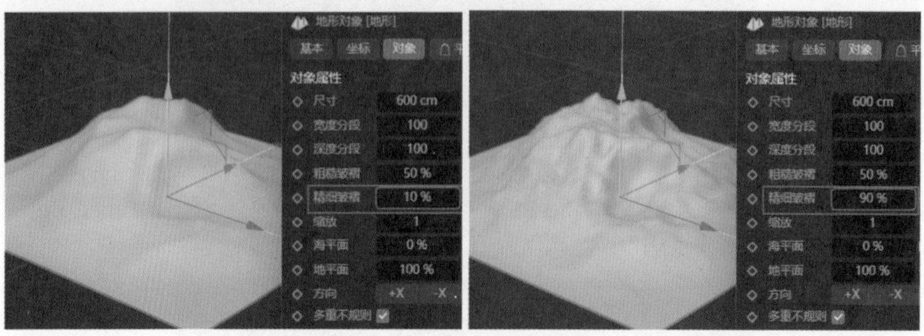

图2-36

※ 缩放：此参数用于调整地形在高度上的上下起伏的重复度。通过增大或减小缩放值，可以控制地形起伏的频繁程度和幅度。对比效果如图 2-37 所示，可以清晰地看到不同缩放设置对地形起伏的影响。合理的缩放设置能够使地形更加自然、真实，并增强场景的视觉效果。

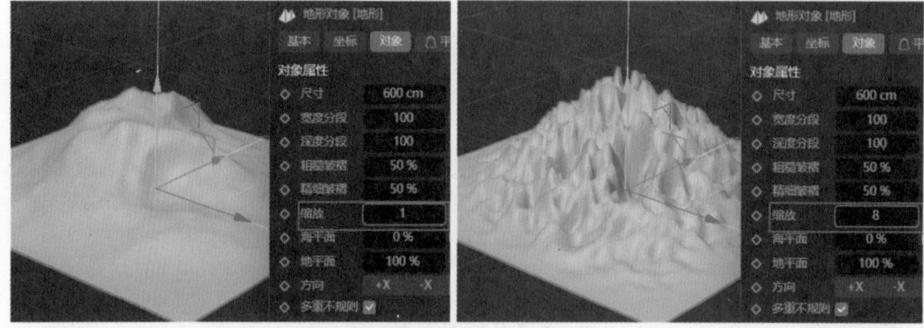

图2-37

※ 海平面：此参数用于设置海平面的高度。随着数值的增大，海平面会上升，从而导致更多的地形被海水淹没。通过对比效果，如图 2-38 所示，可以明显看到不同海平面高度对地形的影响。合理的海平面设置可以为场景增添更多的真实感和视觉效果。

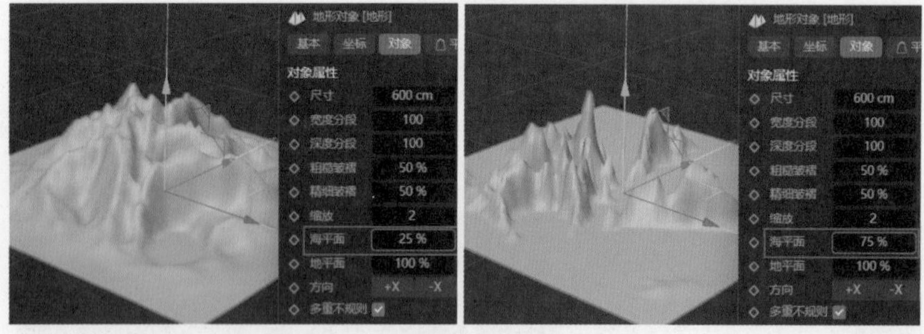

图2-38

※ 地平面：该参数用于设置地形的顶部平坦面积。默认值为 100%，表示顶部完全平坦。随着数值的增大，平坦的面积也会相应增大。通过对比效果，如图 2-39 所示，可以清晰地看到不同地平面设置对地形顶部平坦程度的影响。合理的地平面设置可以使地形更加符合实际需求，并提升场景的自然度和真实感。

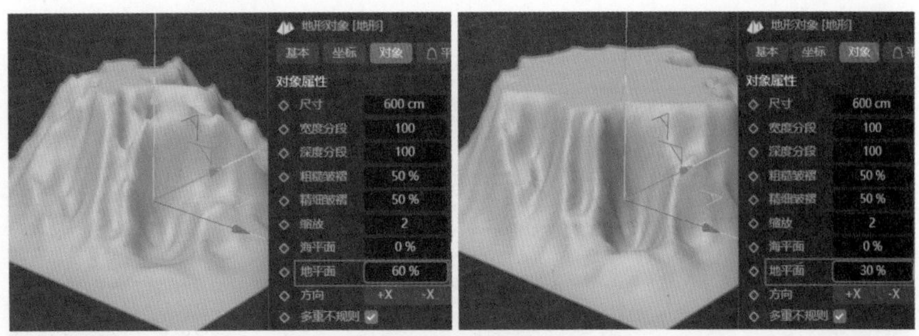

图2-39

※ 多重不规则：当选中“多重不规则”复选框时，地形会呈现更加复杂和不规则的特点，从而创造出更加逼真的地貌效果。这种设置使地形更具自然感和真实感，为场景增添了丰富的视觉效果。通过对比效果，如图 2-40 所示，可以明显看出选中“多重不规则”复选框后地形的变化。

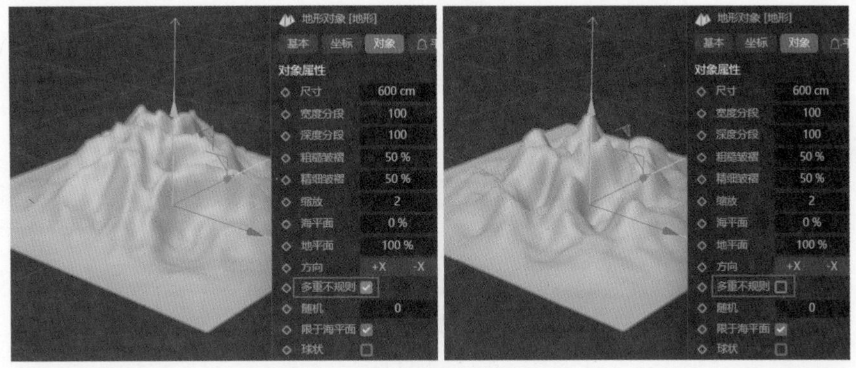

图2-40

※ 随机：通过设置不同的随机数值，可以生成多样化且独一无二的地形，为场景设计提供更多可能性。

※ 限于海平面：当选中“限于海平面”复选框时，生成的地形中山脉周围会被海平面环绕，并且两者之间的过渡会显得非常自然，营造出一种山海相连的景象。然而，当取消选中该复选框时，海平面效果将不再显示，地形周围不会出现海平面的环绕。图 2-41 展示了选中该复选框前后的对比效果，可以明显看出海平面与地形的相互关系及其影响。

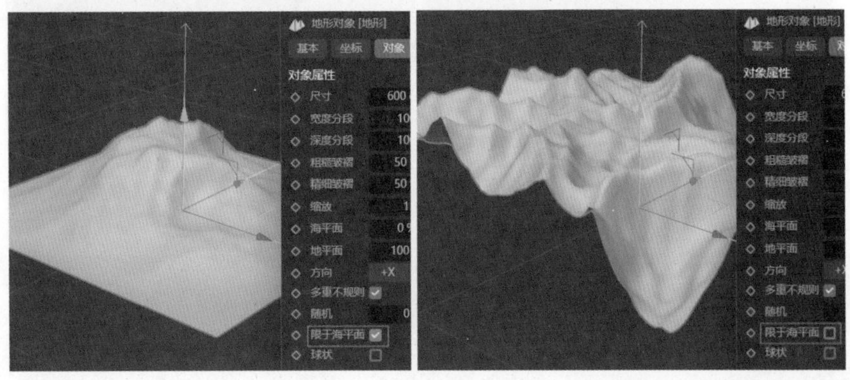

图2-41

※ 球状：当选中“球状”复选框后，地形会呈现球状形态，而且其直径将与所设置的宽度数值相

匹配进行生成。这种设置可以创造出独特的地形效果，特别适用于需要球形地表的场景。通过对比效果，如图 2-42 所示，可以直观地看到选中“球状”复选框后地形的显著变化。

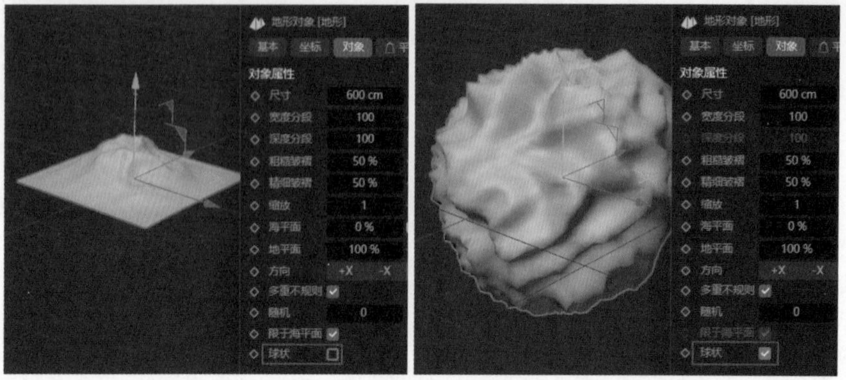

图2-42

2.2.9 宝石体

宝石体及其“对象”参数选项卡如图 2-43 所示，其中的主要参数含义如下。

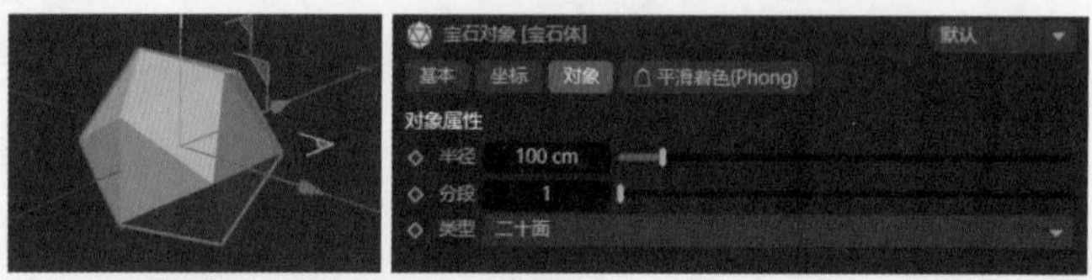

图2-43

※ 半径：此参数用于调整宝石体的大小，通过改变半径值可以控制宝石体的整体尺寸。

※ 分段：该参数允许设置宝石体表面的分段数量。分段数量的多少将直接影响宝石体的外观细节和光滑度。如图 2-44 所示，不同分段数量的宝石体在视觉效果上有所不同。合理的分段设置能够使宝石体呈现出更加逼真和精细的外观。

图2-44

※ 类型：通过此参数，可以设置宝石体的不同类型。提供了四面、六面、八面、十二面、二十面以及碳原子六种选项。选择不同的类型，宝石体的外观将呈现出独特且多样的形态。图 2-45 展示了不同类型的宝石体效果。

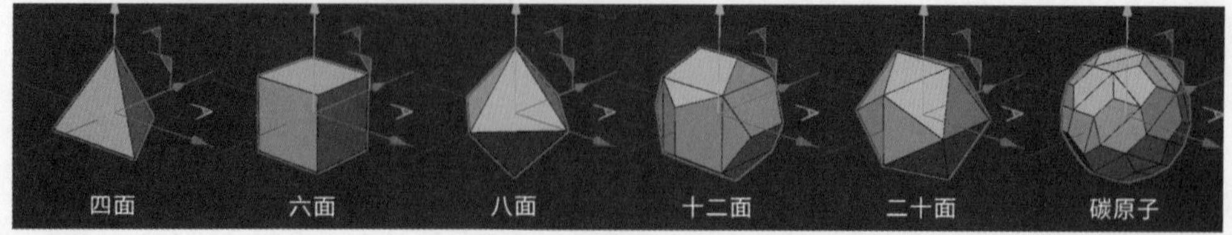

图2-45

2.2.10 管道

1. “对象”参数选项卡

管道及其“对象”参数选项卡如图 2-46 所示，其中的主要参数含义如下。

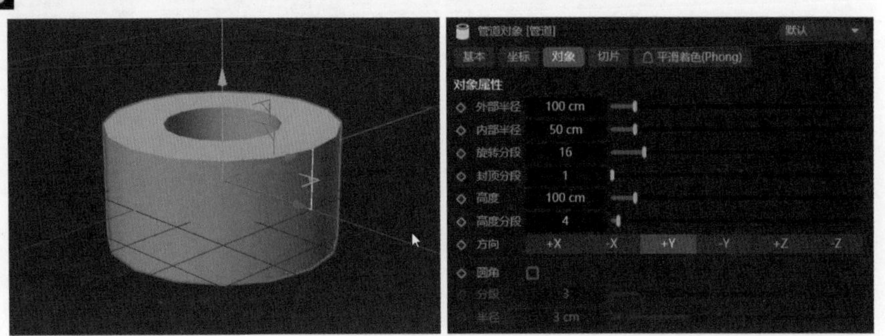

图2-46

※ 外部半径 / 内部半径：这两个参数分别用于设置管道的外部半径和内部半径数值。外部半径数值越大，管道的整体尺寸就越大；而当外部半径和内部半径的数值越接近时，管道的壁厚就会变得越薄。

※ 旋转分段：此参数用于设置管道在纵向上的分段数量。旋转分段的数值越大，管道的外观就会显得越圆滑，细节也更加丰富。

※ 封顶分段：此参数用来设置管道厚度的分段数量，影响管道壁厚的层次感和细节表现。

※ 圆角：当选中“圆角”选项时，管道的边缘会出现倒角效果，同时“分段”和“半径”选项会被激活。这两个参数的数值越大，倒角就会越显得圆滑，为管道边缘提供更加柔和的过渡效果，如图 2-47 所示。通过调整这些参数，可以创造出更加自然和美观的管道形态。

2. “切片”参数选项卡

管道的“切片”参数选项卡如图 2-48 所示，其中的主要参数含义如下。

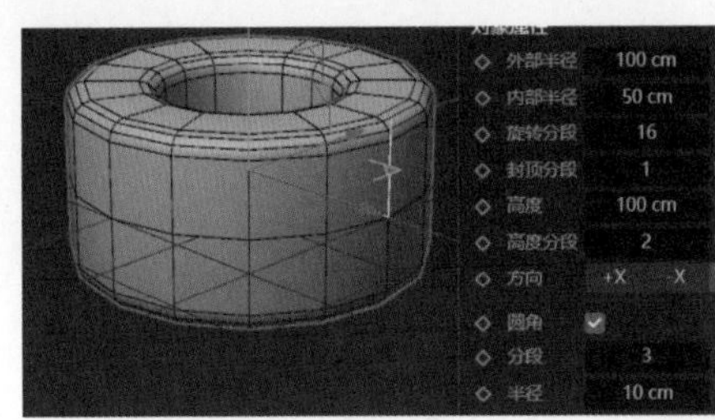

图2-47

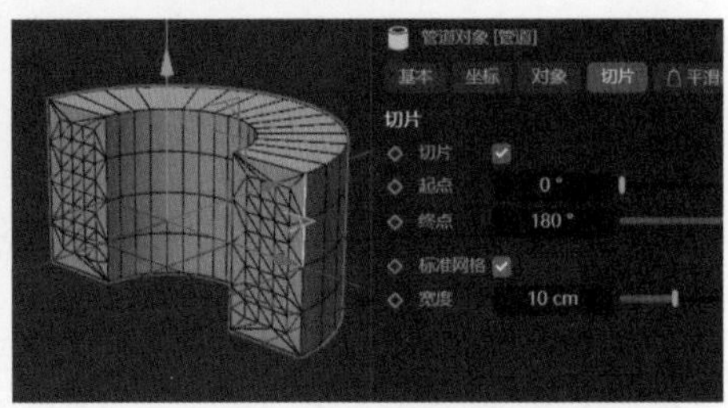

图2-48

※ 切片：当选中“切片”复选框时，管道会被切割开。此时，“起点”和“终点”文本框将被激活，通过调整这两个参数，可以设置切片的起始角度和终止角度，从而精确地控制管道的切割范围和形态。这一功能在处理特定造型或实现某种设计效果时非常有用。

2.2.11 圆环面

1. “对象”参数选项卡

圆环面及其“对象”参数选项卡如图 2-49 所示，其中的主要参数含义如下。

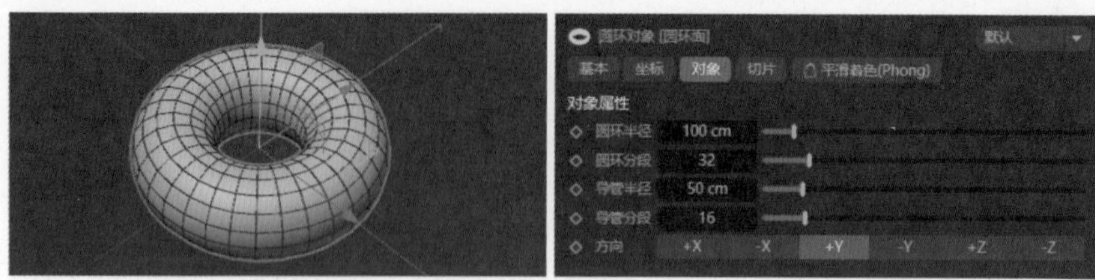

图2-49

※ 圆环半径：此参数用于设置圆环的基本尺寸，即圆环的半径大小。

※ 圆环分段：此参数决定了圆环在纵向上的分段数量。分段值越大，圆环的外观就会更加圆滑，细节呈现也会更加精细。

※ 导管半径：此参数用于设置圆环内部管道的尺寸。导管半径值越大，圆环内部的管道就会越粗。

※ 导管分段：此参数用于控制圆环管道的横向分段数量。与圆环分段类似，导管分段值越大，圆环管道的外观也会显得越圆滑，从而提高整体的视觉效果。

这些参数共同影响着圆环及其内部管道的视觉表现和精细度。通过合理调整这些参数，可以创建出既美观又符合设计要求的圆环模型。

2."切片"参数选项卡

圆环面的"切片"参数选项卡如图 2-50 所示，其中的主要参数含义如下。

※ 切片：当选中"切片"复选框时，圆环面会被切割开。此时，"起点"和"终点"文本框将变为可激活状态。通过调整这两个参数，用户可以精确设置切片的起始角度和结束角度，从而实现对圆环面切割范围和形态的控制。这一功能在需要定制圆环面造型或实现特定设计效果时非常实用。

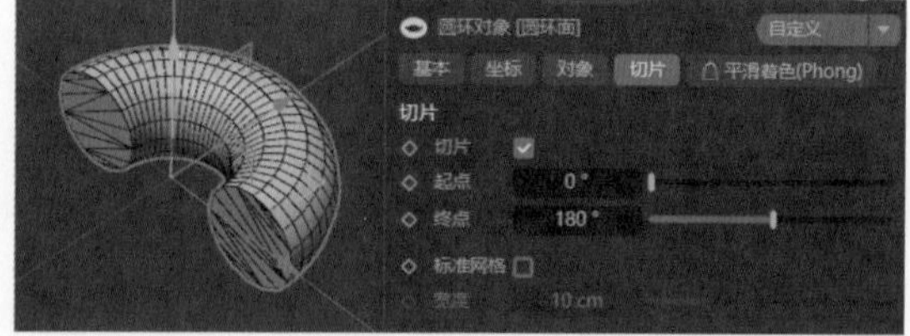

图2-50

2.2.12 贝塞尔

贝塞尔在点模式中可以制作光滑的曲面，原始状态、调整点后的效果及其"对象"参数选项卡如图 2-51 所示，其中的主要参数含义如下。

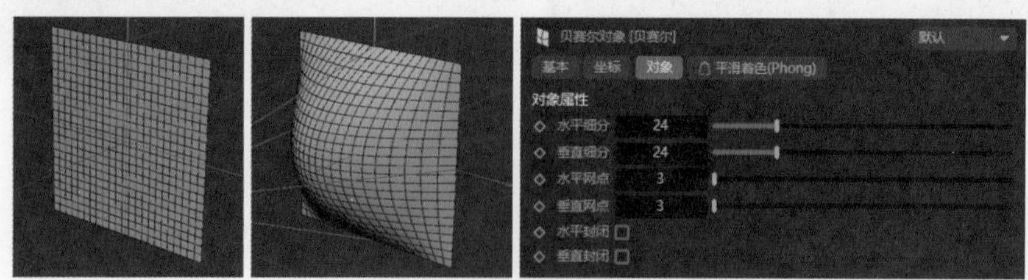

图2-51

※ 水平细分 / 垂直细分：这些参数用于设置贝塞尔曲面在水平或垂直方向上的分段数量。细分值越大，贝塞尔曲面就会显得越平滑，从而提高曲面的视觉质量。

※ 水平网点 / 垂直网点：这些参数用于确定贝塞尔曲面在水平或垂直方向上的控制点数量。在点模式下，用户可以通过调整这些控制点来精确地塑造和修改曲面的形态，从而实现所需的设计

效果。

※ 水平封闭/垂直封闭：这些复选框决定贝塞尔曲面在水平或垂直方向上是否封闭。通过这些复选框，可以轻松地创建出管状等封闭形态的对象。不同状态的效果对比可以参照图 2-52 进行查看，以便更直观地理解这些设置如何影响最终的曲面形态。

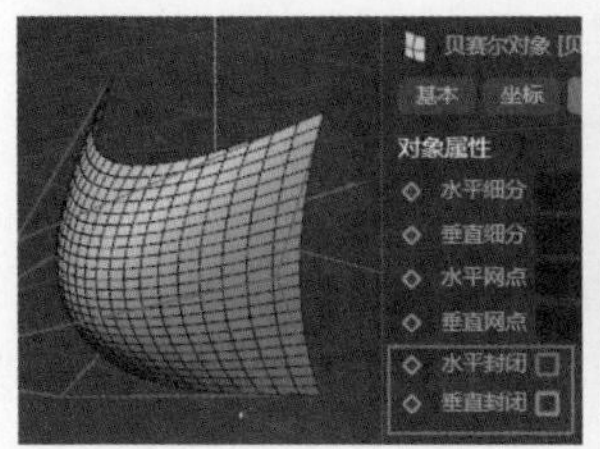

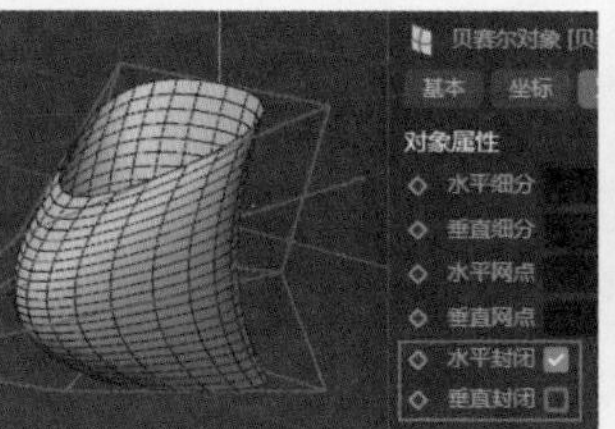

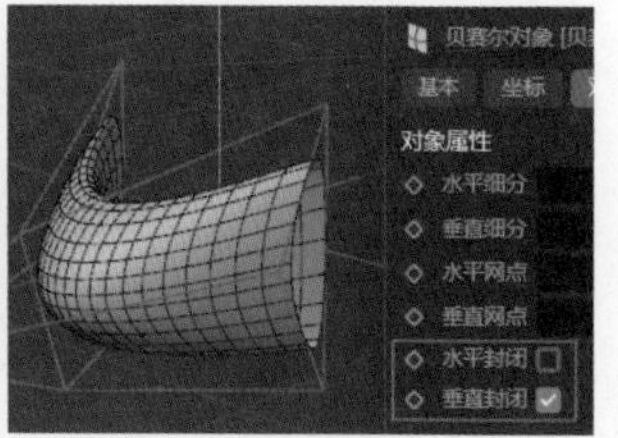

图2-52

2.3 创建参数样条线

虽然样条线在 C4D 中是二维的，无法直接进行渲染，但它们在建模过程中仍然扮演着非常重要的角色。用户可以通过创建和编辑样条线来设计出二维图形，随后与生成器或变形器结合，从而生成三维模型。本节将重点介绍一些常用的样条线及其相关参数，帮助用户更好地理解和应用它们。

2.3.1 弧线

弧线及其“对象”参数选项卡如图 2-53 所示，其中的主要参数含义如下。

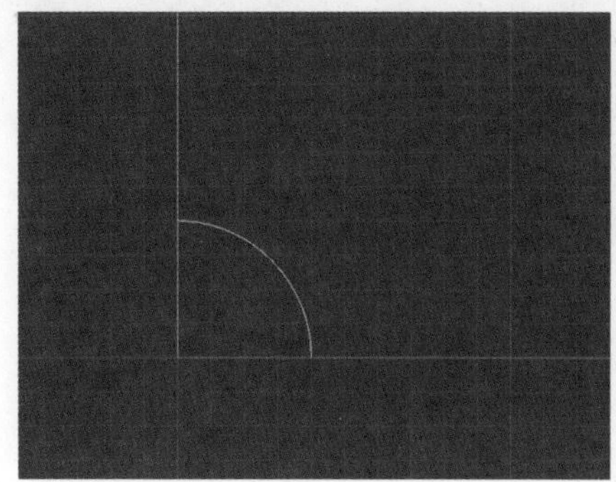
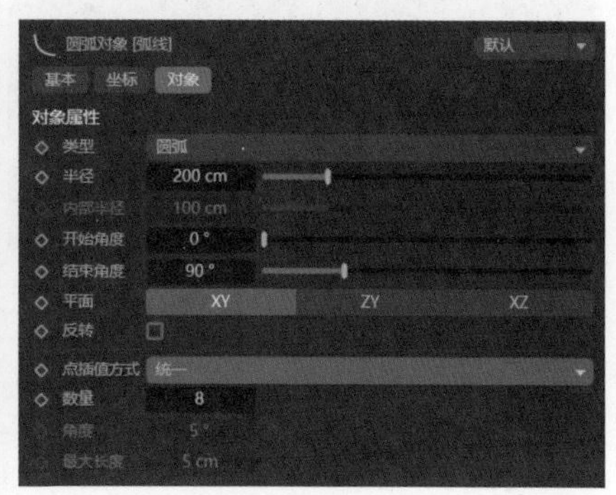

图2-53

※ 类型：此选项用于设置弧线的种类，包括圆弧、扇区、分段和环状 4 种类型。选择不同类型的弧线会产生不同的效果，具体可参见图 2-54 所示的效果对比。

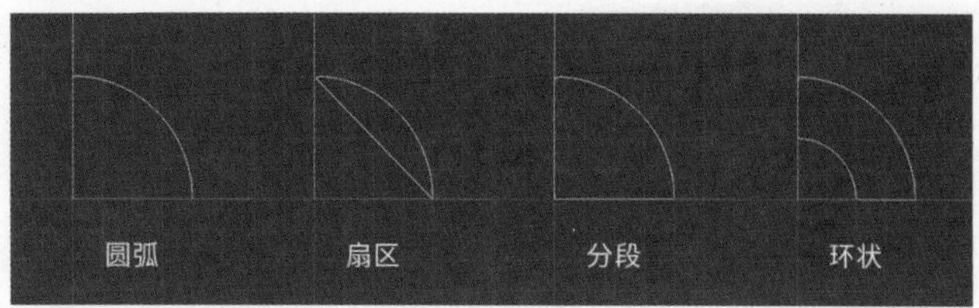

图2-54

※ 半径：此参数用于调整弧线的大小，即弧线的半径长度。

※ 内部半径：当弧线类型为环状时，“内部半径”文本框会变得可用。如果“内部半径”值设置为0，则环状效果与分段效果相同；而当“内部半径”与外部半径（即“半径”值）的数值越接近时，环状会显得越细。

※ 开始角度/结束角度：这两个参数用于设置弧线开始和结束时的角度，从而控制弧线的展开范围。

※ 平面：该选项用于确定弧线的轴向，即弧线在哪个平面上展开。

※ 点插值方式：该下拉列表用于设置计算弧线两点或多个点之间值的方法。它包含5种方式：无、自然、统一、自动适应和细分。

※ 数量：当点插值方式设置为自然或统一时，“数量”文本框会被激活。该参数的值越大，绘制出的圆弧就会越圆滑。

※ 角度：在点插值方式选择为自动适应或细分时，“角度”文本框会变为可用状态。这里的角度数值越小，所绘制的圆弧就会越平滑。

※ 最大长度：仅当点插值方式选择为细分时，“最大长度”文本框才会被激活。此参数值越小，意味着在绘制圆弧时会更加注重细节，从而使圆弧显得更加圆滑。

2.3.2 圆环

圆环及其“对象”参数选项卡如图2-55所示，其中的主要参数含义如下。

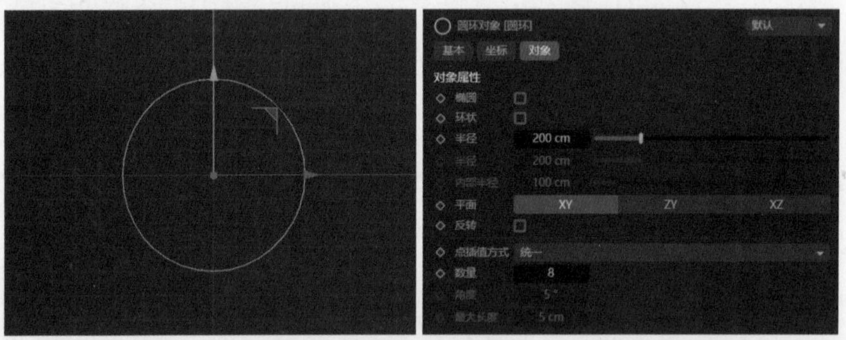

图2-55

※ 椭圆：当选中“椭圆”复选框时，第二个“半径”文本框会被激活。在“平面”设置为XY的情况下，第一个“半径”代表X轴上的半径，而第二个“半径”则代表Y轴上的半径。通过调整这两个半径值，可以改变椭圆的大小和形状，具体效果如图2-56所示。

※ 环状：当选中“环状”复选框时，“内部半径”文本框会变得可用。此时，第一个“半径”参数代表外圆的半径，而“内部半径”则代表内圆的半径。通过调整这两个半径的大小，可以改变圆环的整体尺寸和粗细程度，具体效果如图2-57所示。

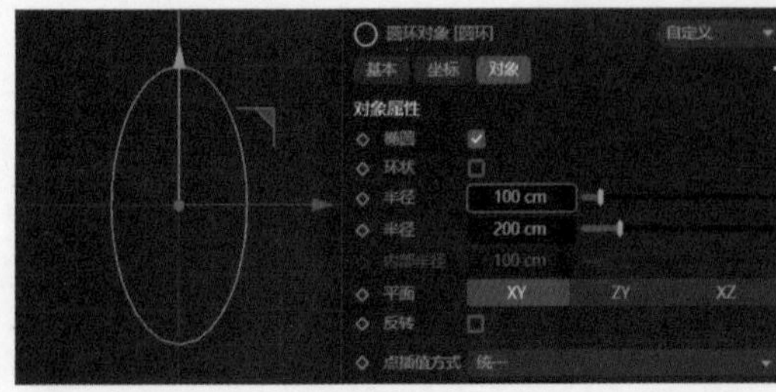

图2-56

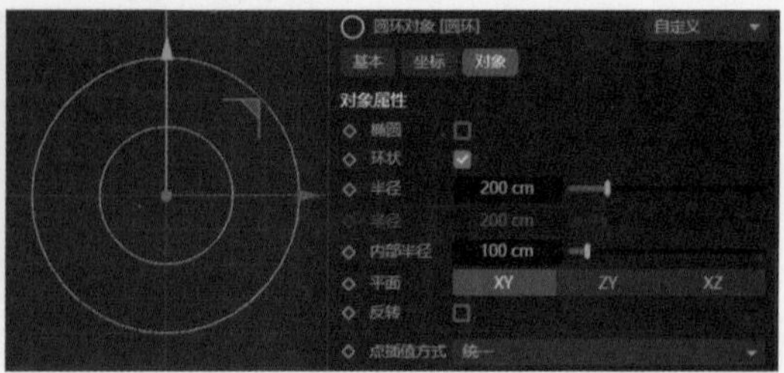

图2-57

2.3.3 螺旋线

螺旋线及其“对象”参数选项卡如图 2-58 所示，其中的主要参数含义如下。

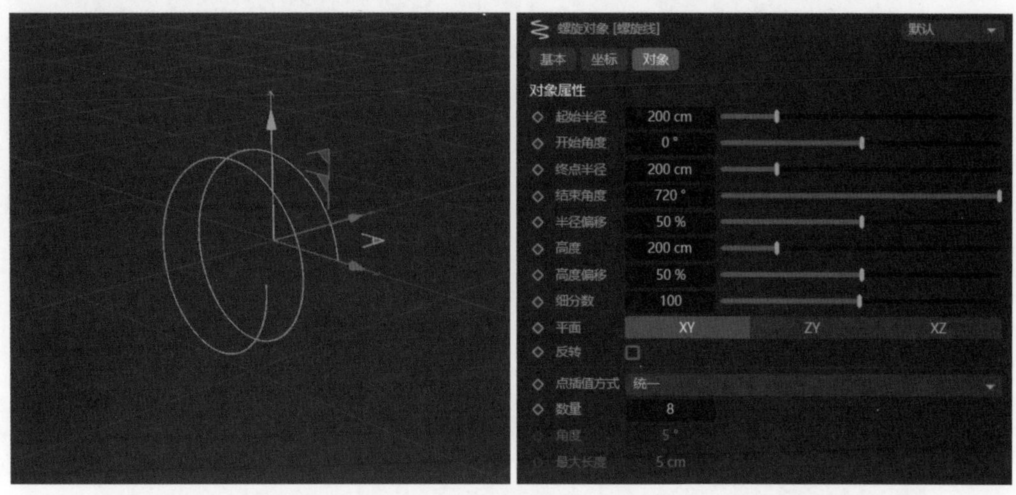

图2-58

※ 起始半径：此参数用于设置螺旋线底部的半径大小，从而确定螺旋线的起始宽度。

※ 开始角度：通过调整此参数，可以设置螺旋线底部起始点的角度，进而影响螺旋线的长度和圈数。

※ 终点半径：此参数用于设置螺旋线顶部的半径，控制螺旋线在顶部的宽度。

※ 结束角度：调整此参数可以改变螺旋线顶部结束点的角度，同样会影响螺旋线的长度和圈数。当开始角度和结束角度相等时，螺旋线会呈现为直线形态。

※ 半径偏移：当“起始半径”与“终点半径”值不相等时，通过调整“半径偏移”值，可以改变半径的变化方式，进而影响螺旋线的形状。不同偏移数值会产生不同的效果，具体可以参照图 2-59 进行对比观察。

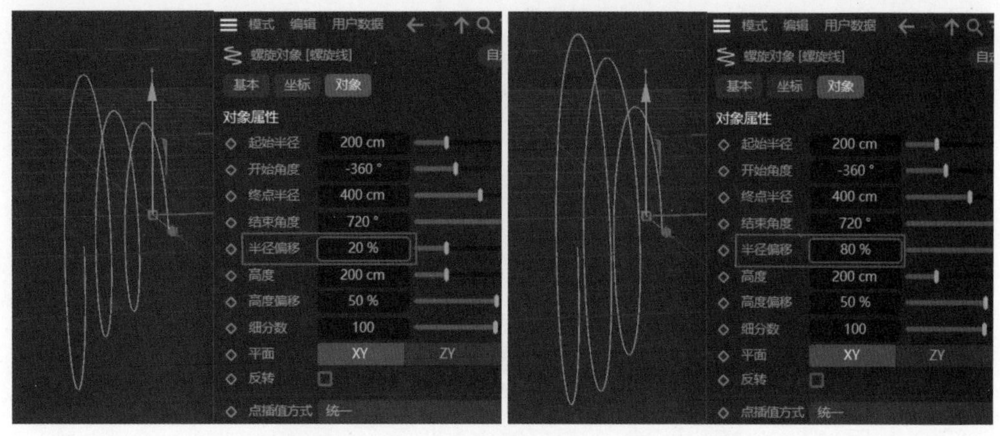

图2-59

※ 高度：此参数用于调整螺旋线的整体高度，从而控制螺旋线在垂直方向上的尺寸。

※ 高度偏移：通过调整此参数，可以改变螺旋线的紧凑程度及其位置。具体来说，数值较小时，螺旋线的底部（起始位置）会显得更加紧凑；而数值较大时，螺旋线的顶部（结束位置）会相对更紧凑。不同“高度偏移”值所产生的效果对比可以参照图 2-60 进行查看。

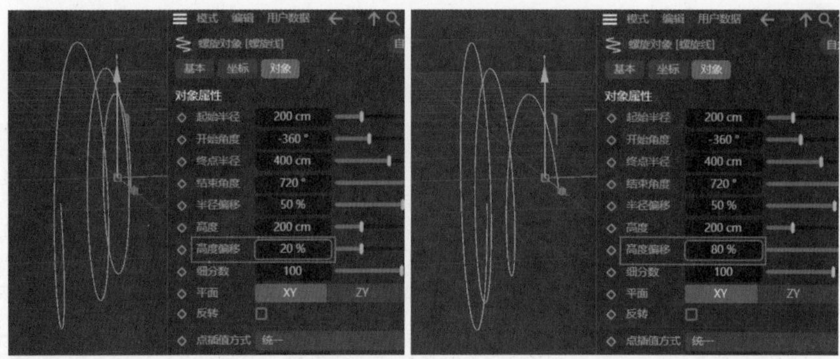

图2-60

2.3.4 多边

多边▣及其“对象”参数选项卡如图 2-61 所示，其中的主要参数含义如下。

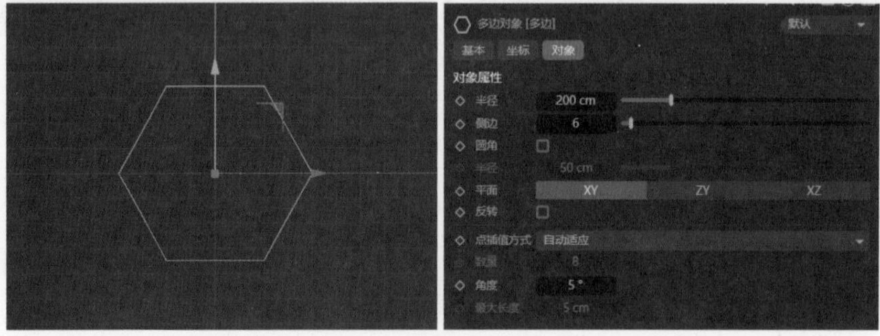

图2-61

※ 半径：此参数用于调整多边形的大小，即确定多边形外接圆的半径长度。

※ 侧边：通过该参数可以设置多边形的边数，从而控制多边形的形状。

※ 圆角：当选中“圆角”复选框时，多边形的每个角都会产生圆角效果，并且此时“半径”文本框会被激活，如图 2-62 所示。调整“半径”值可以改变圆角的程度，数值越大，多边形的角就会越平滑。当“半径”值达到最大时，多边形将呈现为圆形。

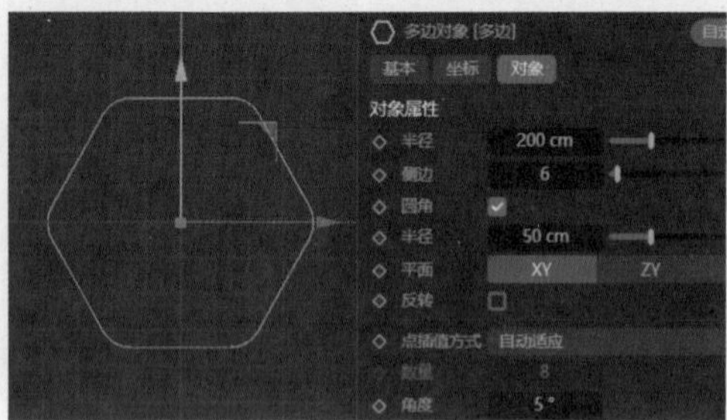

图2-62

2.3.5 矩形

矩形▣及其“对象”参数选项卡如图 2-63 所示，其中的主要参数含义如下。

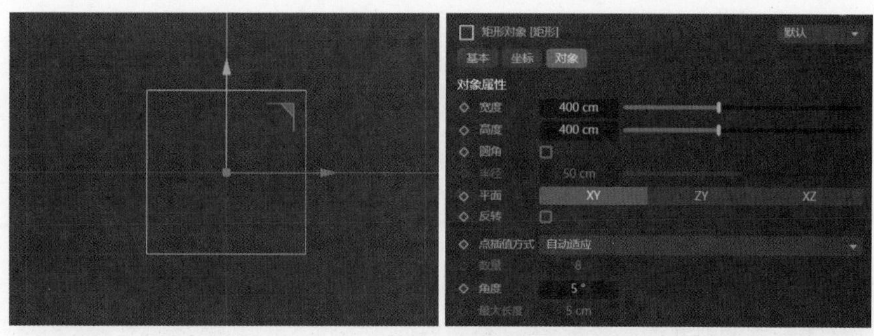

图2-63

※ 宽度：此参数用于调整矩形的宽度，即矩形的短边长度。

※ 长度：此参数用于设置矩形的长度，即矩形的长边尺寸。

※ 圆角：当选中“圆角”复选框时，矩形的4个角会出现圆角效果，同时“半径”文本框会被激活，具体效果如图2-64所示。圆角半径值越大，矩形的角部就会显得越平滑，呈现出更加圆润的外观。

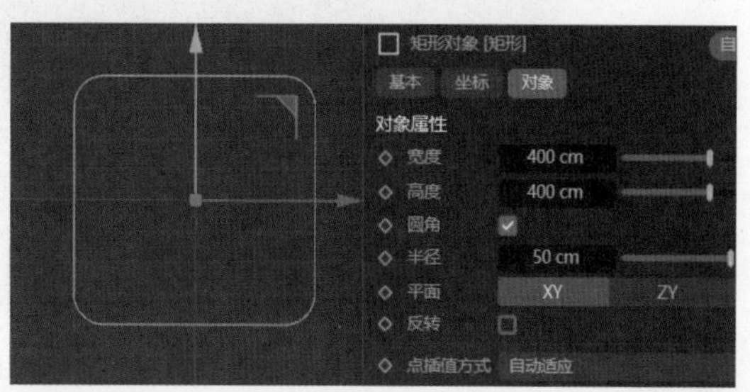

图2-64

2.3.6 四边

四边◇及其“对象”参数选项卡如图2-65所示，其中的主要参数含义如下。

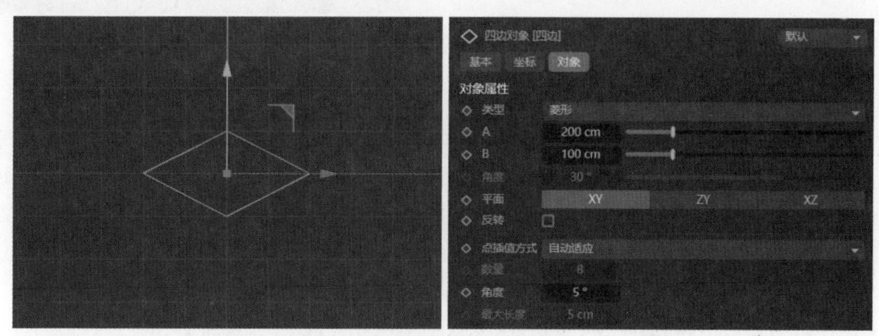

图2-65

※ 类型：此选项用于设置四边形的种类，包括菱形、风筝形、平行四边形和梯形4种类型。选择不同的四边形类型会产生不同的形状效果，具体可参见图2-66所示的效果对比。

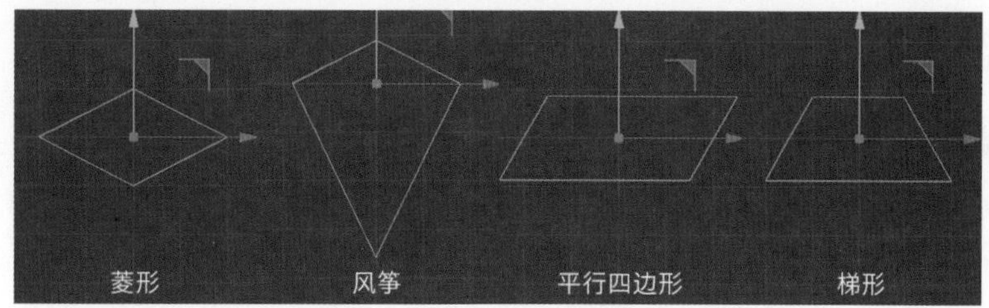

图2-66

※ A/B：这两个参数用于设置四边形在两个不同轴向上或两侧的长度。具体来说，当“平面”设置为XY选项时，A代表四边形在X轴向上的长度，而B则代表在Y轴向上的长度。

※ 角度：当选择的四边形类型为“平行四边形”或“梯形”时，角度选项会变得可用。这个参数用于设置四边形中相邻两边的夹角角度，从而进一步定义四边形的形状。

2.3.7 蔓叶线

蔓叶线及其“对象”参数选项卡如图2-67所示，其中的主要参数含义如下。

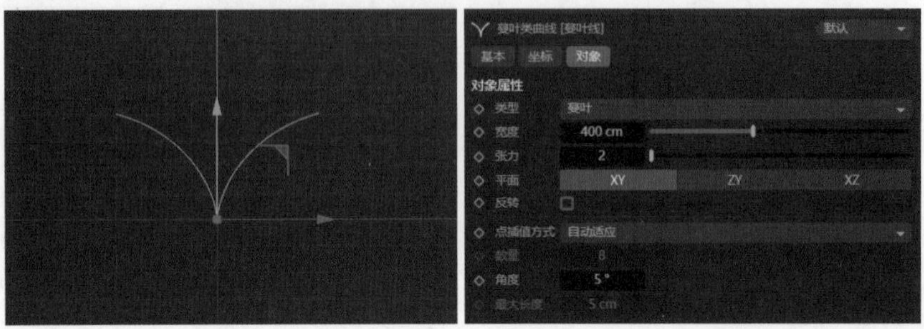

图2-67

※ 类型：此选项用于选择蔓叶线的种类，包括蔓叶、双扭和环索3种类型。选择不同的类型会产生不同的视觉效果，具体可参见图2-68所示的效果对比。

※ 宽度：此参数用于调整蔓叶线的宽度，从而控制其整体大小。

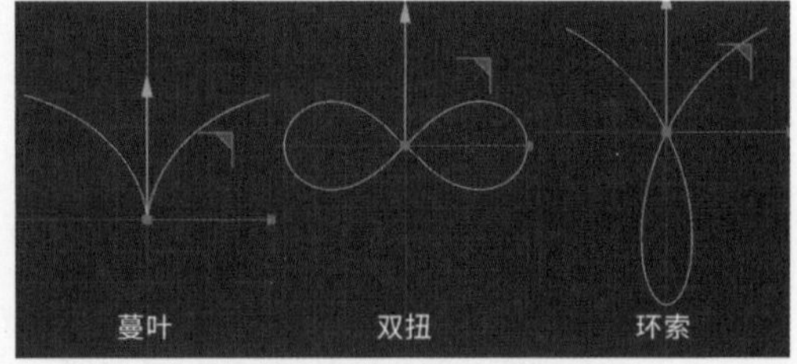

图2-68

※ 张力：当选择的蔓叶线类型为“蔓叶”或“环索”时，“张力”文本框会被激活。此参数用于设置蔓叶线的弯曲程度。张力值越大，曲线的曲度就越大，呈现更加弯曲的形态。不同张力值所产生的效果对比可以参照图2-69进行查看。

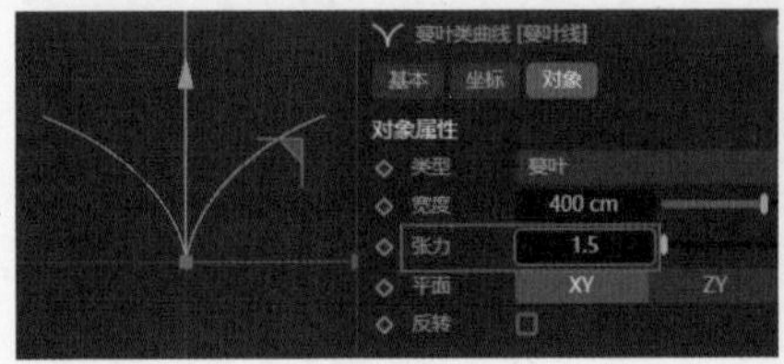

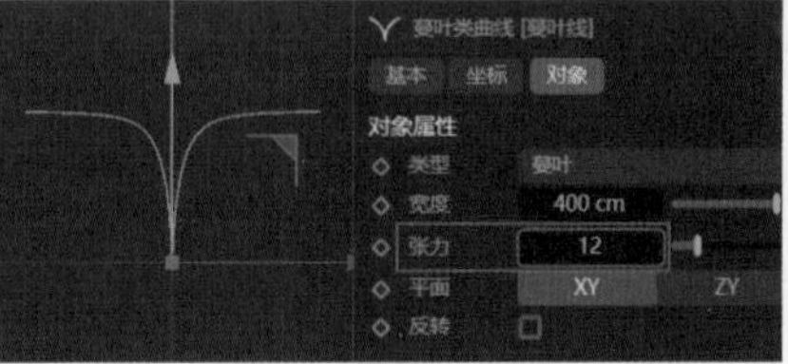

图2-69

2.3.8 齿轮

1. “对象”参数选项卡

齿轮及其“对象”参数选项卡如图2-70所示，其中的主要参数含义如下。

※ 传统模式：选中“传统模式”复选框时，参数改变为传统模式，“齿”和“嵌体”参数选项卡关闭，同时齿、内部半径、中间半径、外部半径、斜角等参数被激活，以设置齿轮形状，如图2-71所示。

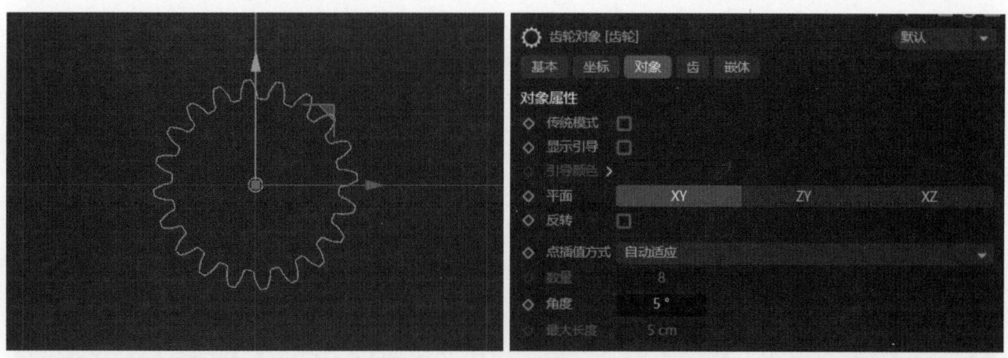

图2-70

※ 显示引导：选中“显示引导”复选框时，视图中显示引导线，同时“引导颜色”选项被激活，以设置引导线的颜色，如图 2-72 所示。

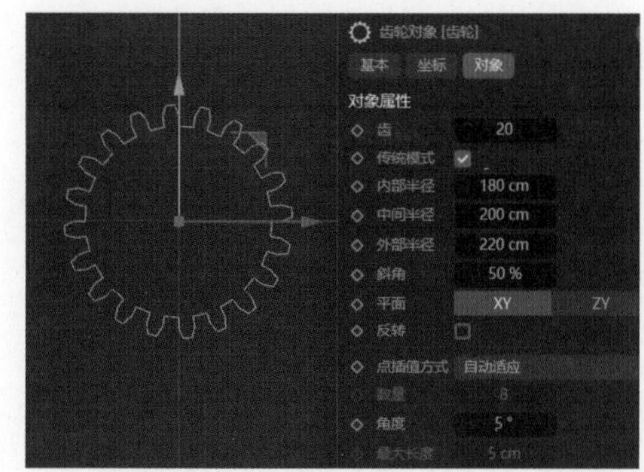

图2-71

图2-72

2.“齿”参数选项卡

齿轮由外圈的“齿”和内部的“嵌体”两部分组成，其中“齿”参数选项卡如图 2-73 所示，其中的主要参数含义如下。

※ 类型：此下拉列表用于设置齿轮中齿的种类，包含无、渐开线、棘轮、平坦 4 种类型。选择不同类型的齿会产生不同的形态和效果，具体可参考图 2-74 进行效果对比。根据所选齿的类型不同，会激活相应的可调节参数选项，以便进一步调整齿的形状、大小等属性。

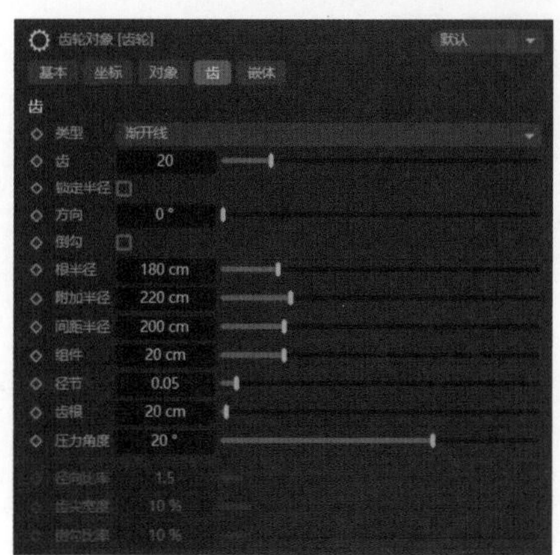

图2-73

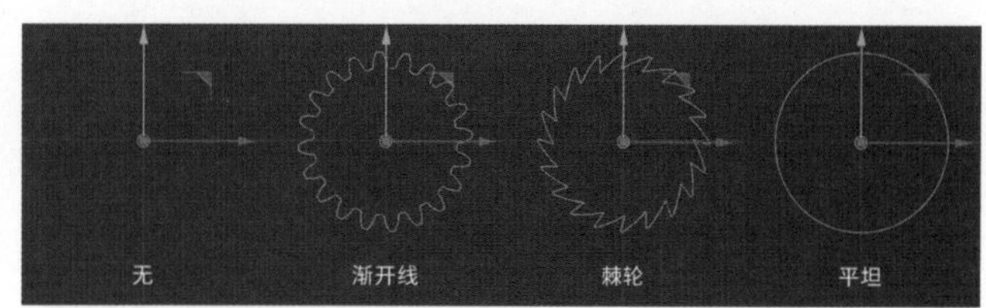

图2-74

3. “嵌体”参数选项卡

齿轮的“嵌体”参数选项卡如图 2-75 所示，其中的主要参数含义如下。

※ 类型：设置齿轮内部嵌体的种类，包括无、轮辐、孔洞、拱形、波浪 5 种类型，如图 2-76 所示。根据所选嵌体种类的不同，将激活相应的选项，以便设置嵌体的形状、大小等参数。

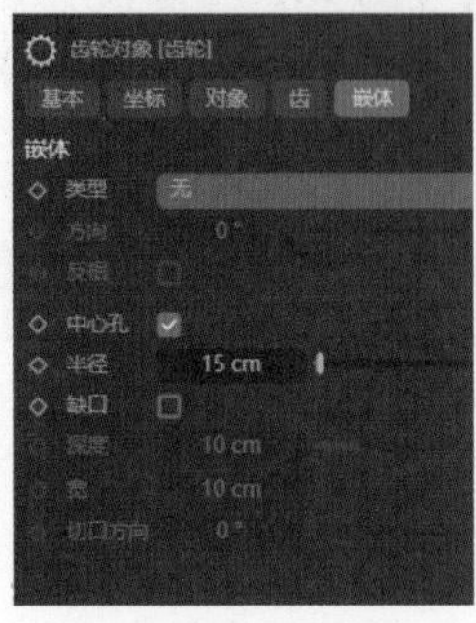

图2-75

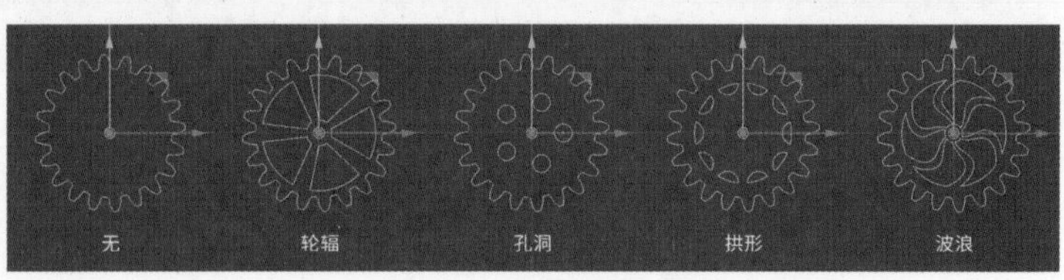

图2-76

2.3.9 摆线

摆线及其“对象”参数选项卡如图 2-77 所示，其中的主要参数含义如下。

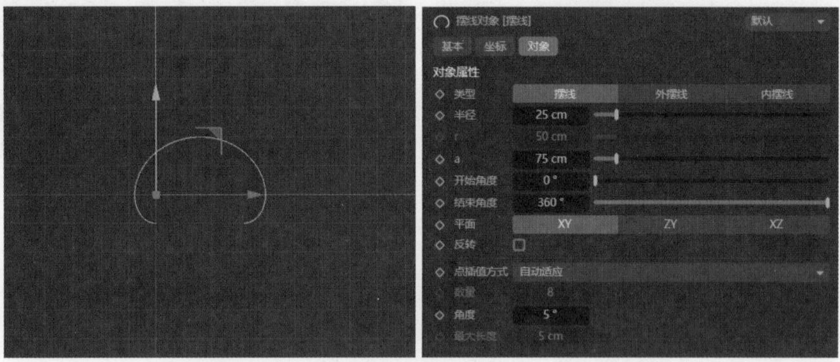

图2-77

※ 类型：设置摆线类型，包括摆线、外摆线和内摆线 3 种选项，各类型的效果如图 2-78 所示。

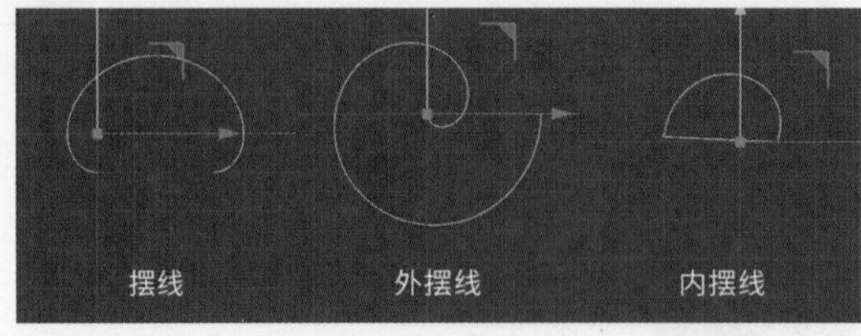

图2-78

※ 半径：用于调整摆线的大小。

※ r：设置在摆线上旋转的圆的半径。

※ a：调整摆线的形状偏移程度。

※ 开始 / 结束角度：确定摆线开始和结束的角度。

2.3.10 花瓣形

花瓣形及其“对象”参数选项卡如图2-79所示，其中的主要参数含义如下。

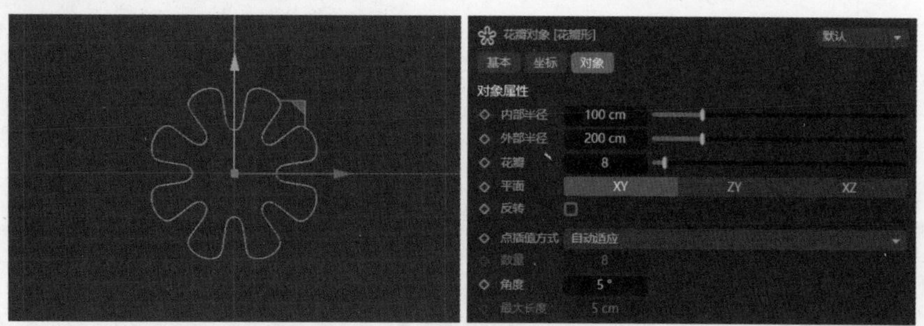

图2-79

※ 内部半径/外部半径：用于设置花瓣形的内部和外部半径大小。

※ 花瓣：此参数用于调整花瓣形的花瓣数量。

2.3.11 星形

星形及其“对象”参数选项卡如图2-80所示，其中的主要参数含义如下。

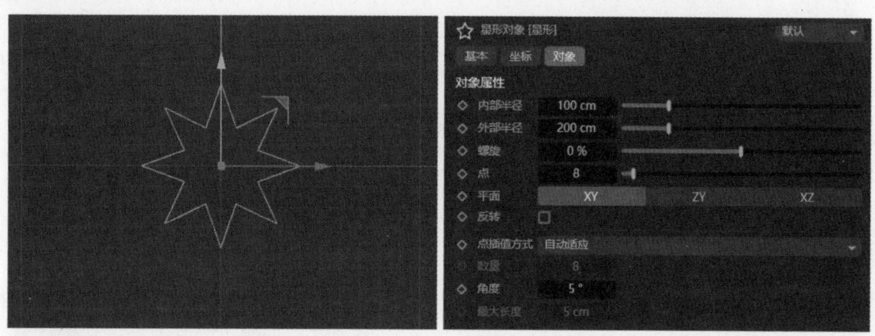

图2-80

※ 内部半径/外部半径：调整星形的内部和外部半径的数值。

※ 螺旋：此参数设置内部点相对于外部点的旋转偏移程度，如图2-81所示。

※ 点：用于设置星形外部点或角的数量。

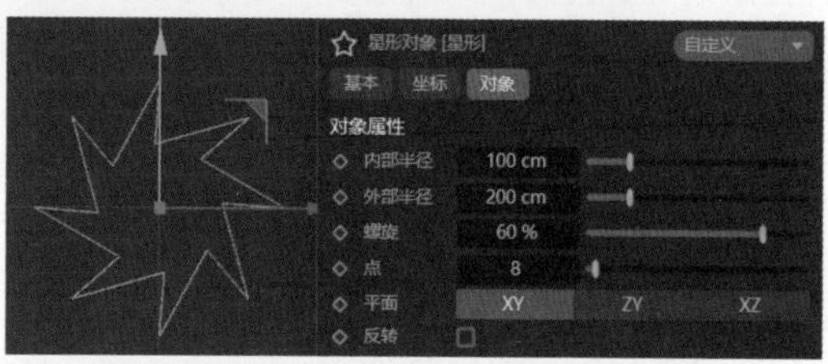

图2-81

2.3.12 文本

文本样条及其“对象”参数选项卡分别如图2-82和图2-83所示，其中的主要参数含义如下。

※ 文本样条：用于设置文本的具体内容。

※ 字体：此选项用于选择文本的字体样式。

※ 对齐：此选项用于调整文本对齐方式。

※ 高度：此选项用于调整文本的大小。

※ 水平 / 垂直间隔：这些选项允许用户自定义文本的排版样式。

图2-82

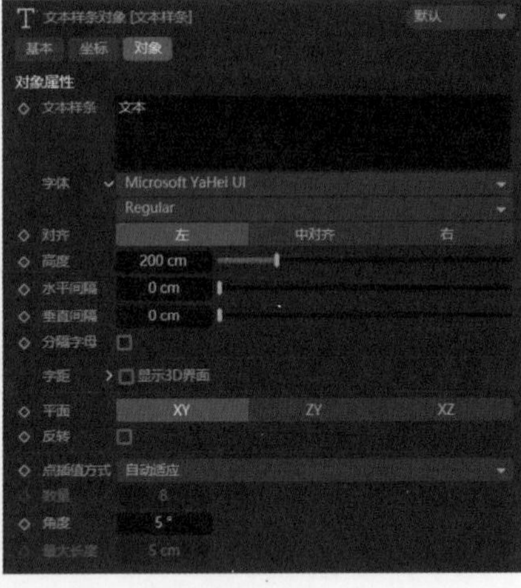

图2-83

2.4 绘制样条曲线

样条线建模常被用于构建具有线条特征的模型，例如精细的雕花图案、铁艺桌椅等。除了 C4D 所提供的样条参数对象，还可以根据个人需求手动绘制样条曲线。本节将详细介绍如何利用常见的样条工具进行样条曲线的绘制。

2.4.1 样条画笔

样条画笔是 C4D 中较常用的创建和编辑样条线的工具之一。只需在视图中单击或拖动，即可轻松绘制点并连成线，其绘制方法与 Photoshop 中的“钢笔工具”类似。在创建样条时，参数选项卡如图 2-84 所示，其中的主要参数含义如下。

图2-84

※ 类型：设置样条的平滑类型，包括线性、立方、Akima、B- 样条、贝塞尔 5 个选项。不同类型效果如图 2-85 所示。

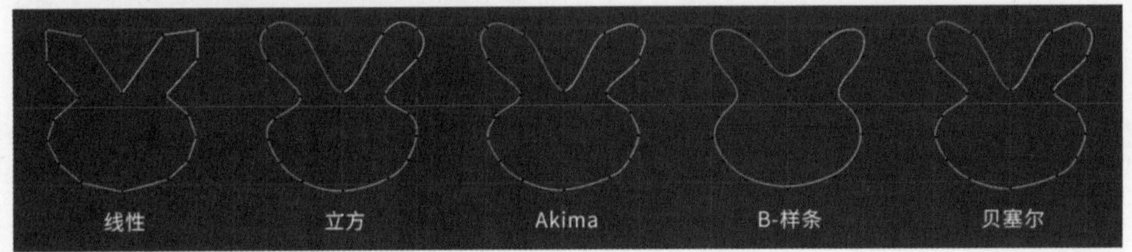

图2-85

样条线及其“对象”参数选项卡如图 2-86 所示，其中的主要参数含义如下。

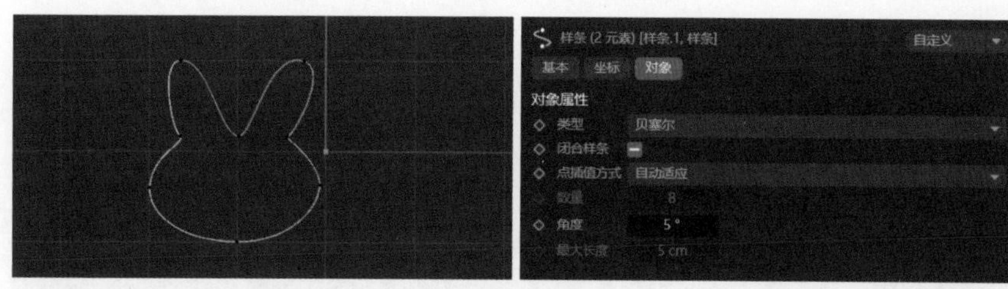

图2-86

※ 闭合样条：选中该复选框时，样条线首尾自动相连以形成闭合曲线。选中该复选框前后的对比效果如图 2-87 所示。

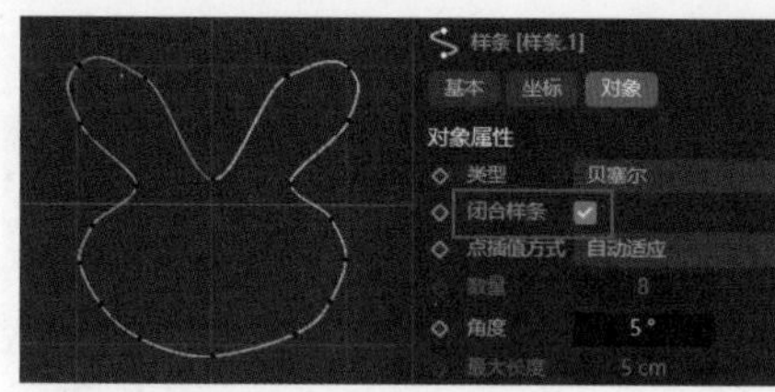

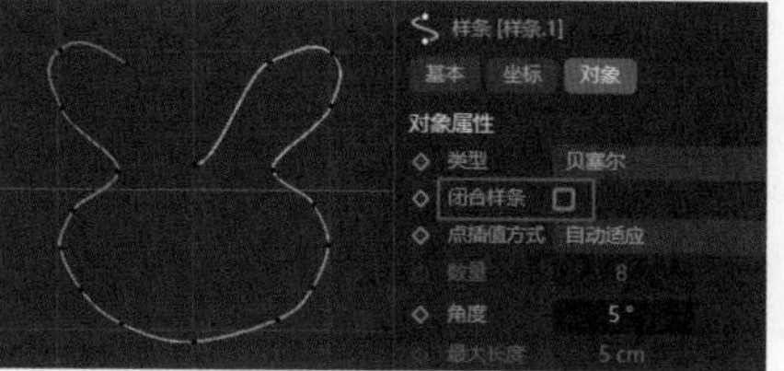

图2-87

2.4.2 草绘

使用草绘工具时，需要长按鼠标左键并拖曳，鼠标指针的移动轨迹即为所绘制的样条线。绘制完成后，系统会自动生成控制点，该工具与手绘板搭配使用效果更佳。单击“草绘”按钮，即可进入参数选项卡，如图 2-88 所示，其中的主要参数含义如下。

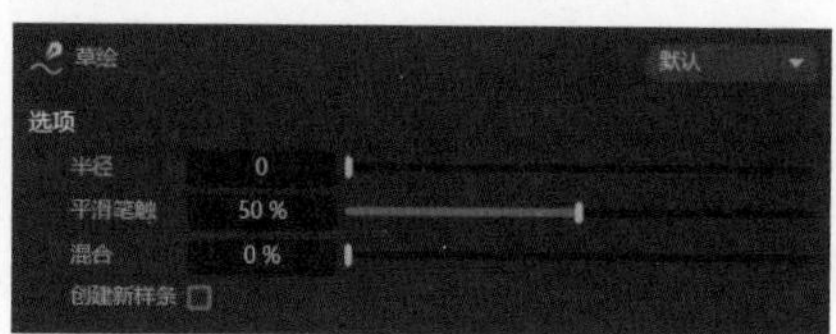

图2-88

※ 半径：此参数用于调整草绘画笔的半径大小。

※ 平滑笔触：此参数用于控制草绘画笔的平滑程度。数值越大，绘制出的样条曲线越平滑。

※ 混合：此参数用于设置影响草绘时笔画之间的过渡效果。

※ 创建新样条：选中该复选框时，每次新的笔画都会生成一个新的样条对象；若未选中该复选框，则所有笔画将合并为一个样条对象。

草绘样条线及其“对象”参数选项卡如图 2-89 所示。

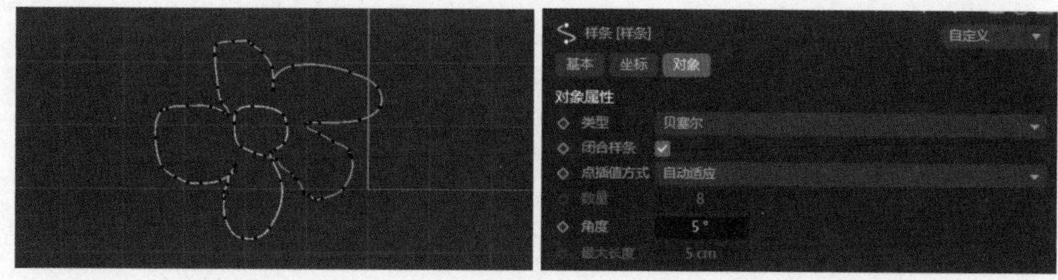

图2-89

2.4.3 样条弧形工具

使用样条弧形工具时，需要长按鼠标左键并拖曳，以圆形为参考绘制圆弧（第一段为直线，但也可以使用样条弧形工具将直线转换为弧线）。在绘制过程中，“选项”参数选项卡会实时更新相关参数，如图 2-90 所示。

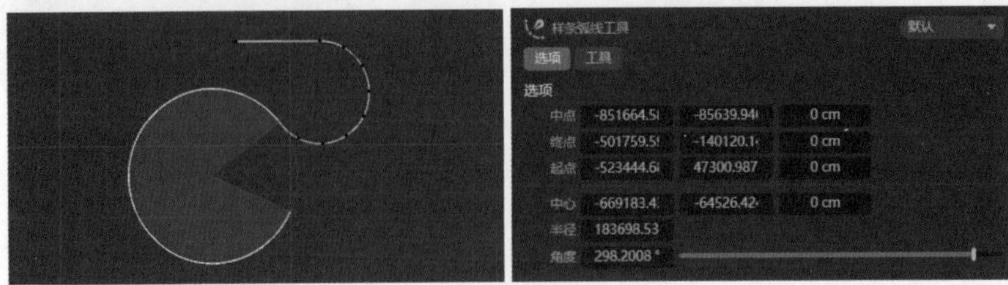

图2-90

在“工具”选项卡中可以复位数值，如图 2-91 所示，复位后的参数如图 2-92 所示。

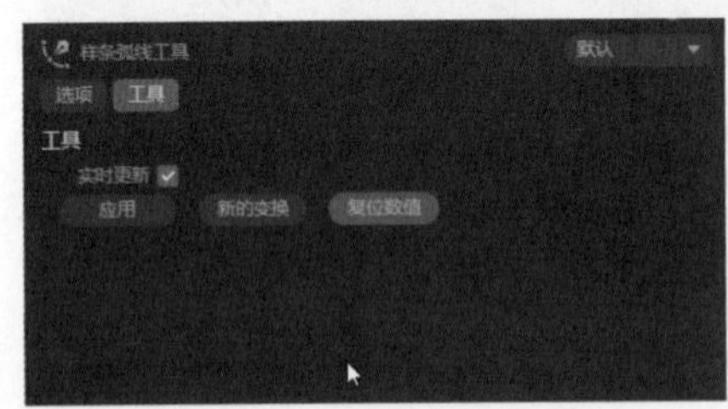

图2-91

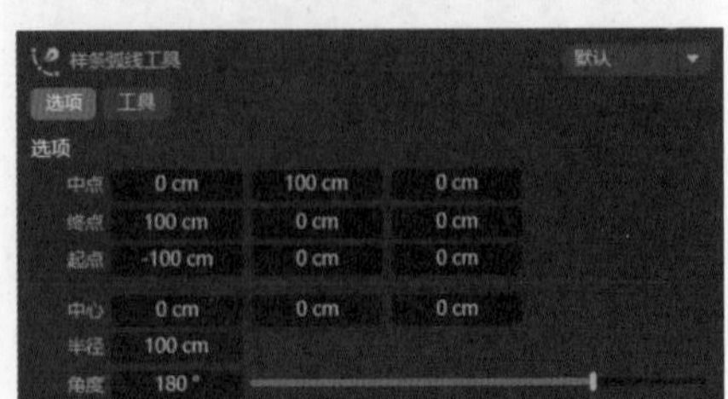

图2-92

2.4.4 平滑样条

平滑样条工具通常在样条画笔工具或草绘工具使用后进行应用。通过在样条线上按住鼠标左键并拖曳，可以使样条线变得更加平滑。单击“平滑样条”按钮，即可进入参数选项卡，如图 2-93 所示。

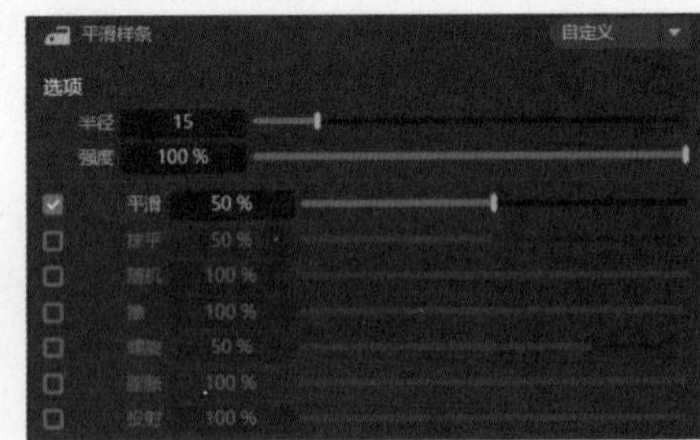

图2-93

使用平滑样条工具前后的对比效果如图 2-94 所示。

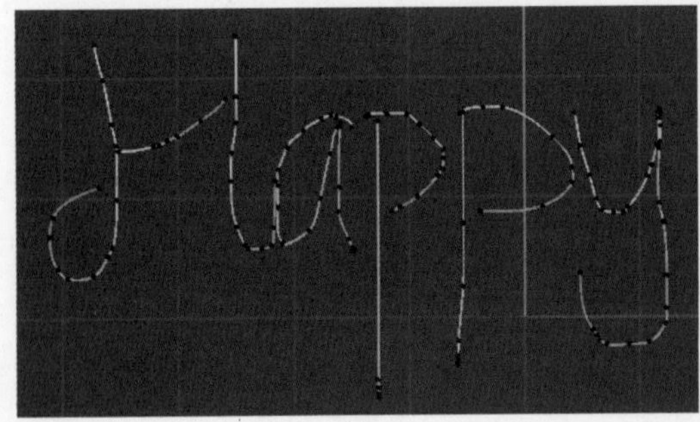

图2-94

2.5 编辑样条线

在 Cinema 4D 中，用户在创建或绘制样条线之后，通常需要对其进行进一步的编辑，以便添加更多细节或使线条更加流畅，从而满足特定的设计要求。本节将重点介绍常用的样条线编辑工具及其使用方法。

2.5.1 编辑样条点

在 C4D 中，样条曲线以白蓝渐变色显示，其中白色代表起点，蓝色代表终点，而中间可以包含无数个样条点。值得注意的是，所有样条点的编辑操作都必须在点模式下进行（对于样条参数对象，需要先将其转换为可编辑对象）。接下来，将以图 2-95 为例进行详细讲解。

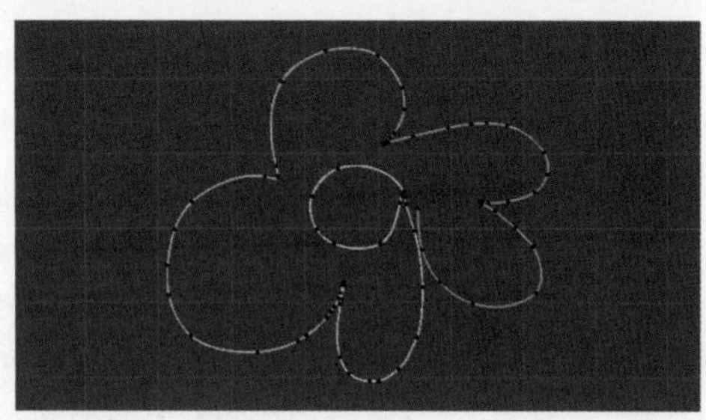

图2-95

1.增加样条点

单击左侧动态工具栏中的创建点工具（或者在视图空白处右击，从弹出的快捷菜单中选择“创建点”选项），然后在样条线上单击，即可创建新的点，如图 2-96 所示。另外，当使用“移动”工具或样条画笔工具时，按住 Ctrl 键的同时将鼠标指针移至样条线上，此时鼠标指针制作样式会发生变化，单击即可在样条线上增加新的样条点。

2.移动样条点

单击左侧工具栏中的“移动”按钮，然后单击选中样条线上的点，即可拖动该点以移动其位置，如图 2-97 所示。

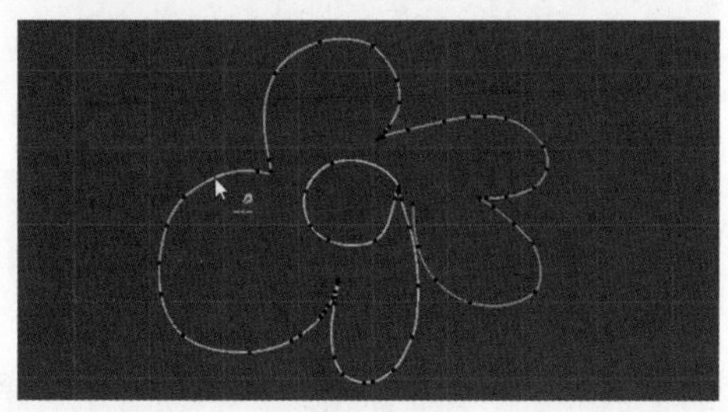

图2-96

图2-97

在“样条”菜单栏中选择“磁铁工具”（或者在视图空白处右击，从弹出的快捷菜单中选择“磁铁工具”选项），然后单击选中样条线上的点，并进行拖动以移动样条点的位置，如图 2-98 所示。

3.删除/转换样条点

在使用样条画笔工具时，若在某个样条点上右击，将会弹出一个快捷菜单，如图 2-99 所示。在该菜单中，可以选择删除点，或者将“硬点”转换为“软点”，以及将“软点”转换为“硬点”。

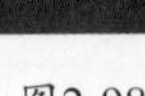

图2-98

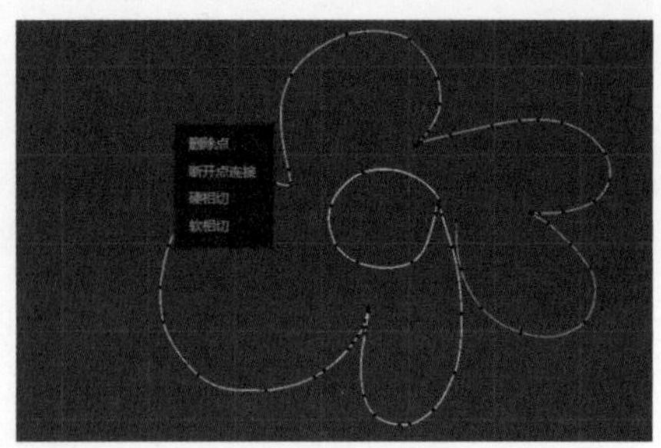

图2-99

2.5.2 调整样条线

1.转换样条线

在样条线处于可编辑状态时，执行“样条”→“切线”→“刚性插值”或“柔性插值”命令（或者在视图空白处右击，在弹出的快捷菜单中选择相应的选项），可以更改样条线的刚柔性，如图2-100所示。

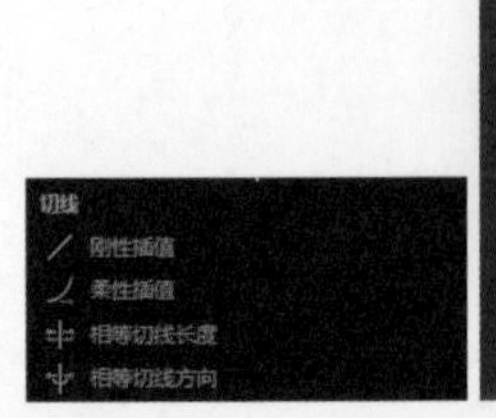

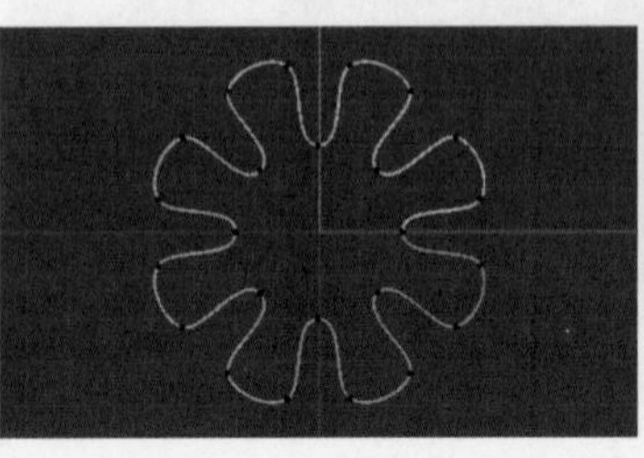

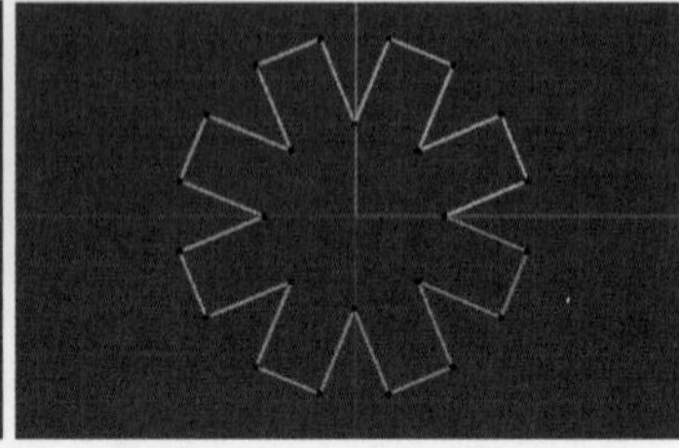

图2-100

2.布尔命令

布尔命令只有在选择了多个样条线后才会被激活，并且最后选中的样条线将作为目标样条曲线。以图2-101中的样条线为例来演示布尔命令的操作。如图2-102所示，以从上至下的顺序进行选择（将多边形作为目标样条曲线）。进行“样条差集”“样条并集”“样条合集”“样条或集”“样条交集”等操作后的效果，分别如图2-103~图2-107所示。

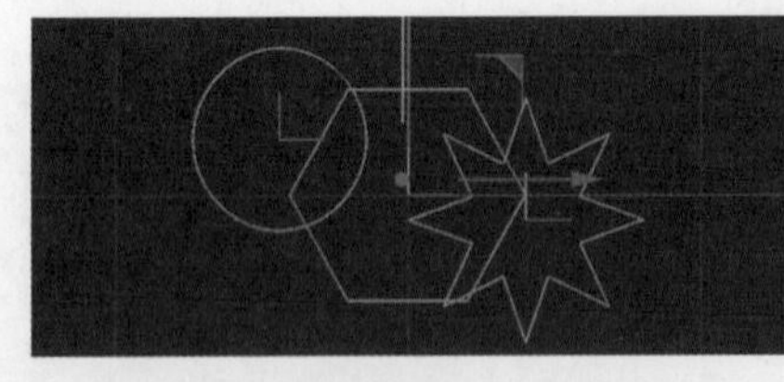

图2-101

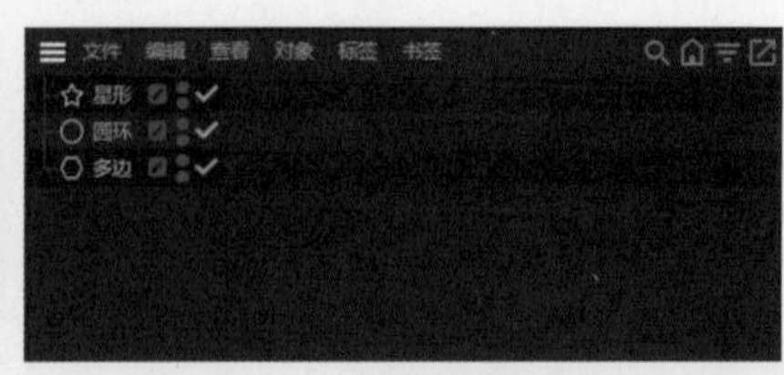

图2-102

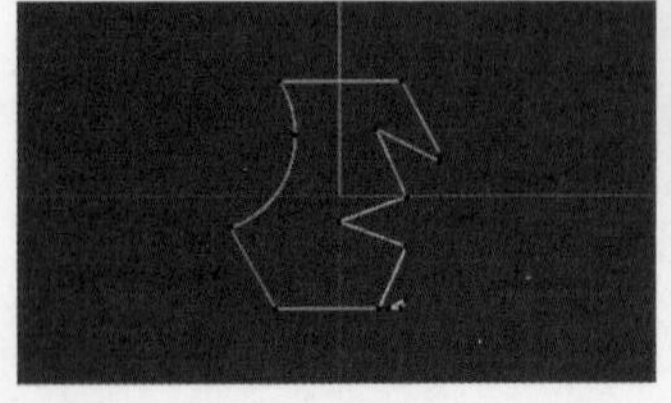

样条差集

图2-103

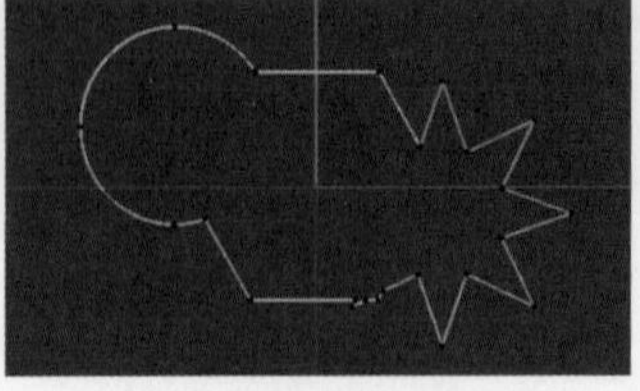

样条并集

图2-104

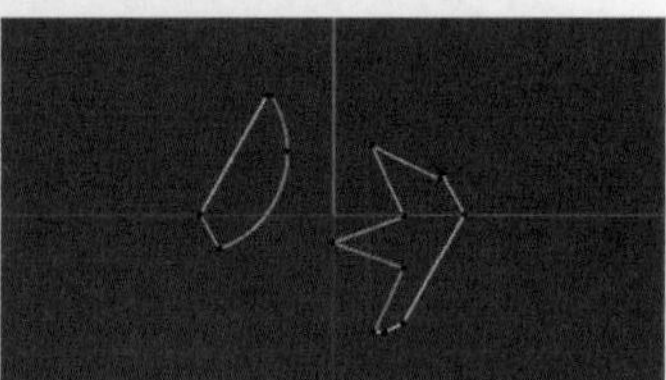

样条合集

图2-105

样条或集

图2-106

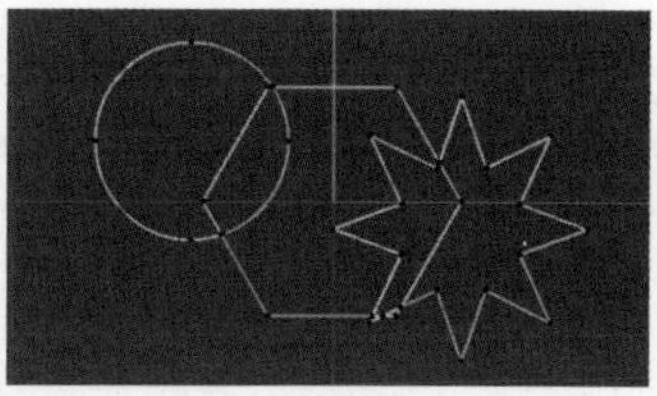

样条交集

图2-107

2.6 实例：使用参数对象搭建简单场景

本实例将利用平面、立方体、圆柱体、管道和球体等参数对象来搭建一个简单场景，如图2-108所示。此实例将在后续章节的实例中不断进行补充和完善，最终形成一个完整的场景。具体的操作步骤如下。

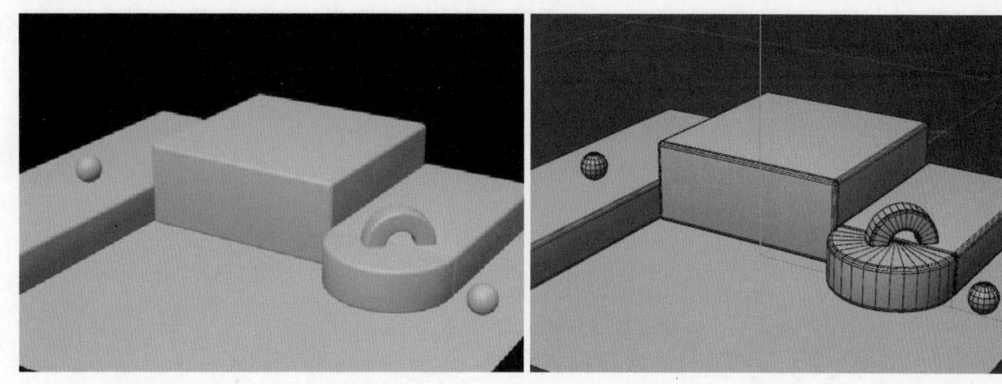

图2-108

01 使用工具栏中的“平面”工具创建一个平面模型，作为场景的地板，参数设置如图2-109所示。

02 使用工具栏中的“立方体”工具创建一个立方体模型并设置参数，设置圆角以使模型在视觉上更加柔和、精致，使用“移动”工具和“旋转”工具调整其至合适位置，如图2-110所示。调整位置时，可以在编辑工具栏中启用捕捉功能，以使模型自动吸附对齐。

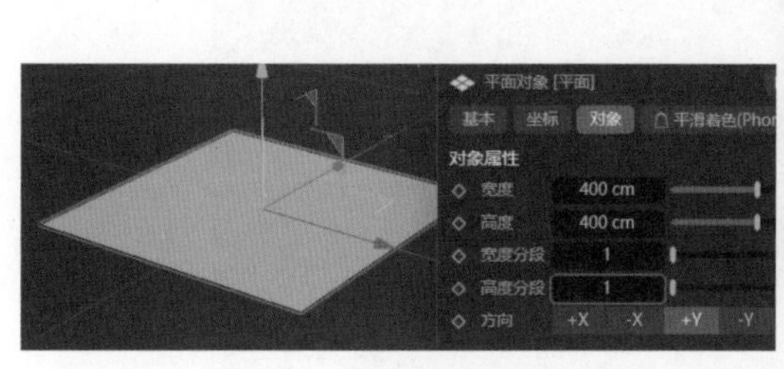

图2-109

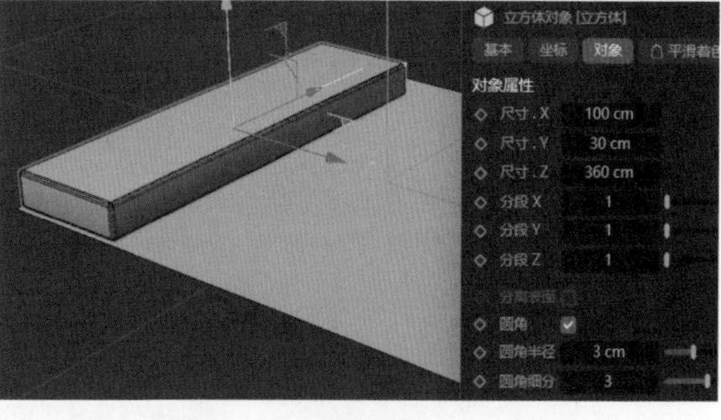

图2-110

03 重复以上操作创建另外两个立方体，参数及位置如图2-111所示（或者选中模型后，按住Ctrl键，使用“移动”工具沿X轴向右拖曳进行复制，再调整参数及位置）。

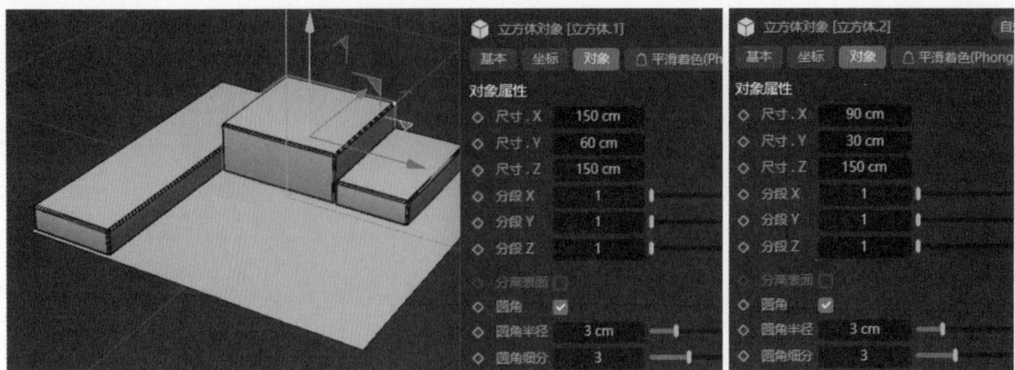

图2-111

04 使用创建工具栏中的“圆柱体”工具，创建一个圆柱模型并设置参数，使用“移动”工具和“旋转”工具调整其至合适位置，如图2-112所示。

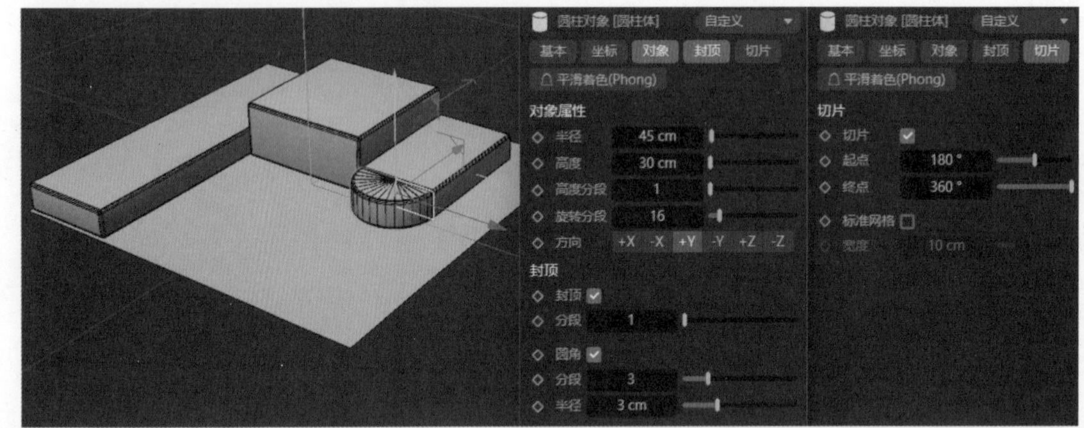

图2-112

05 使用创建工具栏中的“管道”工具，创建一个管道模型并设置参数，使用“移动”工具和“旋转”工具调整其至合适位置，如图2-113所示。

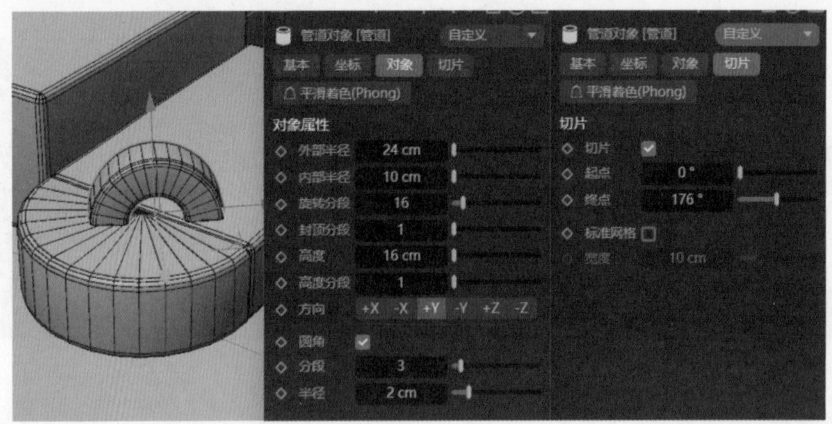

图2-113

06 使用创建工具栏中的“球体”工具，创建一个球体模型并设置参数，使用“移动”工具调整其至合适位置，并重复以上操作，如图2-114所示。

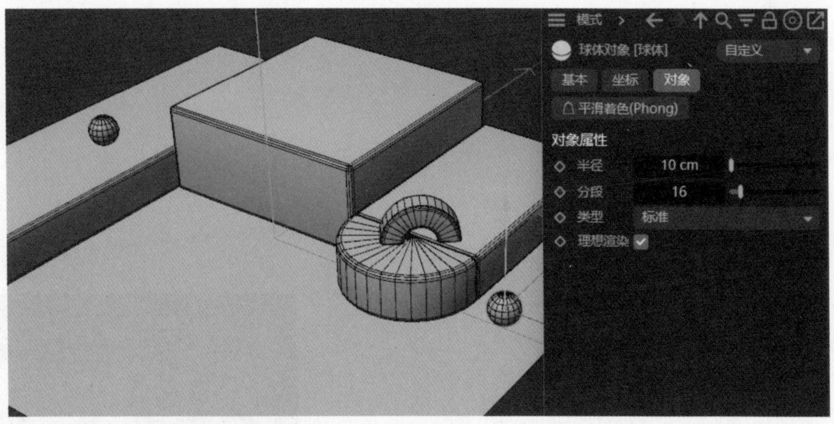

图2-114

07 对场景内的对象进行编组、命名等整理工作。选中一个或多个对象后按快捷键Alt+G进行编组，双击“空白”文字进行重命名，如图2-115所示。

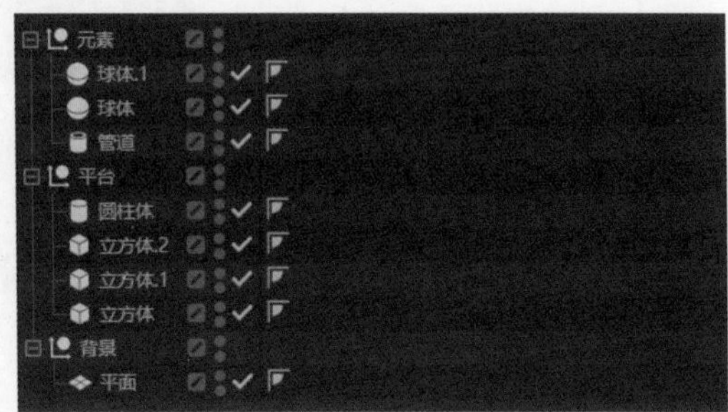

图2-115

第3章 生成器——NURBS建模

C4D 中的生成器建模是建模方式的一种，通过给二维样条线或三维模型添加不同类型的生成器，可以制作出多样化的效果。这些生成器通常作为父级对象使用。图 3-1 展示了不同类型的生成器。本章将重点介绍那些常用于将二维样条转换为三维模型的生成器，并深入讲解其使用方法。

创建生成器有两种主要方法：一是直接单击所需的生成器按钮，然后将模型拖至生成器下，使其成为生成器的子级，此时，生成器的中心轴默认位于世界坐标的中心点；二是在已选中模型的状态下，同时按住 Alt 键并单击所需的生成器按钮，这样模型会自动成为生成器的子级，并且生成器的中心轴会与模型的中心轴保持一致。

本章的核心知识点包括如下内容。

※ 熟练掌握生成器的创建技巧。

※ 深入了解常用二维转三维生成器的各项参数。

※ 熟练运用生成器进行建模操作。

图3-1

3.1 细分曲面

细分曲面可以通过增加细分来使对象从粗糙、生硬变得精细、圆滑。图 3-2 展示了为立方体添加细分曲面前后的对比效果，如图 3-3 所示为“对象”参数选项卡，其中的主要参数含义如下。

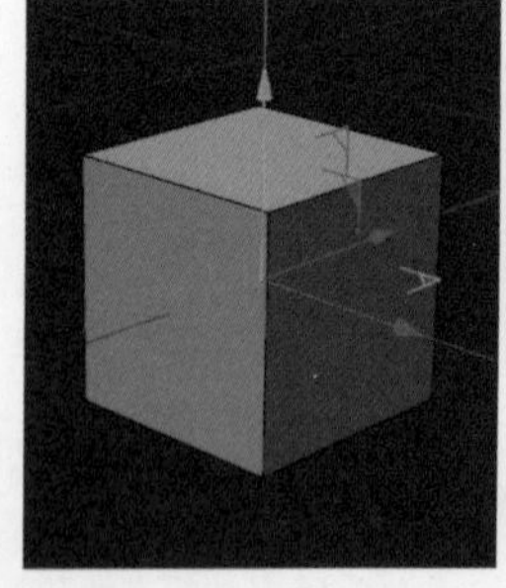
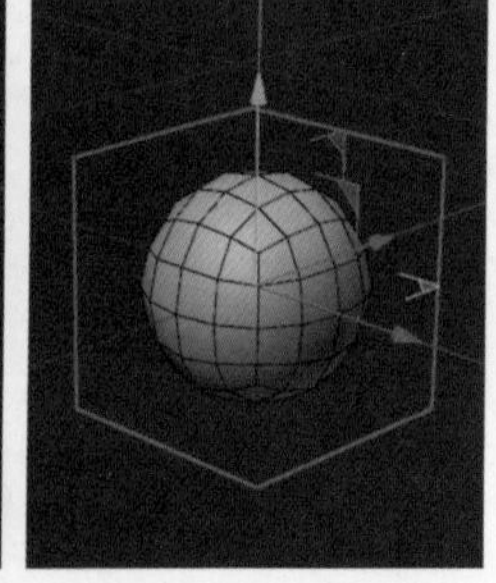

图3-2

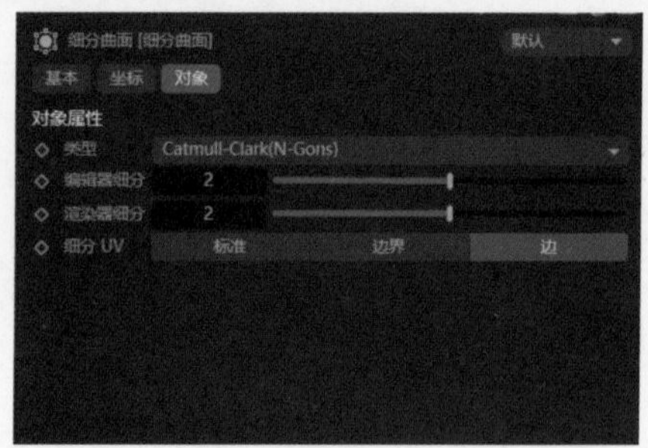

图3-3

※ 类型：设置细分曲面的类型，包括Catmull-Clark、Catmull-Clark(N-Gons)、OpenSubdiv Catmull-Clark、OpenSubdiv Loop、OpenSubdiv Bilinear5个选项。在同一宝石体上应用不同类型的对比效果如图3-4所示。

图3-4

※ 编辑器细分：设置细分曲面在视图中的细分程度，数值越大，细分程度越高，对象越圆滑。编辑器细分仅设置视图中的显示效果，与渲染结果无关。

※ 渲染器细分：设置细分曲面在渲染中的细分程度，数值越大，细分程度越高，对象越圆滑。

※ 细分UV：设置细分UV的方式。

3.2 挤压

挤压是将样条曲线视作“模具”，通过挤出一定厚度来生成三维模型。图3-5展示了挤压前后的对比效果。

图3-5

1.“对象”参数选项卡

“对象”参数选项卡如图3-6所示，其中的主要参数含义如下。

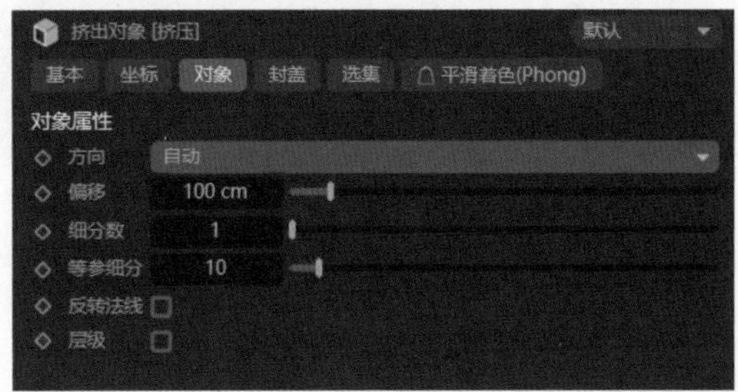

图3-6

※ 方向：设置挤压的方向，包括“自动”、X、Y、Z、“自定义”“绝对”6个选项。同一样条曲线不同方向的挤压效果如图3-7所示。

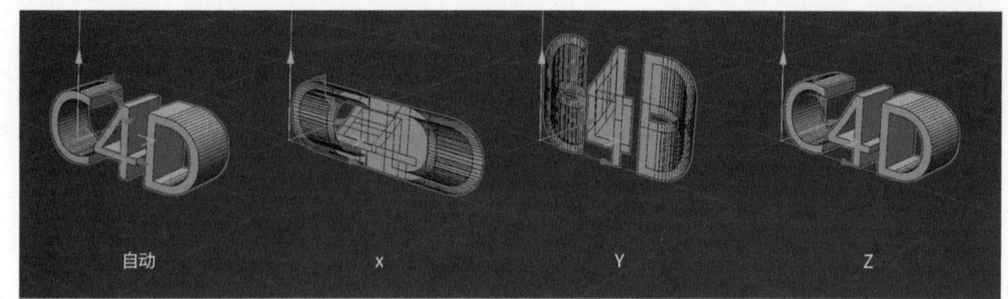

图3-7

※ 偏移：设置挤压的厚度。

※ 细分数：设置所选对象的偏移厚度的细分量，不同数值的对比效果如图 3-8 所示。

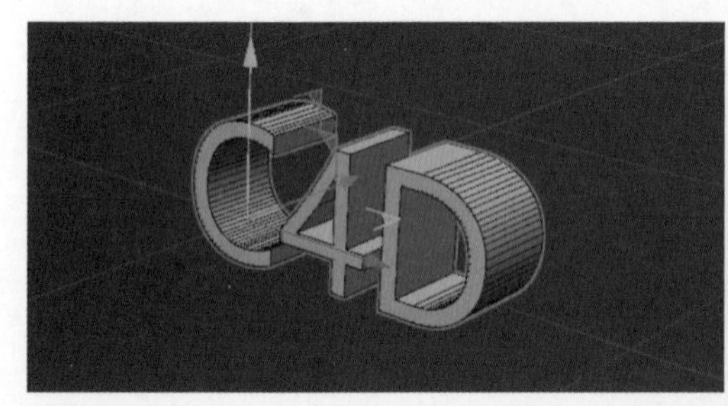
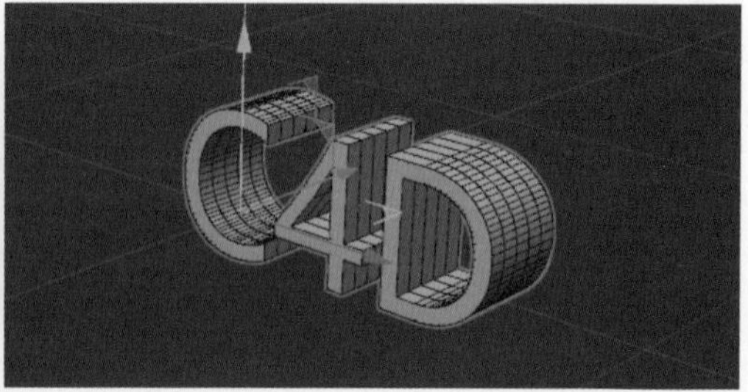

图3-8

※ 等参细分：设置所选对象的等参线的细分数量，不同细分值的对比效果如图 3-9 所示（等参线的显示需要在视图菜单中进行设置，如图 3-10 所示）。

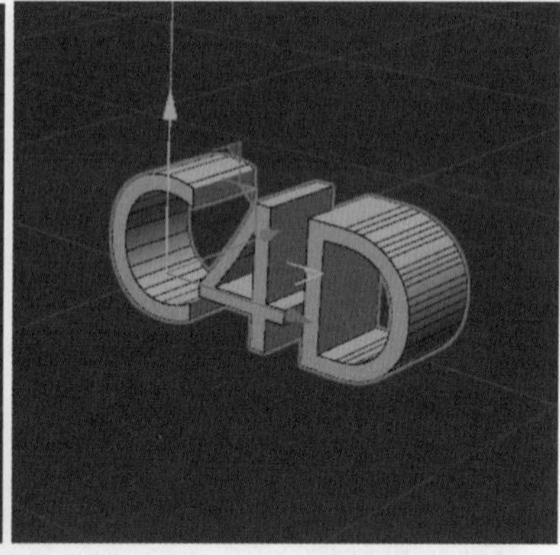

图3-9

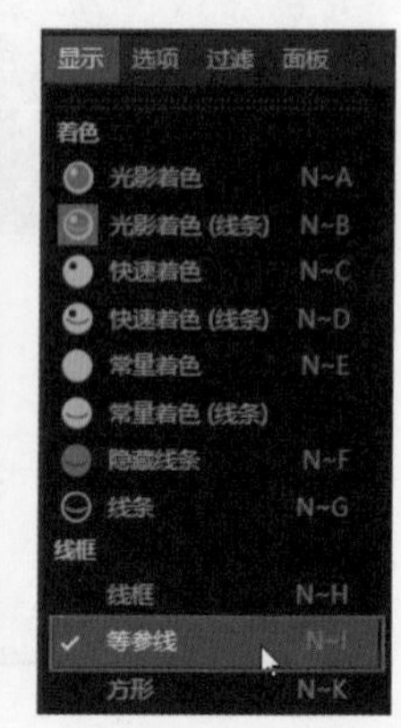

图3-10

※ 反转法线：选中该复选框时，反转法线方向。

※ 层级：选中该复选框时，挤压对所有样条线子级有效；不选中该复选框时，默认仅对最上层样条线子级有效。挤压生成器下的对象如图 3-11 所示，选中该复选框时的效果如图 3-12 所示，不选中该复选框时的效果如图 3-13 所示。

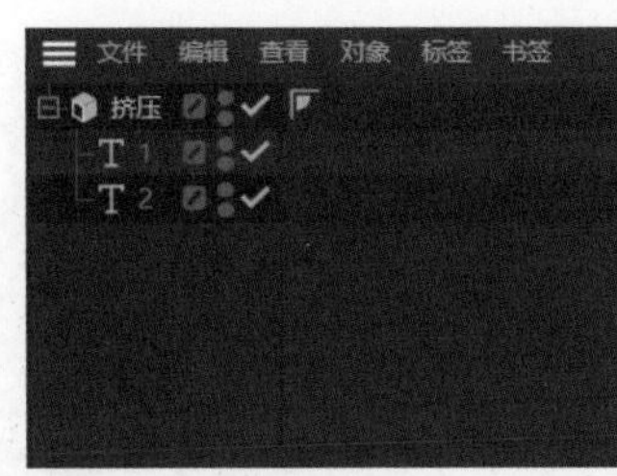

图3-11

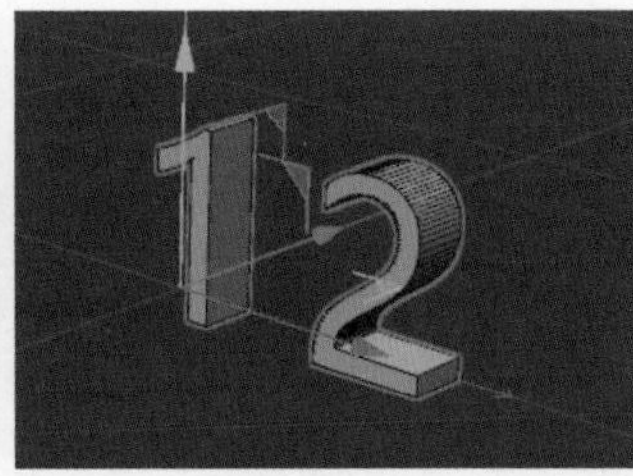

图3-12

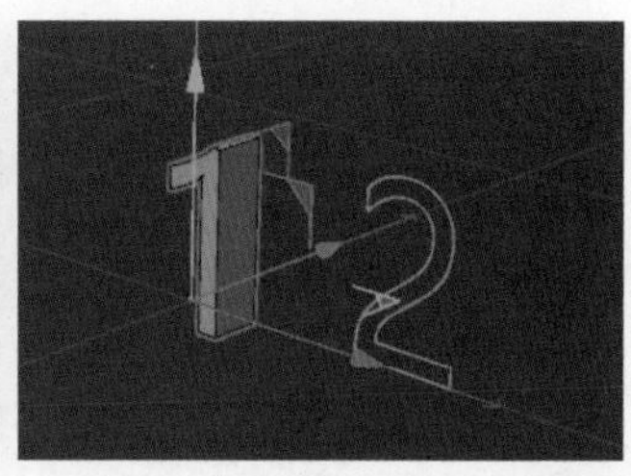

图3-13

2.“封盖”参数选项卡

“封盖”参数选项卡如图 3-14 所示，其中的主要参数含义如下。

※ 起点封盖 / 终点封盖：选中相应复选框，设置是否封闭模型。

※ 独立斜角控制：选中该复选框时，起点倒角和终点倒角分别独立控制，此时的选项卡如图 3-15 所示。

图3-14

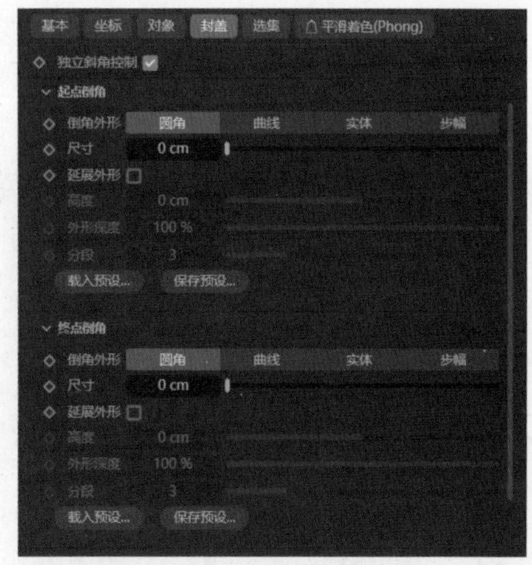

图3-15

※ 倒角外形：设置封闭模型的倒角形状，包括圆角、曲线、实体、步幅 4 个选项，不同倒角外形的不同效果如图 3-16 所示（当所选对象为封闭模型时，倒角选项被激活）。

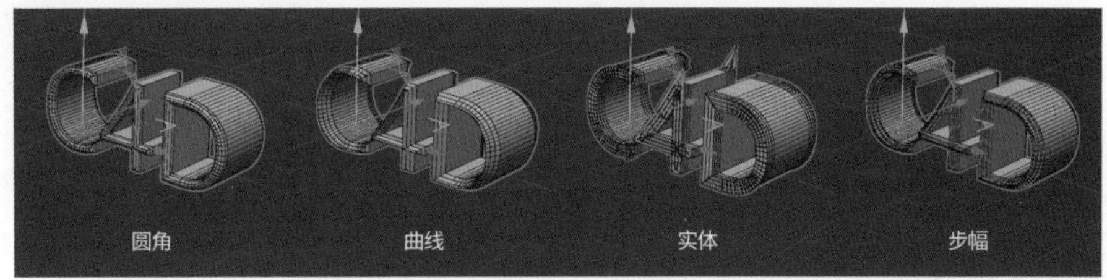

图3-16

※ 尺寸：设置倒角的大小。

※ 延展外形：选中该复选框时，高度选项被激活。当高度为正值时，倒角向外延展；当高度为负值时，倒角向内延展。

※ 外形深度：设置倒角的深度。当“外形深度”值为 0 时，倒角为平角；当外形深度为正值时，倒角为凸角；当外形深度为负值时，倒角为凹角。不同深度的对比效果如图 3-17 所示。

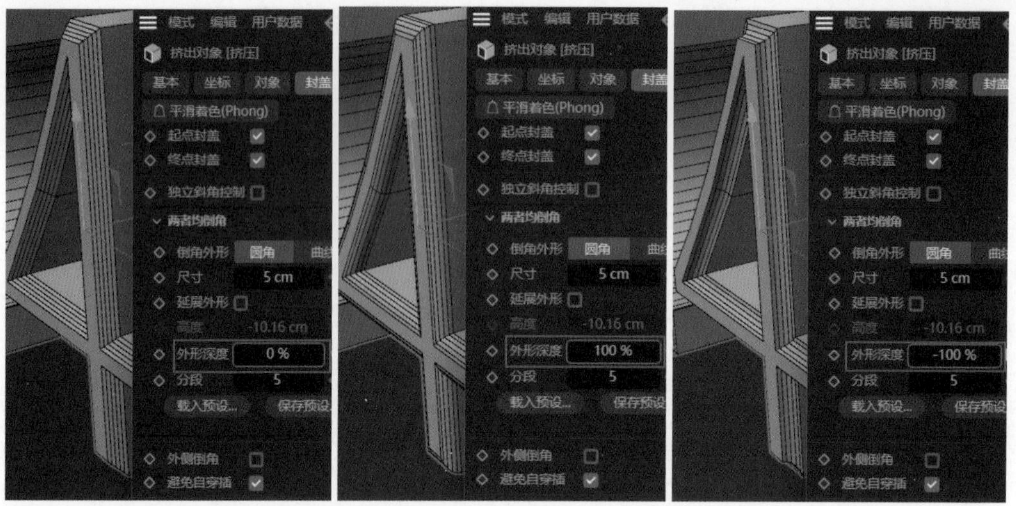

图3-17

※　分段：设置倒角的分段数量。分段值越大，倒角越圆滑。

※　外侧倒角：选中该复选框时，所选对象的倒角向外延伸，选中前后的对比效果如图 3-18 所示。

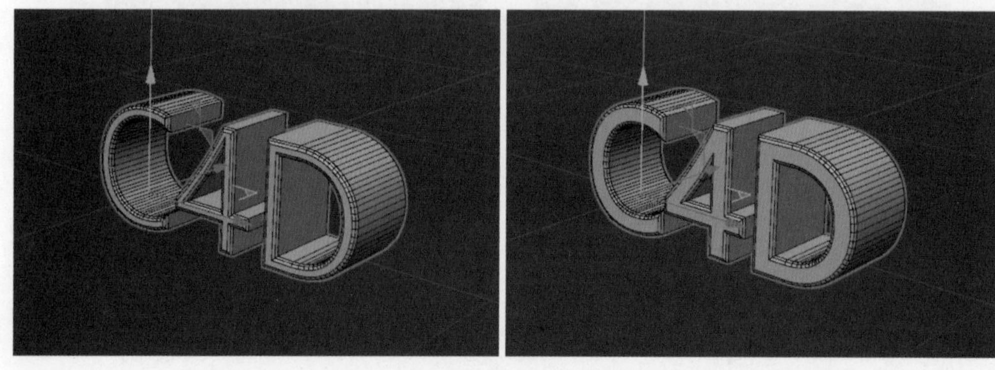

图3-18

※　避免自穿插：选中该复选框时，自动改变倒角处的布线，以防止出现所选对象出现穿插情况。

※　封盖类型：设置对象封闭面的布线类型，包括三角面、四边面、N-gon、Delaunay、常规网格 5 种类型，不同类型的对比效果如图 3-19 所示。

图3-19

※　断开平滑着色：选中该复选框时，通过光影效果显示出的倒角效果更加明显。

3. “选集”参数选项卡

“选集”参数选项卡如图 3-20 所示。将所选对象转为可编辑对象后，可以直接选择选集标签，如

图 3-21 所示，便于后续操作。

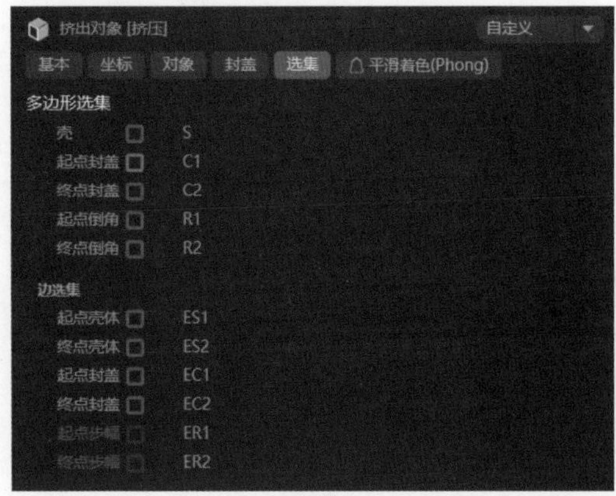

图3-20

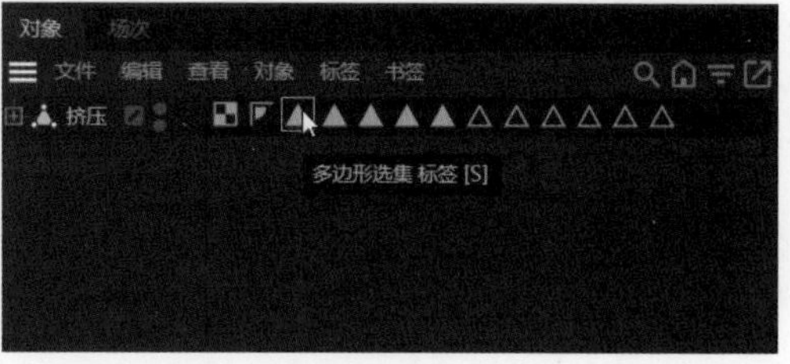

图3-21

3.3 旋转

旋转是将一条二维的样条曲线绕轴旋转来创建三维模型的过程。旋转前后的对比效果如图 3-22 所示。

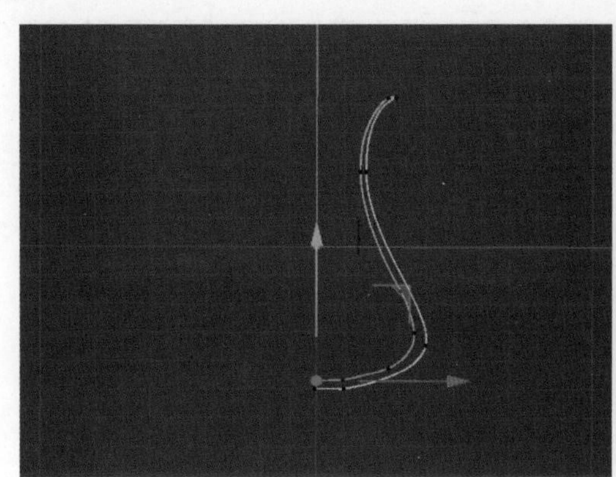

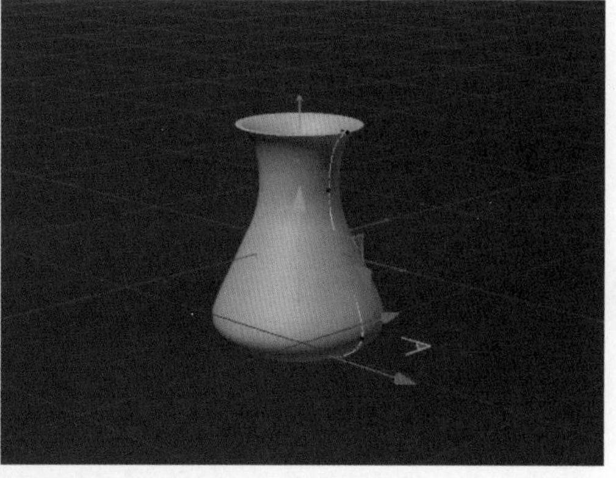

图3-22

“对象”参数选项卡如图 3-23 所示，其中的主要参数含义如下。

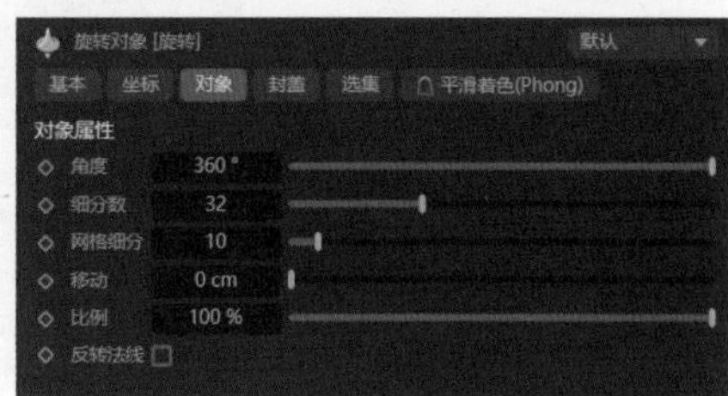

图3-23

※ 角度：设置旋转的角度。当角度小于 360° 时，旋转对象会出现缺口。

※ 细分数：设置对象的细分数值。细分数值越大，模型就越精细、越圆滑。

※　网格细分：设置等参线的细分数值。

※　移动：设置所选对象在旋转过程中的纵向移动距离，即起点和终点之间的差值。当移动数值大于 0 时，会呈现螺旋旋转的效果，对比效果如图 3-24 所示。

※　比例：设置所选对象在旋转终点的缩放比例，对比效果如图 3-25 所示。

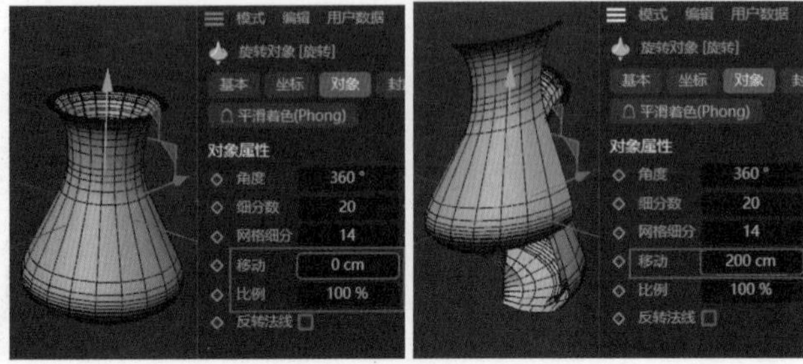

图3-24

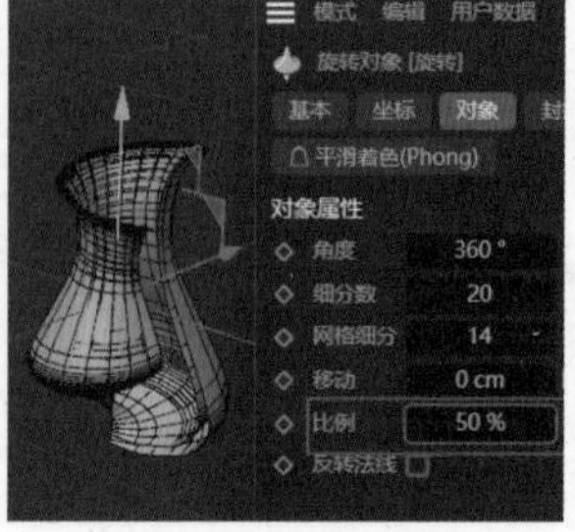

图3-25

3.4 放样

放样是将多条样条曲线的轮廓进行连接来创建三维模型的过程，连接顺序由对象管理器中样条曲线的排列顺序决定。放样前后的对比效果如图 3-26 所示。

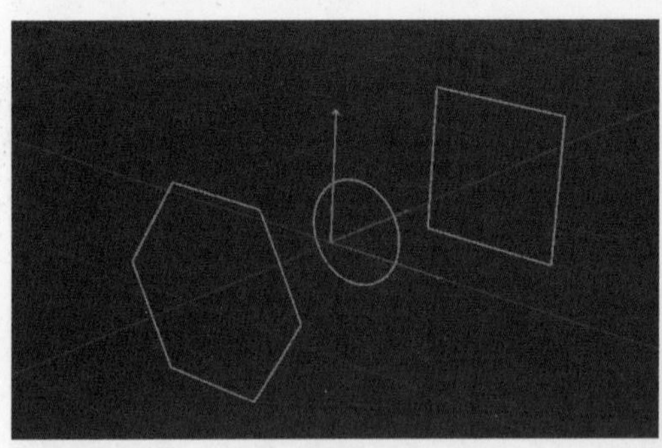

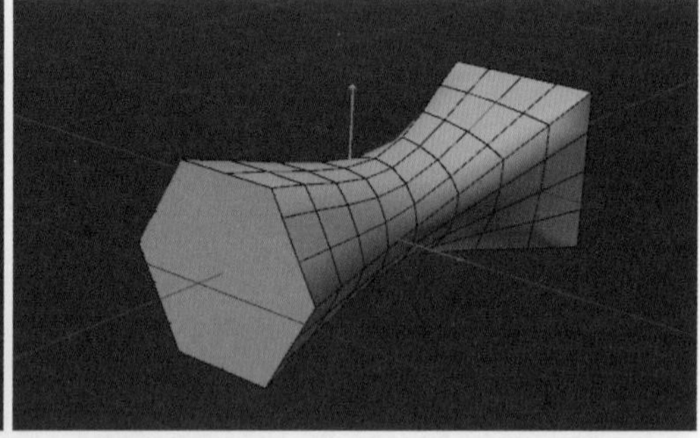

图3-26

"对象"参数选项卡如图 3-27 所示，其中的主要参数含义如下。

※　网孔细分 U：设置放样后对象的 U 方向（横截面轮廓）上的细分数值。

※　网孔细分 V：设置放样后对象的 V 方向（放样长度）上的细分数值。

※　网格细分 U：设置等参线的细分数值。

※　有机表格：选中该复选框后，放样后对象的布线较为松散，不再精确通过样条线上的点。

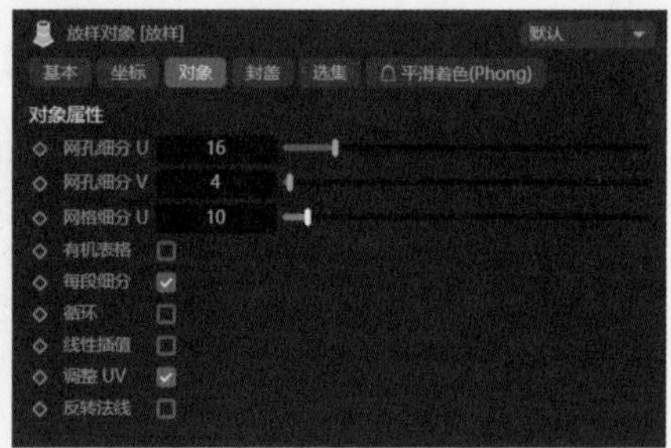

图3-27

※　每段细分：选中该复选框后，放样对象过渡得更加圆滑。

※　循环：选中该复选框后，第一条样条曲线与最后一条样条曲线连接，形成双层管状的放样效果。选中该复选框前后的对比效果如图 3-28 所示。

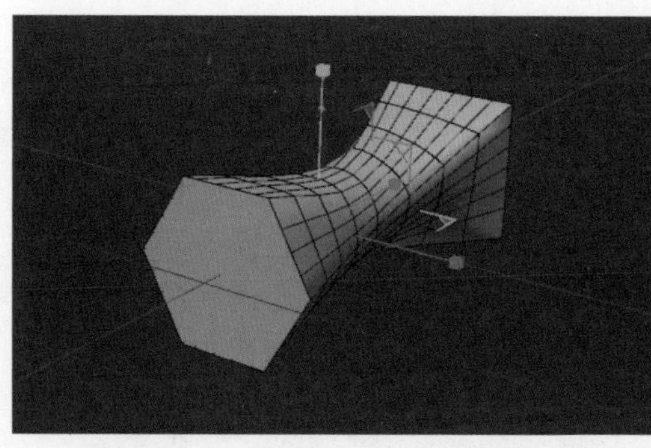
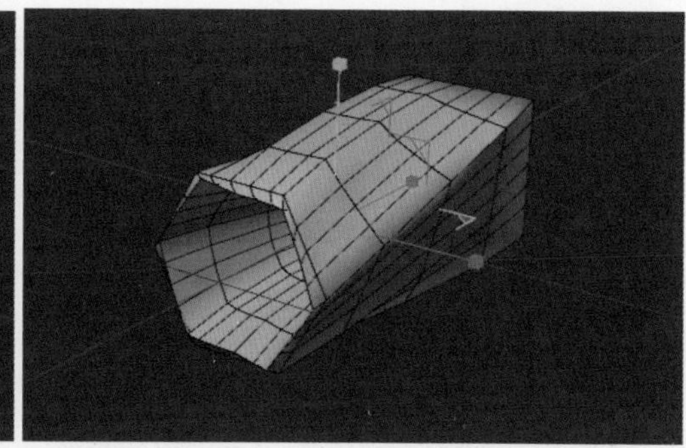

图3-28

※ 线性插值：选中该复选框后，放样对象过渡得较为生硬。

3.5 扫描

扫描是将一条样条线沿着另一条样条线的路径进行移动连接以创建三维模型的过程，且在对象管理器中，上面的样条曲线作为轮廓线，下面的样条线作为路径线。扫描前后的对比效果如图 3-29 所示。

图3-29

“对象”参数选项卡如图 3-30 所示，其中的主要参数含义如下。

※ 网格细分：设置等参线的细分数值。

※ 终点缩放：设置扫描对象在路径线终点处的缩放比例。

※ 结束旋转：设置扫描对象在从路径线起点到终点之间的旋转角度。

※ 开始生长：设置扫描对象在路径线上的起点位置。

※ 结束生长：设置扫描对象在路径线上的终点位置。

※ 平行移动：选中该复选框后，轮廓线会以平行方式沿着扫描路径线移动，从而创建出一个平面，如图 3-31 所示。

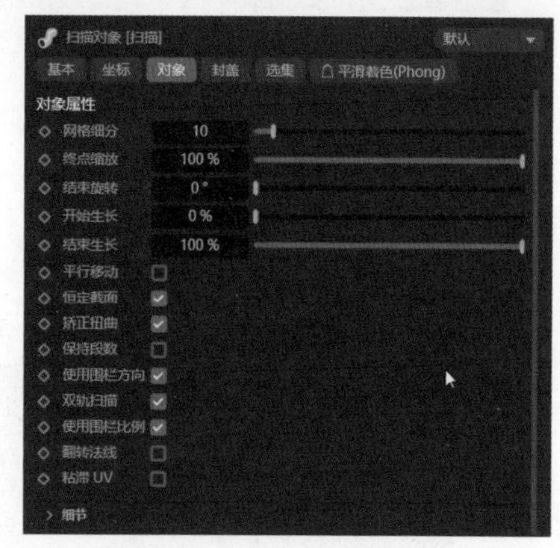

图3-30

※ 恒定截面：选中该复选框后，扫描对象会自动在转折处进行一定的缩放，以保持整个对象截面大小的恒定。

※ 矫正扭曲：选中该复选框后，扫描对象会自动在路径线的起点处进行旋转，以确保整个扫描对象没有扭曲处。取消选中该复选框时，矫正扭曲时的效果如图 3-32 所示。

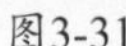
图3-31

图3-32

3.6 实例：使用生成器建模制作气球

本实例将绘制样条曲线，并使用“花瓣形”等参数样条线和“圆柱体”等参数对象，同时借助“旋转”“放样”等生成器，制作出简单的气球并进行排列，最终效果如图 3-33 所示。

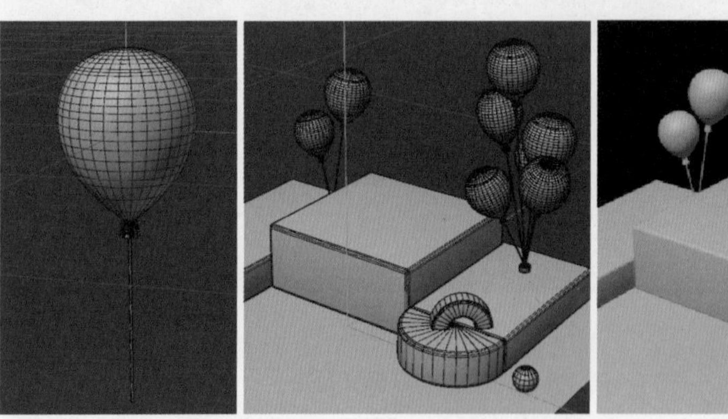

图3-33

01 切换至正视图，使用“样条画笔”工具绘制如图3-34所示的曲线，其中起点和终点需要处于同一条垂直线上。同时选中起点和终点两个点，使用“缩放”工具在X轴上向内部拖曳，同时按住Shift键量化，显示0时即两点处于同一直线上。

02 选中样条线，按住Alt键的同时单击“旋转”生成器按钮，样条线自动成为生成器的子级，如图3-35所示。

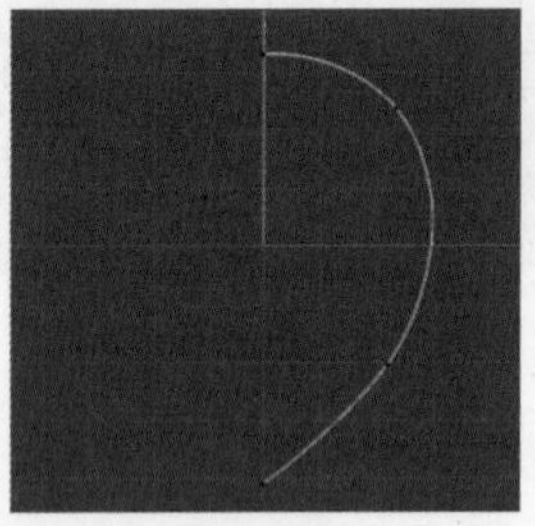

图3-34

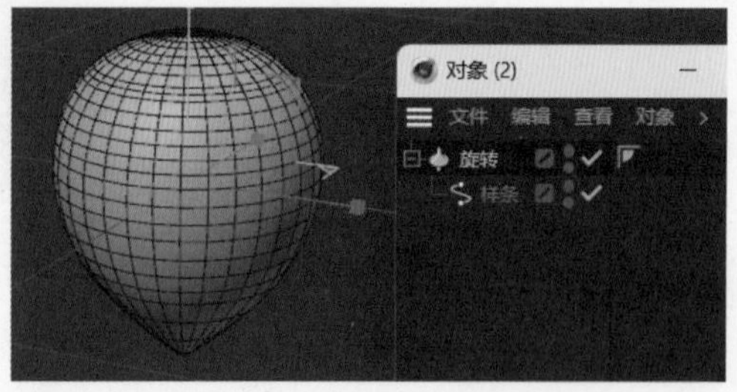

图3-35

03 切换至顶视图，在创建工具栏中选中“花瓣形”工具，创建一个花瓣形样条线并调整参数，如图3-36所示。

04 选中花瓣形样条线后，按住Ctrl键，使用“缩放”工具在Z轴或X轴向上拖曳复制出一个更小的花瓣形，此时两个花瓣形样条线的中点处于同一位置，调整小花瓣形参数，如图3-37所示。

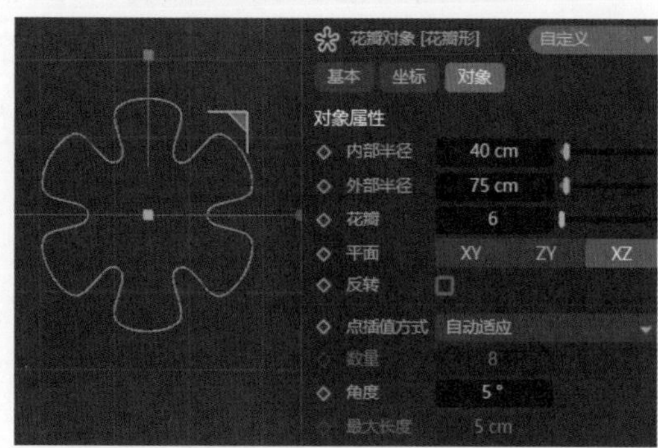

图3-36

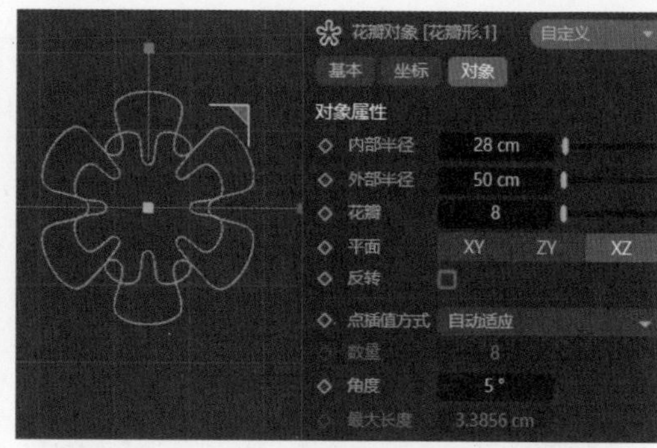

图3-37

05 调整小花瓣形的位置，使其与大花瓣形在Y轴上相距合适距离。选中两条花瓣形样条线，同时按住Ctrl+Alt键，单击“放样”生成器按钮，两条样条线自动成为同一生成器的子级，如图3-38所示。调整生成器参数，使其更加圆滑，制作成为气球节，如图3-39所示。

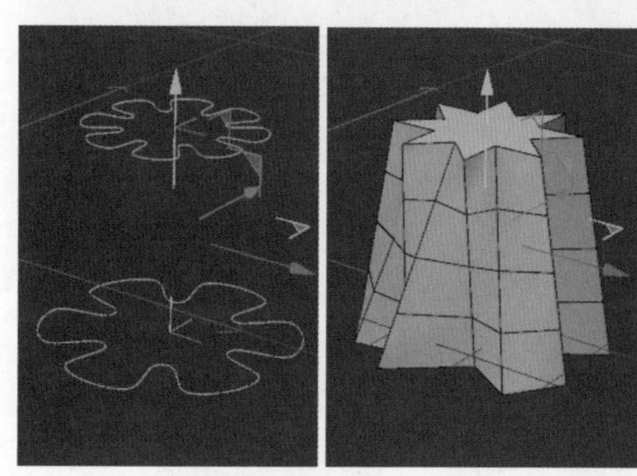

图3-38

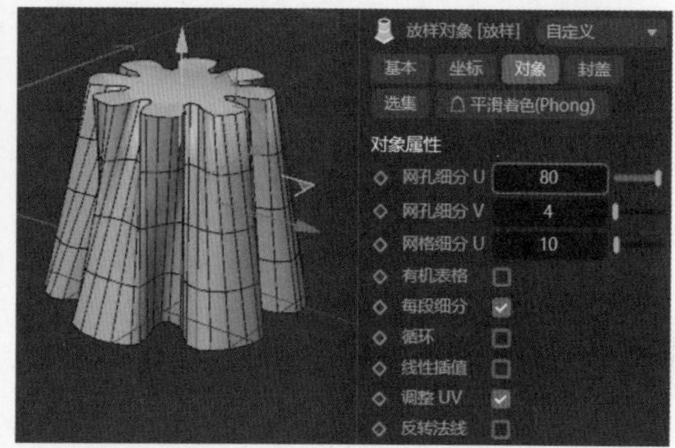

图3-39

06 将气球节调整至合适大小和位置并与气球相连，如图3-40所示。

07 使用创建工具栏中的“圆柱体”工具，创建一个圆柱体模型，作为气球杆，调整参数和位置如图3-41所示。

图3-40

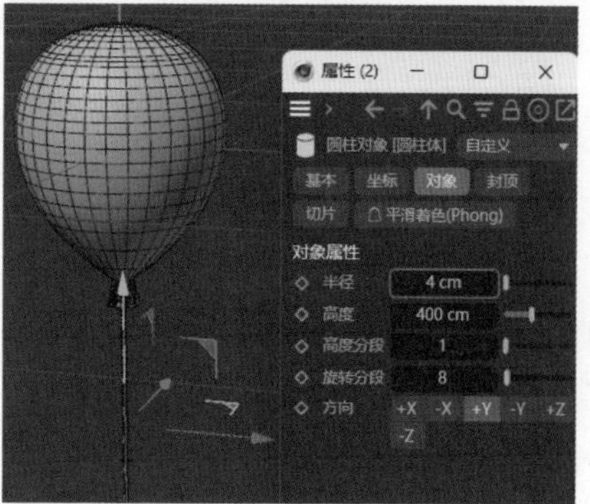

图3-41

08 对场景内的对象进行编组、命名等整理工作。选中多个对象后按快捷键Alt+G进行编组，双击进行重命名，如图3-42所示。

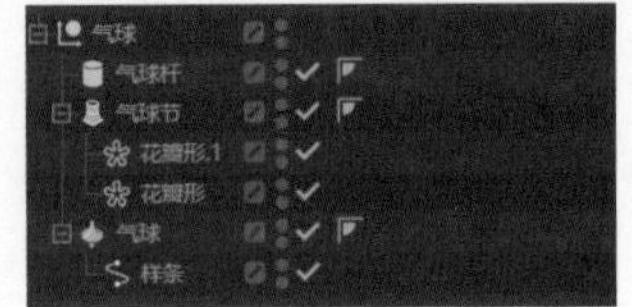

图3-42

09 选中“气球”组，按快捷键Ctrl+C复制，在2.6实例场景中按快捷键Ctrl+V粘贴，并调整其大小位置，如图3-43所示。按住Ctrl键使用“移动”工具拖曳复制，复制多个“气球”组后分别调整位置，同时根据需要可以分别调整气球杆的长度和气球的大小等，注意避免穿模，最后的效果如图3-44所示。

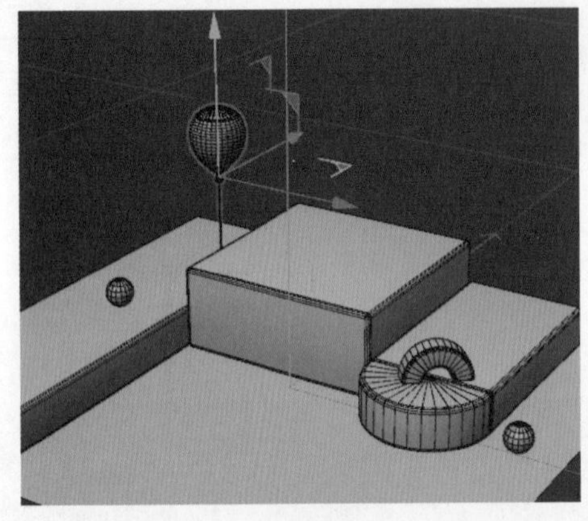
图3-43

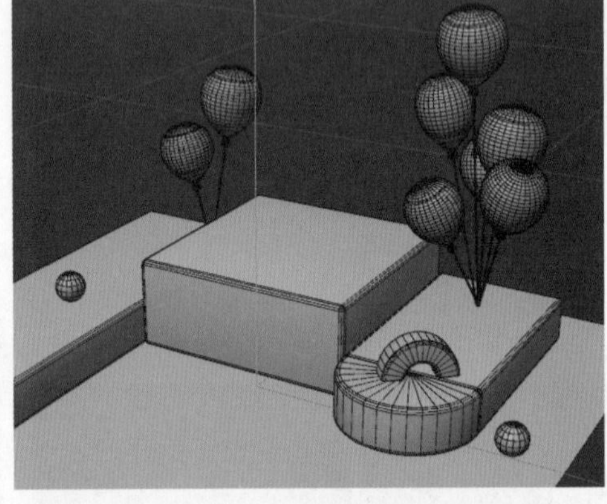
图3-44

10 使用创建工具栏中的“圆柱体”工具创建一个圆柱体模型并设置参数，作为“气球”组的底座，使用“移动”工具调整其至合适位置，如图3-45所示。

11 重复以上操作制作另一个气球组的底座，并对两个“气球”组分别进行编组、命名等整理工作，如图3-46所示。

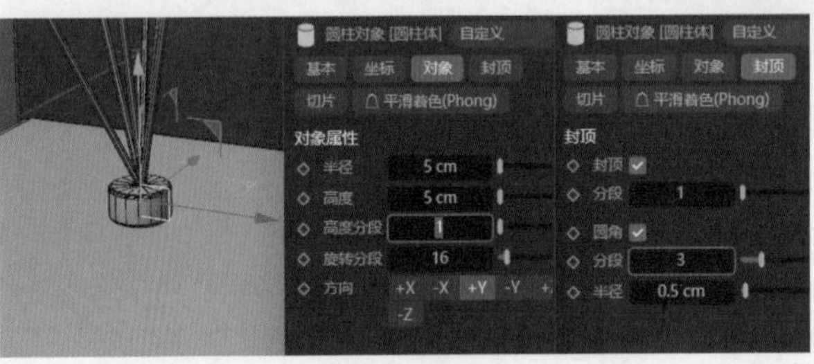

图3-45

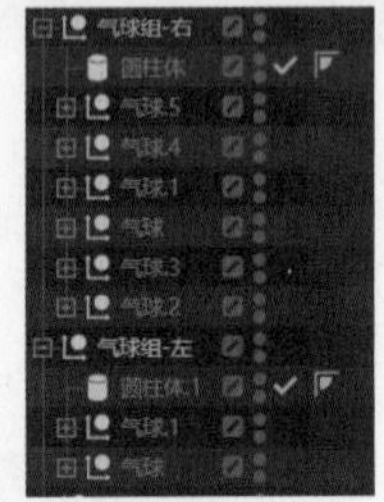

图3-46

3.7 实例：使用样条曲线制作装饰架

本实例将绘制样条曲线，并使用“圆环”等多种参数样条线、“圆柱体”等参数化对象，以及“扫描”等生成器制作装饰架，如图 3-47 所示。

01 灵活运用鼠标中键切换视图，并使用“样条画笔”工具在各个视图中绘制如图3-48所示的曲线。在此过程中，需注意以下三点：首先，要确保调整的点位于同一直线上，可以通过框选所需点，然后使用“缩放”工具在某个轴上进行拖曳，同时按住Shift键进行量化，当显示为0时，即表示两点已处于同一直线上；其次，需要将所有点设置为刚性插值，方法是框选所需点，在视图中右击，并在弹出的快捷菜单中选择“刚性插值”选项，如图3-49所示；最后，要确保两点之间连成的边尽量不穿过模型，以防后续操作中出现穿模现象。若出现此类问题，可以进一步调整点的位置。

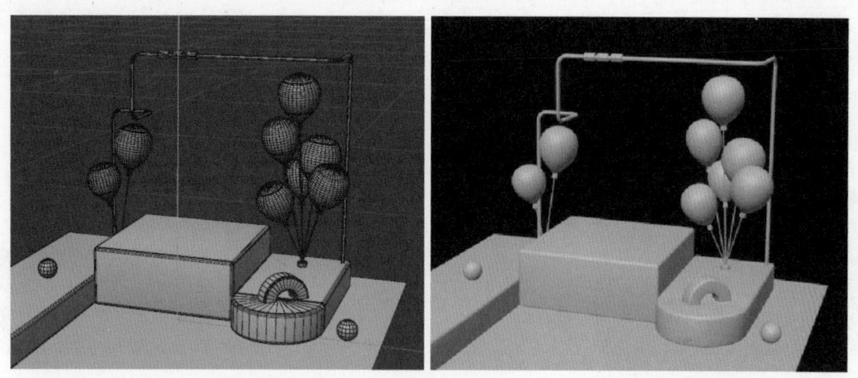

图3-47

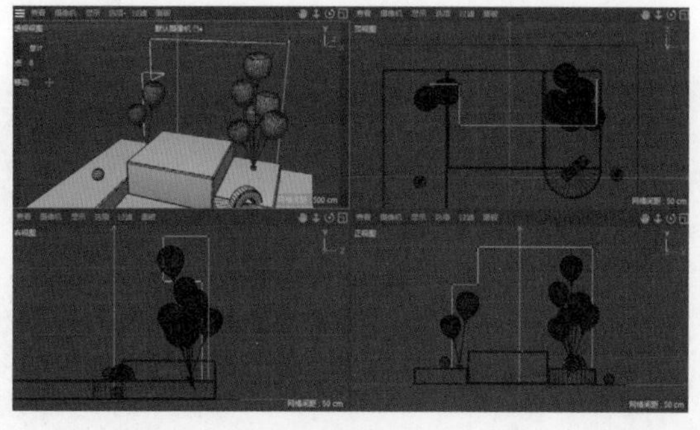

图3-48

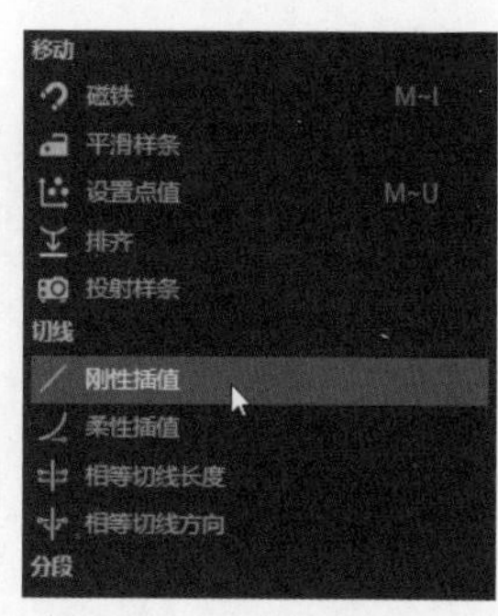

图3-49

02 框选所有转折处点，在视图中右击，在弹出的快捷菜单中选择“倒角”选项，在视图中按下鼠标左键进行拖曳，这时所选点出现圆弧形，可以在属性管理器中对数值进行修改，如图3-50所示。

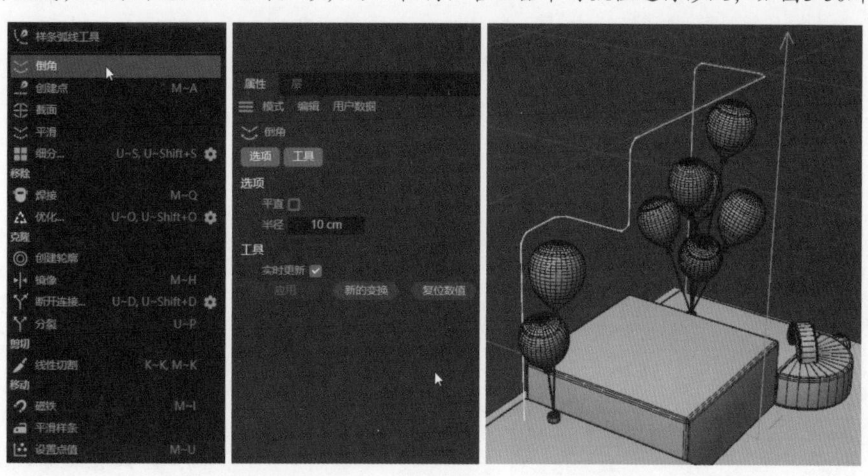

图3-50

03 切换视图至顶视图，在创建工具栏中选中“圆环”工具◎，创建一个圆环样条线并调整参数，作为装饰架的横截面，如图3-51所示。

04 选中所绘制的样条线和圆环，在同时按住Ctrl+Alt键的情况下，单击“扫描”生成器按钮，这样两条样条线就会自动成为同一个扫描生成器的子级，如图3-52所示。在此过程中，需要注意以下三点：首先，圆环应作为轮廓线，而所绘制的样条线则作为路径线，确保轮廓线位于路径线之上，对象管理器的设置如图3-53所示；其次，为了减轻软件的运行负担，应适当调整圆环和扫描对象的属性，通过减少分段来实现，具体设置可参考如图3-54和图3-55所示；最后，要特别注意圆环的轴向设置，否则扫描生成的模型可能会成为一个平面，如图3-56所示，其对应的属性管理器设置如图3-55所示。

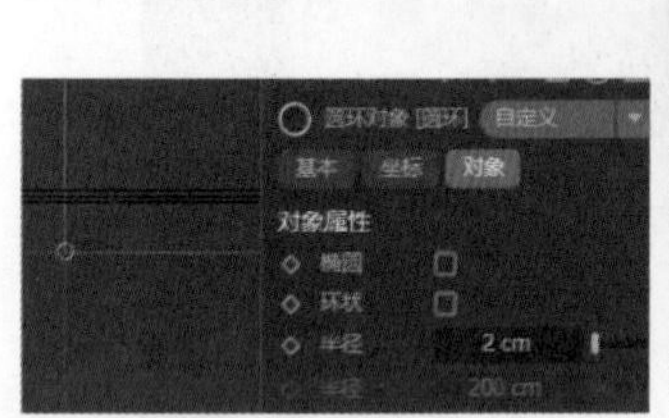

图3-51

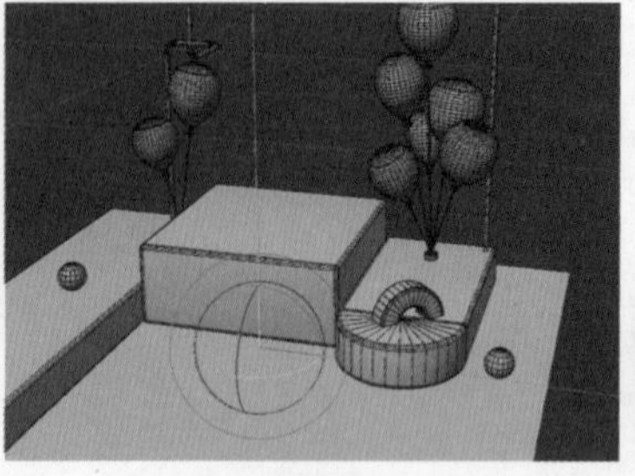

图3-52

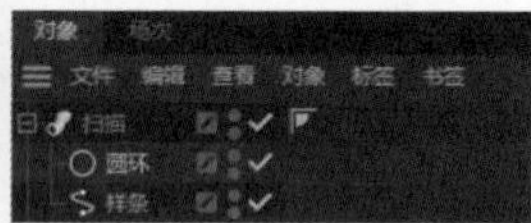

图3-53

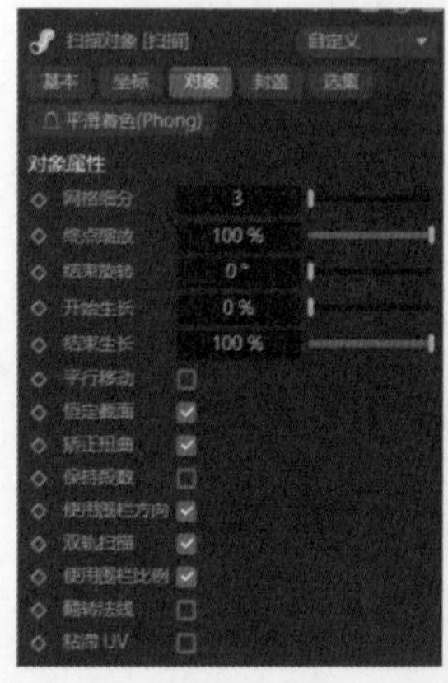

图3-54

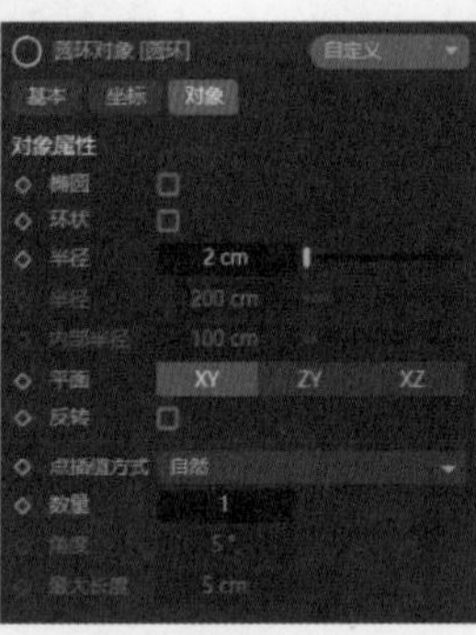

图3-55

图3-56

05 在创建工具栏中选中“管道”工具，创建一个管道模型并调整参数和位置，作为装饰架上的装饰，如图3-57所示。选中模型后，按住Ctrl键，使用“移动”工具沿Y轴向右拖曳进行复制，拖曳时同时按住Shift键可以实现移动距离量化，最后的效果如图3-58所示。

06 对场景内的对象进行编组、命名等整理工作。选中多个对象后按快捷键Alt+G进行编组，双击“空白”文字并进行重命名，如图3-59所示。

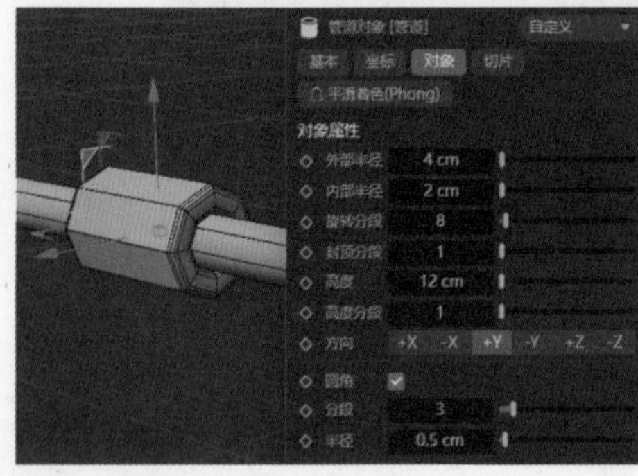

图3-57

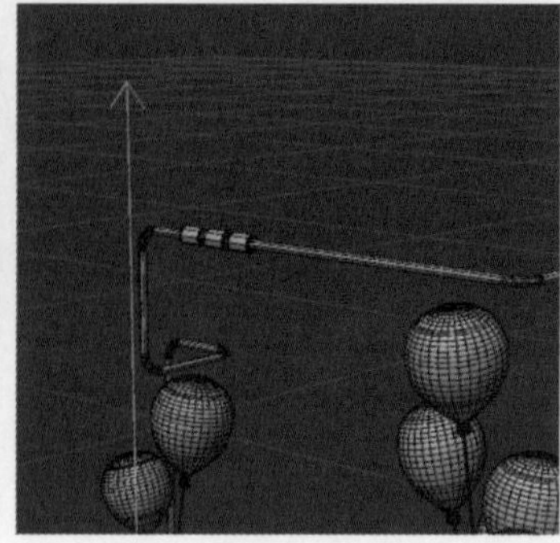

图3-58

图3-59

第4章 生成器

C4D 中的生成器不仅为用户提供了将二维样条线转换为三维模型的工具，还可以为三维模型添加生成器类型，从而制作出相应的效果。本章将介绍常用的生成器造型工具，并教授其使用方法。

本章的核心知识点包括如下内容。

※ 熟悉常用生成器造型工具的参数。

※ 熟练使用生成器进行建模。

4.1 阵列与晶格

4.1.1 阵列

阵列▣是指将三维模型以环状方式进行复制，从而形成一个模型阵列的过程。为人形素体添加阵列后的效果以及对应的“对象”参数选项卡如图 4-1 所示，其中的主要参数含义如下。

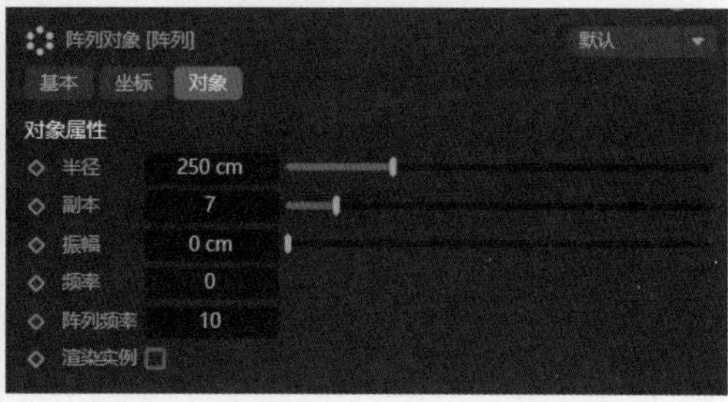

图4-1

※ 半径：设置阵列的半径大小。

※ 副本：确定阵列中除原始对象外的复制对象数量。

※ 振幅：调整阵列中复制对象的振幅变化，具体效果如图 4-2 所示。

※ 频率：控制阵列波动的速度。

※ 阵列频率：设置阵列波动的数量，图 4-3 展示了不同阵列频率之间的对比效果。

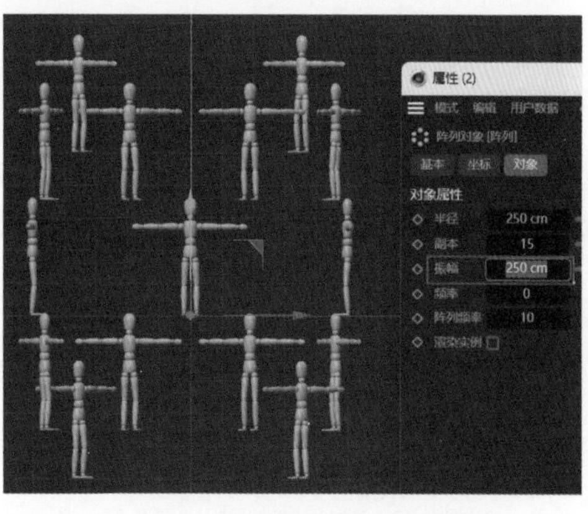

图4-2

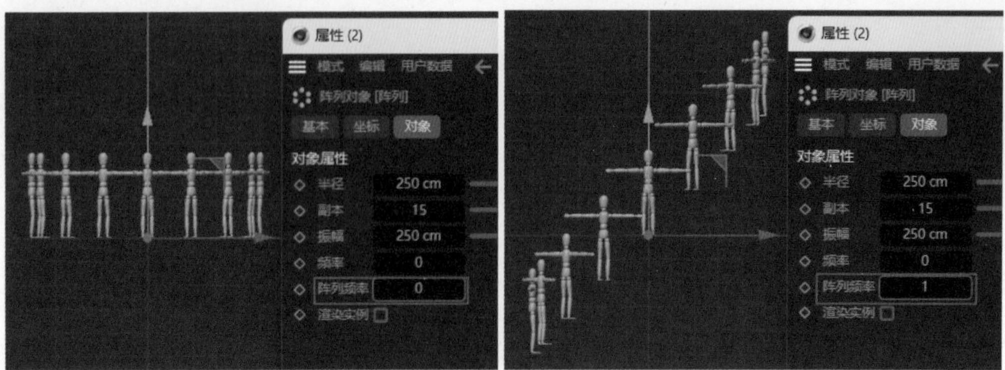

图4-3

4.1.2 晶格

晶格是将三维模型的边缘转换为圆柱体，顶点转换为球体，从而使模型呈现类似分子结构的效果的过程。为宝石体添加晶格前后的对比效果，以及对应的“对象”参数选项卡，如图 4-4 所示，其中的主要参数含义如下。

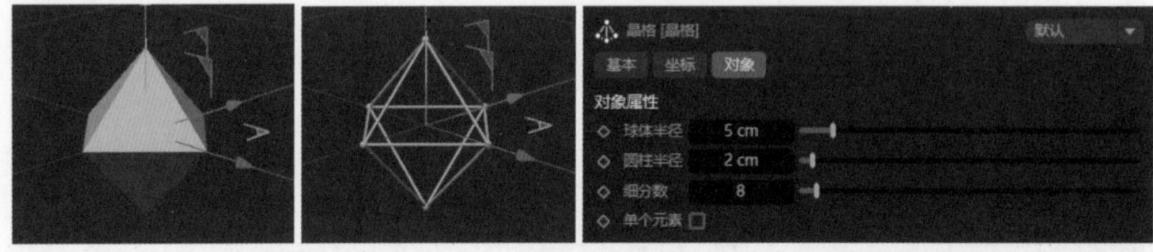

图4-4

※ 球体半径：设置晶格对象中节点球体的半径大小。

※ 圆柱半径：设置晶格对象中节点之间圆柱体的半径大小。需要注意的是，圆柱的半径不应超过球体的半径。

※ 细分数：调整球体和圆柱体的细分数值。细分数值越大，球体和圆柱体的表面越光滑。

※ 单个元素：决定当晶格转换为可编辑对象时，球体和圆柱体是否被视为单独的元素。

4.2 布尔工具

布尔工具用于对两个或更多对象进行布尔运算。在对象编辑器中，位于上层的对象是 A，下层的对象是 B。布尔工具的“对象”参数选项卡如图 4-5 所示，其中的主要参数含义如下。

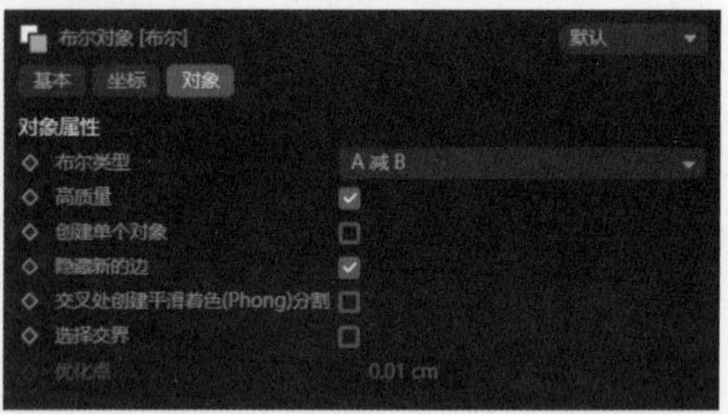

图4-5

※ 布尔类型：设置布尔运算的类型，包括 A 加 B、A 减 B、AB 交集、AB 补集 4 种，不同类型的运算效果如图 4-6 所示（原始对象的位置及层级顺序如图 4-7 所示）。

※ 高质量：选中该复选框时，进行布尔运算后的模型布线会更加合理。选中该复选框前后的布线对比效果如图 4-8 所示。

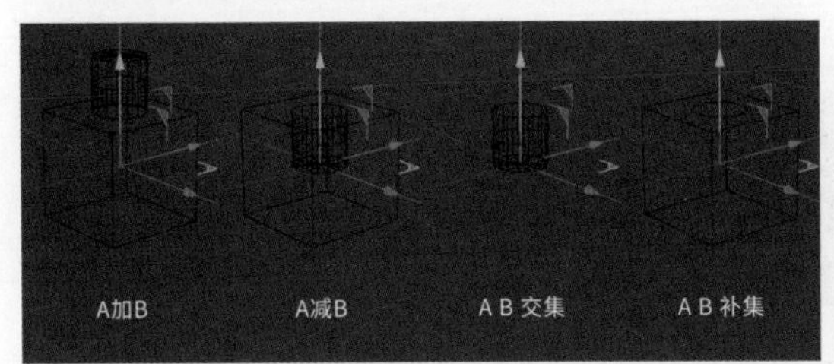

图4-6

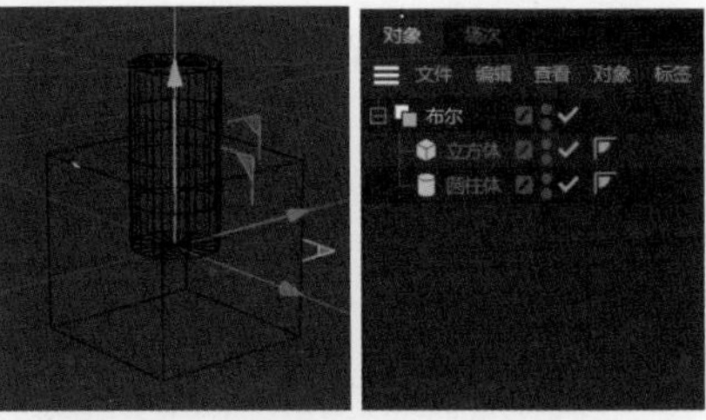

图4-7

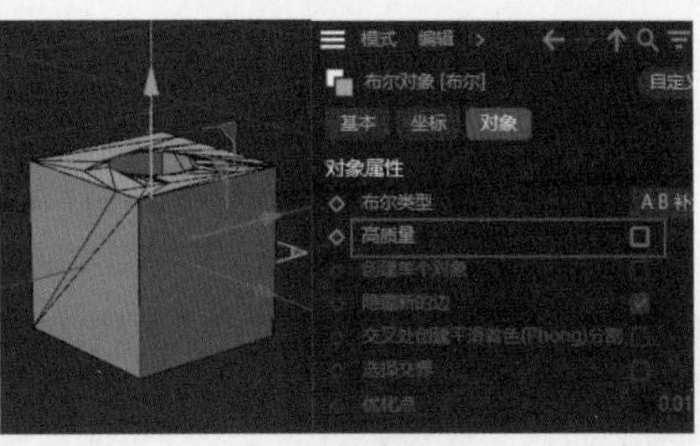

图4-8

※ 创建单个对象：选中该复选框，设置当布尔对象被转换为可编辑对象时，是否将其子级创建为单个独立对象。

※ 隐藏新的边：选中该复选框时，可以隐藏布尔运算后产生的新边。

4.3 连接与实例

4.3.1 连接

连接可以将两个或更多的对象连接在一起，形成一个统一的对象。连接后的对象以及对应的“对象”参数选项卡如图 4-9 所示，其中的主要参数含义如下。

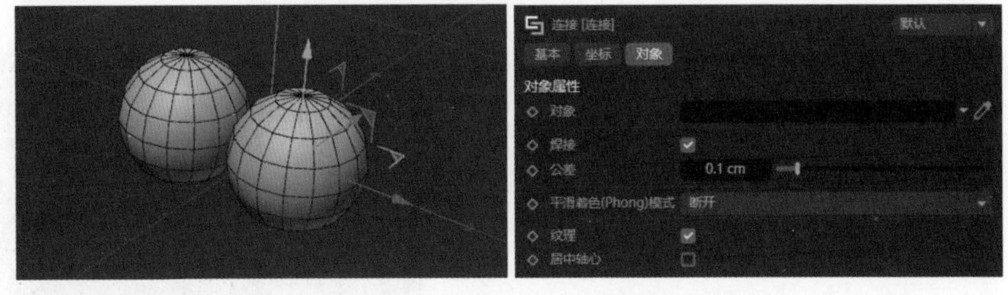

图4-9

※ 对象：设置需要连接的对象。若需要连接多个对象，可以将它们进行打组，并拖入“对象”选项或连接子级中。

※ 焊接：选中该复选框时，连接的对象之间会产生黏连效果。

※ 公差：公差数值越大，对象之间的黏连程度越高。

4.3.2 实例

实例是原始对象的复制体，当原始对象的参数发生修改时，实例也会随之变化。实例的“对象”参数选项卡如图 4-10 所示。

图4-10

4.4 融球

融球可以将两个或更多的对象融合在一起，使交界处过渡自然。融球前后的对比效果以及对应的“对象”参数选项卡如图 4-11 所示，其中的主要参数含义如下。

图4-11

※ 外壳数值：用于设置对象之间的融合程度。数值越小，表示对象之间的融合程度越高。

※ 编辑器细分：用于调整在视图中显示的融球的细分数值。数值越小，细分程度越高，从而使对象显示得更加圆滑。

※ 渲染器细分：用于设置渲染时融球的细分数值。数值越小，渲染出来的对象会显得越圆滑。

4.5 对称

对称是根据轴向将一侧的对象镜像到另一侧，而且对称后产生的模型会随原始对象的修改而同步变化的过程。其“对象”参数选项卡如图 4-12 所示，其中的主要参数含义如下。

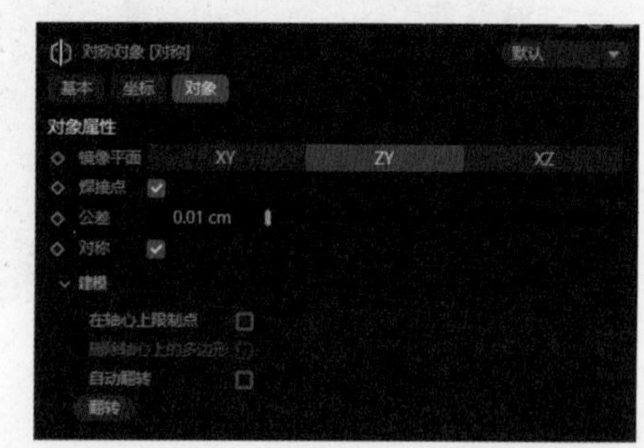

图4-12

※ 镜像平面：设置对称的平面。

※ 焊接点：选中后原对象和对称对象之间的边缘处自动焊接，防止出现缝隙。同时公差、对称等选项被激活。

※ 公差：设置边缘处点的焊接范围。

※ 对称：选中后焊接点位于对称中心轴。

4.6 实例：使用晶格工具制作气球桶

本实例将使用“多边形”等参数样条线、“放样”“晶格”等生成器工具，制作出一个简单的镂空气球桶，如图4-13所示，具体的操作步骤如下。

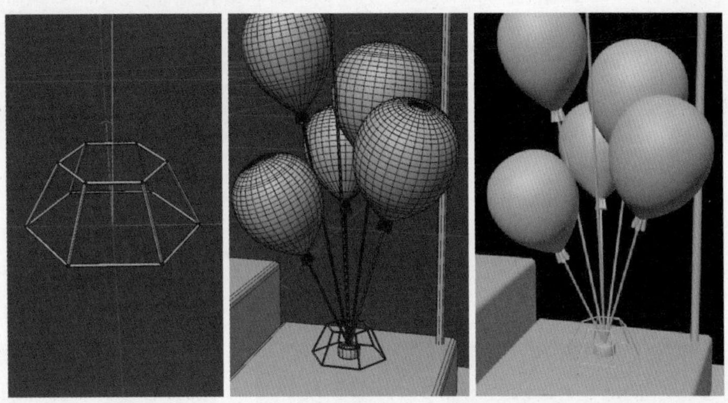

图4-13

01 切换至顶视图，选中创建工具栏中的“多边”工具，创建一个多边样条线并调整参数和位置，如图4-14所示。

02 选中多边样条线后，按住Ctrl键，使用“缩放”工具在Z轴或X轴向上拖曳复制出一条更小的多边样条线。按住Shift键实现数值量化，大小为60%即可。此时两条多边样条线的中点处于同一位置，使用“移动”工具将小多边样条线向Z轴正向移动，如图4-15所示。

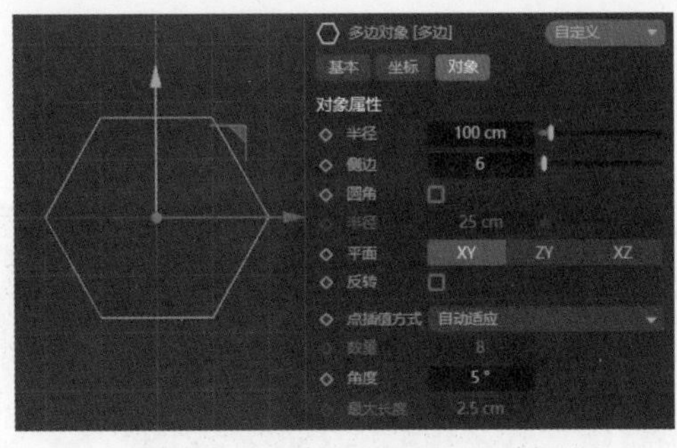

图4-14

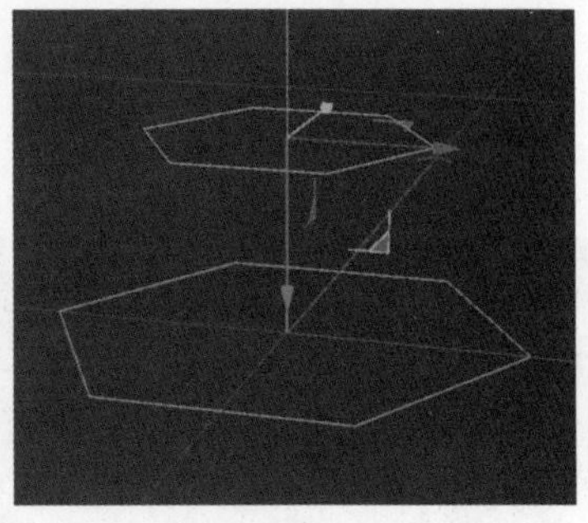

图4-15

03 选中两条多边样条线，同时按住Ctrl+Alt键，单击“放样”生成器按钮，两条多边样条线自动成为同一生成器的子级，如图4-16所示。调整生成器参数，使其减少分段，如图4-17所示。

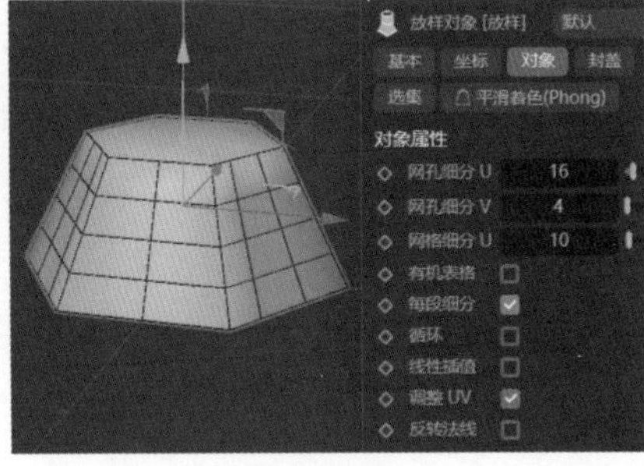

图4-16

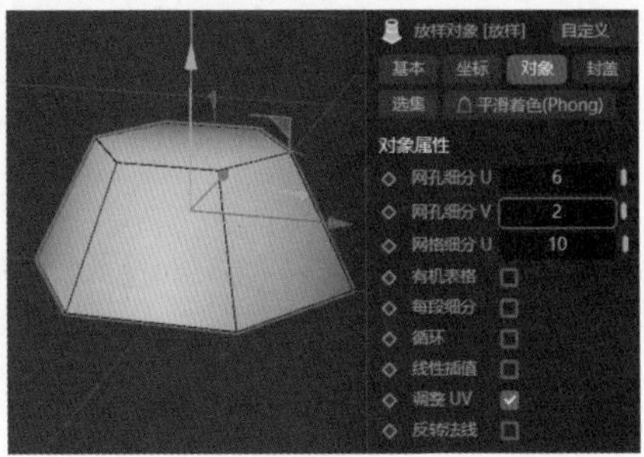

图4-17

04 选中放样模型，按住Alt键的同时单击“晶格”按钮，此时放样模型自动成为晶格生成器的子级，如图4-18所示。

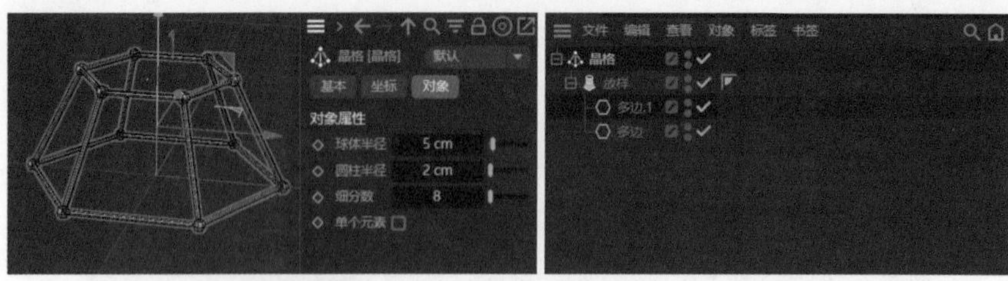

图4-18

05 调整晶格参数并进行编组、命名等整理工作，如图4-19所示。

06 选中“气球桶”组，按快捷键Ctrl+C进行复制，在2.6实例场景中按快捷键Ctrl+V进行粘贴，调整其大小和位置，如图4-20所示。

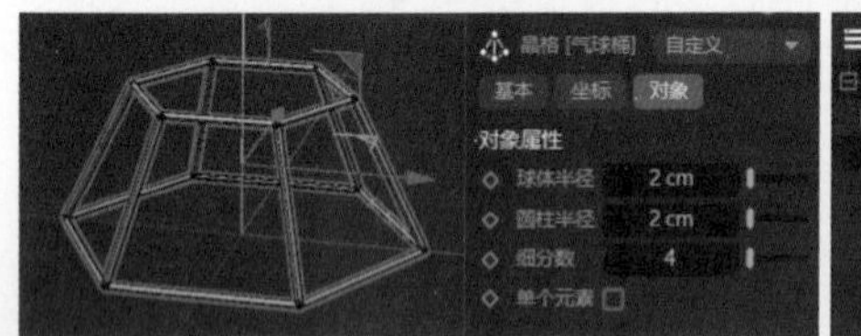

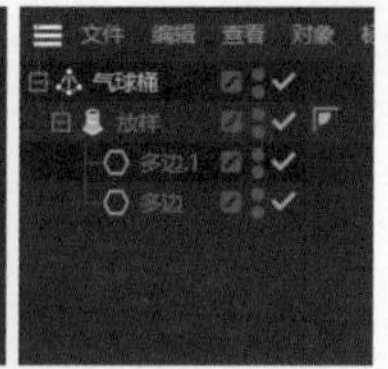

图4-19

图4-20

4.7 实例：使用克隆工具制作旋转阶梯

本实例将使用“立方体”等参数化对象，并运用“克隆”等生成器工具，制作简约的旋转阶梯，如图 4-21 所示。

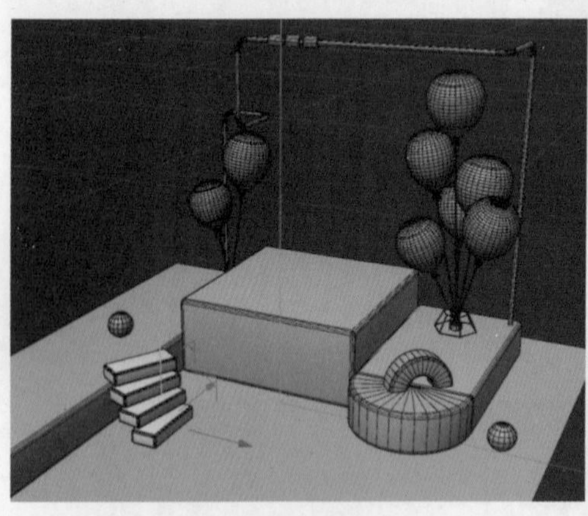

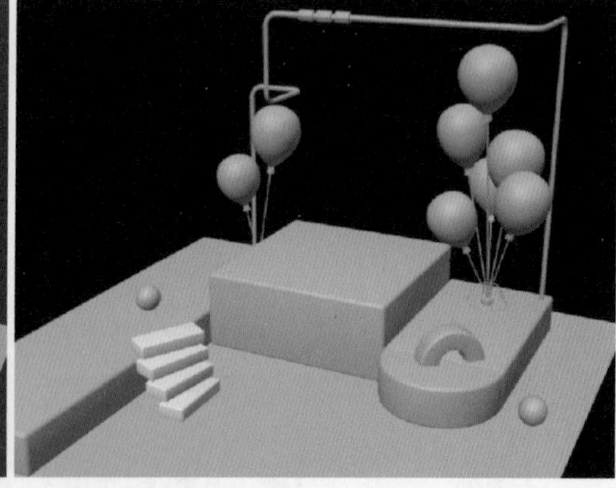

图4-21

01 选中创建工具栏中的“立方体”工具，创建一个立方体模型作为一层阶梯，并调整参数和位置，如图4-22所示。

02 选中立方体，按住Alt键的同时单击“克隆”按钮，这时放样模型自动成为克隆生成器的子级，如图4-23所示。

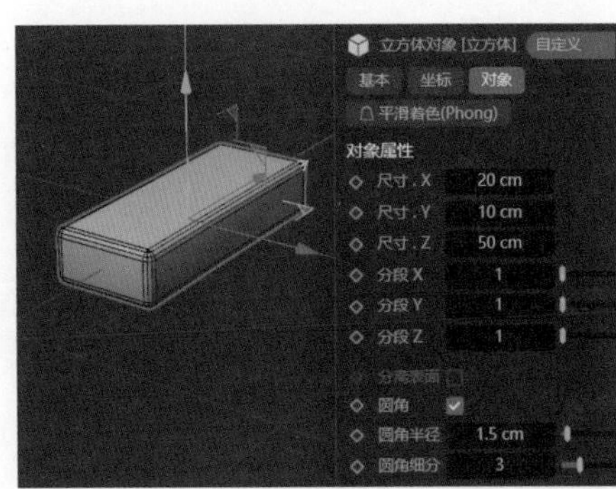

图4-22

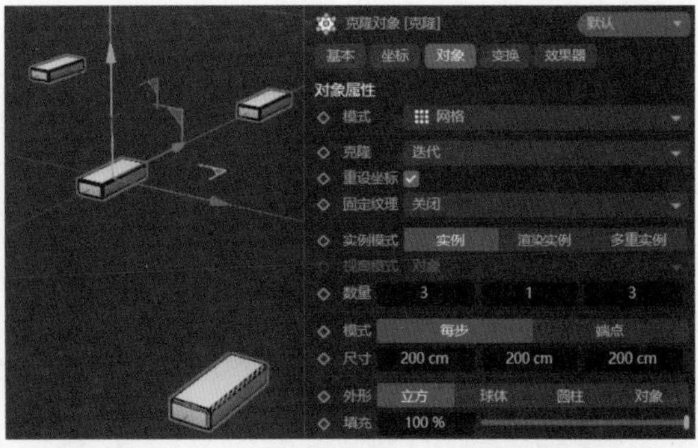

图4-23

03 调整克隆模型参数，形成螺旋的阶梯状，如图4-24所示。

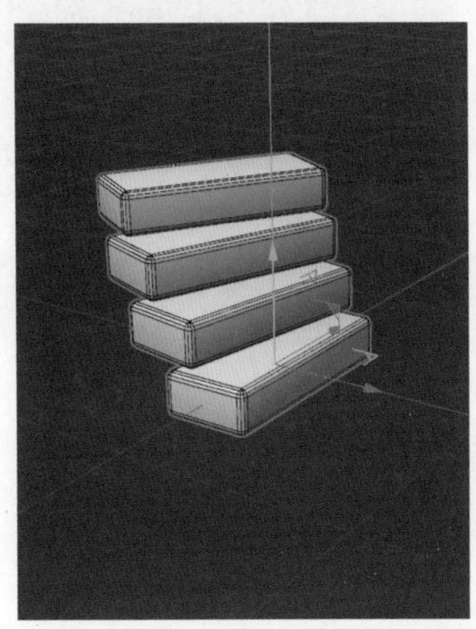

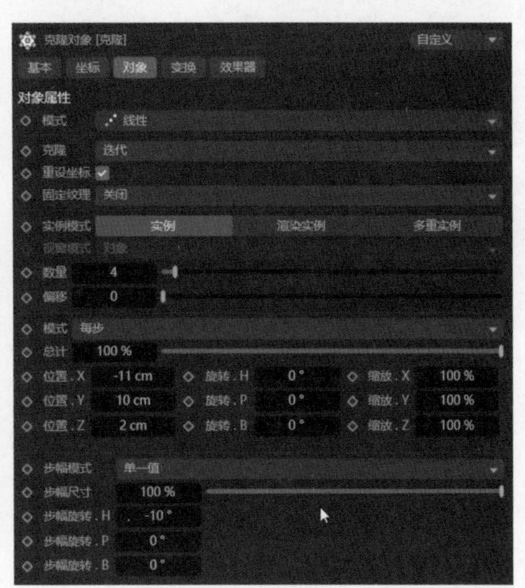

图4-24

04 将克隆模型编组并重命名为“旋转阶梯”，将其选中并按快捷键Ctrl+C进行复制，在2.6实例场景中按快捷键Ctrl+V进行粘贴，并调整其大小和位置，如图4-25所示。

图4-25

4.8 实例：使用布尔工具制作拱门

本实例将使用“矩形”等参数样条线、“立方体”等参数对象，并借助“挤压”“布尔”等生成器工具，制作出简洁的拱门效果，如图 4-26 所示。

01 选中创建工具栏中的“矩形”工具▣，创建一个矩形样条线并调整参数，如图4-27所示。

02 选中矩形样条线，按住Alt键的同时单击“挤压”按钮，这时矩形样条线自动成为挤压生成器的子级，调整参数如图4-28所示。

图4-26

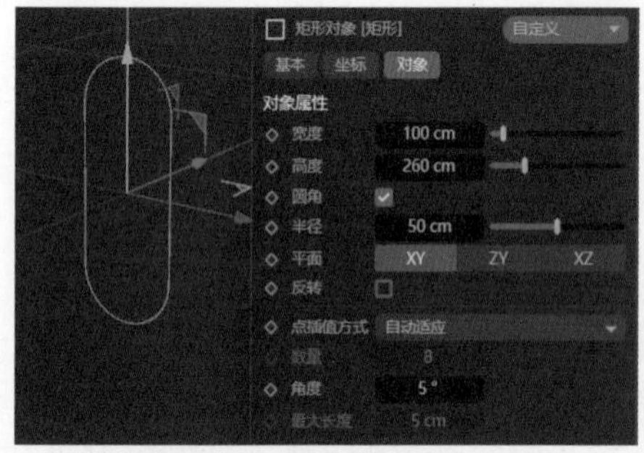

图4-27

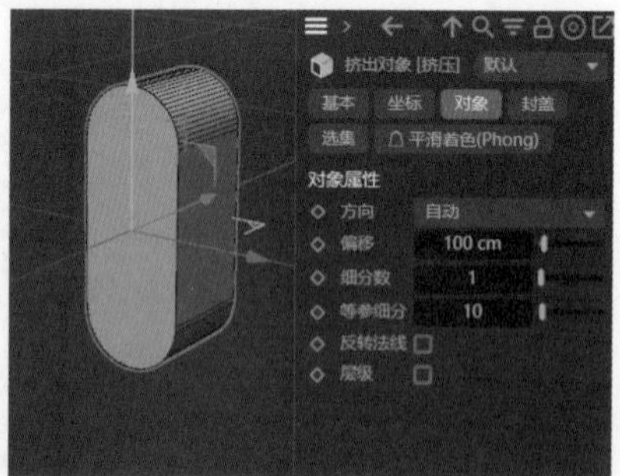

图4-28

03 选中创建工具栏中的“立方体”工具，创建一个立方体模型并设置参数，使用“移动”工具和“旋转”工具调整其至合适位置，如图4-29所示。

04 选中挤压模型和立方体，同时按住Ctrl+Alt键，单击“布尔”生成器按钮，两个对象自动成为同一生成器的子级，如图4-30所示。

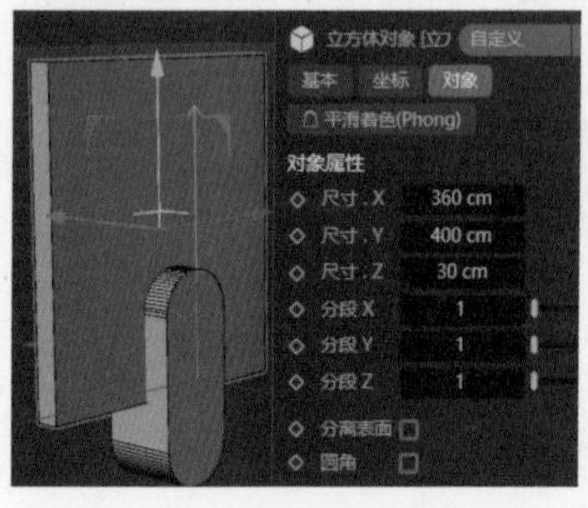

图4-29

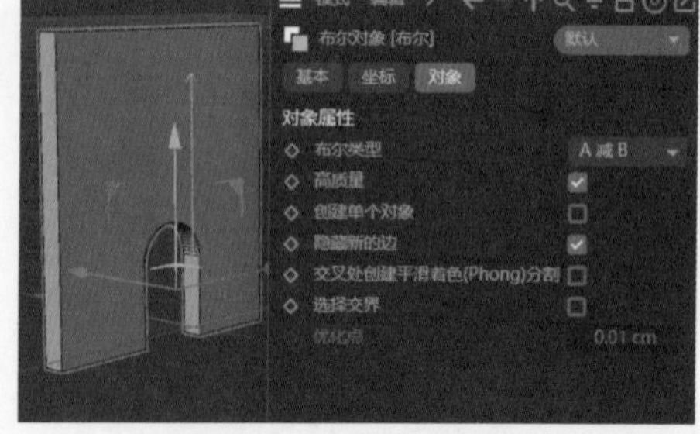

图4-30

05 将布尔模型进行编组并重命名为“拱门”，将其选中并按快捷键Ctrl+C复制，在2.6实例场景中按快捷键Ctrl+V进行粘贴，调整其大小和位置，如图4-31所示。

图4-31

第5章

变形器

C4D 中的重要建模方式还包括变形器建模。通过给对象添加不同的变形器，可以制作出各种独特的造型。变形器通常作为对象的子级使用，或者与对象处于同一父级下。变形器的类型如图 5-1 所示。本章将深入介绍常用的变形器类型，并详细阐述其使用方法。

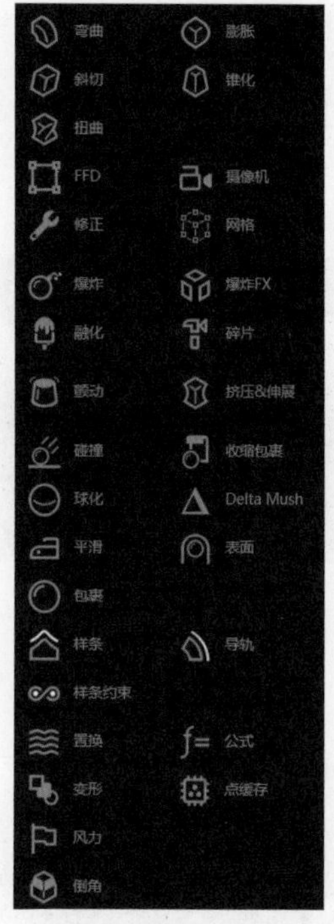

图5-1

创建变形器有两种方法：一是直接单击所需的变形器按钮，然后将其拖至对象下作为子级，此时变形器的尺寸为默认尺寸；二是在已选中对象的情况下，按住 Shift 键的同时单击所需的变形器工具，这样变形器会自动成为对象的子级，并且尺寸与对象相同。当选中多个对象时，如果按住 Shift 键的同时单击变形器工具，每个对象都会单独添加一个变形器作为其子级；而如果按住 Ctrl 键的同时单击变形器按钮，则每个对象会添加一个同级的变形器。

本章主要涉及的知识点如下。

※ 熟练掌握变形器的创建方法。

※ 熟悉变形器的各项参数。

※ 熟练使用变形器进行建模操作。

5.1 扭曲与样条约束

5.1.1 扭曲

扭曲可以使三维对象绕着固定的轴向产生扭转效果。图 5-2 展示了扭转前后的对比效果以及“对象”参数选项卡，其中的主要参数含义如下。

※ 尺寸：调整变形器的尺寸，该参数与模式相互配合，以确定对象的变形区域。

※ 对齐：选择变形器作用的轴向。

※ 角度：设置扭曲的强度及其方向。

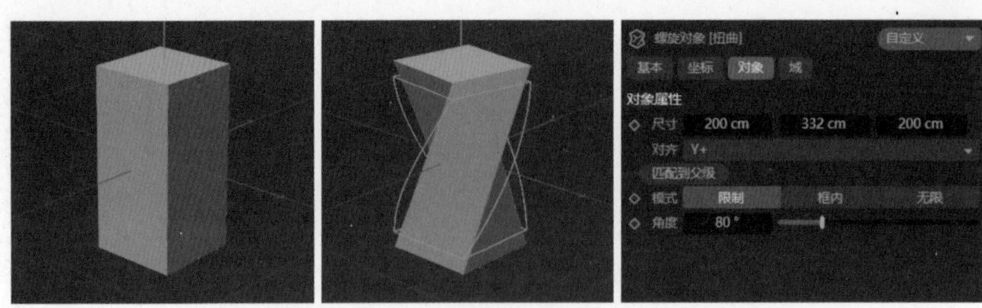

图5-2

5.1.2 样条约束

样条约束可以使三维对象根据样条曲线进行变形、移动、旋转等操作。图 5-3 展示了应用样条约束前后的对比效果以及对象管理器中的层级关系，而图 5-4 则展示了“对象”参数选项卡，其中的主要参数含义如下。

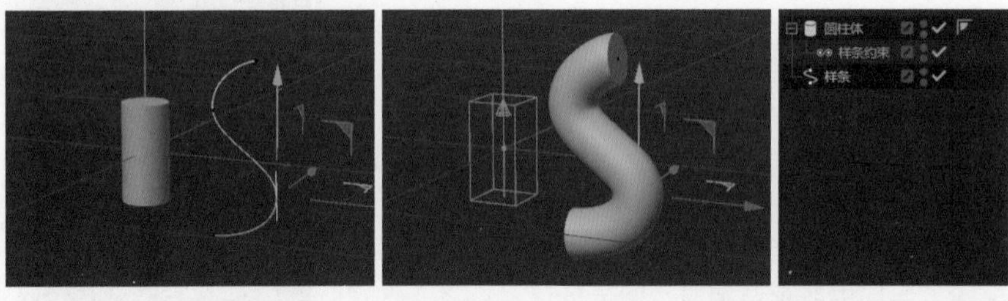

图5-3

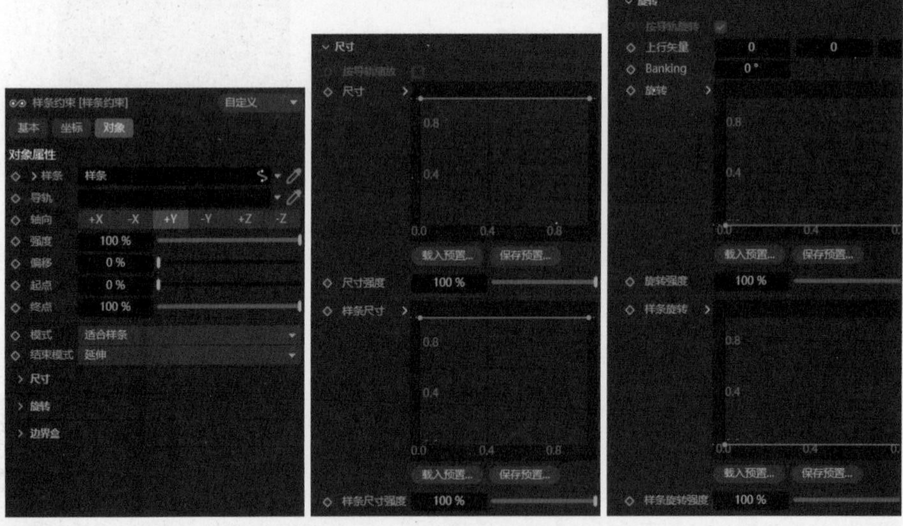

图5-4

※　样条：选定需要进行变形的样条曲线。

※　轴向：确定样条约束导致变形的轴向。

※　强度：调整三维对象变形的程度。

※　偏移：设置三维对象沿样条曲线变形的位移距离。不同参数设置产生的效果如图 5-5 所示。

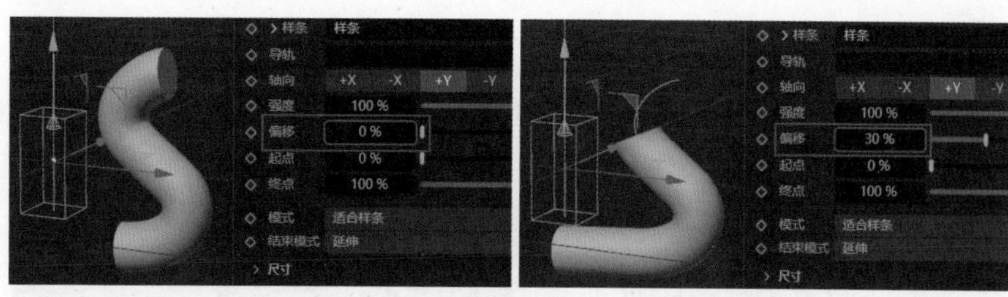

图5-5

※ 起点 / 终点：确定三维对象沿着样条曲线开始和结束变形的位置。

※ 模式 - 适合样条：此模式下，三维对象将被拉伸至与样条曲线的长度相匹配。

※ 模式 - 保持长度：在此模式下，三维对象将保持其原始长度不变。

※ 尺寸：设置三维对象变形后尺寸的函数曲线以控制缩放。

※ 尺寸强度：设置三维对象变形后整体缩放的强度。

※ 样条尺寸：设置样条曲线尺寸的函数曲线以控制缩放。

※ 样条尺寸强度：设置样条曲线整体缩放的强度。

5.2 其他变形器

5.2.1 弯曲

弯曲变形器可以使三维对象产生弯曲变形。图 5-6 展示了弯曲前后的对比效果以及“对象”参数选项卡，其中的主要参数含义如下。

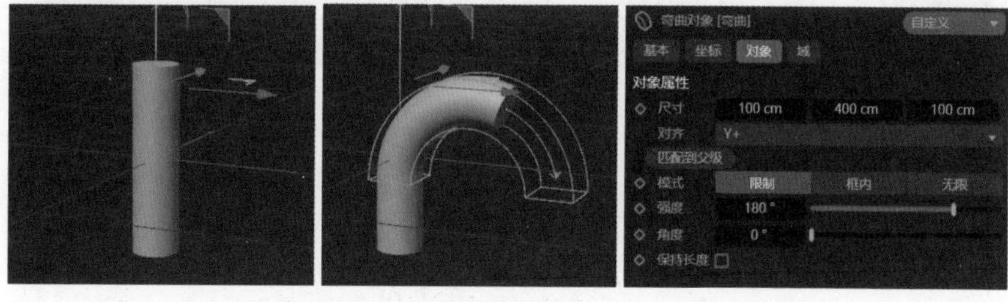

图5-6

※ 强度：调整变形器弯曲的力度。

※ 角度：设置变形器弯曲的角度。图 5-7 展示了不同角度设置的效果。

※ 保持长度：选中该复选框时，三维对象会维持其原始长度，即使在弯曲变形时也不会被拉长。

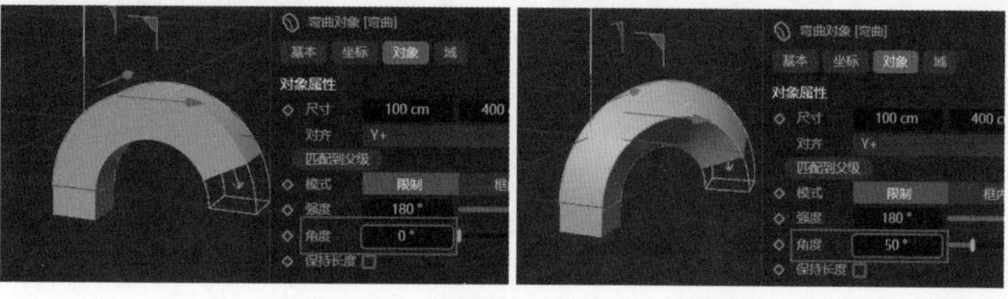

图5-7

5.2.2 膨胀

膨胀变形器可以使三维对象产生膨胀或收缩的效果。图 5-8 展示了膨胀前后的对比效果以及“对象”参数选项卡，其中的主要参数含义如下。

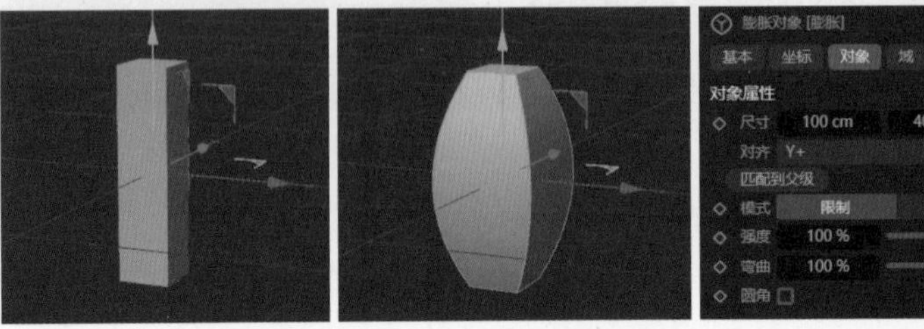

图5-8

※ 强度：设置膨胀或收缩的强度。当数值为正值时，变形器膨胀；当数值为负值时，变形器收缩。

※ 弯曲：设置膨胀或收缩的弯曲程度。

5.2.3 斜切

斜切变形器会导致三维对象发生倾斜变形。图 5-9 展示了斜切前后的效果对比以及“对象”参数选项卡。

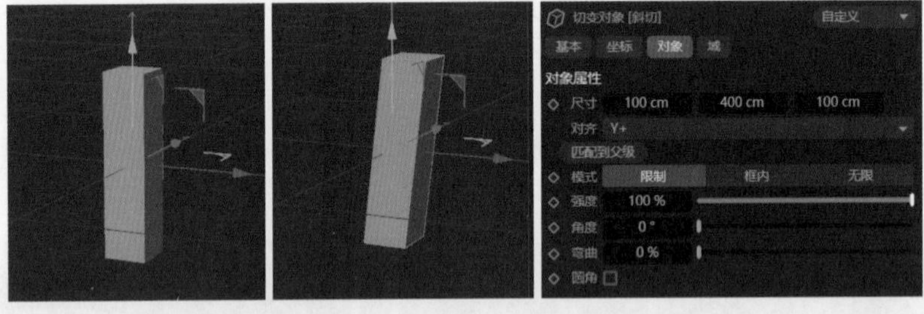

图5-9

※ 强度：设置三维对象倾斜的力度。

※ 角度：设置斜切变形的倾斜角度。

※ 弯曲：控制斜切过程中的弯曲程度，具体效果如图 5-10 所示。

※ 圆角：选中该复选框时，会产生如图 5-11 所示的效果。

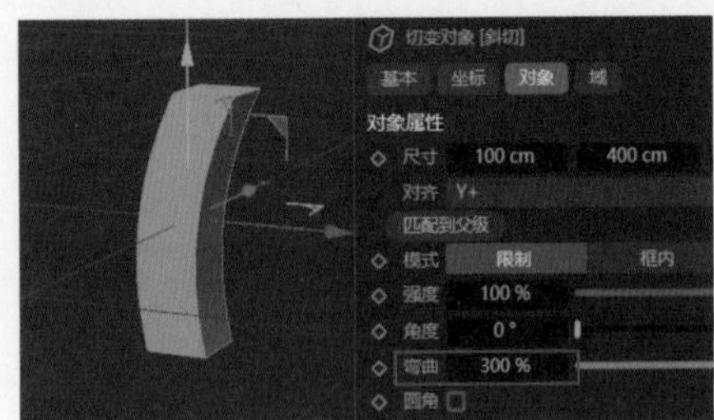

图5-10

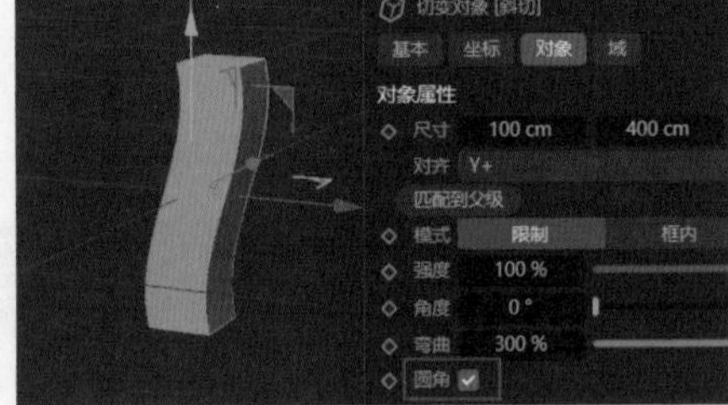

图5-11

5.2.4 锥化

锥化变形器会使三维对象的一端变得更加尖锐或者膨胀。图 5-12 展示了锥化前后的对比效果以及“对象”参数选项卡，其中的主要参数含义如下。

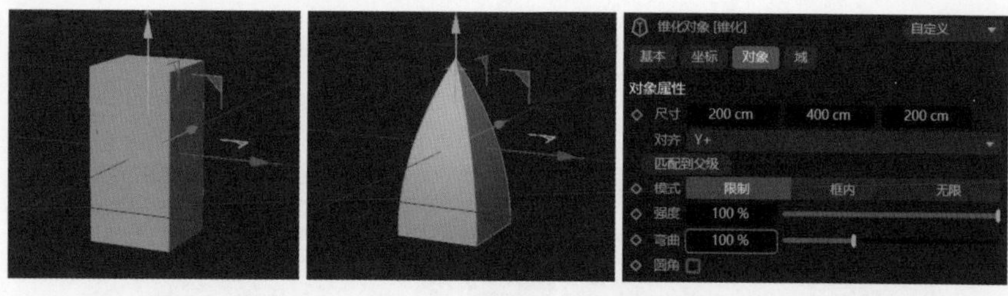

图5-12

※ 强度：调整尖锐或膨胀的力度。当该数值为正值时，对象会变得更尖锐；而当数值为负值时，对象则会显得更膨胀，具体效果如图 5-13 所示。

※ 弯曲：设置在尖锐或膨胀过程中的弯曲程度。

※ 圆角：选中该复选框时，会产生如图 5-14 所示的效果。

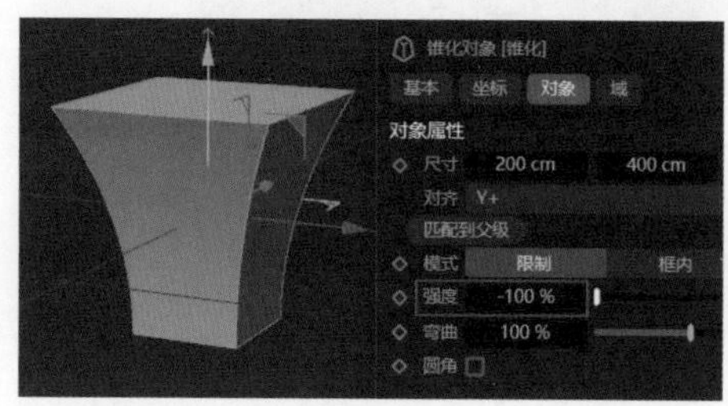

图5-13

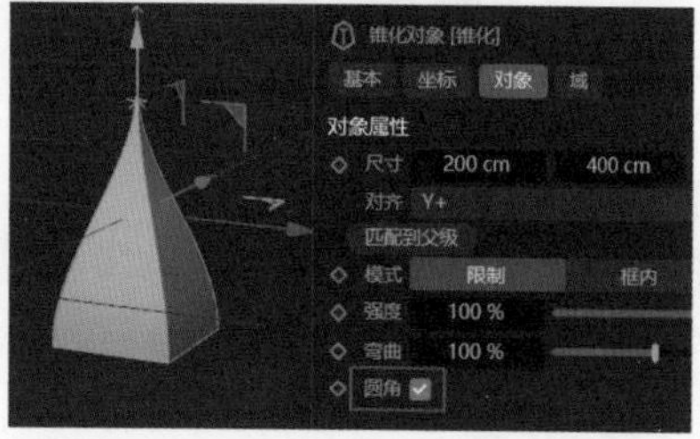

图5-14

5.2.5 FFD

FFD（自由变形）变形器允许在点模式下，通过调整网格外框的网格点来控制三维对象的形状。图 5-15 展示了使用 FFD 进行变形前后的对比效果和“对象”参数选项卡，其中的主要参数含义如下。

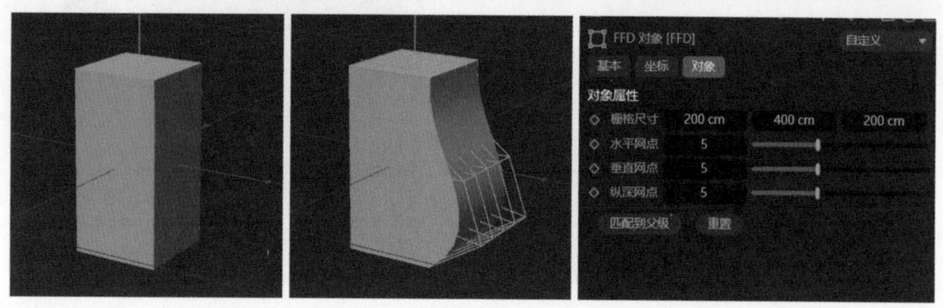

图5-15

※ 栅格尺寸：确定 FFD 网格外框的整体范围。

※ 水平网点 / 垂直网点 / 纵深网点：分别设置 FFD 网格外框在水平、垂直和纵深方向上的网格分段数量。

※ 重置：单击该按钮，可将 FFD 网格恢复到其初始未变形的状态。

5.2.6 爆炸 FX

爆炸 FX 变形器能够为三维对象创造爆炸碎片的视觉效果。图 5-16 清晰地展示了应用爆炸 FX

前后的对比效果。

在爆炸 FX 中，范围框的中心点即代表爆炸的起始点。蓝色框显示了重力影响的区域，红色框标明了冲击的范围，而绿色框则代表爆炸影响的范围。

接下来，详细解释几个关键参数。

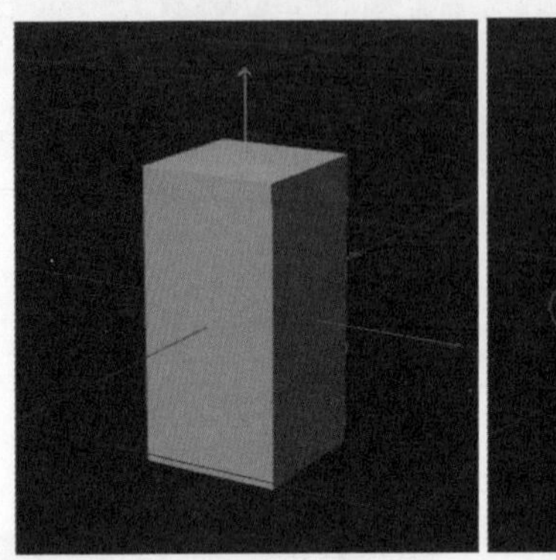
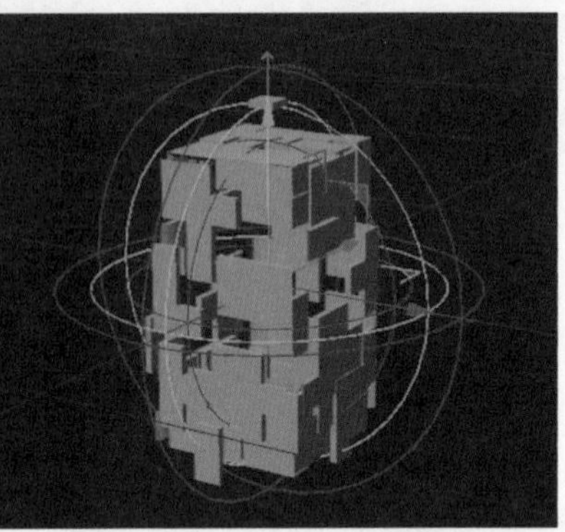

图5-16

1．“对象”参数选项卡

爆炸 FX 变形器的“对象”参数选项卡如图 5–17 所示，其中的主要参数含义如下。

时间：通过设置爆炸的完成时间来控制爆炸的范围，这一设置在视图窗口中通过绿色框来直观展示。

2．“簇”参数选项卡

爆炸 FX 变形器的“簇”参数选项卡如图 5–18 所示，其中的主要参数含义如下。

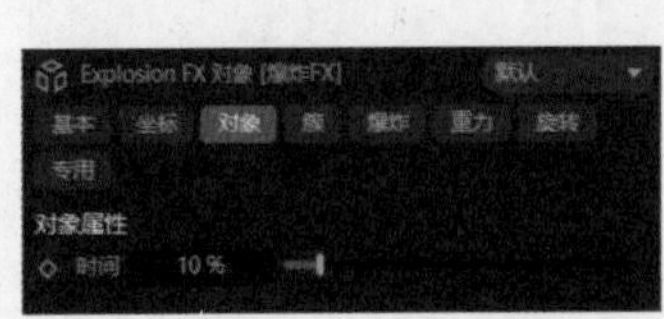

图5-17

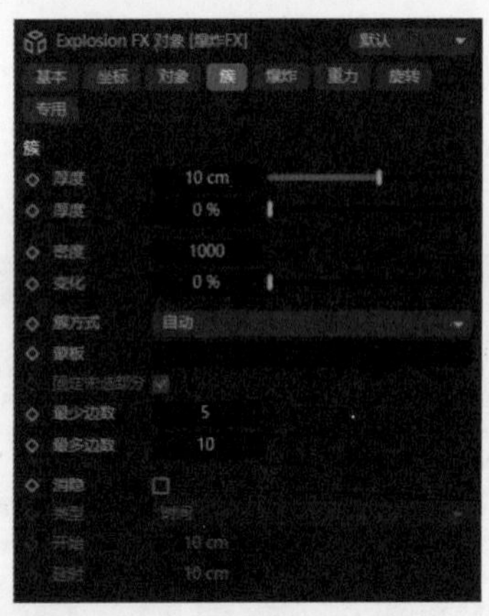

图5-18

※　厚度：确定爆炸产生的碎片的厚度。

※　厚度：为爆炸碎片的厚度设置一个随机变化的范围。

※　密度：调整爆炸碎片的密集程度。

※　变化：设置爆炸碎片密度的随机变化范围。

※　簇方式：选择爆炸碎片的聚集和形成方式。

※　消隐：选中该复选框时，会激活类型选项，允许根据时间或距离来使爆炸碎片逐渐消失。

3.“爆炸”参数选项卡

爆炸 FX 变形器的“爆炸”参数选项卡如图 5-19 所示，其中的主要参数含义如下。

※ 强度：调整爆炸的力度。

※ 衰减（强度）：设置爆炸强度随着距离爆炸中心增加而逐渐减弱的程度。当数值大于 0 时，爆炸强度从中心向外逐渐降低。

※ 变化（强度）：为爆炸强度添加一个随机变化的范围。

※ 方向：确定爆炸碎片飞散的主要方向。

※ 线性：如果爆炸碎片主要沿一个轴向飞散，该复选框将被激活。

※ 变化（方向）：为爆炸碎片的方向设置一个随机变化的范围。

※ 冲击时间：控制爆炸碎片产生冲击效果的持续时间，与爆炸强度有一定的相似性。

※ 冲击速度：设置爆炸碎片冲击时的速度。

※ 衰减（冲击速度）：控制碎片冲击速度随着距离的增加而逐渐降低的程度。当数值大于 0 时，从爆炸中心到外围的冲击速度会逐渐减弱。

※ 变化（冲击速度）：为碎片的冲击速度添加一个随机变化的范围。

※ 冲击范围：确定爆炸产生的冲击效果的区域，这一范围在视图窗口中以红色框显示。

※ 变化（冲击范围）：为冲击范围设置一个随机变化的范围。

4.“重力”参数选项卡

爆炸 FX 变形器的“重力”参数选项卡如图 5-20 所示，其中的主要参数含义如下。

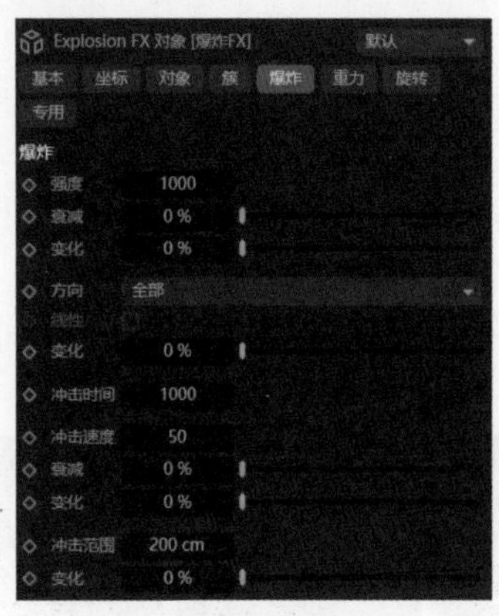

图5-19

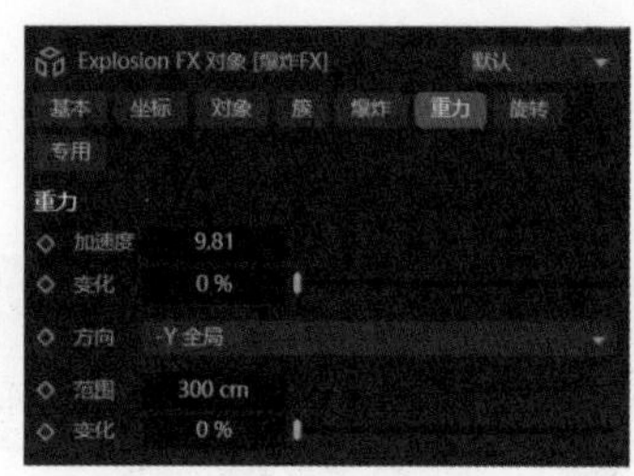

图5-20

※ 加速度：调整重力加速度的大小。当数值为 0 时，表示不受重力影响；默认值为地球的标准重力加速度 9.81。

※ 变化（加速度）：为重力加速度设置一个随机变化的范围。

※ 方向：确定重力加速度的作用方向。若选择“无”选项，则表示物体不受重力影响。

※ 范围：界定重力作用的区域，这一范围在视图窗口中以蓝色框来标示。

※ 变化（范围）：为重力影响的范围设置一个随机变化的范围。

5.“旋转”参数选项卡

爆炸 FX 变形器的“旋转”参数选项卡如图 5-21 所示，其中的主要参数含义如下。

※ 速度：调整爆炸碎片的旋转速度。当数值为 0 时，碎片不会旋转；数值为正值时，碎片会顺时针旋转；数值为负值时，则会逆时针旋转。

※ 衰减（速度）：控制碎片旋转速度随着距离爆炸中心增加而逐渐降低的程度。当该数值大于 0 时，从中心到外围的旋转速度会逐渐减慢。

※ 变化（速度）：为碎片的旋转速度添加一个随机变化的范围。

※ 转轴：确定碎片旋转时所围绕的中心轴。

※ 变化（转轴）：为碎片的旋转轴向设置一个随机变化的范围。

6.“专用”参数选项卡

爆炸 FX 变形器的“专用”参数选项卡如图 5-22 所示，其中的主要参数含义如下。

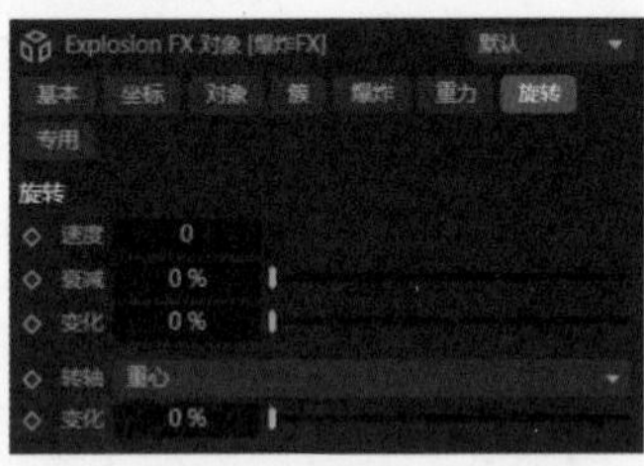

图5-21

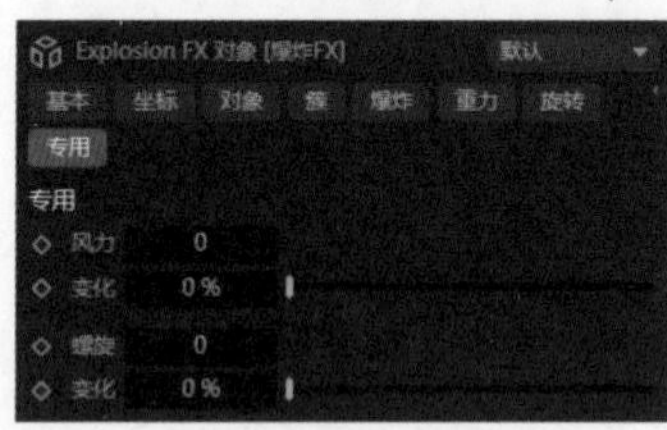

图5-22

※ 风力：调整模拟环境中的风力强度。

※ 变化（风力）：为风力添加一个随机变化的范围。

※ 螺旋：确定环境中风的旋转方向及强度。当数值为正值时，风会顺时针旋转；数值为负值时，则会逆时针旋转。

※ 变化（螺旋）：为风的旋转程度设置一个随机变化的范围。

5.2.7 融化

融化变形器可以为三维对象带来独特的融化变形效果。图 5-23 展示了融化前后的对比效果，以及“对象”参数选项卡，其中的主要参数含义如下。

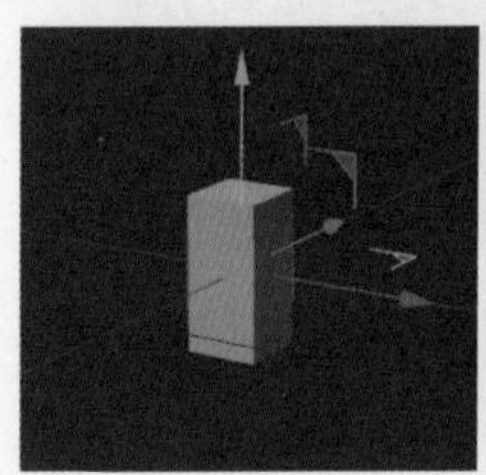

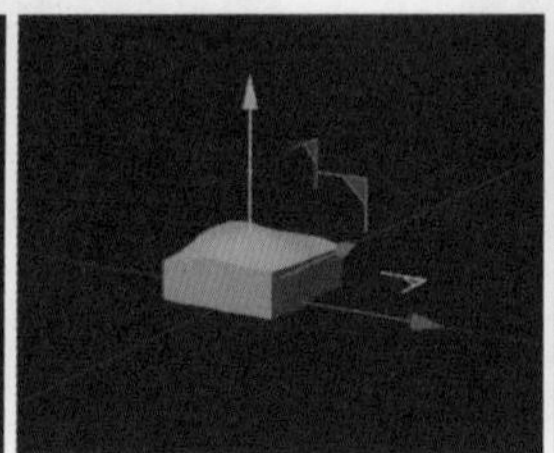

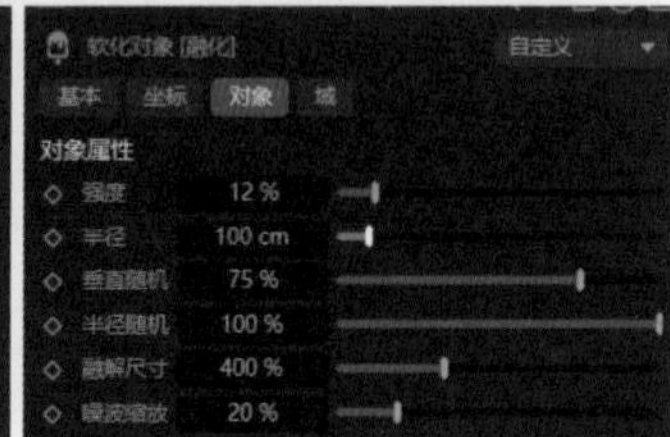

图5-23

※ 强度：调整融化的变形强度。

※ 半径：设置融化效果的模型半径。

※ 垂直随机 / 半径随机：为融化模型在垂直方向和半径上增加随机变化的效果。

※ 融解尺寸：确定融化后模型的大小。

※ 噪波缩放：调整融化模型表面噪波的形态和规模。

5.2.8 挤压与伸展

挤压与伸展变形器可以为三维对象带来挤压或伸展的变形效果，其“对象”参数选项卡如图 5-24 所示，其中的主要参数含义如下。

※ 顶部：设置对象在 Y 轴向上挤压或伸展范围的最高点。

※ 中部：调整对象在 Y 轴向上挤压或伸展的中心位置。当数值为 0 时，该点位于顶部和底部中间；数值为正值时，此点会向顶部偏移；数值为负值时，会向底部偏移。

※ 底部：确定对象在 Y 轴向上挤压或伸展范围的最低点。

※ 方向：调整对象在 X 轴方向上的挤压或伸展力度。

※ 因子：设置对象在 Y 轴方向上的挤压或伸展的强度。

※ 膨胀：控制对象在 Z 轴方向上的挤压或伸展的强度。

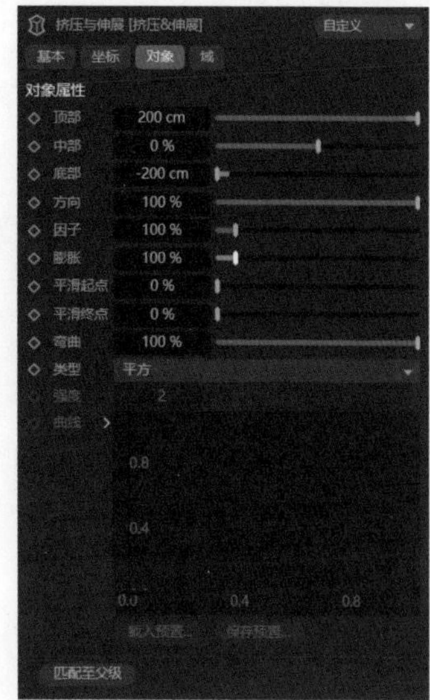

图5-24

※ 平滑起点 / 平滑终点：分别调整对象在起始点和终点位置上的平滑过渡程度。

※ 弯曲：定义对象的弯曲程度。

※ 曲线：当选择“类型”为“样条曲线”时，此选项将被激活。

5.2.9 碰撞

碰撞变形器可以模拟两个对象之间的碰撞交互。图 5-25 展示了碰撞前后的对比效果，重点参数讲解如下。

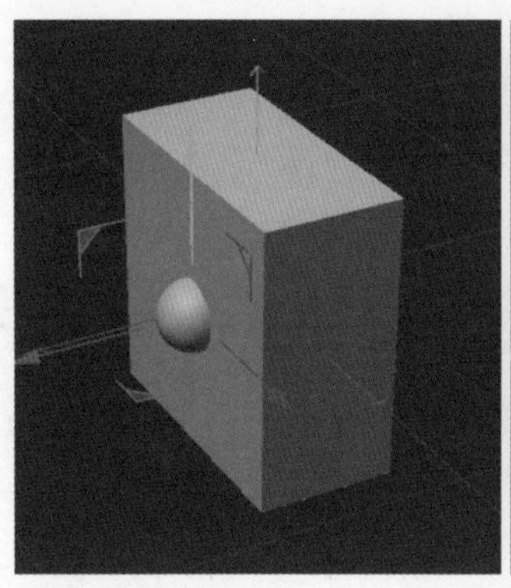
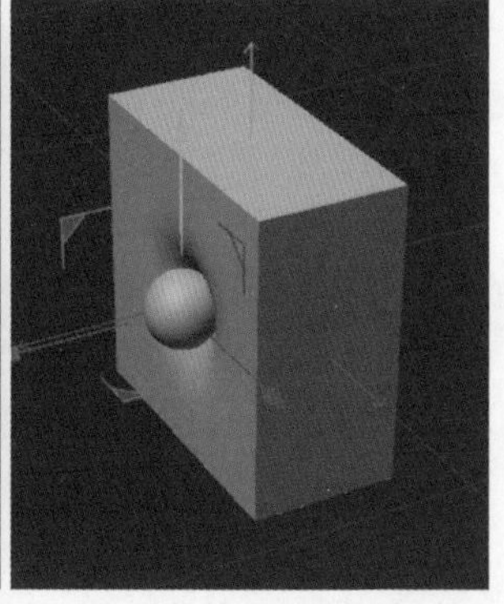

图5-25

1.“对象”参数选项卡

碰撞变形器的“对象”参数选项卡如图 5-26 所示，其中的主要参数含义如下。

※ 衰减：确定对象在受到碰撞时形状变化的模式。当选定的衰减类型为“UV”“距离”“表面”

或“碰撞器”时，将启用“距离”和“强度”参数。

※ 距离：设置碰撞衰减作用的范围。

※ 强度：调整碰撞衰减的力度大小。

※ 重置外形：控制对象在受到碰撞后是否恢复到原始形状。当该值为 0 时，对象将不会恢复。

※ 曲线：调整对象在受到碰撞后恢复到哪个位置。若控制点大于 0，则对象会恢复到比初始位置更高的地方；若控制点小于 0，则对象会恢复到比初始位置更低的地方。

2. “碰撞器”参数选项卡

碰撞变形器的“碰撞器”参数选项卡如图 5-27 所示，其中的主要参数含义如下。

※ 解析器：设置对象在碰撞时形状变化的解析方式。

※ 对象：选择与被碰撞对象发生交互的碰撞体。

3. “包括”参数选项卡

碰撞变形器的“包括”参数选项卡如图 5-28 所示，其中的主要参数含义如下。

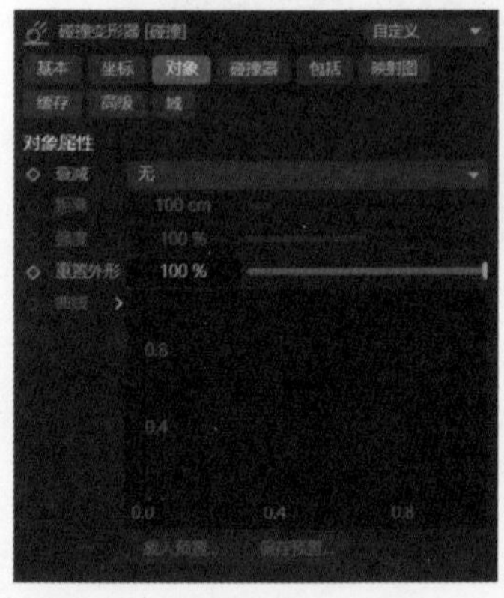

图5-26

图5-27

图5-28

对象：设置产生变形的对象。

5.2.10 收缩包裹

收缩包裹变形器允许一个对象（源对象）在保持其独特特征的同时，紧密贴合另一个对象（目标对象）的形状。图 5-29 展示了收缩包裹前后的效果对比，以及“对象”参数设置选项卡，其中的主要参数含义如下。

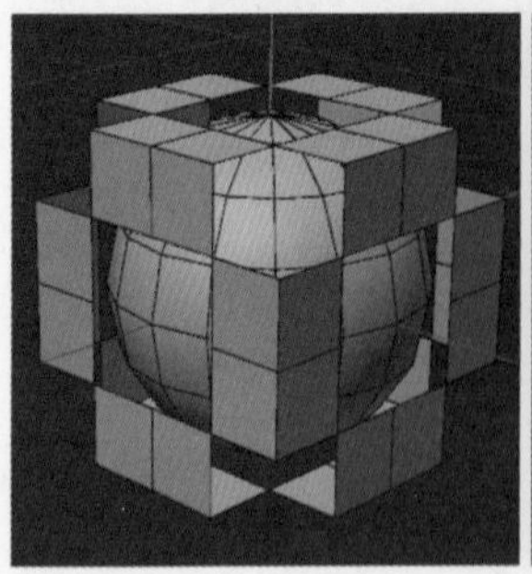

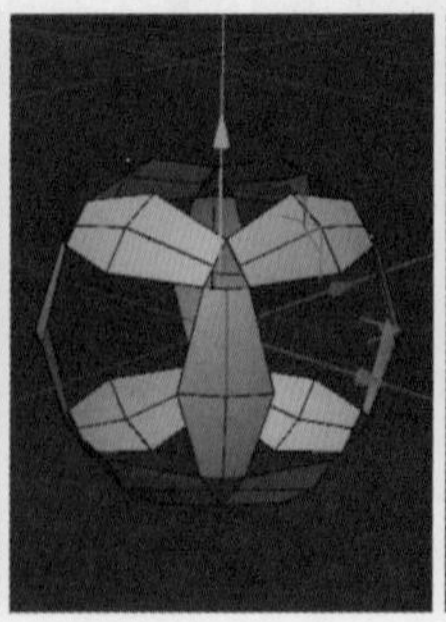

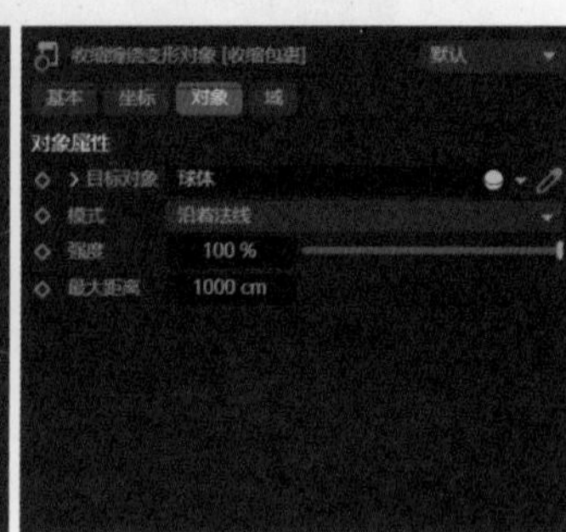

图5-29

※ 模式：选择源对象与目标对象之间的贴合方式。

※ 强度：调整收缩包裹过程中形变的强烈程度。

5.2.11 倒角

倒角变形器可以为模型的边缘添加圆润的倒角效果，从而提升模型的视觉质感和安全性。图5-30清晰地展示了应用倒角前后的对比效果，重点参数讲解如下。

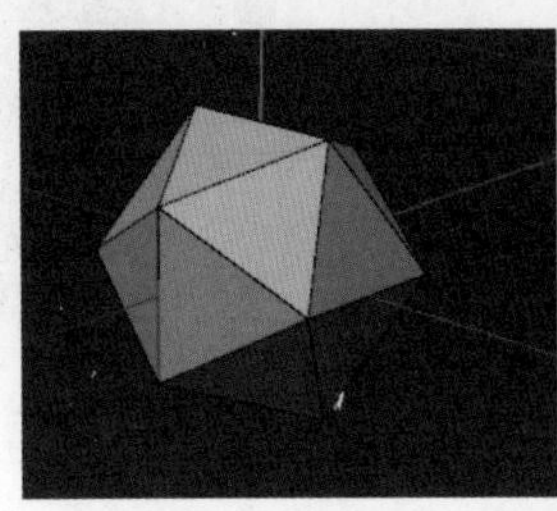
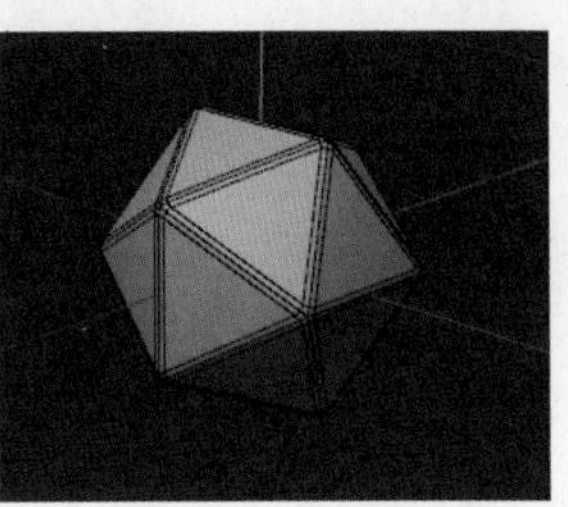

图5-30

1.选项

倒角变形器的“选项”参数选项卡如图5-31所示，其中的主要参数含义如下。

※ 构成模式：选择需要进行倒角的对象元素或特定选集。

※ 使用角度：选中该复选框时，将激活“角度阈值”参数。若两个多边形之间的夹角大于设置的角度阈值，则会应用倒角效果。

※ 倒角模式：确定元素或选集是否产生实际的倒角效果。在“倒角”模式下，会生成倒角；而在“实体”模式下，仅会产生与倒角相对应的平行线，并不会真正形成倒角。

※ 偏移：调整倒角偏移的距离大小。

※ 细分：设置倒角的细分段数。当细分值大于0时，“深度”参数将被激活。

※ 深度：控制倒角的方向和深度。

2.“外形”参数选项卡

倒角变形器的“外形”参数选项卡如图5-32所示，其中的主要参数含义如下。

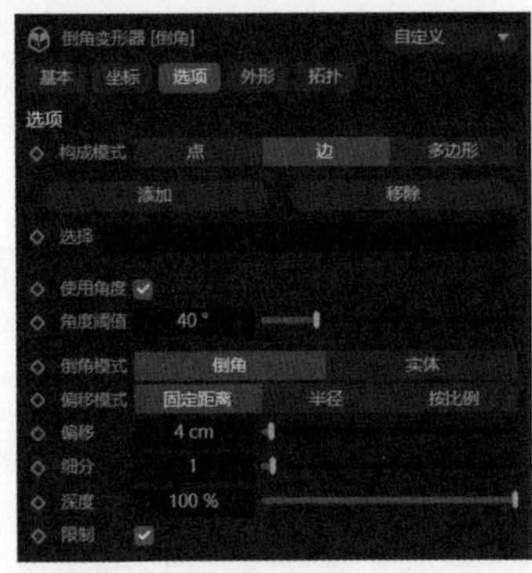

图5-31

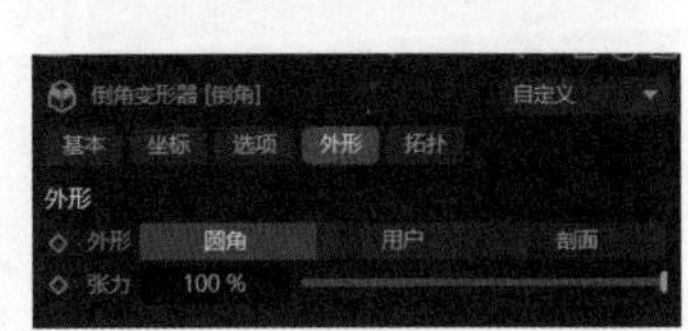

图5-32

※ 外形：定义倒角的外观形状。

※ 张力：当选择的倒角外形为“圆角”时，“张力”参数将被激活，用于调整倒角细分线段的方向和弯曲程度。

5.3 实例：使用多种变形器制作蛋糕

本实例中，将运用“圆柱体”“胶囊”“球体”等参数化对象，结合“公式”“星形”“螺旋线”等参数化样条线，同时采用“扫描”“细分曲面”“挤压”“阵列”“克隆”等生成器，以及“样条约束”“锥化”“扭曲”等变形器，共同制作一个精美的蛋糕模型，其效果如图5-33所示。具体的操作步骤如下。

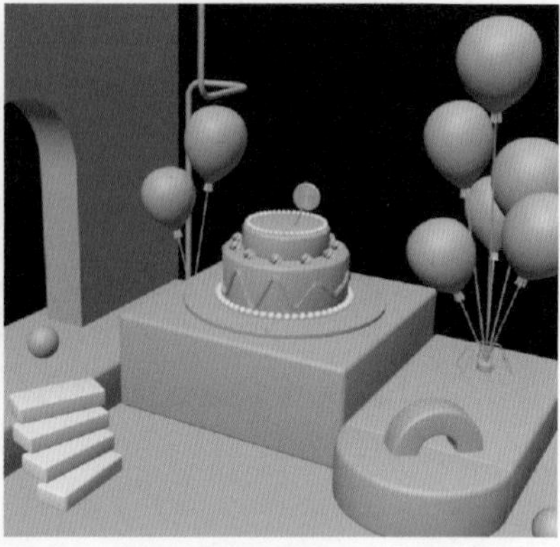

图5-33

01 使用创建工具栏中的“圆柱体”工具创建一个圆柱模型，作为蛋糕的底座，设置参数如图5-34所示。

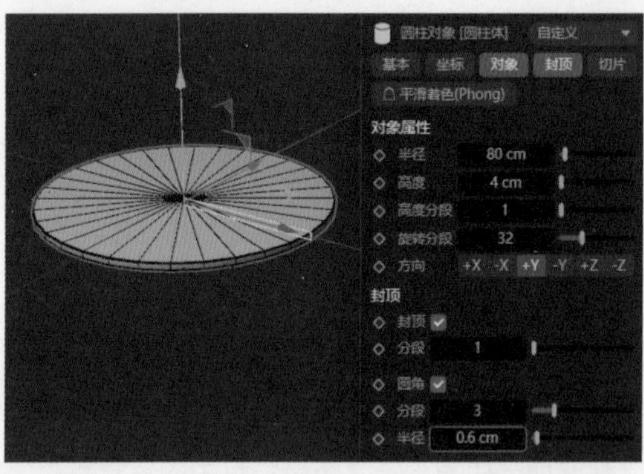

图5-34

02 重复以上操作创建另外两个圆柱体，作为蛋糕坯，参数及位置如图5-35所示。（或选中模型后，按住Ctrl键，使用“移动”工具沿X轴向右拖曳进行复制，再调整参数及位置。）

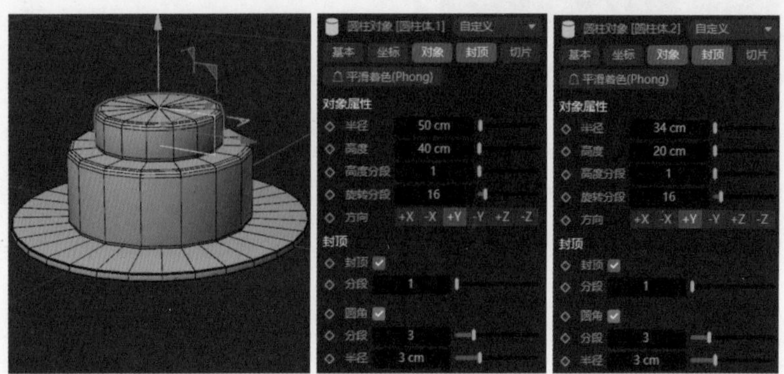

图5-35

03 选中创建工具栏中的“公式”工具，创建一个波浪状样条线，作为奶油装饰的基本形状，调整其参数，如图5-36所示。

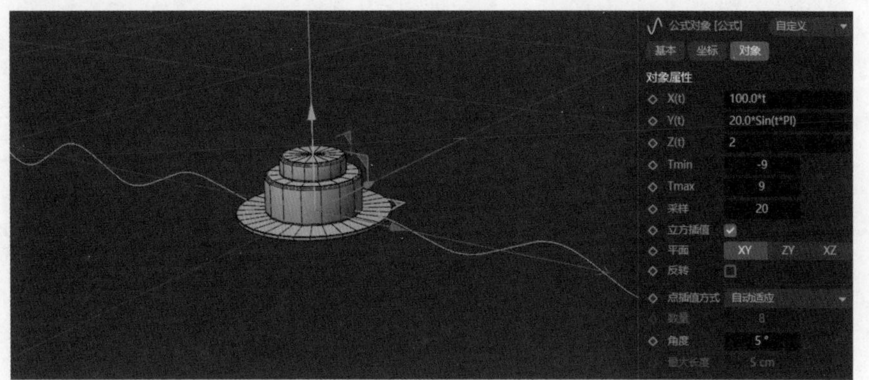

图5-36

04 选中下层蛋糕坯的圆柱体，按C键将其转换为“可编辑对象”，在边模式下，使用“循环选择”工具选中圆周样条线，如图5-37所示。在视图中右击，在弹出的快捷菜单中选中“提取样条”选项，可以在对象管理器中看到该样条线被提取为单独样条，如图5-38所示。

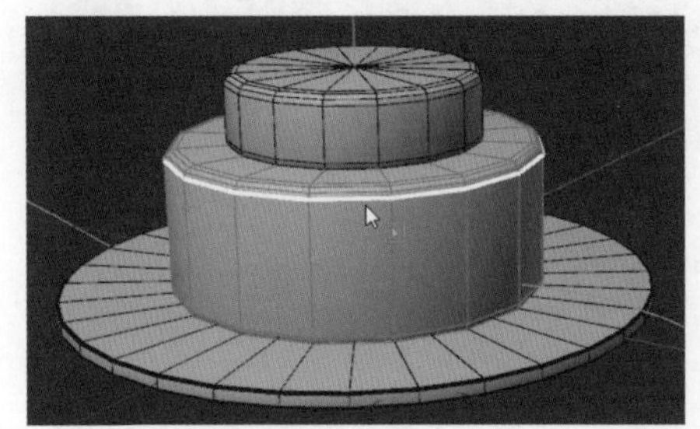

图5-37

图5-38

05 选中公式波浪状样条线，按住Shift键的同时单击“样条约束”变形器按钮，此时变形器自动成为所选对象的子级，将从圆柱体上提取出的样条线拖至变形器属性的“样条”框中，如图5-39所示。再次调整公式波浪状样条线至合适形状，最后的效果如图5-40所示。

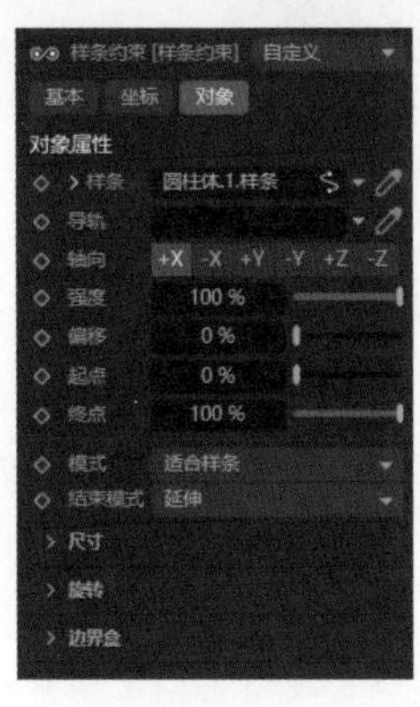

图5-39

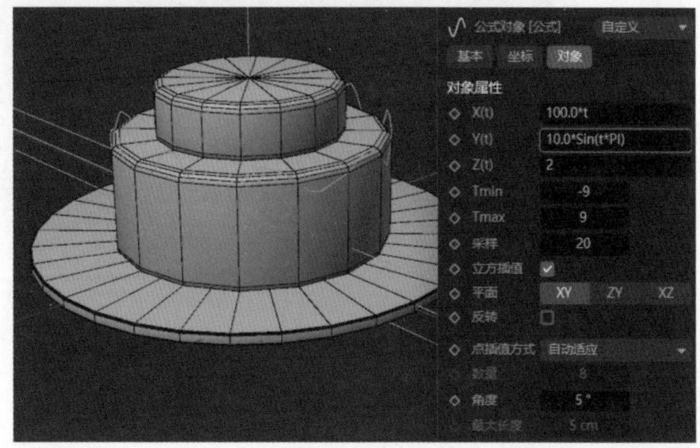

图5-40

06 选中创建工具栏中的“星形”工具，创建一个星形样条线并调整参数，如图5-41所示。

07 选中公式波浪状样条线和星形样条线，同时按住Ctrl+Alt键，单击“扫描”生成器按钮，两条样条线自动成为同一生成器的子级，如图5-42所示。

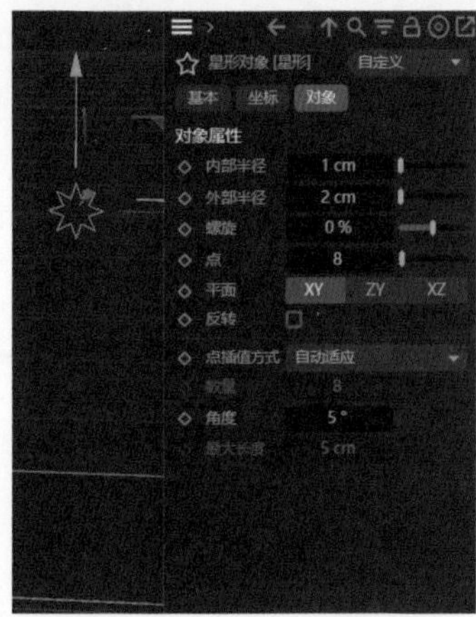

图5-41

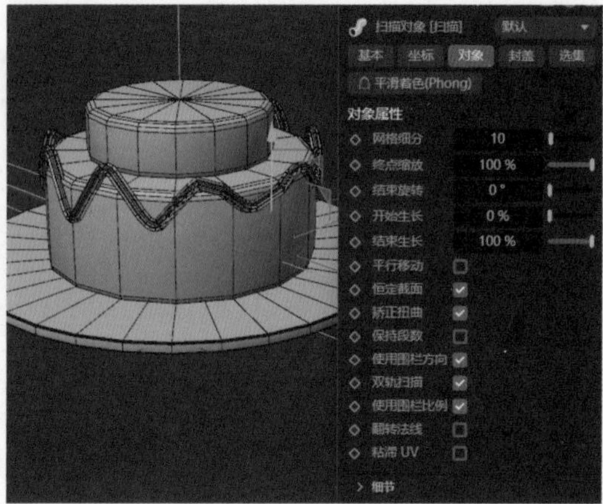

图5-42

08 选中扫描模型，按住Alt键，单击“细分曲面”生成器按钮并调整其参数，前后对比效果及属性管理器如图5-43所示。

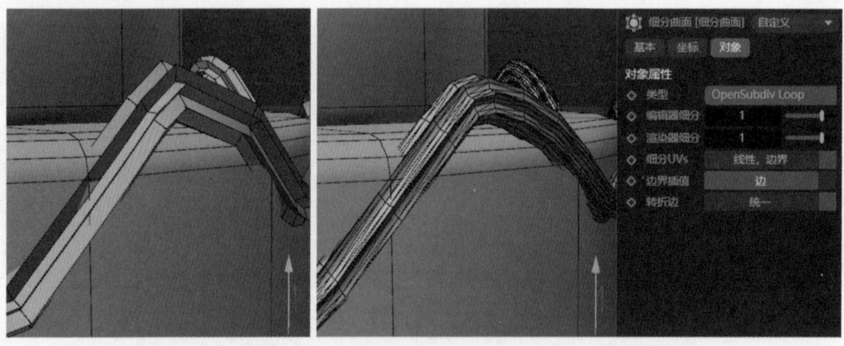

图5-43

09 选中从圆柱体上提取的样条线，使用“移动”工具调整至合适位置，如图5-44所示。

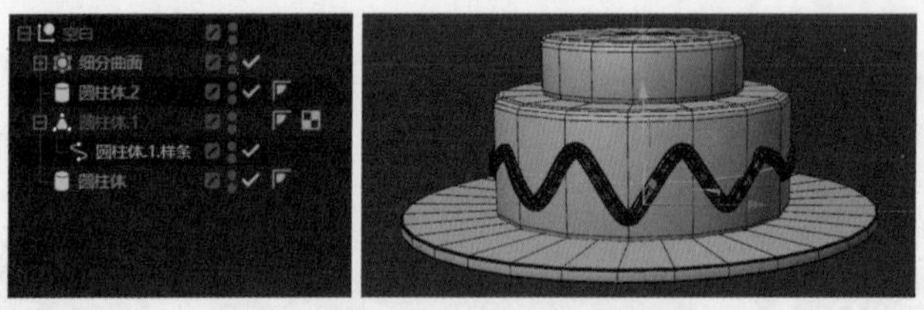

图5-44

10 隐藏上述步骤制作模型，选中创建工具栏中的“星形”工具，创建一个星形样条线并调整参数，如图5-45所示。

11 选中星形样条线，按住Alt键，单击“挤压”生成器按钮并调整其参数，如图5-46所示。

12 选中挤压模型，按住Shift键的同时单击“锥化”变形器按钮，此时变形器自动成为所选对象的子级，且变形器尺寸与所选对象相适配，调整其参数，如图5-47所示。

13 选中挤压模型，按住Shift键的同时单击“扭曲”变形器按钮，调整其参数，如图5-48所示。

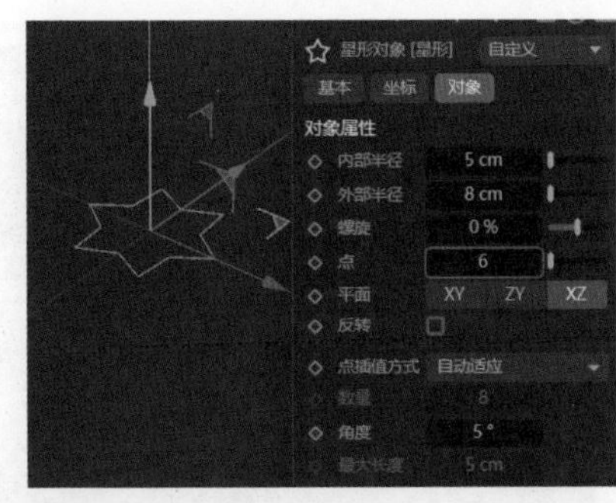

图5-45

图5-46

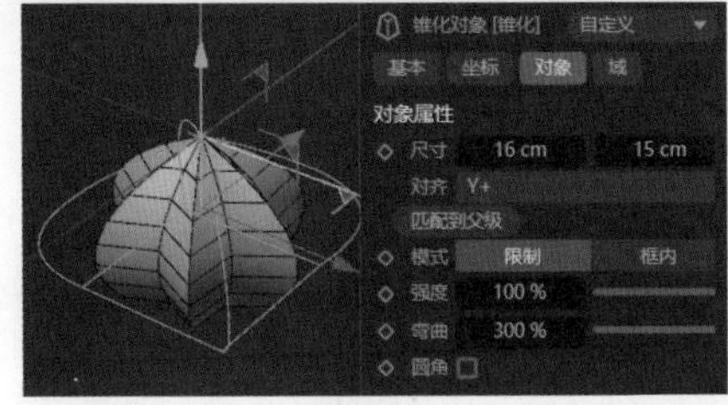

图5-47

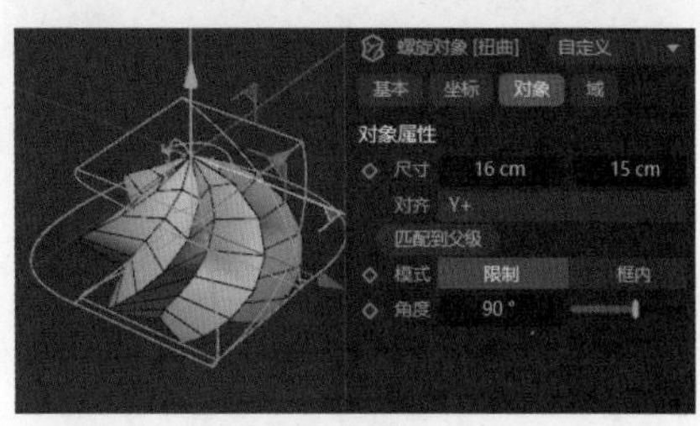

图5-48

14 显示蛋糕坯后调整奶油团的大小和位置，如图5-49所示。

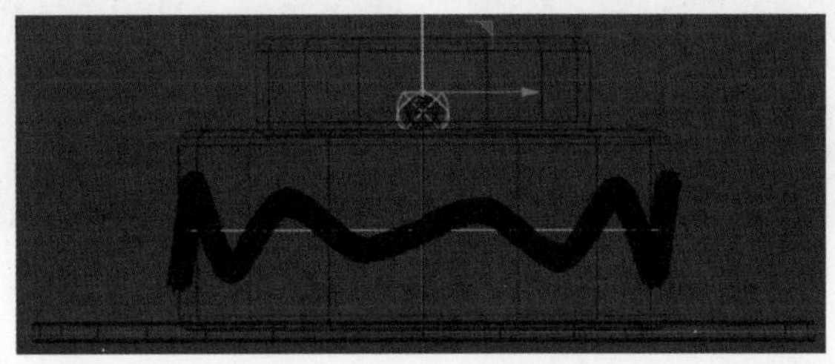

图5-49

15 选中挤压模型，按住Alt键，单击“阵列”生成器按钮并调整其参数，如图5-50所示。此时层级关系如图5-51所示。

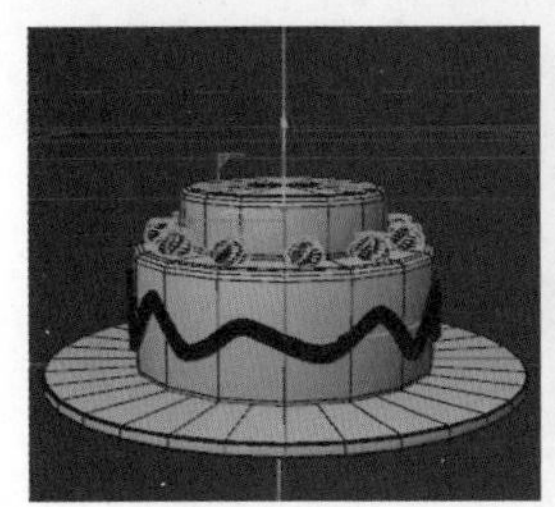

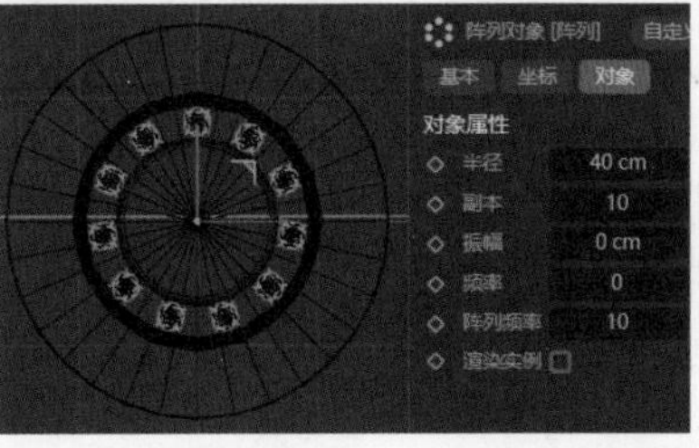

图5-50

图5-51

16 隐藏上述步骤制作的模型，选中创建工具栏中的“螺旋线”工具创建一条螺旋样条线，作为棒棒糖的基本形状，调整其参数使起始点和结束点在同一个二维平面上，如图5-52所示。

17 选中创建工具栏中的“胶囊”工具创建一个胶囊模型，并设置参数，如图5-53所示。

18 选中胶囊模型，按住Shift键的同时单击“样条约束”变形器按钮，将螺旋样条线拖至变形器属性中的“样条”框，如图5-54所示。

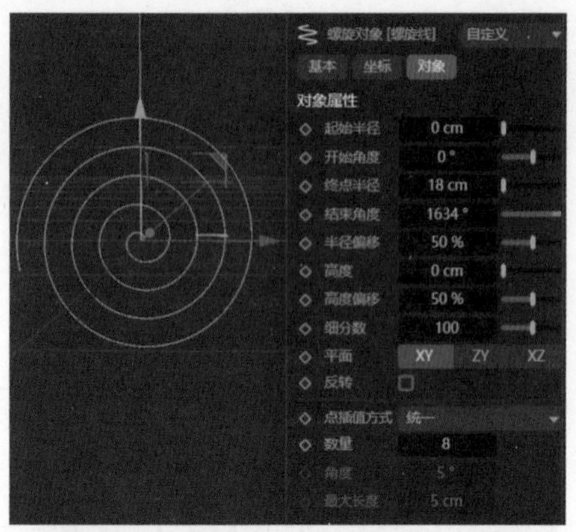

图5-52

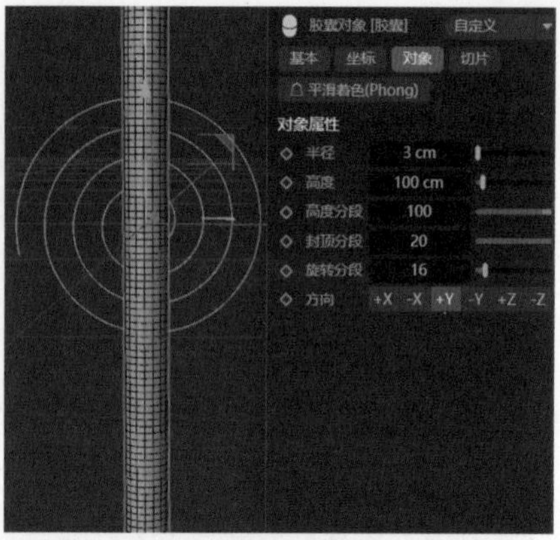

图5-53

19 调整胶囊模型的方向等参数，如图5-55所示。

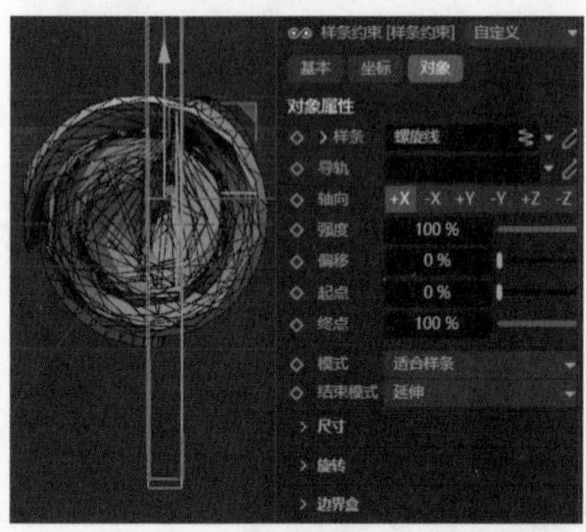

图5-54

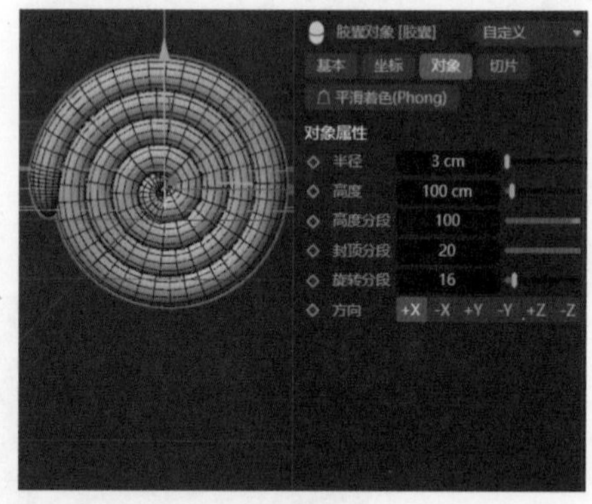

图5-55

20 选中创建工具栏中的“圆柱体”工具创建一个圆柱体模型，作为棒棒糖的棒子，同时调整螺旋线的角度和圆柱体的参数，使它们看起来更加和谐，如图5-56所示。

21 将棒棒糖两部分进行编组整理，显示蛋糕等模型，调整棒棒糖至合适大小和位置，如图5-57所示。

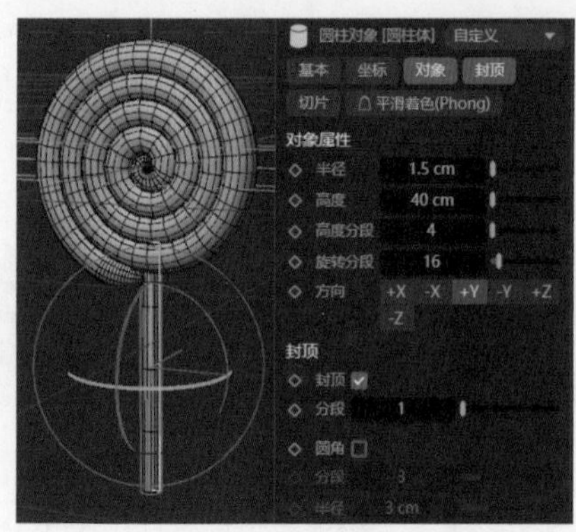

图5-56

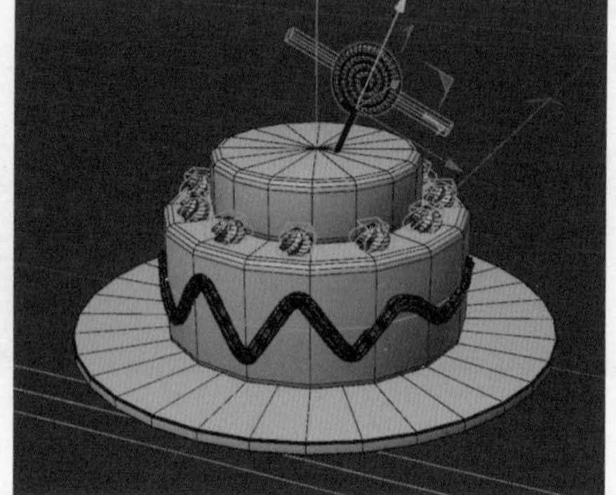

图5-57

22 选中创建工具栏中的“球体”工具创建一个球体模型并调整其参数，如图5-58所示。选中球体模型，按住Alt键，单击“克隆”生成器按钮并调整其参数，如图5-59所示。

23 重复上述步骤制作上层蛋糕装饰，如图5-60所示。

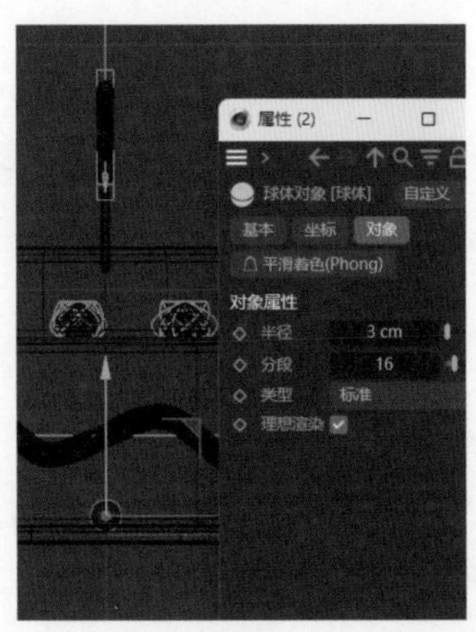

图5-58

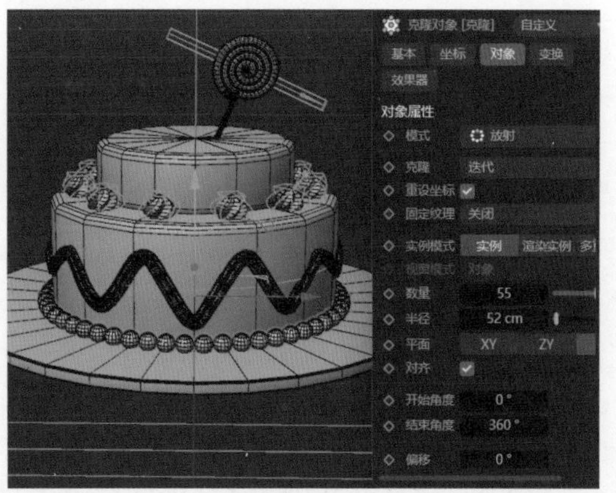

图5-59

24 对场景内对象进行编组、命名等整理工作。选中多个对象后按快捷键Alt+G进行编组，双击进行重命名，如图5-61所示。

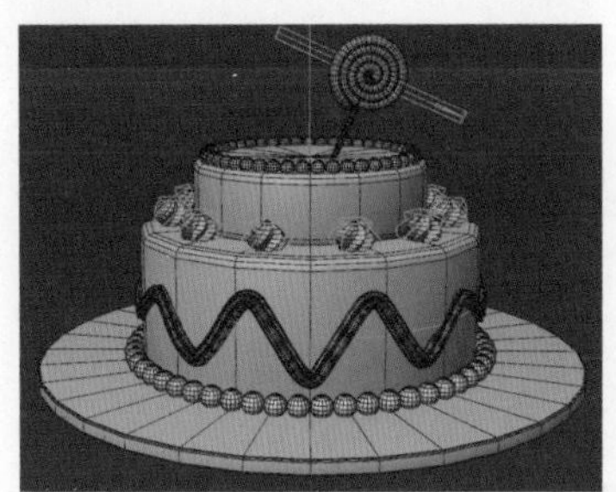

图5-60

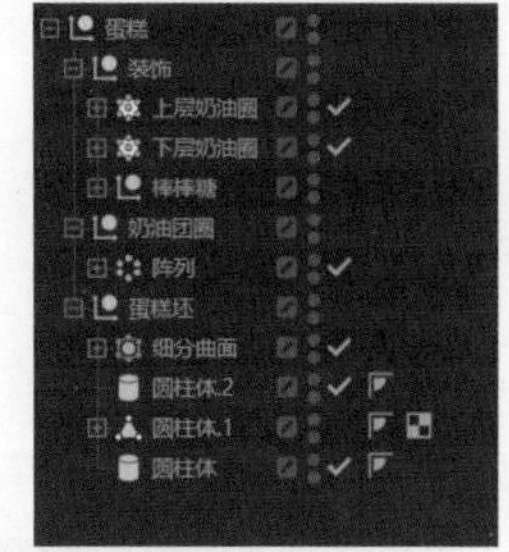

图5-61

25 选中“蛋糕”组，按快捷键Ctrl+C复制，在2.6实例场景中按快捷键Ctrl+V进行粘贴，调整其大小和位置，如图5-62所示。

图5-62

第6章

多边形建模及样条的编辑

在 C4D 中，除了参数体建模、生成器建模和变形器建模，还可以进一步采用多边形建模来构建复杂且精细的三维模型。多边形建模的过程是先将模型转换为可编辑对象，然后对点、线（边）和面（多边形）进行编辑操作，从而实现模型的多样化变化。本章会详细介绍三维模型多边形建模中的点、边、面模式，同时阐述在这些模式下如何使用各种工具。

本章的核心知识点包括如下内容。

※ 熟练掌握多边形建模的方法。

※ 熟悉点、边、面模式下工具的使用方法。

6.1 使用点模式下的命令

将三维模型转换为可编辑对象后，在编辑工具栏中选择点模式。接着，右击视图窗口可以弹出快捷工具菜单（这些工具也可以在“网格”菜单中找到），具体如图 6-1 所示。

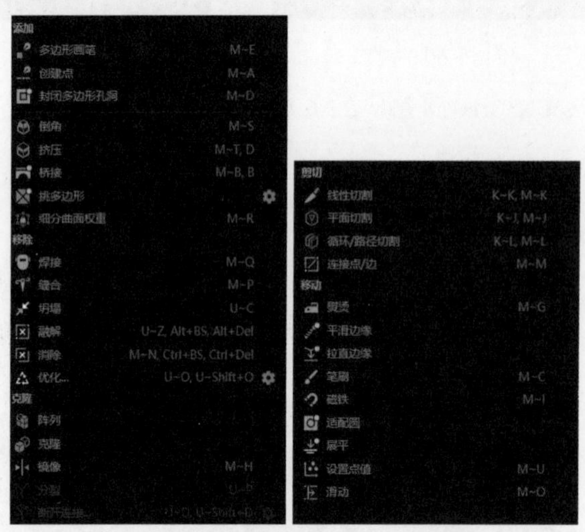

图6-1

6.1.1 添加

1.创建点

在点模式下，创建点既可以在边上进行，如图 6-2 所示，也可以在多边形内进行，如图 6-3 所示。当在多边形上添加点时，系统会自动生成边，使新点与周围相邻的点相连。

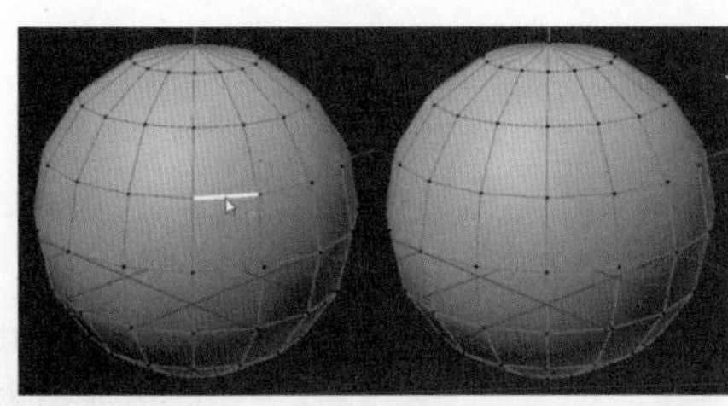
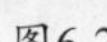

图6-2

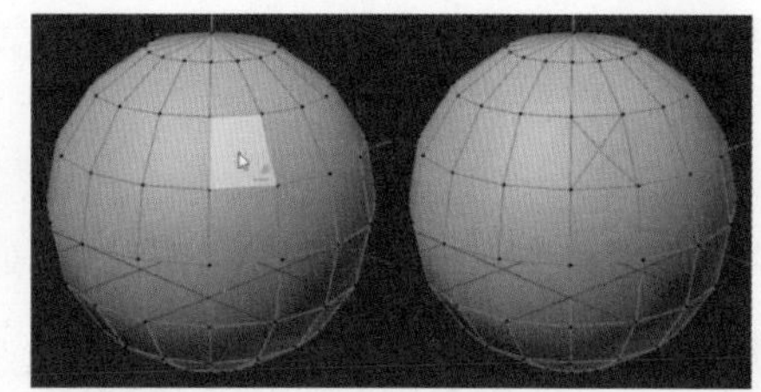

图6-3

2.封闭多边形孔洞

当三维模型缺少多边形面，形成缺口时，只需在缺口位置单击，即可将其封闭，如图 6-4 所示。封闭多边形孔洞的属性参数设置如图 6-5 所示。

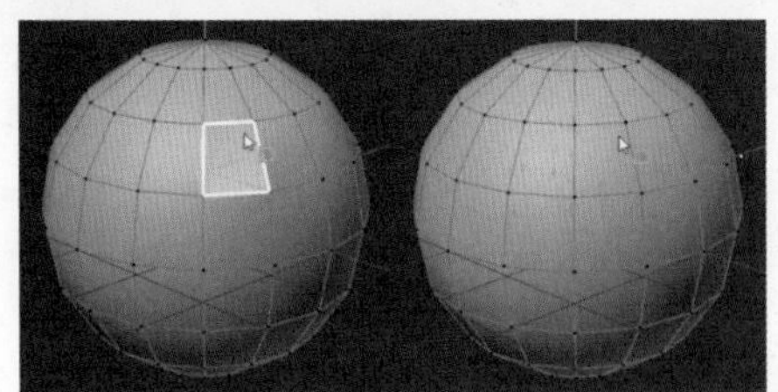

图6-4

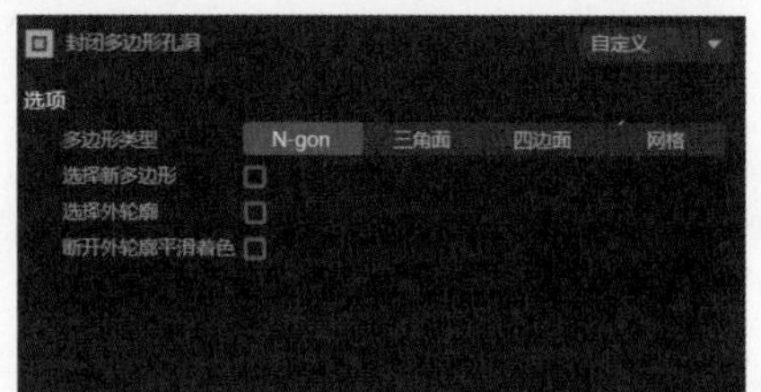

图6-5

3.桥接

在点模式下，选择“桥接”工具，选中一个点并拖至另一个点，即可实现两点之间的连接。当桥接 3 个或更多点时，系统会自动创建多边形，如图 6-6 所示。

图6-6

4.多边形画笔

在点模式下，选择“多边形画笔”工具，首先单击一个点，然后再单击另一个点，这样就可以在两个点之间创建出一条边，如图 6-7 所示。

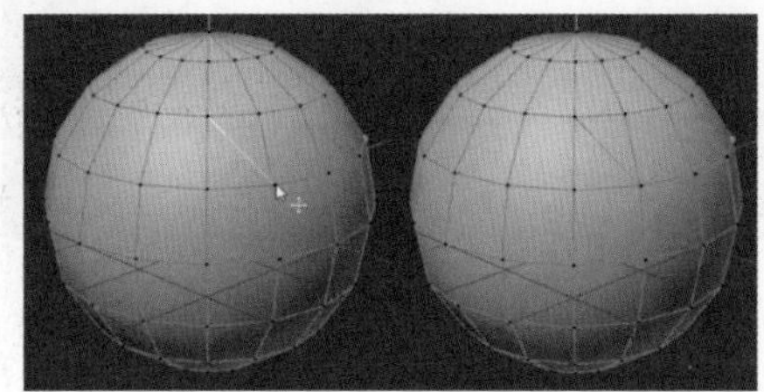

图6-7

5.倒角

在点模式下，选择“倒角”工具，选中某个点或多个点后，拖动鼠标指针以对其进行倒角操作。另外，也可以在属性管理器中调整相关参数并应用这些设置，如图 6-8 所示。

6.挤压

在点模式下，选择“挤压”工具，选中某个点或多个点后，拖动鼠标以对其进行挤压操作。同时，也可以在属性管理器中调整相关参数并应用更改，如图 6-9 所示。

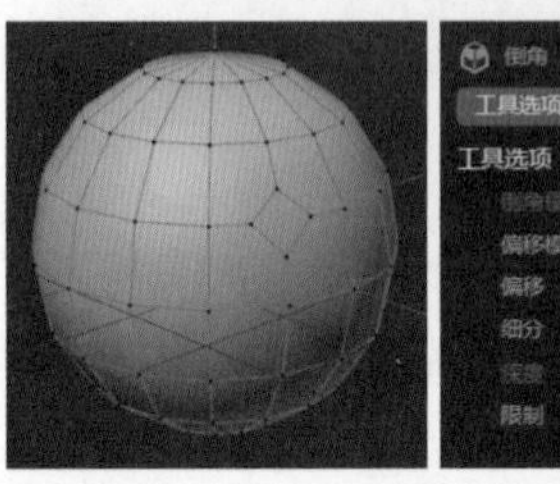
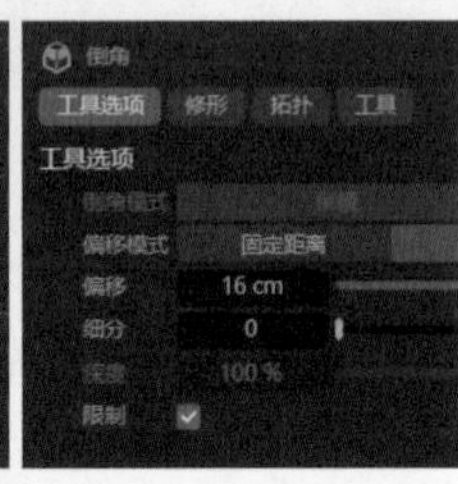

图6-8

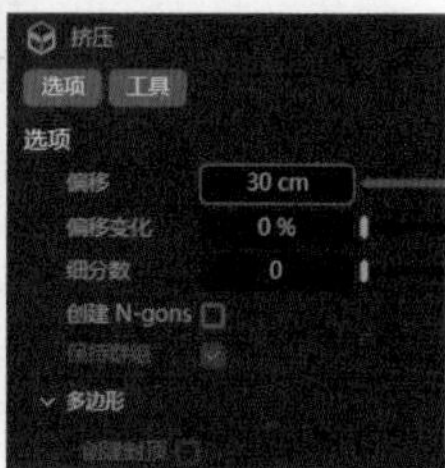

图6-9

6.1.2 移除

1.焊接

在点模式下，当选中两个或两个以上的点后，选择“焊接”工具，会出现白色高亮预览。此时，单击视图窗口可以创建焊接多边形，焊接点将出现在所选点的中心位置，如图 6-10 所示。

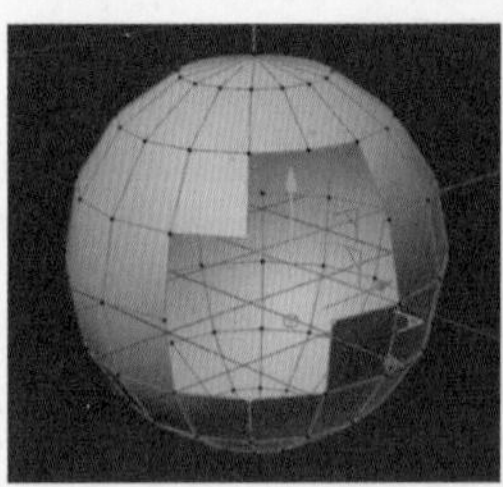
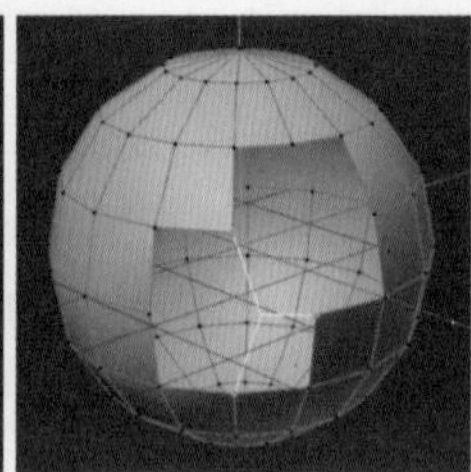
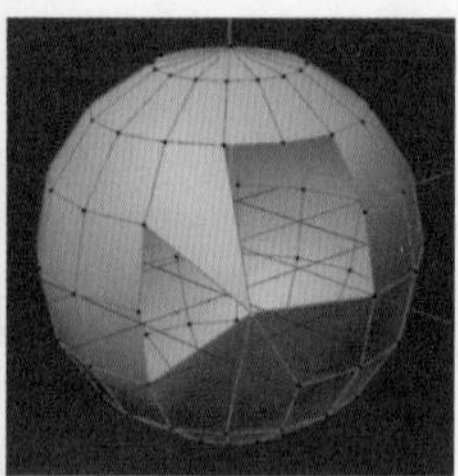

图6-10

当未选中任何点时，可以按住 Ctrl 键，然后选中某个点并拖至另一个点处，此时会出现白色高亮预览。释放鼠标按键后，两点将被焊接在一起，焊接点将位于第二个点的位置，如图 6-11 所示。另外，如果按住 Shift 键的同时选中某点并拖至另一点处，同样会出现白色高亮预览。释放鼠标按键后，两点也将被焊接，但此时焊接点将位于两点的中心位置，如图 6-12 所示。

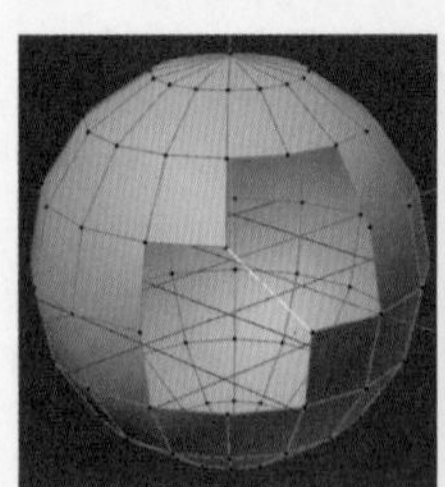

图6-11

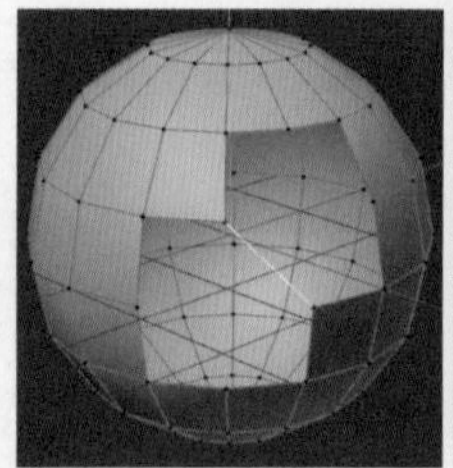
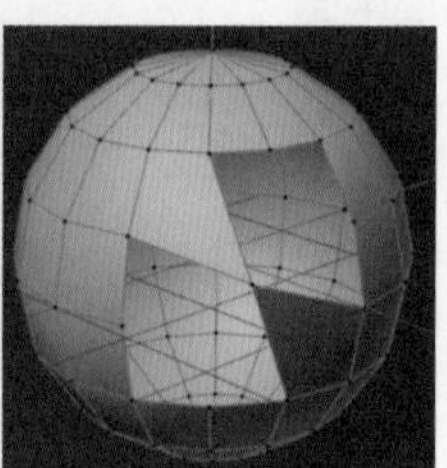

图6-12

2.缝合

在点模式下，选择“缝合”工具，将某个点拖至另一个点处，此时会出现白色高亮预览。释放鼠标按键后，两点将被缝合在一起，缝合点位于第二个点的位置，如图 6-13 所示。若按住 Ctrl 键的同时选中某点并拖至另一点处，也会出现白色高亮预览。释放鼠标按键后，两点将被缝合，但此时缝合点将位于两点的中心位置，如图 6–14 所示。

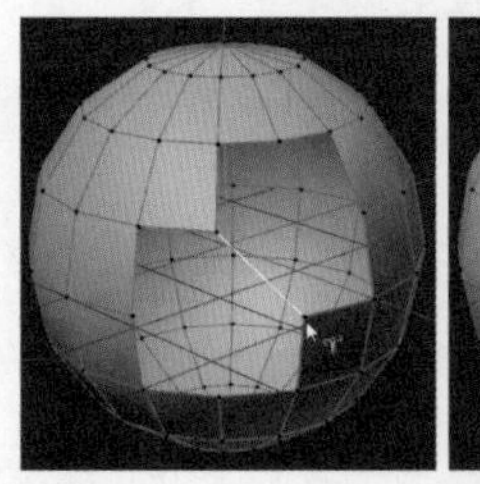
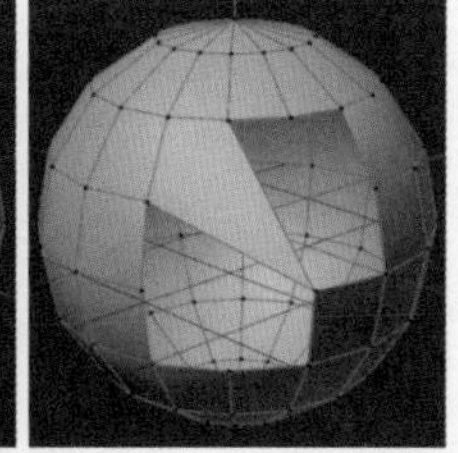

图6-13

图6-14

3.坍塌

在点模式下与缝合类似。

4.融解

在点模式下，当选中某个点或多个点后，单击“融解”按钮，选中的点将被消除，同时相邻的点会自动连接形成多边形，如图 6–15 所示。

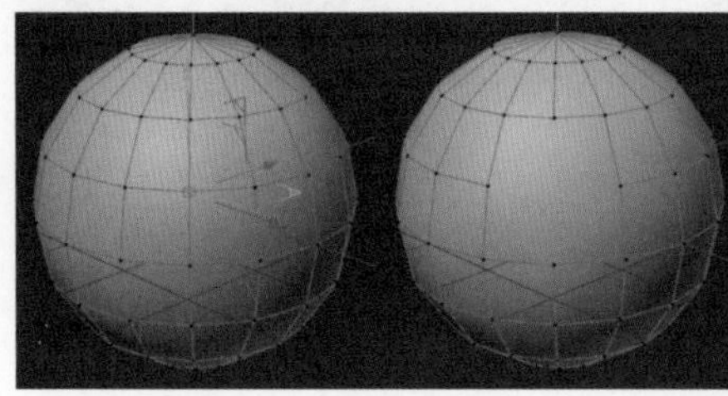
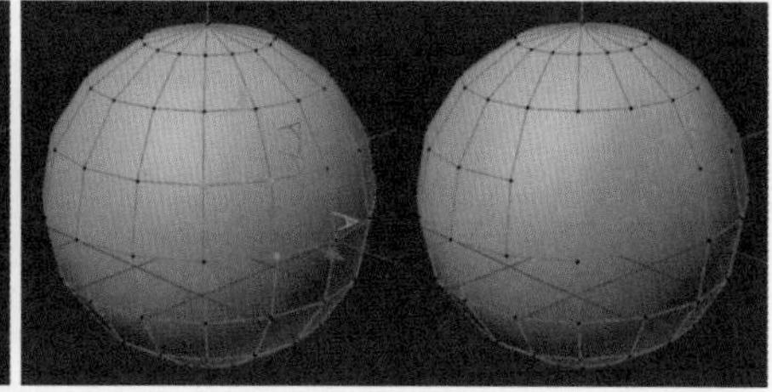

图6-15

5.消除

在点模式下与融解类似。

6.优化

在点模式下，当选中多个点后，可以设置优化命令的参数并执行该命令。执行后，点的数量会自动进行精简，以达到优化的效果，如图 6–16 所示。

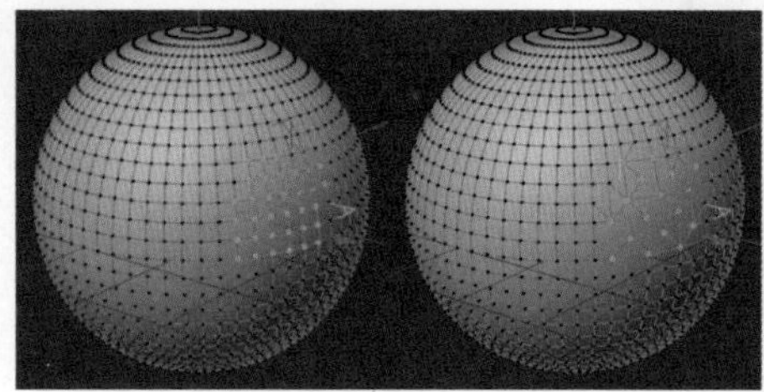
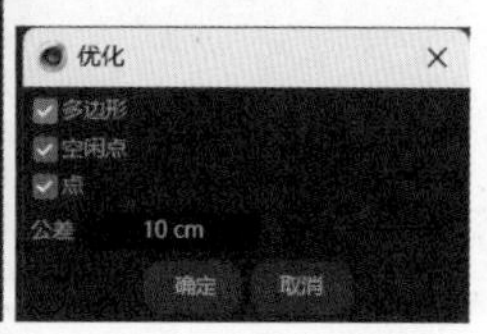

图6-16

6.1.3 克隆

1.阵列

阵列参数选项卡如图 6–17 所示。在点模式下，选中任意点后单击“阵列”按钮，可以在属性管理器中调整阵列的相关参数并应用这些设置，从而复制所选的点，如图 6–18 所示。如果在未选中任何点的情况下应用“阵列”按钮，系统则默认复制整个对象的所有点，如图 6–19 所示。

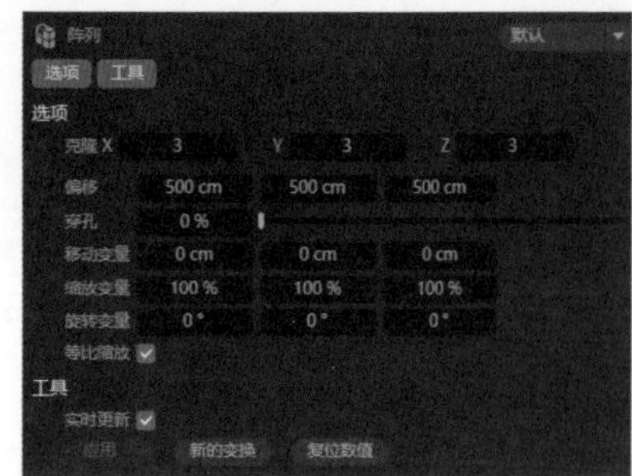

图6-17

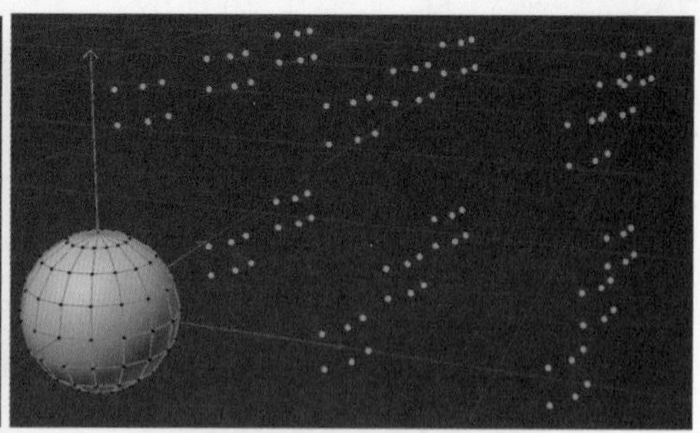

图6-18

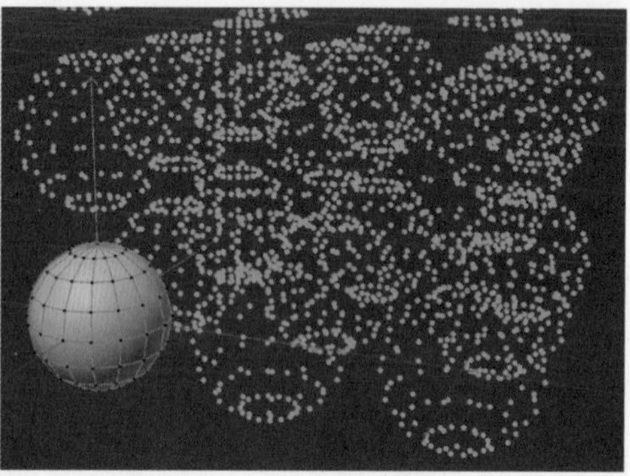

图6-19

2.克隆

克隆参数选项卡如图 6-20 所示。在点模式中，“克隆”工具的使用方法与“阵列”工具类似。

3.镜像

镜像参数选项卡如图 6-21 所示。在点模式中，“镜像”工具的使用方法与“阵列”工具有相似之处，具体效果如图 6-22 所示。需要注意的是，镜像操作是相对于某个平面对选定的点进行的对称复制。

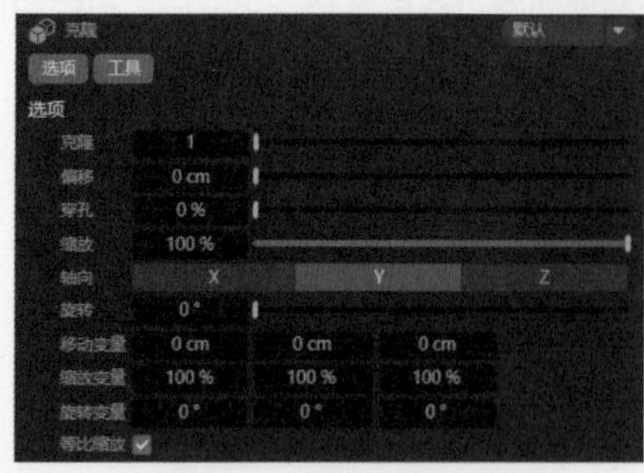

图6-20

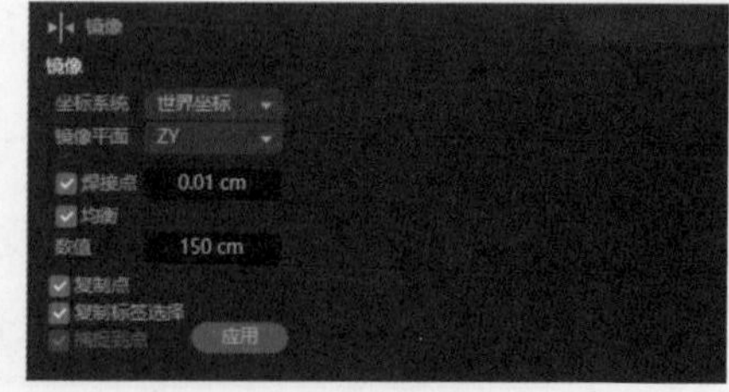

图6-21

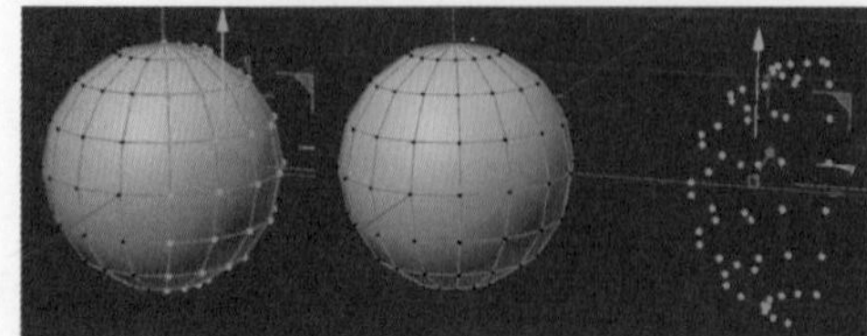

图6-22

6.1.4 剪切

1.线性切割

线性切割参数选项卡如图 6-23 所示。在点模式中，调整好相关参数后，可以在视图窗口中单击或拖动鼠标指针进行切割操作。切割线会以白色高亮显示作为预览，按 Esc 键即可完成切割，效果如图 6-24 所示。

在进行切割操作时，如果同时按住 Ctrl+Shift 键，可以单独移动某个切割点；按住 Shift 键进行切割时，系统会自动按照水平、垂直或所设置的角度进行切割；按住 Ctrl 键时，则可以添加或删除切割点。

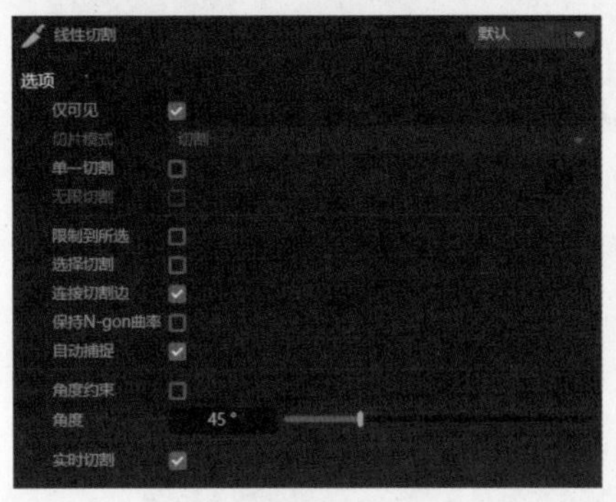

图6-23

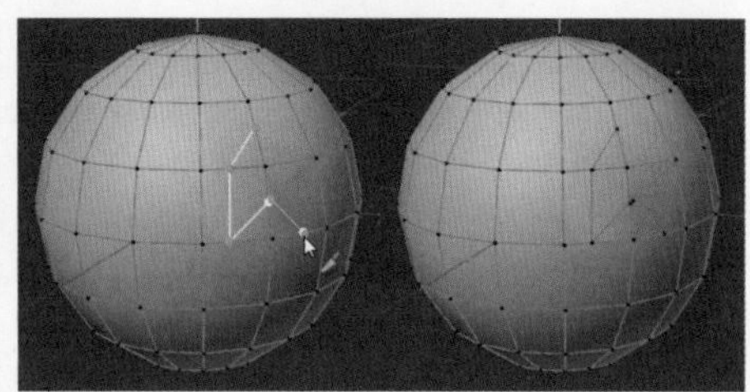

图6-24

2.平面切割

平面切割参数选项卡如图 6-25 所示。其使用方法与线性切割类似，不同之处在于，切割完成后系统会自动创建一圈贯穿整个模型的切割线，具体效果如图 6-26 所示。

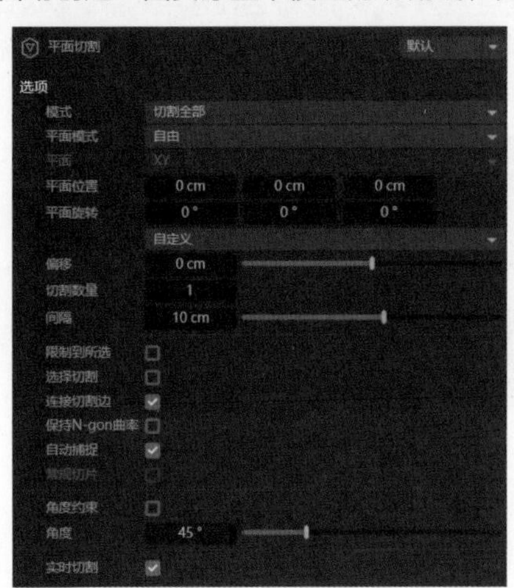

图6-25

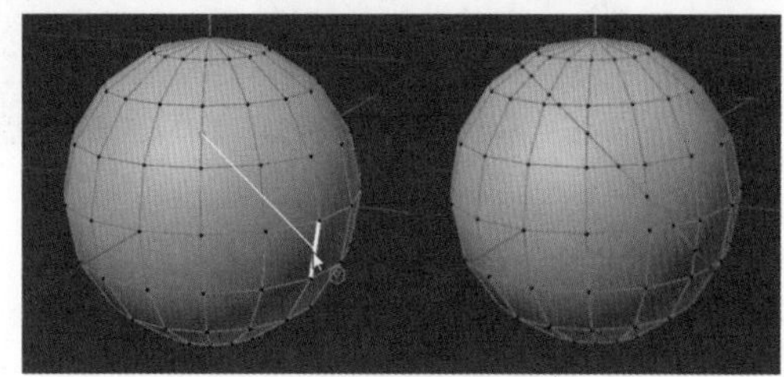

图6-26

3.循环/路径切割

循环 / 路径切割参数选项卡如图 6-27 所示。在点模式中，调整好相关参数后，将鼠标指针悬浮在视图窗口中的边上时，切割线会以白色高亮形式进行预览。单击即可创建橙色的切割线，此时可以对切割线进行调整。确认切割线位置后，按 Esc 键即可完成切割操作，具体效果如图 6-28 所示。

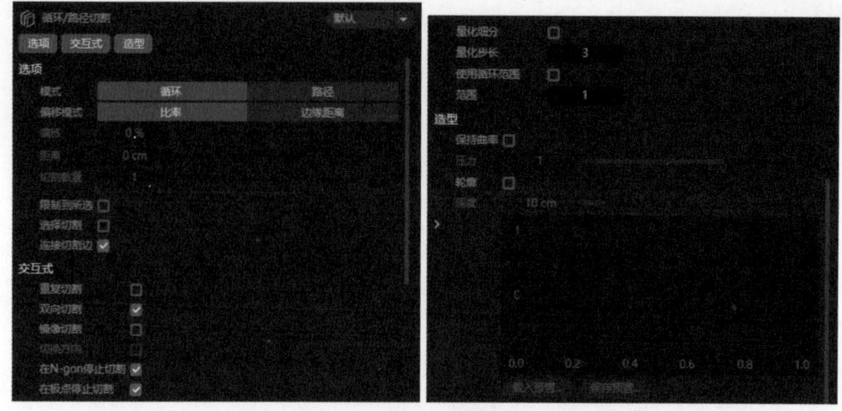

图6-27

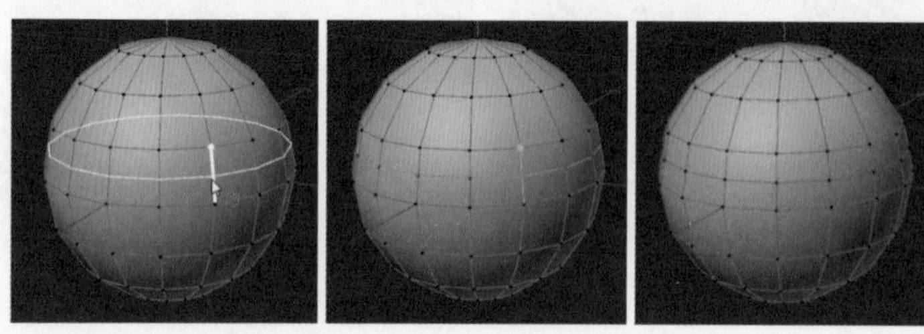

图6-28

4.连接点/边

在点模式下，选中两个或两个以上的点，然后执行“连接点/边”命令，系统会在选中的点之间创建边，从而实现对多边形的切割，效果如图6-29所示。如果在未选中任何点的情况下执行该命令，系统会将所有的点相互连接起来，形成一个完整的多边形网格，如图6-30所示。

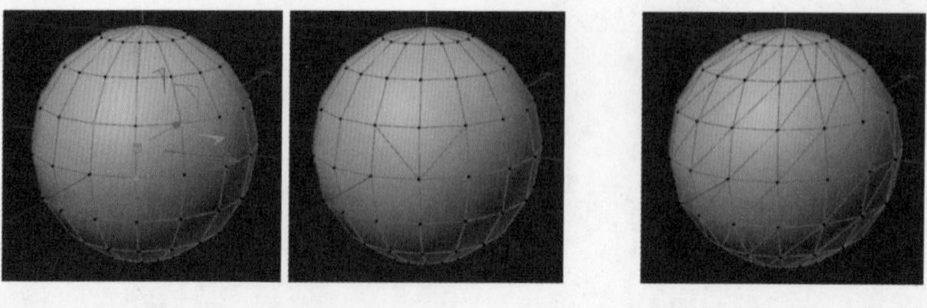

图6-29　　图6-30

6.1.5 移动

1.熨烫

在点模式下，选中多个点之后选择“熨烫”工具，然后通过左右拖动鼠标指针，可以使选中的模型部分变得平滑，效果如图6-31所示。如果在未选中任何点的情况下选择“熨烫”工具并拖动鼠标指针，那么整个模型对象都会随之发生变化，如图6-32所示。

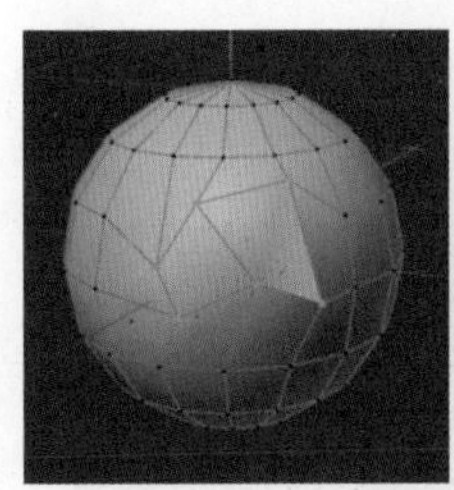
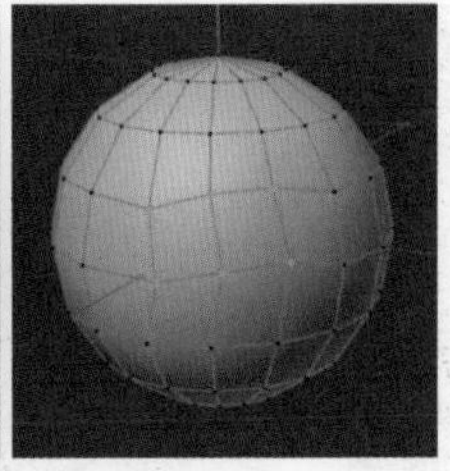

图6-31

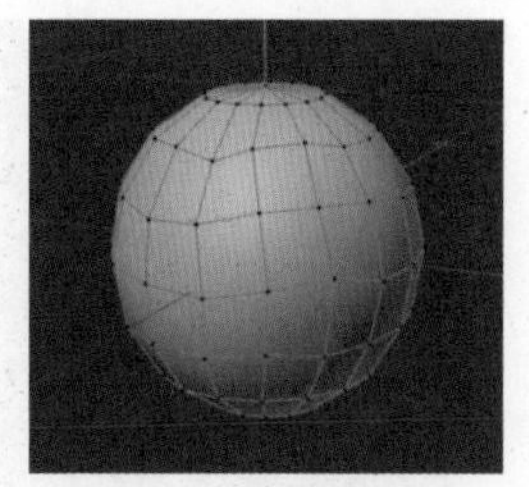

图6-32

2.笔刷

笔刷参数选项卡如图 6-33 所示。在点模式下，选中点之后选择“笔刷”工具，拖动鼠标指针即可在设置范围内改变模型上所选点的位置，具体如图 6-34 所示。若未选中任何点而使用“笔刷”工具，则能够在设置范围内改变整个模型的所有点，如图 6-35 所示。

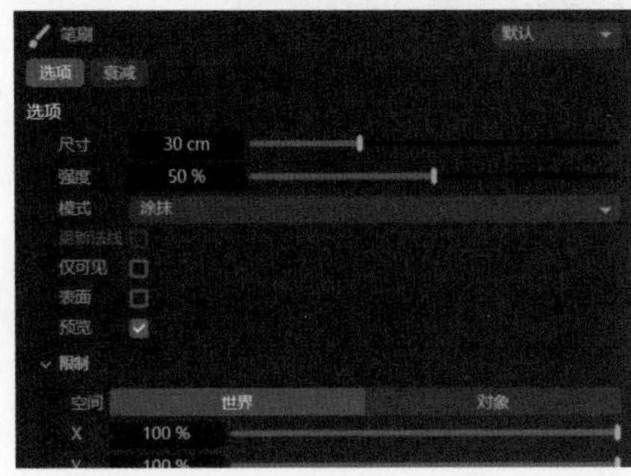

图6-33

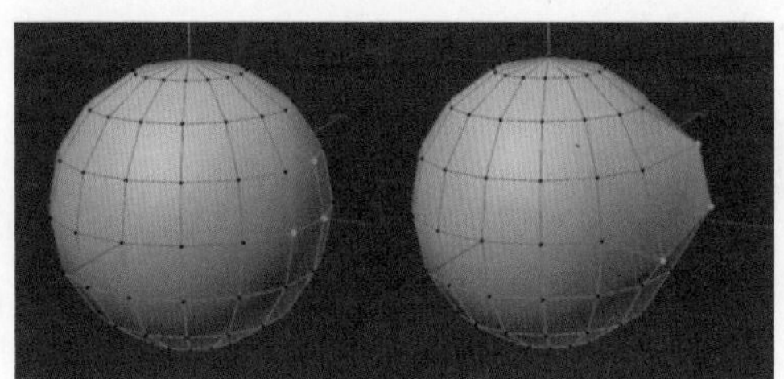

图6-34

3.磁铁

“磁铁”工具与“笔刷”工具的使用方法类似。

4.设置点值

在点模式下，选中点之后并设置点值，然后通过调整具体参数来改变所选点的位置。

5.滑动

在点模式下，选择“滑动”工具，通过拖动某个点，可以使其沿着相邻的边进行滑动，如图 6-36 所示。

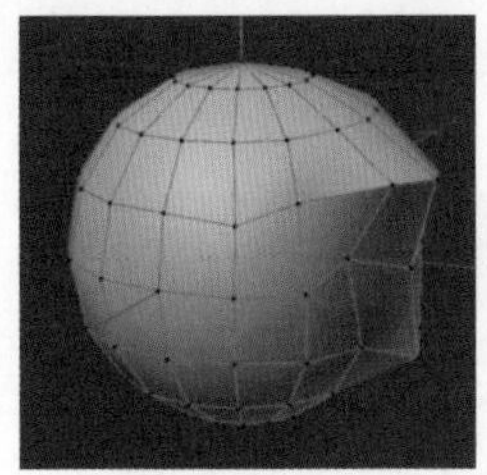

图6-35

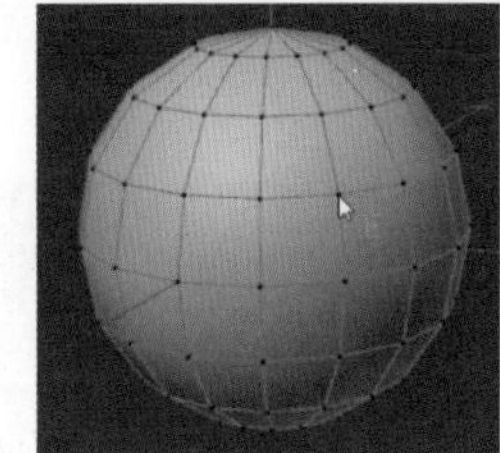

图6-36

6.2 使用边模式下的命令

将三维模型转换为可编辑对象之后，在编辑工具栏中选择边模式，然后右击，在视图窗口中弹出快捷菜单（这些工具同样可以在“网格”菜单中找到），如图 6-37 所示。

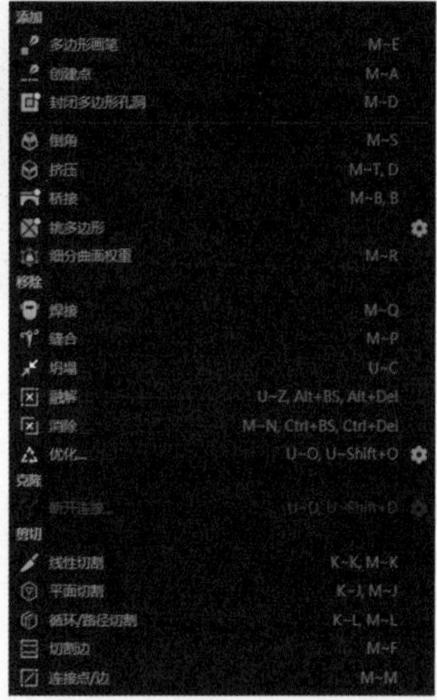

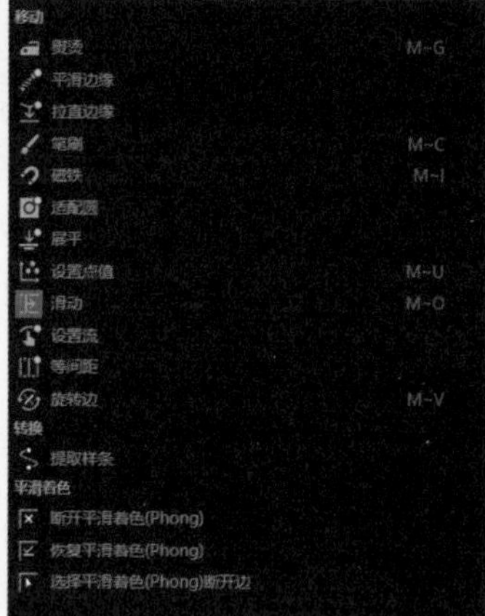

图6-37

6.2.1 添加

1.创建点

在边模式下，创建点操作只能在边上进行。创建新点后，该边会自动分为两段，如图 6-38 所示。

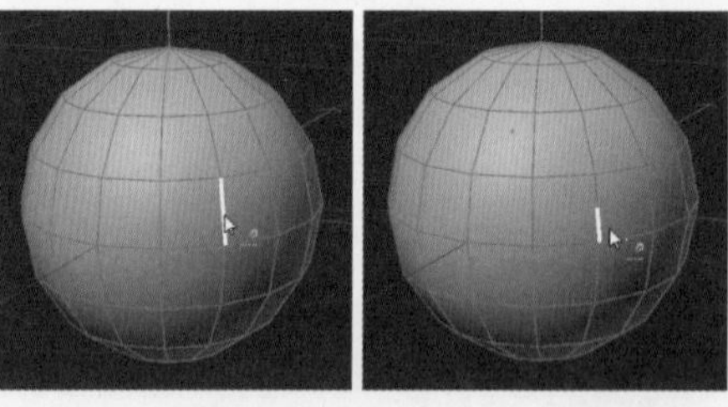

图6-38

2.桥接

在边模式下，选择“桥接”工具，选中一条边并拖至另一条边即可实现连接，系统会自动创建多边形以填补空隙，如图 6-39 所示。

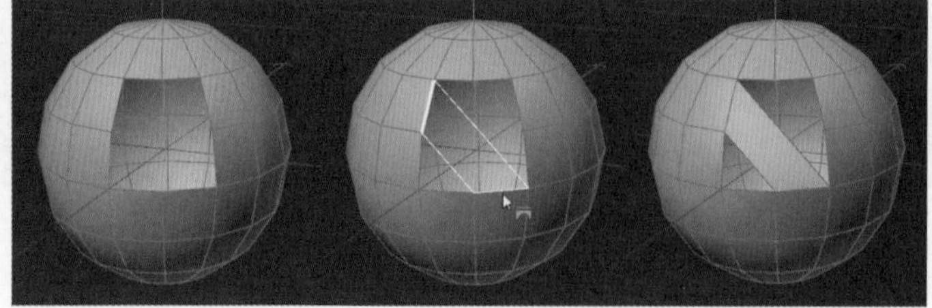

图6-39

3.倒角

在边模式下，选择“倒角”工具，选中某条边或多条边后拖动鼠标指针以进行倒角操作，或者在属性管理器中调整相关参数并应用更改，如图 6-40 所示。完成倒角后，按住 Ctrl 键可以选择橙色的边并拖动以进行二次倒角，如图 6-41 所示。

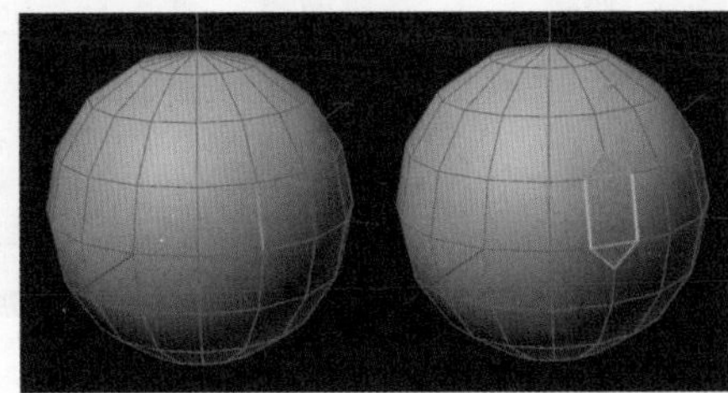

图6-40

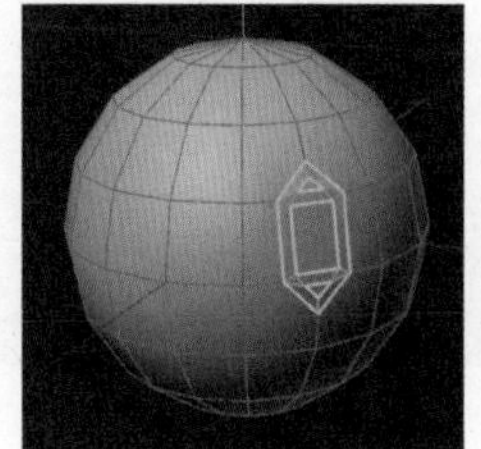

图6-41

4.挤压

在边模式下，选择“挤压”工具，选中某条边或多条边后拖动鼠标指针进行挤压操作，或者在属性管理器中调整参数并应用更改，如图 6-42 所示。

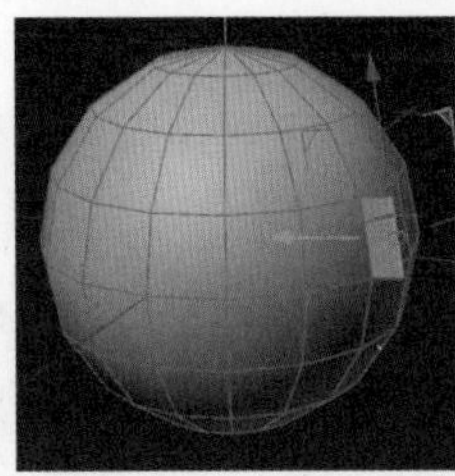

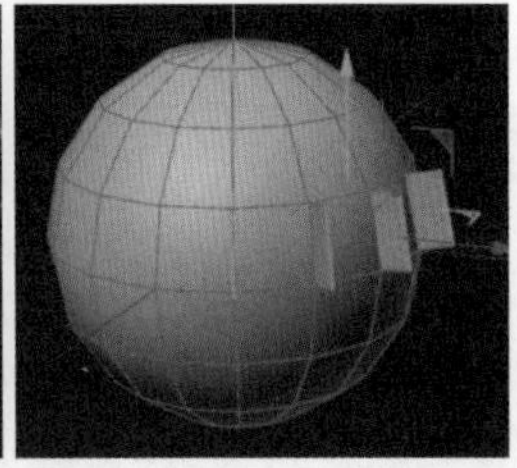

图6-42

6.2.2 移除

1.焊接

在边模式下，选中两条或两条以上的边后，选择“焊接”工具，会出现白色高亮预览。单击视图窗口即可创建焊接多边形，此时焊接点会出现在所选边的中心位置，如图 6-43 所示。

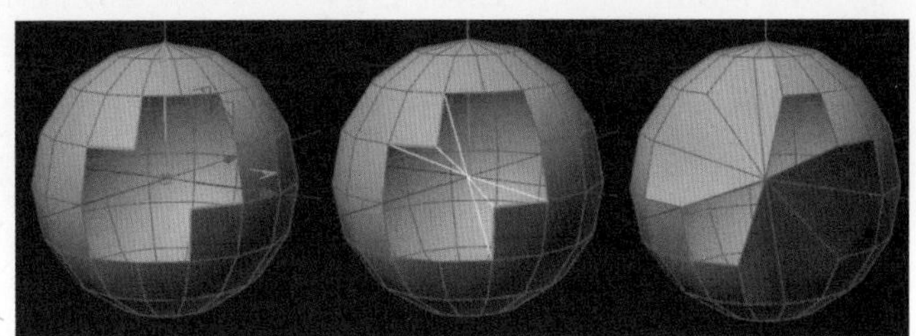

图6-43

2.缝合

在边模式下，选择“缝合”工具，将某条边拖至另一条边处，当出现白色高亮预览时释放鼠标按键，两条边便会缝合在一起。此时，缝合边会位于第二条边的位置，如图 6-44 所示。若按住 Ctrl 键的同时选中某条边并拖至另一条边处，当出现白色高亮预览后释放鼠标按键，两边也会缝合在一起，但这次缝合边会位于两条边的中心位置，并且相邻的边会自动拉伸以适应，如图 6-45 所示。若按住 Shift 键的同时进行相同的拖动操作，释放鼠标按键后会创建出一条新的缝合边，如图 6-46 所示。

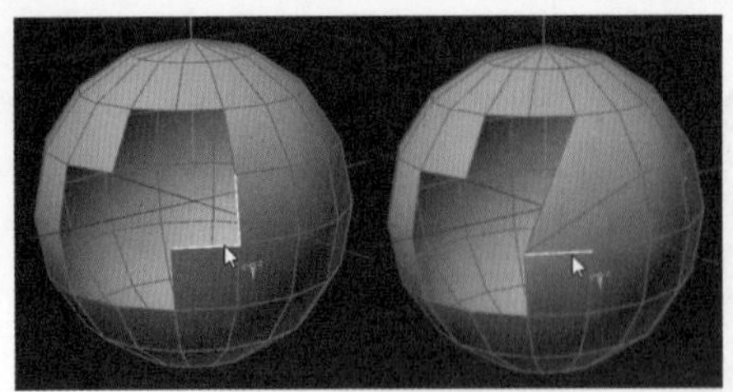

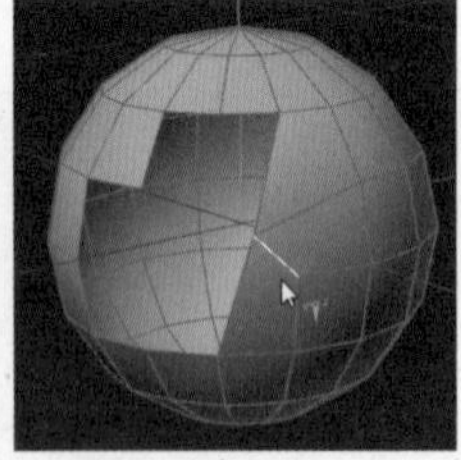

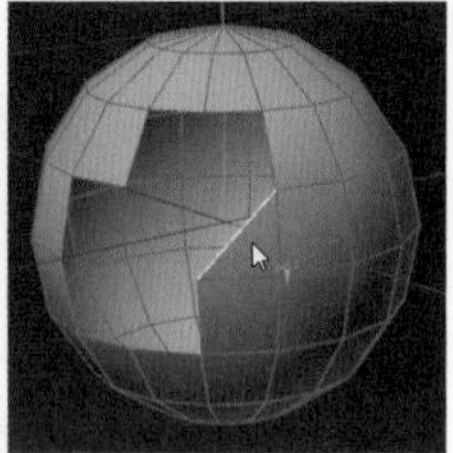

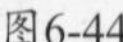

图6-44　　图6-45　　图6-46

3.坍塌

在边模式下与“缝合”工具的使用方法类似。

4.融解

在边模式下，选中某条边或多条边后，选择“融解”工具，则被选中的边会被消除，同时相邻的边会自动形成多边形填补空隙，如图 6-47 所示。

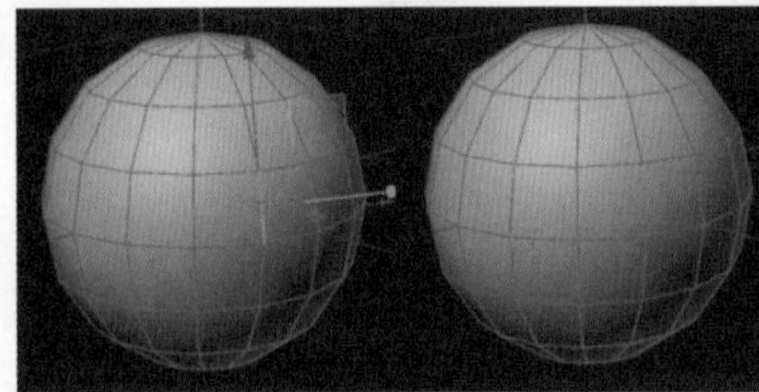

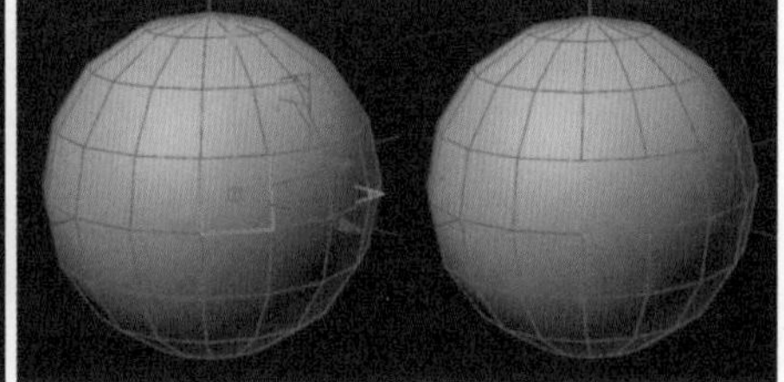

图6-47

5.消除

在边模式下与“融解”工具的使用方法类似。

6.优化

在边模式下，选中多个边后，设置“优化”工具的相关参数，系统会自动精简边的数量，以实现更高效的模型结构，如图 6-48 所示。

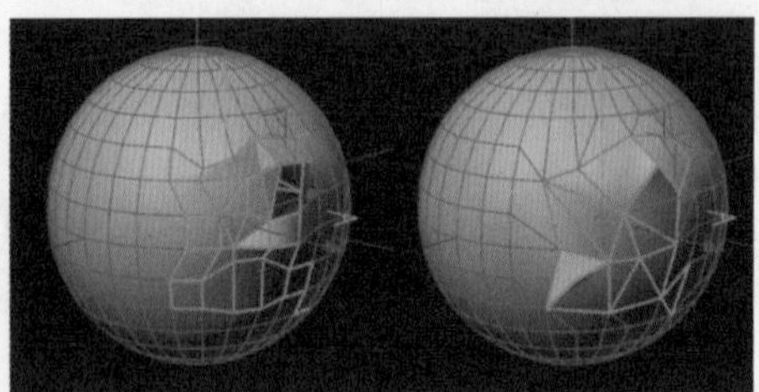

图6-48

6.2.3 剪切

1.切割边

在边模式下，选中两条或两条以上的边，然后使用“切割边”工具在视图窗口中单击，即可在相邻的边之间创建新的边，如图 6-49 所示。如果在未选中任何边的情况下使用该工具，则所有相邻的边都会被连接起来，如图 6-50 所示。

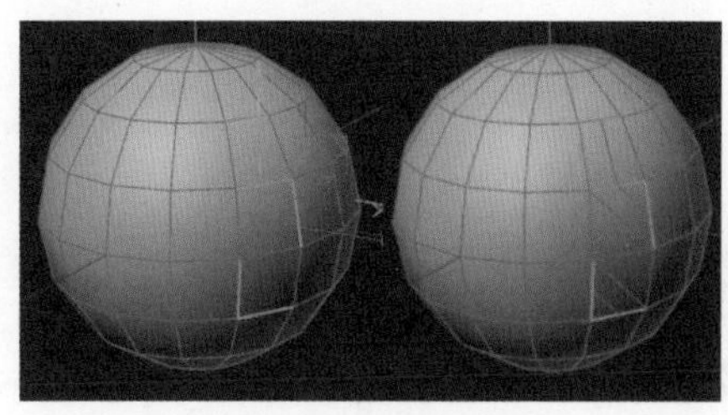
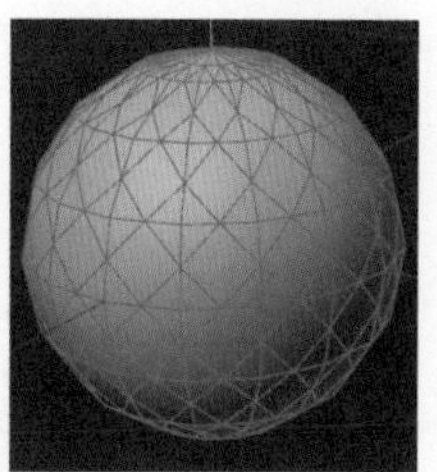

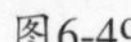
图6-49　　图6-50

2.连接点/边

在边模式下，选中两条或两条以上的边，然后选择“连接点 / 边”工具，系统会从所选边的中点创建新的边，如图 6-51 所示。如果在未选中任何边的情况下选择“连接点 / 边”工具，那么所有相邻的边都会被连接起来，如图 6-52 所示。

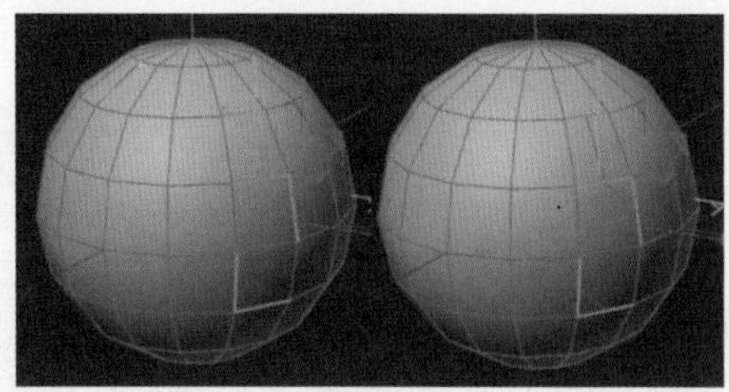
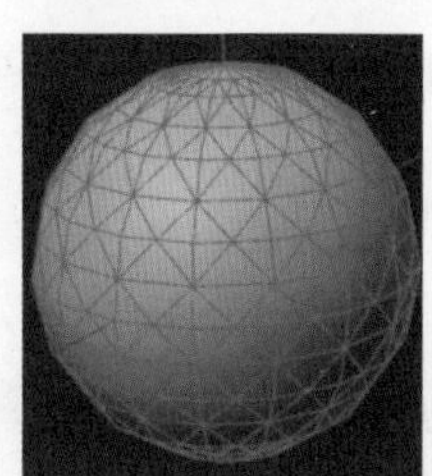

图6-51　　图6-52

6.2.4 移动

1.设置点值

在边模式下，选中边之后选择“设置点值”工具，然后通过调整具体参数来改变所选边的位置。

2.滑动

在边模式下，选择“滑动”工具，通过拖动某条边可以使其在相邻的多边形内部进行滑动，从而调整模型的形状，如图 6-53 所示。

3.等间距

在边模式下，选择多条间距不等的边后，选择“等间距”工具并在视图窗口中拖动，可以均匀地调整这些边之间的间距，使它们等距分布，如图 6-54 所示。

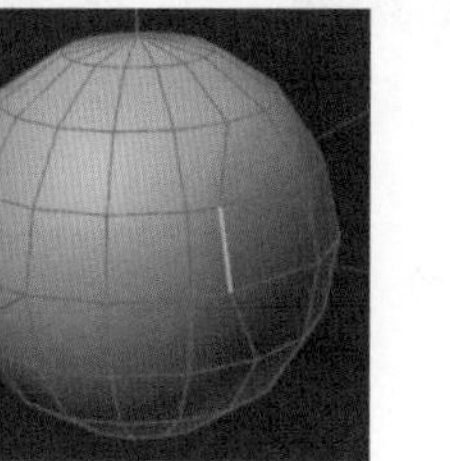
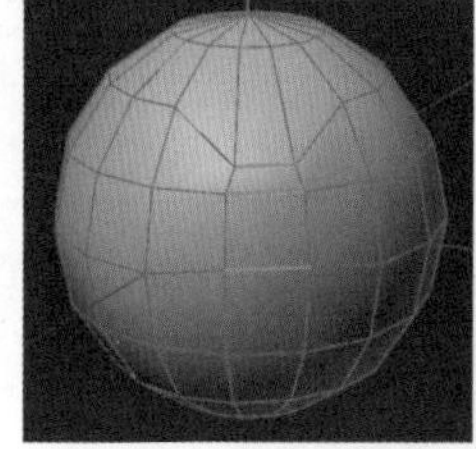

图6-53　　图6-54

4.旋转边

在边模式下，选择一条或多条边，然后选择“旋转边”工具，即可将所选的边顺时针旋转，并将其连接到相邻的点，形成新的多边形结构，如图 6-55 所示。

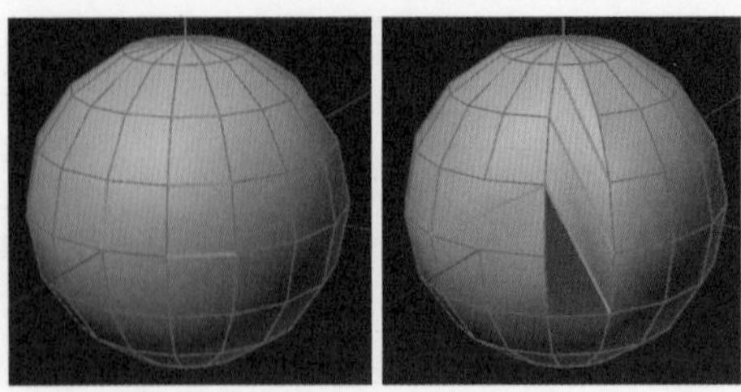

图6-55

6.2.5 提取样条

在边模式下，选择希望提取为样条线的边，选择“提取样条”工具后，系统会自动在对象的子级中生成对应的样条线。切换到模型模式下，可以对这些样条线进行移动和调整，如图 6-56 所示。

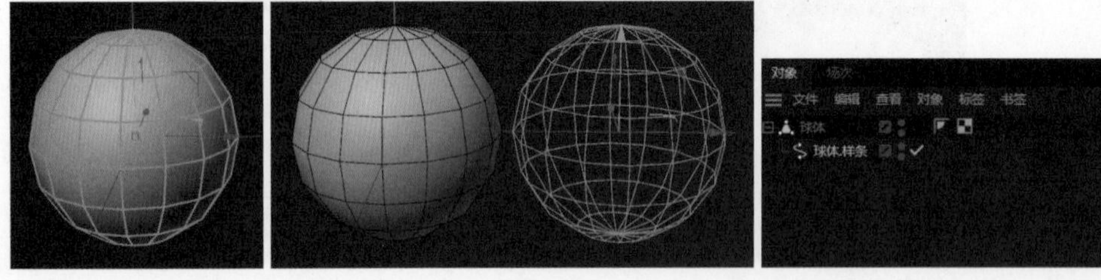

图6-56

6.2.6 平滑着色

1.断开平滑着色（Phong）

在边模式下，选择边后选择“断开平滑着色”工具，由所选边围成的多边形将不再进行平滑着色，而是以平坦的方式进行渲染，如图 6-57 所示。

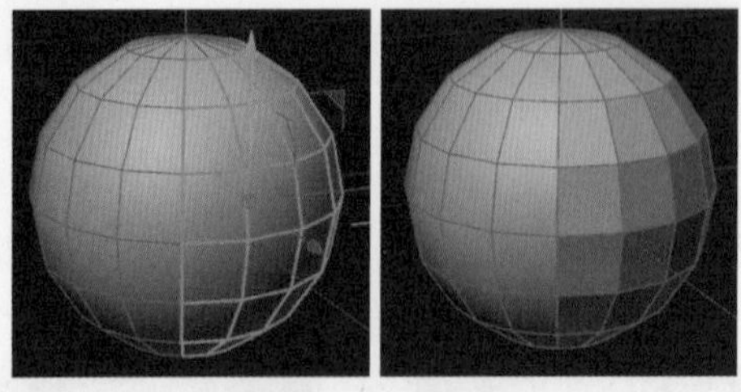

图6-57

2.恢复平滑着色（Phong）

在边模式下，若选择已取消平滑着色的边并选择“恢复平滑着色”工具，那么这些边所围成的多边形将会恢复平滑着色效果。

3.选择平滑着色（Phong）断开边

在边模式下，选择“选择平滑着色（Phong）断开边”工具后，系统会自动选中所有已取消平滑着色的边。

6.3 使用面模式下的命令

将三维模型转换为可编辑对象之后，在编辑工具栏中选择“面模式”工具（也称“多边形模式”工具），接着右击视图窗口，会弹出快捷工具菜单（这些工具在“网格”菜单中也可以找到），如图 6-58 所示。

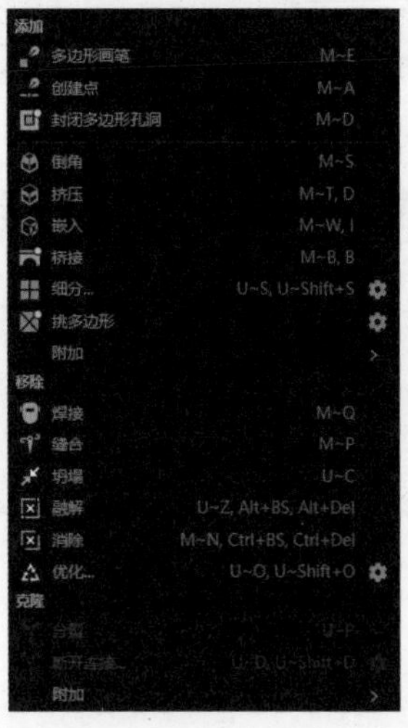

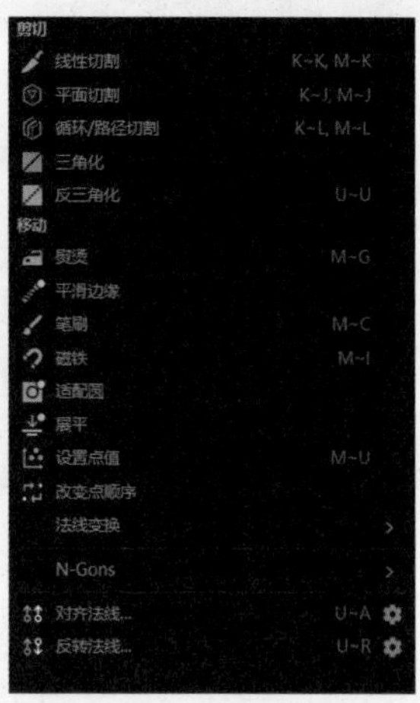

图6-58

6.3.1 添加

1.创建点

在面模式下，当选择“创建点”工具在多边形上添加新点时，系统会自动生成边，将新点与周围相邻的点连接起来，形成完整的网格结构，如图 6-59 所示。

2.桥接

在面模式下，选择“桥接”工具，然后选中一个面并将其拖至另一个面，即可实现两个面的连接。在连接过程中，系统会自动在边与边之间创建多边形来填补空隙，形成完整的网格结构，如图 6-60 所示。

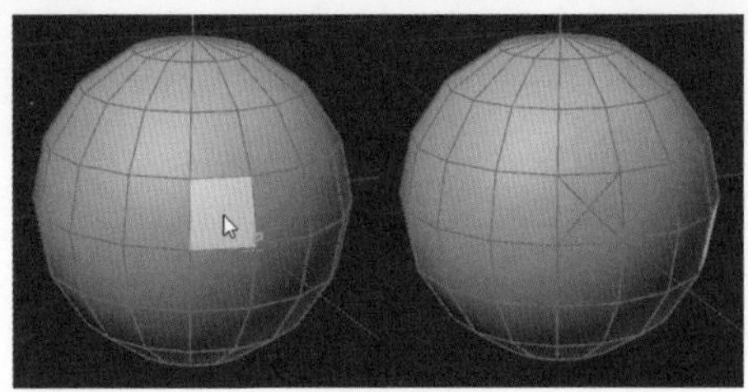

图6-59

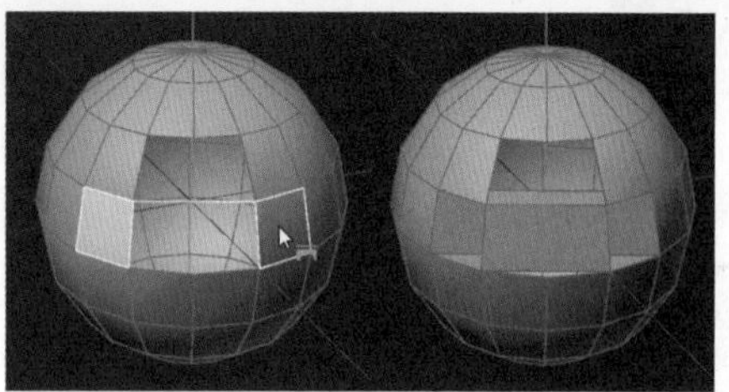

图6-60

3.倒角

在面模式下，选择“倒角”工具，然后选中某个面或多个面，拖动鼠标指针以对其进行倒角操作。在倒角过程中，通过拖动边缘可以改变面的大小，从而调整倒角的程度和形状，如图 6-61 所示。

4.挤压

在面模式下，选择“挤压”工具，选中某个面或多个面后，拖动鼠标指针以进行挤压操作。完成一次挤压后，可以再次拖动鼠标指针以实现二次挤压，从而进一步改变模型的形状，如图 6-62 所示。

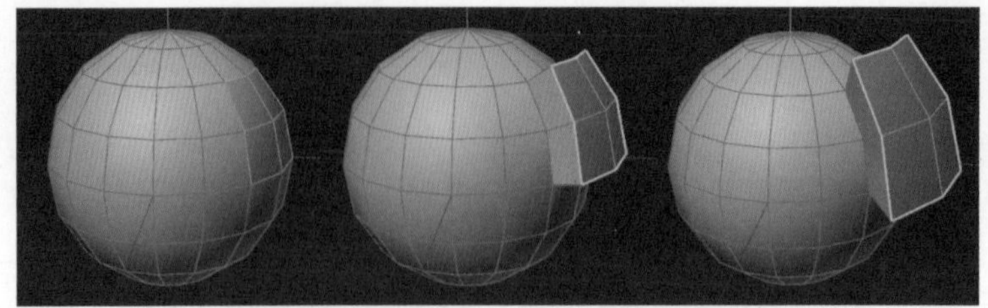

图6-61

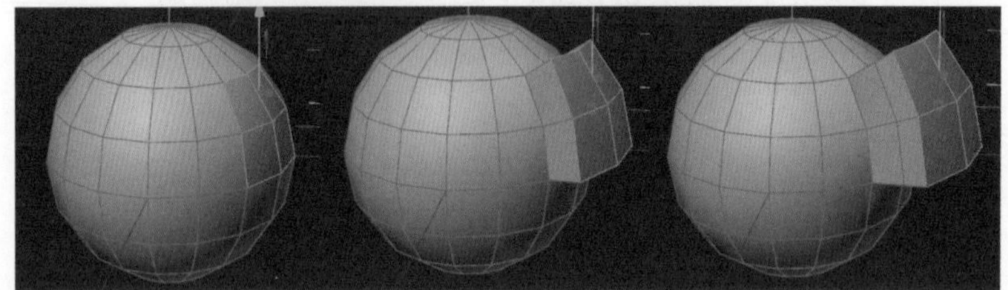

图6-62

5.嵌入

在面模式下，选择“嵌入”工具后，选中某个面或多个面，然后拖动鼠标指针将其向内进行挤压嵌入。完成一次嵌入操作后，可以再次拖动鼠标指针以实现二次嵌入，从而更深入地改变模型的内部结构，如图 6-63 所示。

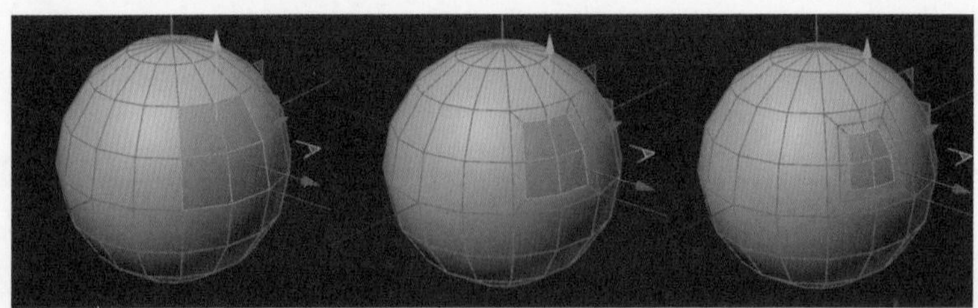

图6-63

6.矩阵挤压

“矩阵挤压”工具与“挤压”工具在功能上相似，但矩阵挤压的特点是可以一次性连续进行多次挤压操作。在面模式下，当选择了“矩阵挤压”工具并选中某个面或多个面后，可以通过调整属性管理器中的参数来控制挤压的次数、深度和其他相关设置，如图 6-64 所示。

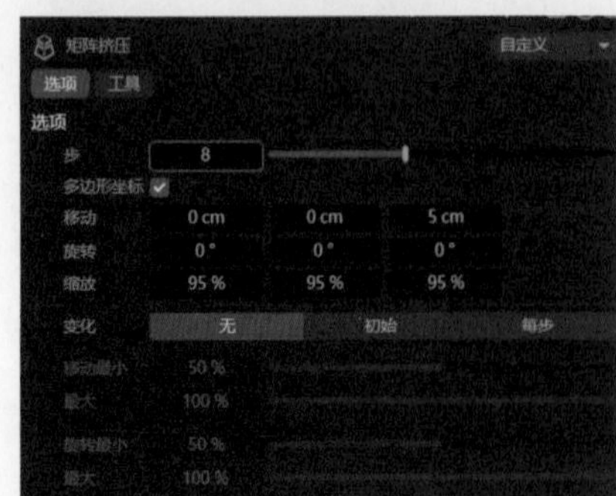

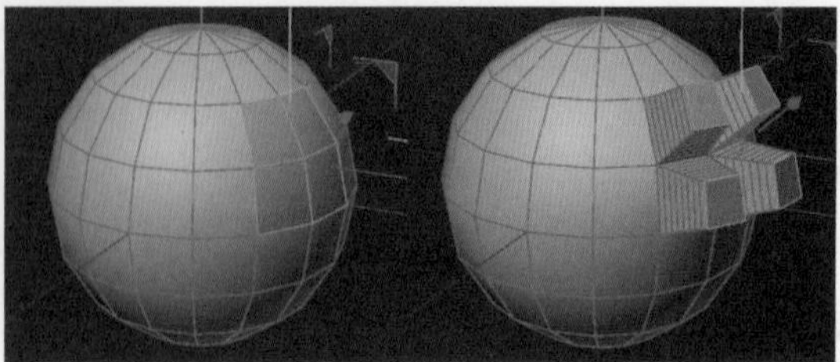

图6-64

7.细分

在面模式下，若选中某个或多个面，然后选择“细分”工具，所选的面会自动创建新的点和边，从而增加面的细节。如果在没有选中任何面的情况下选择“细分”工具，那么所有的面都会进行细分操作，如图 6-65 所示。

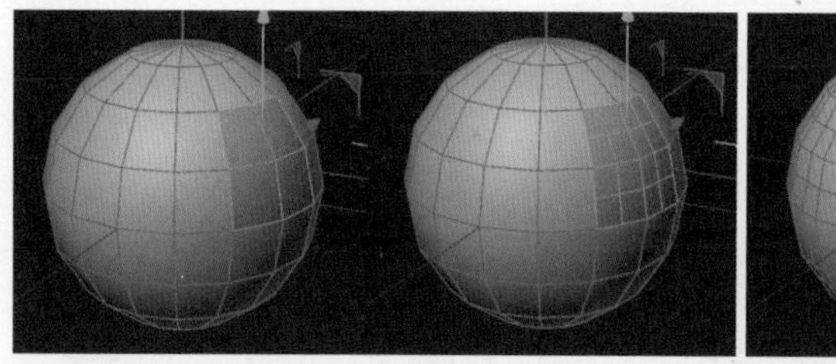

图6-65

6.3.2 移除

1.缝合

在面模式下，选中某个面后，选择“缝合”工具，然后拖动其中一条边至另一条边，当出现白色高亮预览时，释放鼠标指针，两边即会缝合在一起。这时，缝合边会位于第二个边的位置，如图 6-66 所示。若按住 Ctrl 键的同时，选中其中一条边并拖至另一条边，当出现白色高亮预览后释放鼠标指针，两边同样会缝合在一起。但此时，缝合边会位于两边的中心位置，且相邻的边会自动拉伸以适应缝合，如图 6-67 所示。

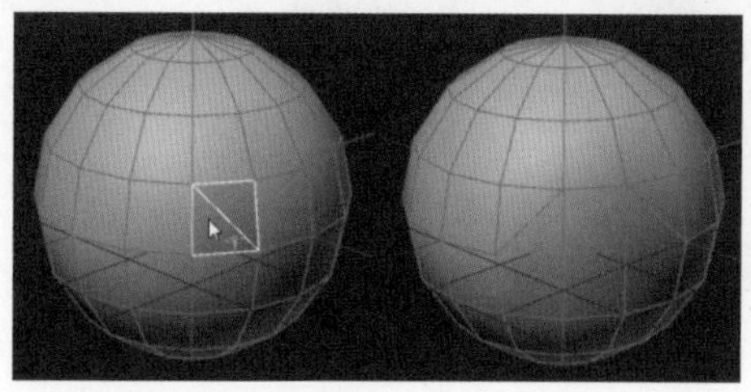

图6-66

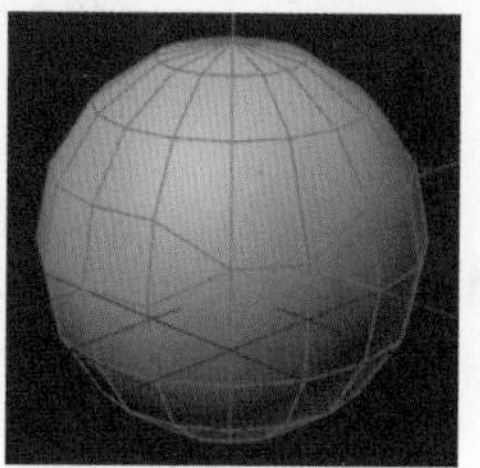

图6-67

2.坍塌

在面模式下，选择某个面后再选择“坍塌”工具，该面的所有顶点会汇聚到面的中心位置，形成一个单一的点，如图 6-68 所示。

3.融解

在面模式下，若选中多个面后选择“融解”工具，则相邻面之间的边会消除，从而使这些面合并成一个更大的面或者多个面与融解的边重新组合，如图 6-69 所示。

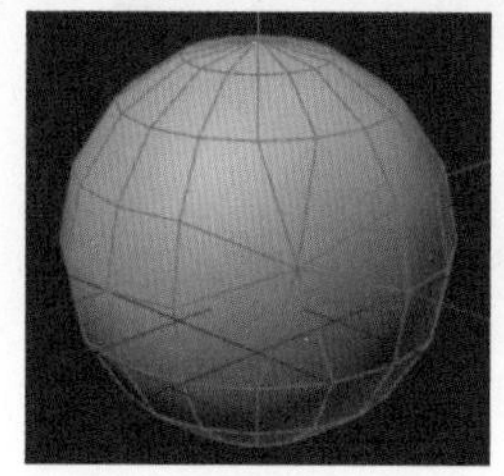

图6-68

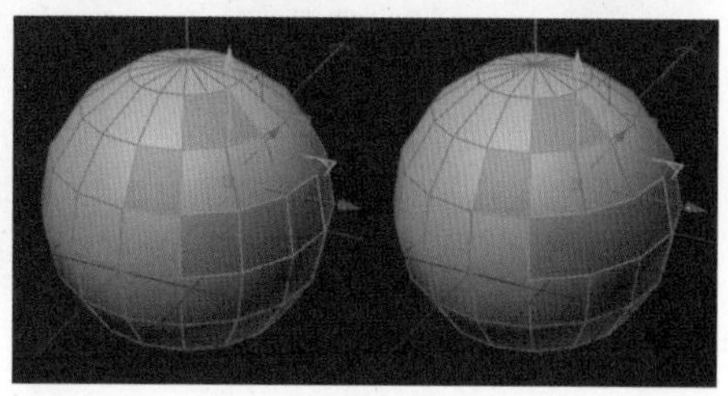

图6-69

4.消除

在面模式下“消除”工具与“融解”工具的操作方法类似。

6.3.3 克隆

1.分裂

在面模式下，选中一个或多个面后，选择“分裂”工具，所选的面会复制出相同的新面。分裂操作完成后，可以移动新生成的面，以达到期望的模型效果，如图 6-70 所示。

图6-70

2.断开连接

在面模式下，选中一个或多个面后，选择“断开连接”工具，所选的面将与模型的其他部分分开，形成一个独立的部分。断开连接后，可以单独移动这些面，从而调整模型的结构，如图 6-71 所示。

图6-71

6.3.4 剪切

1.三角化

在面模式下，若选中一个或多个面并选择“三角化”工具，则所选面将由多边形通过新增边的方式转化为三角形。如果在未选中任何面的情况下选择“三角化”工具，那么模型中的所有面都将进行三角化处理，如图 6-72 所示。

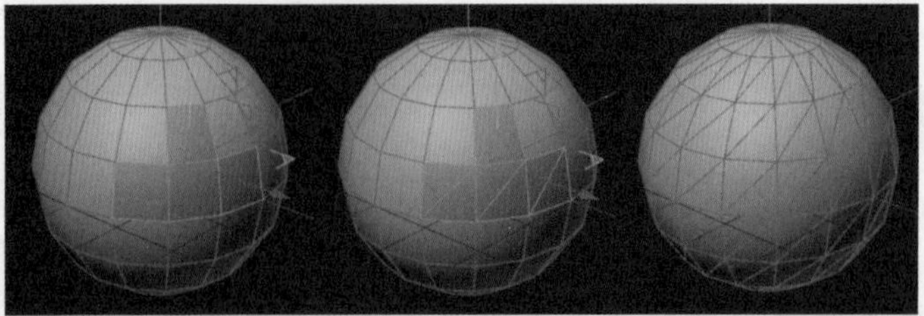

图6-72

2.反三角化

在面模式下，当选中三角面并选择“反三角化”工具后，可以在属性管理器中调整相关参数并应用。一旦应用，符合条件的三角面将通过消除边的方式转化为多边形。应用该工具前后的效果对比，以及参数选项卡，如图 6-73 所示。

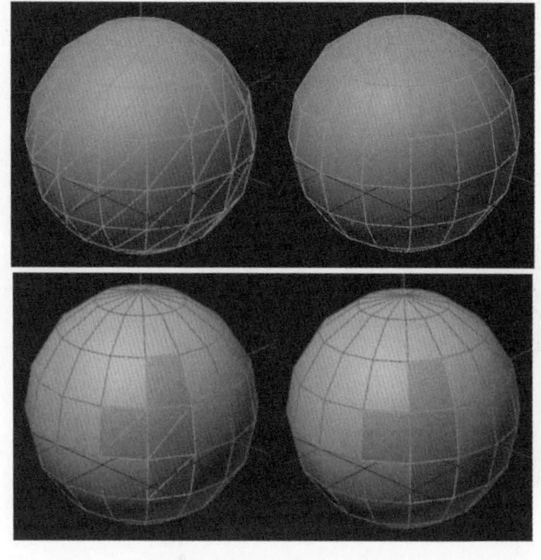

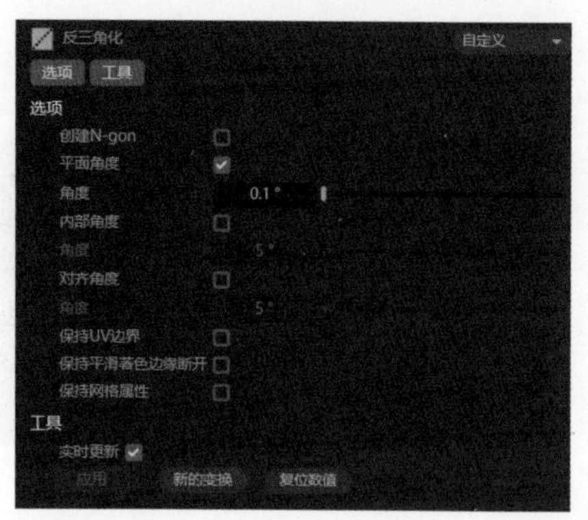

图6-73

6.4 实例：使用多边形建模制作龟背竹

本实例将综合运用多种工具和技巧来制作装饰用的龟背竹模型。我们会使用“圆盘”等参数对象以及“圆环”等参数样条作为基础形状。此外，还将运用“细分曲面”“扫描”“旋转”等生成器工具来构建模型的基本结构。为了增加模型的灵活性和真实感，还将采用 FFD 等变形器工具进行调整。在制作过程中，会在点、边、面模式下灵活运用各种工具，以达到最佳的装饰效果，如图 6-74 所示。

图6-74

01 切换至顶视图，选择创建工具栏中的“圆盘”工具创建一个圆盘模型，作为龟背竹叶的基本模型，调整参数和位置如图6-75所示。

02 选中圆盘模型，按C键或在创建工具栏中选择“转为可编辑对象”工具，将圆盘转为可编辑对象。在编辑工具栏中进入模型模式，使用“缩放”工具调整圆盘形状，如图6-76所示。

03 在编辑工具栏中进入点模式，选中所需点后，按住Shift键进行加选，使用“移动”工具调整点的位置，如图6-77所示。调整其他点的位置，最终效果如图6-78所示。

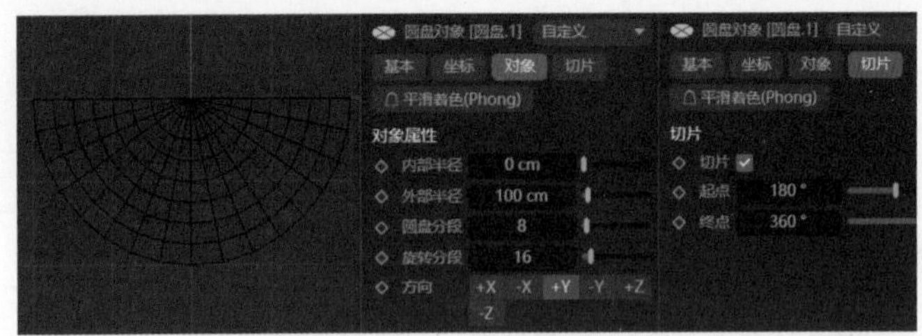

图6-75

04 重复点可以使用“焊接”工具移除，选中某点后按住Ctrl键移至另一点，如图6-79所示。

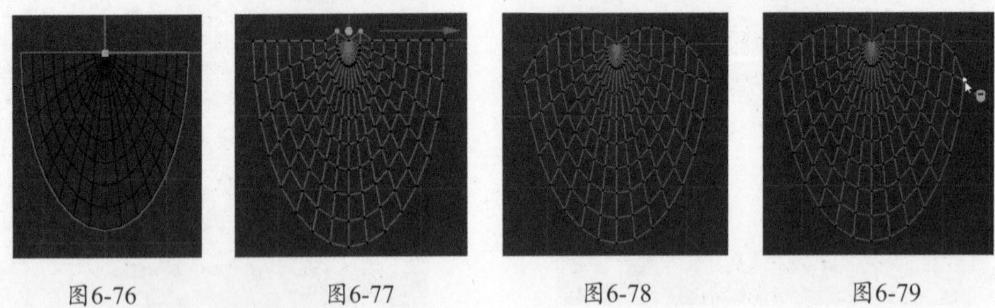

图6-76 图6-77 图6-78 图6-79

05 在编辑工具栏中进入边模式，选中多条边后（按Shift键加选）删除，制作龟背竹叶的裂口，如图6-80所示。

06 在编辑工具栏中进入点模式，使用“创建点”工具创建新的点并使用“移动”工具调整位置，让裂口的顶端可以呈现圆弧状，如图6-81所示。

07 使用“笔刷”工具在视图中拖曳，调整网格中点的位置，使网格分布更均匀、更合理，如图6-82所示。

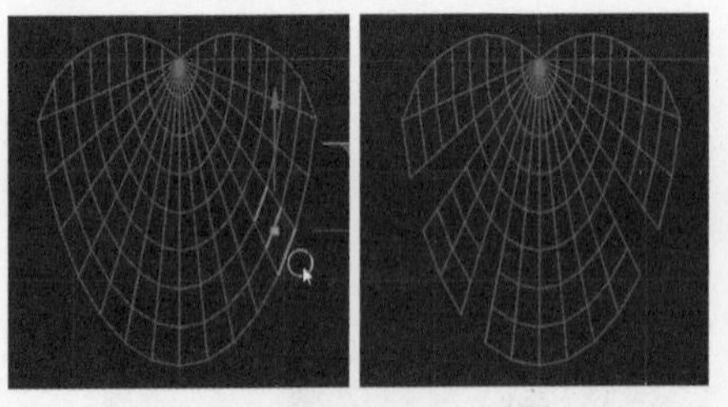

图6-80

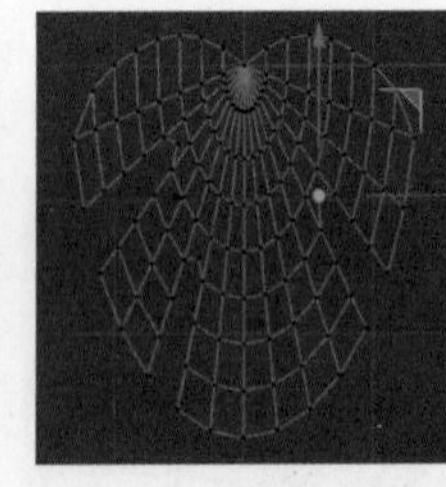

图6-81

图6-82

08 在编辑工具栏中进入边模式，使用“循环选择”工具选择中间的一条边，使用“倒角”工具创建新边，如图6-83所示。

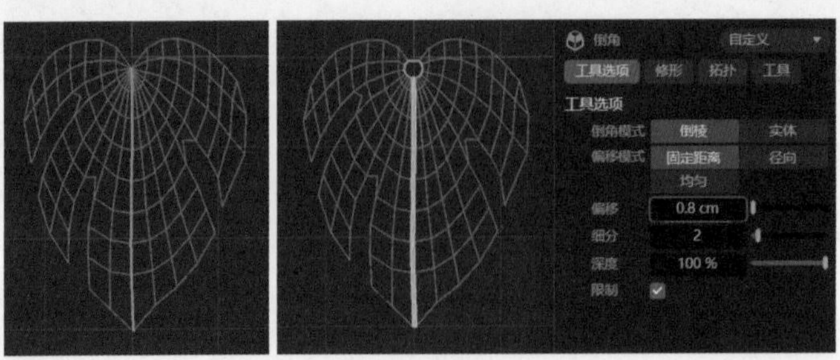

图6-83

09 使用“循环选择”工具选择新建的中间两条边，使用“移动”工具调整位置，制作龟背竹叶的主茎脉，如图6-84所示。

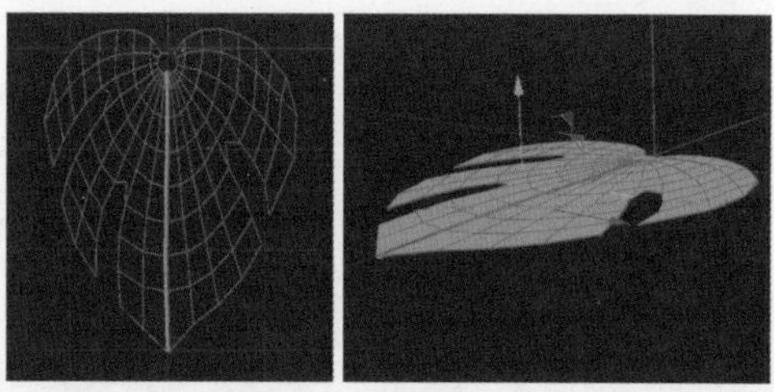

图6-84

10 在编辑工具栏中进入面模式（多边形模式），使用“创建点”工具创建新的点，这时自动与周围点连线，删除不必要边，如图6-85所示。

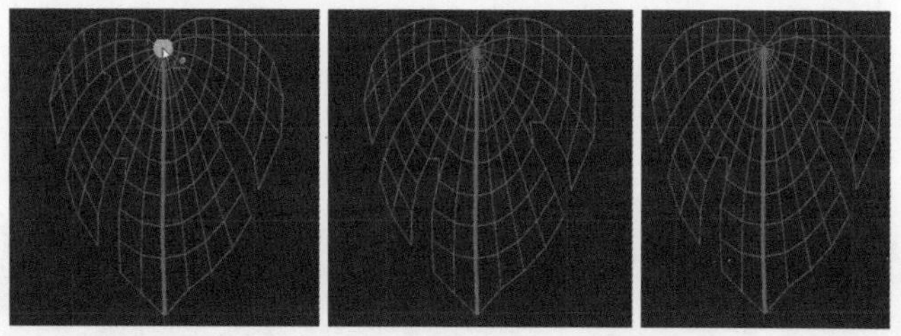

图6-85

11 在编辑工具栏中进入边模式，使用“多边形画笔”工具依次单击两点来绘制茎脉，如图6-86所示。临近重复点可以使用“焊接”工具移除，如图6-87所示。

12 与制作主茎脉的方法相同，使用“倒角”工具和“移动”工具制作其余茎脉，如图6-88所示。

图6-86

图6-87

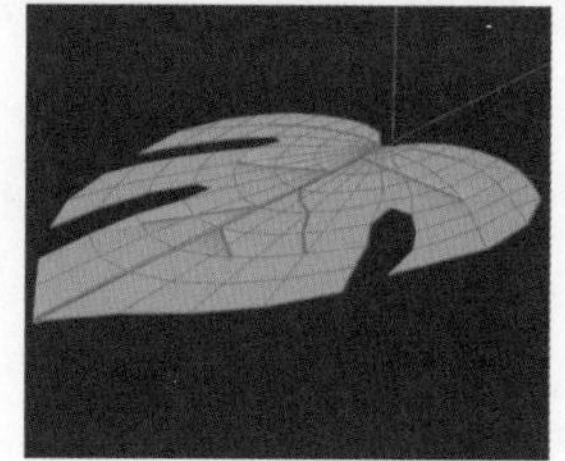

图6-88

13 选中圆盘模型，按住Shift键单击FFD变形器工具，此时变形器自动成为所选对象的子级，然后调整变形器参数，如图6-89所示。

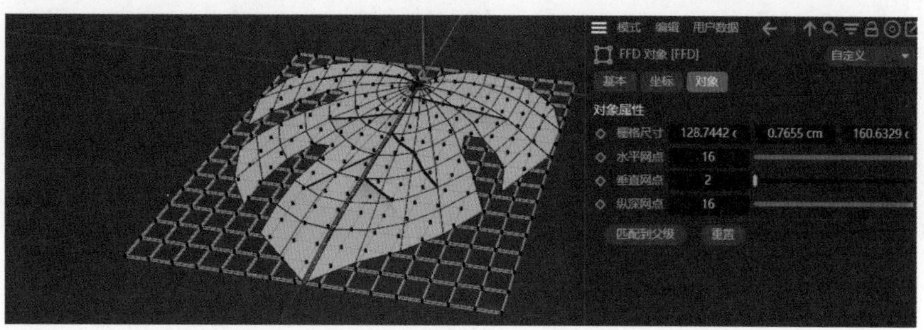

图6-89

14 使用“磁铁”工具调整FFD变形器的网格点，以调整龟背竹叶的起伏形状，如图6-90所示。

15 选中圆盘模型，按住Alt键单击“细分曲面”工具，此时圆盘模型自动成为生成器的子级。将细分曲面生成器模型转为可编辑对象，在点模式下调整叶尖的形状，如图6-91所示。

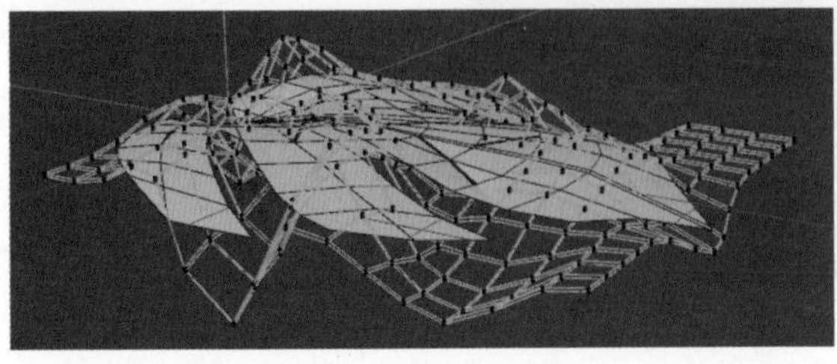

图6-90

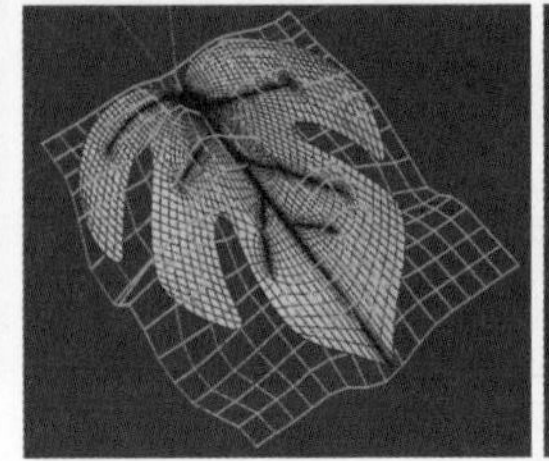

图6-91

16 切换至右视图，使用“样条画笔”工具绘制曲线；在创建工具栏中选择“圆环”工具创建一个圆环样条线并调整参数，作为龟背竹茎秆的横截面；选中所绘样条线和圆环，同时按住Ctrl+Alt键，单击“扫描”生成器按钮，两条样条线自动成为同一生成器的子级，制作出龟背竹根茎，如图6-92所示。

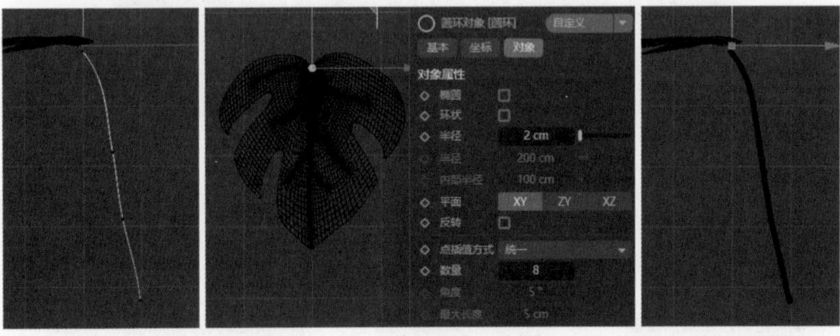

图6-92

17 使用“样条画笔”工具绘制曲线，其中起点和终点需处于同一条垂直线上；选中样条线，按住Alt键单击“旋转”生成器按钮，样条线自动成为生成器的子级，制作花瓶，如图6-93所示。

18 调整龟背竹叶、龟背竹根茎和花瓶的位置，如图6-94所示。

19 对场景内的对象进行编组、命名等整理工作。选中多个对象后按快捷键Alt+G进行编组，并双击重命名，如图6-95所示。

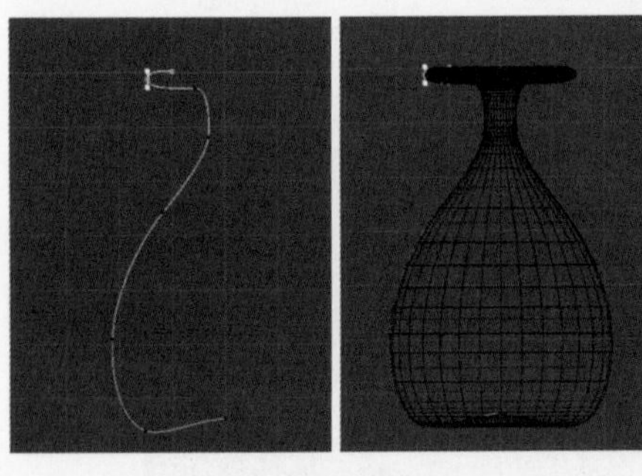

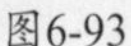

图6-93

图6-94

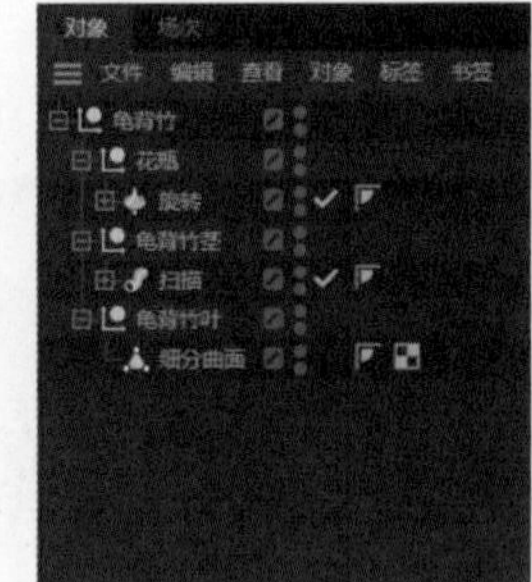

图6-95

20 选中“龟背竹”组，按快捷键Ctrl+C复制，在2.6实例场景中按快捷键Ctrl+V进行粘贴，调整其大小位置，如图6-96所示。

图6-96

6.5 实例：使用多边形建模制作装饰背景

本实例将运用“平面”等参数化对象，并借助“挤压”等生成器工具，在面模式下利用多种工具来构建场景背景，如图 6-97 所示，具体的操作步骤如下。

图6-97

01 在创建工具栏中选择“平面”工具，创建一个平面模型，作为场景的墙壁，设置参数如图6-98所示。

图6-98

02 将平面转为可编辑对象，在面模式下选择平面的1/2进行旋转，按住Shift键进行量化旋转90°，并进行移动，如图6-99所示。

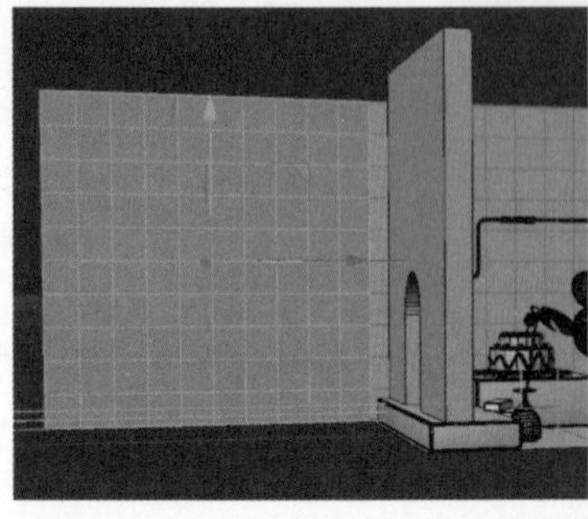
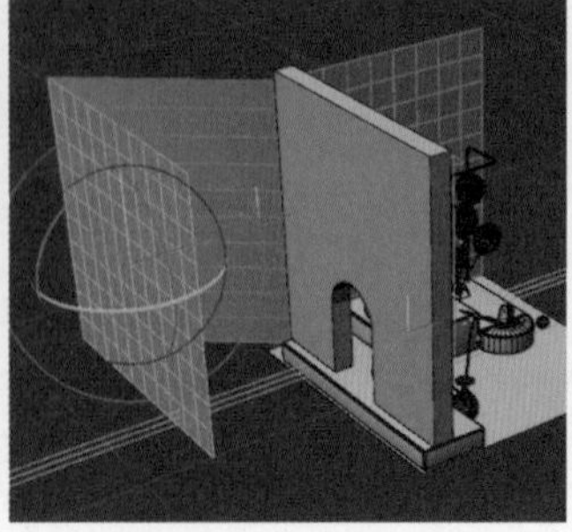

图6-99

03 切换至正视图，使用“样条画笔”工具绘制如图6-100所示的曲线。

04 选中样条线，按住Alt键单击“挤压”生成器按钮，样条线自动成为生成器的子级，并调整其参数，如图6-101所示。

图6-100

图6-101

05 调整其位置，并对场景内的对象进行编组、命名等整理工作，如图6-102所示。

图6-102

第7章
动画模块与摄像机

在 C4D 中，动画模块不仅用于创建，还用于精细编辑各种动画效果，如关键帧动画和形状动画等。而摄像机模块则使用户能够灵活调整摄像机的视角，具体可调整的参数包括位置、方向、焦距等，并且还能创建出流畅的相机运动效果。这两个模块共同助力用户打造出栩栩如生、引人入胜的三维动画作品。

本章的核心知识点包括如下内容。

※ 掌握动画及关键帧的基本概念。

※ 学习如何运用动画专用界面来高效制作动画。

※ 深入了解摄像机的不同类型以及它们在动画制作中的具体作用。

※ 学会如何与摄像机协同工作，以制作出精美的三维动画。

7.1 动画与关键帧的概念

学习动画和关键帧的概念对于熟练掌握 C4D 或其他动画软件来说至关重要。理解动画的概念有助于我们更好地规划和设计出引人入胜的动画效果，而深入把握关键帧的概念则是实现动画中对象运动和变形的核心。

7.1.1 动画的概念

传统的动画技术通常采用逐张图像的方式来连续绘制或拍摄运动的对象，然后将得到的序列图像以一定的速率进行播放。以这种形式播放形成的运动影像即为动画，如图 7-1 所示。其中，每一张单独绘制或拍摄的图像被称为“帧”，它是构成动画影像的最小单位。由多个帧组成的图像序列被称为“序列帧”，一段连续的序列帧即可形成一段完整的动画。单位时间内播放的序列帧数量被称为“帧率”，通常指的是 1 秒内能够刷新的帧数。帧率越高，动画的连贯性就越好。常见的帧率选择包括 24FPS、25FPS、30FPS、50FPS 和 60FPS 等。在计算机三维类软件中，除了传统的绘制和拍摄方法，还提供了诸如“创建关键帧和运动轨迹”“绑定骨骼”以及“创建动力学”等更为强大和便捷的手段来制作动画。

图7-1

7.1.2 关键帧的概念

关键帧指的是在动画影像中，对象在关键动作时刻所对应的特定帧。关键帧与关键帧之间的帧可以由计算机自动生成，这些自动生成的帧被称为“中间帧”或“过渡帧”，如图 7-2 所示。设置关键帧实际上就是设置对象运动变化的过程。在对象的各种参数面板中，关键帧有 4 种显示状态：或为“未固定数值”；为“待固定数值”；为“已固定数值”。

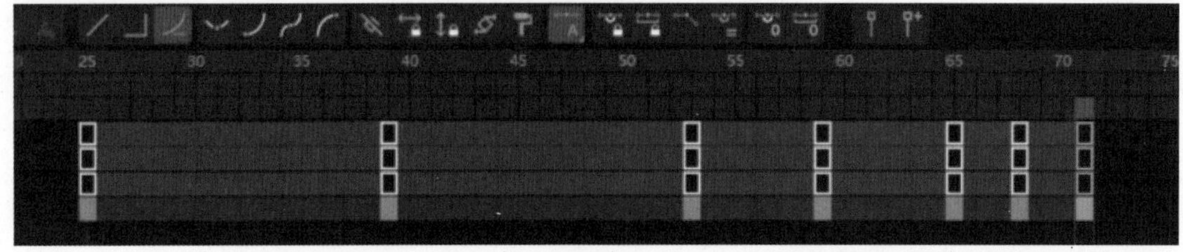

图7-2

7.2 时间线及动画专用界面

7.2.1 时间线界面

在 C4D 中，时间线类似视频的进度条，它决定了一段动画的总时长。时间线由序列帧组成，动画中的每一帧都对应着时间线上的一个具体位置，如图 7-3 所示。这样的设计使用户可以清晰地看到动画的进度和每一帧的内容。

图7-3

时间线为 C4D 引入了时间维度，它涉及工程时长、最小时长与最大时长、预览最小时长与预览最大时长 3 个方面的参数。工程时长指的是时间线指针当前位置所对应的时间刻度，当拖动时间线指针时，工程时长会随之变化。最小时长与最大时长则分别代表整个工程所需的最小时间长度和最大时间长度。而预览最小时长与预览最大时长则是指定工程中某一段动画预览所需的最小时间长度和最大时间长度。

如图 7-4 所示，区域 1 是时间线控制模块，通过这里可以调整时间线的最小时长、最大时长、预览最小时长和预览最大时长，以及设置工程时长；区域 2 是时间线播放控制模块，它提供了顺序播放序列帧、跳转到下一帧或上一帧、跳转到上一个或下一个关键帧，以及直接跳转到第一帧或最后一帧的功能；区域 3 则是关键帧模式切换模块，可以在这里设置关键帧的记录模式。

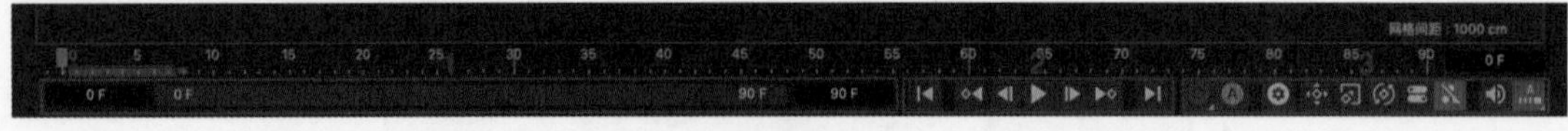

图7-4

7.2.2 设置时间线参数

设置时间线参数有两种方法。方法 1：执行“模式”→“工程”命令，或按快捷键 Ctrl+D 可调出工程面板，其中“时间”选项区域可调节时间线的参数，如图 7-5 所示；方法 2：调节图 7-4 中区域 1 的参数，也可调节最小时长、最大时长和预览最小时长、预览最大时长。

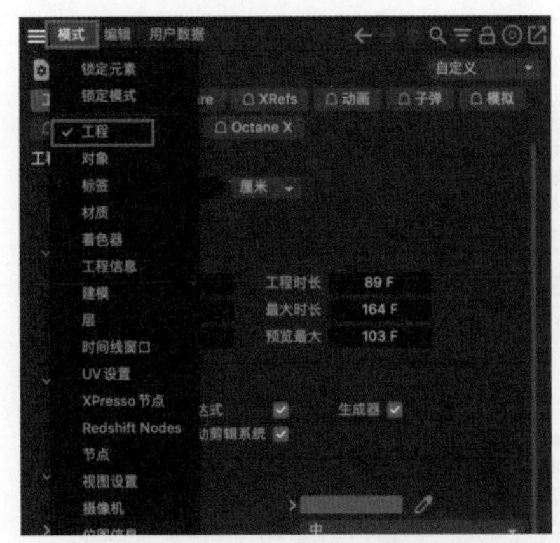

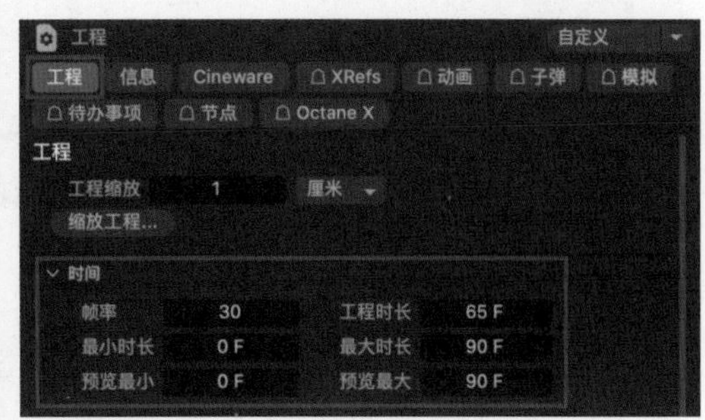

图7-5

7.2.3 设置时间线的一般步骤

设置时间线的一般步骤如下。

01 设置时间线参数时首先要明确一段动画的帧率（FPS）和时长（s），由此得到这段动画的总帧数。

总帧数 = 帧率（FPS）× 时长（s）

02 设置此工程的最大时长和最小时长，二者的差值应大于或等于总帧数。通常情况下，最小时长可确定为0F，也可以视制作情况确定其为某正值或负值。

03 设置动画的预览最大（Fmax）和预览最小（Fmin）。其中，预览最小（Fmin）应大于或等于最小时长，预览最大（Fmax）应小于等于最大时长。

预览最大（Fmax）= 总帧数 − 1 + 预览最小（Fmin）

7.2.4 时间线的常用呈现方式

在C4D中，时间线有“摄影表”和“函数曲线”两种常用呈现方式。执行“窗口”→“时间线窗口（摄影表）”或“时间线窗口（函数曲线）”命令方可调出，如图7-6所示。

在摄影表模式下，时间线能够清晰地展示出所有关键帧所对应的时刻，这为用户修改对象运动在时间轴上的起始点和结束点提供了便利，如图7-7所示。

在函数曲线模式下，时间线则可以直观地反映对象运动过程中的速度变化。曲线的斜率绝对值越大，表示对象的运动速度越快；反之，斜率绝对值越小，对象的运动速度则越慢，如图7-8所示。

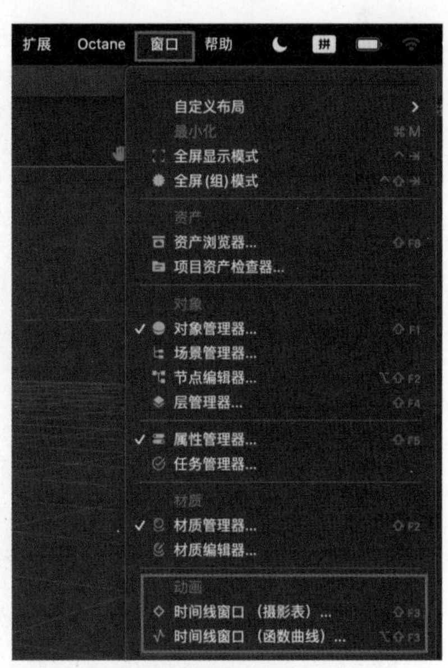

图7-6

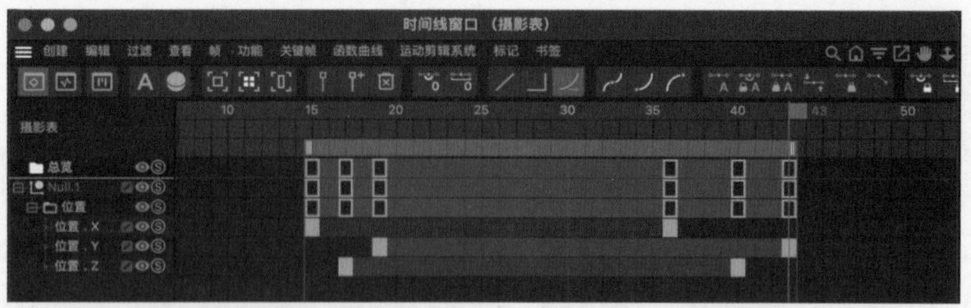

图7-7

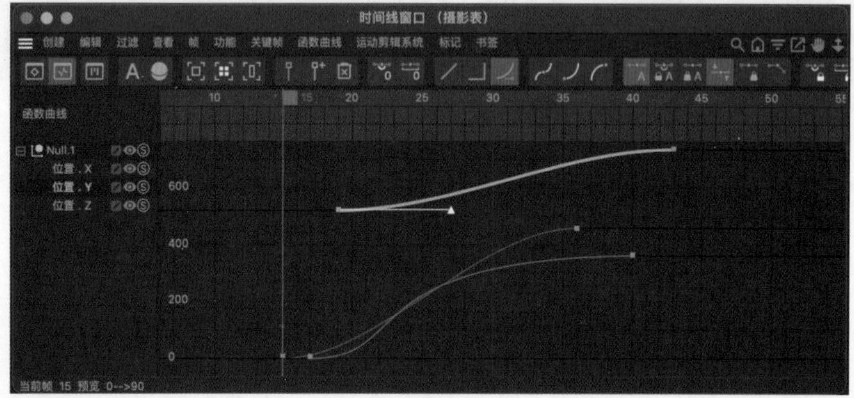

图7-8

7.2.5 动画专用界面

单击界面顶部的 Animate 按钮，可以调出动画专用界面，如图 7-9 所示。在动画专用界面中，视图窗口（区域 1）、属性管理器（区域 2）、对象管理器（区域 3）都被移至了界面上方，而下方则是占据较大空间的时间线窗口（区域 4），这样的布局更加方便用户调节关键帧和函数曲线。

图7-9

7.2.6 实例：使用关键帧和函数曲线制作酸奶袋循环动画

本实例将通过使用关键帧技术来制作酸奶的运动过程，深入剖析制作循环动画的核心要点。最终完成的动画效果如图 7-10 所示。

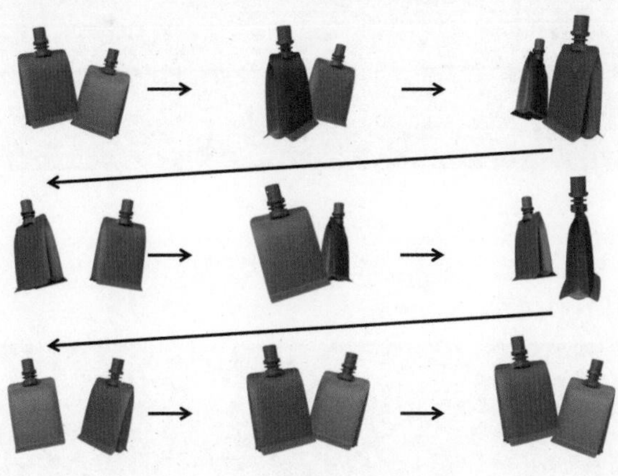

图7-10

1.设置时间线参数

设置时间线参数的具体操作步骤如下。

01 使用快捷键Ctrl+D调出工程面板，在帧率为30FPS的条件下，动画的总帧数为140F，“预览最小”设置为0F，故将“预览最大”设置为139F。

02 根据循环运动规律，此动画最后一帧的下一帧应正好是动画的第1帧，故“最大时长”应设置为140F或以上。“最小时长”设为0F即可。具体“时间”参数设置如图7-11所示。

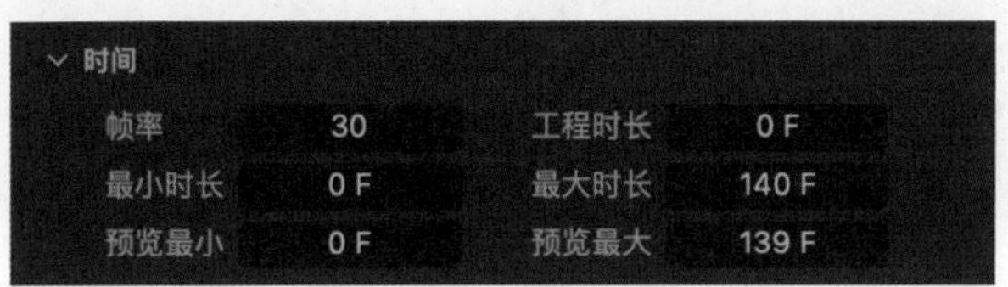

图7-11

2.制作酸奶袋运动动画

制作酸奶袋运动动画的具体操作步骤如下。

01 单击Animate按钮，进入动画专用界面。打开本书提供的第7章的C4D源文件，再打开对象管理器中的“备份”组，选中“酸奶”模型并复制一份，分别命名为“酸奶1”和“酸奶2”。

02 设置“酸奶1”和“酸奶2”的初始形态。将时间指针移至时间线的第25帧，调整“酸奶1”和“酸奶2”的具体参数，并设置其关键帧，如图7-12所示。

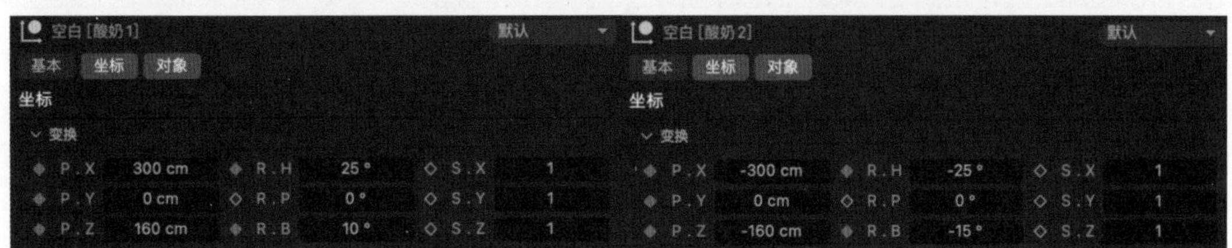

图7-12

03 将时间指针移至时间线的第40帧和第45帧，分别调整“酸奶1”和“酸奶2”的P.X参数为450cm和-450cm，并设置关键帧，如图7-13所示。

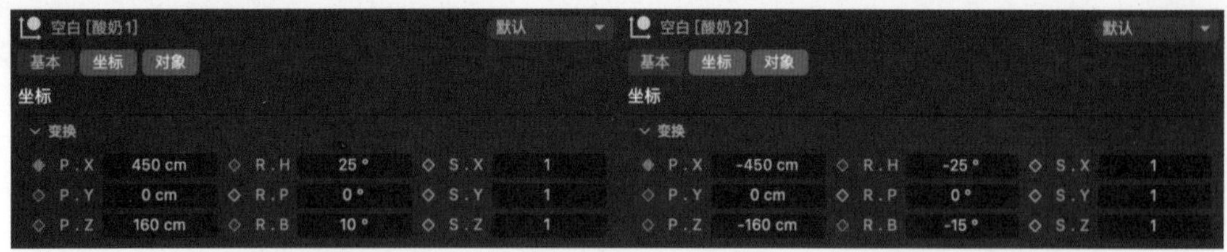

图7-13

04 将时间指针移至时间线的第60帧，分别调整“酸奶1”和“酸奶2”的P.X参数为300cm和-300cm，并设置其关键帧，如图7-14所示。

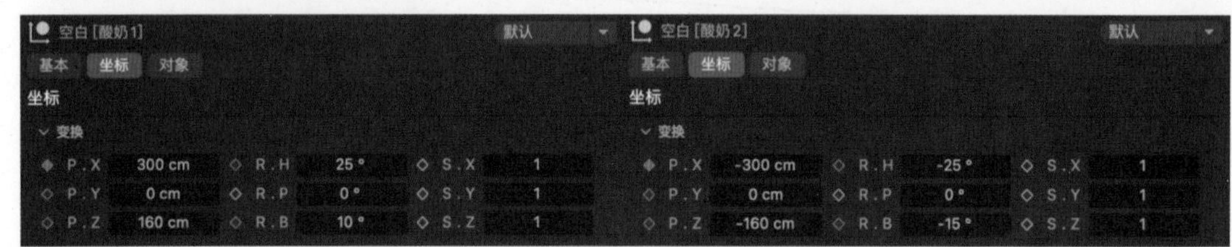

图7-14

05 将时间指针移至时间线的第65帧，调整“酸奶1”和“酸奶2”二者的P.Y参数为0cm，并设置其关键帧，如图7-15所示。

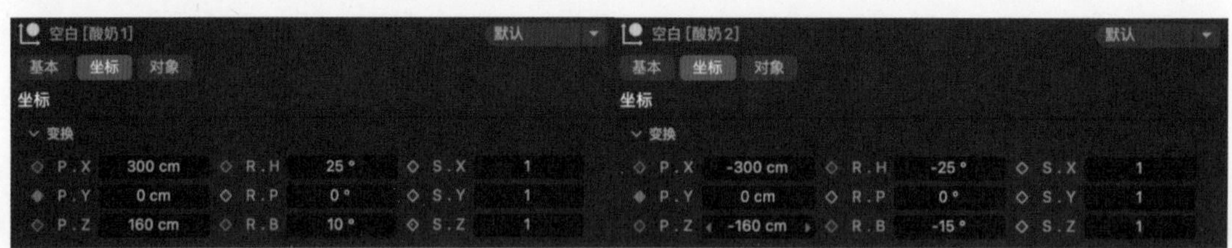

图7-15

06 将时间指针移动至时间线的第90帧、第140帧和第0帧，分别设置“酸奶1”和“酸奶2”的P.Y参数为75cm和-75cm，并设置其关键帧，如图7-16所示。

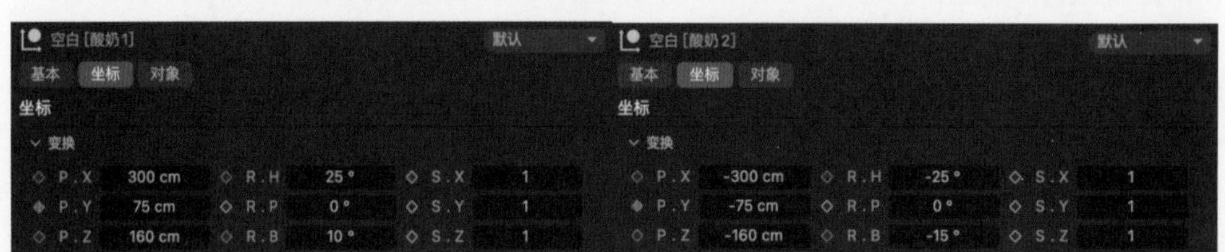

图7-16

07 将时间指针移至时间线的第115帧，分别调整“酸奶1”和“酸奶2”的P.Y参数为-45cm和75cm，并设置其关键帧，如图7-17所示。

08 同时选中“酸奶1”和“酸奶2”两个对象，按快捷键Alt+G将二者组合，并命名为“酸奶旋转”。分别在时间线的第25帧和第60帧调整“酸奶旋转”的R.H参数为0°和360°，并设置其关键帧，如图7-18所示。

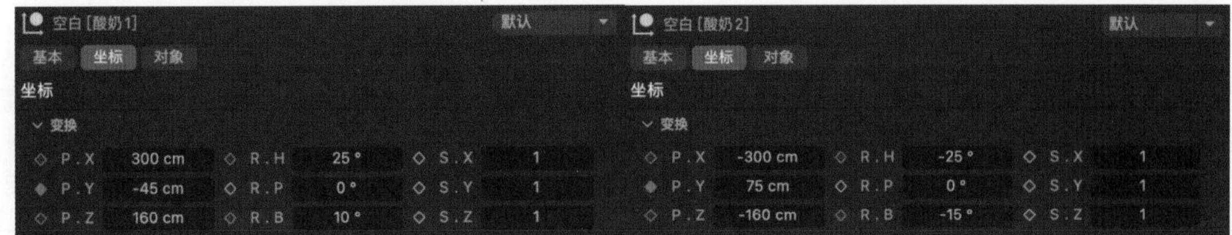

图7-17

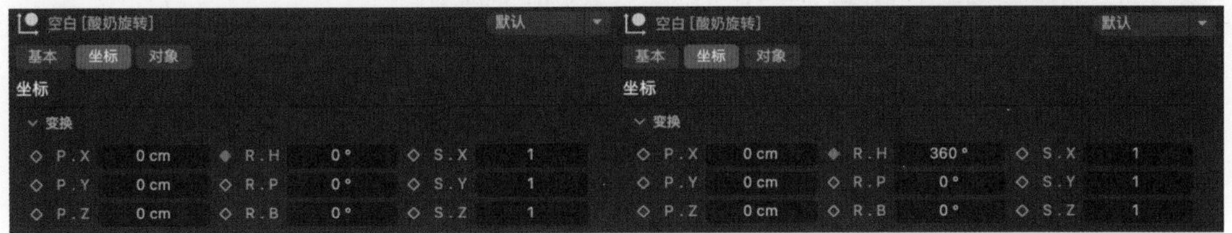

图7-18

09 顺序播放序列帧，就得到了一段酸奶袋运动的循环动画。

3.调节酸奶运动速率曲线

调节酸奶运动速率曲线的具体操作步骤如下。

01 单击时间线面板中的按钮，切换至函数曲线模式，选择“酸奶旋转”选项，选中第25帧和第60帧两个关键帧，按住Ctrl键，拖动控制柄，适当调节旋转的运动速率，如图7-19所示。

02 选中“酸奶旋转”第25帧的关键帧，按住Alt键，适当向下拖动控制柄，适当调节其旋转角度和运动速率，如图7-20所示。顺序播放序列帧，就得到了一段较为生动的酸奶袋运动的循环动画。

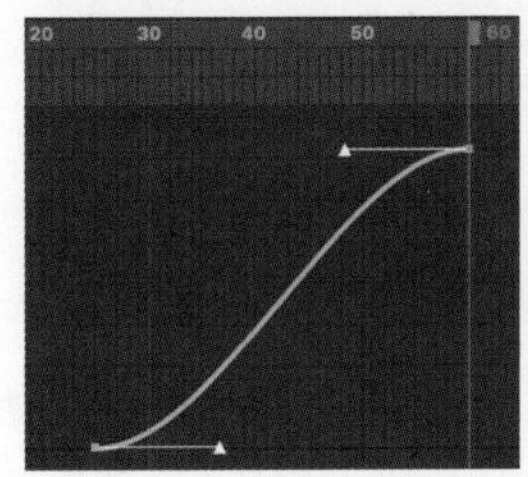

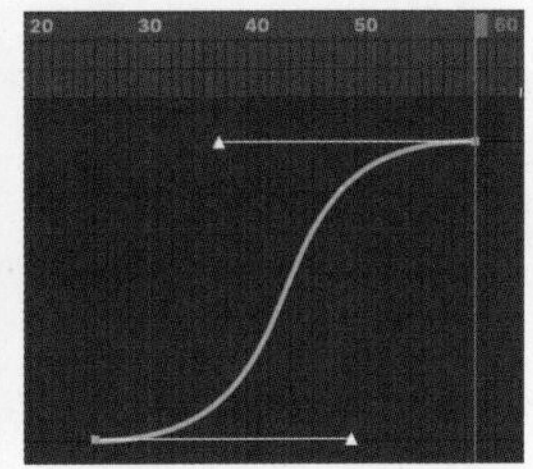

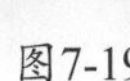

图7-19

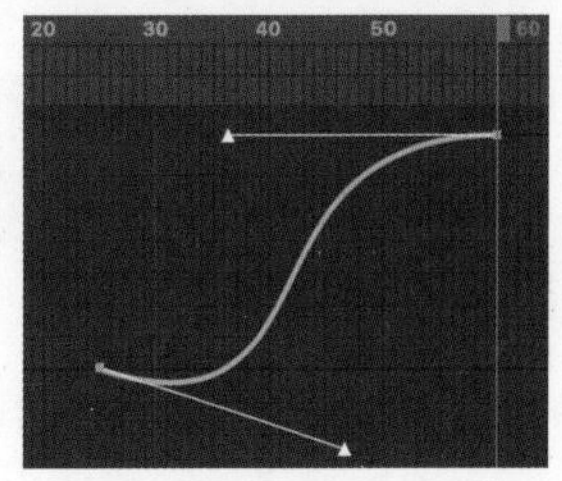

图7-20

7.3 摄像机的种类介绍

在C4D中，摄像机是捕捉或记录三维空间视角的重要工具，这与现实中的摄像机功能相似。为了满足3D场景的拍摄和运镜需求，C4D除了提供标准摄像机，还内置了目标摄像机、立体摄像机、运动摄像机，以及摇臂摄像机这5种摄像机类型。用户需长按摄像机图标以调出摄像机类型菜单，并选择所需的摄像机类型来新建对应的摄像机，如图7-21所示。接下来，将使用不同类型的摄像机来观察已经制作完成的“酸奶循环动画”实例。

图7-21

7.3.1 标准摄像机（常用）

标准摄像机是 C4D 中最为简单也最为常用的摄像机类型。每次新建 C4D 工程时，默认摄像机就是标准摄像机。只需单击▣图标，即可快速新建“标准摄像机”。单击摄像机对象后的▣图标，就能进入该摄像机的视角。当单击已建立的标准摄像机时，属性管理器中会出现与标准摄像机相关的选项，如图 7-22 所示。

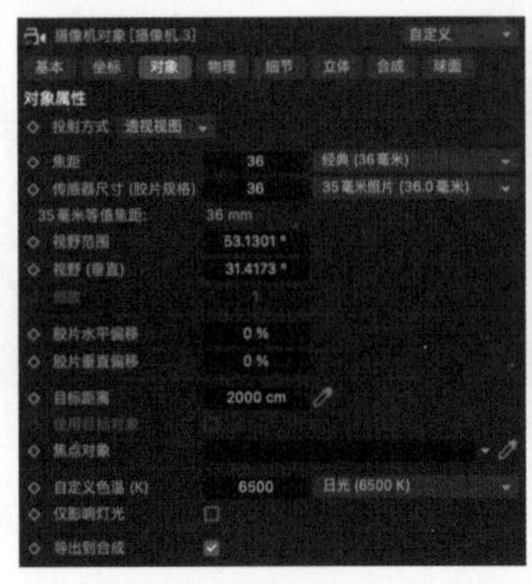

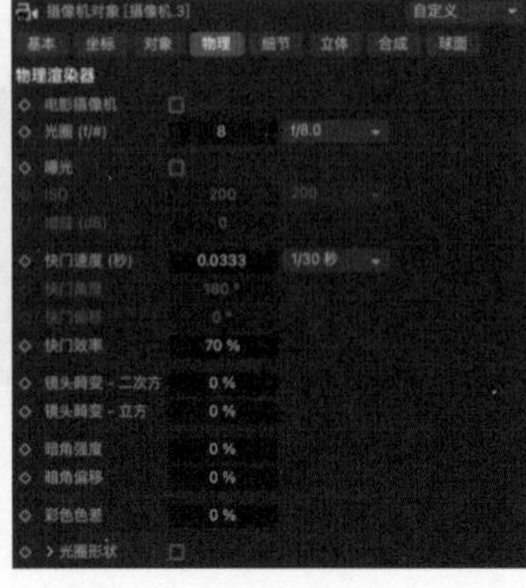

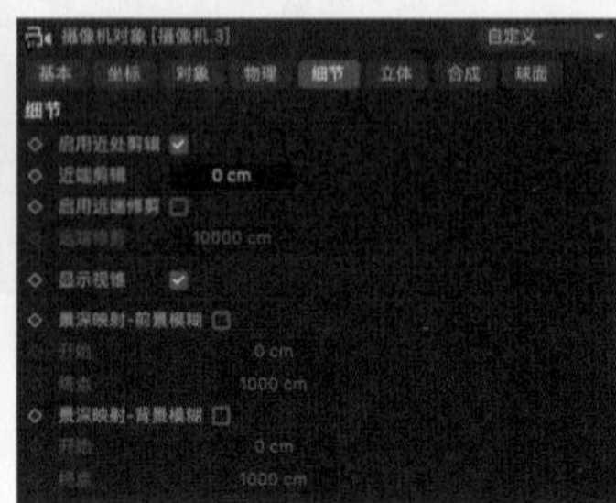

图7-22

7.3.2 目标摄像机（常用）

目标摄像机是一种能够始终对准场景中某个特定对象的摄像机类型。

※ 建立目标摄像机的方式：长按▣图标，在弹出的菜单中选择“目标摄像机”选项，对象管理器会自动生成“摄像机”和“摄像机.目标.1”两个对象，如图 7-23 所示。

图7-23

※ 目标摄像机的特点：单击▣按钮进入“目标摄像机”，按住 Alt 键无论如何移动摄像机视角，其朝向都对准“摄像机.目标.1”的轴心。移动“摄像机.目标.1”的轴心，“目标摄像机”的朝向也会跟随移动，如图 7-24 所示。

图7-24

※ 自定义目标对象的方式：除了自动生成的目标对象，“目标摄像机”还可以自定义目标对象。单击“目标摄像机”的▣目标或其后的◎图标，均可调出属性管理器中的“目标表达式”，如图 7-25 所示。

图7-25

将对象管理器中的“酸奶旋转”直接拖入属性管理器“目标表达式”面板的“目标对象”框中，方可使目标摄像机的朝向时刻对准“酸奶旋转”的轴心，如图 7-26 所示。

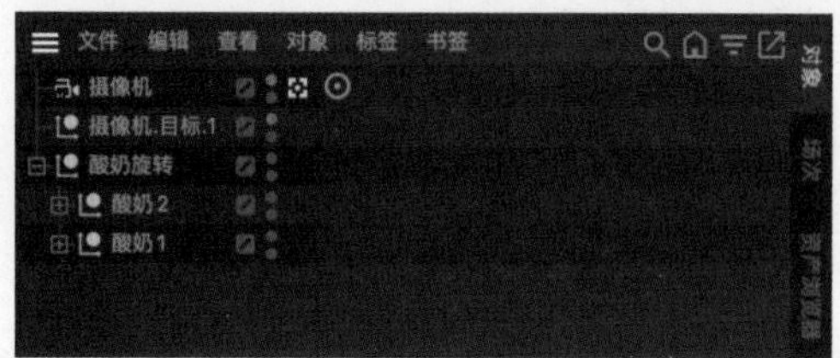

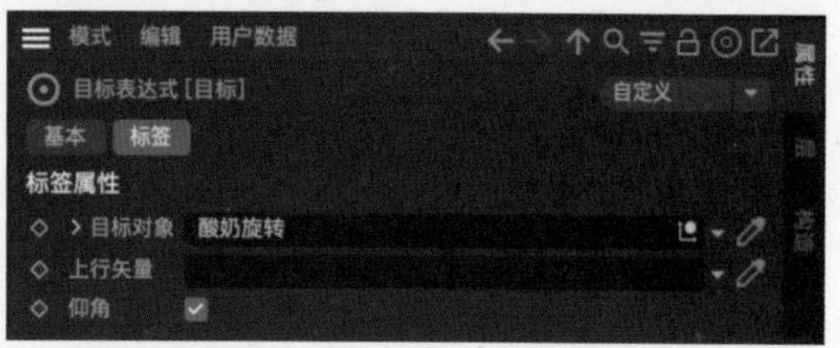

图7-26

7.3.3 立体摄像机

立体摄像机是C4D中一种特殊的摄像机类型，专门用于在 3D 场景中创建立体效果。它通过模拟人眼的视觉系统，运用两个相机来捕捉场景，让用户能够制作出具有立体感的作品。长按图标可以调出摄像机类型菜单，在此选择“立体摄像机”选项并打开其属性管理器面板，即可查看与“立体摄像机”相关的各项参数，如图 7-27 所示。

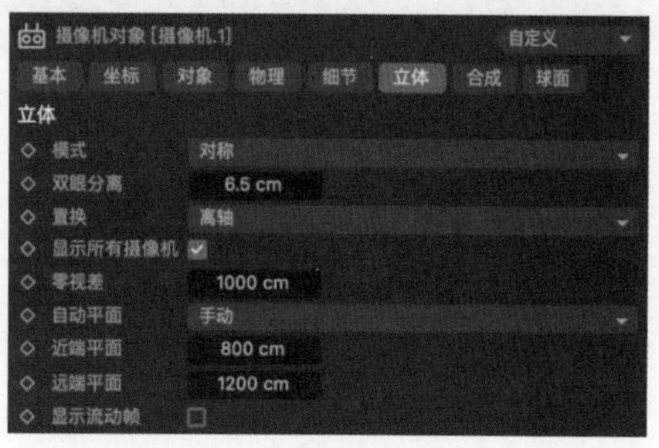

图7-27

7.4.4 运动摄像机（常用）

运动摄像机能够模拟相机在三维空间中的频繁但自然地移动、旋转和缩放等运动效果。例如，模拟人走路或跑步时视线的颠簸，或者乘坐火车时所感受到的轻微震动等。这种摄像机可以为场景增添动感和流畅感，让观众真切地感受到相机的运动。

※ 建立运动摄像机的方法：长按图标并在弹出的菜单中选择“运动摄像机”选项，对象管理器将自动生成“运动摄像机设置”以及其子级“运动摄像机”两个对象，如图 7-28 所示。

图7-28

※ 运动摄像机的装配：由于运动摄像机通常需要被装配在某个对象上来进行工作，因此，首先要进行摄像机的装配。具体步骤为：新建一个“空白”对象，接着单击“运动摄像机”对象后面的运动摄像机图标，再单击“装配”选项卡，将“空白”对象直接拖入“链接”框中，如图 7-29 所示。

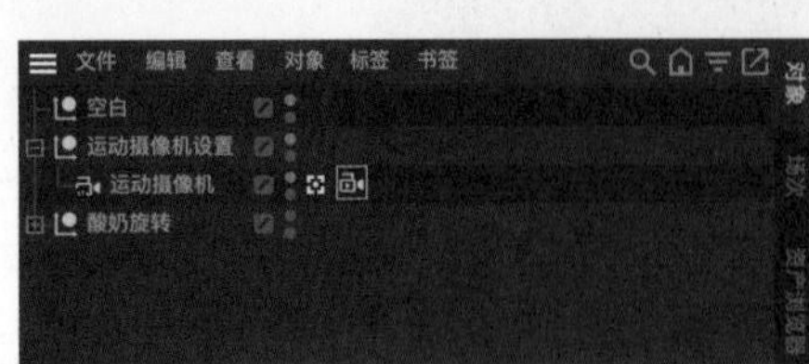

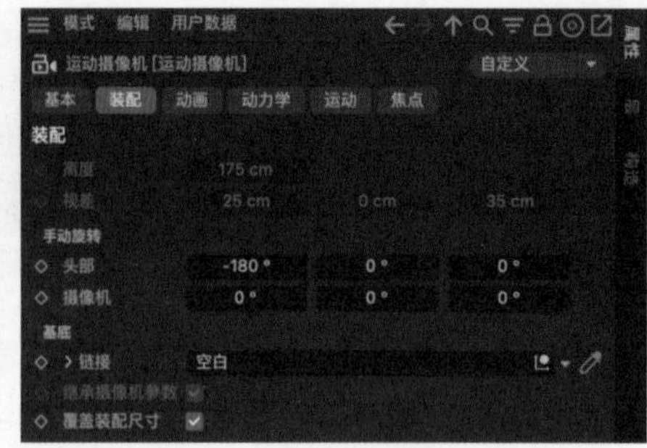

图7-29

适当调整摄像机“手动旋转”功能中的“头部”和“摄像机”选项，确保摄像机正对着“酸奶旋转”对象，并设置“空白”对象相对于“酸奶旋转”由远及近移动的关键帧动画。具体的关键帧值可以根据需要进行自定义，只要效果合适即可，如图 7-30 所示。

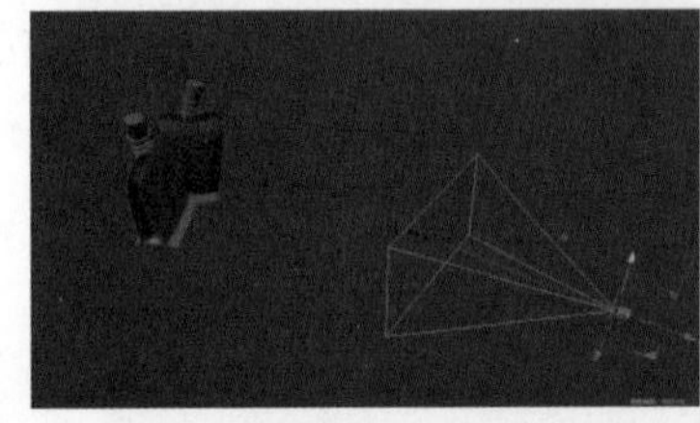

图7-30

单击“运动摄像机”属性管理器中的“运动”选项卡，并调节几个选项的参数，数值自拟，合适即可，如图 7-31 所示。

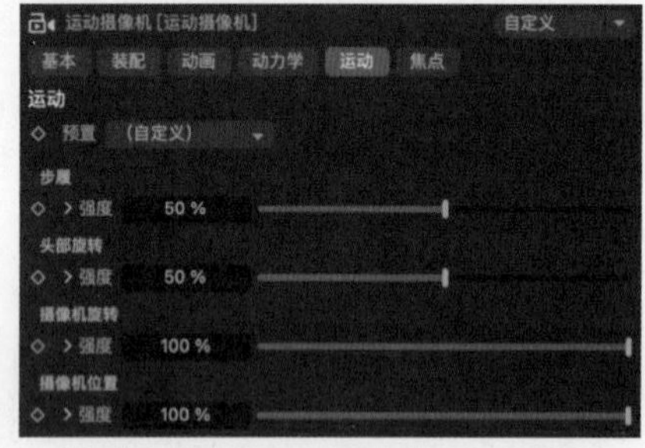

图7-31

单击“播放”按钮，摄像机则沿着“空白”对象的路径，产生频率性随机颠簸效果，如图 7-32 所示。

图7-32

7.3.5 摇臂摄像机

摇臂摄像机是一种能够模拟真实摇臂相机运动效果的特殊摄像机类型。它通过模拟相机在不同高度和角度的摇臂运动，创造更为灵活和多样化的拍摄视角。长按图标可以调出摄像机类型菜单，选中“摇臂摄像机”选项并打开其属性管理器，即可查看和设置“摇臂摄像机”的相关参数，如图 7-33 所示。

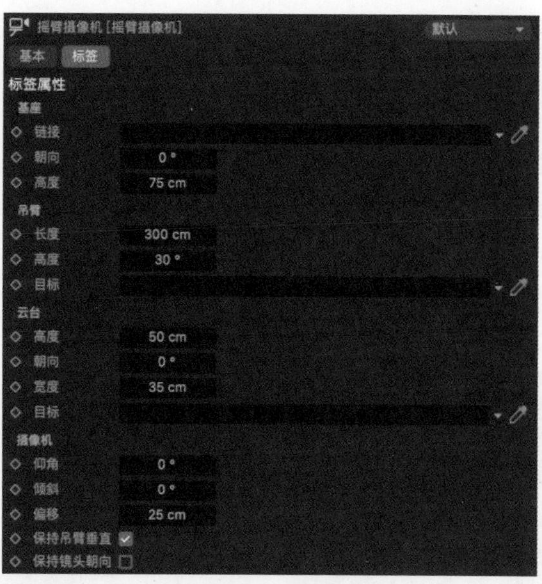

图7-33

注意：与“运动摄像机”相同，“摇臂摄像机”也需要装配一个基地，装配的方式与“运动摄像机”类似。

7.4 摄像机变换

当场景中存在多台摄像机时，可以利用摄像机变换功能，生成这些摄像机之间的平滑路径，从而非常方便地制作出摄像机运动动画。在“酸奶循环动画”的实例场景中，可以根据不同的拍摄视角新建若干台“标准摄像机”，以满足多角度展示的需求，如图 7-34 所示。

按住 Shift 键，将这些“标准摄像机”全部选中。接着，长按图标调出摄像机类型菜单，选中“摄像机变换”选项，并打开其属性管理器面板。在该面板中，可以查看并调整与“摄像机变换”相关的各项参数，如图 7-35 所示。

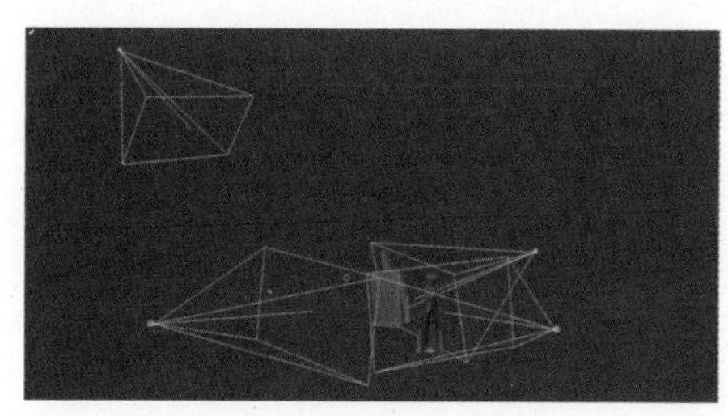

图7-34

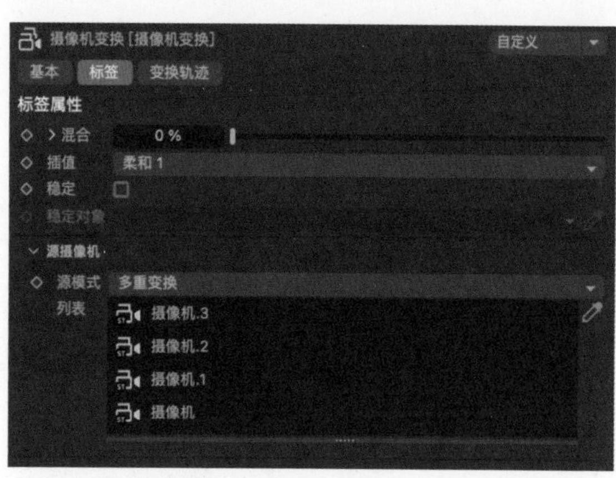

图7-35

此时，“摄像机变换”在场景中自动生成了摄像机变换路径。通过调整“混合”值，可以改变“变换摄像机”在该路径上的相对位置，从而实现平滑的摄像机移动效果，如图 7-36 所示。

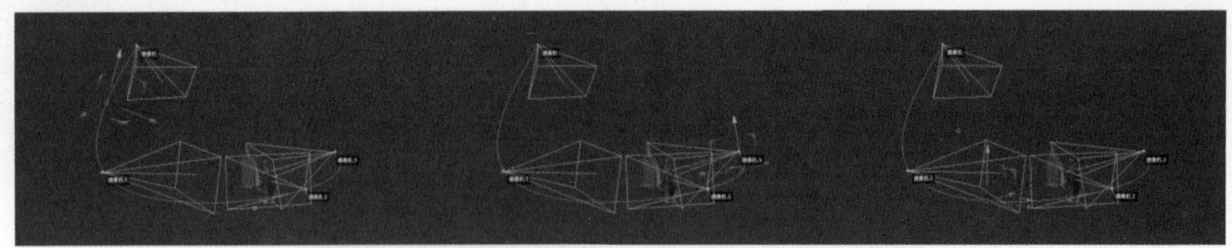

图7-36

调整“插值”可以改变“摄像机变换”生成路径的方式。默认情况下，“插值”设置为“柔和 1”，但也可以更改为“线性”，如图 7-37 所示，或者更改为“柔和 2”，如图 7-38 所示。

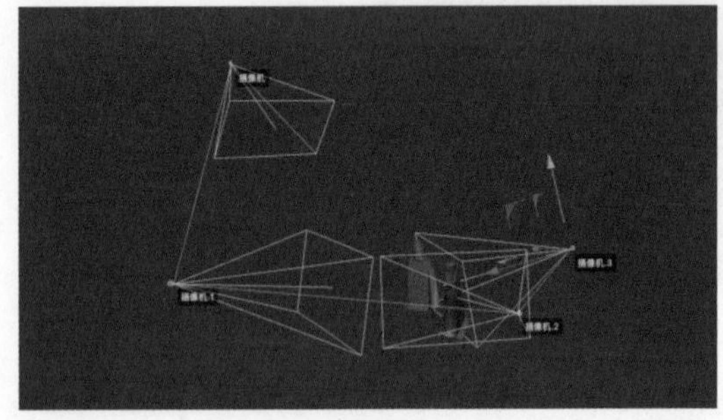

图7-37

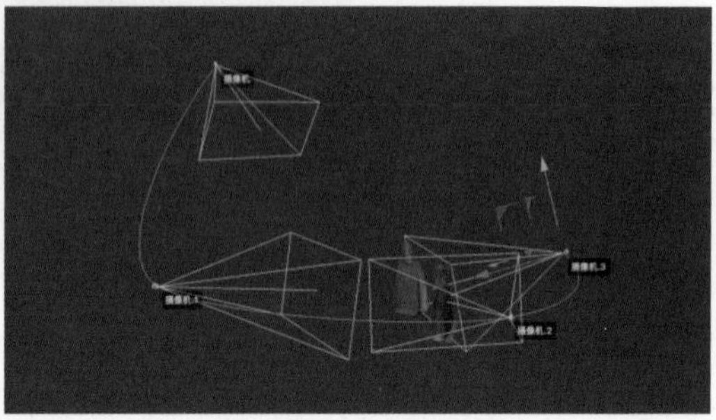

图7-38

选中“稳定”选项，并将参与变换的任意一台摄像机拖入“稳定对象”框中，这样可以使“变换摄像机”的路径变得更为平滑，提升观众的观看体验。

第8章 标签

标签代表了模型的一种特定状态，为模型添加这些标签之后，就能够模拟现实生活中物体的各种物理特性。

本章的核心知识点包括如下内容。

※ 掌握如何为模型添加标签。

※ 深入了解并熟悉常用标签的具体特性以及它们的使用方法。

标签代表了模型的一种状态，通过给模型添加这些标签，可以模拟现实生活中物体的各种物理特性。关于添加标签的方式有以下 3 种有效的方法。

※ 方法一：首先选中立方体，然后进入“标签”菜单。此时，会看到下方列出了多种标签类型，根据需求选择添加即可，如图 8-1 所示。

※ 方法二：选中立方体后，右击，在弹出的快捷菜单中也可以选择添加相应的标签。

※ 方法三：选中立方体，然后进入“创建”→“标签”子菜单，如图 8-2 所示，这样也可以为选中的模型添加所需的标签。

在这些标签中，“子弹标签”和“模拟标签”是两种较为常用的标签类型，它们能够为模型赋予特殊的物理属性，使其在模拟中表现出更为真实的行为。

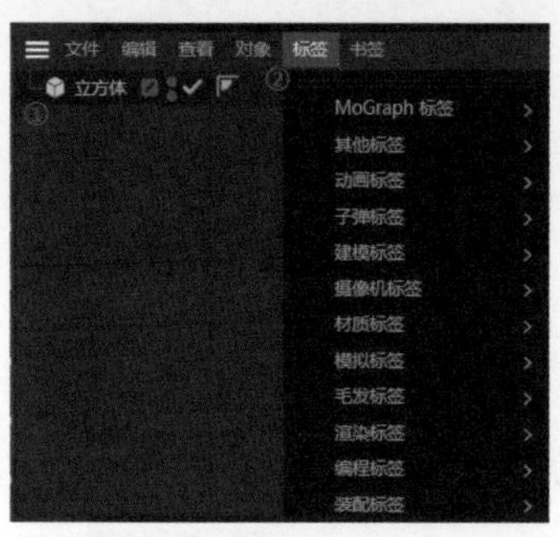

图8-1

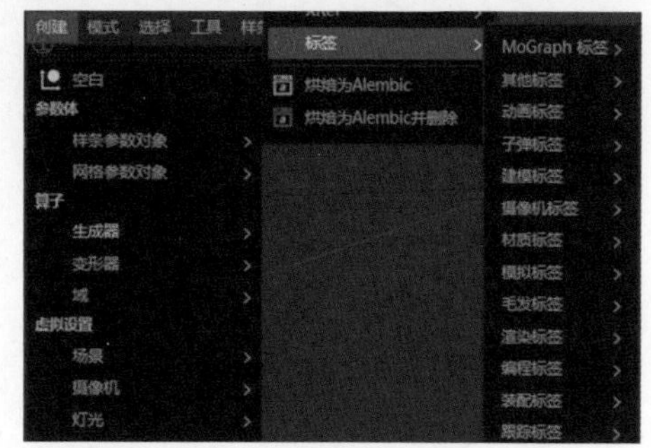

图8-2

8.1 刚体选项

刚体是标签中的一种特殊类型。当模型添加了刚体标签后，无论其在运动时还是受力时，其大小和形状都不会发生改变。在制作刚体动力学动画时，通常会通过添加刚体标签来模拟物体的刚体属性。添加刚体标签后，模型可以应用于各种动态仿真场景，如物体碰撞、重力模拟、飞溅效果以及惯性等力学动效的模拟。

添加刚体标签的方式如下：首先选中立方体，然后执行“标签”→“子弹标签”→“刚体”命令，如图 8-3 所示。一旦为物体添加了刚体标签，该模型后方会出现图标，以便于识别，如图 8-4 所示。

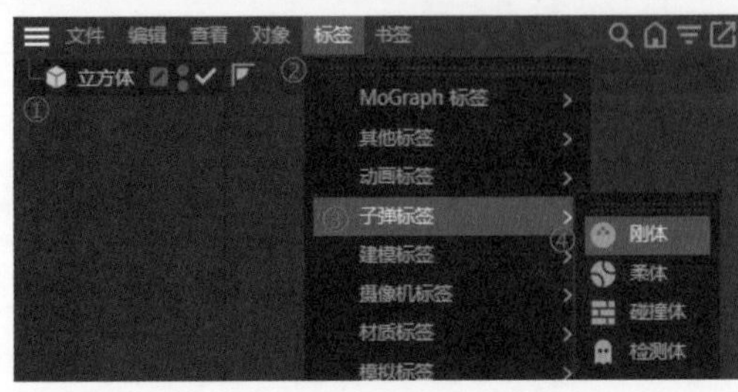

图8-3

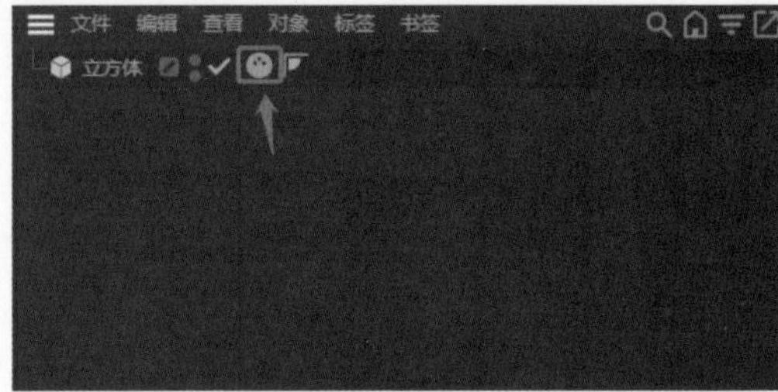

图8-4

单击图标，右下角属性栏中会出现与刚体相关的选项，如图 8-5 所示，主要的选项含义介绍如下。

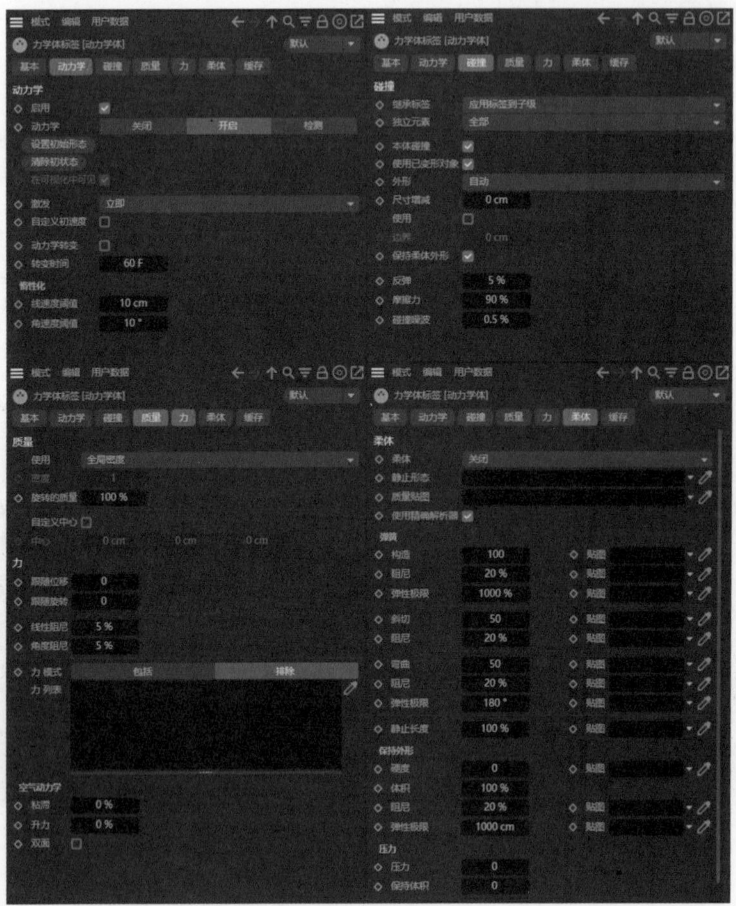

图8-5

1. “动力学”选项卡

选中“启用”复选框后，单击“播放”按钮，可以观察到模型的动力学动画。

单击“设置初始形态”按钮，可以将数值恢复到默认状态。

单击“清除初状态”按钮，可以清除初始数据重新设置。

选中“自定义初速度”复选框，可以设置模型的“初始线速度”和“初始角速度”，如图 8-6 所示。

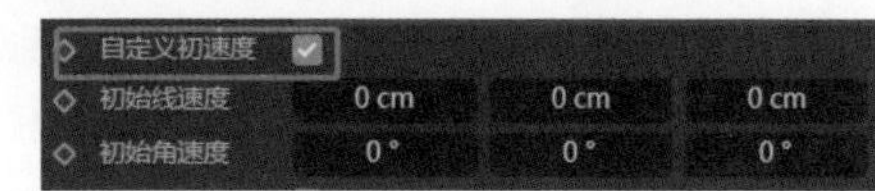

图8-6

2.“碰撞”选项卡

选中“本体碰撞”复选框，物体内部也会发生碰撞。

“反弹”是指模型在相互碰撞过程中的一种力，“反弹”值越大，反弹程度也就越大。

“摩擦力”是指模型在与其他模型接触时产生的摩擦程度，“摩擦力”值越大，摩擦程度就越大。

3.“缓存”选项卡

单击“烘焙对象”按钮，可以将添加了刚体标签的模型烘焙成逐帧的动画。

单击“全部烘焙”按钮，可以将所有添加了刚体标签的模型烘焙成逐帧的动画。

添加了刚体标签的物体会产生一定的动力学效果，在创建中新建一个球体，并添加刚体标签。单击“播放”▶按钮，可以观察到模型受重力影响自由下落，如图 8-7 所示。

图8-7

如果此时在球体下方放置一个平面，球体会穿过平面继续下落，如图 8-8 所示。

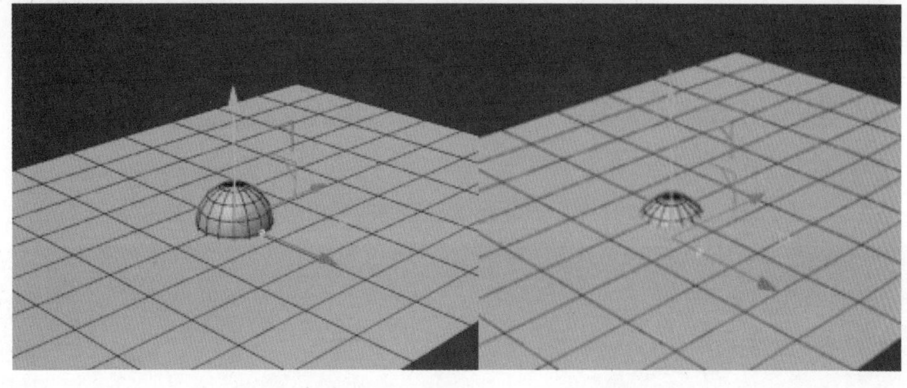

图8-8

如果想要达到现实生活中的效果，就要给平面增加一个碰撞体标签。将在 8.2 节中详细讲解碰撞体的相关内容。

8.2 碰撞体选项

碰撞体在动力学动画中通常是静止的，它相当于现实生活中的地面或其他固定物体，主要作用是承载刚体或柔体的运动。在动画中，当刚体和柔体下落时，它们会与碰撞体发生交互，从而产生逼真的动力学效果。

要在场景中创建一个新的立方体并为其添加“碰撞体”标签，可以按照以下步骤操作：首先，在画面中新建一个立方体。然后，为这个立方体添加“碰撞体”标签，如图 8–9 所示。添加完碰撞体标签后，模型后面会出现图标，如图 8–10 所示。通过单击图标，可以访问并修改其相关属性数值，以满足特定的动画需求。

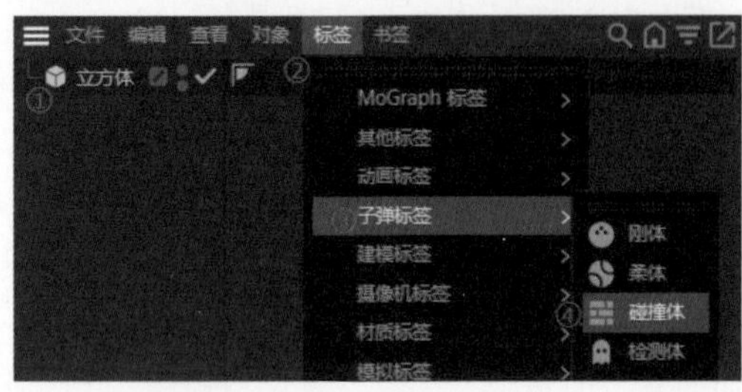

图8-9

图8-10

刚体与碰撞体接触时，会产生逼真的碰撞效果。为了展示这一效果，可以在场景中新建一个平面和一个球体。首先，将球体的位置相对于平面向上移动一段距离，以便在模拟时能够下落并与平面发生碰撞，如图 8–11 所示。

接下来，需要为这两个物体添加相应的标签。选中平面后，为其增加一个碰撞体标签，这表示平面将作为一个固定的碰撞面。然后，为球体增加一个刚体标签，以模拟其在受到重力作用下的下落以及与平面的碰撞反应，如图 8–12 所示。通过这样的设置，我们就可以观察到球体作为刚体与作为碰撞体的平面之间的交互效果了。

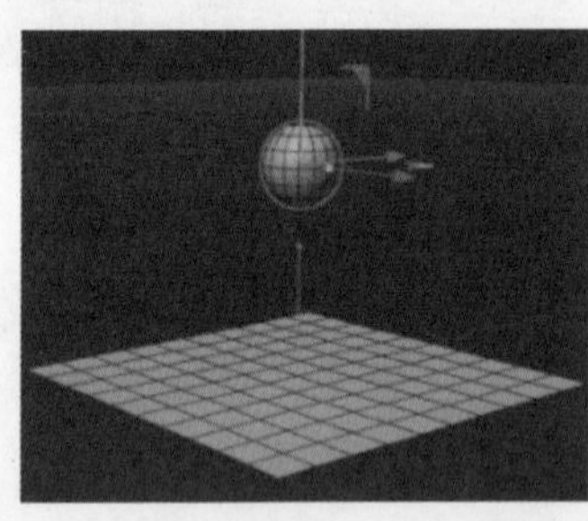

图8-11

图8-12

单击“播放”按钮，球体开始下落，并且在落到平面时产生碰撞效果，如图 8–13 所示。

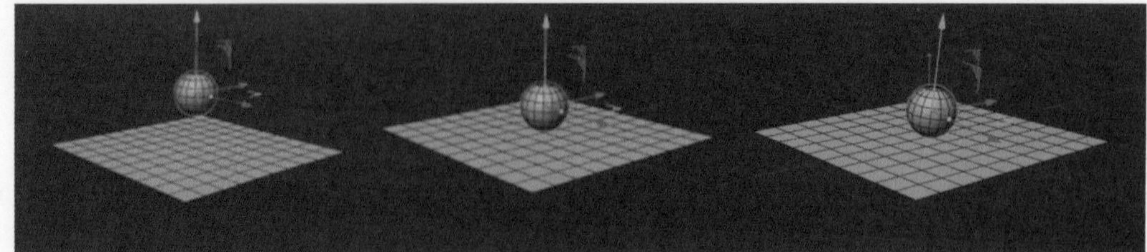

图8-13

8.3 实例：用刚体和碰撞体制作发光小球运动效果

本实例将通过使用一些发光的小球来演示刚体和碰撞体的动力学效果，如图 8-14 所示，具体的操作步骤如下。

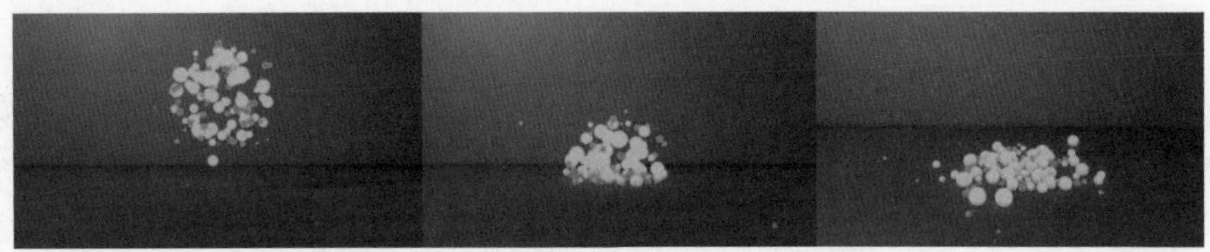

图8-14

01 使用“球体”工具在场景中新建一个球体模型，如图8-15所示。将小球复制一份，并修改小球的半径分别为10cm、20cm，分段均为32，如图8-16所示。

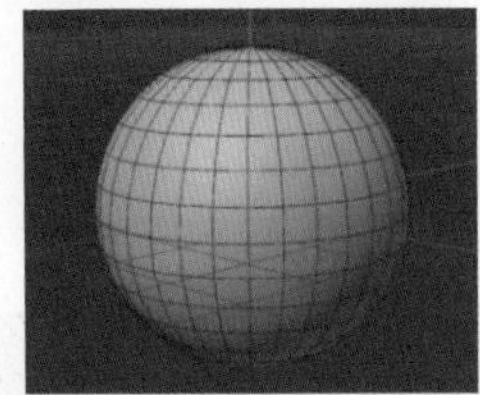

图8-15

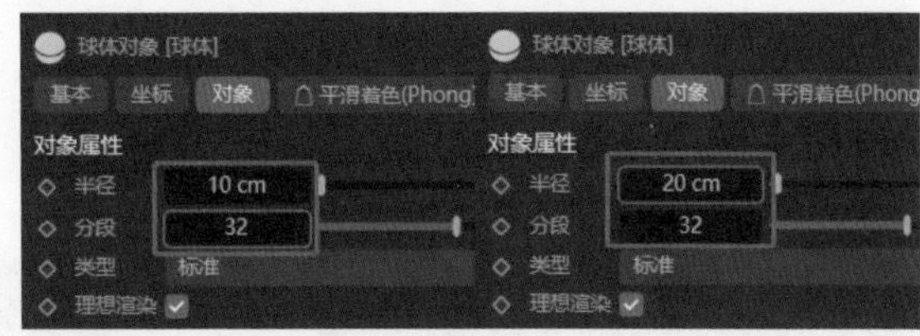

图8-16

02 为两个小球增加克隆生成器，如图8-17所示。

03 选中克隆对象，设置“模式”为“网格”，将“克隆”改为“随机”，“数量”值均改为6，“尺寸”值均改为60cm，如图8-18所示。

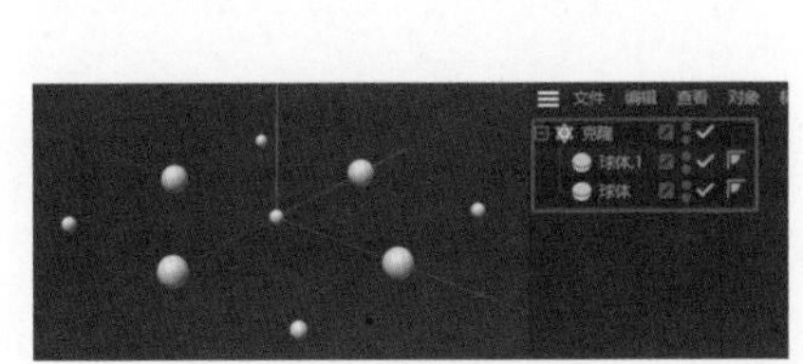

图8-17

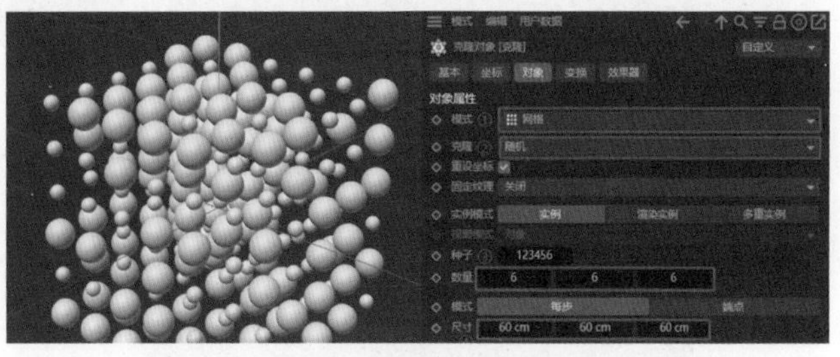

图8-18

04 当前小球的状态太过均匀，为当前场景添加一个随机效果器，让小球随机分布。执行“运动图形”→“效果器”→“随机”命令，即可添加随机效果器，如图8-19所示。

05 在属性栏分别选中“缩放”和“等比缩放”复选框，将“缩放”值改为0.5，如图8-20所示。

图8-19

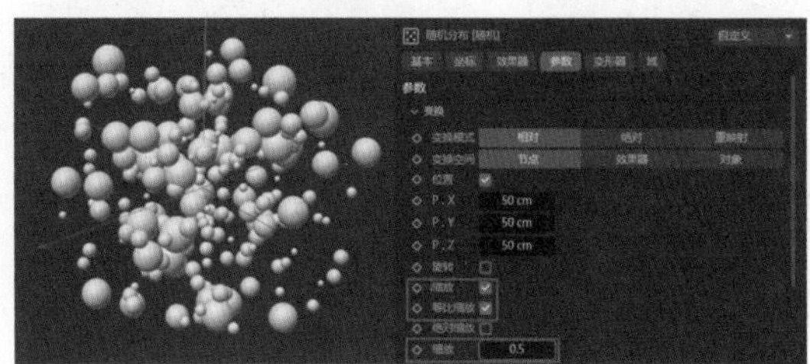

图8-20

06 新建两个平面对象，调整其中一个平面方向为+X，并调整其位置，让地面和背景距离小球一段距离，如图8-21所示。

07 在材质面板中新建一个材质，双击材质球打开材质编辑器，将H调整为185° ，S和V调整为100%，如图8-22所示。

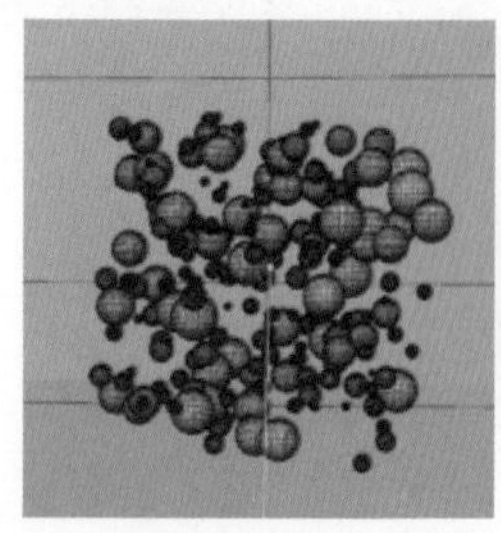

图8-21

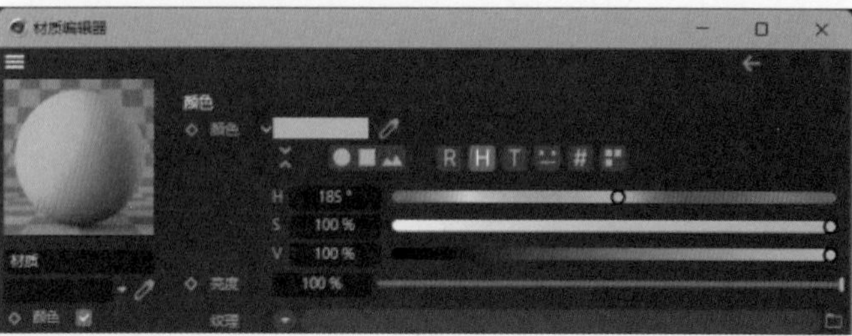

图8-22

08 选中“发光”复选框，调整其发光数值，H为185° ，S和V均为100%，如图8-23所示。此时可以观察到选中该复选框之后该材质就会有发光效果。

09 选中“反射”复选框，单击“添加”按钮，选择Beckmann选项，如图8-24所示。Beckmann是一种反射方式，选中之后该材质反射将会变成类似不锈钢的效果。

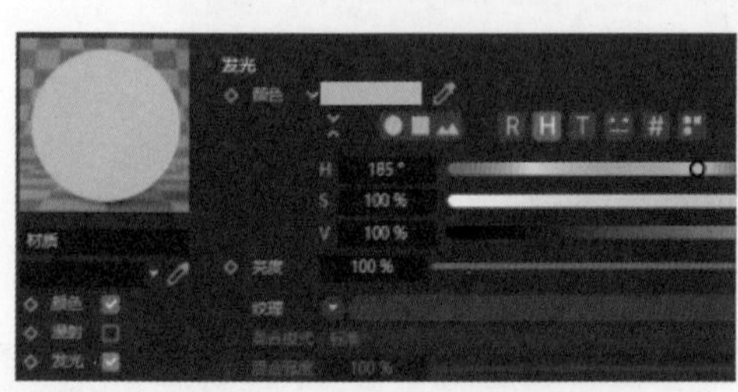

图8-23

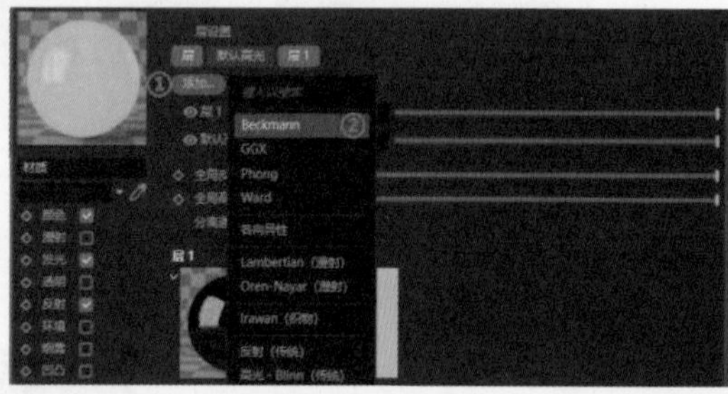

图8-24

10 将“层颜色”中的“亮度”值调整为26%，如图8-25所示。

11 关闭材质编辑器，按住Ctrl键，在材质面板中拖曳刚刚调整的材质球并复制一个，双击材质球打开“材质编辑器”，修改“颜色”和“发光”的参数，如图8-26所示。

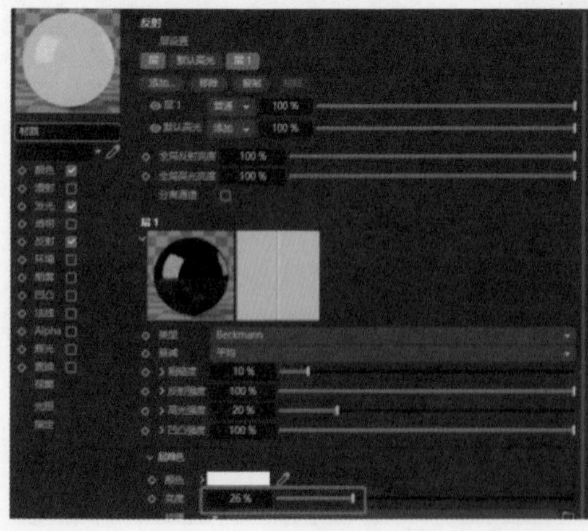

图8-25

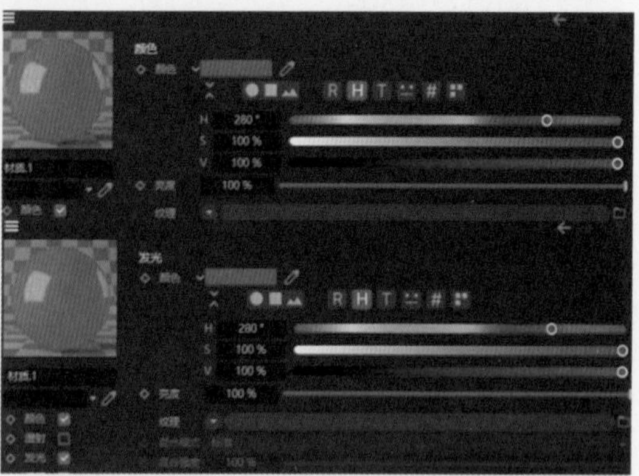

图8-26

12 将蓝色的材质球拖至半径为20cm的大球，紫色材质球拖至半径为10cm的小球，如图8-27所示。

13 新建一个材质球，调整其颜色参数，H为230° 、S为50%、V为80%，如图8-28所示，修改完之后将该材质球拖至地面。

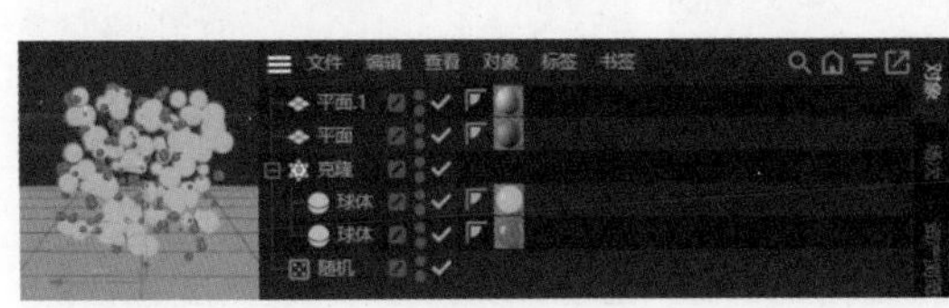

图8-27

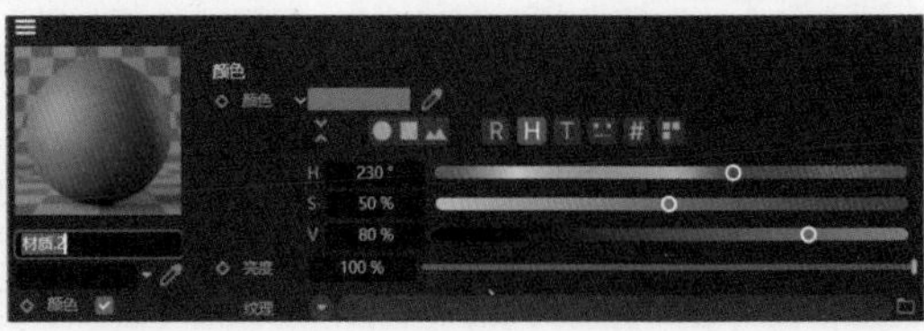

图8-28

14 复制一份地面材质，修改其颜色参数，H为232° 、S为23%、V为89%，如图8-29所示，修改完之后并将其材质拖至背景。

15 为地面添加“碰撞体”标签，再为两个小球分别添加“刚体”标签，如图8-30所示。

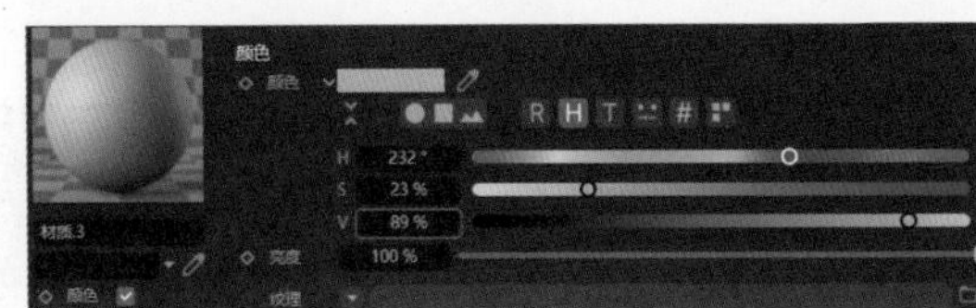

图8-29

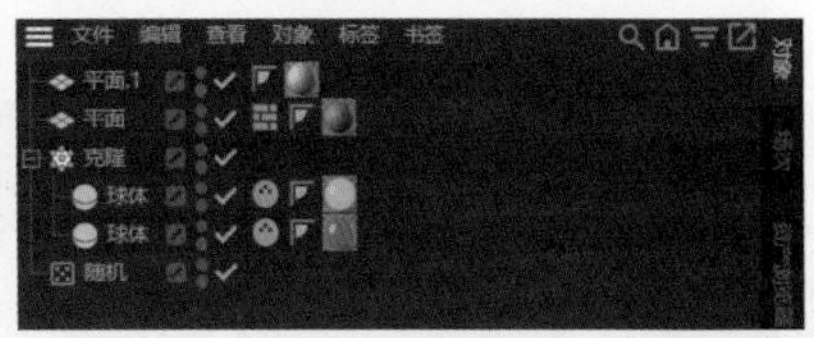

图8-30

16 单击地面选项后面的图标，调整其“反弹”值为75%，“摩擦力”值为25%，这样地面就会产生相应的反弹力和摩擦力，如图8-31所示。

17 单击“播放”按钮，可以发现小球与地面已经有了碰撞效果，如图8-32所示。

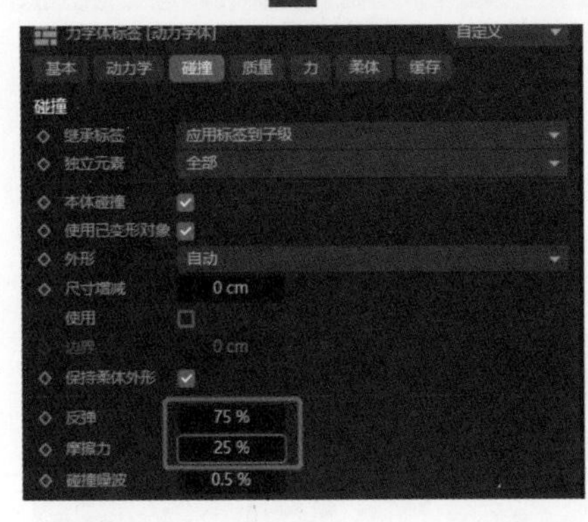

图8-31

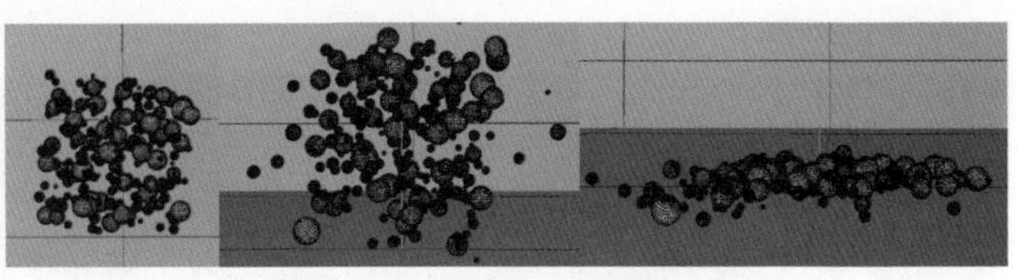

图8-32

18 在画面中新建一盏目标聚光灯，并在其属性面板中将其灯光类型改为“区域光”。进入“常规”选项卡，在“类型”下拉列表中选择“区域光”选项，如图8-33所示。

19 进入“投影”选项卡，在“投影”下拉列表中选择“区域”选项，这种投影效果是最接近现实世界的，如图8-34所示。

20 进入“细节”选项卡，在“衰减”下拉列表中选择“平方倒数（物理精度）”选项，光源会随着距离的变化光度逐渐衰减，如图8-35所示。

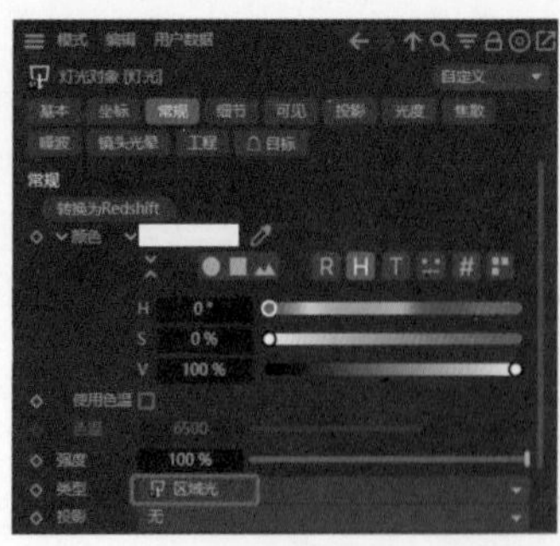
图8-33

图8-34

图8-35

21 调整光源的位置，使其位于球体模型的左上角，使该光源成为该场景的主光源，这样在开启灯光的投影效果后，投影会位于其右下方的位置，如图8-36所示。

22 单击“渲染设置”按钮，执行“效果”→“全局光照”命令，如图8-37所示。开启全局光照的场景会有一个整体的光照效果，不会使画面产生“死黑”的问题。

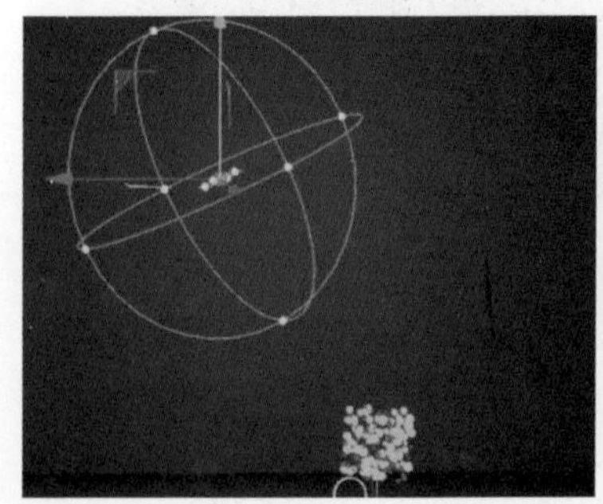
图8-36

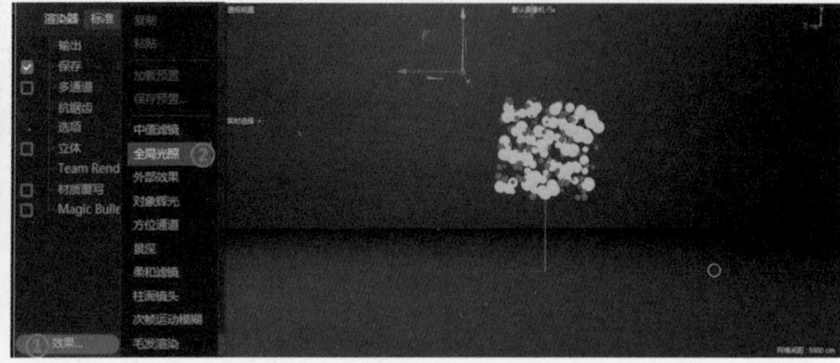
图8-37

23 调整画面角度，使物体位于画面中央，准备开始渲染画面。

24 单击“渲染”按钮，弹出图片查看器并开始渲染图片，渲染完一张后关闭图片查看器，单击“播放”按钮，分别在第0帧、第25帧、第55帧各渲染一次，此时可以得到完整的运动轨迹，如图8-38所示。

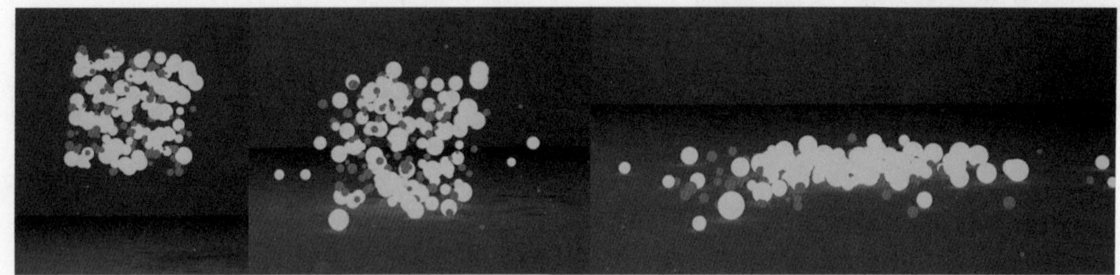
图8-38

8.4 “柔体”标签

柔体是指在运动过程中可以发生形变的物体。当模型添加了“柔体”标签后，其运动和受力会导致形状发生改变。在动力学动画中，经常通过添加“柔体”标签来模拟柔体属性。

添加柔体标签方式为：选中球体模型，执行“标签”→“子弹标签”→“柔体”命令，如图 8-39 所示。添加了“柔体”标签的物体后方会出现图标，如图 8-40 所示。单击图标，在属性栏中可以修改相关的参数，如图 8-41 所示，其中主要的参数含义如下。

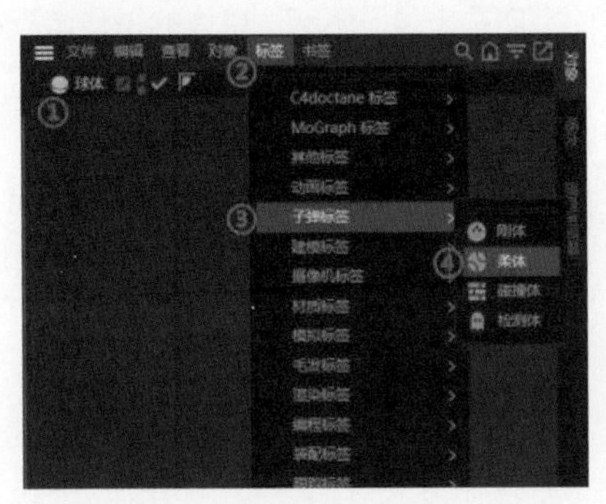

图8-39

图8-40

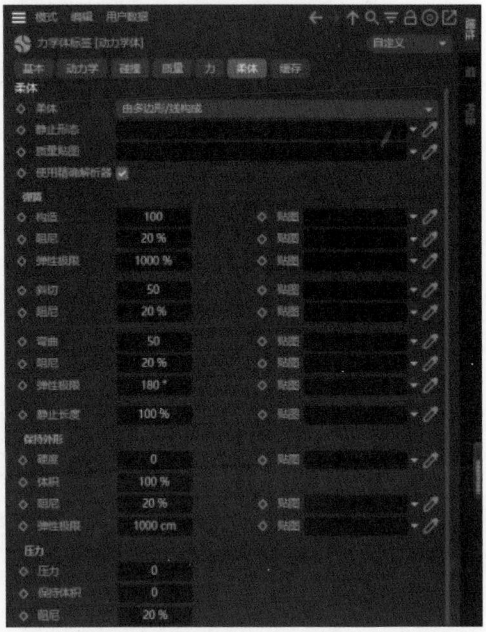

图8-41

※ 柔体：该参数包含 3 种构成方式，默认选择“由多边形 / 线构成”选项，如果选择“关闭”选项，则呈现刚体效果；“由克隆构成”是在存在克隆的情况下使用的，如图 8-42 所示。

※ 构造：该参数是指模型在运动时的形变程度。数值越小，模型在受力或碰撞时发生的形变越明显。当数值为 0 时，在动力学动画中，模型将完全形变。

※ 阻尼：该参数是指柔体在运动过程中受到的摩擦力的大小。

※ 弹性极限：该参数是指柔体模型在受力后反弹时能达到的最大形变值。

※ 硬度：该参数代表柔体自身的软硬程度。数值越大，柔体表现得越硬。

添加了“柔体”标签的物体，在动力学动画中用来表示比较柔软的物体。在 C4D 中新建一个球体和平面，为球体添加“柔体”标签，给平面添加“碰撞体”标签，如图 8-43 所示。将球体向上移动一段距离，并适当缩小其大小，如图 8-44 所示。

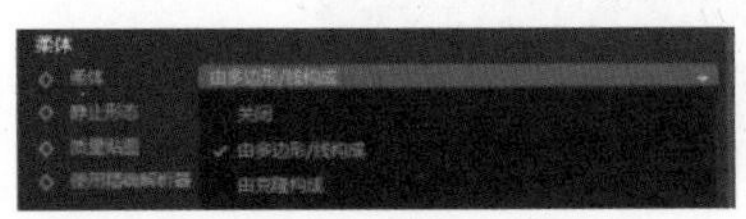

图8-42

图8-43

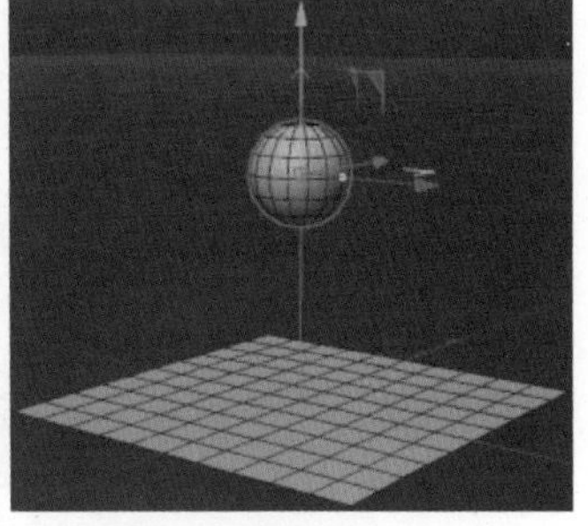

图8-44

单击按钮，球体掉落与平面发生碰撞产生形变，效果如图 8-45 所示。

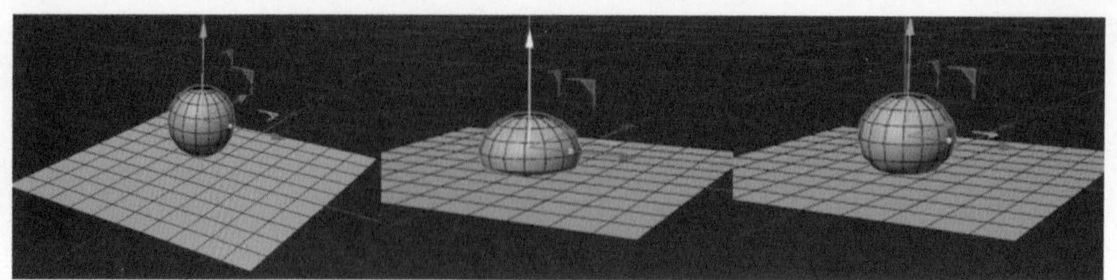

图8-45

8.5 实例：用柔体和碰撞体制作 QQ 糖落下效果

本实例将使用几个模型来演示柔体和碰撞体的动力学交互效果，如图 8-46 所示。具体的操作步骤如下。

图8-46

01 在场景中新建一个球体模型，修改其“半径”为40cm，“分段”为32，“类型”为“二十面体”，如图8-47所示。复制一个球体，修改其半径为20cm，如图8-48所示。

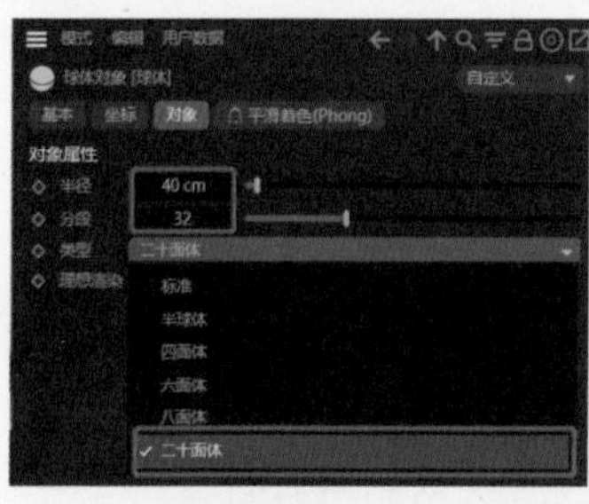

图8-47

图8-48

02 在场景中新建一个立方体，将其尺寸值均修改为50cm，分段值均修改为4，如图8-49所示。复制当前正方体，修改其尺寸值均为30cm，如图8-50所示。

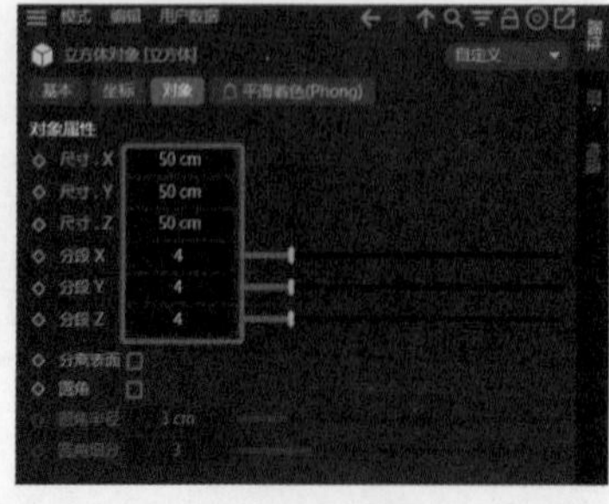

图8-49

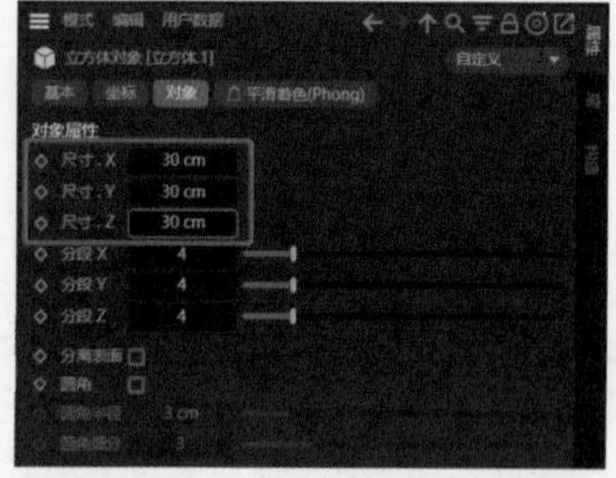

图8-50

03 为两个立方体分别添加“细分曲面”标签，如图8-51所示。

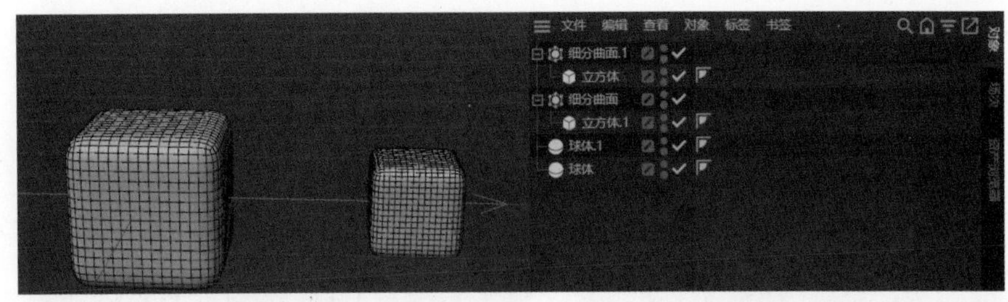

图8-51

04 在场景中新建一个平面，修改其“宽度”和“高度”均为1000cm，如图8-52所示。复制当前平面，将其方向改为+Z，并调整其位置，如图8-53所示。

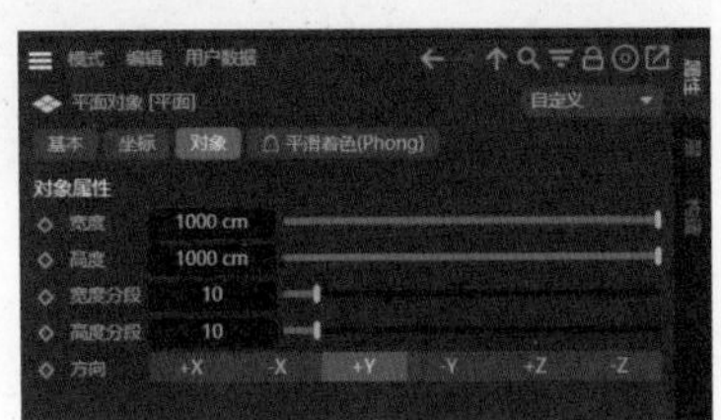

图8-52

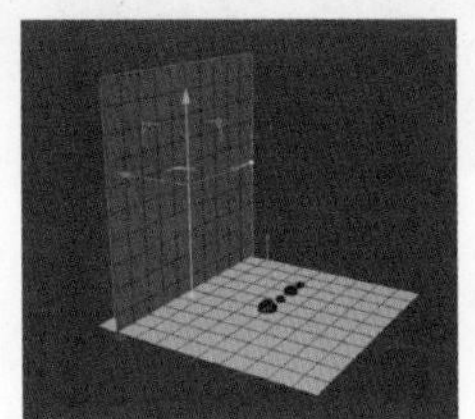

图8-53

05 调整立方体和球体的位置，如图8-54所示。需要注意的是，在正视图调整完位置之后，要切换到顶视图或者右视图调整位置，避免立方体和球体在同一条直线上。

06 新建一个材质，双击打开材质编辑器。选中“颜色”复选框，单击“纹理”右侧的箭头按钮，选择“菲涅耳（Fresnel）”选项，如图8-55所示。

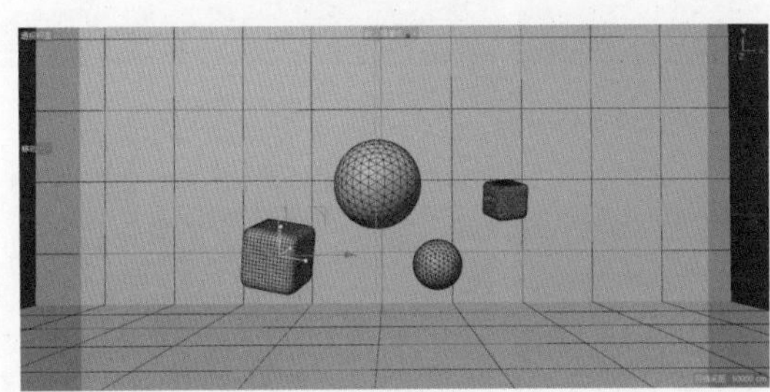

图8-54

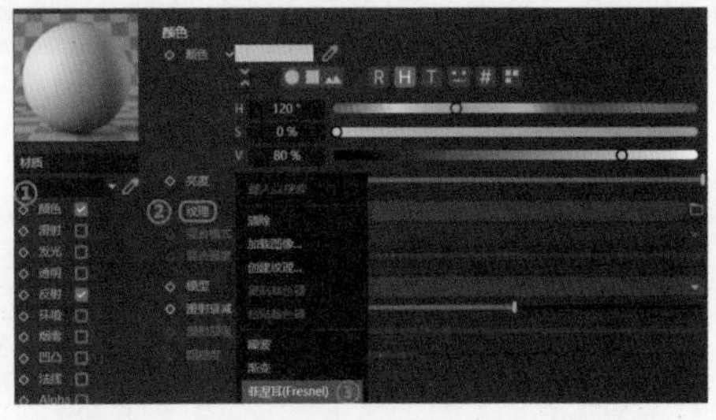

图8-55

07 进入“渐变色标设置”对话框，将其颜色分别修改为H：88°、S：11%、V：80%和H：88°、S：44%、V：66%，分别如图8-56和图8-57所示。

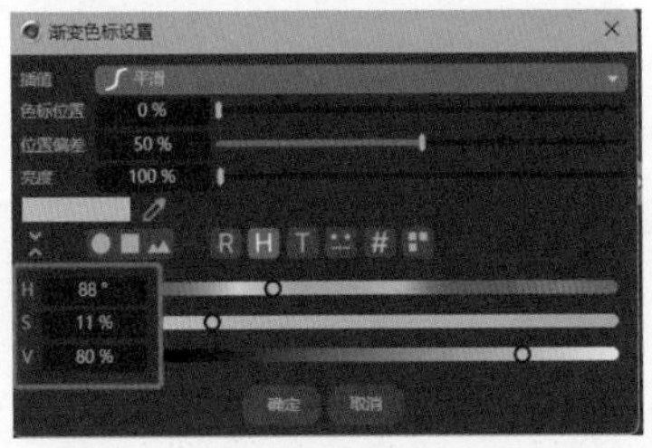

图8-56

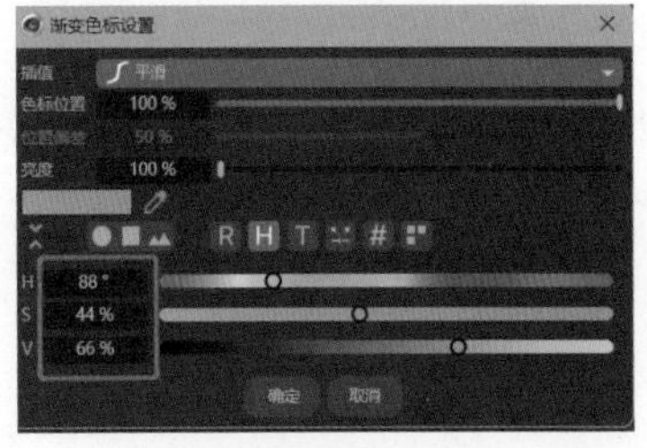

图8-57

08 选中“反射”复选框，添加GGX选项，如图8-58所示。设置“粗糙度”值为40%，“反射强度”值为60%，“高光强度”值为30%；在“层颜色”选项区域，将“纹理”设置为“菲涅耳

（Fresnel）”；在“层菲涅耳”选项区域，将“菲涅耳”设置为“绝缘体”，“预置”改为“沥青”，如图8-59所示。

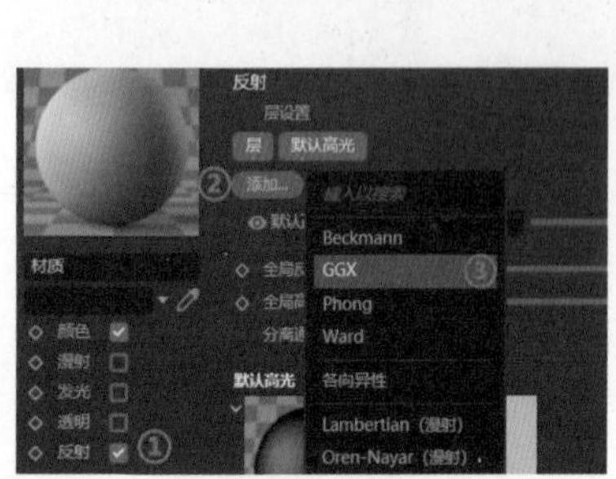

图8-58

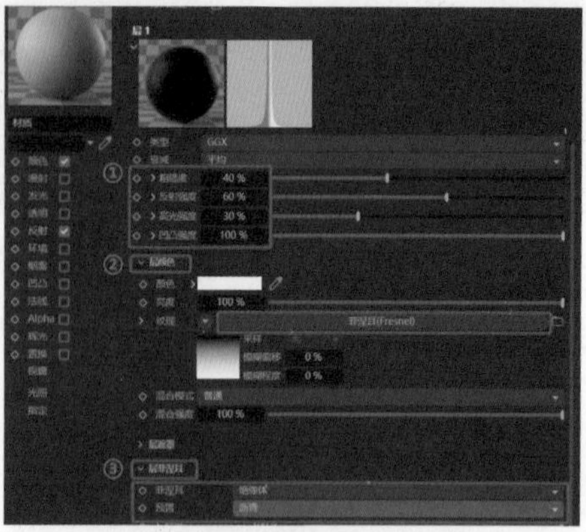

图8-59

09 将当前材质拖至任意模型，复制3份当前材质，并分别修改其颜色参数，材质一如图8-60和图8-61所示，材质二如图8-62和图8-63所示，材质三如图8-64和图8-65所示。

图8-60

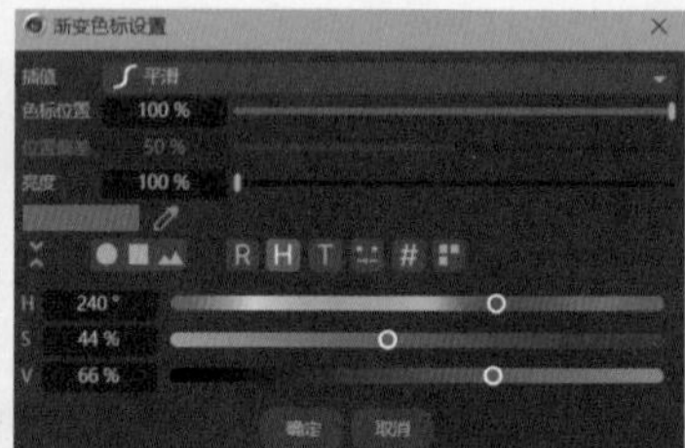

图8-61

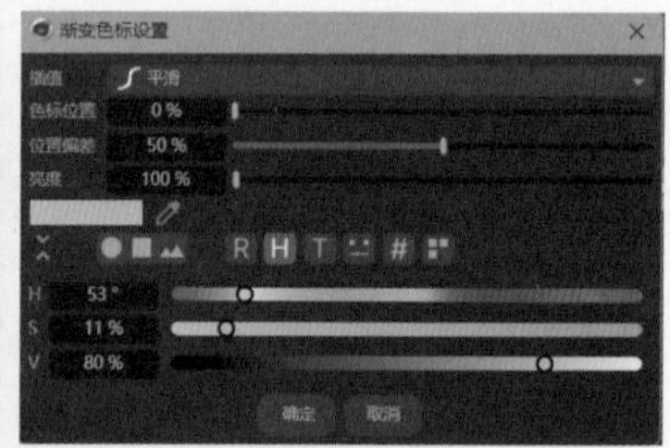

图8-62

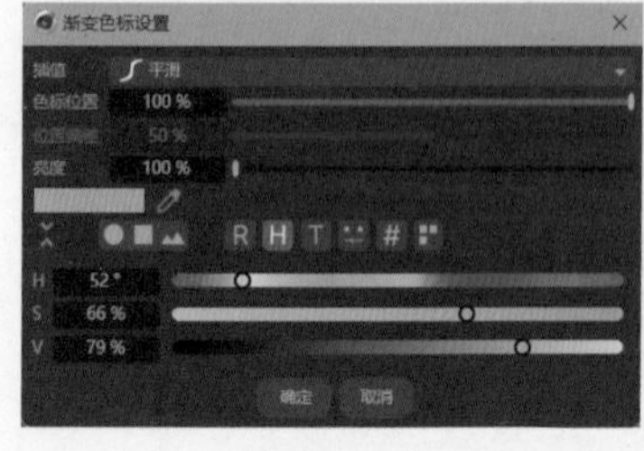

图8-63

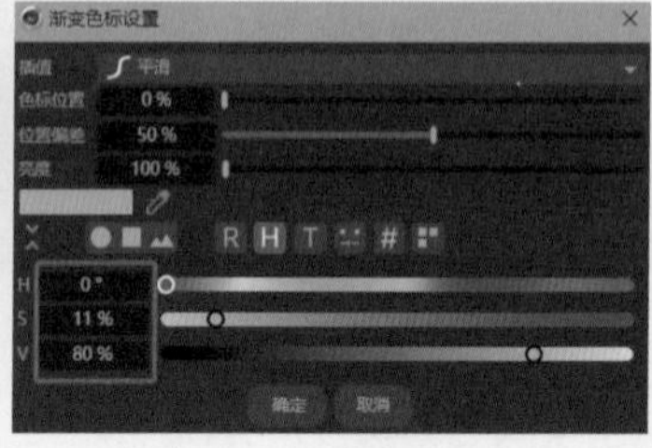

图8-64

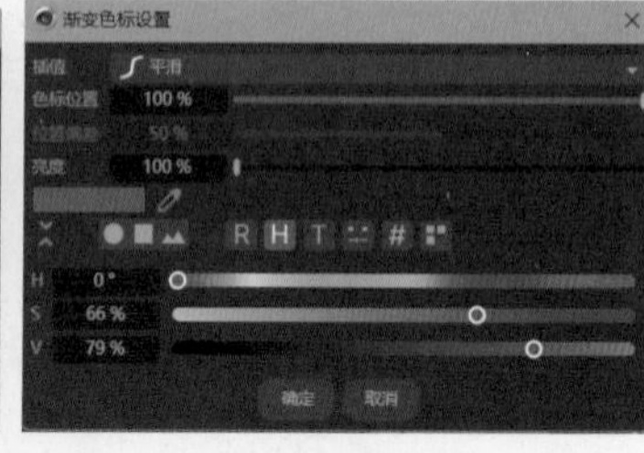

图8-65

10 将当前材质分别拖至物体上，如图8-66所示。

11 新建一个材质，调整其参数如图8-67所示，并将其材质拖至地面和背景。

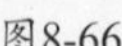

图8-66

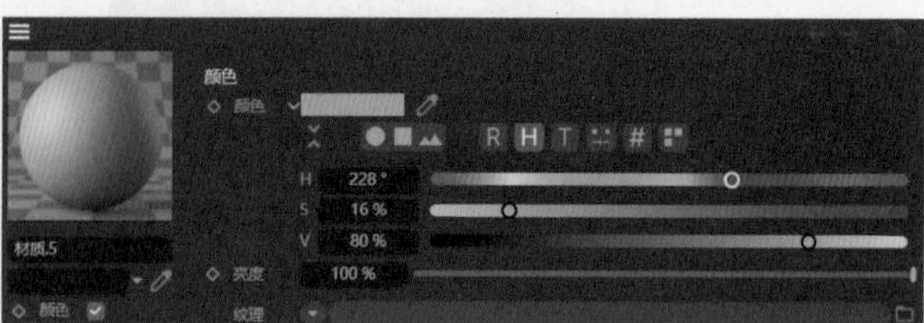

图8-67

12 为地面添加“碰撞体”标签，为其中一个模型添加“柔体”标签，单击“播放”按钮▶，可以观察到模型轻柔地掉落在地面上，如图8-68和图8-69所示。

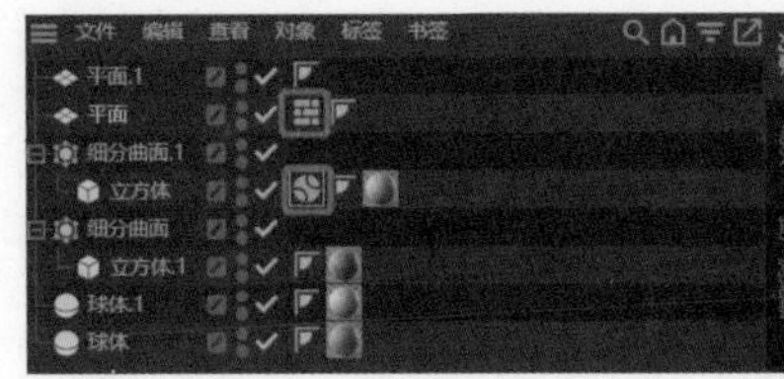

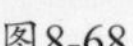
图8-68

图8-69

13 单击模型后面的图标，可以在属性面板中调整其参数。进入“柔体”选项卡，将其“硬度”值调整为50，此时再单击“播放”按钮▶，可以观察到物体在运动时出现了弹跳效果，如图8-70和图8-71所示。

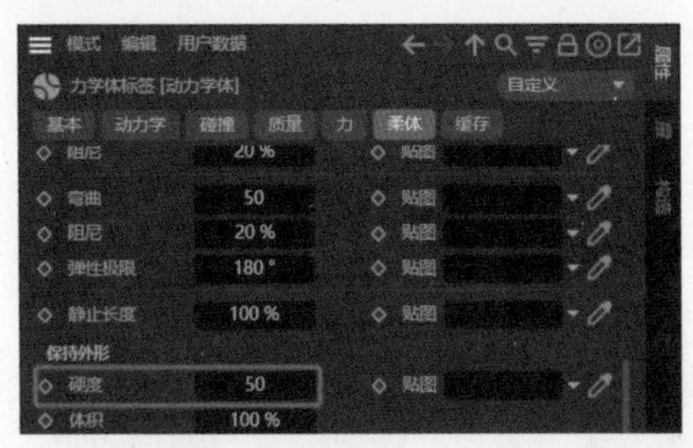

图8-70

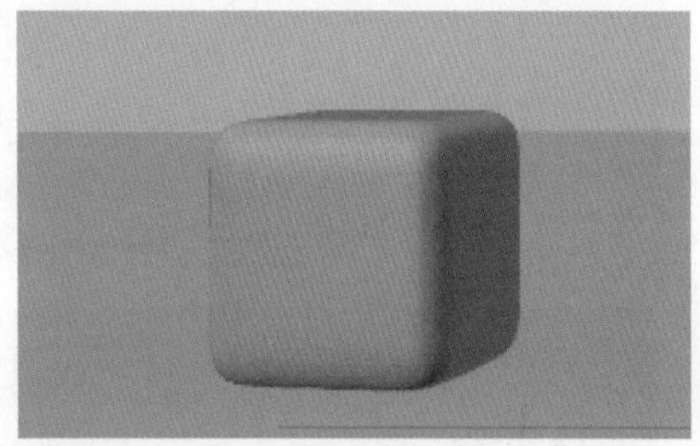

图8-71

14 进入“碰撞”选项卡，将“反弹”值改为80%，“摩擦力”值改为20%，可以发现物体的弹跳能力增强，如图8-72和图8-73所示。

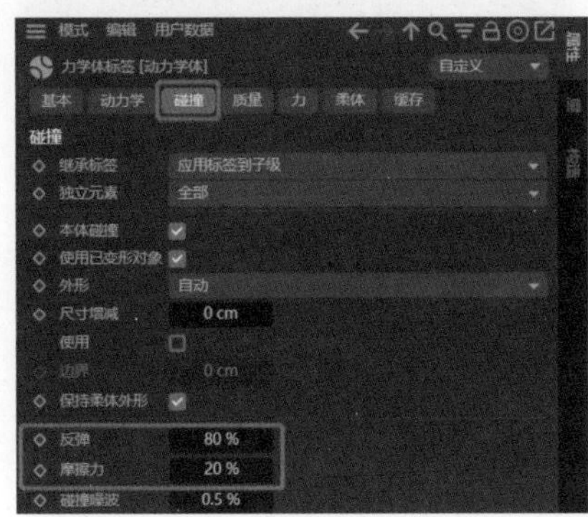

图8-72

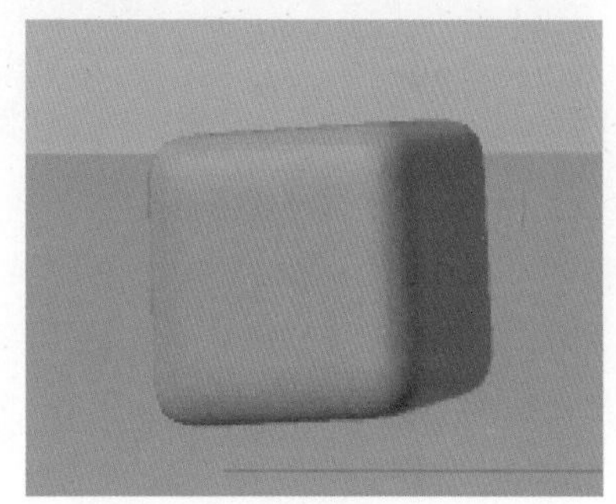

图8-73

15 将该物体的“柔体”标签复制到其他3个物体上，这样我们可以观察到物体在单击“播放”按钮▶之后都产生了弹跳效果，如图8-74和图8-75所示。

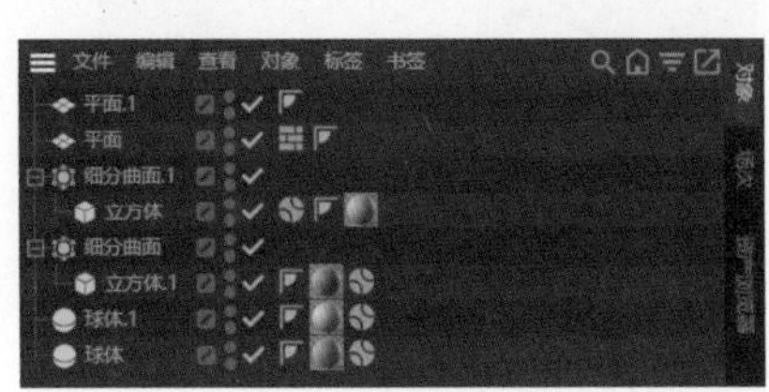

图8-74

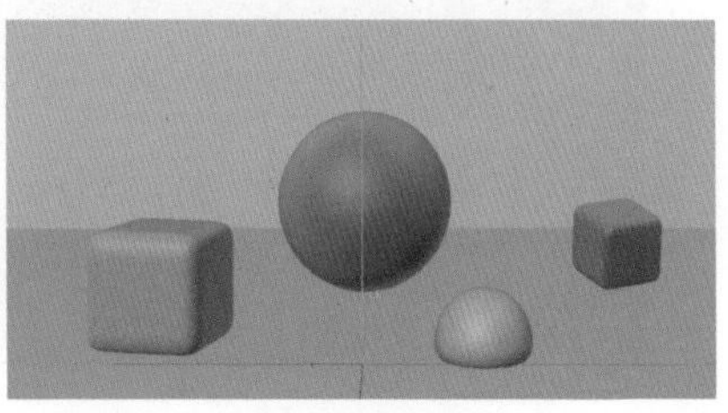

图8-75

16 在场景中新建一台摄像机，在对象面板的“摄像机”选项中单击按钮，将摄像机激活。调整当前画面的角度，使模型位于画面的中间，如图8-76所示。

图8-76

17 使用灯光工具在场景中新建一盏目标聚光灯，并在其属性面板中进入“常规”选项卡，在“类型”下拉列表中选择“区域光”选项，如图8-77所示。

18 进入“投影”选项卡，选择投影类型为“区域”，如图8-78所示。

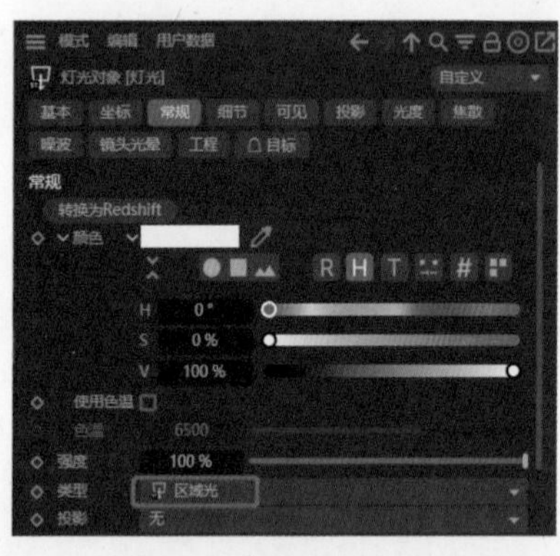

图8-77

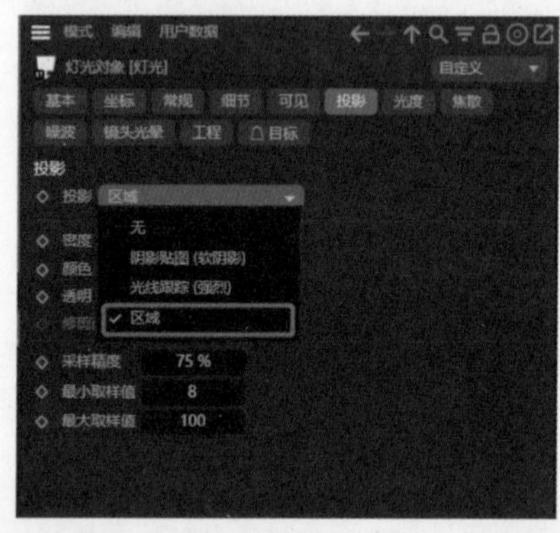

图8-78

19 进入“细节”选项卡，调整衰减类型为“平方倒数（物理精度）”，光源会随着距离的变化光度逐渐衰减，如图8-79所示。

20 调整光源的位置，使其位于模型的左上角，使该光源成为该场景的主光源，这样在开启灯光的投影之后，投影会位于其右下方的位置，如图8-80所示。

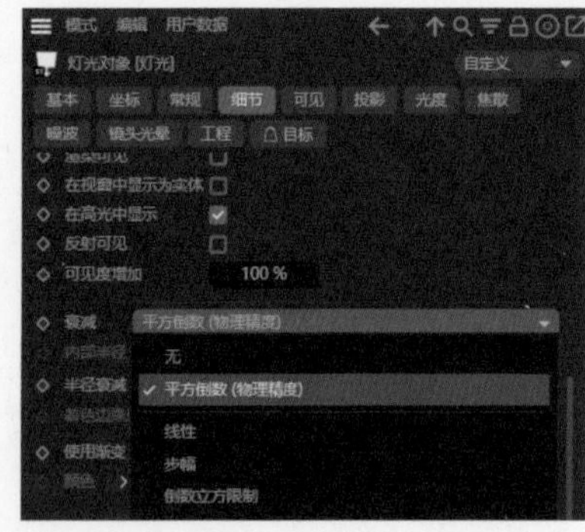

图8-79

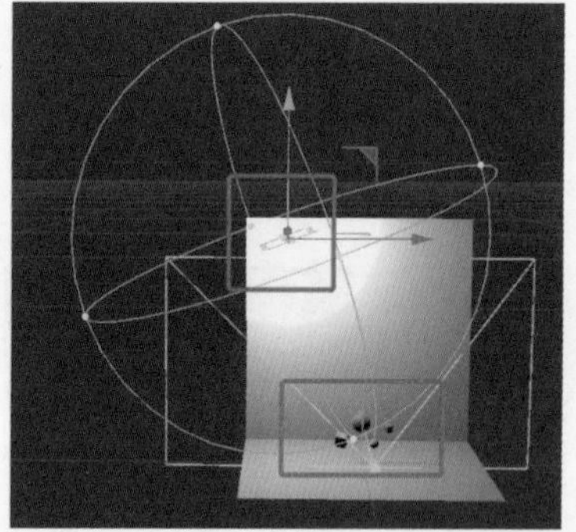

图8-80

21 单击“渲染设置”按钮，执行“效果”→“全局光照”命令，如图8-81所示。开启全局光照的场景可以有一个整体的光照效果，不会使画面产生“死黑”的问题。渲染画面如图8-82所示。

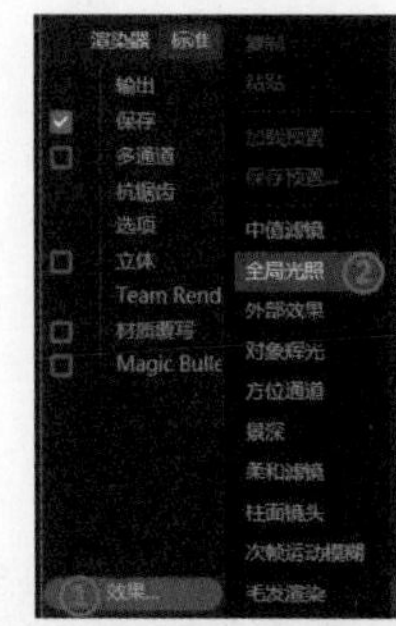

图8-81

图8-82

8.6 “保护”标签

“保护”标签的作用是确保模型的位置和方向在操作过程中保持不变，以防止误操作，并且常被用于固定摄像机视角。

创建保护标签的方法为：选中摄像机，执行“标签”→“装配标签”→“保护”命令，如图8-83所示。添加“保护”标签的摄像机后面会出现图标，如图8-84所示。

图8-83

图8-84

添加了“保护”标签的摄像机无法进行移动和旋转，这样可以有效地避免误操作。如果在添加了“保护”标签后仍需调整摄像机的角度，可以先将“保护”标签拖至其他模型上，待调整完角度后，再将其拖回摄像机上。

8.7 实例：为场景添加摄像机并添加“保护”标签

为场景添加摄像机并添加“保护”标签的具体操作步骤如下。

01 搭建一个简单的场景，如图8-85所示。当前场景中没有摄像机，调整画面到合适角度，新建一台摄像机，并激活摄像机，如图8-86所示。

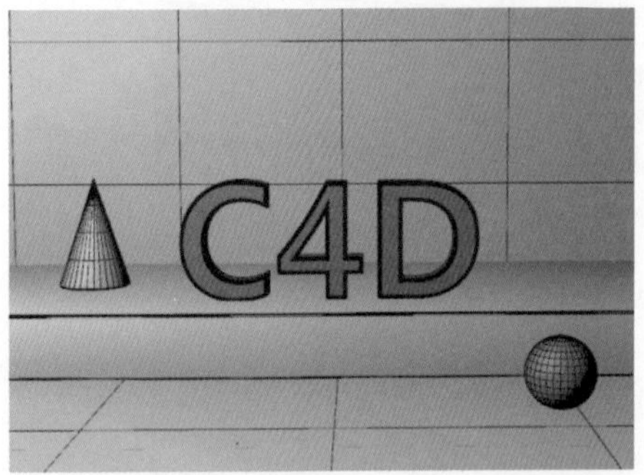

图8-85

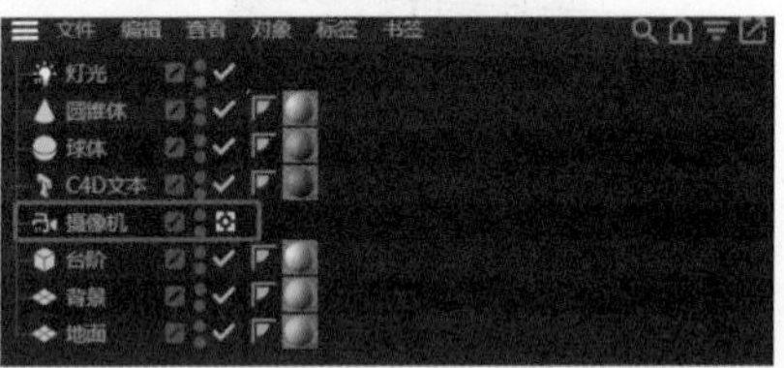

图8-86

02 调整摄像机的坐标如图8-87所示，可以观察到场景中的效果，如图8-88所示。

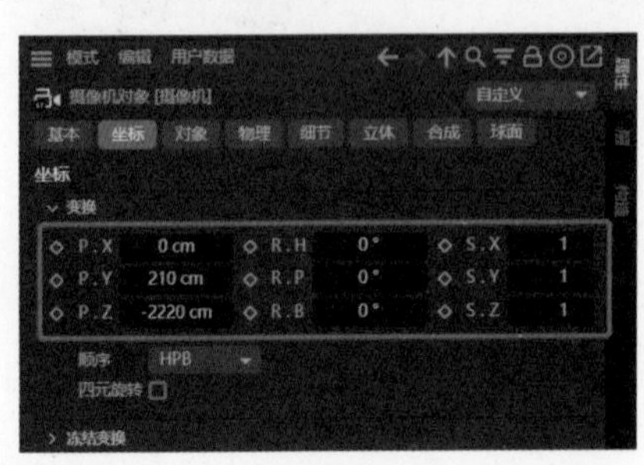

图8-87

图8-88

03 调整完成后，可以为场景中的摄像机添加“保护”标签，防止在调整时误操作，如图8-89所示。

04 在调整画面时，可以新建一个视图面板。在“面板”面板中选择“新建视图面板”选项，如图8-90所示，这样可以在新的视图面板中调整模型的位置等。

05 对场景进行渲染，最终的效果如图8-91所示。

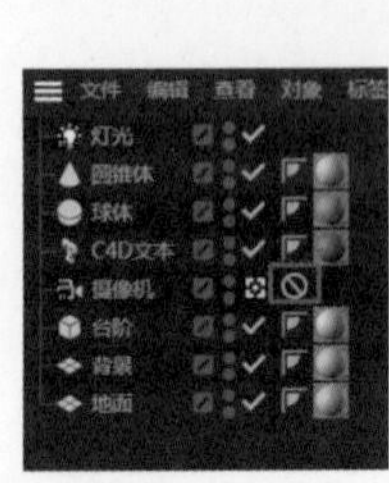

图8-89

图8-90

图8-91

8.8 “目标”标签

“目标”标签多用于摄像机和灯光。添加了“目标”标签的摄像机和灯光相当于“目标摄像机”和“目标聚光灯”，会跟随目标对象的移动和旋转而自动调整自己的位置。

添加“目标”标签的方法：选中摄像机，执行“标签”→“动画标签”→“目标”命令。添加了“目标”标签的摄像机选项后面会出现■图标，如图 8-92 和图 8-93 所示。

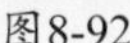
图8-92

图8-93

单击■图标，会出现属性面板，可以在这里调整相关的参数，如图 8-94 所示，主要的参数含义如下。

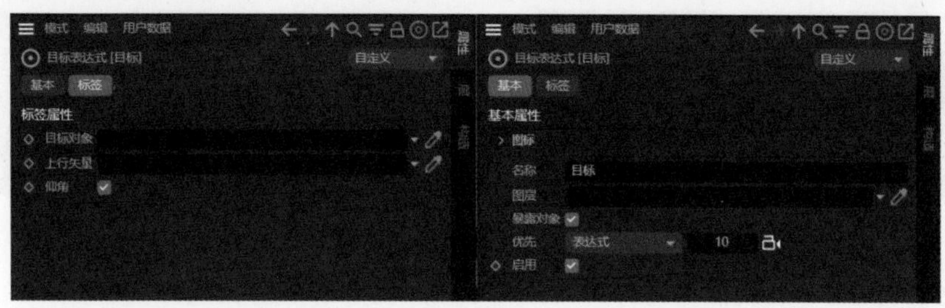
图8-94

※ 目标对象：在该框中选择场景中的目标对象，选中后，摄像机的角度和位置会随着目标对象的变化而变化。

※ 上行矢量：在该框中选择目标对象的指向对象，选中后，目标对象会指向该对象并跟随其旋转。

8.9 实例：为区域光增加“目标”标签

当前场景中没有灯光，本例需要为其添加灯光效果，如图 8-95 和图 8-96 所示，具体的操作步骤如下。

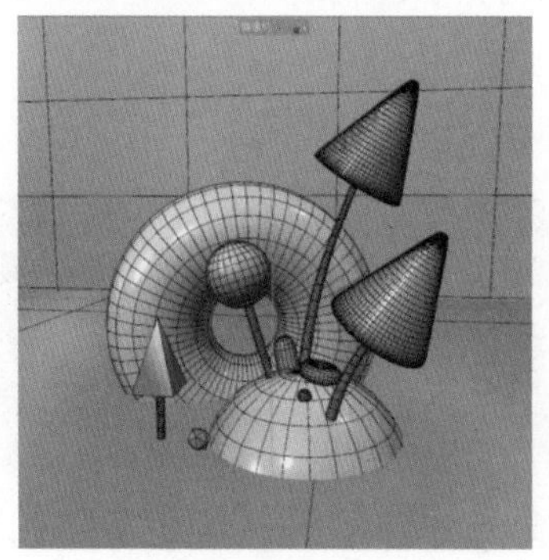
图8-95

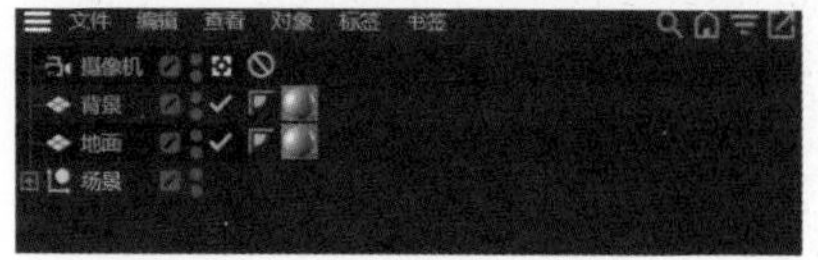
图8-96

01 在场景中新建一个区域光，将灯光移至场景的左上方，此时发现灯光开始脱离物体，如图8-97和图8-98所示。

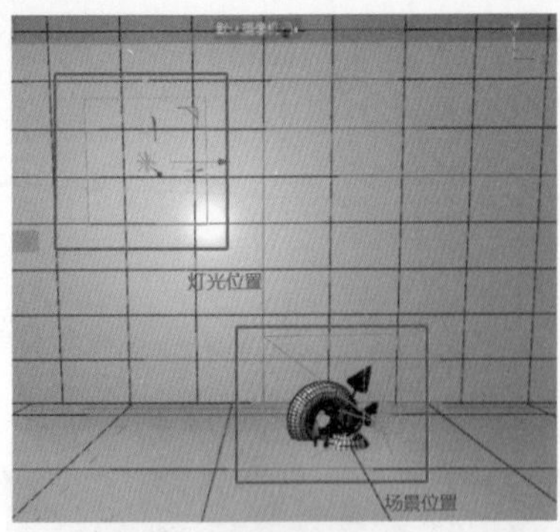

图8-97

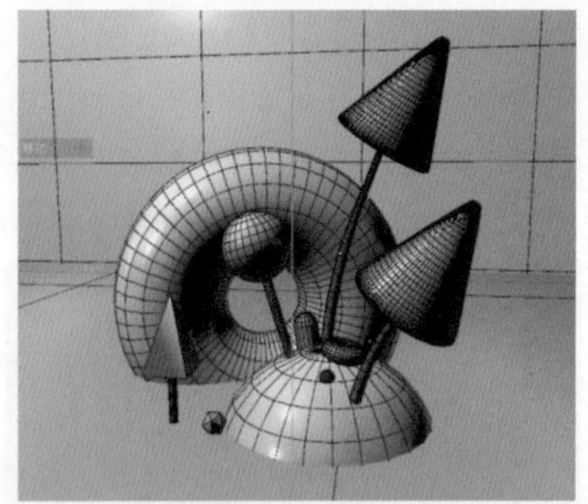

图8-98

02 选中灯光，执行“创建”→“动画标签”→“目标”命令，为灯光添加“目标”标签。在属性面板中将“场景”拖入“目标对象”框中，如图8-99和图8-100所示。

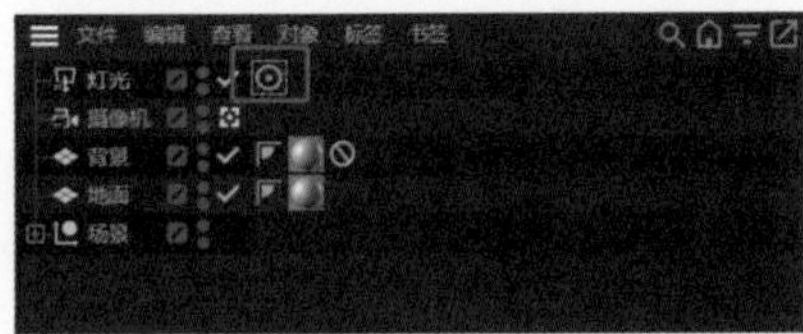

图8-99

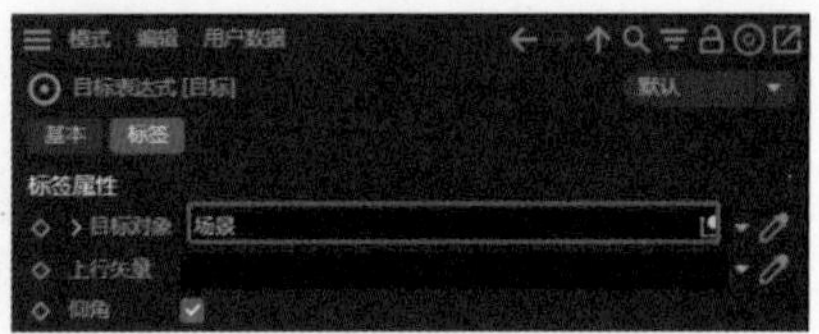

图8-100

03 此时发现区域光的方向发生改变，开始朝向场景，移动区域光的位置，角度也随之改变，如图8-101~图8-103所示。

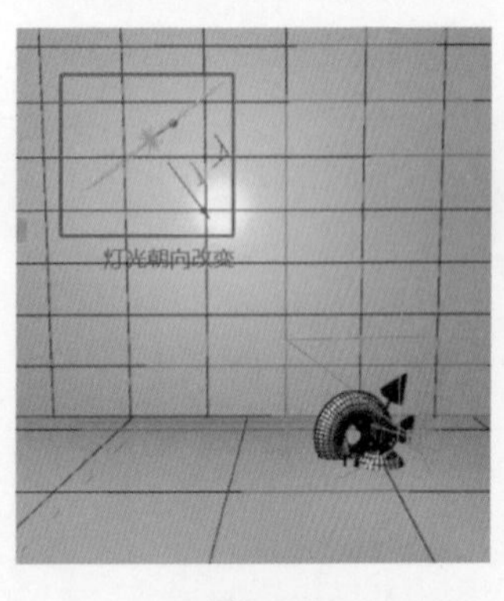

图8-101

图8-102

图8-103

04 调整灯光的位置到合适位置，在属性面板中为灯光添加投影及衰减效果，如图8-104和图8-105所示。

图8-104

图8-105

05 在场景中新建“灯光”▣，将灯光放在场景的右前方，并将其“强度”值修改为40%，作为画面的辅助光源，如图8-106和图8-107所示。

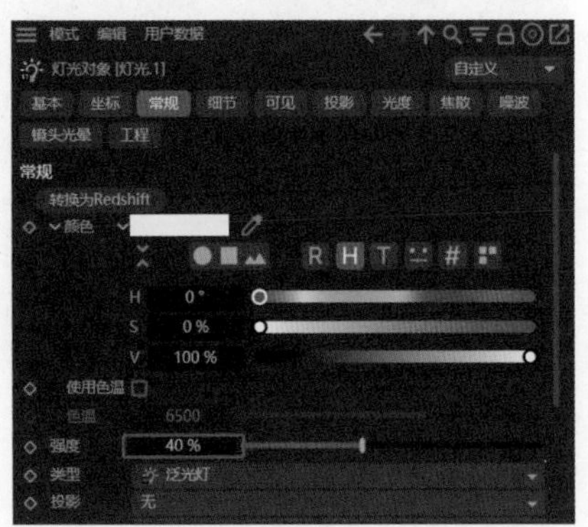

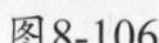
图8-106

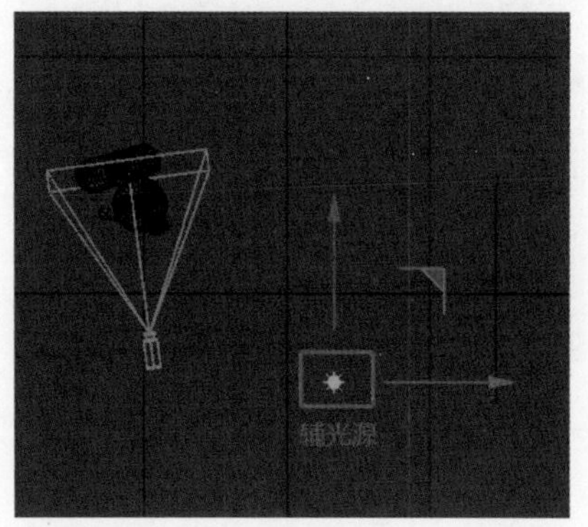

图8-107

06 为场景添加全局光照、环境吸收和反光板，渲染效果如图8-108和图8-109所示。

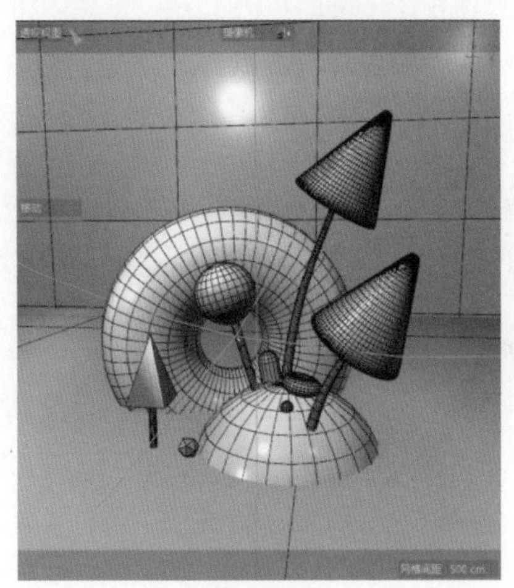

图8-108

图8-109

8.10 “合成”标签

“合成”标签是一个常用的标签。当模型添加了“合成”标签后，可以控制模型的多种属性，如可见性、渲染性和投影等。在渲染过程中，“合成”标签经常被使用，它能让场景看起来更加自然。

添加合成标签的方式：选择需要添加“合成”标签的模型，执行“标签”→“渲染标签”→“合成”命令，如图8-110所示。添加“合成”标签后，模型选项后面会出现▣图标，单击该图标可以在属性面板中调整相关属性，如图8-111所示，其中主要的参数含义如下。

※ 投射投影：选中该复选框后，当前模型能够向其他物体投射投影。

※ 接收投影：选中该复选框后，当前模型可以接收其他模型投射的投影。

※ 本体投影：选中该复选框后，模型可以产生自身的投影。

※ 摄像机可见：选中该复选框后，当前模型将在摄像机中可见。

※ 全局光照可见：选中该复选框后，当前模型可以接受全局光的照射。

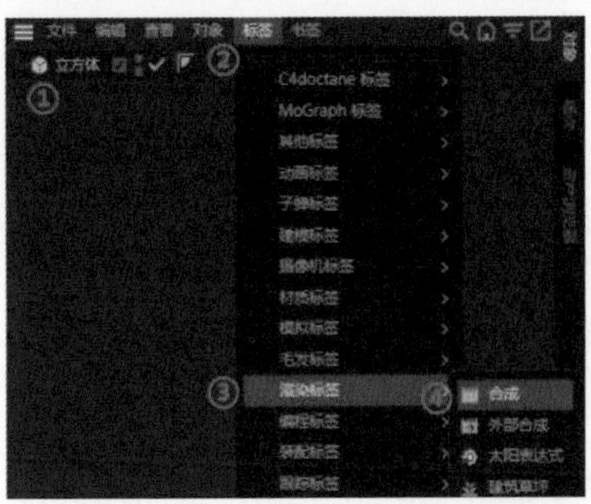

图8-110

图8-111

8.11 实例：添加合成标签渲染场景

本实例将使用“合成”标签演示该标签的使用方法，可以使物体在画面中单独渲染，效果如图 8-112 所示，具体的操作步骤如下。

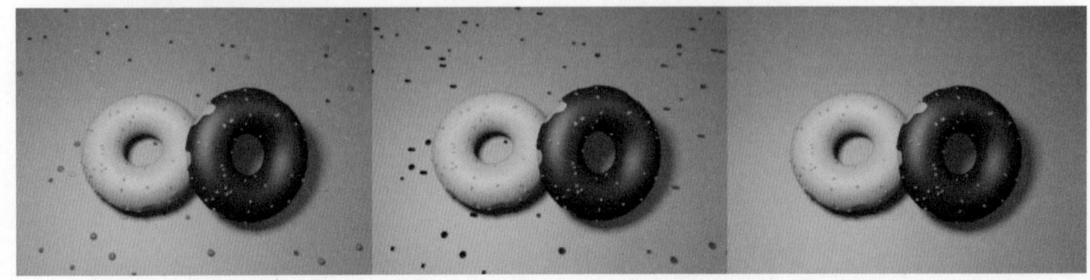

图8-112

01 打开场景，如图8-113所示，可以观察到当前场景已经建好模型、灯光和摄像机，可以直接为场景添加合成标签。

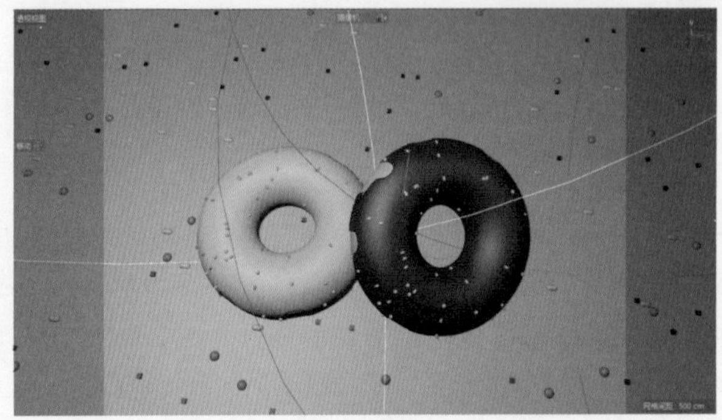

图8-113

02 画面中有两个甜甜圈模型，还有地面上散落的糖果，可以通过添加“合成”标签的方式将两者分开渲染。

03 在对象面板中选中“地面糖果”选项，执行“标签”→“渲染标签”→“合成”命令，即可为该模型添加“合成”标签，如图8-114所示。添加“合成”标签后，对象面板中的“地面糖果”选项后方会出现▀图标，如图8-115所示。

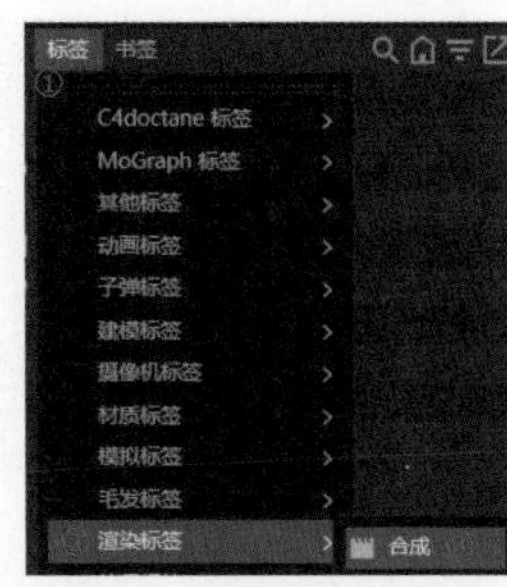

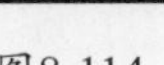

图8-114

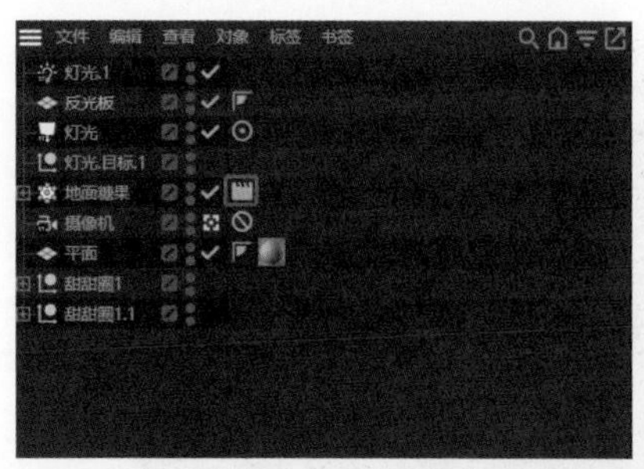

图8-115

04 单击■图标，可以在属性面板中调整其相关参数。取消选中“摄像机可见”复选框，表明渲染时在摄像机中观察不到当前模型，如图8-116和图8-117所示。

图8-116

图8-117

05 此时可以观察到场景中的“地面糖果”已经消失不见，只留下“地面糖果”产生的阴影。

06 当前场景中糖果的阴影比较影响画面的整体效果，可以在属性面板中取消选中“投射投影”复选框，此时观察到场景中的糖果的投影消失，如图8-118和图8-119所示。删除“地面糖果”的“合成”标签，在对象面板中选中“甜甜圈”选项，为其添加“合成”标签，其参数设置和效果分别如图8-120和图8-121所示。

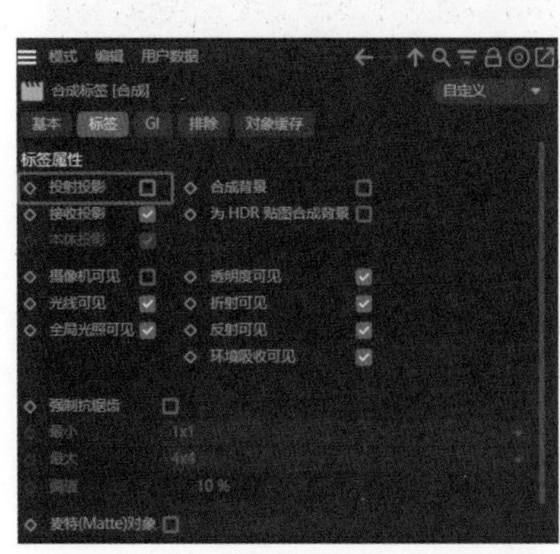

图8-118

图8-119

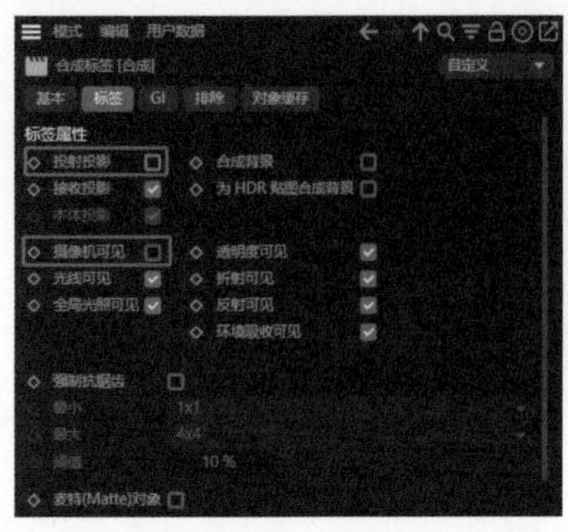

图8-120

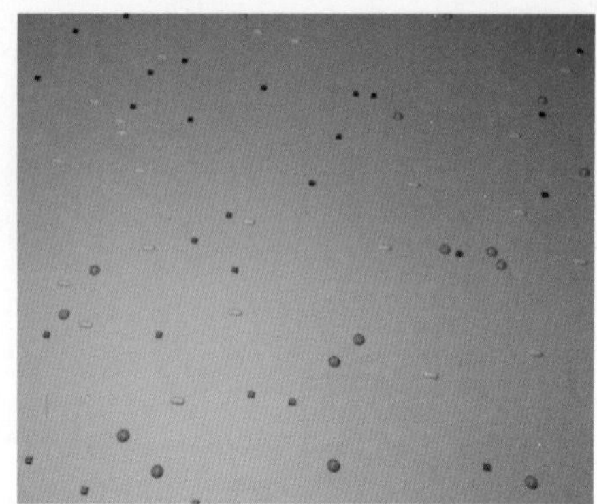

图8-121

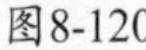 8.12 实例：用标签制作小球下落的效果

本实例将利用标签来制作小球和抱枕落下的效果，如图 8-122 所示，具体的操作步骤如下。

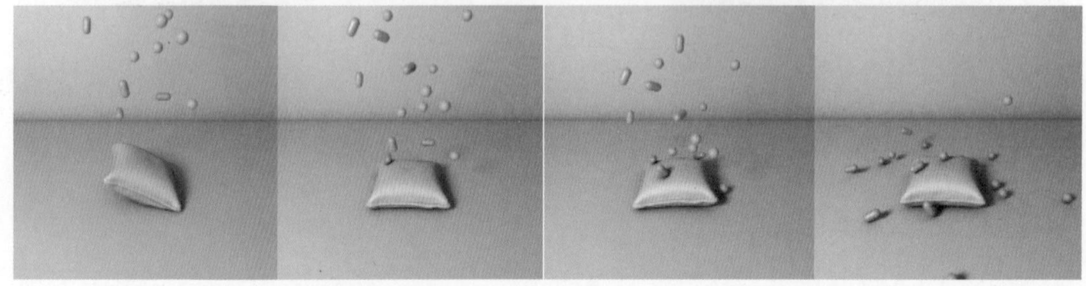

图8-122

01 打开实例文件，如图8-123所示。选中“空中小球”模型，然后为胶囊和球体添加刚体标签，如图8-124所示。

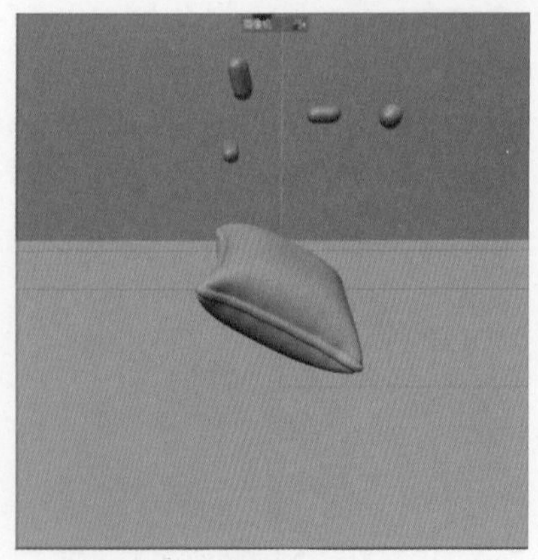

图8-123

图8-124

02 选中“刚体”标签，在属性面板中，调整“反弹”值为50%，“摩擦力”值为30%，注意要将两个“刚体”标签的数值都进行调整，如图8-125所示。

03 选中“抱枕”，为其添加“柔体”标签，如图8-126所示。

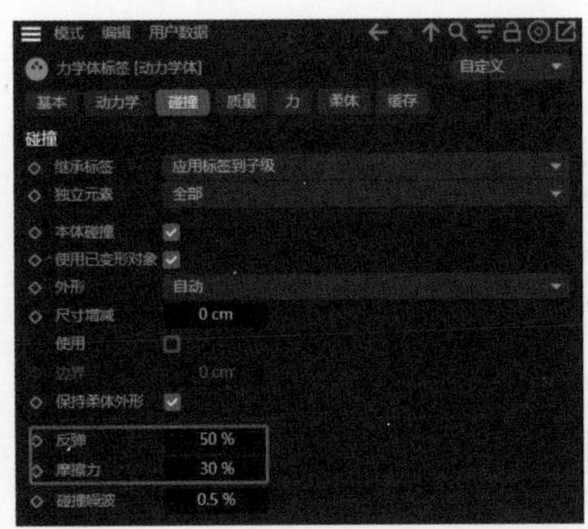

图8-125

图8-126

04 选中“柔体”标签，调整其“反弹”值为90%，“摩擦力”值为10%，在“柔体”选项卡中调整“硬度”值为5，如图8-127和图8-128所示。

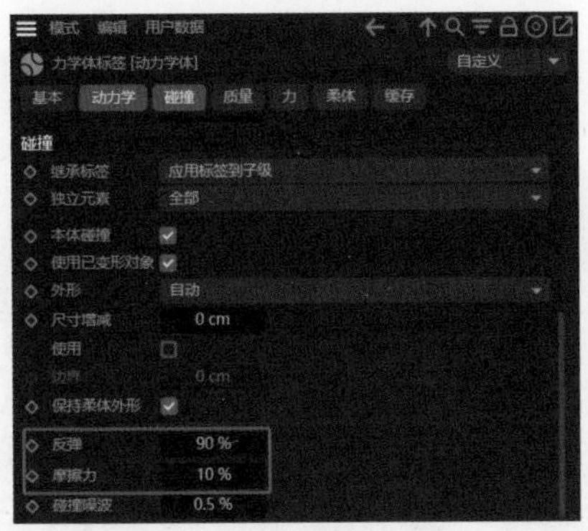

图8-127

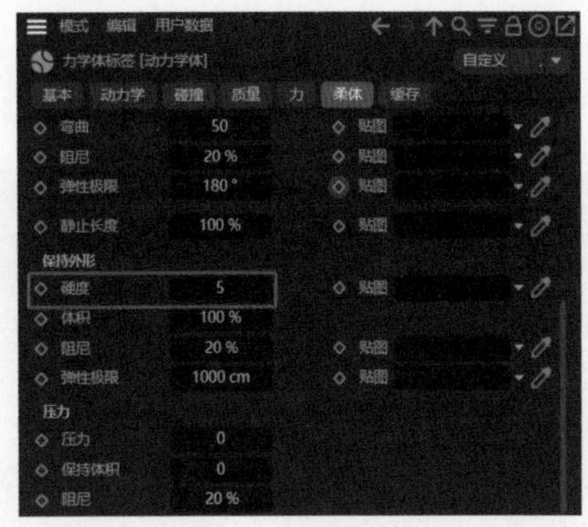

图8-128

05 选中平面模型，为其添加“碰撞体”标签，如图8-129所示；此时单击“播放”按钮，可以观察到抱枕和上方球体开始下落，如图8-130所示。

图8-129

图8-130

06 为场景添加灯光，在画面中新建一个区域光，然后为其添加“目标”标签，如图8-131所示。在属性面板中将“抱枕”拖入“对象”框中，如图8-132所示。

图8-131

图8-132

07 选中灯光，在属性栏中调整“投影”为“区域”，在“细节”选项卡中调整“衰减”为“平方倒数（物理精度）”，如图8-133和图8-134所示。

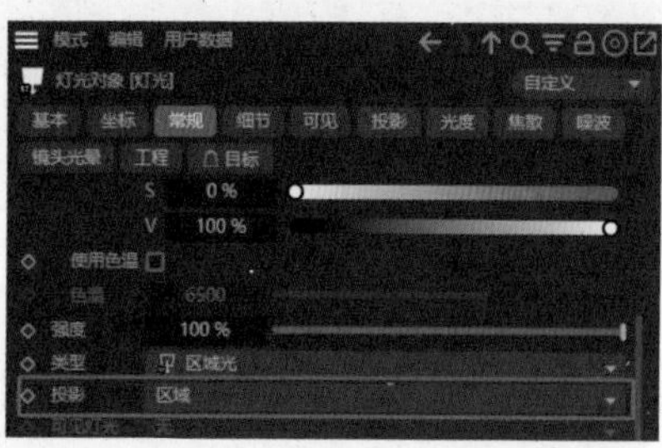

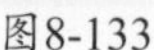
图8-133

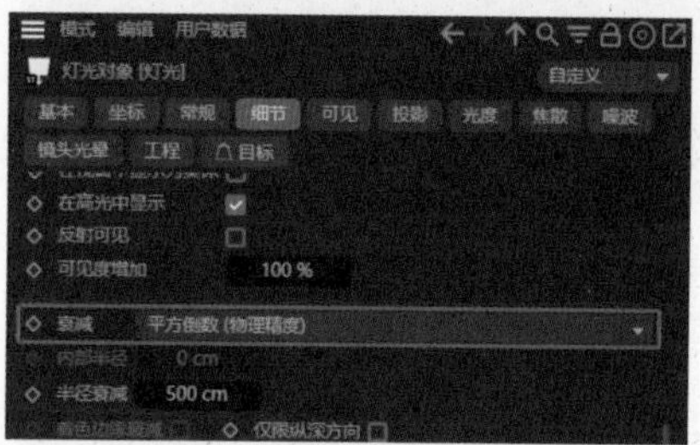

图8-134

08 将灯光移至场景的左上角，如图8-135和图8-136所示。

09 在画面中再新建一个灯光，在属性面板中调整其“强度”值为40%，“投影”保持“无”即可，如图8-137所示。

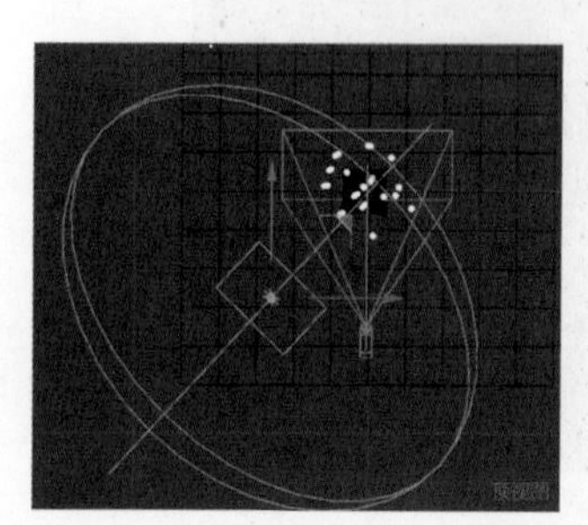
图8-135

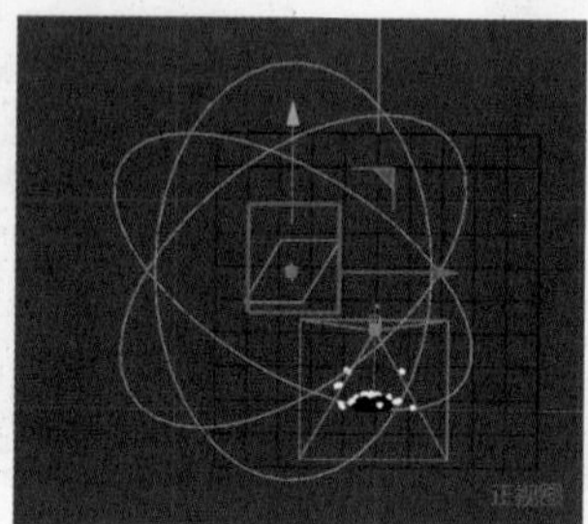

图8-136

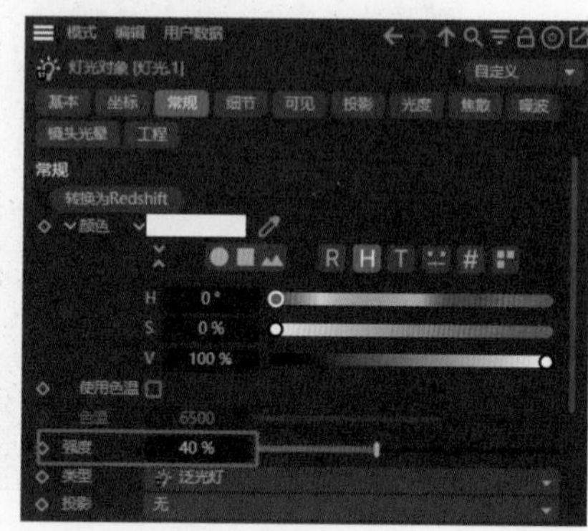

图8-137

10 调整灯光到场景的右上角，如图8-138和图8-139所示。按快捷键Shift+R，任意选取几帧渲染，渲染效果如图8-140所示。

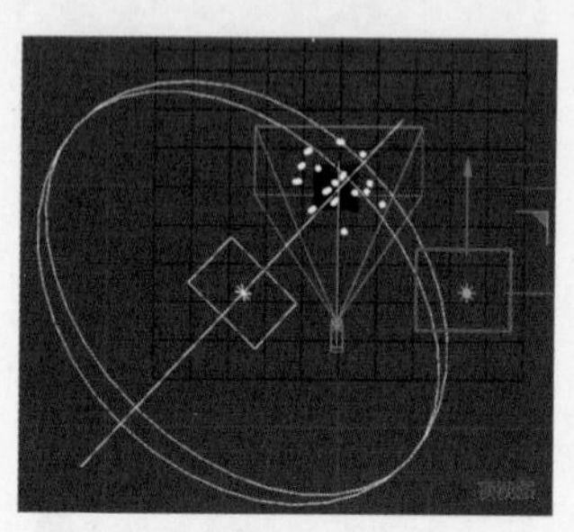
图8-138

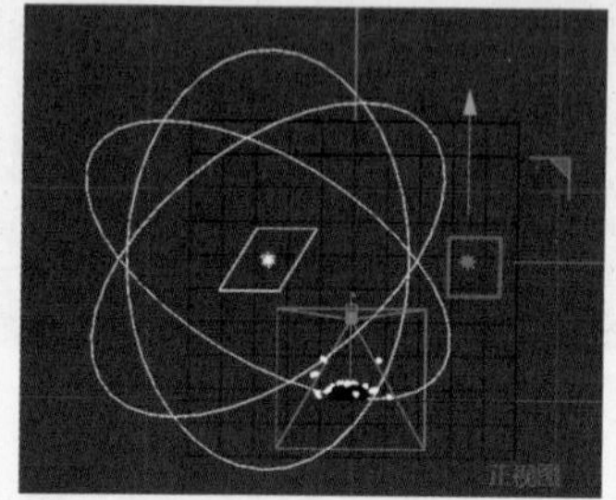

图8-139

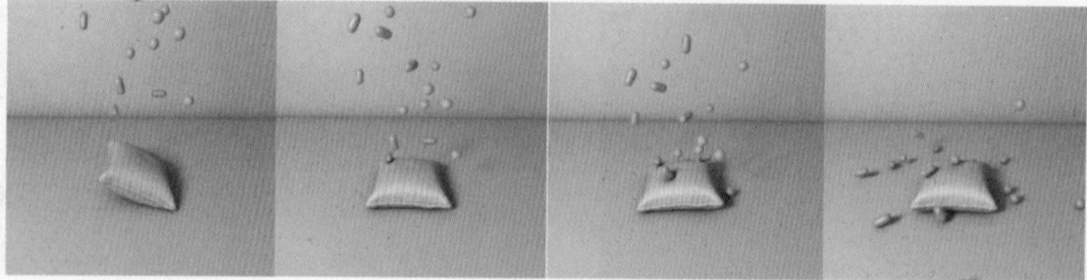
图8-140

第9章
粒子、毛发和布料

粒子、毛发和布料是 C4D 不可或缺的一部分。在本章中，粒子部分主要讲解粒子发射与动态效果的制作方法，毛发部分则聚焦于毛发的添加与调整技巧，而布料分别则着重介绍布料的模拟与真实渲染技术。

本章的核心知识点包括如下内容。

※ 粒子、毛发和布料工具的使用方法。

※ 实战练习。

9.1 粒子与力场

9.1.1 粒子发射器

C4D 中的粒子是通过“粒子发射器”生成的，可以模拟现实生活中各种粒子的状态。

创建“粒子发射器”的方法为：执行“模拟”→“发射器”命令，如图 9-1 和图 9-2 所示。

图9-1

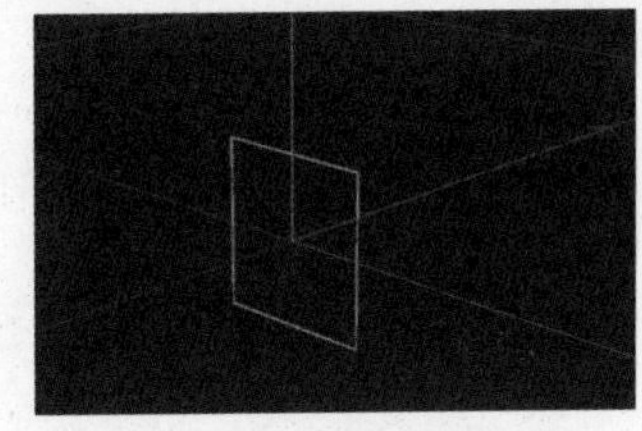

图9-2

在对象面板中选中“发射器”，可以在属性面板中调整相关参数，以改变其属性，如图 9-3 和图 9-4 所示，其中主要的参数含义介绍如下。

※ 编辑器生成比率：设置粒子在发射器中产生的数量。

※ 渲染生成比率：设置粒子在渲染时实际显示的数量，通常与“编辑器生成比率”保持一致。

※ 可见性：调整在界面中可见粒子的百分比。

※ 投射起点：设置粒子开始发射的帧数。

※ 投射终点：设置粒子结束发射的帧数。

※ 生命期：设置粒子的存活时间，其下方的“变化”参数可使粒子的生命期产生随机变化。

※ 速度：设置粒子的运动速度，其下方的“变化”参数可使粒子的速度产生随机变化。

※ 旋转：调整粒子在运动过程中的旋转角度，其下方的“变化”参数可对粒子的旋转角度进行随机调整。

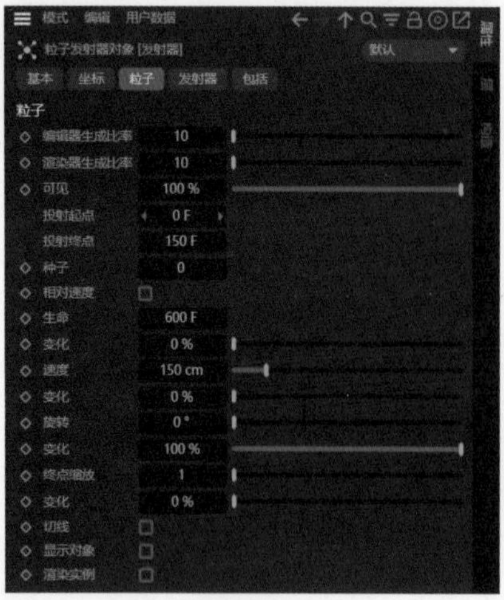

图9-3

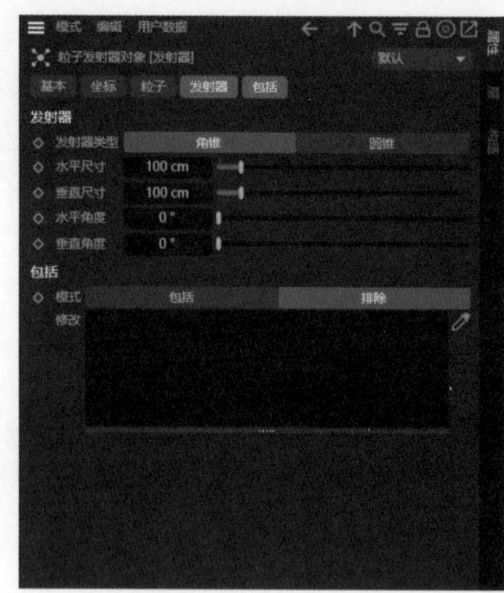

图9-4

※ 终点缩放：设置粒子在结束前的缩放比例，其下方的“变化”参数可随机改变粒子的缩放比例。

※ 显示对象：选中该复选框后，可以展示替换粒子的对象。

※ 发射器类型：提供“圆锥”和“角锥”两种发射器类型以供选择。

※ 水平尺寸与垂直尺寸：用于调整发射器的大小。

※ 水平角度与垂直角度：用于设置发射器发射粒子的角度。

在画面中新建一个“发射器”，单击“播放”按钮▶，可以观察到发射器有粒子飞出，如图 9-5 所示。

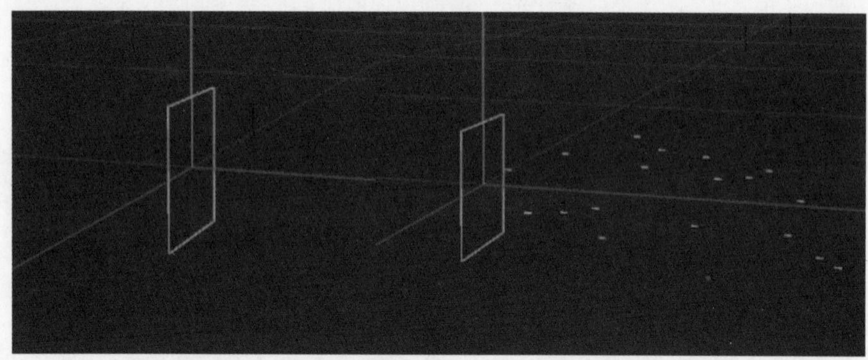

图9-5

在画面中新建一个球体，修改其“半径”值为 5cm，“分段”值为 32。在对象面板中拖曳球体，将球体作为发射器的子集，如图 9-6 和图 9-7 所示。

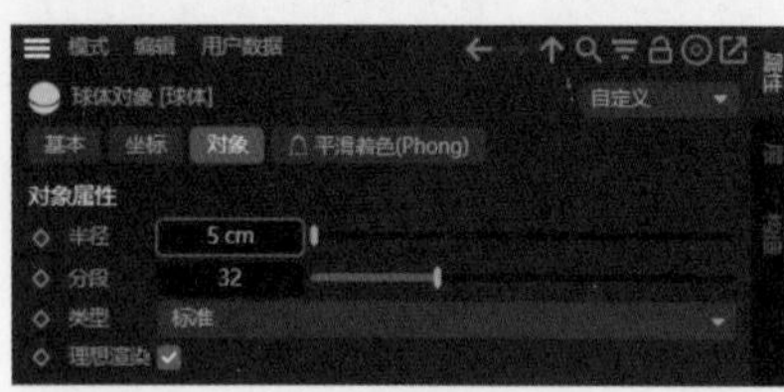

图9-6

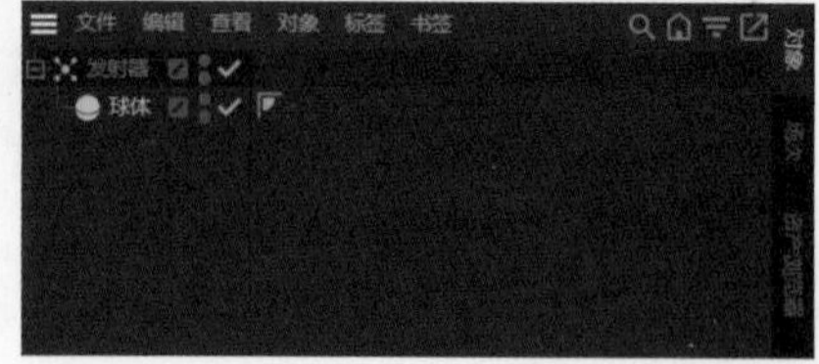

图9-7

选中对象面板中的“发射器”，在属性面板中，选中“显示对象”复选框，单击“播放”按钮▶，可以观察到小球作为替换粒子从发射器中发出，如图 9-8 和图 9-9 所示。在实际运用中，粒子的形状可以根据实际需要做出调整。

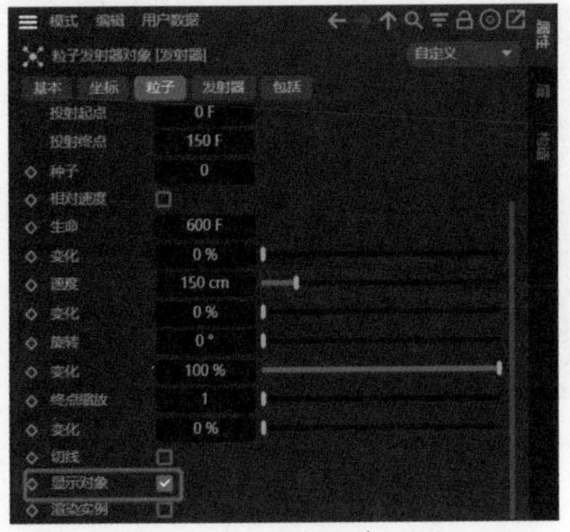

图9-8

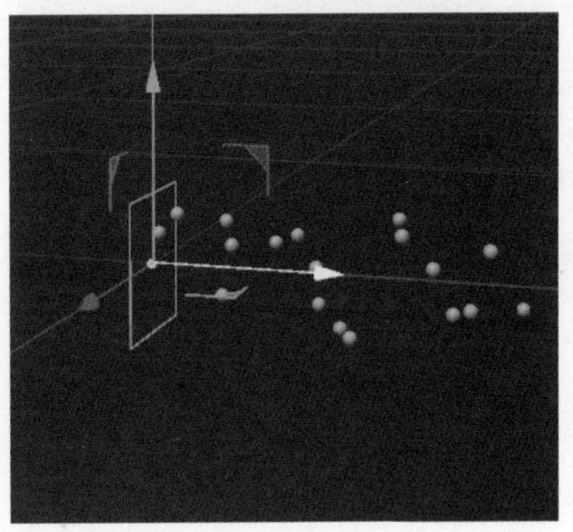

图9-9

9.1.2 实例：用粒子发射器制作雪花落下动画

本实例将使用特定模型来演示如何利用粒子发射器制作出雪花飘落的效果，如图 9-10 所示，具体的操作步骤如下。

图9-10

01 在场景中新建一个发射器，如图9-11和图9-12所示。

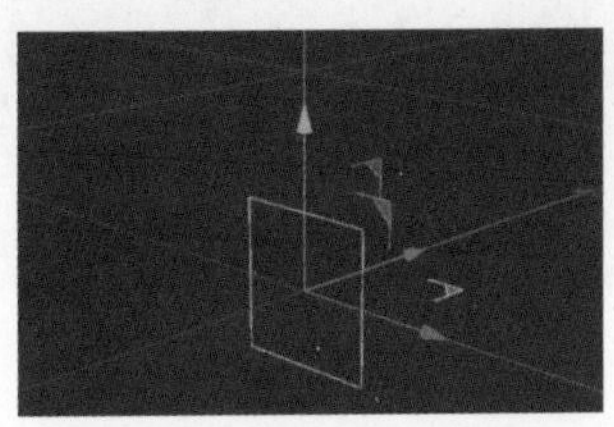

图9-11

图9-12

02 新建一个球体，将球体的“半径”值改为1cm，如图9-13和图9-14所示。

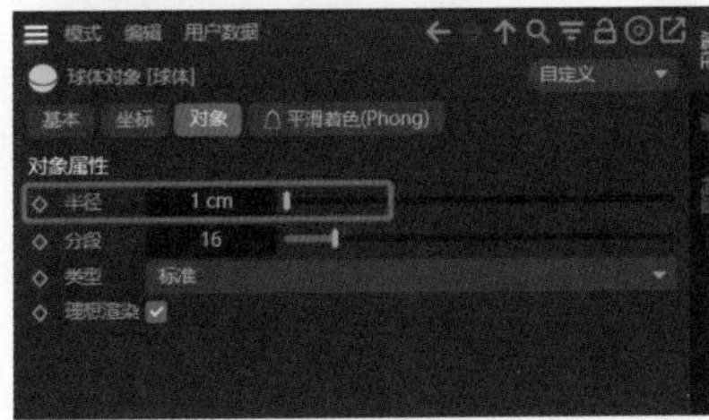

图9-13

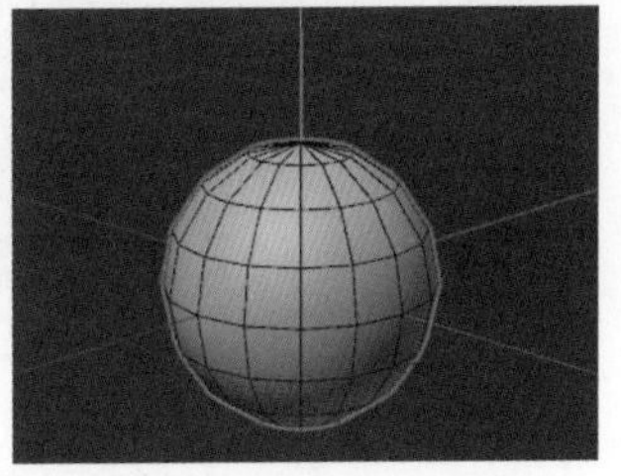

图9-14

03 在坐标中旋转发射器，使其朝着下方发射粒子，如图9-15和图9-16所示。

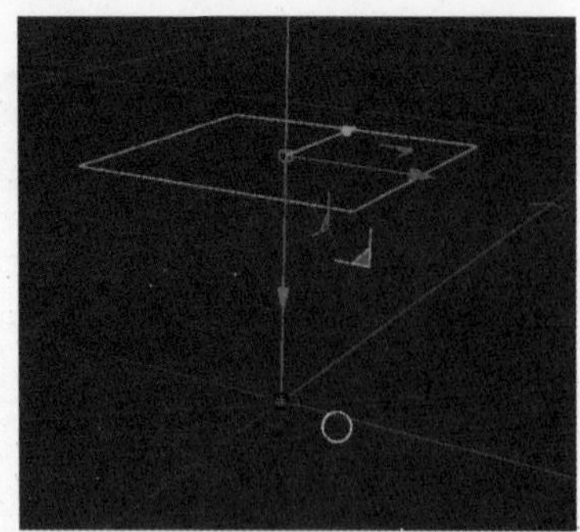

图9-15

图9-16

04 将球体作为发射器的子集，选中发射器，在属性面板中调整“编辑器生成比率”和“渲染器生成比率”值均为150，将“生命”的“变化”值改为20%，“速度”值改为50cm，“速度”的“变化”值改为5%，并选中“显示对象”复选框，如图9-17和图9-18所示。

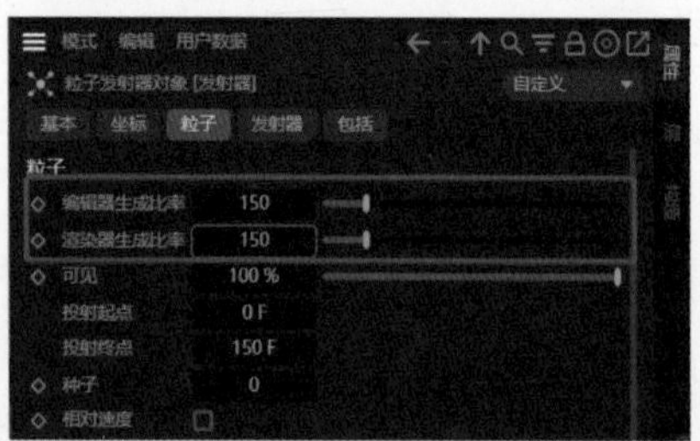

图9-17

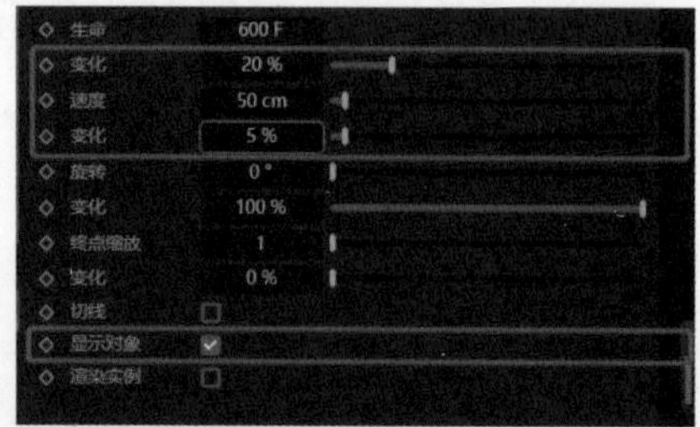

图9-18

05 将发射器的“水平尺寸”值改为400cm，“垂直尺寸”值改为200cm，如图9-19和图9-20所示。

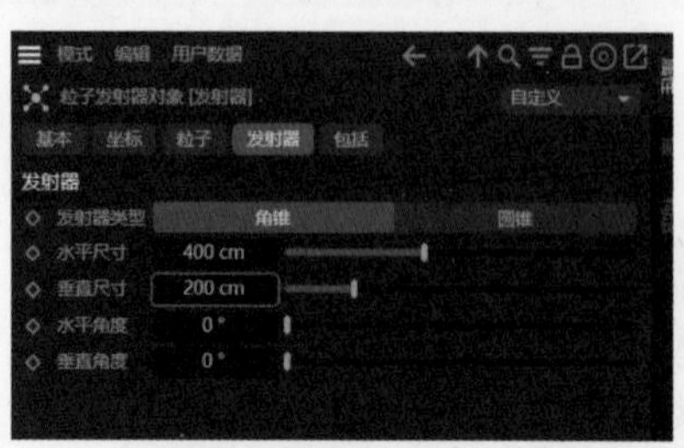

图9-19

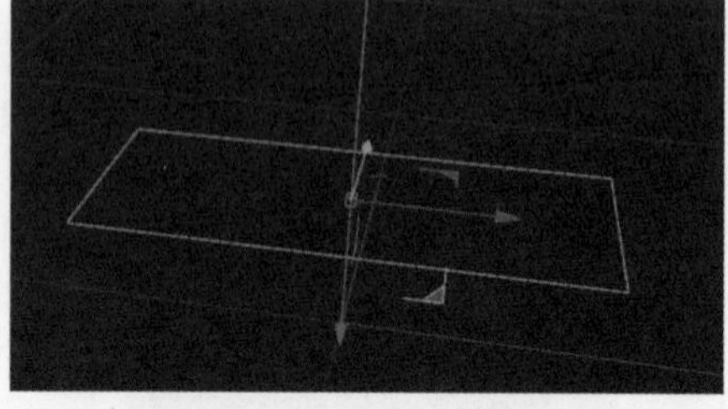

图9-20

06 在场景中新建一个平面，将其“宽度”和“高度”值均改为2000cm。复制该平面，将其方向改为+X，调整发射器的“高度”值为200cm，并调整平面、发射器的位置，如图9-21和图9-22所示。

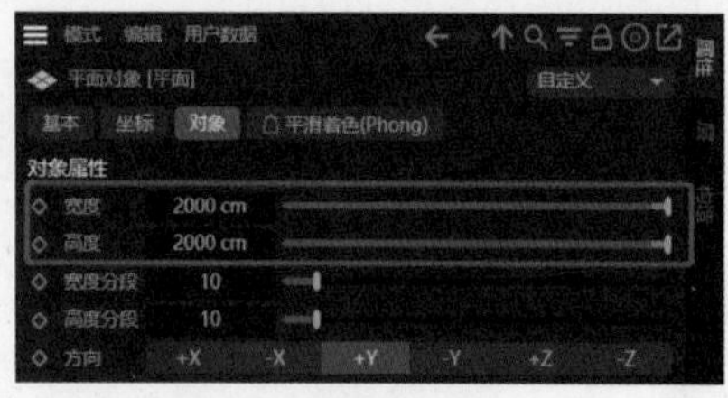

图9-21

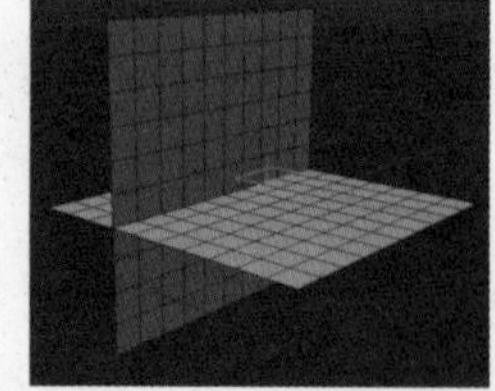

图9-22

07 在场景中新建一台摄像机，并调整摄像机的位置，如图9-23和图9-24所示。

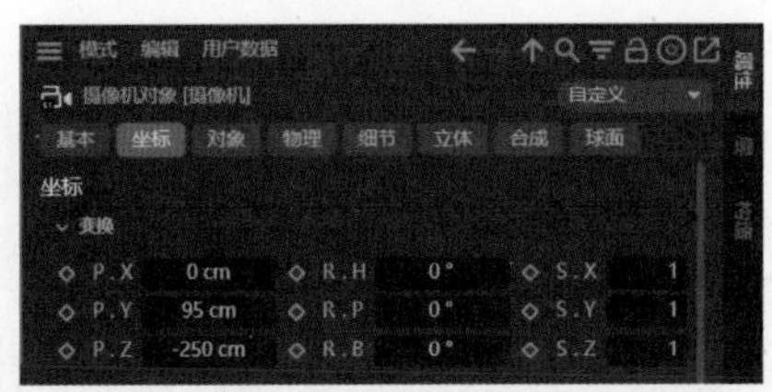

图9-23

图9-24

08 单击“播放”按钮，可以观察到球体下落的动画，如图9-25所示。

09 在材质面板中新建一个材质，双击打开材质编辑器，在编辑器中选中“发光”复选框，将其“亮度”值改为60%，并将该材质赋予球体，如图9-26所示。

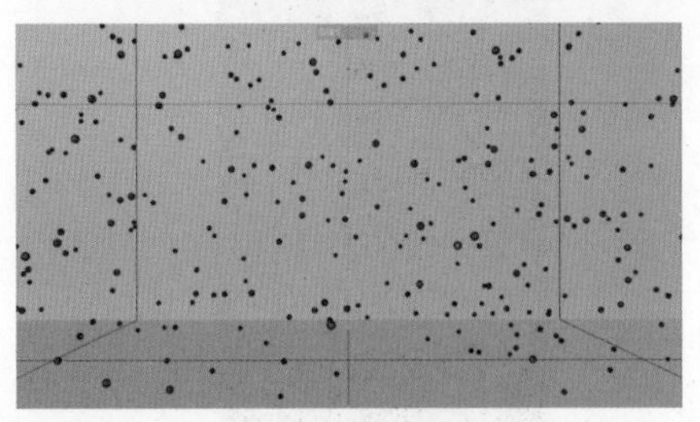

图9-25

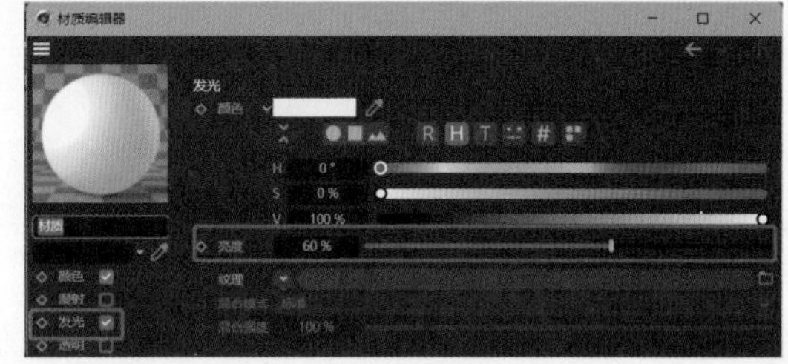

图9-26

10 新建一个材质，选中“颜色”复选框，将H值改为218°，S值改为81%，V值改为46%，并将该材质赋予背景和地面，如图9-27所示。

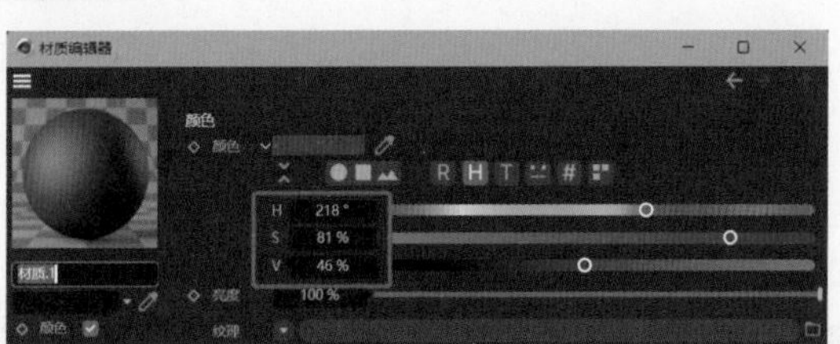

图9-27

11 在场景中新建一个灯光，将灯光的位置放在发射器的上方，在属性面板中将灯光的投影类型改为“区域”，“衰减”改为“平方倒数（物理精度）”，如图9-28和图9-29所示。

12 单击“渲染设置”按钮，执行“效果”→“全局光照”命令，如图9-30所示。

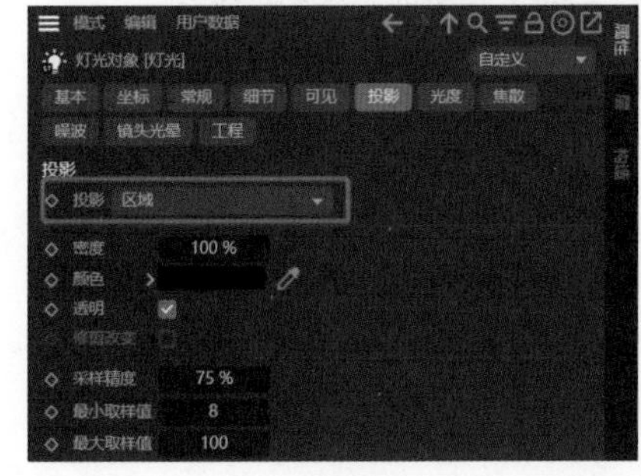

图9-28

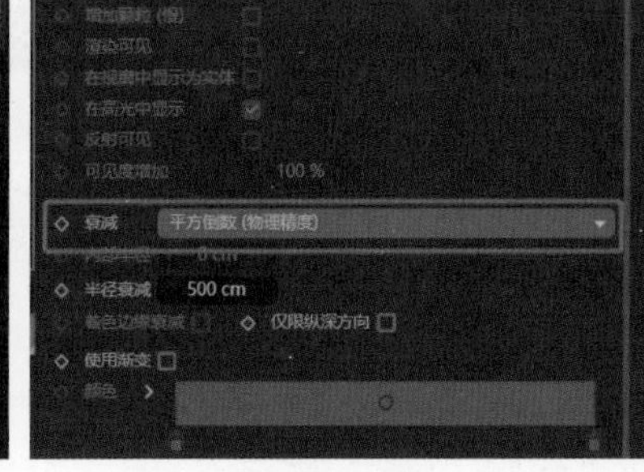

图9-29

图9-30

13 添加完成之后，单击“渲染”按钮，其效果图如图9-31所示。

图9-31

9.1.3 力场

力场是指一种能够影响粒子运动状态的力。在力场的作用下，粒子能展现多样化的运动效果。力场的类型包括但不限于：吸引场、偏转场、破坏场、域力场、摩擦力、重力场，以及能产生旋转、湍流、风力效果的力场。这些不同类型的力场都会对粒子产生独特的动力学效果。

创建力场的方法为：执行“模拟”→“力场”子菜单中的命令，如图 9-32 所示。

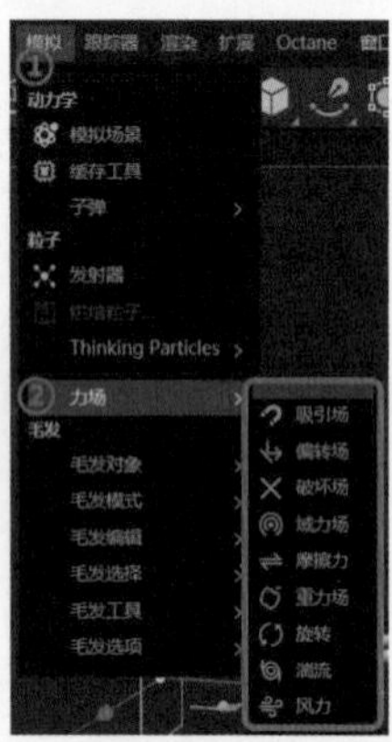

图9-32

1.吸引场

吸引场可以对粒子产生吸引或排斥作用。若要创建一个吸引场，可以在相应的属性面板中通过调整参数来控制其各项属性，如图 9-33 和图 9-34 所示，其中主要参数含义介绍如下。

图9-33

图9-34

※ 强度：用于设置力场的吸引或排斥效果。当数值为正值时，表现为吸引效果；当数值为负值时，则产生排斥效果。

※ 速度限制：用于限制吸引场对粒子产生影响的范围。数值越大，粒子与吸引场之间的距离效果越强；相反，数值越小，这种距离效果就越弱。

※ 模式：此选项分为“加速度”和“力”两种模式。在大多数情况下，保持“加速度”模式即可满足需求。

※ 域：可以通过添加域的方式来设置吸引场的衰减效果。这样可以根据需要调整力场在不同区域内的强度变化。

2.偏转场

偏转场具有使粒子运动方向发生偏转的能力。当正在运动的粒子接触到偏转场时，其运动方向会随之发生改变，如图 9-35 和图 9-36 所示。

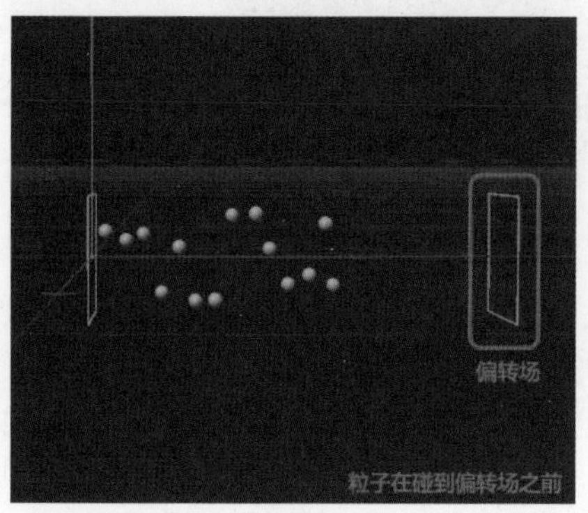

图9-35

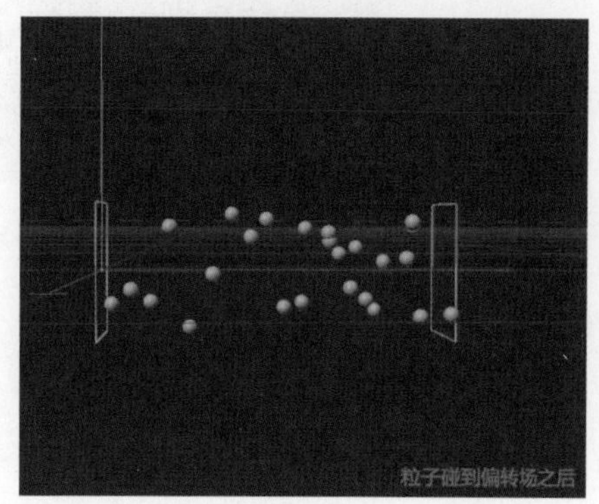

图9-36

在对象面板中选中偏转场，在属性面板中可以通过改变其参数控制其相关属性，如图 9-37 所示，其中主要参数含义介绍如下。

※ 弹性：控制偏转场力的大小。数值越大，偏转场产生的效果越显著。

※ 分裂波束：当选中复选框时，仅有部分粒子的运动方向会发生变化。

※ “水平尺寸”和“垂直尺寸”：这两个参数允许用户调整偏转场在水平和垂直方向上的尺寸。

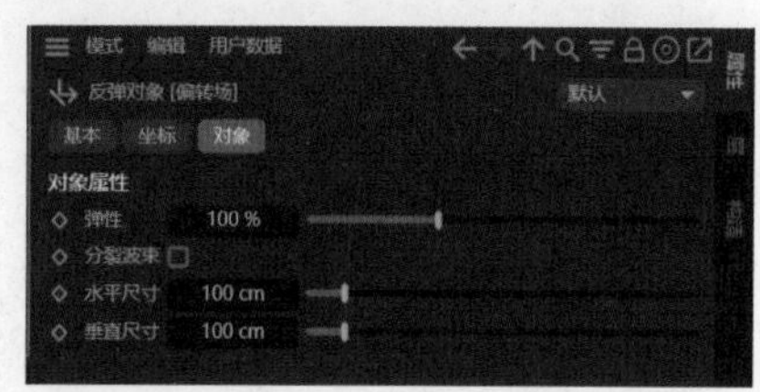

图9-37

3.破坏场

破坏场对粒子具有破坏作用，当粒子经过破坏场时，它们会消失。如图 9-38 和图 9-39 所示。

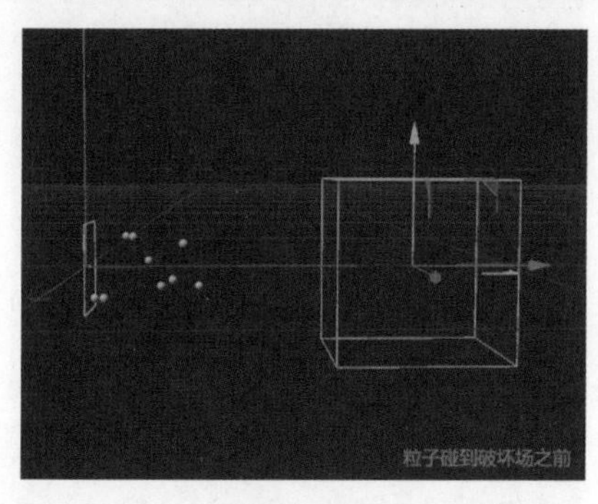

图9-38

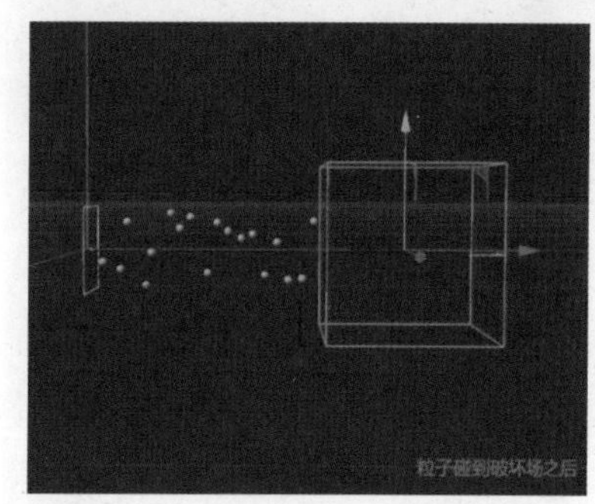

图9-39

在场景中创建一个破坏场，在属性面板中可以通过修改相关参数改变其效果，如图 9-40 所示，其中主要参数含义介绍如下。

※ 随机特性：设置粒子在接触到破坏场时消失的数量比例。数值越大，消失的粒子数量越少；相反，数值越小，消失的粒子数量越多。

※ 尺寸：调整破坏场的大小，其设置方式与调整正方体的尺寸相同。

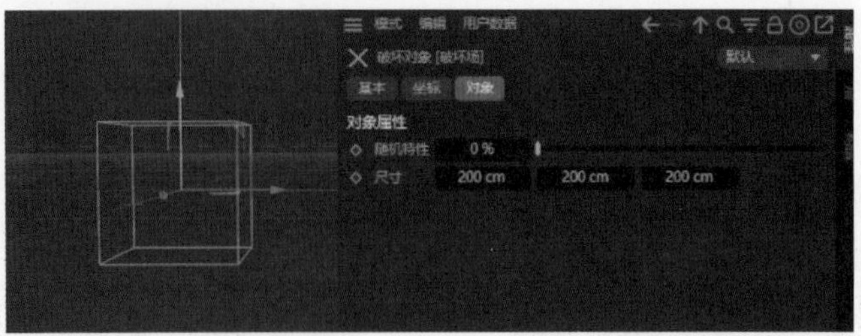

图9-40

4.域力场

域力场是指由特定域对粒子产生的影响，这种影响会改变粒子的运动轨迹，从而实现我们期望的视觉效果。然而，这个力场在应用时可能会存在一些错误。为了避免这些问题，在使用之前，建议先将模型或粒子的“重力”值设置为 0，随后再添加一个重力场，这样就可以正常地使用域力场了，如图 9-41 和图 9-42 所示。将“重力”值调整为 0 的方法为：先按快捷键 Ctrl+D，调出工程面板，选择“子弹”复选框，将“重力”值调为 0。

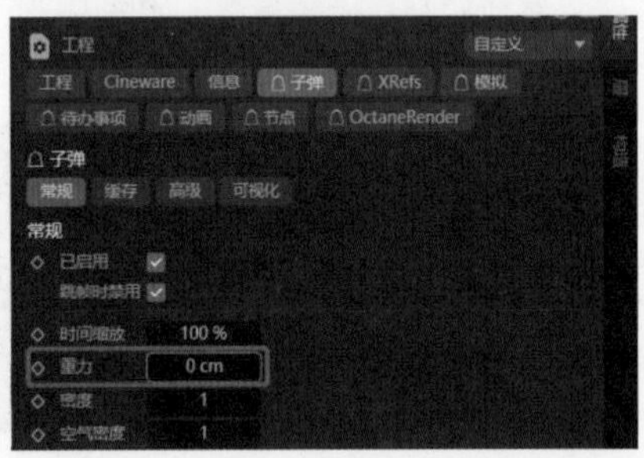

图9-41

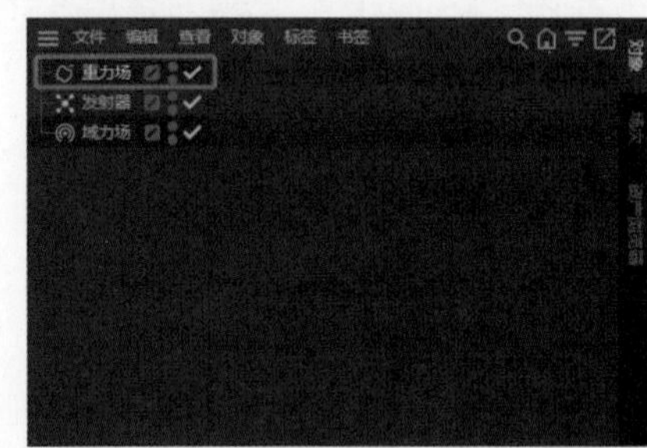

图9-42

在场景中新建一个域力场，在属性面板中可以通过调整相关参数改变其效果，如图 9-43 和图 9-44 所示，其中主要参数含义介绍如下。

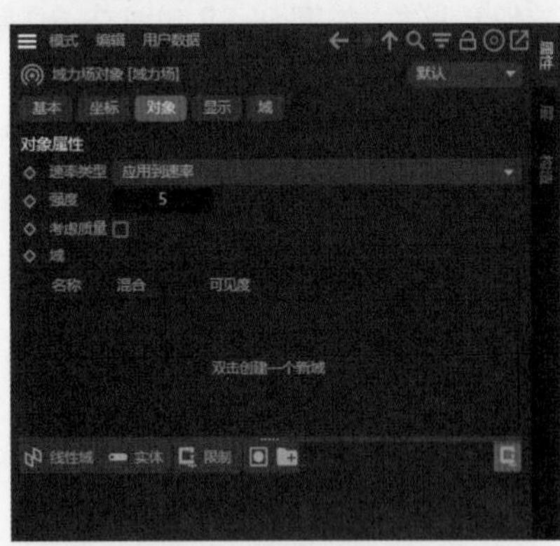

图9-43

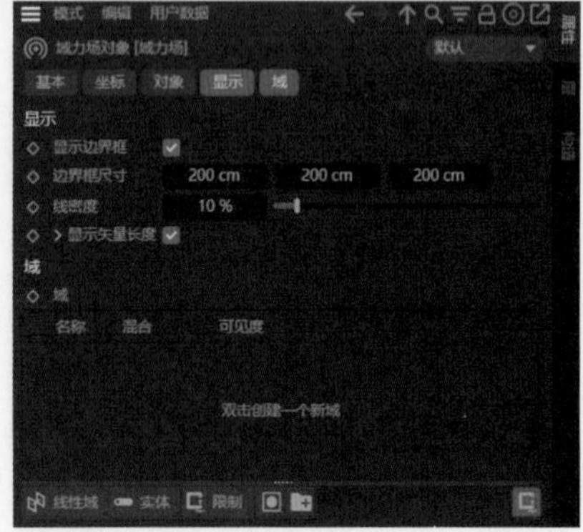

图9-44

※ 速率类型：该选项提供了 3 种速率类型，分别是“应用到速率”“设置绝对速率”和“改变方向”。这 3 种类型会对粒子的运动产生不同的效果，具体效果如图 9-45~ 图 9-47 所示。

※ 强度：用于设置力场的强度。数值越大，表示域力场对粒子产生的影响越显著。

※ 考虑质量：当选中该复选框时，域力场会根据模型质量的不同产生不同程度的效果，使粒子的运动更加真实。

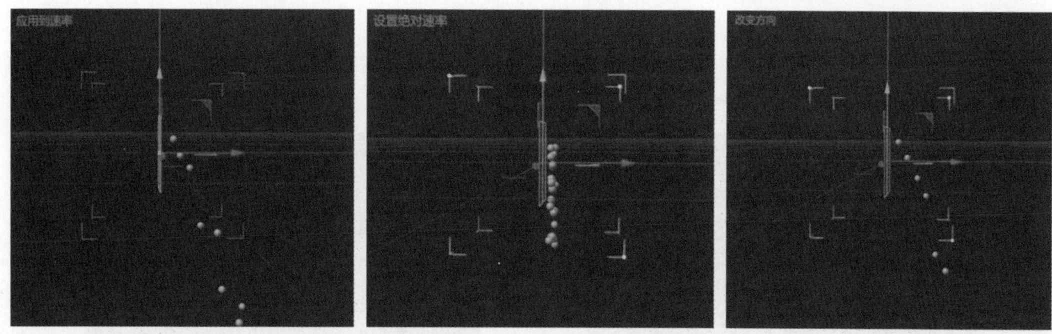

图9-45　　图9-46　　图9-47

※ 域：可以在此选项区域中添加样条线。添加后，粒子将沿着样条线的形状移动，从而实现更为复杂的粒子动画效果。新建一个圆形样条线，将其方向改为XZ。选择域力场，将速率类型改为“改变方向”，在对象面板中将样条线拖进“域”选项区域中，单击“播放”按钮▶，可以观察到粒子轨迹变为圆形，如图9-48和图9-49所示。

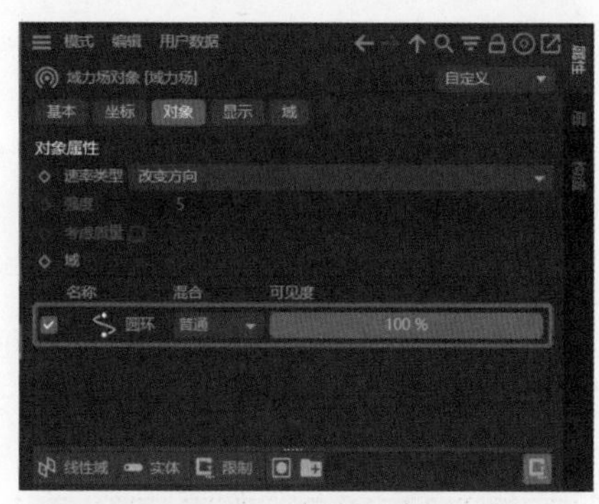

图9-48

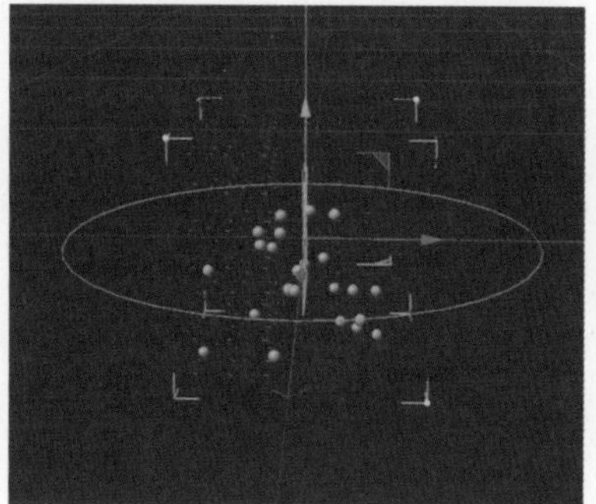

图9-49

※ 显示边界框：当选中该复选框时，域力场将显示绿色边框；若取消选中该复选框，则绿色边框会消失。如图9-50和图9-51所示，这一设置有助于用户更清晰地观察和调整域力场的范围和位置。

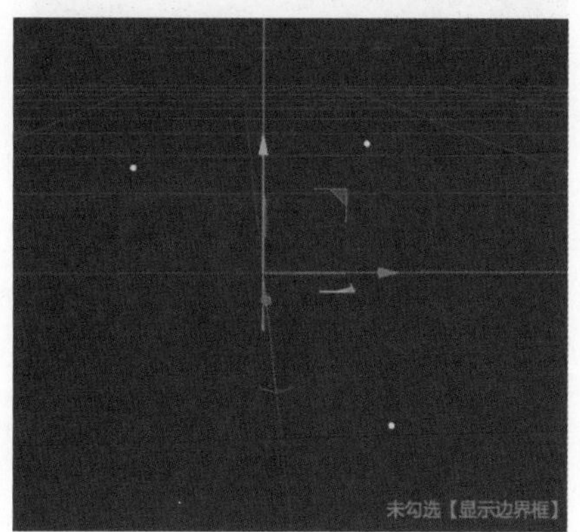

图9-50

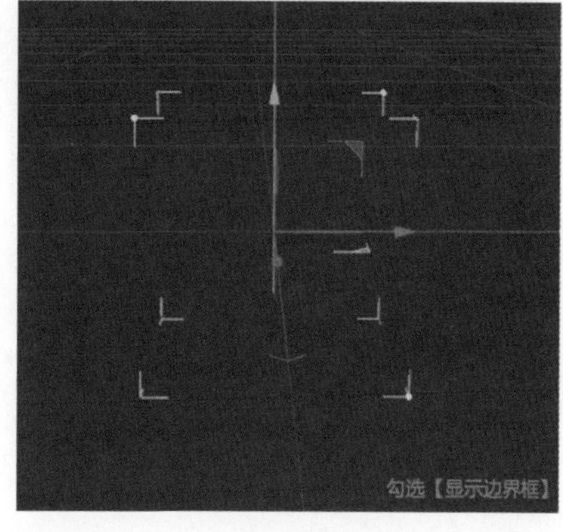

图9-51

※ 边界框尺寸：设置域力场的大小。

5.摩擦力

摩擦力是指粒子在运动过程中遇到的阻碍其运动的力。在场景中新建一个摩擦力后，可以通过调整属性面板中的相关参数来改变其效果。如图 9-52 和图 9-53 所示，其中主要参数含义介绍如下。

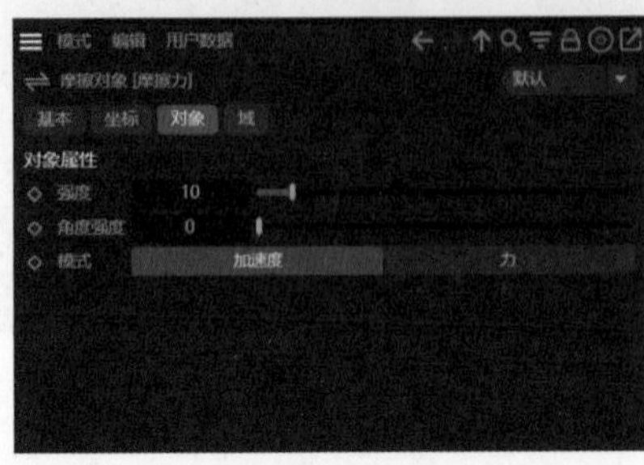

图9-52

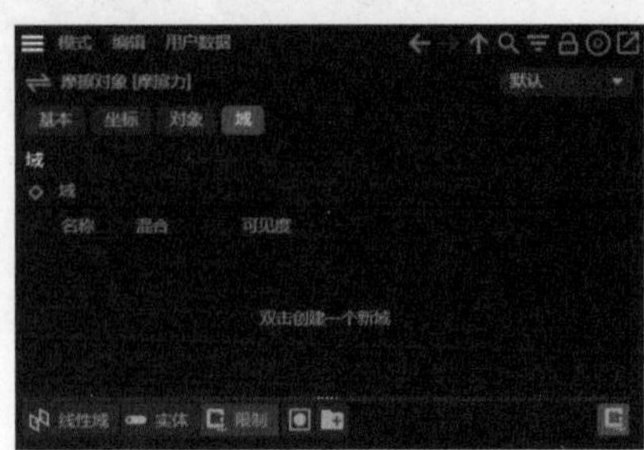

图9-53

※ 强度：用于设置粒子在运动过程中受到的阻力大小。数值越大，粒子在运动时受到的阻力也就越大，导致粒子的速度减缓得更快。

※ 角度强度：控制粒子在运动时角度变化的范围。数值越大，粒子运动过程中的角度变化会越小，意味着粒子的运动方向会更加稳定。

※ 模式：该选项提供了两种模式：加速度和力。在大多数情况下，默认选择“加速度”模式。这两种模式会影响粒子在受到摩擦力时的动态表现。

6.重力场

重力场是指粒子在运动过程中受到的重力作用，这种作用会使粒子产生下落的效果。在画面中新建一个重力场后，可以通过属性面板修改相关参数来改变其效果，如图 9-54 和图 9-55 所示，其中主要参数含义介绍如下。

图9-54

图9-55

※ 加速度：用于设置粒子在重力影响下加速运动的快慢。“加速度”值越大，粒子受到重力影响后速度增加得越快，效果也就越明显；反之，“加速度”值越小，粒子受到重力后的加速效果就越不明显。

※ 模式：该下拉列表中提供了 3 种不同的模式：“加速度”“力”和“空气动力学风”。这 3 种模式会对粒子产生截然不同的效果。在大多数情况下，选择默认的“加速度”模式即可满足需求。若需要更复杂的粒子动态效果，可以根据实际情况尝试其他两种模式。

7.旋转

旋转力场是一种能使粒子产生旋转效果的特殊力场。在画面中新建一个旋转力场后，可以通过属性面板修改相关参数，从而调整粒子的旋转效果，如图 9-56 和图 9-57 所示，其中主要参数含义介绍如下。

图9-56

图9-57

※ 角速度：用于设置粒子在旋转时的速度。数值越大，粒子旋转的速度就越快。

※ 模式：该下拉列表中提供了3种不同的模式："加速度""力"和"空气动力学风"。每种模式都会对粒子产生不同的旋转效果。在大多数情况下，选择默认的"加速度"模式即可。若需要更复杂的粒子旋转效果，可以根据实际需求尝试其他两种模式。

8.湍流

湍流场用于模拟粒子在运动过程中产生的随机抖动效果。在场景中新建一个湍流场后，可以通过属性面板修改相关参数来调整粒子的抖动效果，如图9-58所示和图9-59所示，其中主要参数含义介绍如下。

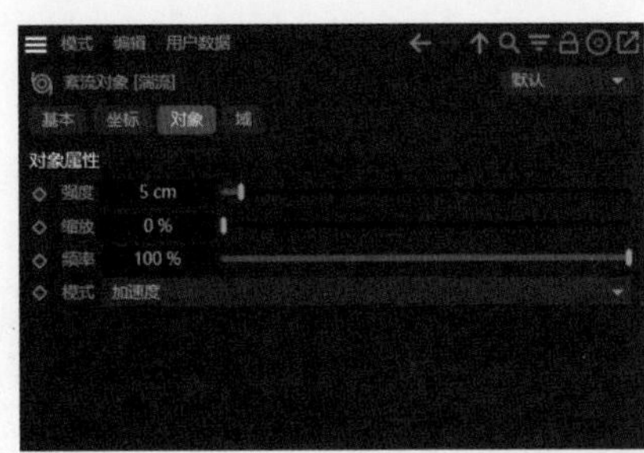

图9-58

图9-59

※ 强度：用于调整粒子运动时抖动的剧烈程度。数值越大，粒子抖动的效果就越显著；相反，数值越小，粒子的抖动效果就越微弱。

※ 缩放：控制粒子在运动过程中的聚集和散开效果。数值增大时，这种聚集和散开的效果会变得更加明显；而数值减小时，效果则变得较为微弱。

※ 频率：用于设置粒子抖动的次数和速率。数值越大，粒子抖动的频率和次数就越多，效果越显著；数值越小，粒子的抖动效果则越不明显。

※ 模式：该下拉列表中提供了3种不同的模式："加速度""力"和"空气动力学风"，它们会对粒子产生不同的动态效果。在大多数情况下，选择默认的"加速度"模式即可满足需求。若需要更多样化的粒子效果，可以尝试其他两种模式。

9.风力

风力场是指模拟粒子在受到风力作用时所产生的动力学效果。在场景中新建一个风力场后，可以通过属性面板修改相关参数来调整其效果，如图9-60和图9-61所示，其中主要参数含义介绍如下。

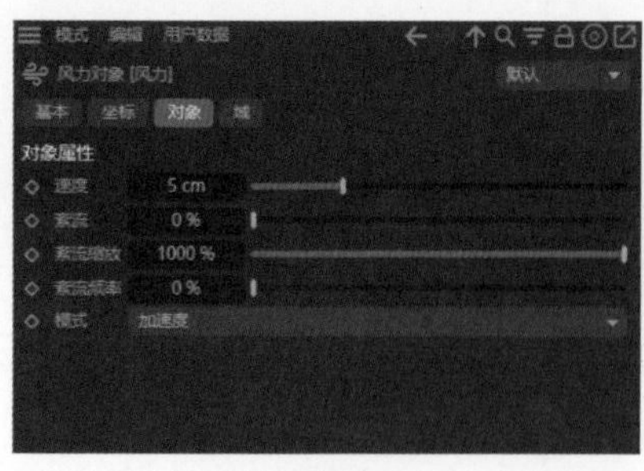

图9-60

图9-61

※ 速度：用于调整风力的强度。数值越大，粒子受到风力影响的效果就越显著；反之，数值越小，风力对粒子的影响就越微弱。

※ 紊流：用于模拟粒子在风力作用下产生的随机抖动效果。数值增大时，粒子的抖动效果会更加明显；数值减小时，抖动效果则变得较为微弱。

※ 紊流缩放：控制粒子在风力作用下聚集或散开的效果。数值越大，粒子受到的影响就越大，聚集或散开的效果也越显著。

※ 模式：该下拉列表中提供了3种不同的模式："加速度""力"和"空气动力学风"，这些模式会对粒子产生截然不同的效果。在大多数情况下，默认的"加速度"模式即可满足需求。若需要更为复杂的粒子动态，可以尝试其他两种模式。

9.1.4 实例：用粒子和力场制作生长动画

本实例将通过结合使用粒子和力场，演示如何制作生长动画，具体效果如图9-62所示，具体的操作步骤如下。

图9-62

01 在场景中新建一个发射器，在"发射器"选项卡中将其"水平尺寸"值改为150cm，"垂直尺寸"值改为900cm，如图9-63和图9-64所示。

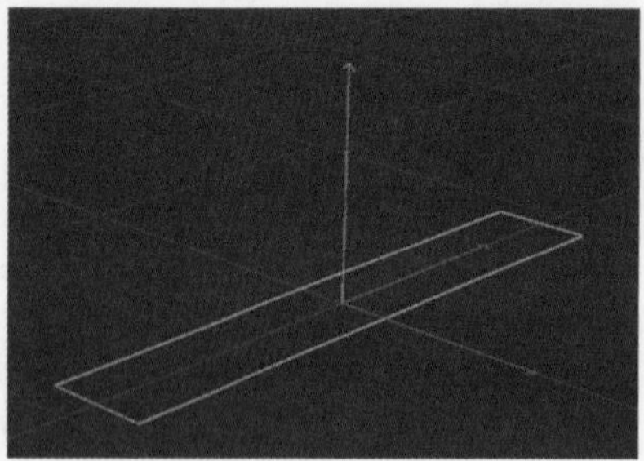

图9-63

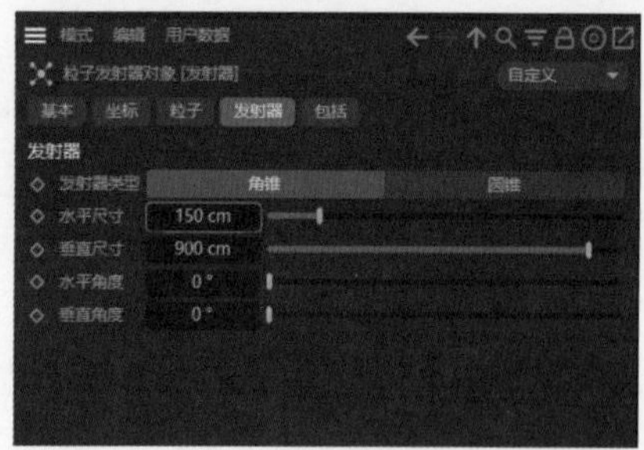

图9-64

02 在场景中新建一个球体模型，在“对象”选项卡中修改“半径”值为2cm，“分段”值为20，如图9-65和图9-66所示。

图9-65

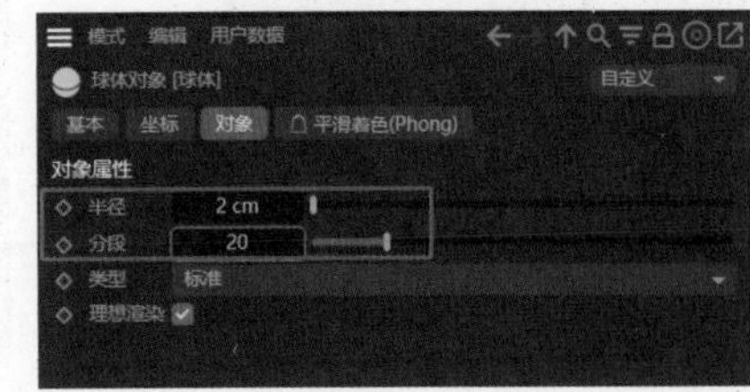

图9-66

03 将球体作为发射器的子层级，并在发射器的“粒子”选项卡中调整“编辑器生成比率”和“渲染器生成比率”值均为60，调整“投射起点”值为-30F，“投射终点”值为150F，“速度”值为150cm，“变化”值为30%，“旋转”值为50°，并分别选中“显示对象”和“渲染实例”复选框，如图9-67和图9-68所示。

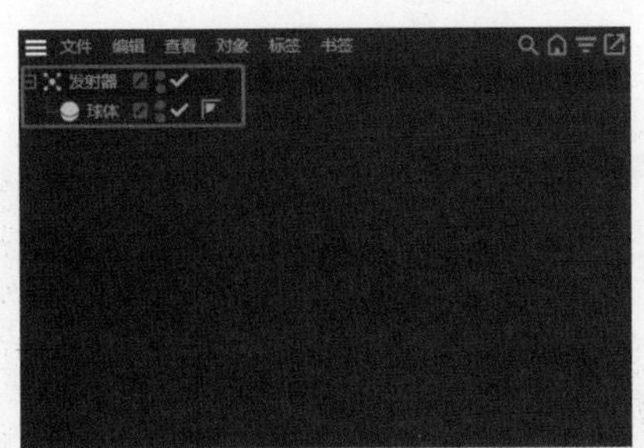

图9-67

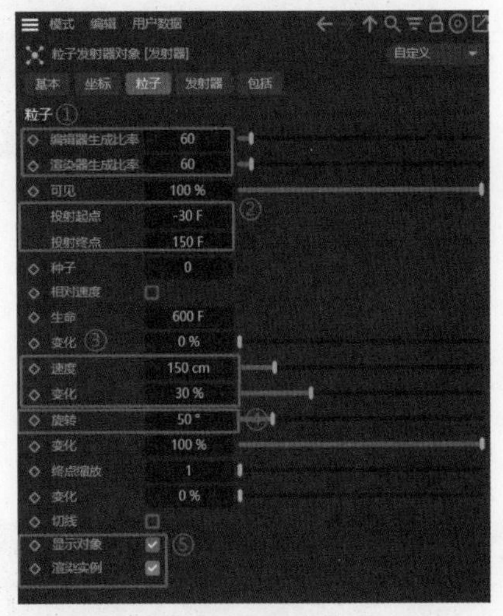

图9-68

04 选中发射器并为其添加“追踪对象”，单击“播放”按钮，其效果如图9-69和图9-70所示。

图9-69

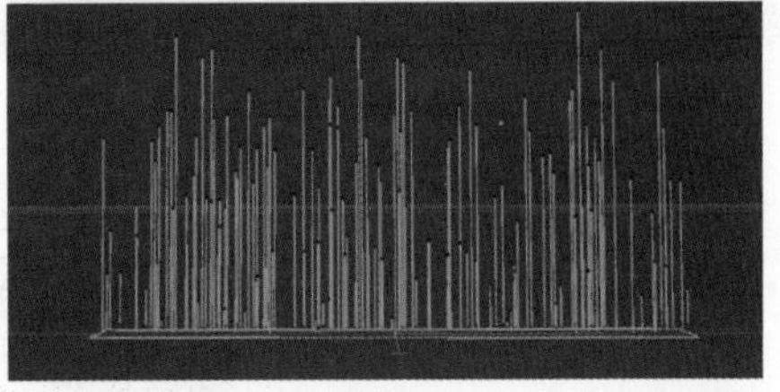
图9-70

05 在场景中添加“湍流”力场，在其“对象”选项卡中调整“强度”值为30cm，效果如图9-71和图9-72所示。

06 复制当前发射器，在其“坐标”选项卡中修改R.P坐标为-90°，P.Y坐标为800cm，如图9-73和图9-74所示。

07 新建一个默认材质，选中“发光”复选框，将其颜色更改为H：231°、S：93%、V：100%，如图9-75所示。

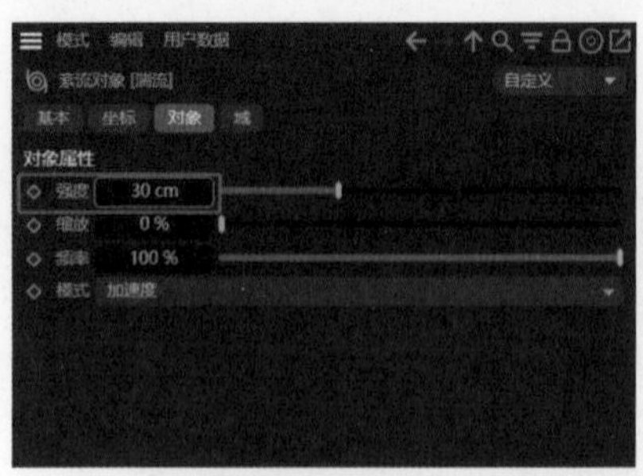

图9-71

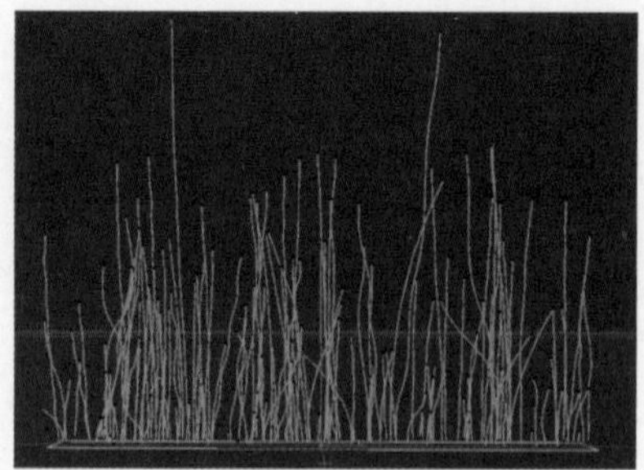

图9-72

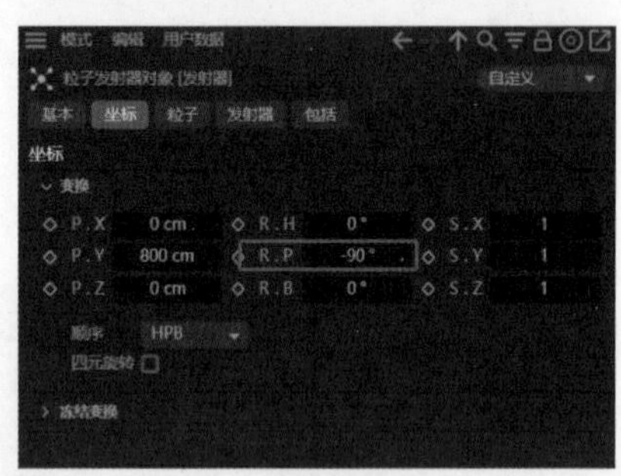

图9-73

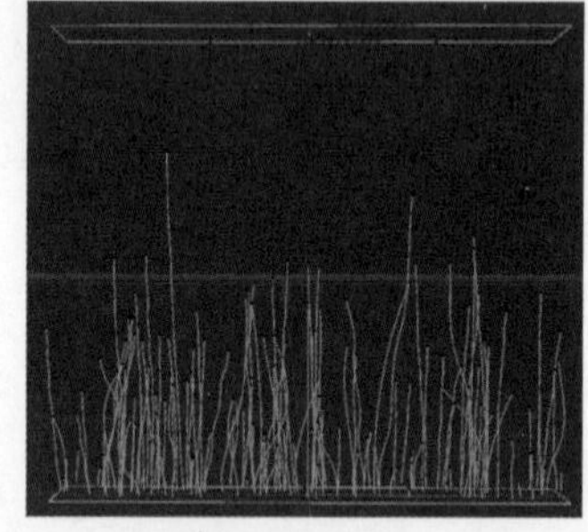

图9-74

08 选中“辉光”复选框，调整“内部强度”值为30%，“外部强度”值为300%，“半径”值为10cm、“随机”值为50%，如图9-76所示。

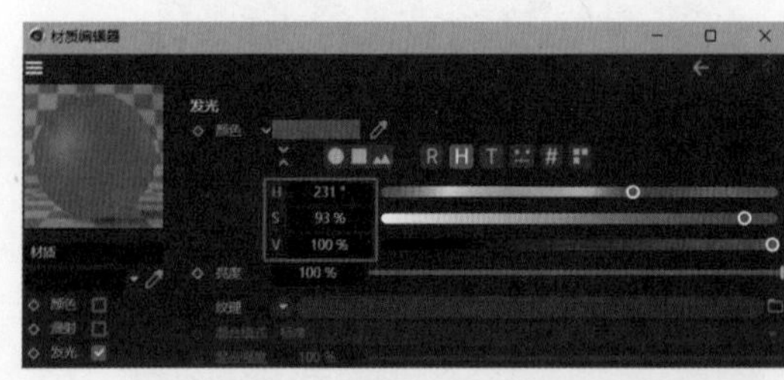

图9-75

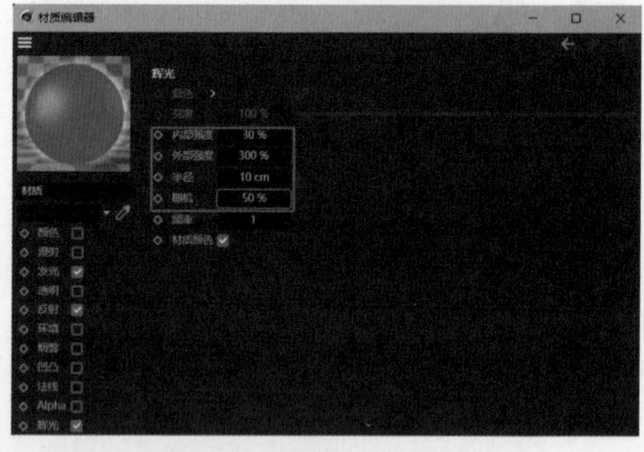

图9-76

09 将调整好的材质赋予下方的球体，其效果如图9-77所示。

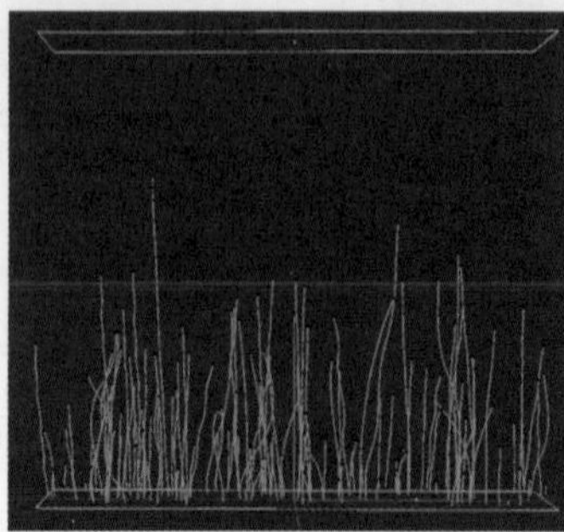

图9-77

10 复制当前材质球，选中“发光”复选框，调整颜色值为H：231°、S：33%、V：100%，如图9-78所示。

11 将当前调整好的材质赋予上面的球体，此时的渲染效果如图9-79所示。

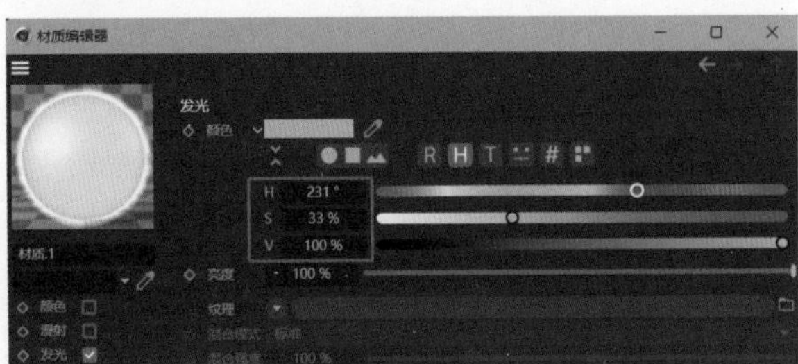

图9-78

图9-79

12 新建一个毛发材质，选中“颜色”复选框，并添加“渐变”纹理，如图9-80所示。

13 调整其渐变颜色，如图9-81和图9-82所示。

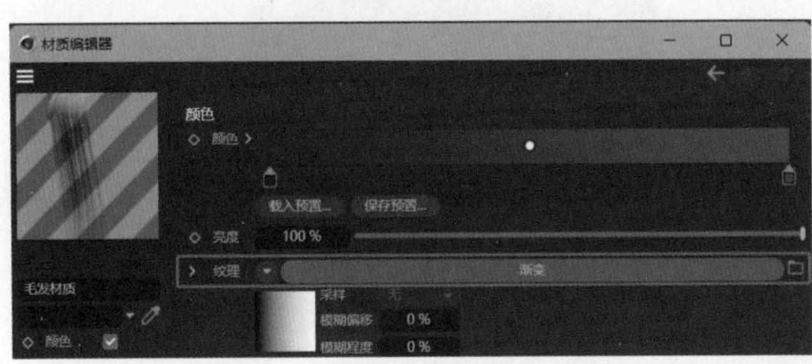

图9-80

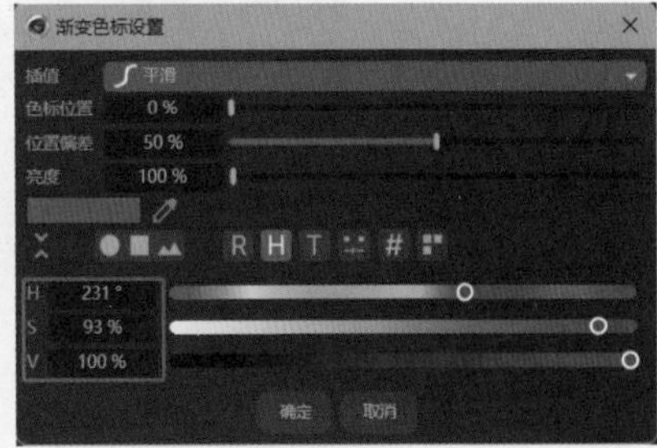

图9-81

14 将该材质赋予追踪对象，其渲染效果如图9-83所示。

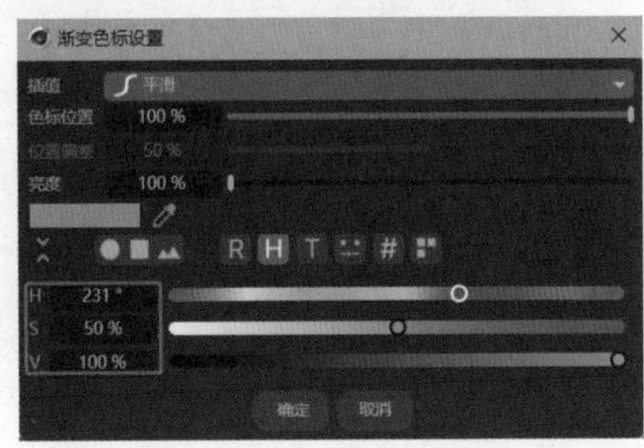

图9-82

图9-83

15 为当前场景添加灯光、背景、摄像机等，最终的渲染效果如图9-84所示。

图9-84

9.2 毛发

9.2.1 创建毛发

毛发是指在 C4D 中通过技术手段模拟出现实生活中毛发的状态，以达到逼真的毛发效果。

创建毛发的方法为：选中需要添加毛发的对象，执行“模拟”→“毛发对象”→“添加毛发”命令，即可为模型添加毛发效果。添加的毛发会以线的形式存在，如图 9-85 和图 9-86 所示。

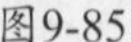
图9-85

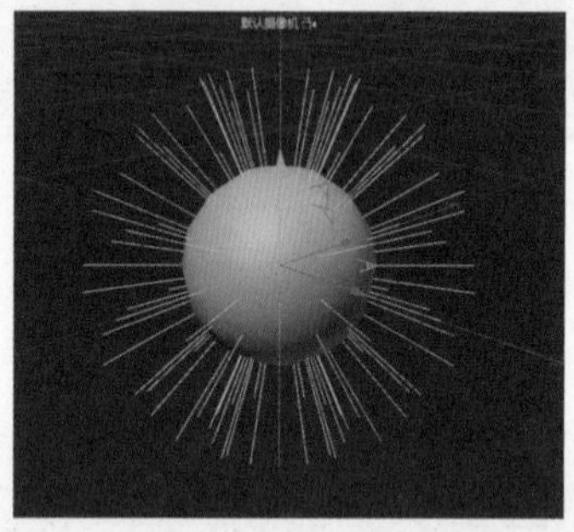
图9-86

在对象面板中选中“毛发”，可以在属性面板中通过修改相关参数改变其效果。

1.“引导线”选项卡

“引导线”选项卡可以设置毛发引导线的相关参数，如图 9-87 和图 9-88 所示，其中主要参数含义介绍如下。

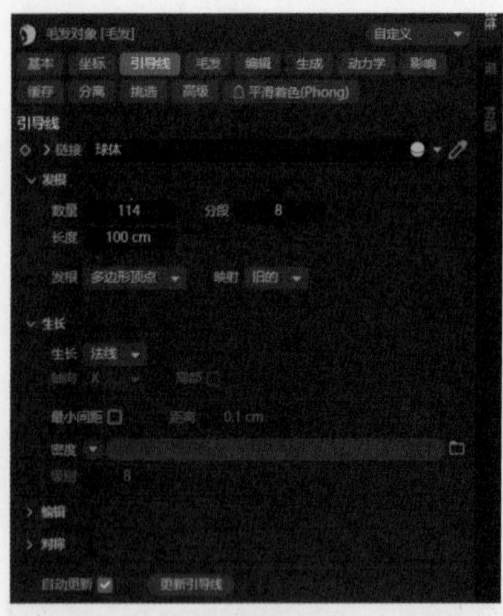

图9-87

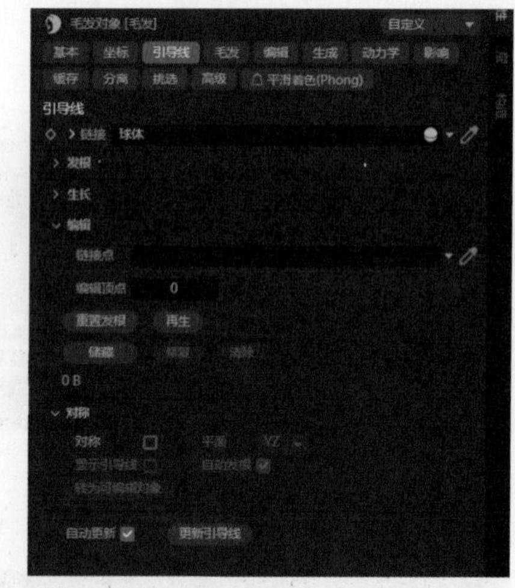

图9-88

※ 链接：指定产生毛发的对象。

※ 数量：设置毛发生长的数量。

※ 分段：设置毛发引导线的分段数，从而控制毛发的细节程度。

※ 长度：调整毛发生长的长度。

※ 发根：设置毛发开始生长的位置，如图 9-89 所示。

※ 生长：设置毛发生长的方向。默认情况下，毛发生长的方向设置为“法线”，可以根据需要调整生长方向，以达到理想的毛发效果。

2.“毛发”选项卡

“毛发”选项卡可以设置毛发生长的数量和分段等属性，如图 9-90 和图 9-91 所示，其中主要参数含义介绍如下。

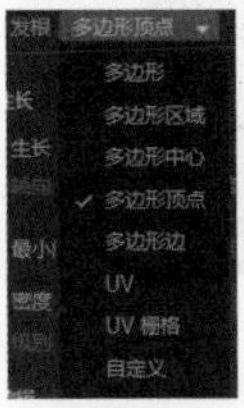

图9-89

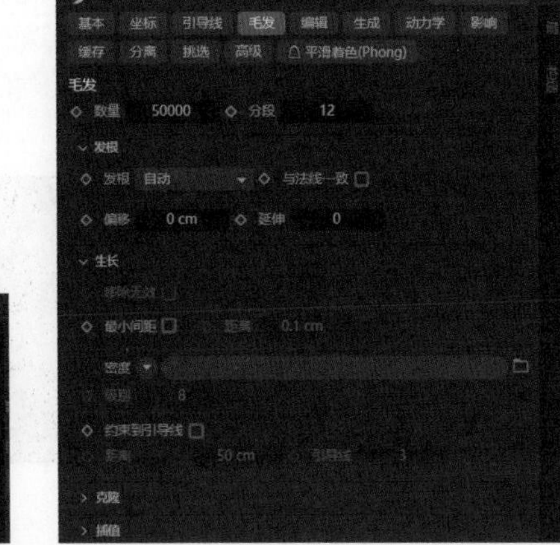

图9-90

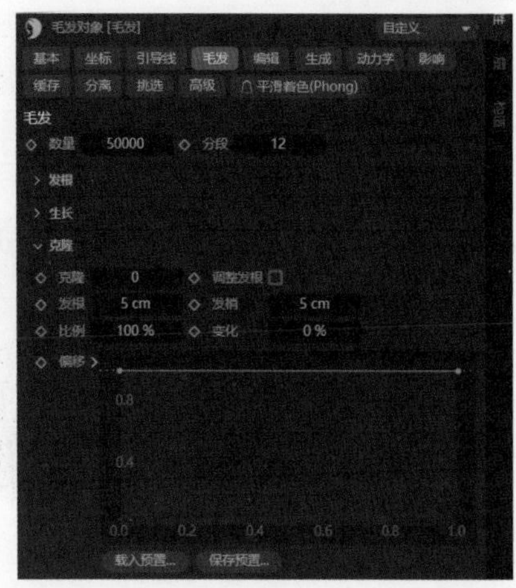

图9-91

※ 数量：设置毛发渲染出来的数量，从而控制毛发的密度。

※ 分段：设置毛发的分段数，进而影响毛发的弯曲程度和细节表现。

※ 发根：调整毛发的分布情况，如图 9-92 所示。用户可以通过修改发根设置，实现毛发在不同区域的疏密和分布。

※ 偏移：控制毛发与生成毛发的对象之间的距离，从而实现毛发与皮肤或其他表面的分离效果。

※ 最小间距：设置毛发之间的最小间距，以避免毛发过于密集或出现交叉现象，保持毛发的自然分布。

3.“编辑”选项卡

“编辑”选项卡可以设置毛发的显示效果，如图 9-93 所示，其中主要参数含义介绍如下。

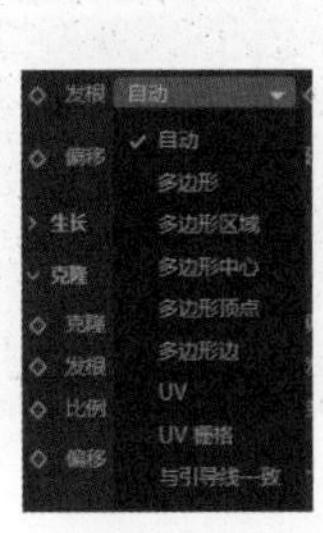

图9-92

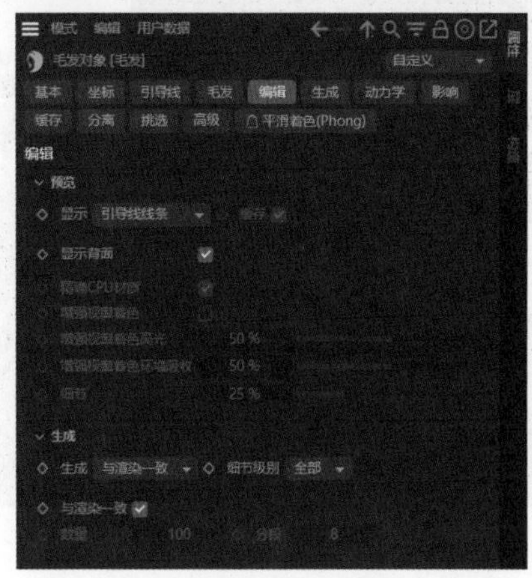

图9-93

※ 显示：调整毛发在视图中的显示效果，便于在制作过程中更好地观察和调整。

※ 生成：设置毛发显示的样式。默认情况下，选择“与渲染一致”选项以确保视图中的毛发效果与最终渲染效果相匹配，也可以根据需求选择其他显示样式。

9.2.2 毛发材质

毛发材质指的是专门用于模拟毛发的特殊材质。它与普通材质的主要区别在于，毛发材质提供了调整毛发形态的功能，如长度、弯曲度、扭曲度等参数，从而能够更真实地模拟各种毛发的外观和动态。当为某个模型添加了毛发后，材质面板会自动创建一个新的毛发材质。双击这个新创建的毛发材质，就会出现材质编辑器，如图 9-94 所示，供用户进行详细的参数设置和调整。

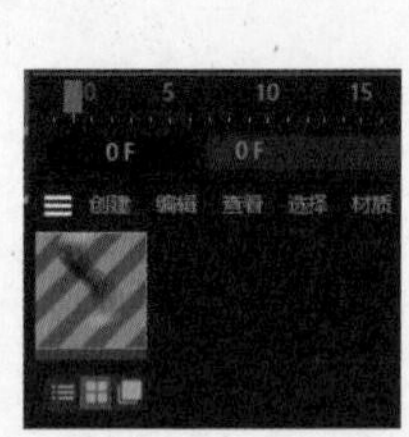

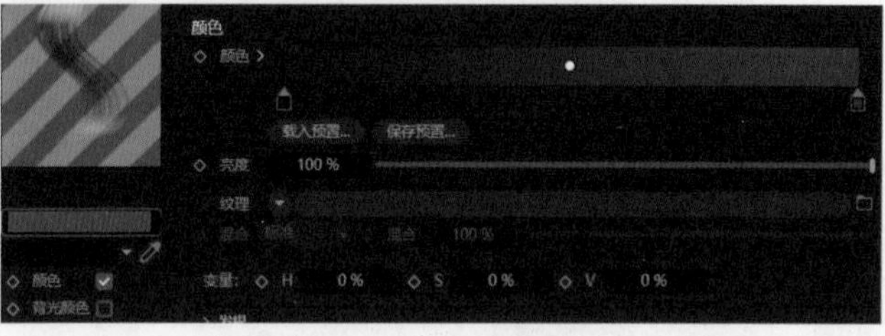

图9-94

1.“颜色”复选框

选中“颜色”复选框，材质编辑器如图 9-95 所示，其中主要参数含义介绍如下。

※ 颜色：为毛发设置特定的颜色。

※ 亮度：改变毛发的亮度，从而影响其视觉上的明暗程度。

※ 纹理：为毛发添加相应的纹理，以增强毛发的真实感和细节表现。

2.“高光”复选框

选中“高光”复选框，材质编辑器如图 9-96 所示，其中主要参数含义介绍如下。

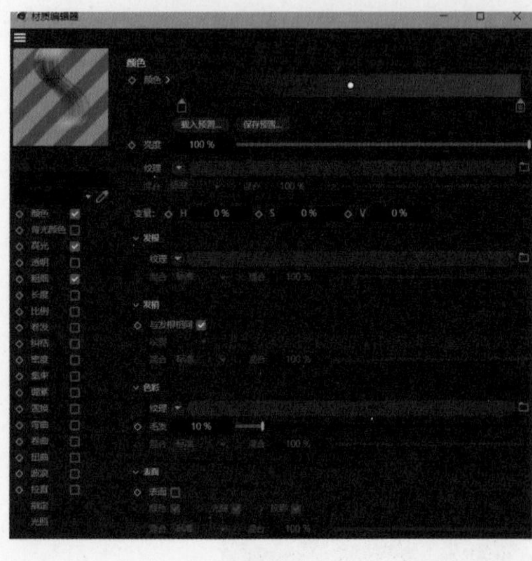

图9-95

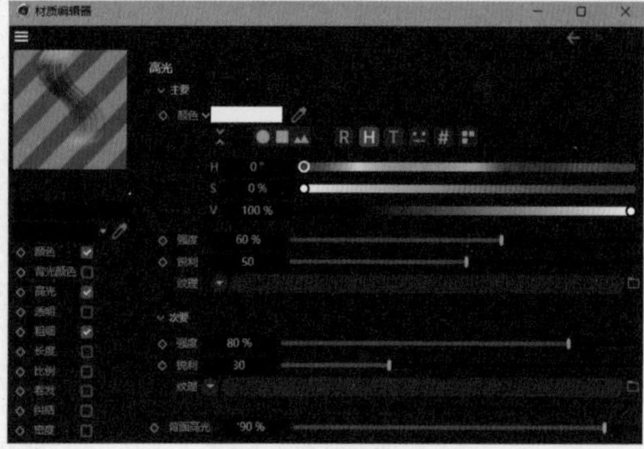

图9-96

※ 颜色：设置毛发高光部分的颜色。默认情况下，高光颜色保持为白色。

※ 强度：调整毛发高光的亮度或强度，使其更加显眼或柔和。

※ 锐利：控制高光与毛发之间的过渡效果。数值越大，高光边缘的过渡就越锐利，给出一种更加明亮和清晰的高光效果。

3.“粗细”复选框

选中“粗细”复选框，材质编辑器如图 9-97 所示，其中主要参数含义介绍如下。

※ 发根：调整发根的粗细程度。

※ 发梢：设置发梢的粗细，以实现自然的毛发末端效果。

※ 变化：控制从发根到发梢粗细变化的程度。可以通过调整此数值，模拟出真实的毛发渐变效果。

※ 曲线：通过调整曲线的形状，进一步精细化地控制毛发的粗细变化，从而实现更为自然和逼真的毛发效果。

4.“长度”复选框

选中“长度”复选框，材质编辑器如图 9-98 所示，其中主要参数含义介绍如下。

※ 长度：设置毛发的基准长度。

※ 变化：控制毛发之间的长短变化程度。数值越大，毛发长度的差异性就越大，从而呈现更为自然的生长状态。

※ 数量：该参数用于设置参与毛发长度变化的毛发数量。调整此参数可以影响整体毛发的变化效果，使得长度变化更加均匀或集中在特定区域。

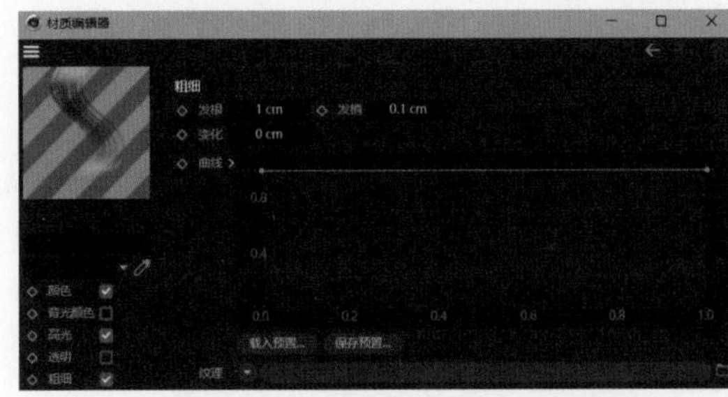

图9-97

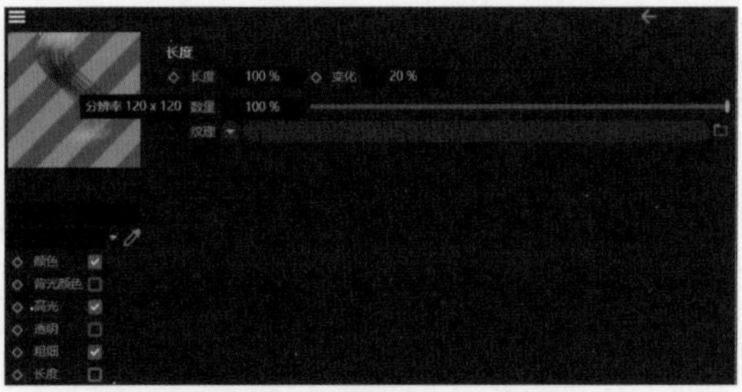

图9-98

5.“集束”复选框

选中“集束”复选框，材质编辑器如图 9-99 所示，其中主要参数含义介绍如下。

※ 数量：调整毛发集束的数量，从而控制毛发聚集成的束状结构的数量。

※ 集束：设置毛发集束的紧密程度。数值越大，毛发集束的效果就越显著，形成更加明显的束状外观。

※ 半径：调整集束的半径大小。数值增大时，集束的半径会随之扩大，使得毛发束看起来更加粗壮。

6.“弯曲”复选框

选中“弯曲”复选框，材质编辑器如图 9-100 所示，其中主要参数含义介绍如下。

※ 弯曲：调整毛发的弯曲程度。数值越大，毛发的弯曲程度就越大，呈现出更弯曲的外观。

※ 总计：调整此参数，可以控制弯曲效果影响的毛发数量。

※ 方向：设置毛发弯曲的方向。默认情况下，弯曲方向是“随机”的，但也可以根据需要进行具体设置。

※　轴向：确定毛发在哪个轴向上产生弯曲。通过调整轴向，可以控制毛发弯曲的具体方向和形态。

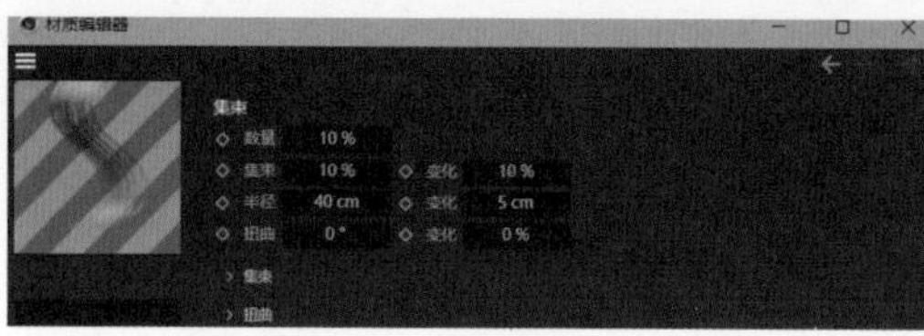

图9-99

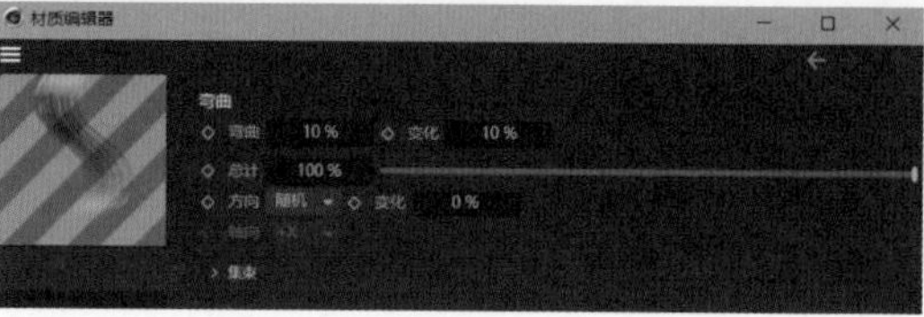

图9-100

7. “卷曲”复选框

选中“卷曲”复选框，材质编辑器如图 9-101 所示，其中主要参数含义介绍如下。

※　卷曲：调整毛发的卷曲程度。数值越大，毛发卷曲的程度就越大，形成更加紧密的卷曲效果。

※　总计：控制卷曲效果在多少根毛发上体现。

※　方向：为毛发卷曲设置方向。提供了 4 种模式供用户选择，以满足不同的卷曲效果需求。

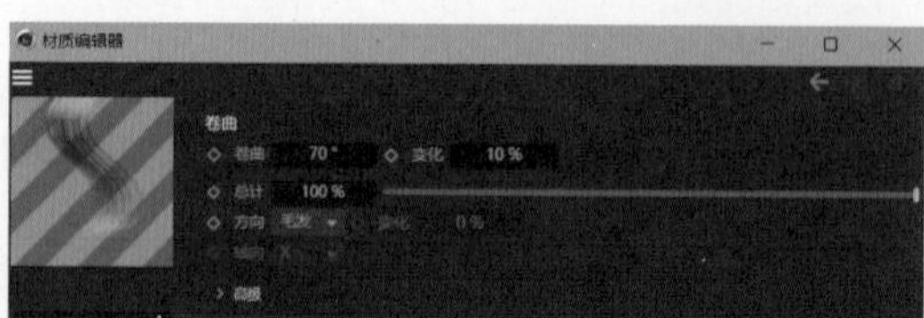

图9-101

9.2.3　实例：用毛发工具制作毛绒字母效果

本实例将演示如何使用毛发工具制作毛绒字母，具体效果如图 9-102 所示，具体的操作步骤如下。

图9-102

01　在场景中新建一个文本，单击“克隆”按钮，再选择文本对象，如图9-103和图9-104所示。

图9-103

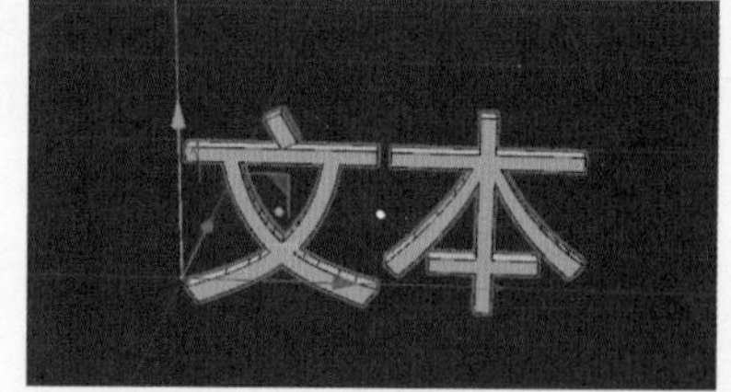

图9-104

02 将文本改为C4D，将附加字体改为Bold，如图9-105和图9-106所示。

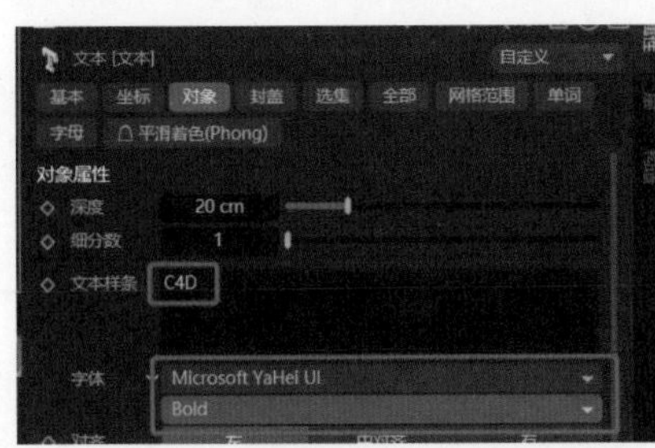

图9-105　　图9-106

03 选中文本，在属性面板中将其“点插值方式”修改为“统一”，这样文字的布线将会更加均匀，如图9-107和图9-108所示。

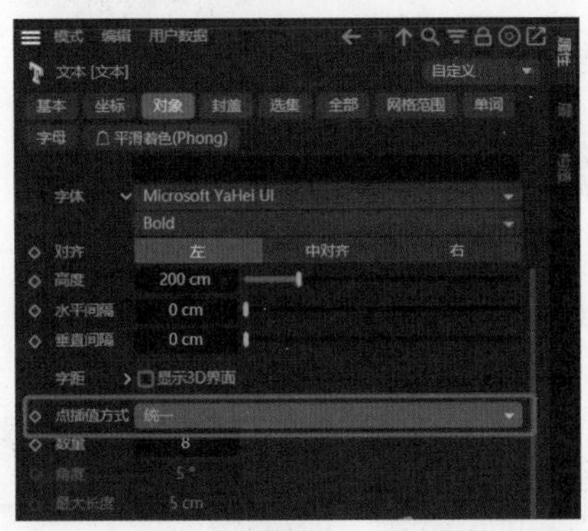

图9-107　　图9-108

04 选中文本，按C键，将文本改变为可编辑图形，并展开全部子集，如图9-109所示。

05 在对象面板中选中字母C，执行“模拟”→“毛发对象”→“添加毛发”命令，如图9-110和图9-111所示。

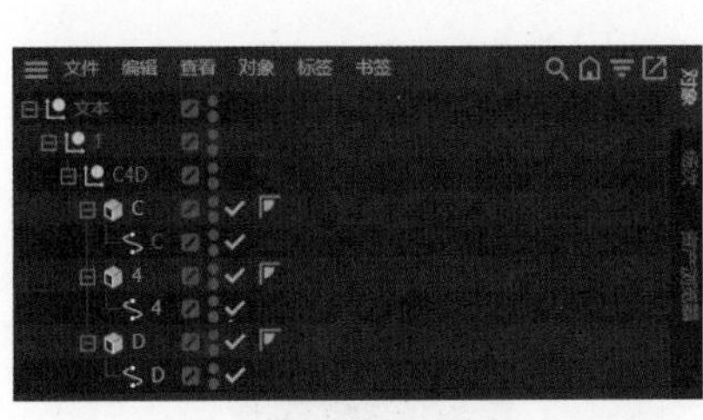

图9-109　　图9-110　　图9-111

06 在对象面板中选中“毛发”，将其“长度”值改为20cm，如图9-112和图9-113所示。

07 在材质面板中双击毛发材质，打开“材质编辑器”，将其颜色渐变改为3个滑块，并将其数值分别修改为（H：21°、S：95%、V：83%）、（H：38°、S：92%、V：93%）、（H：49°、S：62%、V：100%），其渐变效果如图9-114所示。

08 选中“高光”复选框，设置“强度”值为50%，如图9-115和图9-116所示。

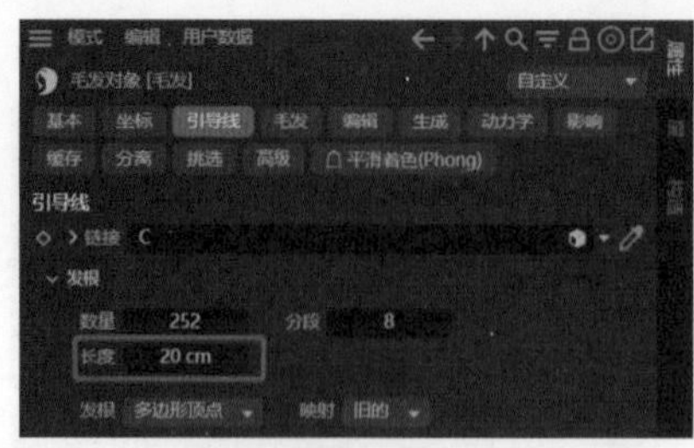

图9-112

图9-113

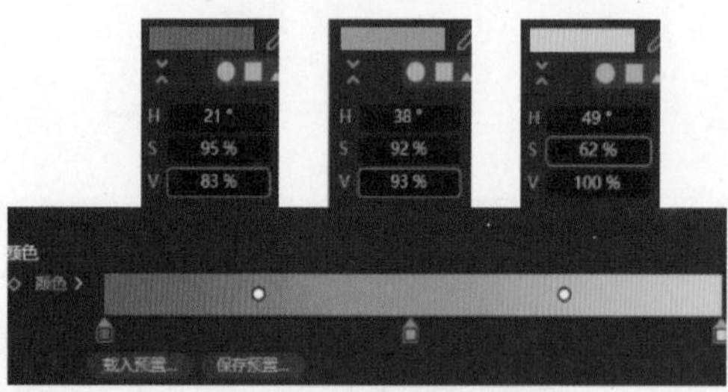

图9-114

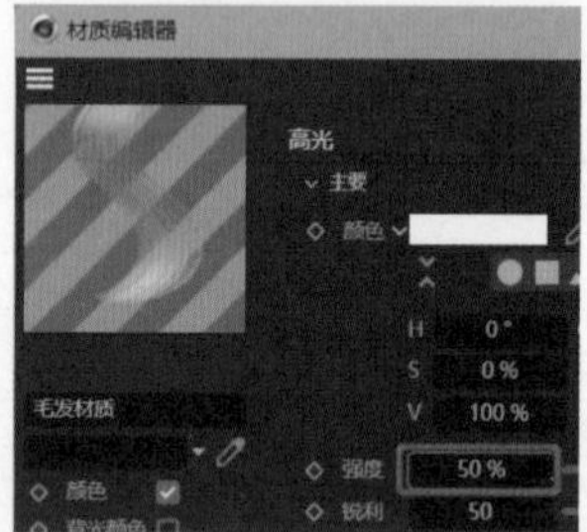

图9-115

09 选中“粗细”复选框，修改“发根”值为2cm，“发梢”值为0.2cm，“变化”值为0.5cm，其效果如图9-117和图9-118所示。

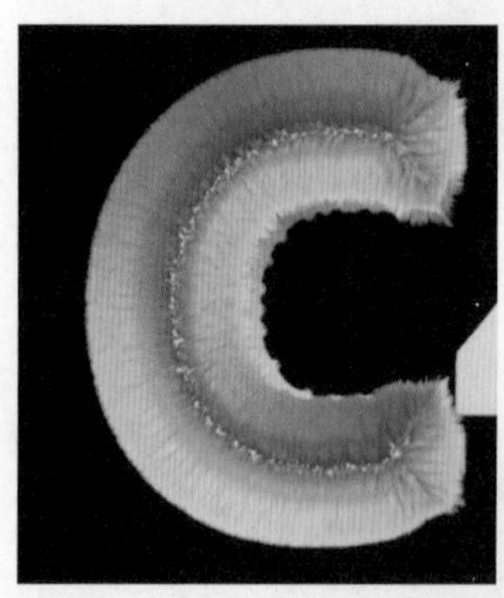

图9-116

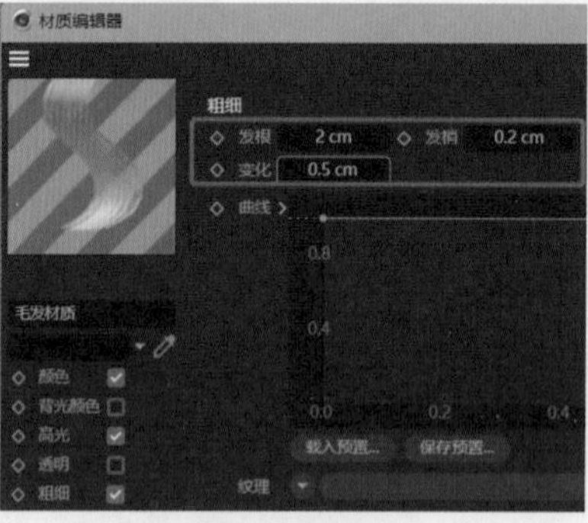

图9-117

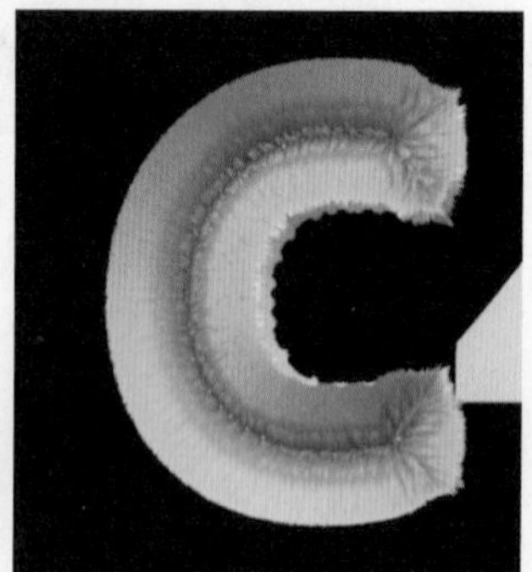

图9-118

10 选中“长度”复选框，设置“变化”值为70%，如图9-119和图9-120所示。

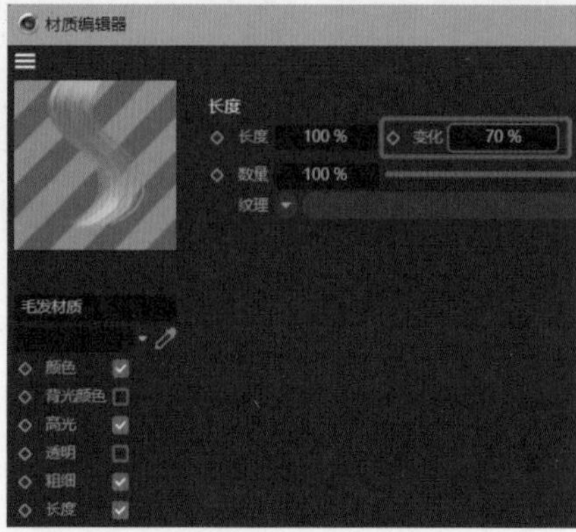

图9-119

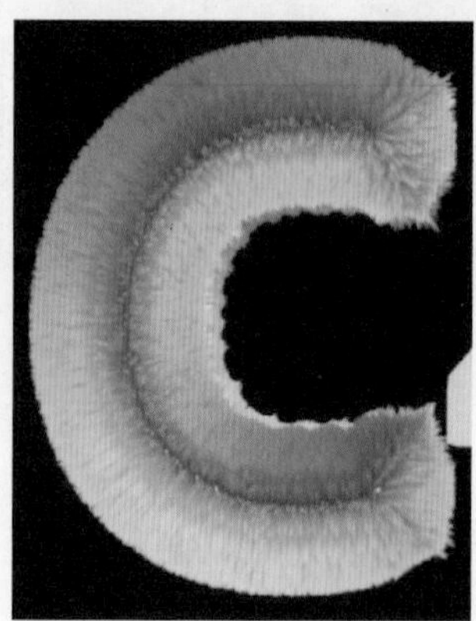

图9-120

11 选中“集束”复选框，设置“数量”值为50%，“集束”值为5%，“变化”值为10%，“半径”值为80cm，“变化”值为20cm，“扭曲”值为15°，“变化”值为5%，如图9-121和图9-122所示。

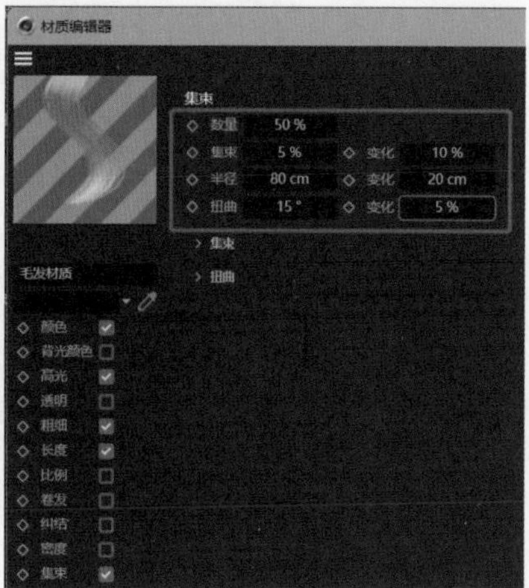

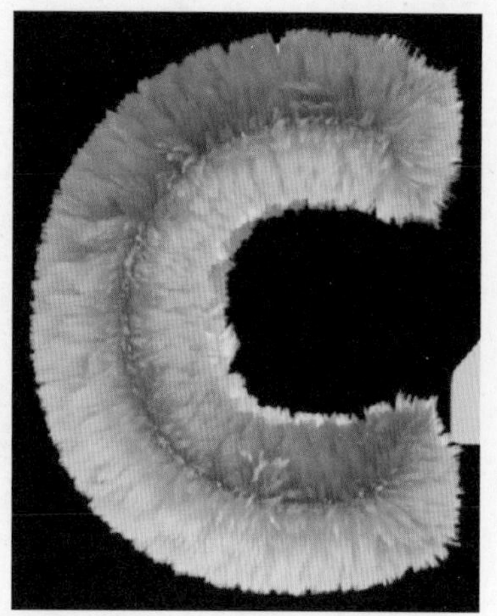

图9-121　　图9-122

12 选中“弯曲”复选框，设置“弯曲”值为30%，“变化”值为20%，如图9-123和图9-124所示。

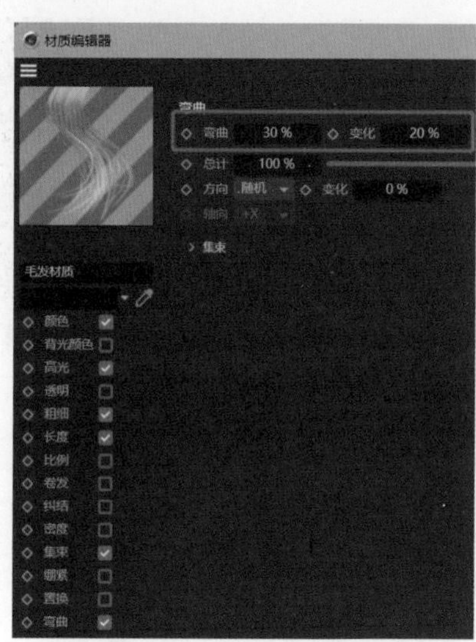

图9-123　　图9-124

13 将另外4和D两个文本也添加毛发材质并修改相关参数，其效果如图9-125所示。

图9-125

14　为当前场景添加背景、地面和灯光，其最终效果如图9-126所示。

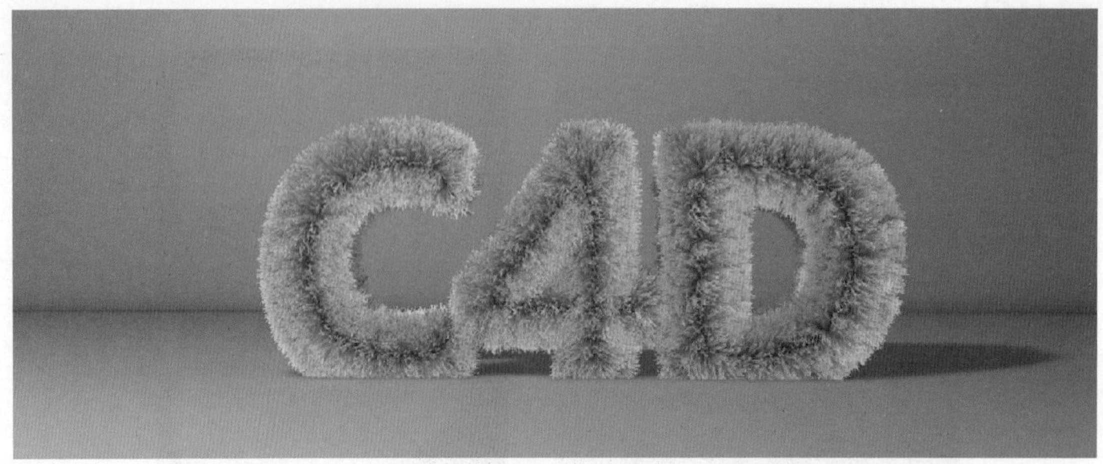

图9-126

9.3 布料

9.3.1 关于布料

布料是指在 C4D 软件中模拟现实生活中布料的质感，在添加布料标签之后，能够很好地呈现相关的动力学效果。

添加布料标签的方法为：选中需要添加标签的模型，执行“标签”→“模拟标签”→“布料”命令，即可添加布料标签，如图 9-127 所示。添加布料标签后，物体后面会出现图标，如图 9-128 所示。

图9-127

图9-128

单击标志，可以在属性面板中通过修改相关参数改变其效果。如图 9-129 和图 9-130 所示，其中主要参数含义介绍如下。

※　弯曲度：设置布料的弯曲程度，布料面积越大，可设置的弯曲度范围就越大。

※　弹力：设置布料的弹力，数值越大，弹力越大。

※　弹性：设置布料的回弹力，数值越大，布料的弹性越大。

※　摩擦：设置布料之间的摩擦力大小。

※　厚度：设置布料的厚度。

※　质量：设置布料的质量。

※　撕裂：选中该复选框后，布料会产生撕裂效果。

※　缓存：可将模拟的布料动力学动画渲染为关键帧动画。

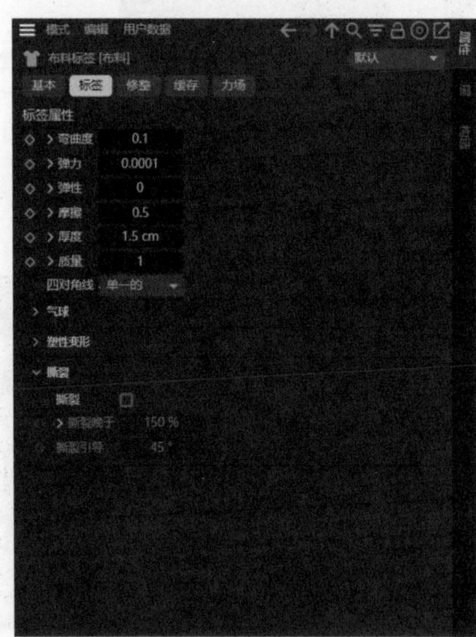

图9-129

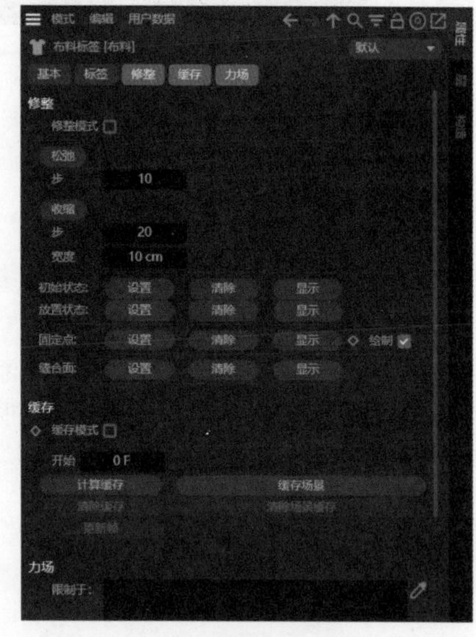

图9-130

在场景中新建一个球体，并为球体添加“模拟”标签中的“碰撞体”标签，如图 9-131 和图 9-132 所示。

图9-131

图9-132

在场景中再新建一个平面，将平面的位置调整到球体上方，增加其分段值均为 50，设置“宽度”和“高度”值均为 500cm，如图 9-133 和图 9-134 所示。

图9-133

图9-134

选中平面，为平面添加“布料”标签，此时单击“播放”按钮▶，此时可以观察到布料产生下落效果，并落在球体模型上方，如图 9-135 和图 9-136 所示。

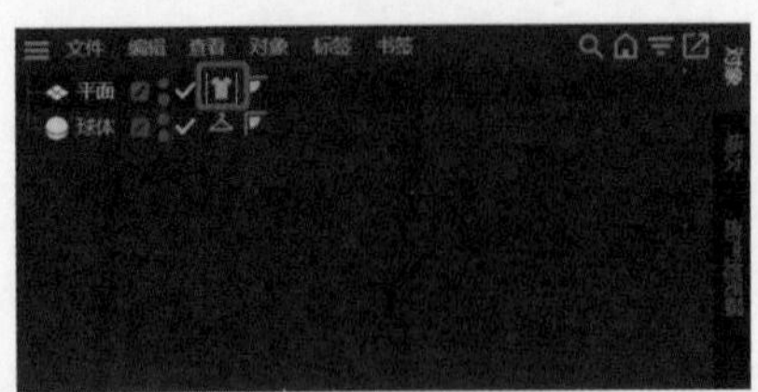

图9-135

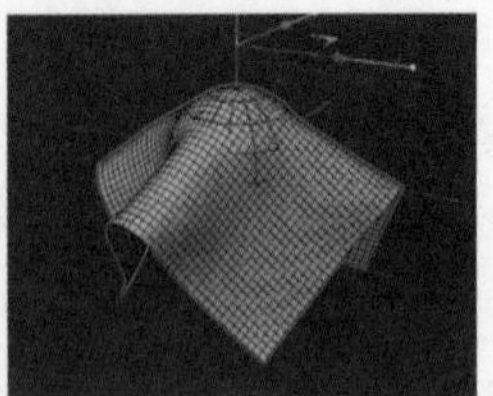

图9-136

以上是布料的动力学效果，可以单击属性面板中的“计算缓存”按钮，将其烘焙为关键帧动画。

9.3.2 布料绑带

布料绑带是一种标签，它可以使布料与其他物体相连接，从而实现固定布料的效果。

“布料绑带”标签的添加方法为：选中需要添加“布料绑带”标签的物体，执行“标签”→“模拟标签”→“布料”命令，如图 9-137 所示。

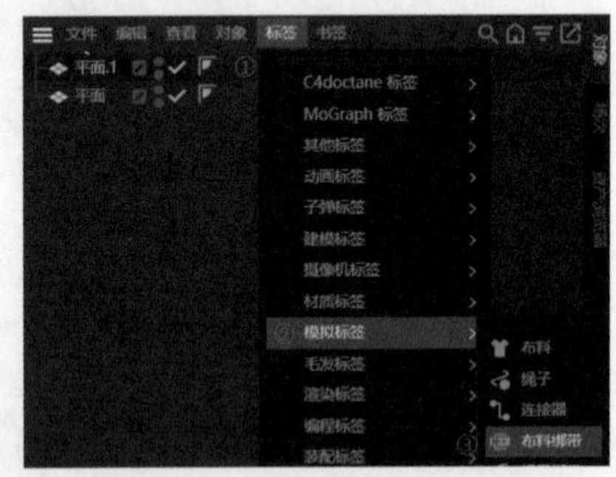

图9-137

添加“布料绑带”标签后，我们仍然需要一些操作才能实现“布料绑带”表现的效果。接下来将用一个简单的实例演示，具体的操作步骤如下。

01 在场景中新建一个平面，将其“宽度分段”和“高度分段”值均改为50，将其方向改为+X，如图9-138和图9-139所示。

图9-138

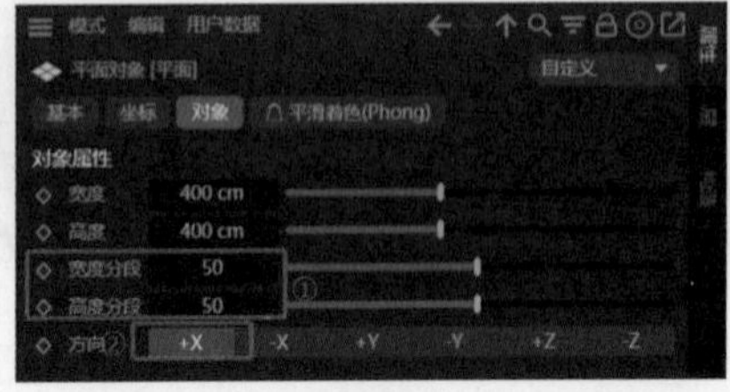

图9-139

02 选中平面，为其添加“布料”标签和“布料绑带”标签，添加标签后按C键将平面转换为可编辑多边形，如图9-140和图9-141所示。

图9-140

图9-141

03 在场景中新建一个圆柱体，将其“半径”值修改为10cm，“高度”值修改为400cm，并将“方向”

修改为-Z，调整圆柱体到合适位置，如图9-142和图9-143所示。

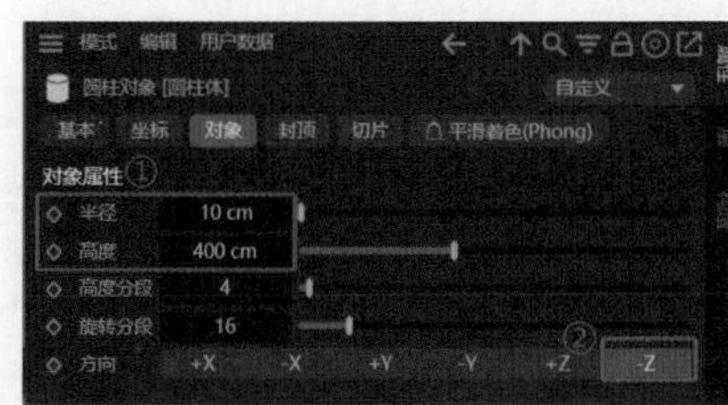

图9-142

图9-143

04 将圆柱体转换为可编辑多边形，切换到点模式，选中平面与圆柱体相接处的点，如图9-144所示。单击平面后面的“布料绑定”图标，在属性面板中将“圆柱体”拖到“绑定至”框中，然后单击上方的“设置”按钮，如图9-145所示。

图9-144

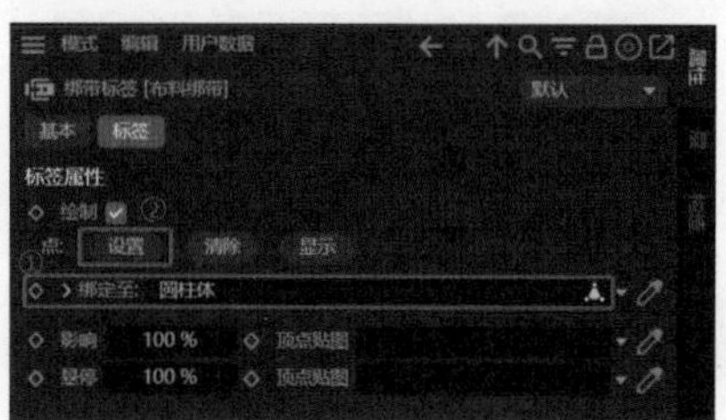

图9-145

05 绑定成功后，选中的点变成黄色，如图9-146所示。此时布料已经成功绑在圆柱体上。单击“播放”按钮，会发现现在对布料没有产生任何影响。

06 添加“湍流”力场和“风力”力场，单击“播放”按钮可以观察到布料产生了抖动现象，但布料位置未发生变化，如图9-147所示。

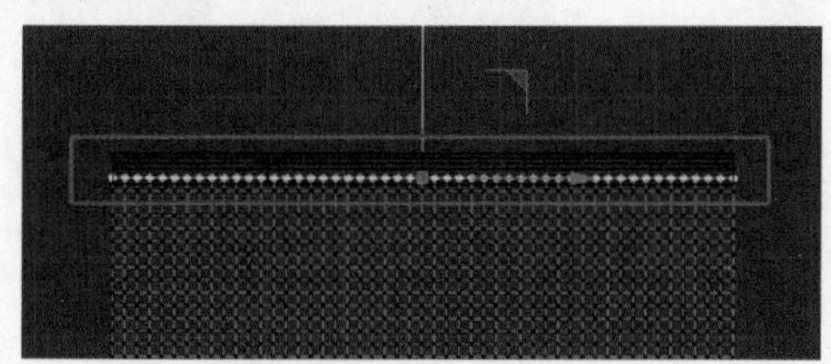

图9-146

图9-147

在实际运用中，可以采用这种方法将布料固定在需要固定的地方，从而制作出想要的布料效果。

9.3.3 实例：用布料制作丝带飘动效果

本实例将使用“布料”标签制作丝带飘动效果，如图 9-148 所示，具体的操作步骤如下。

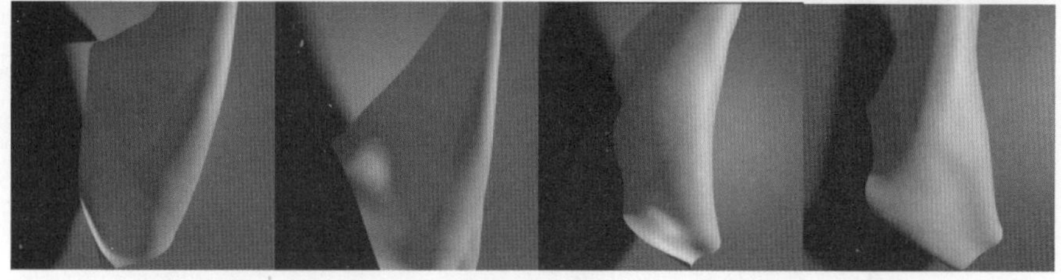

图9-148

01 在场景中新建一个平面，在“对象”选项卡中，将“宽度”值修改为800cm，“高度”值修改为600cm，并将其“宽度分段”和“高度分段”值均改为80，如图9-149和图9-150所示。

图9-149

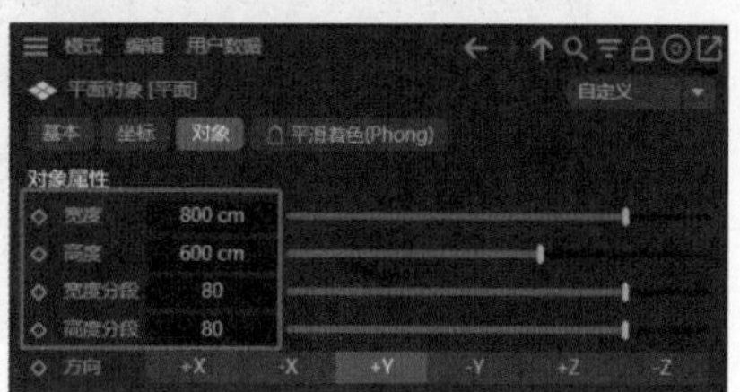

图9-150

02 选中该平面，为其添加“布料”标签和“布料绑带”标签，并将其转换为可编辑多边形，如图9-151和图9-152所示。

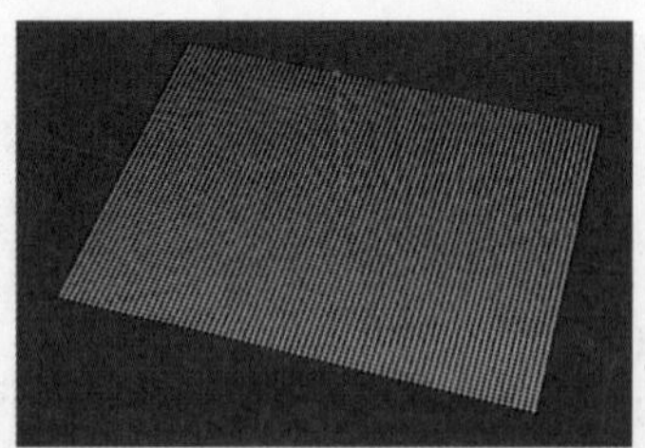

图9-151

图9-152

03 新建一个球体，将其“半径”值修改为20cm，“分段”值修改为32，如图9-153所示。将球体转换为“可编辑多边形”，并将球体的位置移至如图9-154所示的位置。

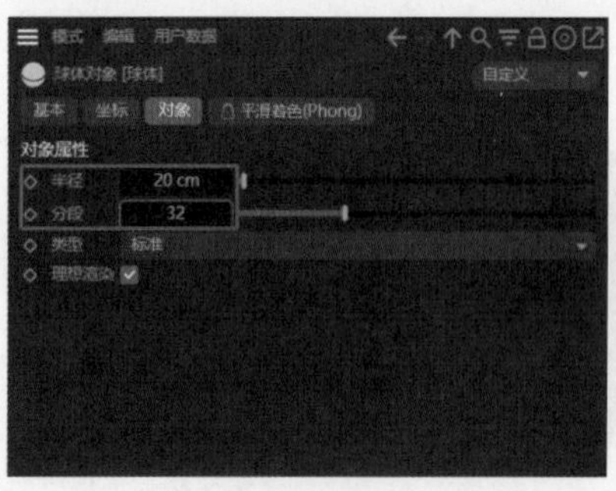

图9-153

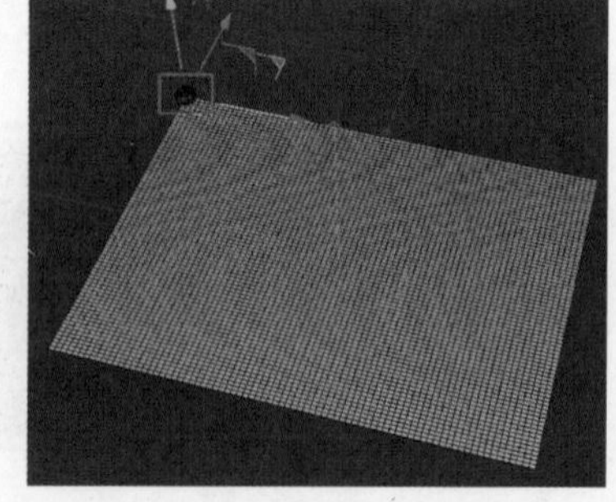

图9-154

04 切换到点模式，选中平面与小球相连的3个点，通过“布料绑带”标签将平面与球体连接在一起，如图9-155和图9-156所示。

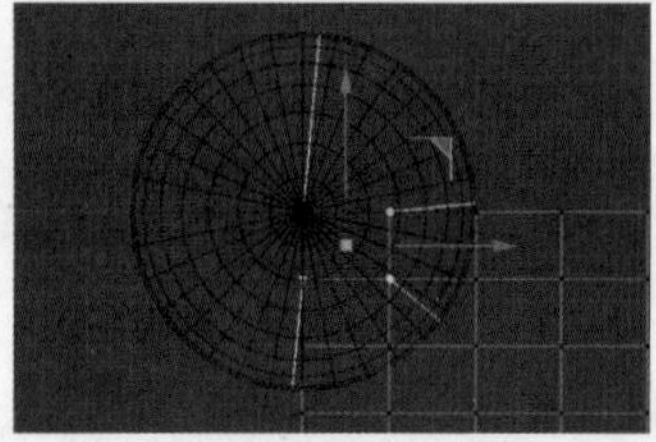

图9-155

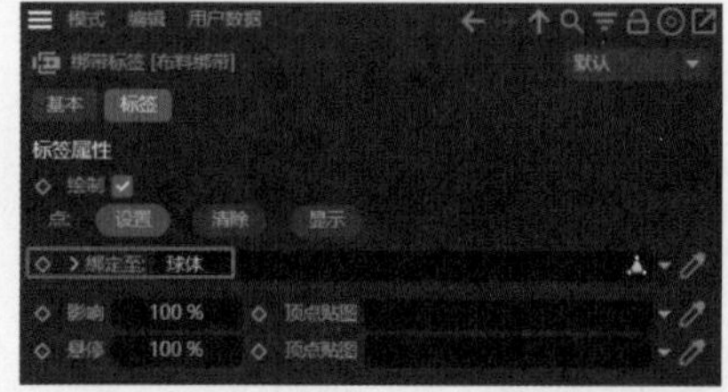

图9-156

05 单击“播放”按钮，可以观察到平面开始十分轻柔地下落，并牢牢地固定在球体上，如图9-157所示。

图9-157

06 将当前的帧改为200F，增加帧数后可以更好地观察到下落的效果，如图9-158所示。

图9-158

07 在场景中新建一个“风力”力场，将其“速度”值改为20cm，“紊流”值改为30%，如图9-159所示。将“风力”力场拖至如图9-160所示的位置。

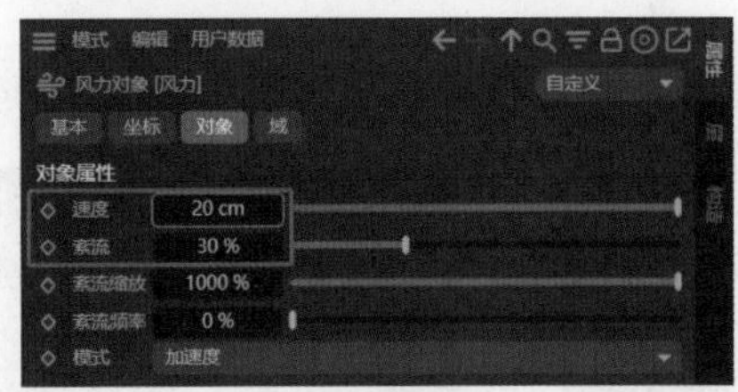

图9-159

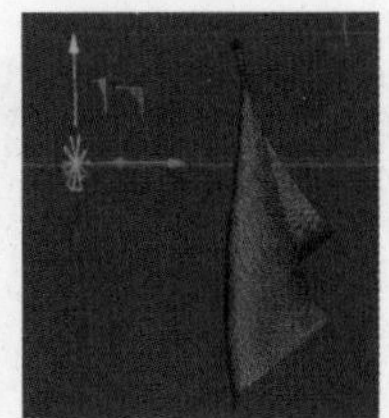

图9-160

08 单击“播放”按钮，可以观察到风对布料的吹动效果，如图9-161所示。

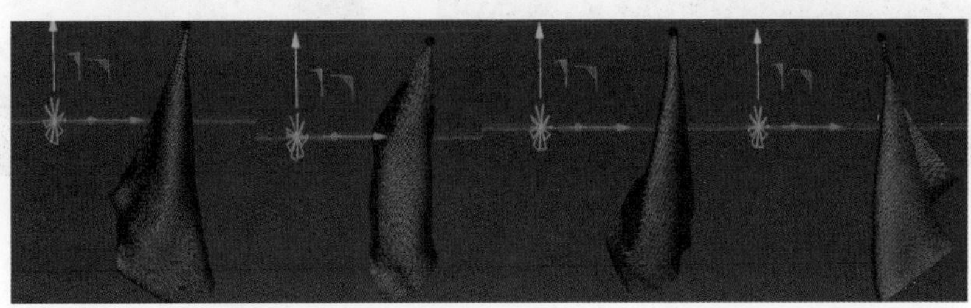

图9-161

09 在场景中新建一个“湍流”力场，将其“强度”值改为25cm，“缩放”值改为30%，如图9-162所示。将“湍流”拖至如图9-163所示的位置。

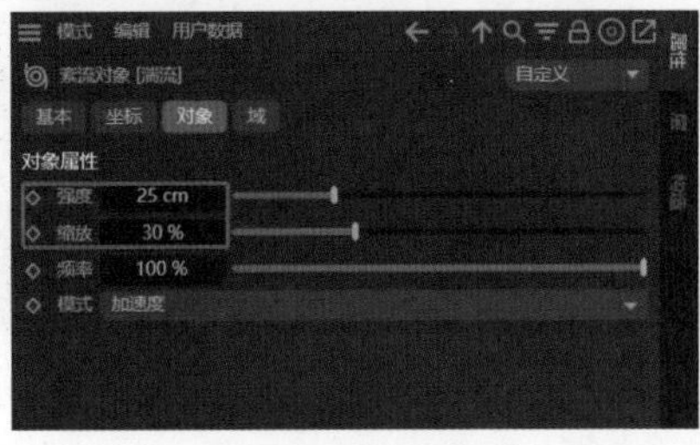

图9-162

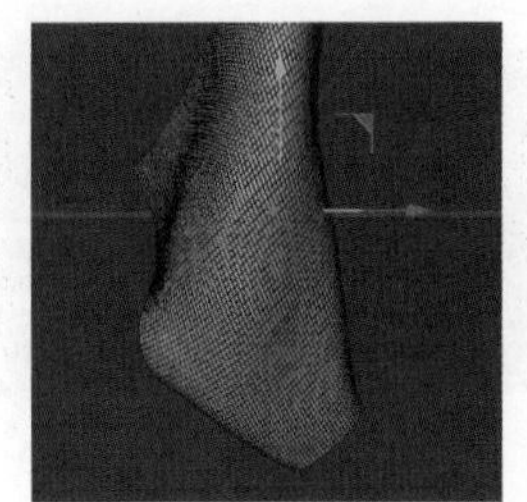

图9-163

10　单击“播放”按钮▶，可以观察到湍流对布料的影响效果，如图9-164所示。

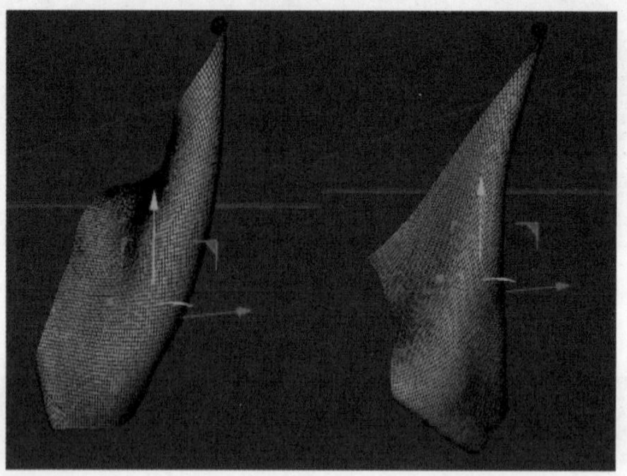

图9-164

11　单击“渲染设置”按钮，在“输出”选项卡中调整“胶片宽高比”为“正方1:1”，如图9-165所示，并为当前场景添加背景、灯光、摄像机等，如图9-166所示。

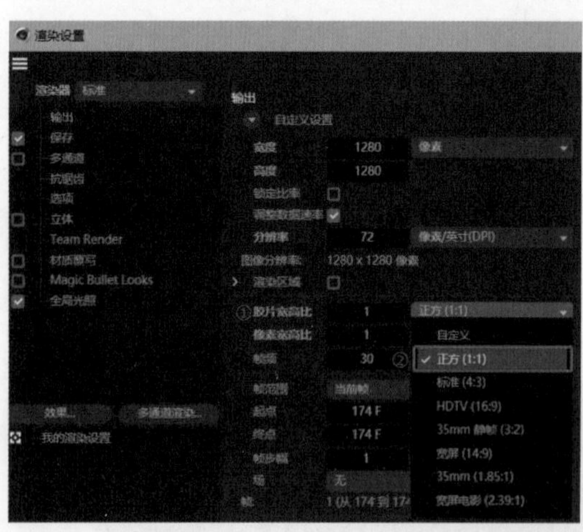

图9-165

图9-166

12　在画面中新建默认材质，在“颜色”选项卡中调整颜色的数值为H：231°、S：63%、V：80%，将改材质赋予背景和地面，如图9-167所示。

13　在场景中新建默认材质，在“透明”选项卡中，将其“亮度”值修改为30%，形成半透明的效果，将该材质赋予平面，如图9-168所示。

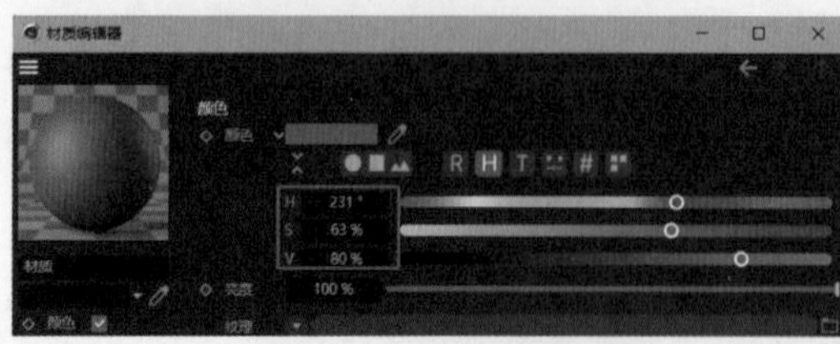

图9-167

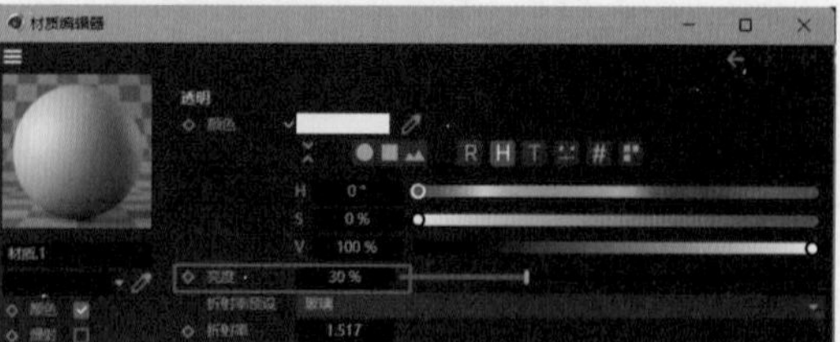

图9-168

14　调整完所有参数后，渲染所得的最终效果如图9-169所示。

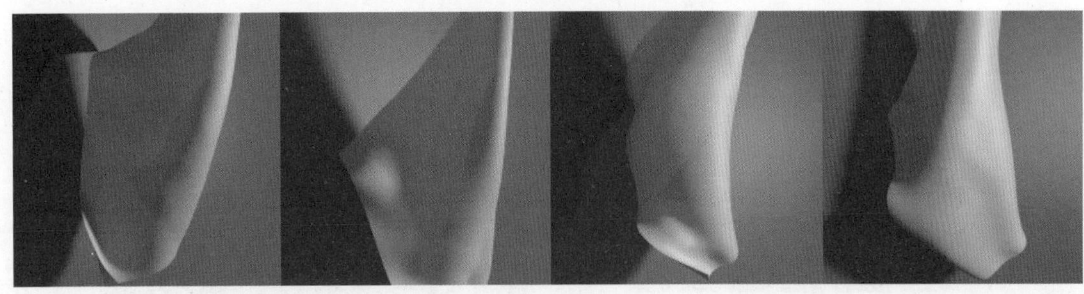

图9-169

9.3.4 实例：利用毛发和布料制作室内场景

本实例将使用“布料”标签、“布料绑带”标签和“毛发”工具制作室内场景，如图 9-170 所示，具体的操作步骤如下。

图9-170

01 打开本实例文件，如图9-171和图9-172所示，再利用所学知识为场景添加地毯、毛绒玩具和窗帘。

图9-171

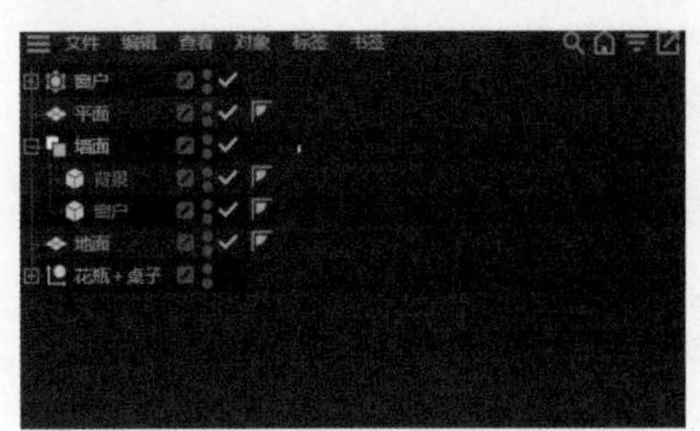

图9-172

02 在画面中做一个地毯，在画面中新建一个圆柱体，调整其“半径”值为200cm，“高度分段”值为1，“旋转分段”值为56；在“封顶”选项卡中选中“圆角”复选框，将“分段”值调整为5，“半径”值调整为4cm，如图9-173~图9-175所示。

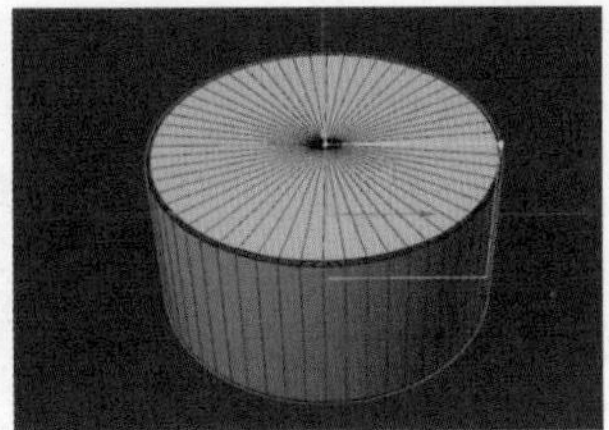

图9-173

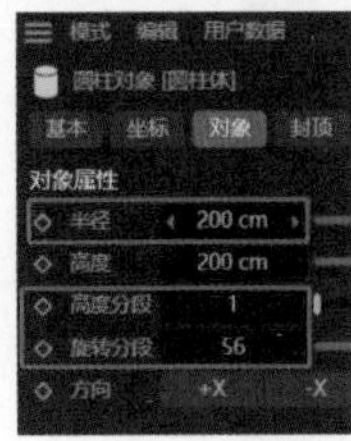

图9-174

图9-175

03 将圆柱体转换为“可编辑多边形”，切换到点模式和正视图，删除其下面部分的点，如图9-176和图9-177所示。

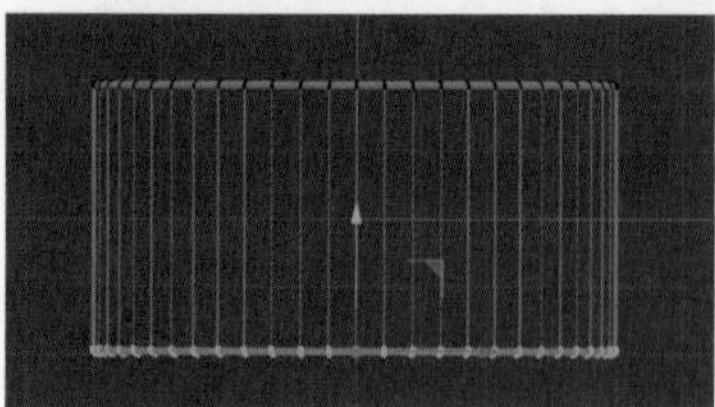
图9-176

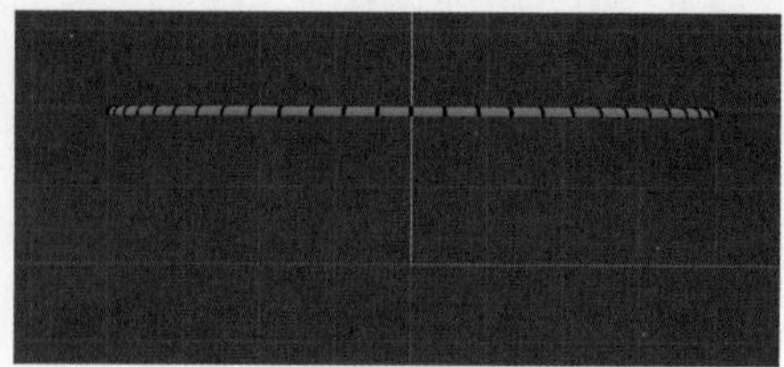
图9-177

04 将当前物体移至地面上，切换到线模式，按快捷键K+L为表面增加一些线条，如图9-178所示。

05 执行“模拟”→“毛发对象”→“添加毛发”命令，为地毯添加毛发对象，如图9-179所示。

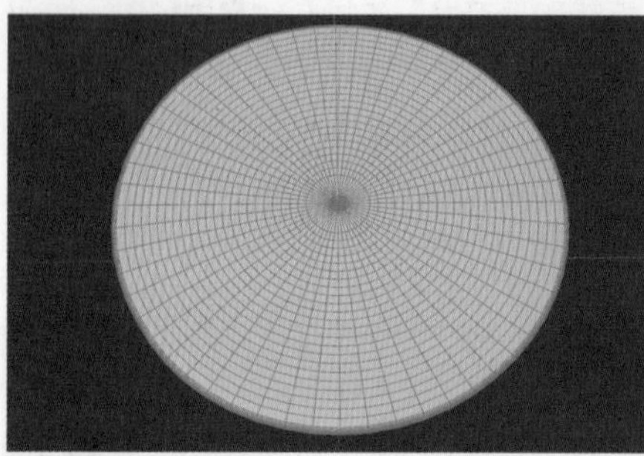
图9-178

图9-179

06 在属性面板中调整引导线的“长度”值为10cm，调整毛发“数量”值为100000，如图9-180和图9-181所示。

图9-180

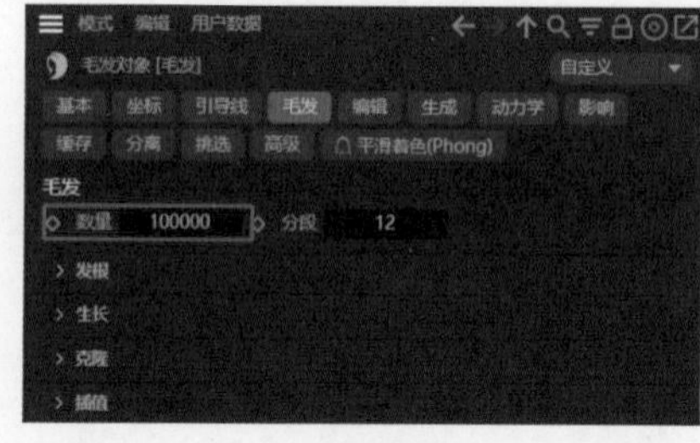

图9-181

07 在材质面板中双击“毛发材质”，打开材质编辑器，在“颜色”选项卡中调整颜色为H：204°、S：60%、V：51%，如图9-182和图9-183所示。

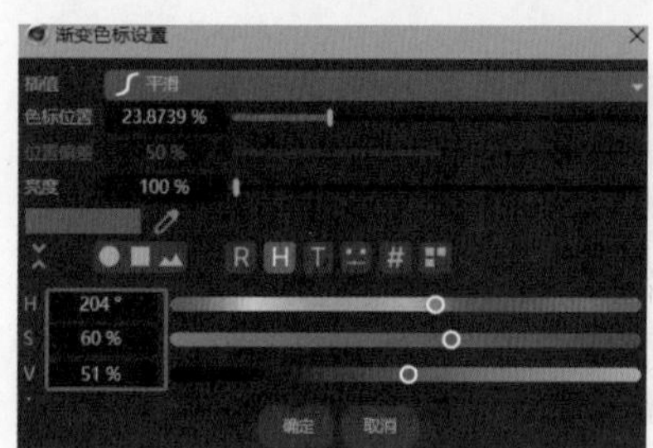

图9-182

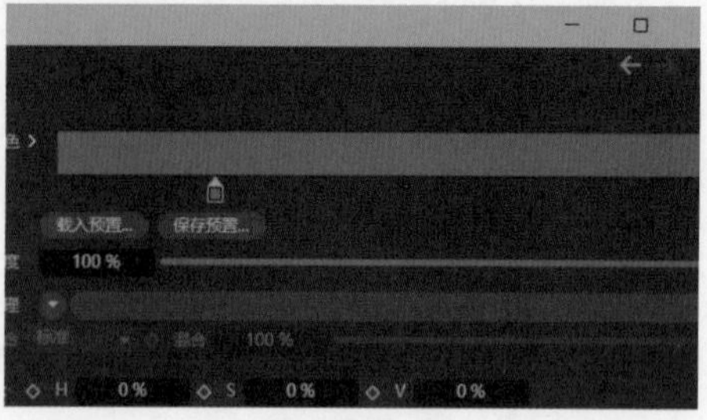

图9-183

08 在“粗细”选项卡中调整“发根”值为1cm，“发梢”值为0.3cm，如图9-184所示。

09 选中“卷发”“集束”和“绷紧”复选框，不用调整参数，如图9-185所示。此时的画面效果如图9-186所示。

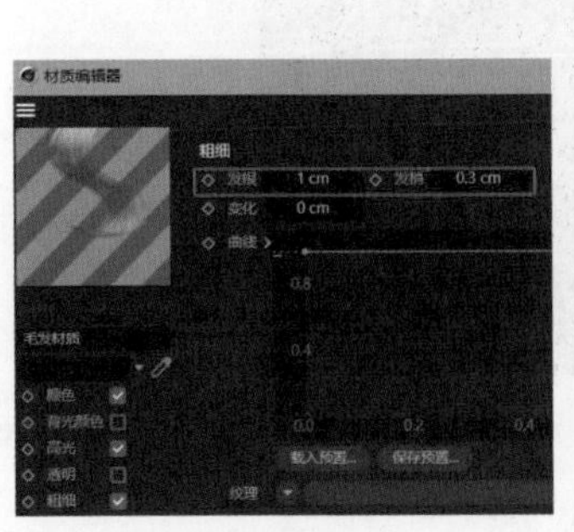

图9-184

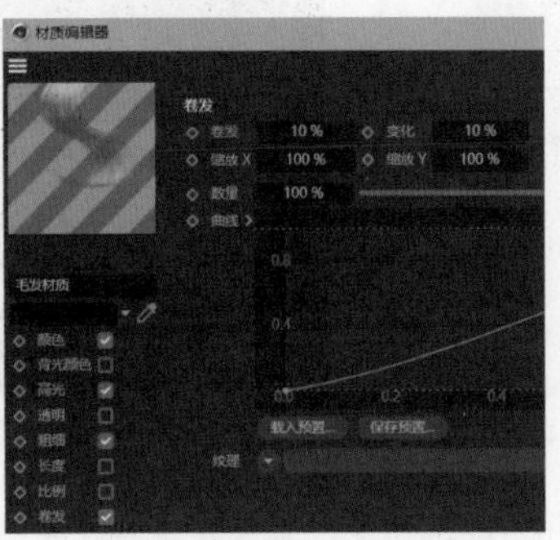

图9-185

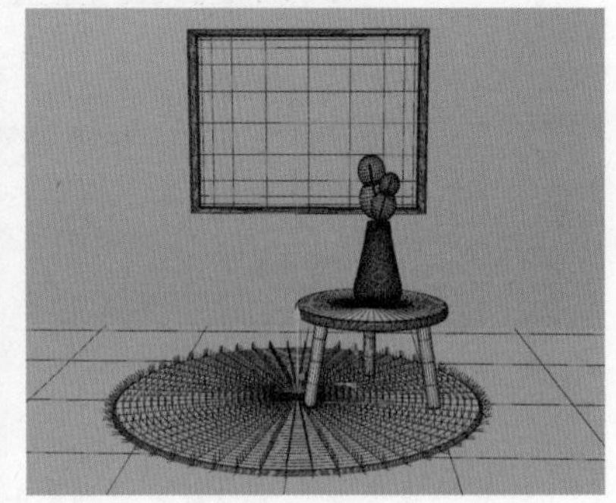

图9-186

10 接下来使用“布料”和“布料绑带”标签制作窗帘。切换到顶视图，在点模式下选择“草绘”工具，在画面中绘制如图9-187所示的图形。随后按住Alt键为样条添加“挤压”标签，在属性面板中调整“偏移”值为300cm，如图9-188所示。

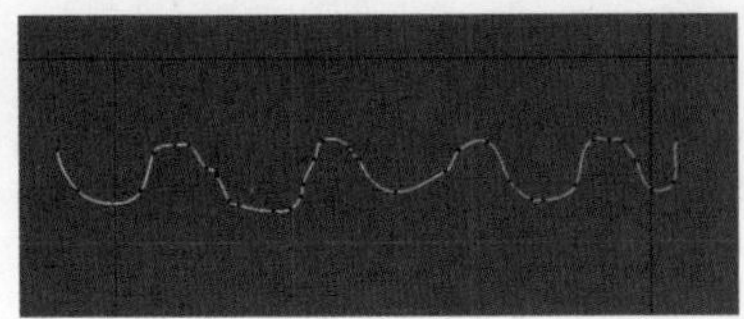

图9-187

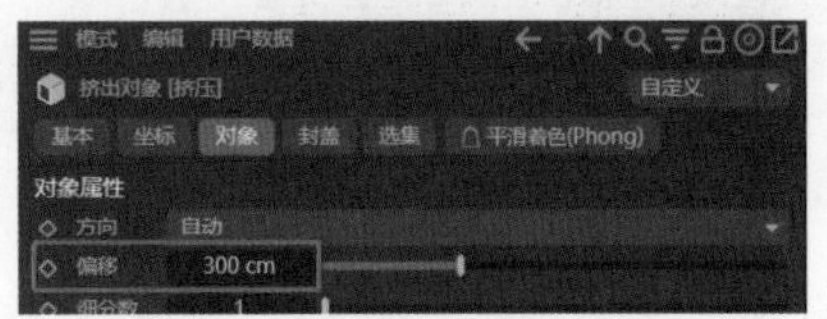

图9-188

11 切换到透视视图，可以得到如图9-189所示的窗帘形状。将其移至窗户位置，随后按住Alt键为窗帘添加“细分曲面”标签，并将其命名为“窗帘”，如图9-190所示。

12 选中“窗帘”，将其转换为可编辑多边形，按快捷键K+L，为窗帘增加线，如图9-191所示。

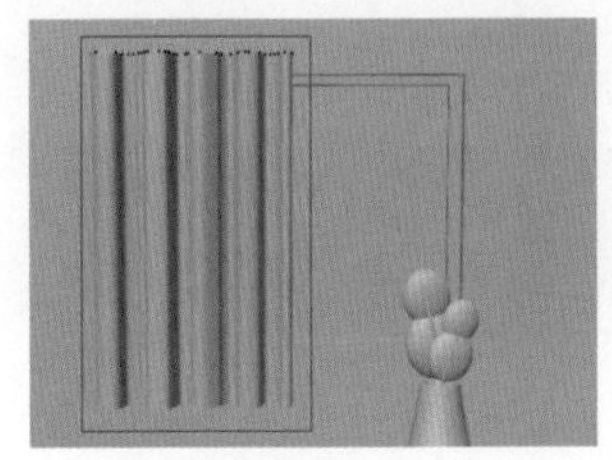

图9-189

图9-190

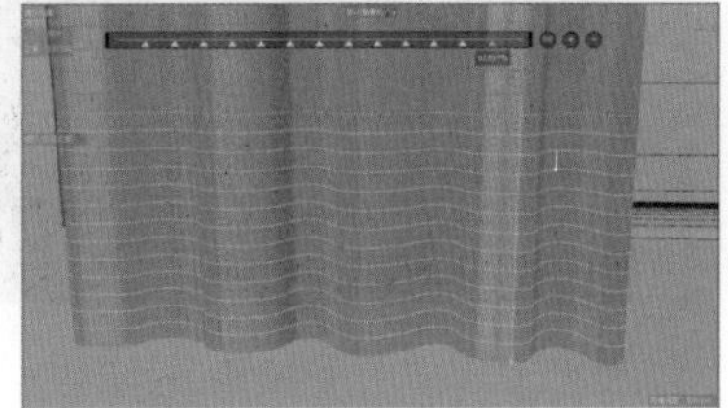

图9-191

13 随后再为窗帘创建一个支撑杆，新建一个圆柱体，在属性面板中调整“半径”值为8cm，“高度”值为350cm，“高度分段”值为30，“方向”为+X，如图9-192和图9-193所示。

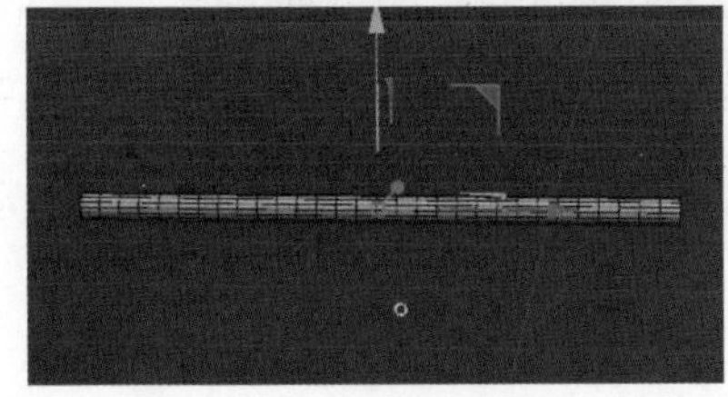

图9-192

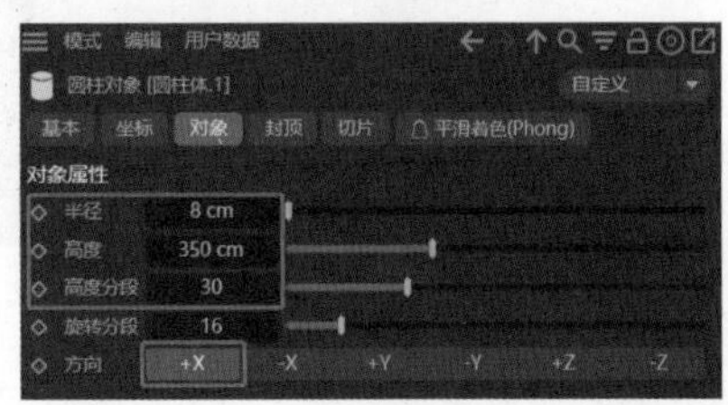

图9-193

14 将圆柱体移至窗帘上方，并转换为可编辑多边形，如图9-194所示；选中“窗帘”，为窗帘添加“布料”和“布料绑带”标签，如图9-195所示。

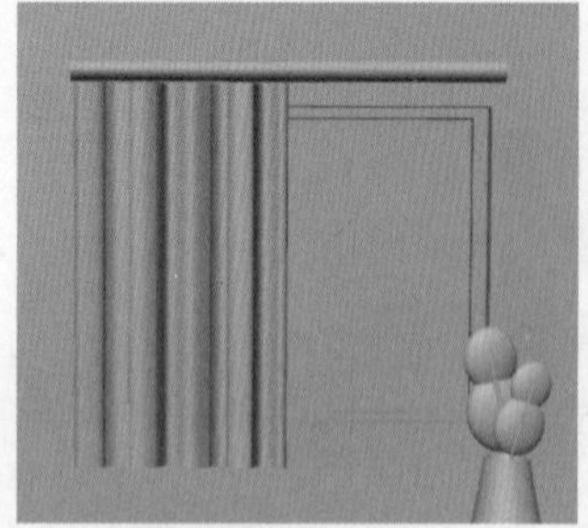

图9-194

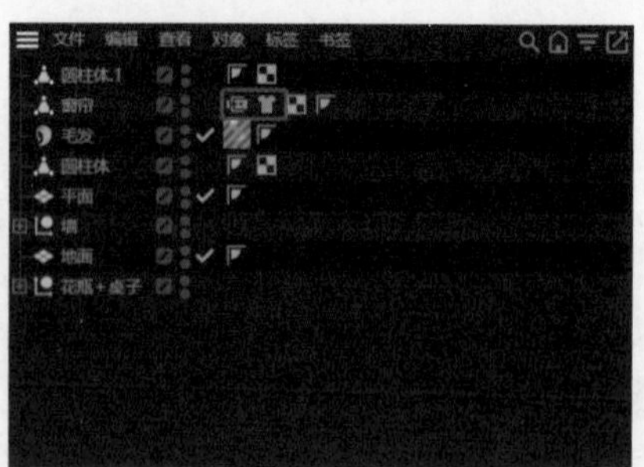

图9-195

15 切换到点模式，选中窗帘中如图9-196所示的点。再选中圆柱体中如图9-197所示的点。

图9-196

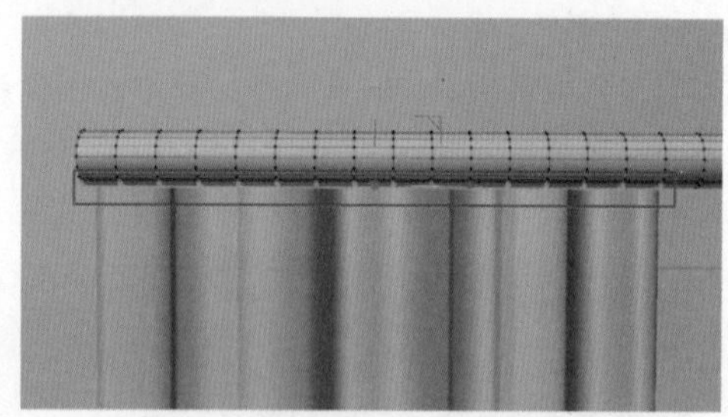

图9-197

16 在对象面板中单击“布料绑带”图标，在属性面板中先将“圆柱体”拖入“绑定至”框中，再单击上方的“设置”按钮，如图9-198所示。绑定完成后点会变成黄色，如图9-199所示。

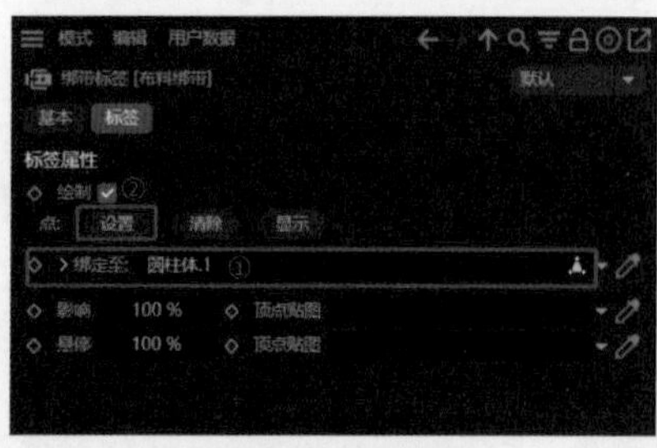

图9-198

图9-199

17 根据画面情况调整构图，建模部分就完成了，画面如图9-200和图9-201所示。

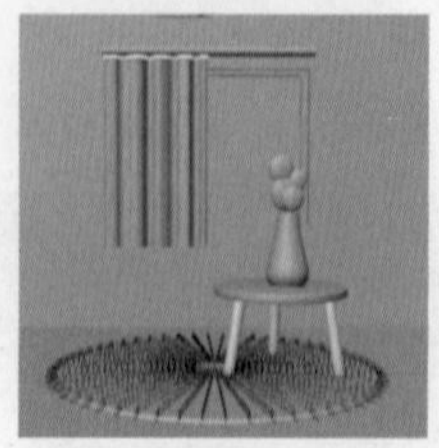

图9-200

图9-201

18 接下来开始给画面添加材质，在材质面板中新建默认材质，在材质编辑器中调整“颜色”为H：167°、S：34%、V：80%，如图9-202所示。将当前材质赋予背景和地面，如图9-203所示。

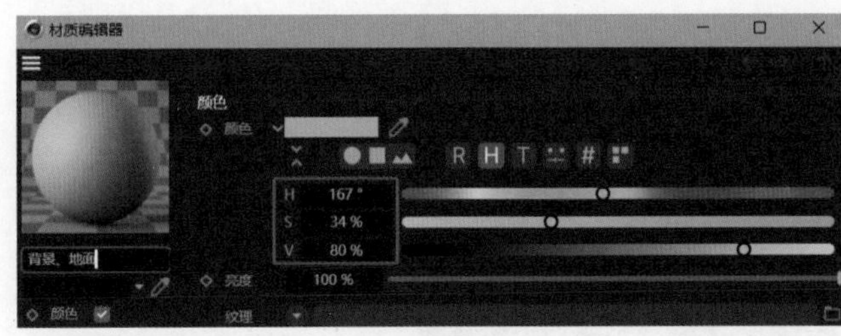

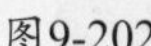

图9-202

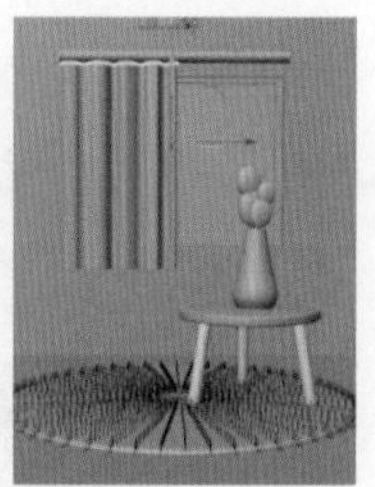

图9-203

19 在材质面板中新建默认材质，在材质编辑器中调整“颜色”为H：97° 、S：74%、V：46%，如图9-204所示。将当前材质赋予后方的叶片和前方的叶径，如图9-205所示。

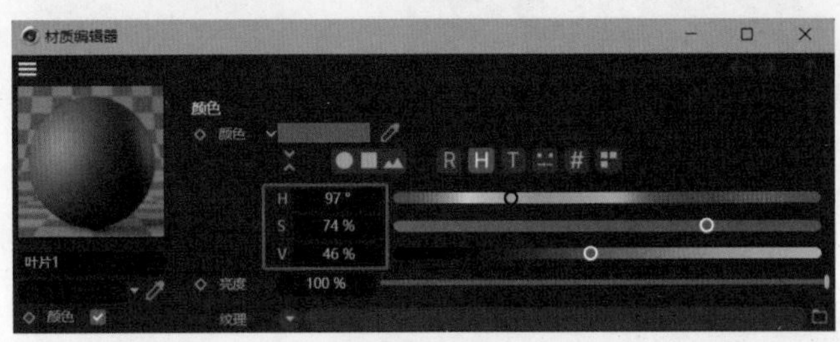

图9-204

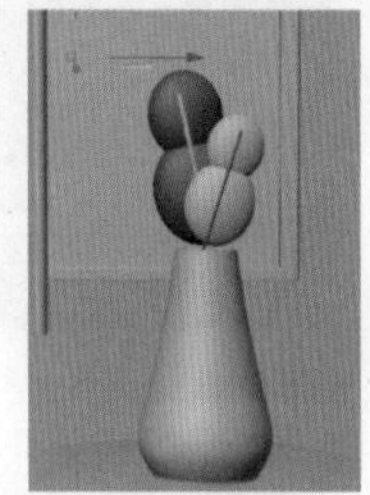

图9-205

20 在材质面板中新建默认材质，在材质编辑器中调整“颜色”为H：147° 、S：38%、V：68%，如图9-206所示。将当前材质赋予前方的叶片和后方的叶径，如图9-207所示。

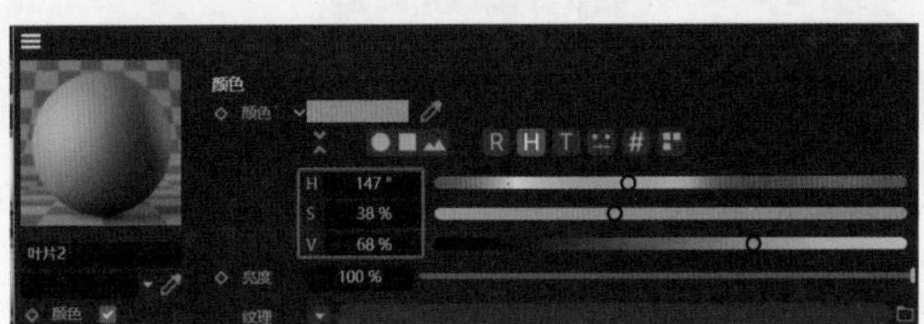

图9-206

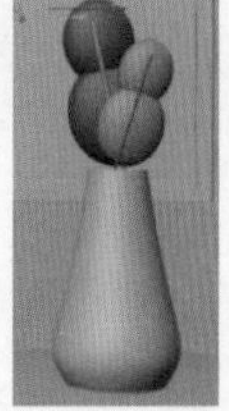

图9-207

21 在材质面板中新建默认材质，在材质编辑器中调整“颜色”为H：177° 、S：27%、V：86%，如图9-208所示。

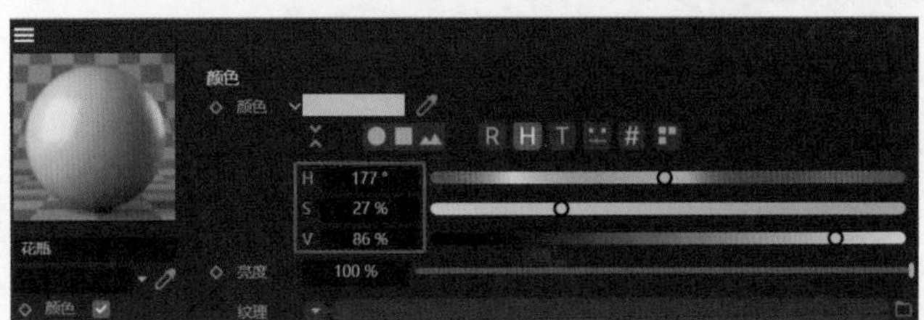

图9-208

22 在“反射”选项卡中添加GGX标签，调整“粗糙度”值为25%，“反射强度”值为80%，“菲涅耳”为“绝缘体”，“预置”为“聚酯”，如图9-209所示。将当前材质赋予花瓶，如图9-210所示。

23 在材质面板中新建默认材质，在材质编辑器中调整“颜色”为H：50° 、S：40%、V：71%，如图9-211所示。将当前材质赋予桌腿，如图9-212所示。

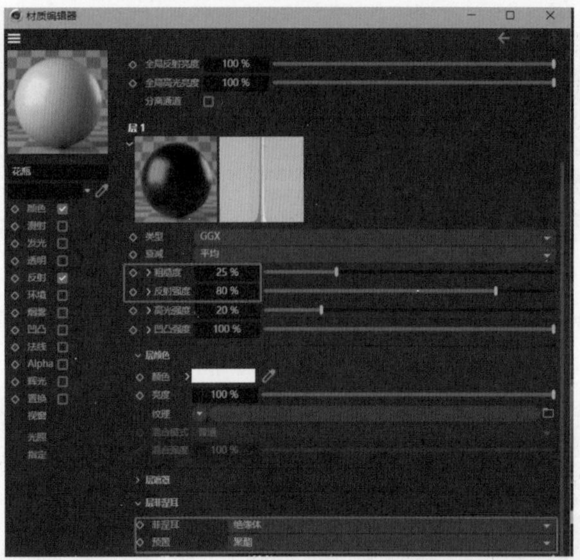

图9-209

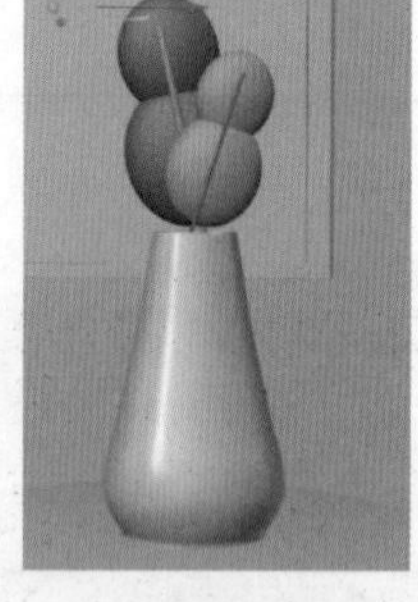

图9-210

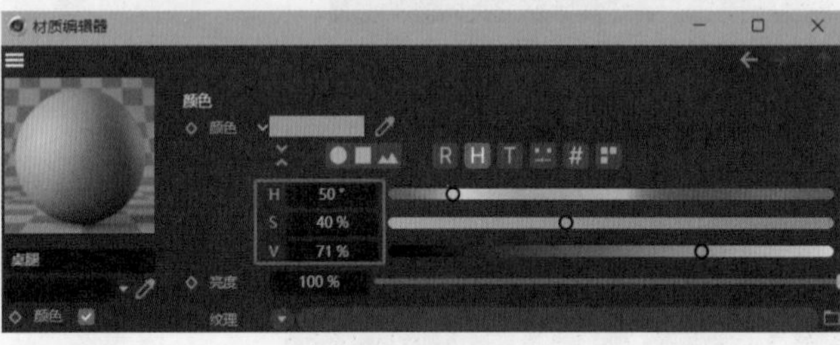

图9-211

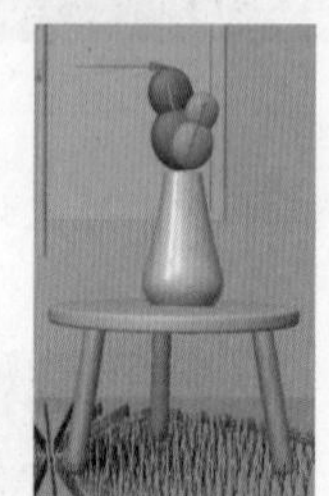

图9-212

24 在材质面板中新建默认材质，在“反射”选项卡中添加GGX标签，调整“粗糙度”值为25%，“反射强度”值为80%，“菲涅耳”为“绝缘体”，“预置”为“聚酯”，如图9-213所示。将当前材质赋予花瓶，如图9-214所示。

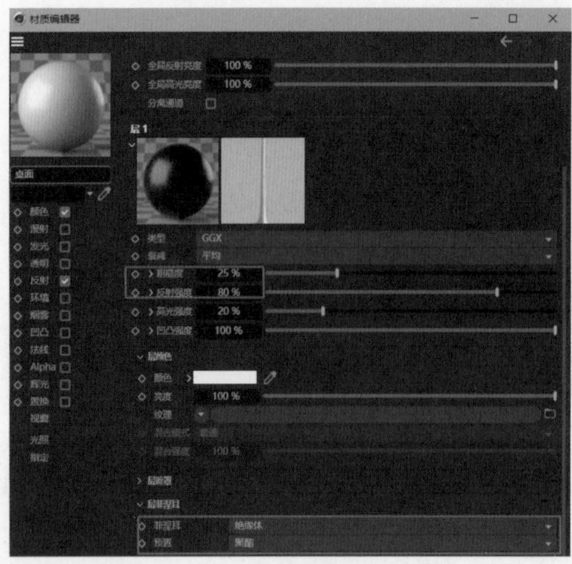

图9-213

图9-214

25 在材质面板中新建默认材质，在材质编辑器中调整“颜色”为H：203°、S：55%、V：77%，如图9-215所示。将当前材质赋予窗帘，如图9-216所示。

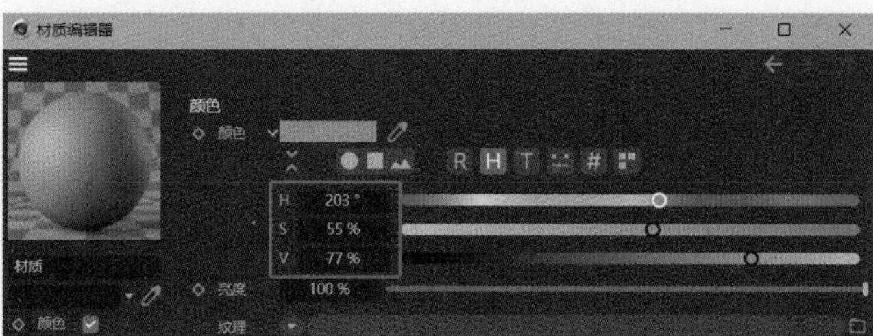

图9-215

图9-216

26 在材质面板中新建默认材质，在材质编辑器中调整“颜色”为H：219°、S：48%、V：70%，如图9-217所示。将当前材质赋予地毯下方的圆柱体，如图9-218所示。

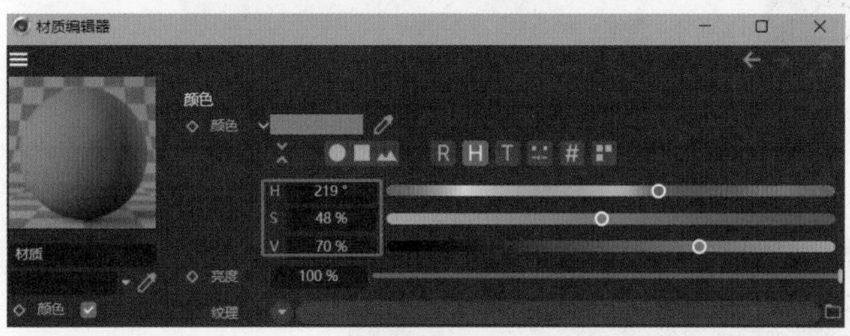

图9-217

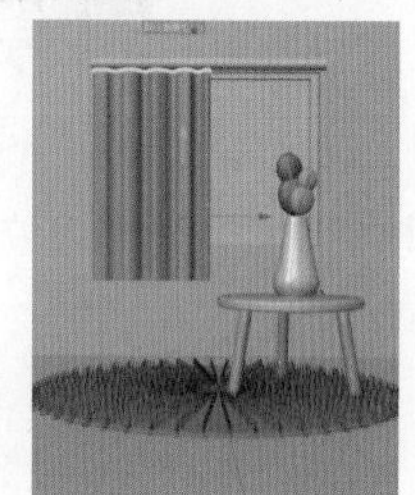
图9-218

27 在材质面板中新建默认材质，在材质编辑器中选中“透明”复选框，并将“折射率预设”修改为“玻璃”，如图9-219所示。

28 在材质面板中新建默认材质，选中“反射”复选框，添加GGX标签，调整“粗糙度”值为3%，“菲涅耳”为“绝缘体”，“预置”为“玻璃”，如图9-220所示。将当前材质赋予窗户中间的玻璃，如图9-221所示。

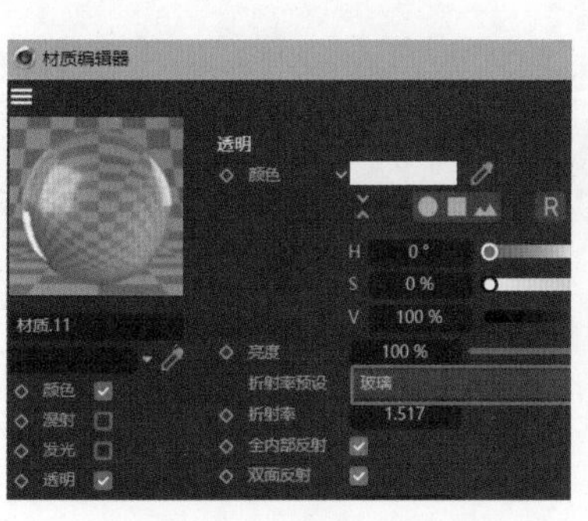

图9-219

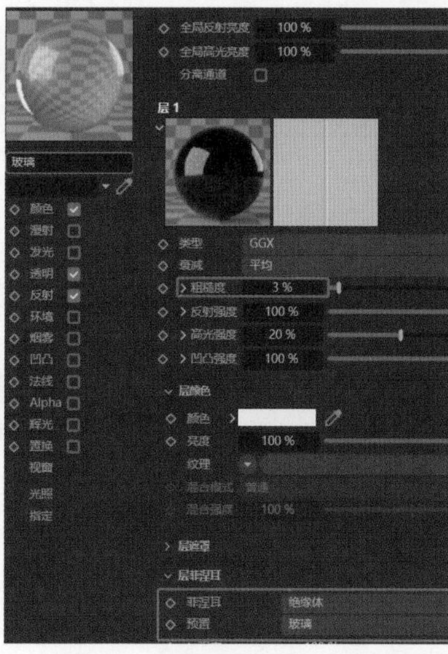

图9-220

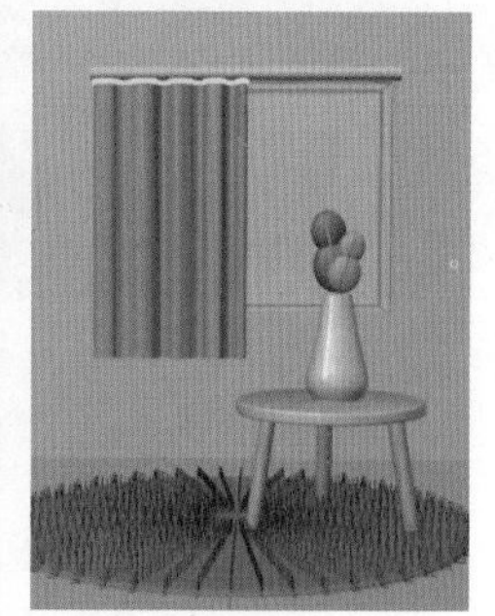
图9-221

29 接下来，为画面添加风力场，使窗帘飘动。执行“模拟”→“力场”→“风力”命令，在画面中新建一个力场，如图9-222所示，调整风力的位置如图9-223所示。

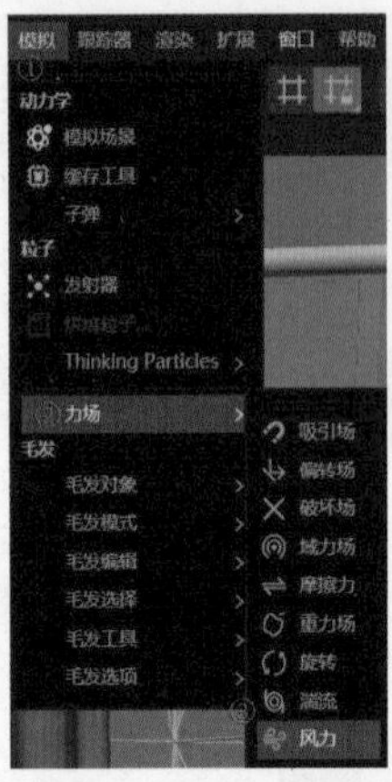

图9-222

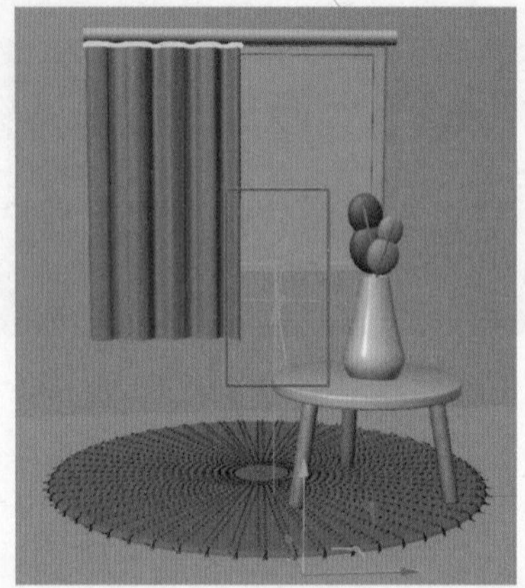

图9-223

30 选中“毛发”对象，在属性面板中的“动力学”选项卡中取消选中“启用”复选框，如图9-224所示。

图9-224

31 为场景添加灯光、天空和摄像机等，渲染效果如图9-225所示。

图9-225

第10章

灯光模块

灯光是塑造场景氛围、增强视觉层次的关键。在C4D中，灯光模块提供了丰富的光源类型和调节选项，帮助用户精准控制光影效果。掌握灯光技巧，将会为你的三维作品增添生动与真实感。

本章的核心知识点包括如下内容。

※ 各种灯光的类型及其使用方法。

※ 实战演练。

10.1 灯光类型

C4D中的灯光类型包括“灯光”“聚光灯”“目标聚光灯”“区域光”“IES灯光”“无限光”“日光”“PBR灯光”以及“照明工具”，共计9种，如图10-1所示，每一种灯光所产生的光线效果都各具特色。

图10-1

10.1.1 灯光

灯光是一个点光源，当新建一个“灯光”后，它可以往场景中的任何方向发射光线，如图10-2所示。在对象面板中选中“灯光”，可以在属性面板中通过修改相关参数来改变其效果。

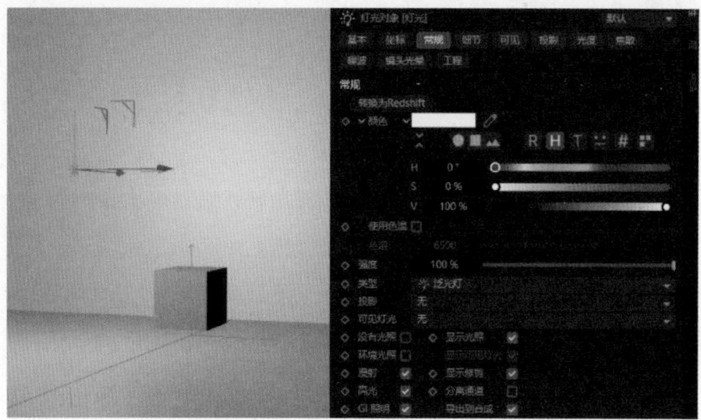

图10-2

1.“常规”选项卡

“常规”选项卡中的主要参数含义如下。

※ 颜色：调整灯光的颜色，默认情况下为白色。

※ 使用色温：选中该复选框后，可以通过调整色温值来控制灯光的颜色。

※ 强度：设置灯光的亮度，数值越大，灯光越亮。

※ 类型：选择并修改灯光的类型。

※ 投影：有以下 4 种类型，具体效果如图 10-3 所示。

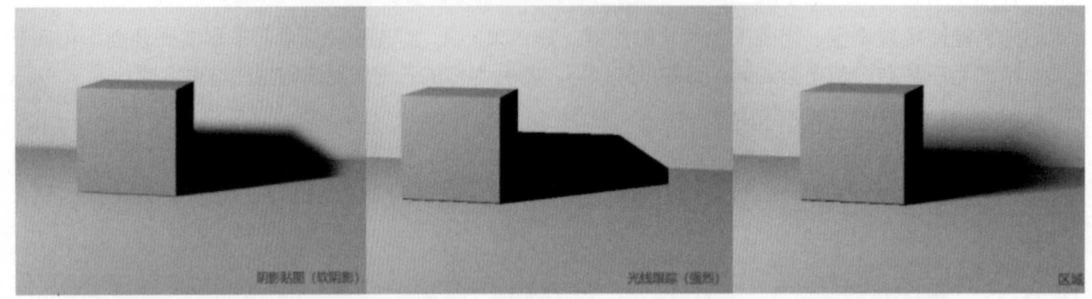

图10-3

» 无：不产生投影效果。

» 阴影贴图（软阴影）：此类型投影边缘呈现虚化效果。

» 光线跟踪（强烈）：此类型的投影边缘非常锐利，无任何渐变效果。

» 区域：此类型投影最贴近现实生活中的投影效果，后方虚化效果十分自然。

※ 可见灯光：在使用 C4D 的灯光时，通常情况下，画面中显示的是灯光产生的效果，而灯光对象本身并不会被渲染出来。但当选中该复选框时，就可以在画面中直接观察到灯光对象，如图 10-4 所示。

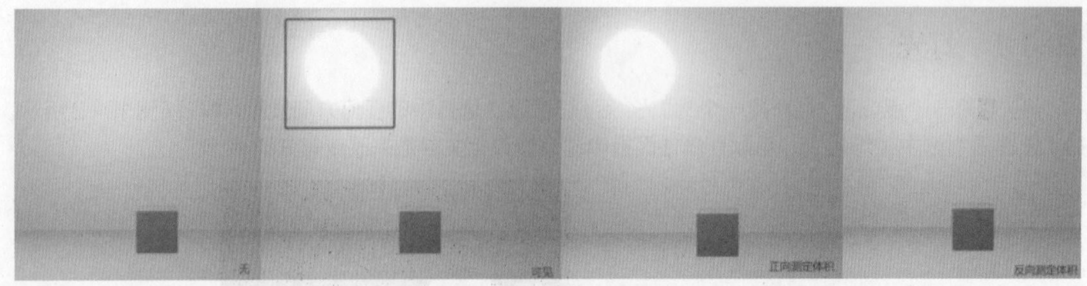

图10-4

※ 没有光照：选中该复选框后，当前灯光不会产生光照效果，与未添加灯光时的效果相同。

※ 环境光照：选中该复选框后，当前灯光会产生环境光照效果。

※ 漫射：为模型添加材质后，选中该复选框，会产生漫射效果；若取消选中该复选框，则在渲染时无法显示物体的漫射效果。

※ 高光：若取消选中该复选框，则在模型渲染后将不显示高光效果。

2.“细节”选项卡

“细节”选项卡如图 10–5 所示，其中的主要参数含义如下。

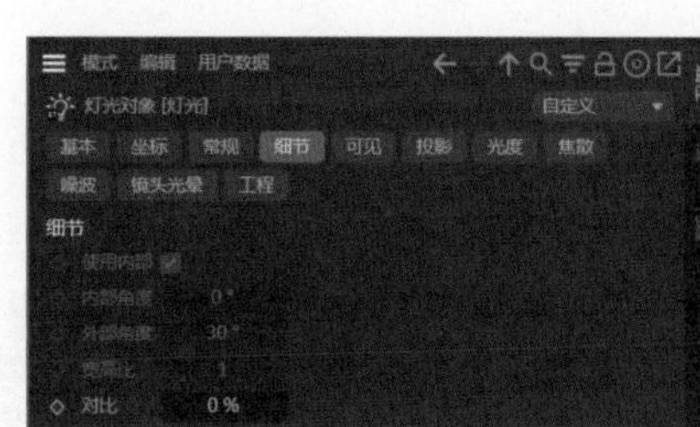

图10-5

※ 形状：当投影类型选择为“区域”时，此下拉列表被激活，允许改变灯光的形状，如图 10-6 和图 10-7 所示。

※ 衰减：使灯光产生衰减效果，该下拉列表中不同的选项会产生不同的衰减效果，如图 10-8 所示。

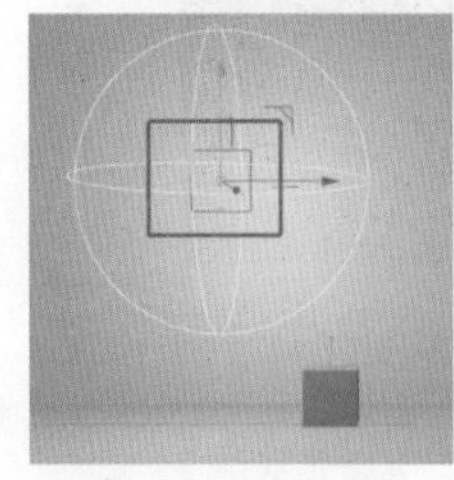

图10-6

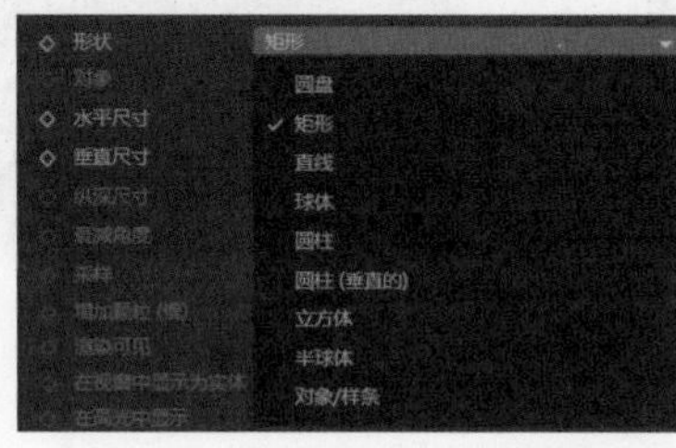

图10-7

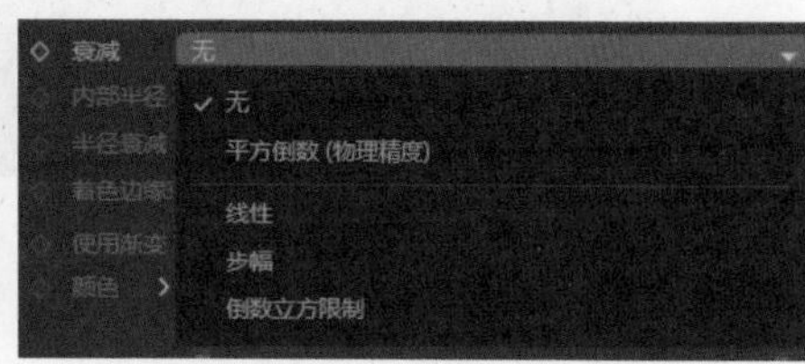

图10-8

» 无：不产生任何衰减效果。

» 平方倒数（物理精度）：这种衰减方式最接近现实生活中灯光的衰减，也是最常用的一种衰减方式，如图 10-9 所示。

» 线性：灯光会按照线性的方式进行衰减，如图 10-10 所示。

» 步幅：灯光会按照设置的步幅算法进行衰减，效果如图 10-11 所示。

» 倒数立方限制：按照倒数立方限制的方法来计算灯光的衰减，效果如图 10-12 所示。

图10-9

图10-10

图10-11

图10-12

※ 半径衰减：在选择衰减方式后，灯光周围会出现一个范围圈。可以通过调整半径衰减的数值来改变这个范围的大小，或者直接通过拖动范围圈的边缘来进行调整。

3.“投影”选项卡

“投影”选项卡如图 10–13 所示，其中的主要参数含义如下。

※ 采样精度：调整阴影采样的精度，数值越大，精度越高，噪点也就越少。

※ 最小取样值：设置阴影取样的最小值，数值越大，噪点出现的概率就越低。

4. “光度”选项卡

“光度”选项卡如图 10-14 所示，其中的主要参数含义如下。

※ 光度强度：选中该复选框后，可以调整光度的强度，从而实现对灯光亮度的控制。

※ 单位：在此处可以选择并修改光度强度的单位，提供流明（lm）和烛光（cd）两种单位供用户选择。

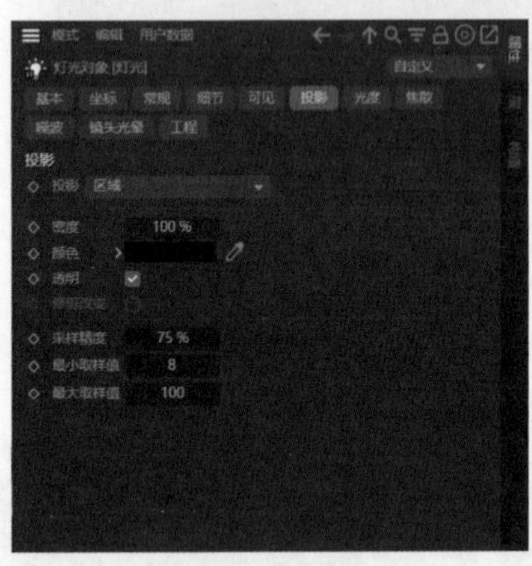

图10-13

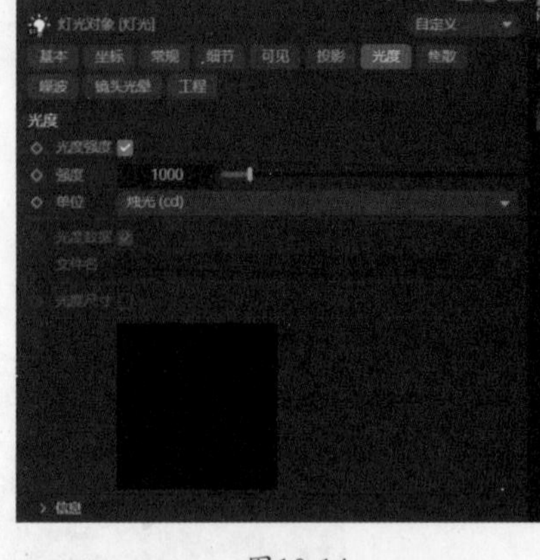

图10-14

5. “焦散”选项卡

“焦散”选项卡如图 10-15 所示，其中的主要参数含义如下。

※ 表面焦散：选中该复选框后，物体表面会产生焦散效果，这种效果常被用于渲染具有半透明特性的材质。

※ 体积焦散：选中该复选框后，物体的体积内部会产生焦散效果，这种效果同样适用于渲染半透明材质。

6. “工程”选项卡

“工程”选项卡如图 10-16 所示，其中的主要参数含义如下。

※ 模式：此下拉列表提供“排除”和“包括”两种模式，可以通过这两种模式选择性地让灯光照射或排除特定物体。在“排除”模式下，可以将不需要被灯光照射的物体排除在外；而在“包括”模式下，则可以选择性地仅让特定物体受到灯光照射。

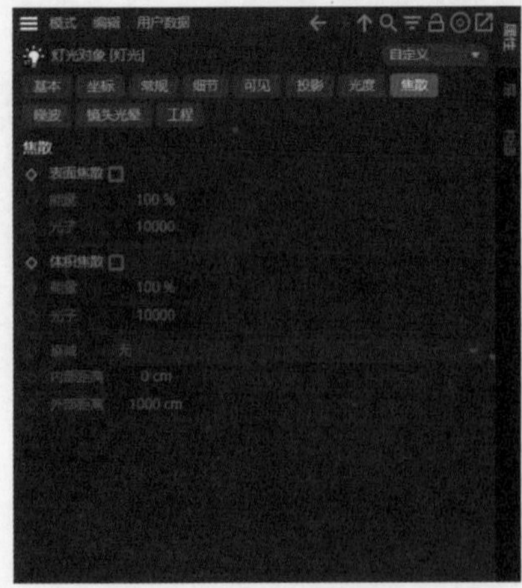

图10-15

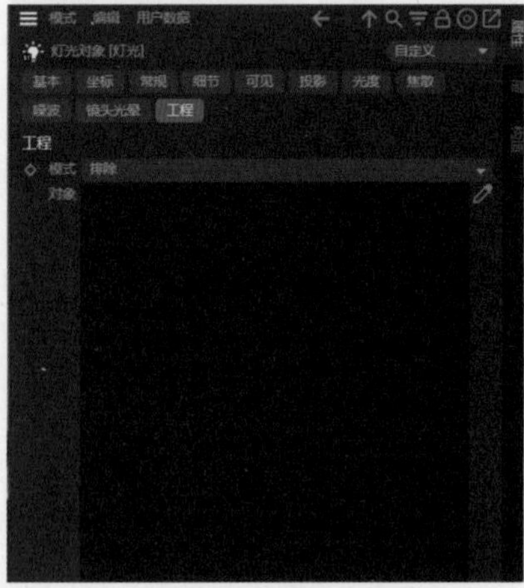

图10-16

10.1.2 聚光灯

聚光灯类似现实生活中的舞台灯光，它能产生一束集中的光线照射特定的物体，从而达到聚焦的效果。然而，在 C4D 中，聚光灯并不常用，其效果如图 10-17 所示。

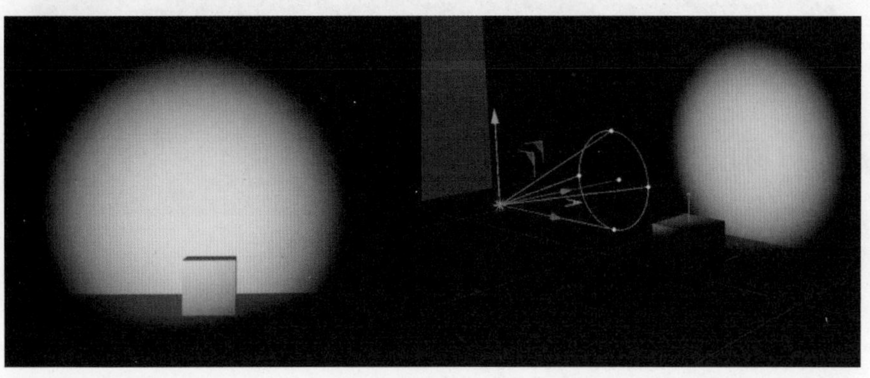

图10-17

10.1.3 目标聚光灯

目标聚光灯与聚光灯本质上是同一种灯光，但它们的主要区别在于，目标聚光灯能够自动对准场景中的物体进行聚焦，这一点相较于普通聚光灯而言更为便捷，省时省力。此外，目标聚光灯还允许在其属性面板中更改灯光类型，从而可以将任意类型的灯光调整为直接照射模型的效果，提供了更大的灵活性，如图 10-18 所示。

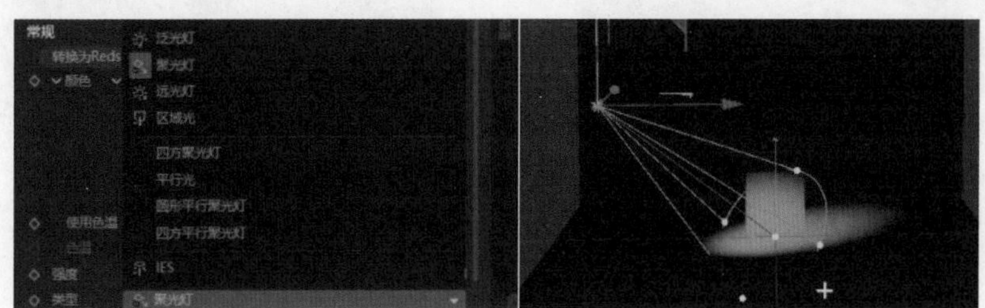

图10-18

10.1.4 区域光

区域光是一种具有特定方向的面光源，其默认形状为矩形。当单击“区域光”按钮在场景中新建一个区域光后，可以在属性面板中通过调整相关参数来改变其效果。虽然其他参数面板与常规灯光相似，但这里主要聚焦于“细节”选项卡进行讲解，如图 10-19 所示。

※ 形状：设置区域光的不同形状。

※ 水平尺寸 / 垂直尺寸 / 纵深尺寸：通过这些参数，可以调整区域光的各个维度尺寸。

※ 衰减角度：定义灯光的衰减角度，即灯光强度随着角度增大而逐渐减弱的角度。

※ 采样：调整灯光的精细程度。数值越大，灯光的渲染效果越细腻。

※ 渲染可见：选中该复选框后，区域光将在最终的效果图中可见。

※ 在视窗中显示为实体：选中该复选框后，区域光将在视图窗口中作为一个实体显示出来，便于观察和调整其位置和大小。

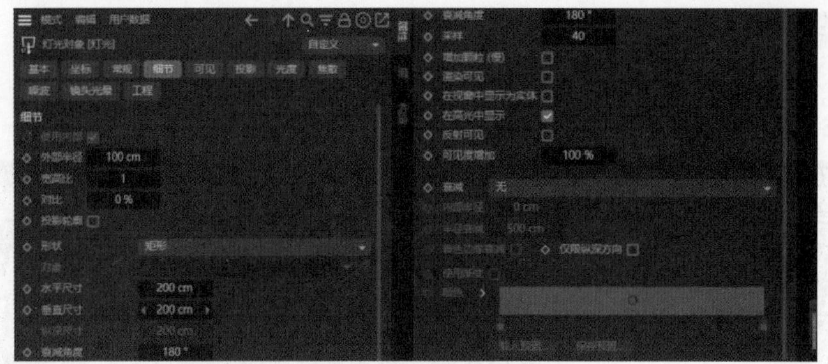

图10-19

10.1.5 IES 灯光

IES 灯光是一种通过 IES 文件来定义的灯光类型，它常被用来模拟现实生活中的筒灯效果，如图 10-20 所示。在 C4D 中，可以通过属性面板调整相关参数来改变 IES 灯光的效果。接下来，将重点介绍“光度”选项卡，如图 10-21 所示。

图10-20

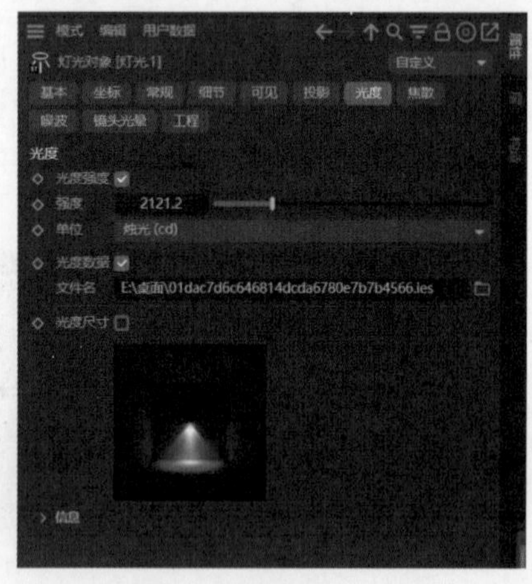

图10-21

※ 光度数据：选中该复选框后，可以在其下方加载 IES 文件来定义灯光的光度特性。

10.1.6 无限光

无限光是一种具有明确方向性的光源，与 IES 灯光在某些方面相似。在场景中新建一个无限光后，通过旋转其方向，可以观察到光线照射方向的变化。通常，无限光被用来模拟太阳光的效果，为场景提供自然、定向的照明。如图 10-22 所示，线条的方向即代表了光的照射方向。

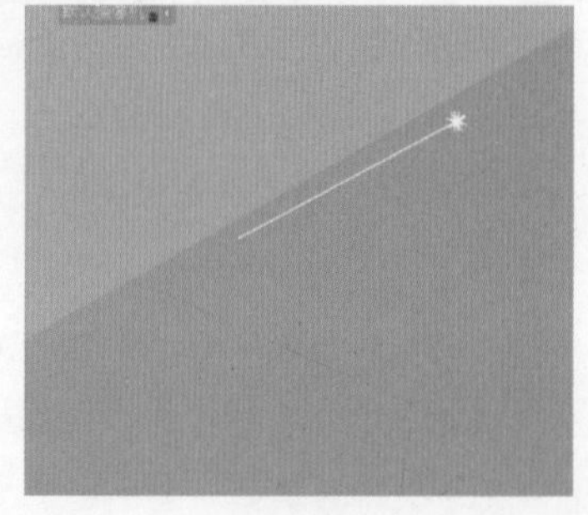

图10-22

10.1.7 日光

日光用于模拟现实生活中的太阳光效果，它是一种具有明确方向性的光源。与其他灯光类型相比，日光设置多了一个“太阳表达式”的选项卡。在属性面板中，可以通过调整相关参数来改变日光的效果，如图10–23所示。这些参数包括太阳的位置、颜色、亮度等，使用户能够根据需要精确地模拟不同时间、不同地点的太阳光效果，其中主要参数含义介绍如下。

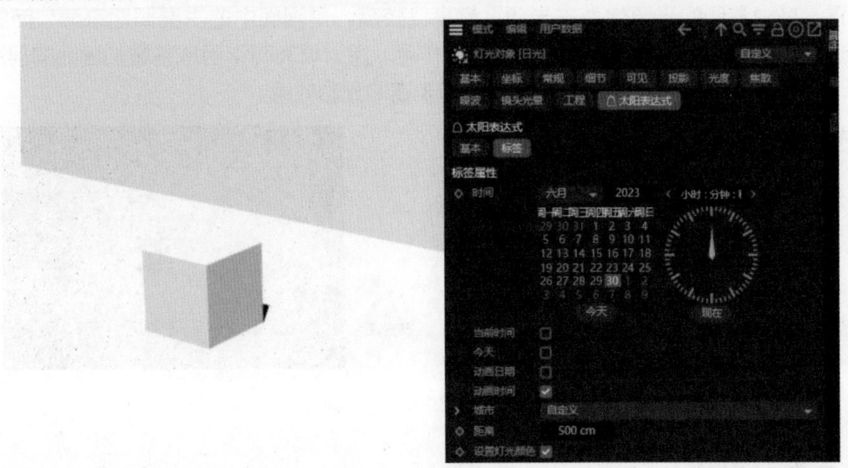

图10-23

※ 时间：调整太阳的位置和时间，从而模拟出不同季节、不同时间段的太阳光照情况，为场景提供真实的自然光照效果。

※ 距离：调整太阳与地面的距离，这一参数会影响太阳光的强度和照射角度，进一步丰富场景的光照效果。

10.2 3种布光方法

10.2.1 一点布光法

一点布光法是指在整个画面中仅设置一个光源的布光方法。通常情况下，这个唯一的光源会被放置在画面的左上角，并被视作该画面的主光源，为整个场景提供主要的照明。如图10–24所示，这种布光方法可以突出画面中的主题，并营造出特定的氛围和阴影效果。

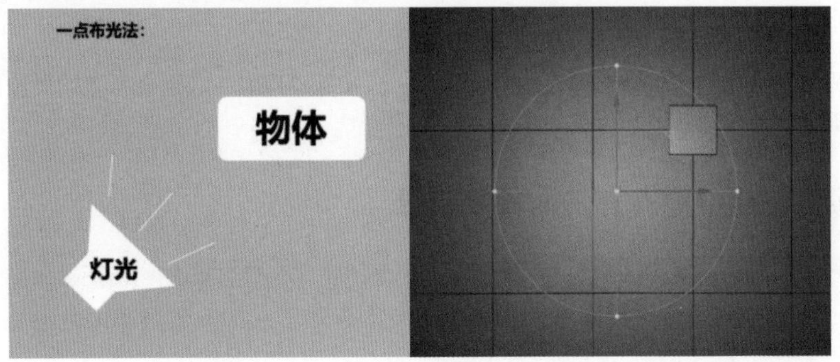

图10-24

在实际运用中，光源的位置可以根据实际需求进行灵活调整。主光源位置的变动会直接影响到投影的位置以及整体画面效果，包括阴影的落点、明暗对比等都会随之变化。

10.2.2 两点布光法

两点布光法是指在画面中使用两个光源进行照明的布光技巧。通常情况下，这两个光源被放置在一左一右的位置，其中左侧的光源作为主光源，其亮度较高，是画面中的主要照明来源；而右侧的光源则作为辅光源，其亮度相对较低，主要起到补光的作用，用以填充阴影区域并增加画面的层次感，如图10-25所示。这种布光方法可以营造出更加立体和丰富的光影效果。

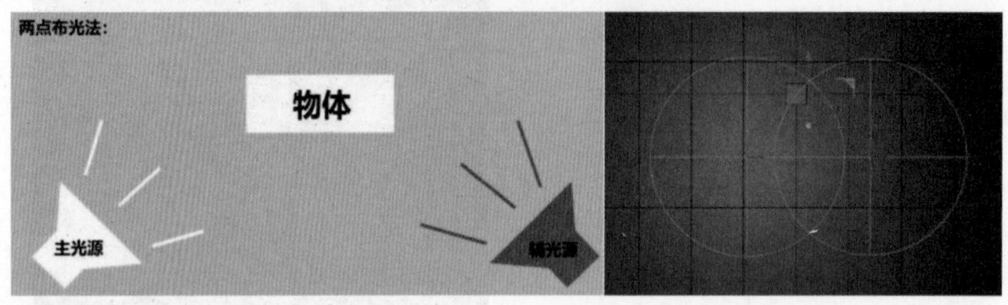

图10-25

10.2.3 三点布光法

三点布光法是指在画面中布置3个光源的照明方法。这3个光源分别是一个主光源，用于提供主要的照明；一个辅光源，用于补充照明和减少阴影部分；以及一个在模型背后的轮廓灯，其亮度适中，并不需要特别亮，主要是为了突出和衬托模型的轮廓，增加立体感和层次感。如图10-26所示，这种布光方法能够使画面效果更加生动和立体。

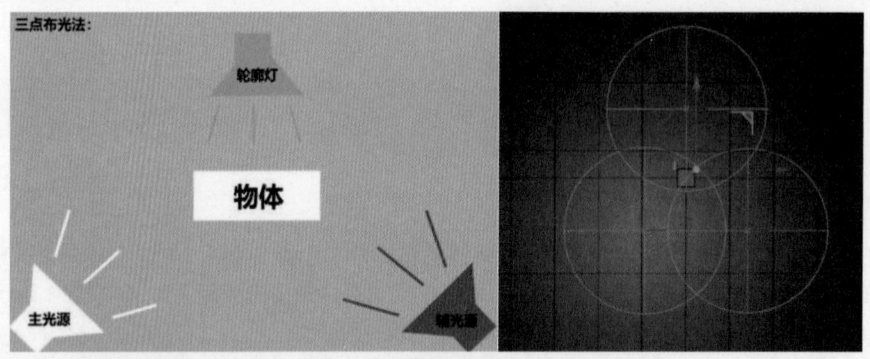

图10-26

这三种布光方法在不同情景中各有其独特的作用。在实际运用时，应根据所需效果进行选择和调整，以达到最佳的照明和视觉表现。

10.2.4 实例：用两点布光法为场景布光

本实例将采用两点布光法为场景布光，旨在实现如图10-27所示的光影效果。

01 打开本例文件，如图10-28所示，当前场景没有添加灯光，下面使用两点布光法为其添加灯光效果。

图10-27

图10-28

02 在场景中新建一盏目标聚光灯，在属性面板中调整“类型”为“区域光”，将“投影”设置为“区域”，在“细节”选项卡中调整“衰减”为“平方倒数（物理精度）”，如图10-29所示。

图10-29

03 将当前灯光的位置调整到场景的左前上方，让当前光源作为场景的主光源，如图10-30所示。

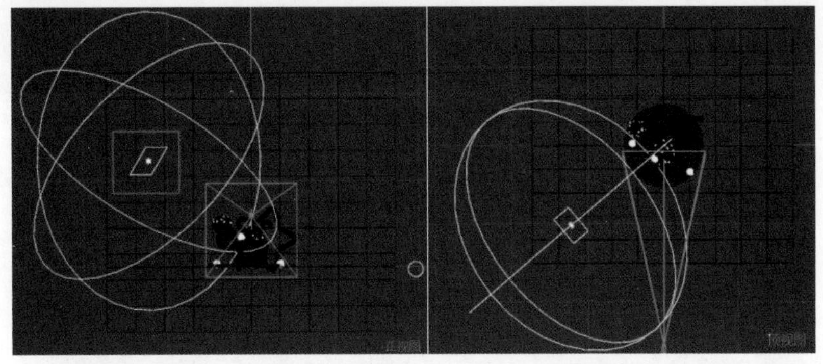

图10-30

04 新建一个灯光，在属性面板中调整其“强度”值为40%，“投影”设置为“无”，如图10-31所示。

05 将当前灯光移至场景的右上方，如图10-32所示。

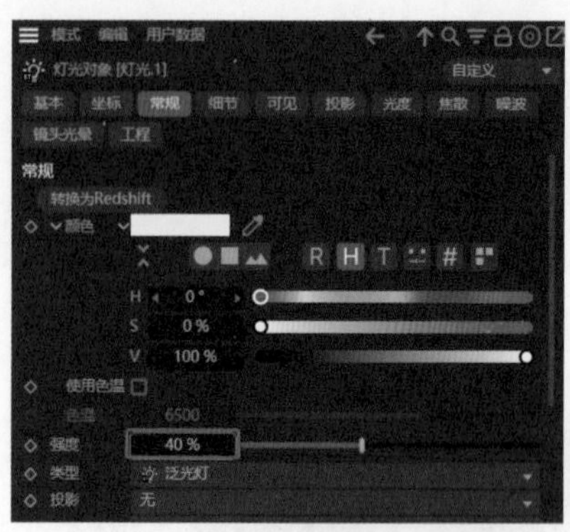

图10-31

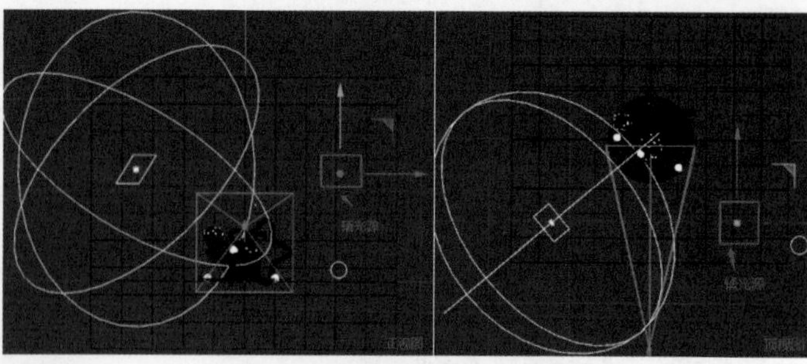

图10-32

06　当前场景的效果如图10-33所示，按快捷键Shift+R，可以得到如图10-34所示的渲染效果。

图10-33

图10-34

10.3 反光板

反光板实际上就是一个反射平面，其作用与辅光灯相似，能够使模型暗部产生反光，从而使画面中的模型暗部变亮，效果更加接近现实生活。如图10-35所示，通过放置反光板，可以有效地调整画面的光影分布，提高暗部的亮度，使模型看起来更加立体且富有质感。同时，反光板还可以根据需要调整角度和位置，以达到最佳的反光效果。

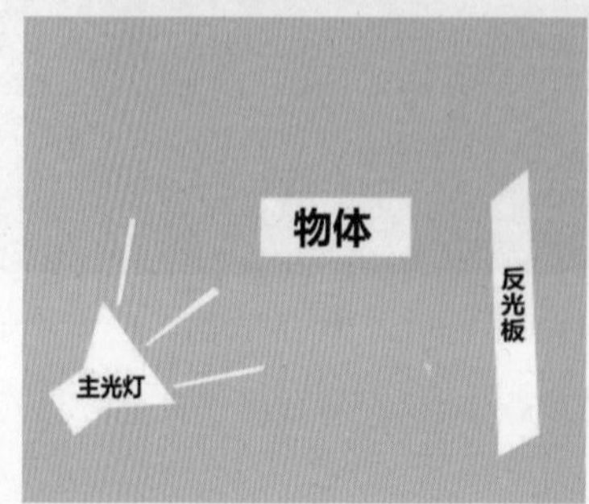

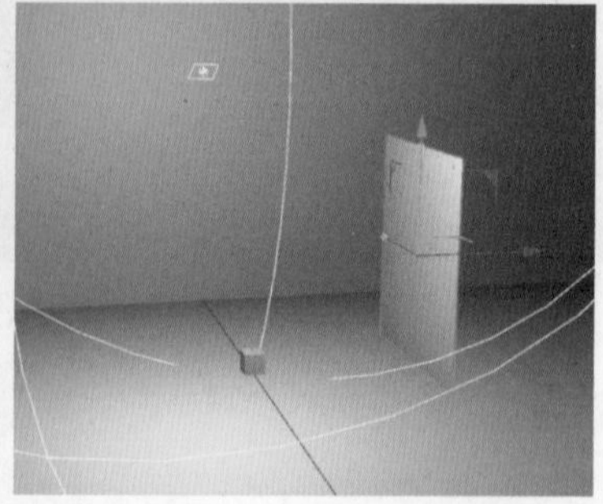

图10-35

反光板的原理其实很简单。当物体仅接受主光源的照明时，其暗部由于没有直接光照，会显得比较黑。然而，如果在暗部的适当位置，比如右侧，放置一个颜色较亮的反光板，它就能将主光源的光线反射到物体的暗部，从而提高该区域的亮度。图 10-36 清晰地展示了有无反光板对暗部亮度的影响对比。通过这种方式，反光板能够有效地平衡画面的光影效果，使物体看起来更加立体且细节更丰富。

图10-36

通过图 10-36 的对比，可以明显观察到，添加了反光板的物体亮度更高，暗部细节也更加丰富。在实际应用中，我们可以采用这种方法来优化画面效果，使其更加接近现实生活中的视觉效果。这种方法在摄影、影视制作、产品设计渲染等领域都有广泛的应用，是提升画面质量的有效手段。

10.4 HDR 环境光

HDR，全称 High-Dynamic Range（高动态范围），其环境光是通过一张全景环境贴图来呈现的，这种方式能更好地模拟现实生活中的光线和环境，使画面效果更加逼真。

添加 HDR 环境贴图的方法为：首先，在画面中新建一个天空对象；接着，在材质面板中新建一个材质，并选中材质的“发光”复选框，同时取消选中其他复选框；然后，在“发光”选项卡中添加纹理，通过文件选择器选中要添加的 HDR 贴图即可，如图 10-37 所示。通过这种操作，可以有效地将 HDR 环境贴图应用到场景中，从而提升场景的真实感和视觉质量。

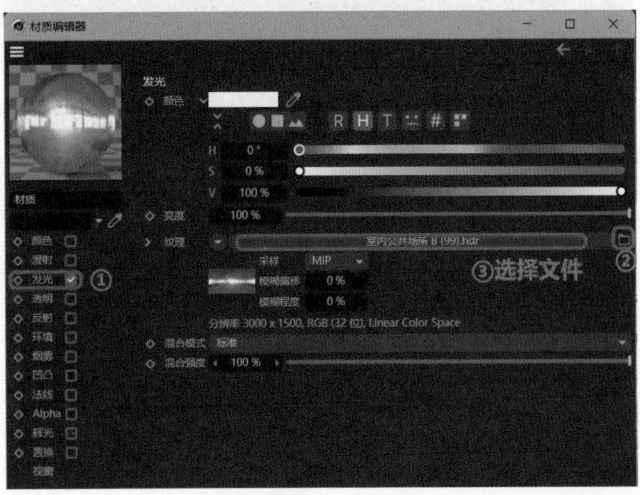

图10-37

添加 HDR 环境光后，将这个材质赋予天空对象，得到的效果如图 10-38 所示。通过这样的处理，天空呈现更加真实且富有层次的光照效果。

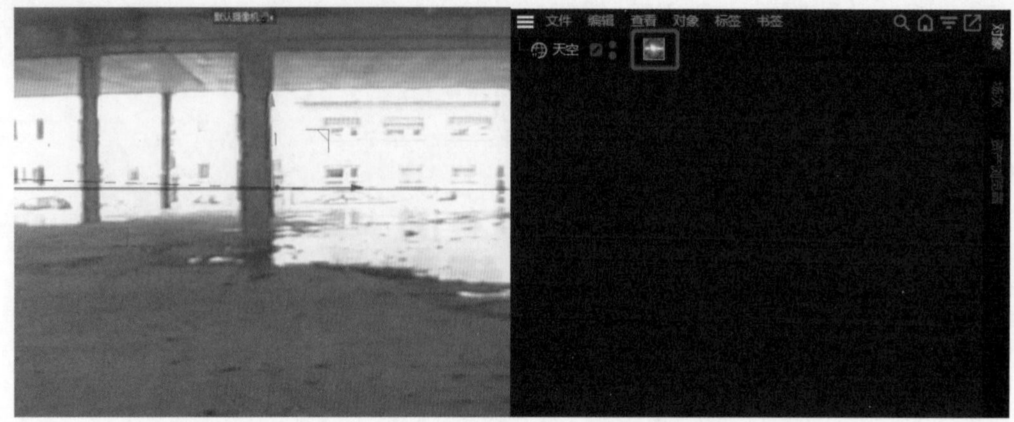

图10-38

在对象面板中选中“天空”对象后，可以通过旋转来调整其在场景中的方向。画面中较亮的部分即由 HDR 环境光提供的光照。如果添加 HDR 环境光后发现背景显得模糊，可以在材质面板的“视窗”选项卡中调整 HDR 贴图的分辨率，以获得更锐利的图像效果，如图 10-39 所示。这样，就可以根据需要优化 HDR 环境贴图在场景中的表现。

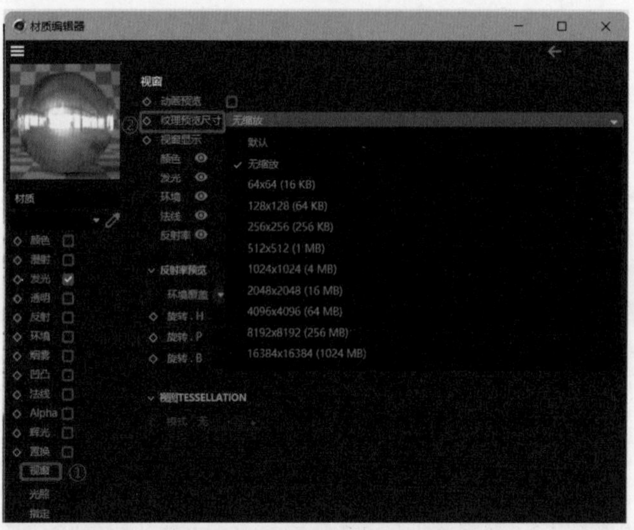

图10-39

在实际运用中，可以根据画面的实际需要来选择合适的 HDR 贴图。HDR 环境光能够非常自然地模拟现实生活中的光线，为场景提供逼真的光照效果。通过选择合适的 HDR 贴图，可以营造出丰富的光影效果，使画面更加生动真实。

第11章 材质系统

材质是三维模型表现力的核心。C4D 材质模块提供多样化材质类型与调节参数，让模型表面效果丰富多变。

本章的核心知识点包括如下内容。

※ 掌握常用材质的调节方法。

※ 实战演练。

11.1 材质的基础概念

材质可以理解为材料和质感的结合，我们在 C4D 中运用的材质，实质上就是在模拟现实生活中的各种材料和它们所带来的视觉与触觉感受。通过调整模型对光的折射、反射程度，以及模型的粗糙度等参数，可以在 C4D 中模拟出非常逼真的材质效果，有时甚至能达到以假乱真的地步。

11.1.1 创建材质

C4D 中的材质大致可以分为实体材质和非实体材质两类。实体材质指的是那些在现实生活中可以看得见、摸得着的物体材质，比如石头、木头等；而非实体材质则指的是那些在现实生活中没有具体实体的物体材质，比如雾气、云朵等。

在 C4D 中，创建材质的方法非常灵活，主要有以下 4 种。

方法一：双击“材质面板”中的空白处，即可快速创建一个新的材质。

方法二：执行“创建”→“材质”→“新的默认材质”命令，如图 11-1 所示。

方法三：按快捷键 Ctrl + N，也可以快速创建一个新的材质。

方法四：进入“创建”→“材质”子菜单，可以从多种类型的材质中选择并创建，如图 11-2 所示。

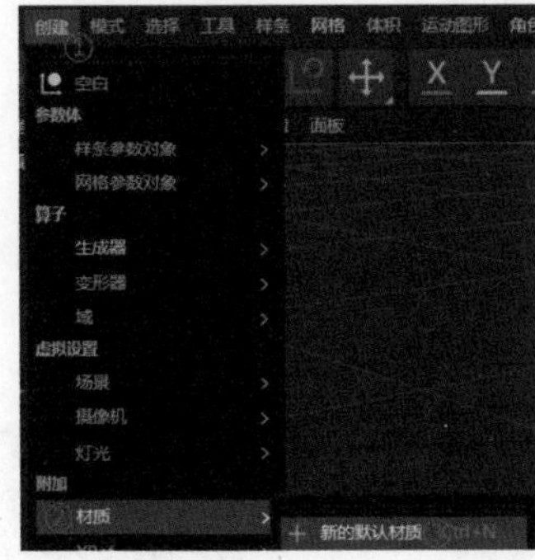

图11-1

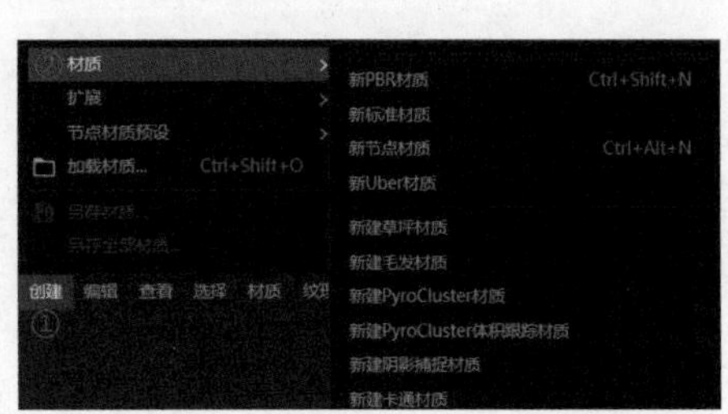

图11-2

11.1.2　赋予材质

编辑好的材质需要赋予模型才能看到效果，可以通过以下 3 种方法实现。

方法一：将材质拖至对象面板中对应的对象选项上，然后释放鼠标，这样材质就会被赋予到模型上，如图 11-3 所示。

方法二：直接把材质拖至视图窗口的模型上，然后释放鼠标，材质也会被成功赋予模型。

方法三：首先选中需要赋予材质的模型，然后在想要应用的材质图标上右击，并在弹出的快捷菜单中选择“应用”选项，这样也可以将材质赋予模型，如图 11-4 所示。

图11-3

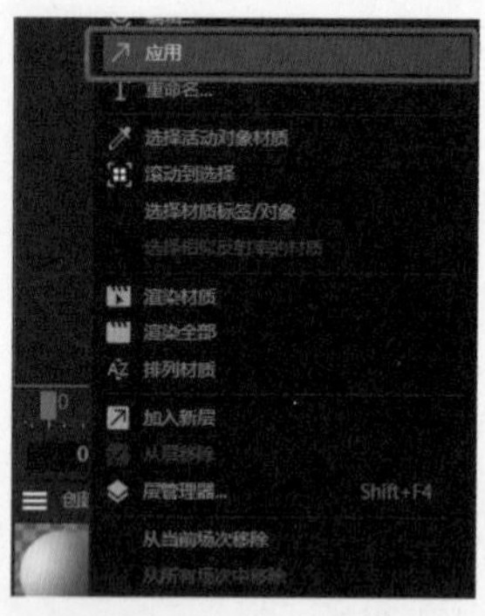

图11-4

11.2　材质编辑器

材质编辑器是一个用于编辑物体材质的工具，在这个编辑器中，可以调整材质的各种属性，例如颜色、反射、发光等，如图 11-5 所示。

打开材质编辑器的方法有如下两种。

方法一：在材质面板中，双击想要调整的材质球，即可调出材质编辑器。

方法二：首先选中想要编辑的材质，然后在材质面板中执行“编辑”→“材质编辑器”命令，这样也可以打开材质编辑器，如图 11-6 所示。

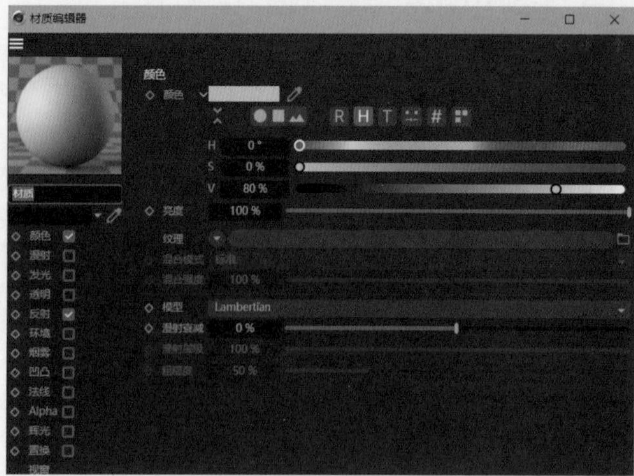

图11-5

图11-6

11.2.1 “颜色”选项卡

“颜色”选项卡可以改变模型的固有色，也可以为模型添加纹理贴图，如图 11-7 所示，其中主要参数含义介绍如下。

※ 颜色：指模型所固有的显示色彩，可以通过色轮、光谱选择器、RGB 或 HSV 等不同的调整方式来改变它。

※ 亮度：调整模型的亮度。设置的数值越大，模型显示的亮度就越高。

※ 纹理：为模型添加内置的纹理图案或者外部的纹理贴图，以增加模型的细节和真实感。

※ 混合模式：设置纹理如何与模型的基础颜色进行混合。它与 Photoshop 中的图层混合模式相似，提供了正片叠底、标准、添加、减去等不同的混合选项。

※ 混合强度：调整纹理在模型表面的显现强度。数值设置得越大，纹理的效果就越显著。

11.2.2 “发光”选项卡

“发光”选项卡可以为模型设置自发光效果，如图 11-8 所示，其中主要参数含义介绍如下。

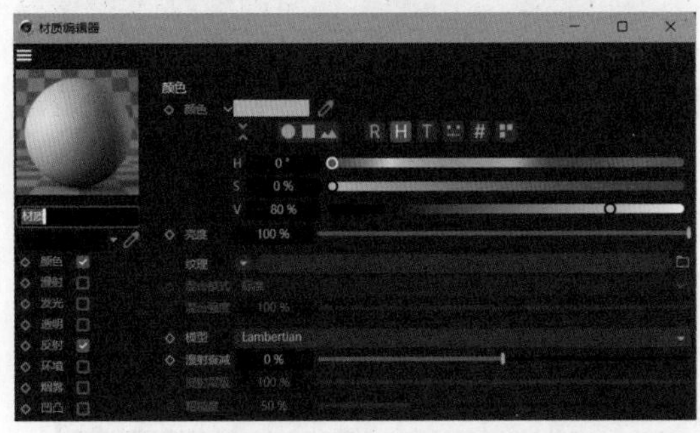

图11-7

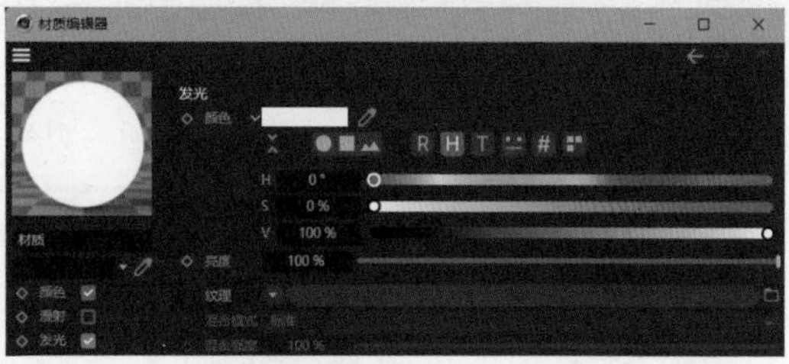

图11-8

※ 颜色：设置模型发光时的色彩。

※ 亮度：调整模型发光的明暗程度。设置的数值越大，其发光的亮度就越高。

※ 纹理：通过使用纹理贴图，可以为模型的发光效果增添更多细节和变化。

11.2.3 “透明”选项卡

“透明”选项卡可以设置模型的透明效果，如玻璃材质等，如图 11-9 所示，其中主要参数含义介绍如下。

※ 颜色：设置当前材质的折射颜色。值得注意的是，当颜色越接近白色时，材质的透明度会增高。

※ 亮度：设置材质的明亮程度。

※ 折射率预设：这是系统内置的不同材质的折射率选项，使用户能够快速调整到所需的材质参数。

※ 折射率：通过手动改变这个数值来调整材质的折射率。

※ 菲涅耳反射率：设置材质的菲涅耳反射程度，默认情况下保持为 100%。

※ 纹理：通过加载纹理贴图的方式来精细控制材质的折射效果。

※ 吸收颜色：设置折射过程中产生的颜色。

※ 吸收距离：调整材质中折射颜色的深浅。随着数值的变化，颜色的深浅也会相应发生变化。

※ 模糊：设置材质的模糊程度。数值越大，当前材质显示的模糊效果越明显。

11.2.4 “反射”选项卡

“反射”选项卡可以设置材质产生反射的程度和效果，如图11-10所示，其中主要参数含义介绍如下。

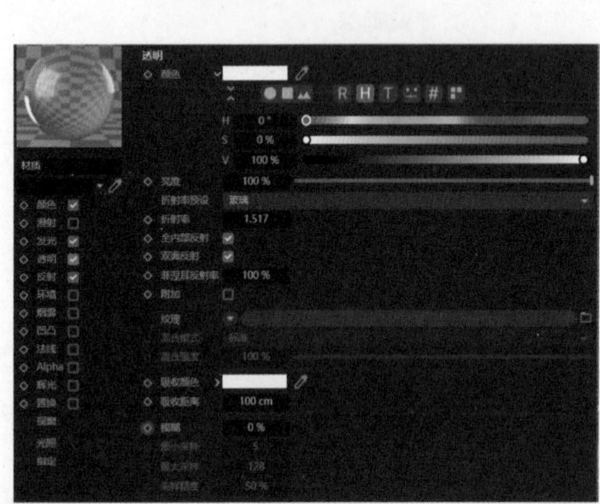

图11-9

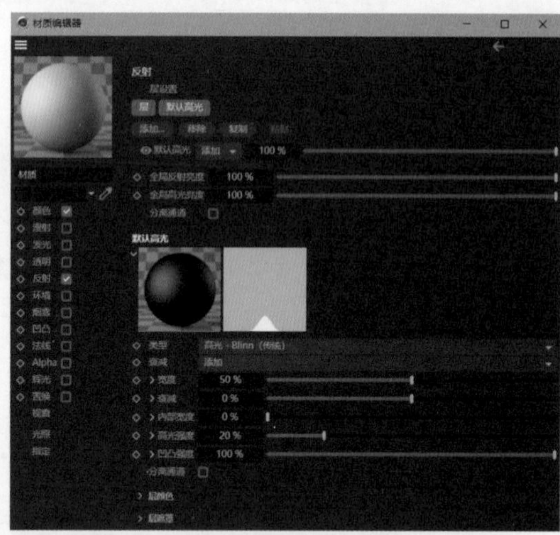

图11-10

※ 类型：设置高光效果的种类。不同类型的高光将产生不同的视觉效果，如图11-11所示。

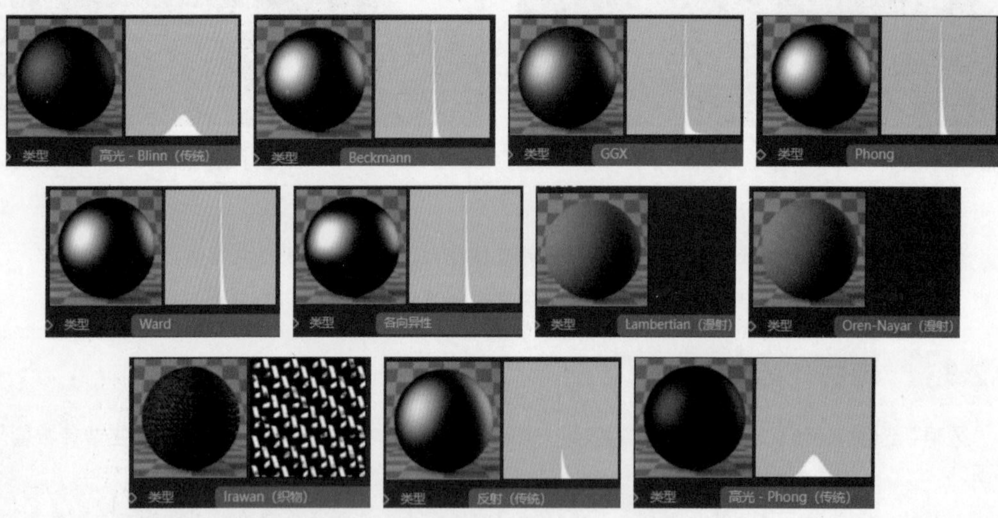

图11-11

※ 衰减：设置材质高光的衰减效果，提供有“高光”和“金属”两种衰减类型以供选择。

※ 高光强度：调整材质高光的亮度。设置的数值越大，高光部分的亮度就越强。

※ 粗糙度：当高光类型设置为GGX时，此选项会变得可用。它允许调整材质表面的光滑程度。值得注意的是，数值越大，材质表面会显得越粗糙，如图11-12所示。

※ 菲涅耳：当高光类型设置为GGX时，此选项会变得可用。它允许设置材质的菲涅耳属性，提供了“关闭”“绝缘体”和“导体”3种类型供用户选择，如图11-13所示。

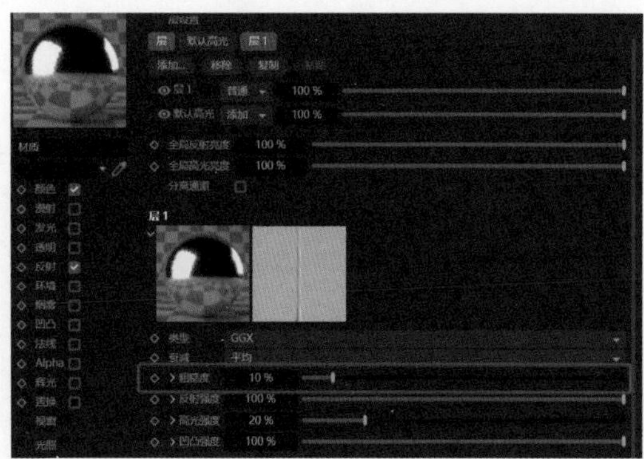

图11-12

图11-13

※ 预置：当“菲涅耳”的类型选择为“导体”或“绝缘体”时，系统会提供一些预置的材质菲涅耳折射率选项，方便用户快速选择和应用，如图 11-14 所示。

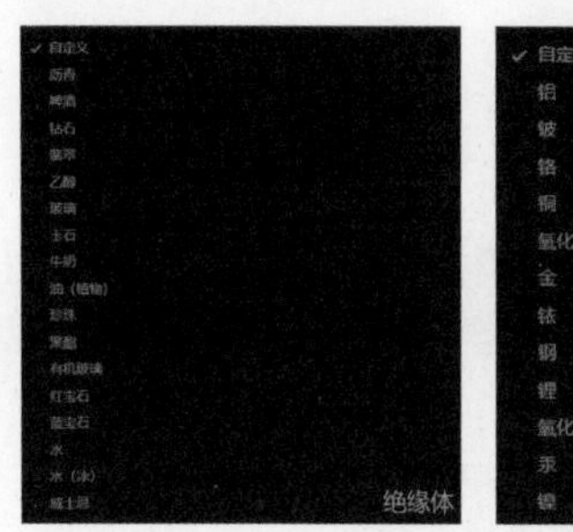

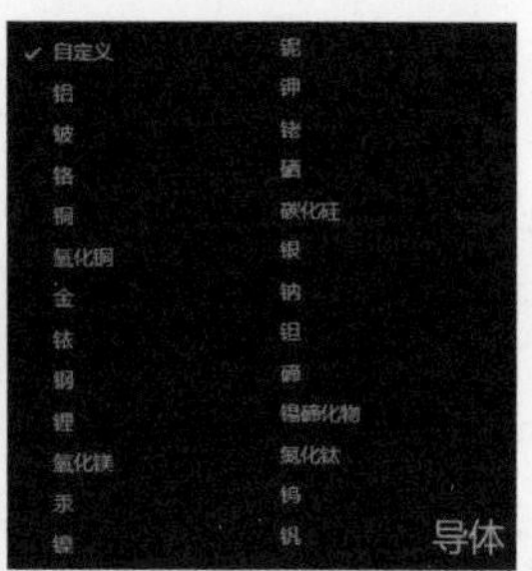

图11-14

※ 折射率（IOR）：通过手动调整这个数值来设置材质的菲涅耳折射率。如果在之前选择了预置效果，那么这个参数可以不用再单独设置。

11.2.5 “凹凸”选项卡

“凹凸”选项卡用来调整模型表面纹理的通道，如图 11-15 所示，其中主要参数含义介绍如下。

※ 强度：调整纹理的凹凸感强弱。数值设置得越大，纹理的凹凸效果就会越显著。

※ 纹理：通过这一选项为模型增加内置的纹理效果，或者通过加载外部的纹理贴图来精细控制凹凸表面的形状和细节。

11.2.6 “辉光”选项卡

“辉光”选项卡可以为材质添加发光的效果，如图 11-16 所示，其中主要参数含义介绍如下。

※ 内部强度：调整模型表面辉光效果的亮度。数值越大，模型表面的辉光效果越强烈。

※ 外部强度：控制模型外部辉光效果的亮度。数值越大，模型外部的辉光效果就越明显、越强烈。

※ 半径：调整这个数值，可以控制辉光效果的影响范围。数值越大，辉光效果覆盖的距离就越远。

※ 随机性：设置辉光效果在模型表面的随机分布程度，增加辉光效果的自然感和变化。

※ 频率：调整随机效果产生的频次，从而控制辉光效果的纹理和分布细节。

※ 材质颜色：选中该复选框后，辉光的颜色会更加贴近模型的材质颜色。同时，会激活最上方的“颜色”和“亮度”两个选项，让用户可以进行更细致的调整。

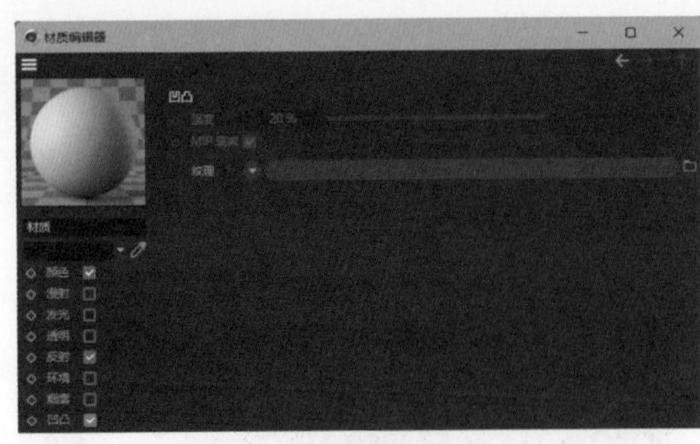

图11-15

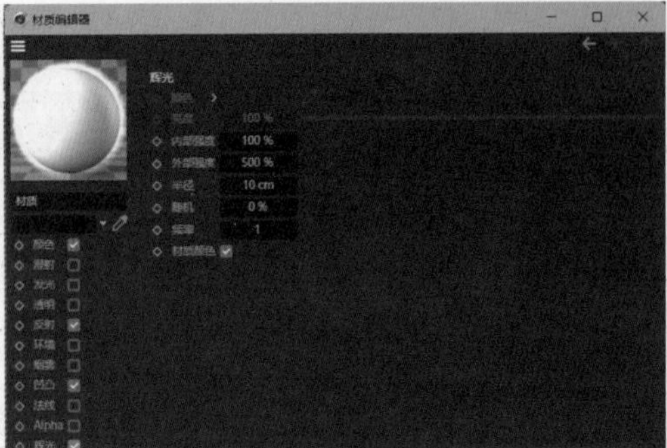

图11-16

※ 颜色：自定义辉光效果的颜色，实现个性化的视觉效果。

※ 亮度：控制辉光效果的整体亮度，可以根据场景需求调整辉光的明暗程度。

11.2.7 “置换”选项卡

“置换”选项卡能够在材质表面创建出凹凸效果，它与“凹凸”选项卡有相似之处，但两者存在显著差异。具体来说，“凹凸”选项卡中的参数仅影响视觉上的表面质感，产生凹凸的视觉效果，但并不真正改变模型的几何形状。相对地，“置换”选项卡中的参数则实际修改了模型的几何形态，根据置换贴图在模型表面产生真实的凹凸结构，如图 11–17 和图 11–18 所示。

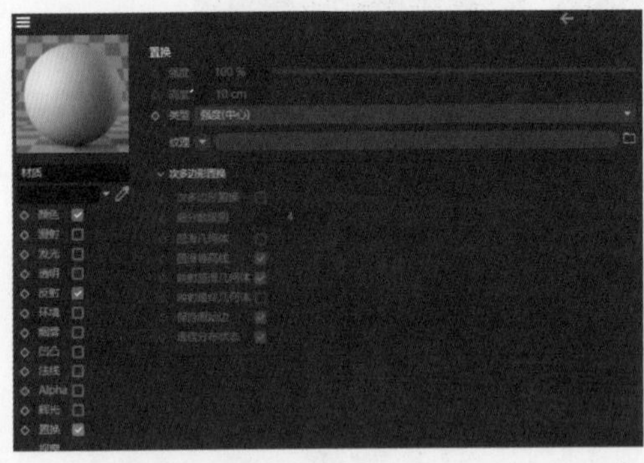

图11-17

图11-18

“置换”选项卡主要的选项含义如下。

纹理：可以通过为模型添加内置的纹理或外部的纹理贴图来精确控制置换效果的形状和细节。

11.3 常用内置纹理贴图

内置纹理贴图指的是软件自身提供的纹理图案。这些纹理在材质编辑器的多个选项卡中都可以找到并应用。图 11–19 展示了所有可用的内置纹理类型，供用户在编辑材质时选择使用。

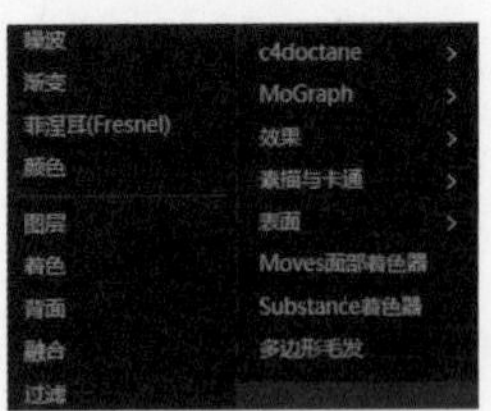

图11-19

11.3.1 噪波

噪波是内置纹理中应用最为广泛的，它在不同的选项卡中有着不同的作用。在“凹凸”选项卡中，噪波可以模拟模型表面的颗粒、水纹等效果，材质编辑器如图 11–20 所示，其中主要的选项含义如下。

※ 颜色 1/ 颜色 2：设置噪波纹理的两种颜色，默认颜色为黑色和白色。

※ 种子：通过调整种子的数值，可以改变纹理效果，因为每个不同的数值都会生成不同的花纹。

※ 噪波：包含多种噪波类型，如图 11-21 所示。

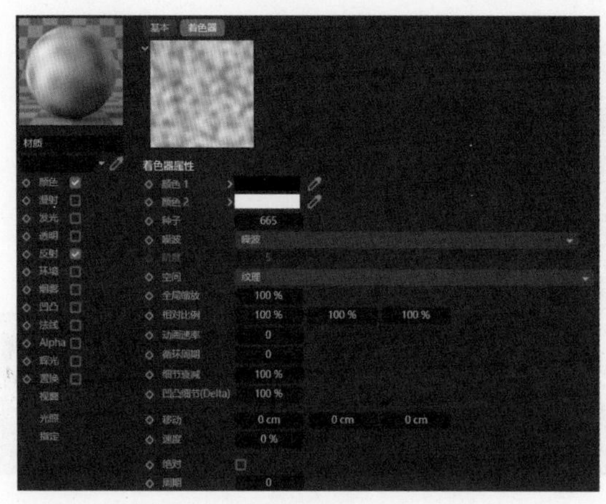

图11-20

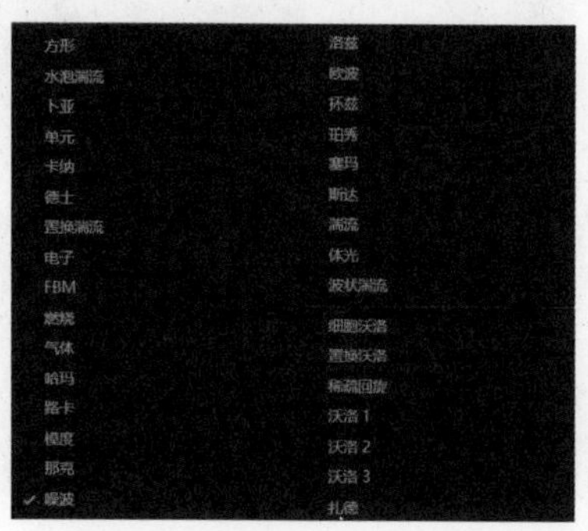

图11-21

※ 全局缩放：设置噪波纹理的整体大小。

※ 相对比例：调整噪波纹理在不同方向上的大小。

11.3.2 渐变

渐变纹理可以呈现颜色渐变效果，用户可以设置两种或更多颜色的渐变，材质编辑器如图 11–22 所示，其中主要的选项含义如下。

※ 渐变：更改渐变的颜色，并增加渐变颜色的数量。

※ 类型：设置不同的渐变效果，如图 11-23 所示。

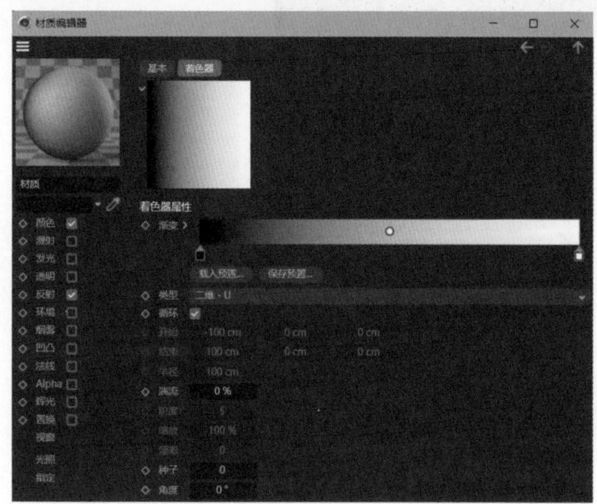

图11-22

图11-23

※ 湍流：调整渐变颜色过渡的随机性，数值越大，渐变效果越随机。

※ 角度：设置颜色渐变的方向角度。

11.3.3 菲涅耳

菲涅耳是一种模拟菲涅耳反射效果的纹理，材质编辑器如图11-24所示，其中主要的选项含义如下。

※ 渲染：设置渲染的类型，如图11-25所示。

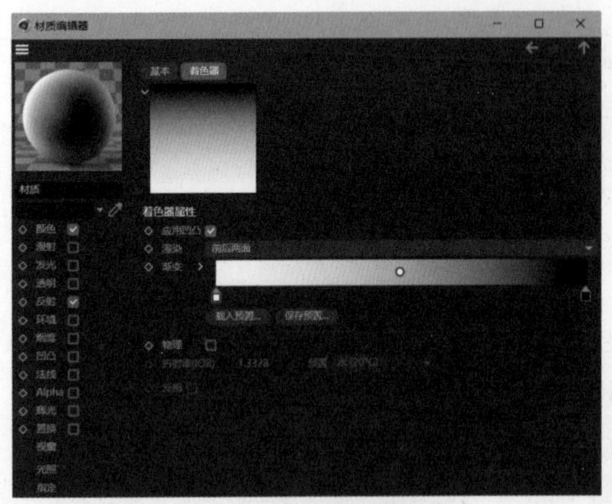

图11-24

图11-25

※ 渐变：设置菲涅耳效果的颜色。

11.3.4 图层

图层类似Photoshop中的图层效果，允许多个效果进行叠加，材质编辑器如图11-26所示，其中主要的选项含义如下。

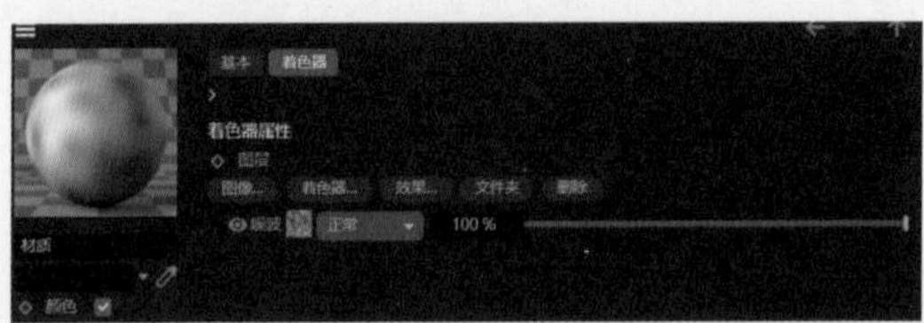

图11-26

※ 图像：单击该按钮，允许添加外部图片作为一个独立的图层。

※ 着色器：单击该按钮，可以选择适合的着色器。

※ 效果：单击该按钮，可以在弹出的菜单中为图片选择合适的效果。

※ 文件夹：单击该按钮，能够添加文件夹，以便对图层内容进行分组管理。

※ 删除：单击该按钮，删除选中图层。

11.3.5 效果

效果中包含众多内置贴图，如图11-27所示，其中主要的选项含义如下。

※ 光谱：可以形成多种颜色的渐变。

※ 衰减：可以得到颜色渐变的效果。

11.3.6 表面

表面中包含了许多内置纹理，这些纹理可以产生多种多样的效果，如图 11-28 所示，其中主要的选项含义如下。

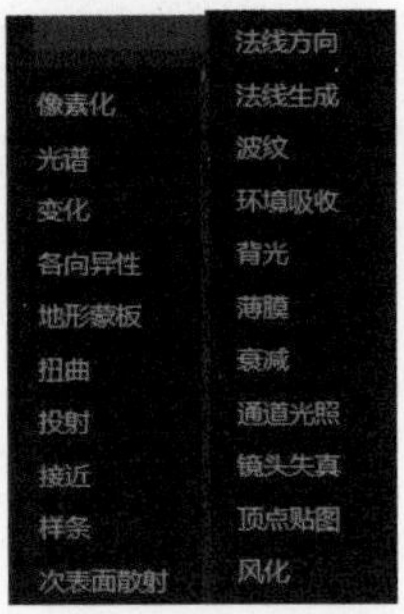

像素化 光谱 变化 各向异性 地形蒙板 扭曲 投射 接近 样条 次表面散射
法线方向 法线生成 波纹 环境吸收 背光 薄膜 衰减 通道光照 镜头失真 顶点贴图 风化

图11-27

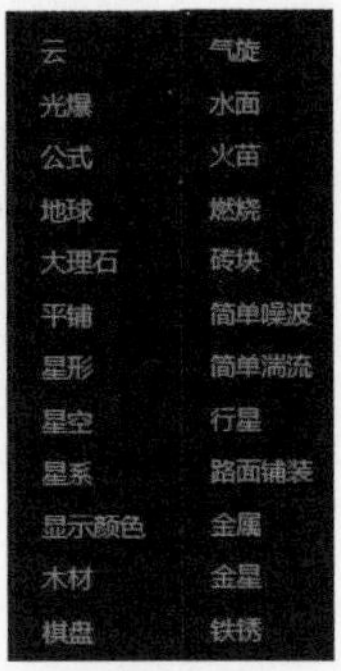

云 光爆 公式 地球 大理石 平铺 星形 星空 星系 显示颜色 木材 棋盘
气旋 水面 火苗 燃烧 砖块 简单噪波 简单湍流 行星 路面铺装 金属 金星 铁锈

图11-28

※ 云：能够生成云朵的效果，如图 11-29 所示。

※ 地球：产生类似地球表面的纹理效果，如图 11-30 所示。

※ 大理石：能够形成类似大理石的纹理，如图 11-31 所示。

※ 平铺：产生平铺的格子状花纹效果，如图 11-32 所示。

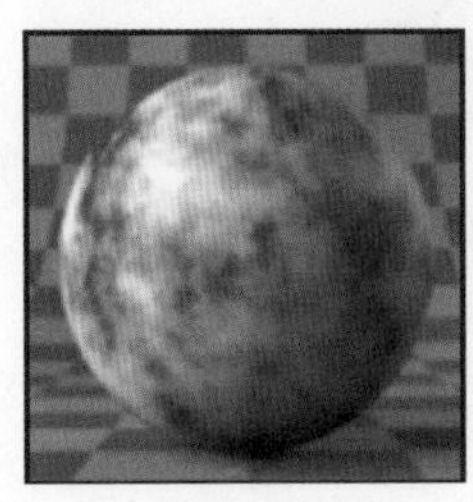

图11-29

图11-30

图11-31

图11-32

※ 木材：能够形成逼真的木纹纹理，效果如图 11-33 所示。

※ 棋盘：可以生成黑白相间的棋盘格格纹，具体如图 11-34 所示。

※ 水面：能够模拟类似水面的纹理效果，如图 11-35 所示。

※ 燃烧：可以产生燃烧状的花纹效果，具体如图 11-36 所示。

图11-33

图11-34

图11-35

图11-36

※ 单噪波：能够形成简单的噪波图案，效果如图 11-37 所示。

※　简单湍流：可以生成简单的湍流图案，具体如图 11-38 所示。

※　路面铺装：能够模拟出路面铺装的图案效果，如图 11-39 所示。

※　铁锈：可以产生类似铁面生锈的图案效果，具体如图 11-40 所示。

图11-37

图11-38

图11-39

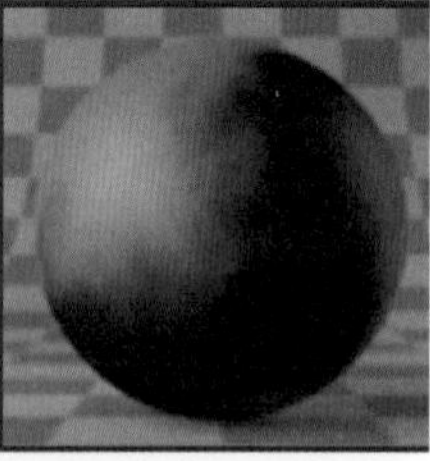

图11-40

11.4 常用材质的调节

在本节中，将讲述一些常用的材质参数的调整方法，以便日常工作和学习中使用，这些材质包括玻璃材质、金属材质、塑料材质、木纹材质和水材质等常用类型。如图 11-41 所示，我们将使用苹果模型作为示例来演示不同材质的调整方法，以便大家更直观地观察不同材质之间的差异。

图11-41

11.4.1 玻璃材质

新建默认材质，双击材质以打开材质编辑器，接着选中“透明”复选框，之后将“折射率预设”调整为“玻璃”，如图 11-42 所示。

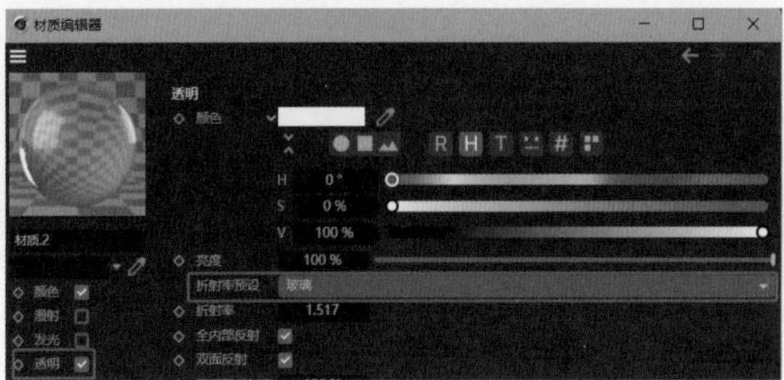

图11-42

在“反射”选项卡中添加 GGX，如图 11–43 所示，然后将“粗糙度”值改为 20%，“高光强度”值改为 5%，将“菲涅耳”设置为“绝缘体”，“预置”设置为“玻璃”，如图 11–44 所示。

图11-43

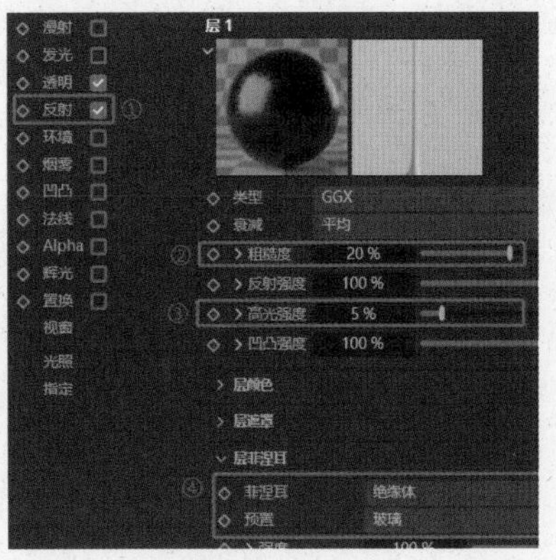

图11-44

此时透明玻璃的材质就调好了，调好的材质球效果如图 11–45 所示，将材质球赋予苹果模型，效果如图 11–46 和图 11–47 所示。

图11-45

图11-46

图11-47

11.4.2 金属材质

新建默认材质，双击材质打开材质编辑器，在“颜色”选项卡中设置颜色为 H：28°、S：84%、V：36%，如图 11–48 所示。

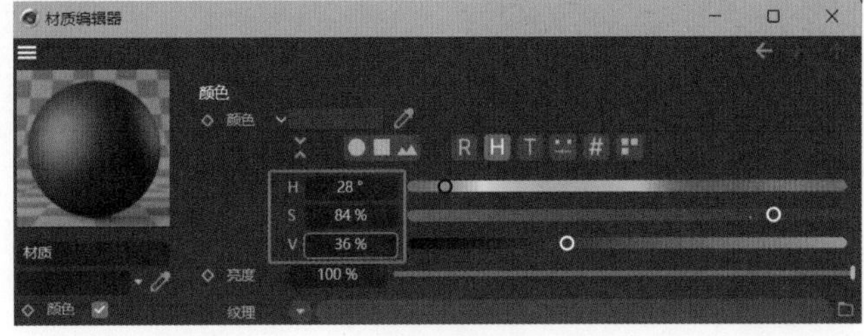

图11-48

在“反射”选项卡中添加 GGX，设置“粗糙度”值为 20%、“菲涅耳”为“导体”，并将“预置”

修改为“金”，如图 11-49 所示。将该材质赋予苹果模型，效果如图 11-50 所示。

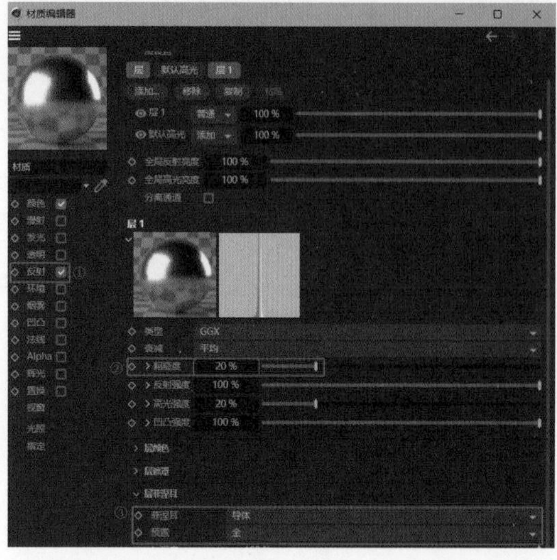

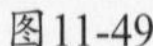

图11-49

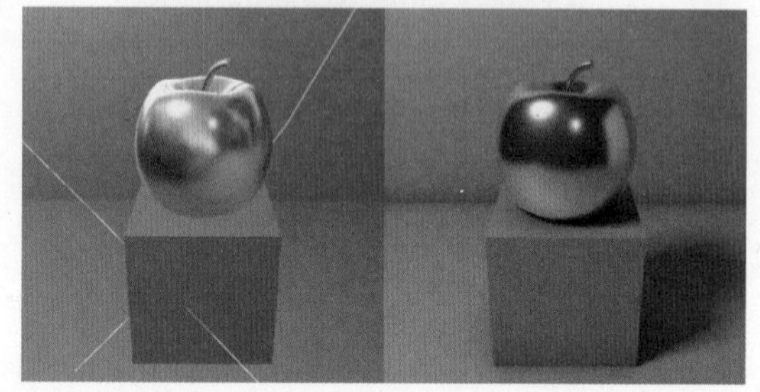

图11-50

11.4.3 塑料材质

新建默认材质，双击材质打开材质编辑器，在“反射”选项卡中添加 GGX，将“粗糙度”值设置为 15%，“反射强度”值设置为 80%，“菲涅耳”设置为“绝缘体”，“预置”设置为“聚酯”，如图 11-51 所示。将该材质赋予苹果模型，效果如图 11-52 所示。

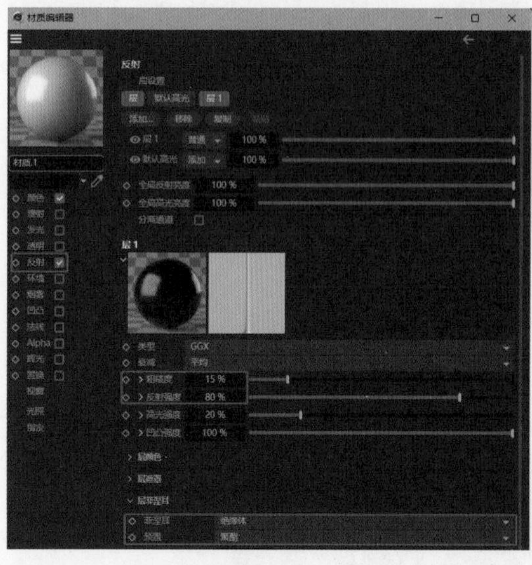

图11-51

图11-52

11.4.4 木纹材质

新建默认材质，双击材质打开材质编辑器，在“颜色”选项卡的“纹理”选项中加载一张木纹贴图，如图 11-53 所示。

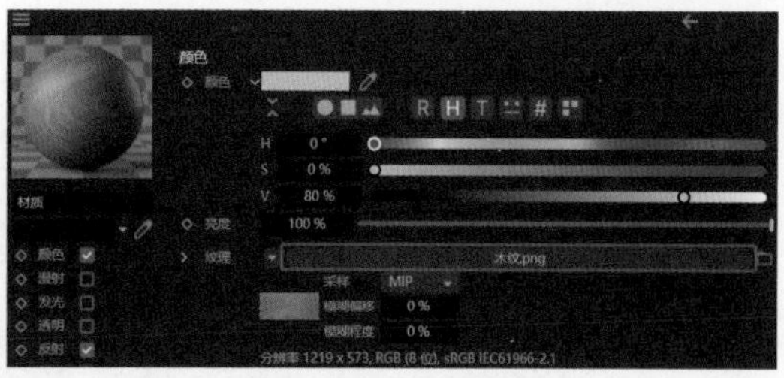

图11-53

在“反射”选项卡中添加GGX，在“层颜色”中加载木纹的纹理贴图，如图11-54所示。

选中“凹凸”复选框，在“纹理”选项中加载木纹纹理贴图，设置“强度”值为5%，如图11-55所示。

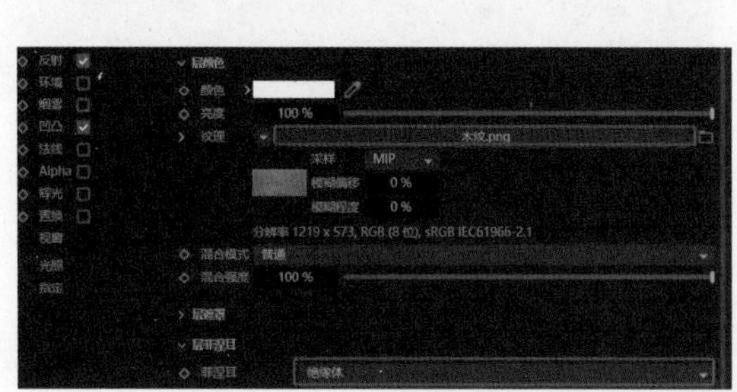

图11-54

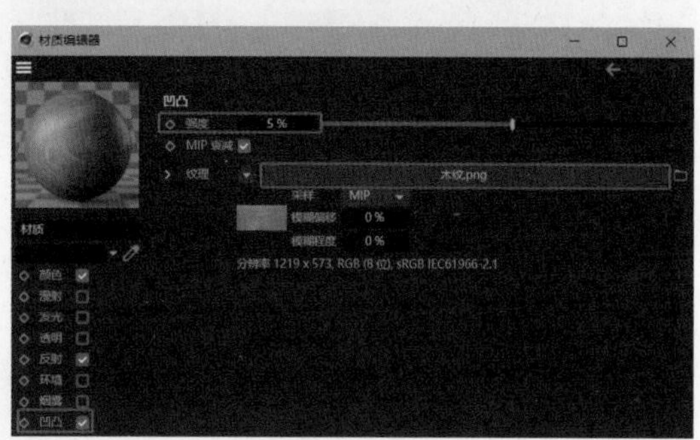

图11-55

将该材质赋予苹果模型，效果如图11-56所示。

图11-56

11.4.5 水材质

新建默认材质，双击材质打开材质编辑器，选中“透明”复选框，将“折射率预设”修改为“水”，如图11-57所示。

在“反射”选项卡添加GGX，将“粗糙度”值设置为1%，“菲涅耳”设置为“绝缘体”，“预置”设置为“水”，如图11-58所示。将该材质赋予苹果模型，效果如图11-59所示。

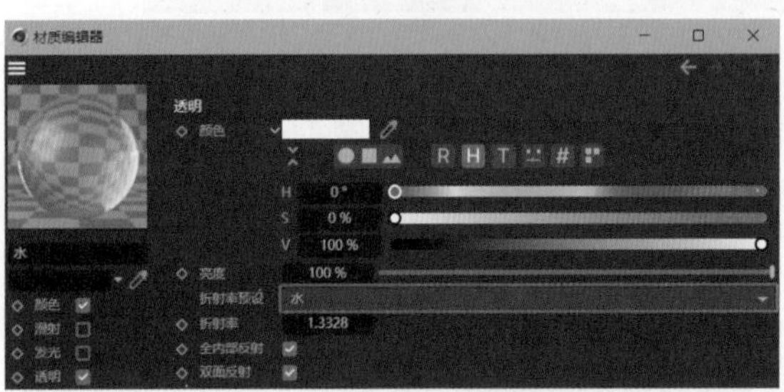

图11-57

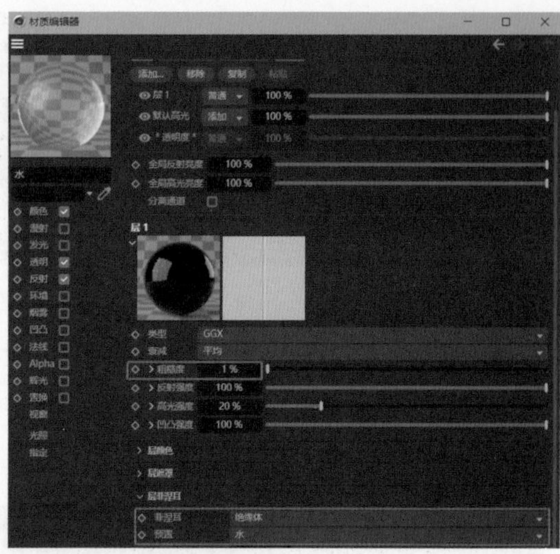

图11-58

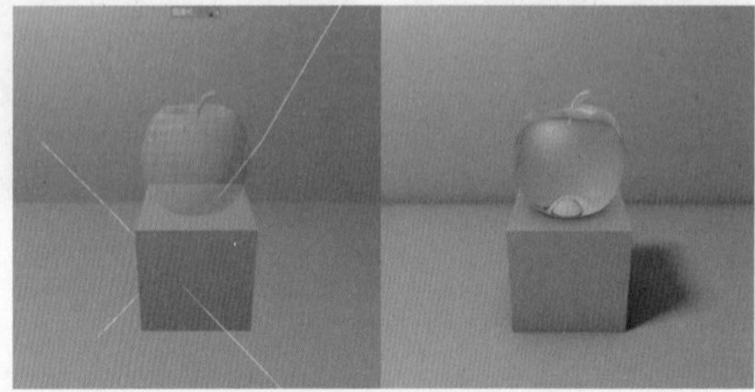

图11-59

11.4.6　不锈钢材质

新建默认材质，双击材质打开材质编辑器，取消选中“颜色”复选框，在“反射”选项卡中新建GGX，将“反射强度”值设置为80%，将“菲涅耳”设置为“导体”，“预置”设置为“钢”，如图11-60所示。将该材质赋予苹果模型，效果如图11-61所示。

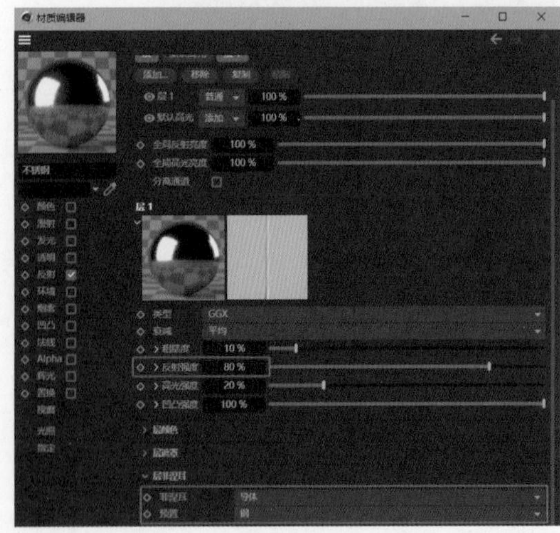

图11-60

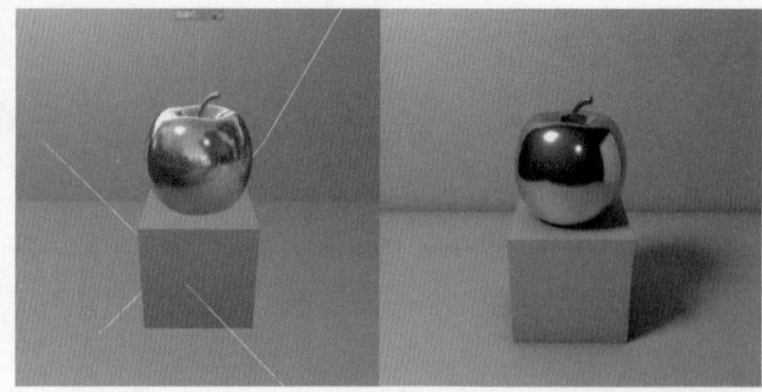

图11-61

11.4.7 陶瓷材质

新建默认材质，双击材质打开材质编辑器，在“反射”选项卡中添加 GGX，设置“粗糙度”值为 5%，“反射强度”值为 130%，“菲涅耳”为“绝缘体”，“折射率（IOR）”值为 1.6，如图 11-62 所示。将该材质赋予苹果模型，效果如图 11-63 所示。

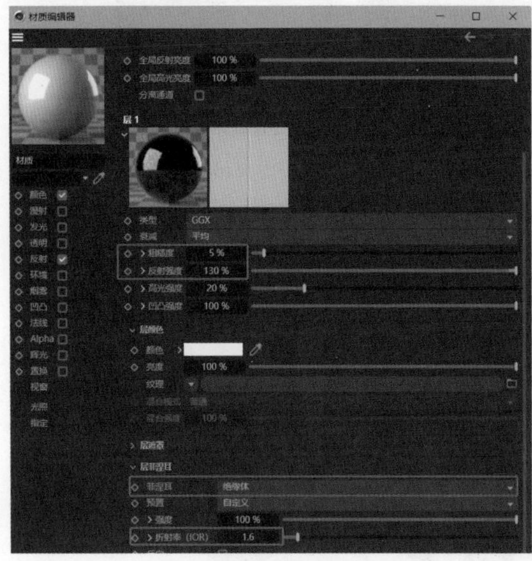

图11-62

图11-63

11.5 纹理标签

纹理标签是一种可以调整模型纹理位置、大小的方式。通过这种方式，可以更加灵活地控制模型上的纹理。

关于纹理标签的位置设置，可以按照以下步骤操作：首先，在场景中新建一个正方体；接着，在材质编辑器中新建默认材质并将其赋予正方体；然后，单击对象面板中模型后方的材质球，可以在属性面板中查看相关设置，如图 11-64 和图 11-65 所示，其中主要参数含义如下。

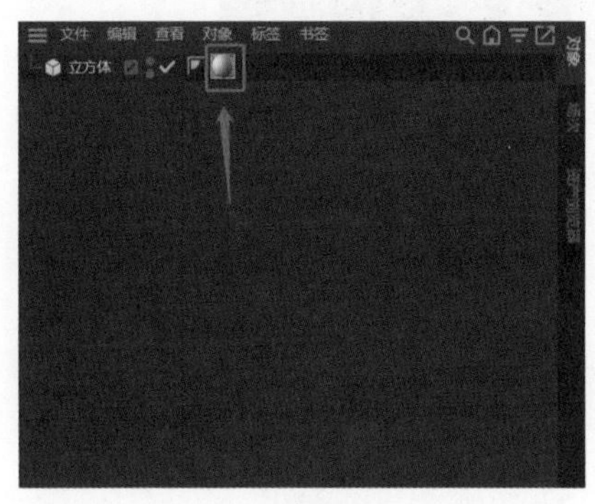

图11-64

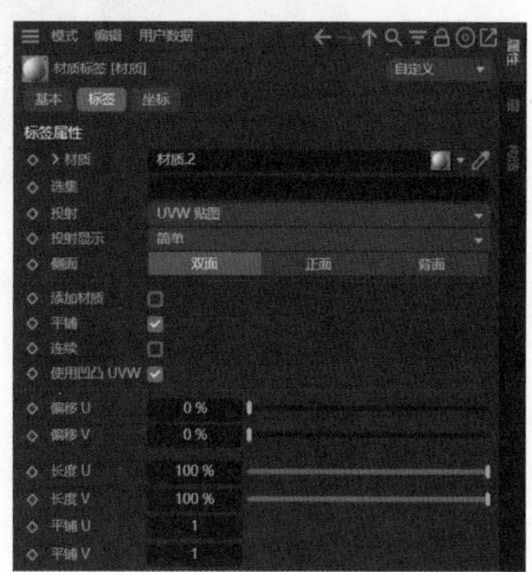

图11-65

※ 材质：在材质设置中，每个纹理都对应一个相关的材质标签，并配有各自的属性面板。

※ 投射：投射方式有多种类型，每种类型都会产生不同的视觉效果，具体如图 11-66~ 图 11-75 所示。

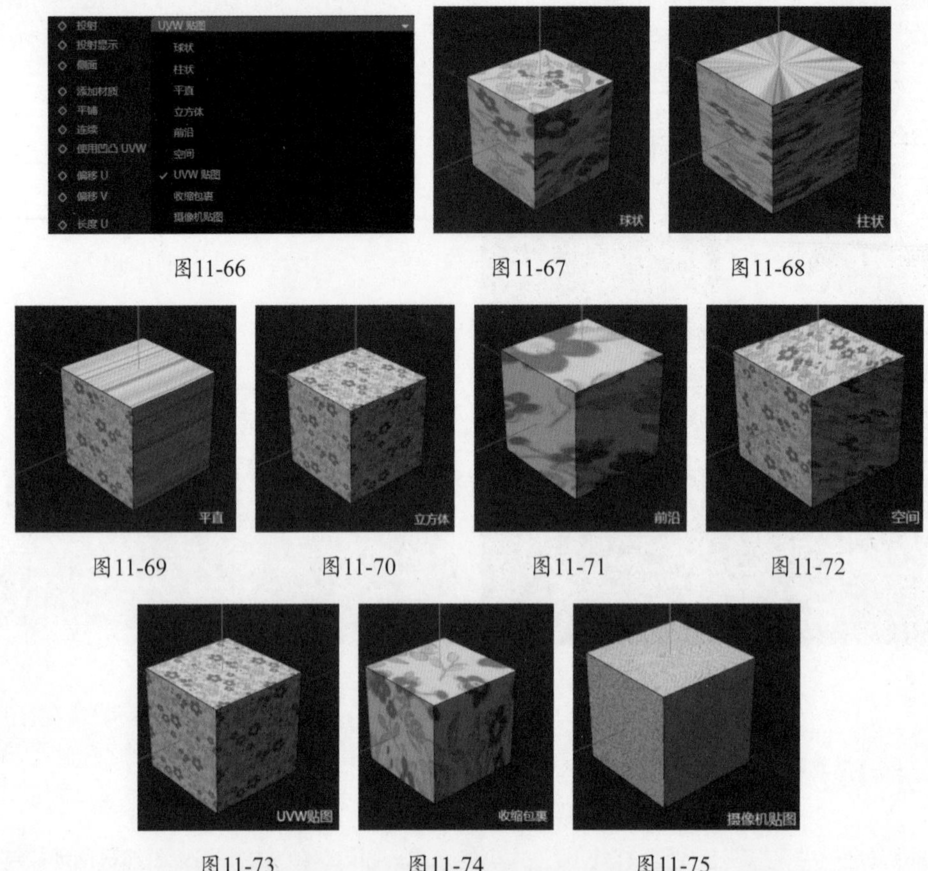

图11-66 图11-67 图11-68

图11-69 图11-70 图11-71 图11-72

图11-73 图11-74 图11-75

※ 侧面：可以设置纹理的分布位置，分为双面、正面和背面 3 种选项，如图 11-76 所示。

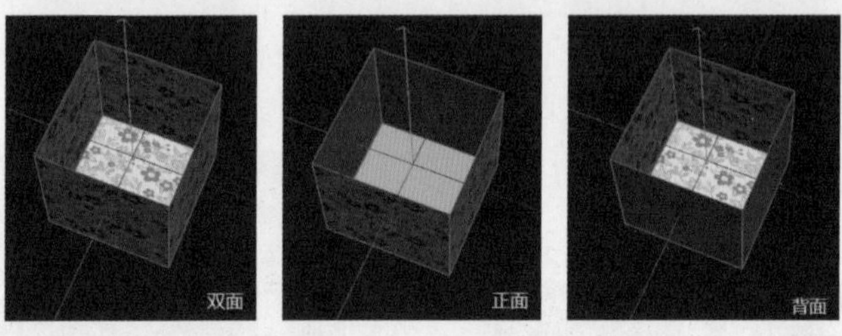

图11-76

» 双面：表示正方体的内部和外部都显示纹理。

» 正面：表示仅在正方体的外表面显示纹理。

» 背面：表示仅在正方体的内表面显示纹理。

※ 偏移：可以通过调整 U 和 V 两个方向的数值来改变纹理的位置，如图 11-77 所示。

※ 长度 U：可以调整 U 方向上花纹的长度，如图 11-78 所示。

※ 长度 V：可以调整在 V 方向上花纹的长度，如图 11-79 所示。

※ 平铺 U：可以设置贴图在 U 方向平铺的数量，如图 11-80 所示。

图11-77

图11-78

图11-79

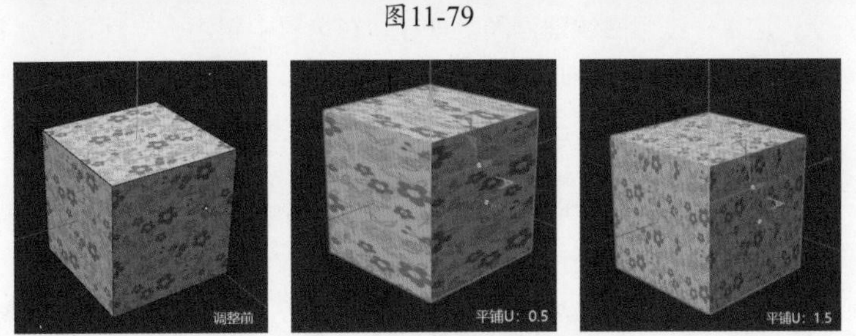

图11-80

※ 平铺 V：可以设置贴图在 V 方向平铺的数量，如图 11-81 所示。

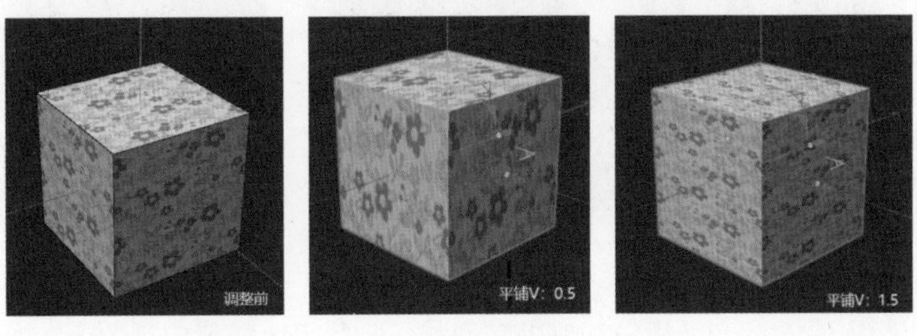

图11-81

11.6 UV贴图拆分的基本流程

11.6.1 UV拆分的概念

UV拆分是指将三维模型拆分成二维平面图，并通过给二维平面图赋予纹理，使这些纹理能在三维模型上正确显示。这种拆分并赋予纹理的方式非常适合结构复杂的模型，能让模型的纹理分布更加均匀合理。

我们可以将UV拆分类比为折纸的过程。以正方体为例，如果把它拆开，就可以得到一个二维的平面图，如图11-82所示。当然，也可以根据实际情况选择不同的拆解方式。

拆开之后，我们可以在Photoshop或其他图像处理软件中为该二维图片添加纹理，如图11-83所示。

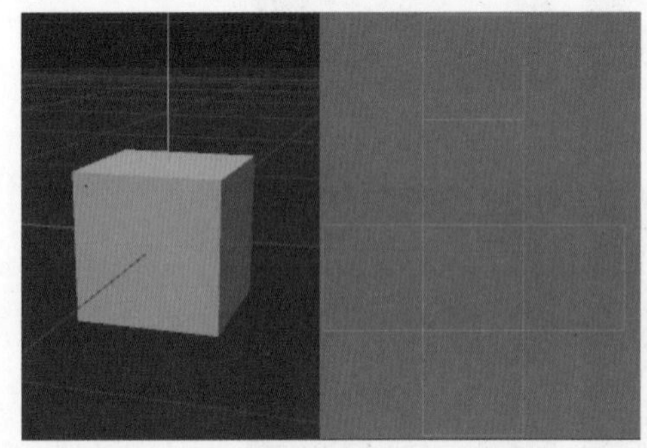

图11-82

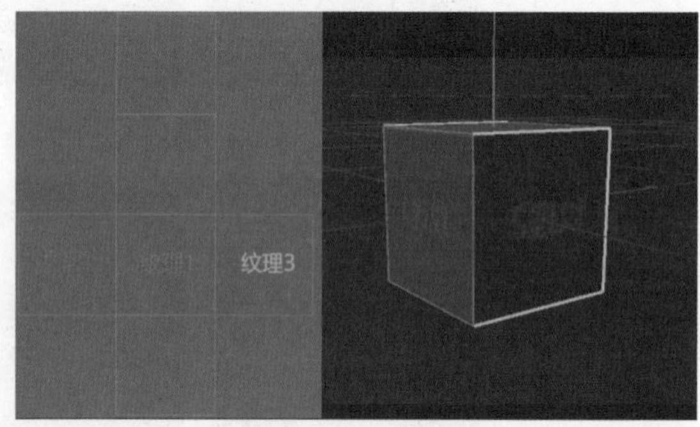

图11-83

如图11-84所示，这是一张黑白纹理贴图。现在，在场景中新建一个圆柱体，并在材质面板中新建默认材质，然后将这张黑白网格设置为该材质的纹理贴图。之后，将这个材质直接赋予圆柱体，效果如图11-85所示。但我们可以观察到，圆柱体的顶面和侧面的纹理大小并不统一，纹理贴图产生了拉伸效果，这破坏了纹理的原始形状。

同样使用这张纹理贴图，将圆柱体进行UV拆分之后再为模型添加纹理贴图，其效果如图11-86所示。我们可以观察到，纹理贴图没有产生变形，而是保持了纹理贴图的原有样貌。

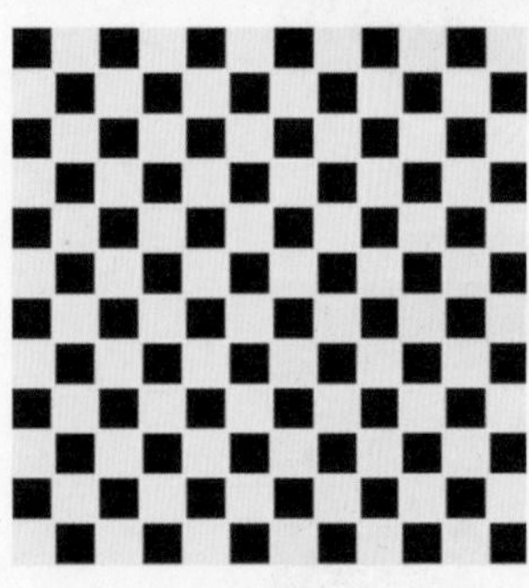

图11-84

图11-85

图11-86

综上所述，我们可以得知，UV拆分的好处有两点：一是可以随意控制纹理在模型上的分布位置和效果；二是能够使纹理贴图更好地与模型相契合，避免产生拉伸、变形等不良效果。这种技术在建模过程中常用于处理结构较为复杂的模型。

11.6.2 UV Edit 界面

在对模型进行 UV 展开的过程中，将会使用到 UV Edit 界面。打开该界面后，其显示效果如图 11-87 所示。

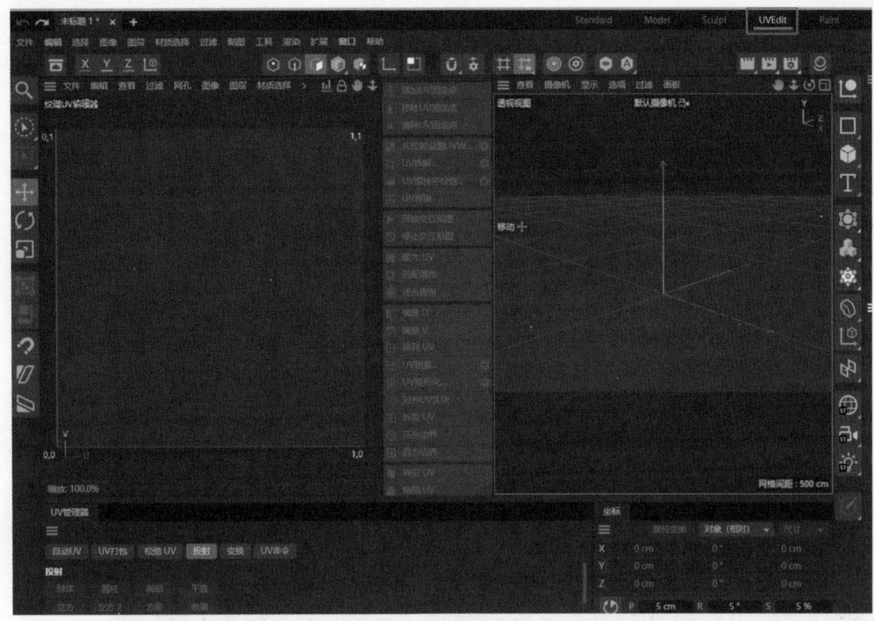

图11-87

1.纹理UV编辑器

图 11-88 所示的是纹理 UV 编辑器界面，注意右边的选项栏需要在将模型转化为可编辑多边形之后才能被激活，其中主要的参数含义如下。

※ 从投射设置 UVW：可以设置 UV 贴图的投射方式，单击右侧的按钮，弹出如图 11-89 所示的对话框，其投射类型如图 11-90 所示。

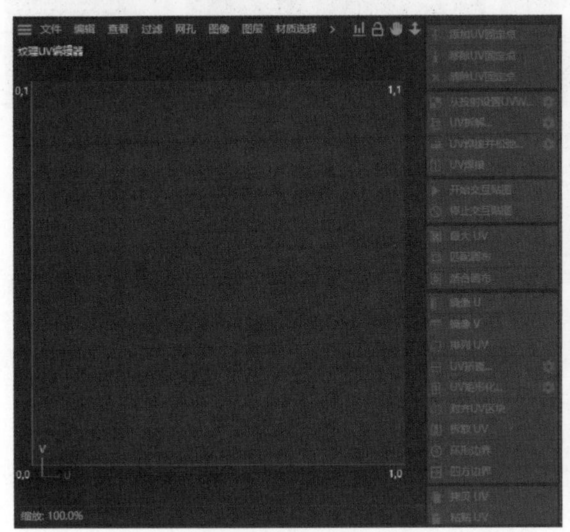

图11-88

图11-89

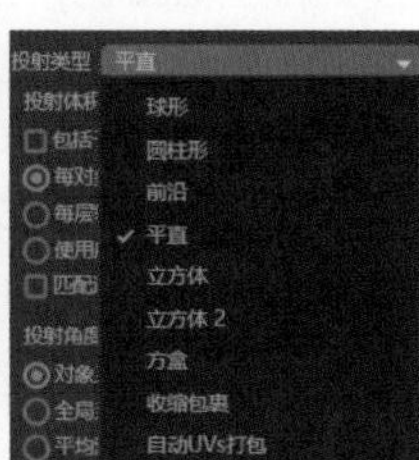

图11-90

※ UV 拆解：选中想要裁剪的边，并单击该按钮，可以将模型沿着选中的边进行裁剪，并将裁剪后的部分平铺在画面上。

※ UV 焊接：单击该按钮，之前被拆解或裁剪的边可以被焊接回去，恢复模型的原始结构。

2.UV管理器

UV 管理器中可以调整各种相关参数，如图 11-91 所示，其中主要的参数含义如下。

※ 松弛 UV：应用该功能后，可以优化当前的 UV 拆分。

※ 投射：在该选项区域，可以设置 UV 贴图的多种投射类型。

3.图层管理器

图层管理器类似 Photoshop 中的图层功能，可以将拆解后的模型平面图按图层进行区分。其打开方式为：执行“窗口”→“图层管理器”命令，如图 11-92 和图 11-93 所示。

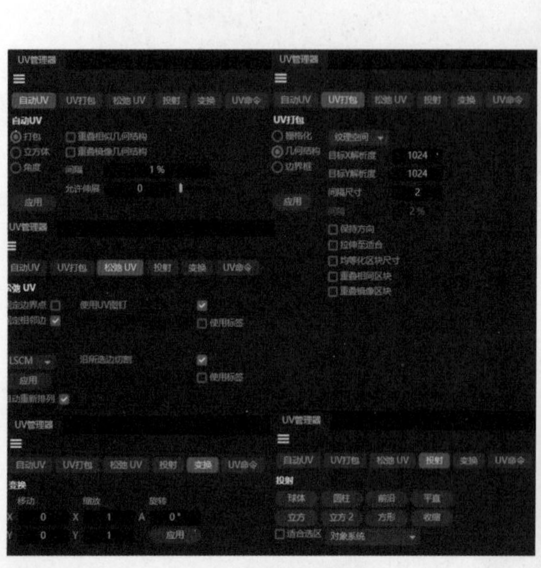

图11-91

图11-92

图11-93

11.6.3 UV 拆分的基本流程

UV 拆分大致遵循以下流程：①创建新的模型并将其转换为可编辑多边形；②进入 UV Edit 界面，在面模式下全选模型的所有面，然后选择“从投射设置 UVW”选项；③切换到线模式，选中要进行拆分的线，单击“UV 拆解”按钮来对模型进行拆分；④重新排列拆分后的各平面在画面中的位置，接着执行“文件”→“新建纹理”命令，保存该贴图，并在 Photoshop 中绘制所需图案。

接下来，以正方体为例，为其添加纹理贴图。首先，在场景中新建一个正方体。然后，按 C 键，将正方体转换为可编辑多边形。转换完成后，在对象面板中模型右侧会出现相应符号，如图 11-94 所示。

01 在工具栏上方，将当前界面切换至UV Edit模式，接着将选择模式切换为面模式。按快捷键Ctrl + A以全选所有面，如图11-95所示。然后，在UV管理器的“投射”选项卡中，选择“前沿”作为投射方式，如图11-96所示。

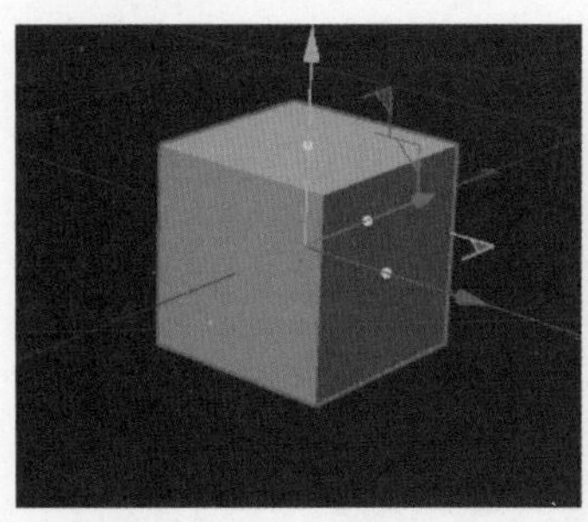

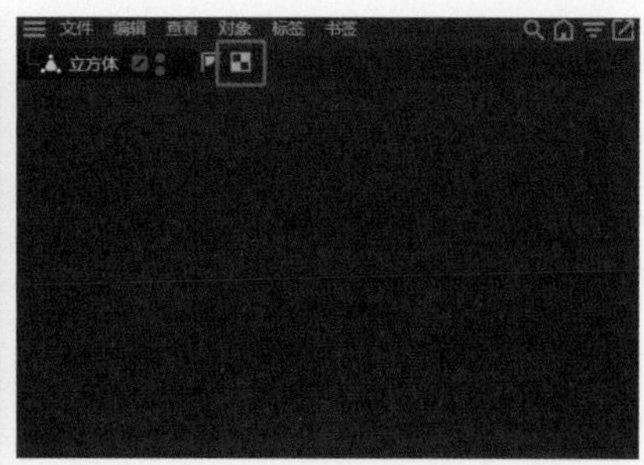

图11-94

02 单击“前沿”按钮后，可以观察到“纹理UV编辑器”中的图像发生了变化。接下来，将选择模式从面模式切换为线模式，然后依次选中想要裁切的线（可以通过按住Shift键进行多选，即加选线段；按住Ctrl键则可以进行减选，即减选线段），如图11-97所示。

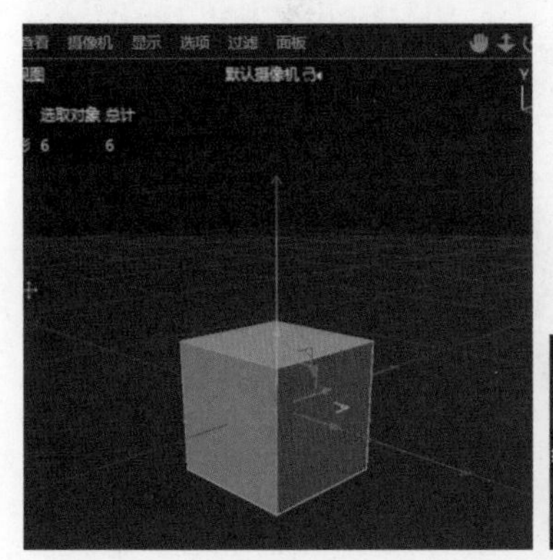

图11-95

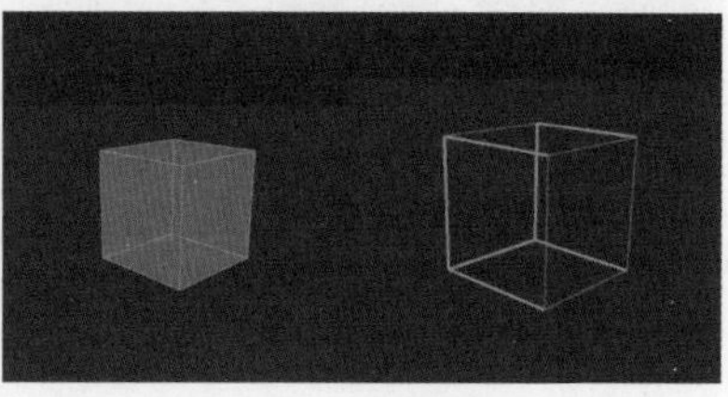

图11-96

图11-97

03 单击“UV拆解”按钮，可以观察到“纹理UV编辑器”的图像如图11-98所示，此时模型平面图的位置需要调整，可以全选所有面进行旋转，也可以再次单击“UV拆解”按钮，图像位置将会自动调整，如图11-99所示。

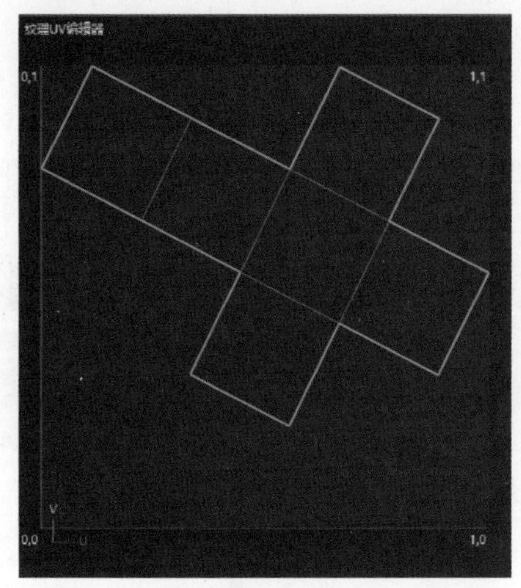

图11-98

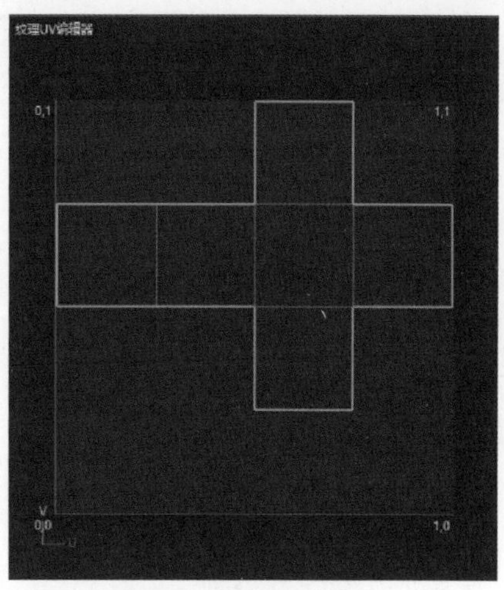

图11-99

04 调整完图片的位置之后，就可以进一步处理并导出当前图片到Photoshop中进行编辑。在“纹理UV编辑器”中，执行“文件”→“新建纹理”命令，将会弹出纹理编辑框。在这个框中，可以修改图片的宽度和高度，这两个参数代表了导出图片的像素尺寸。数值越大，像素越高，图片质量也就越好。在这里，将“宽度”和“高度”值都修改为2000像素，如图11-100所示。

05 新建纹理后，在“纹理UV编辑器”中，执行“图层”→“创建UV网格层”命令。这一步的目的是为了让拆解的UV能够在图片中清晰地显示出来。

06 创建完成后，可以通过执行“窗口”→“图层管理器”命令来打开图层管理器，确认是否已经成功新建了“UV网格层”，如图11-101所示。

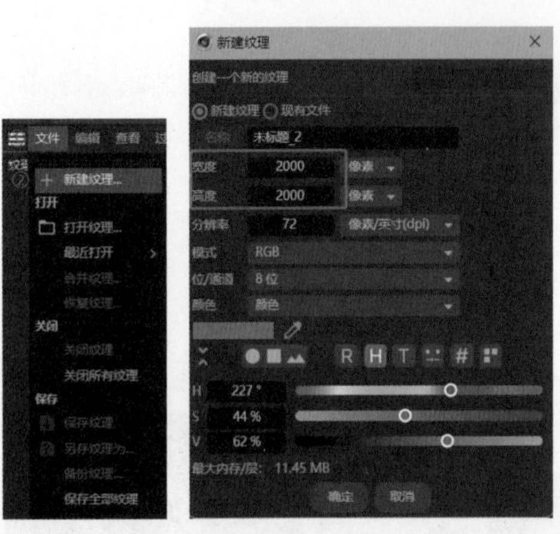

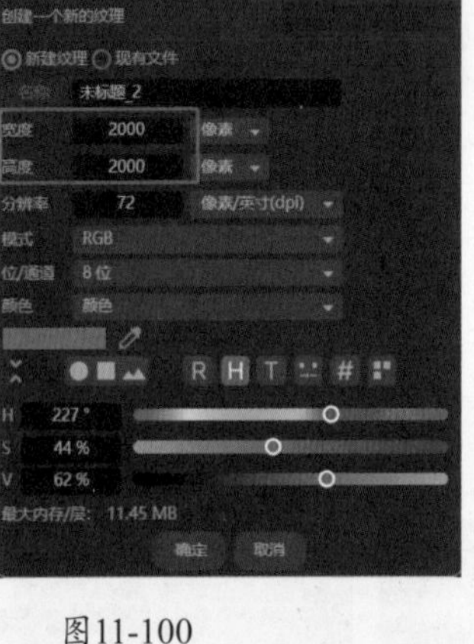

图11-100

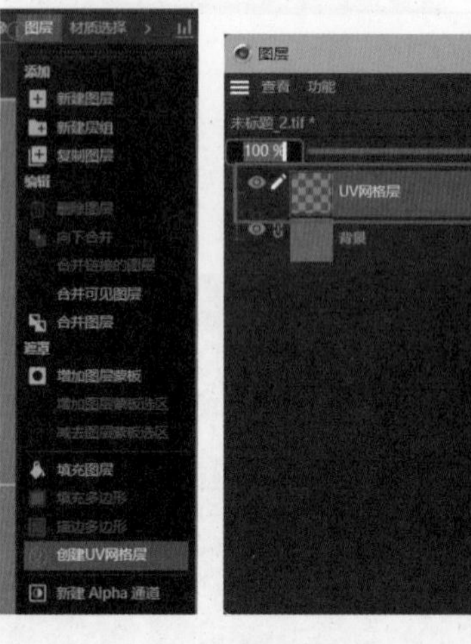

图11-101

07 创建完成后，导出该图片。执行“文件”→“保存纹理”命令，将会弹出一个选项框供我们选择文件格式。通常情况下，可以选择PSD或PNG格式。选定格式后，选择保存图片的位置，然后保存即可，如图11-102所示。

08 导出图片后，在Photoshop中打开该图片，并进行纹理的拼贴。如图11-103所示，展示了图片在Photoshop中打开的效果。我们可以选择想要的纹理图片来进行纹理填充，或者直接在图片上绘制纹理。可以直接将纹理图片覆盖在原图片上，并最终将该图片导出为JPG格式，如图11-104所示。

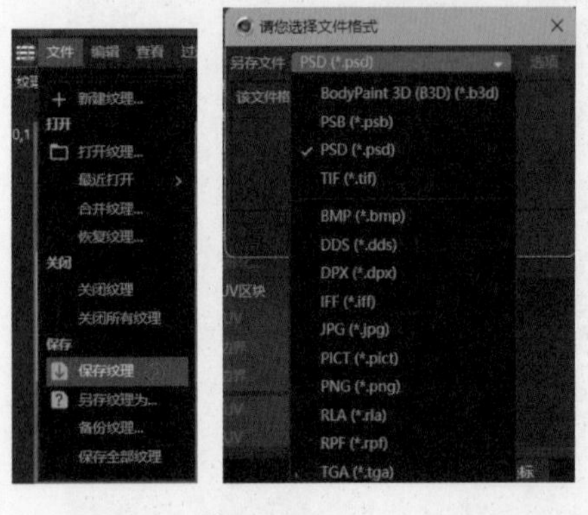

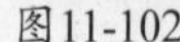

图11-102　　图11-103　　图11-104

09 返回C4D后，新建一个默认材质，并将之前在Photoshop中保存的图片指定为该默认材质的纹理贴图，如图11-105所示。接着，将这个材质应用到正方体上，之后就能够观察到正方体呈现出的纹理效果，如图11-106所示。

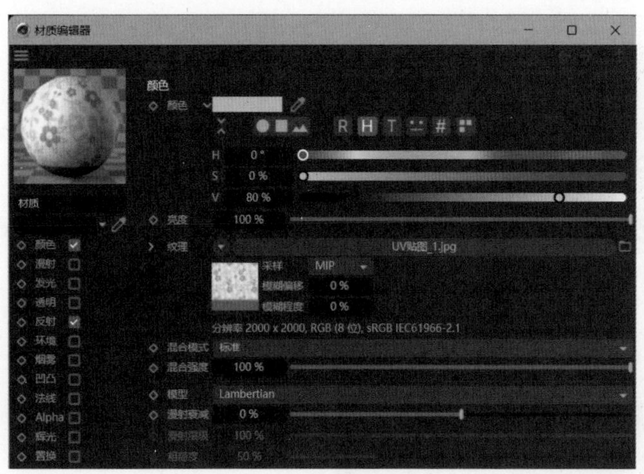

图11-105

图11-106

观察正方体的纹理，可以发现模型平面图中相连接的部分，在添加纹理后，其纹理是连贯的；而在平面图中被分开的部分，其纹理则是不连贯的。如果希望整个正方体的纹理都保持连贯性，那么就需要在 Photoshop 中处理图片时特别注意这一点。

通过以上演示，我们能够更加清晰地感受到 UV 贴图的优势：使用 UV 贴图来添加纹理，可以让我们随心所欲地控制纹理的大小、方向和位置，从而为我们的创作提供更多的可能性和想象空间。

11.7 实例：为场景添加材质并渲染

本实例将通过为场景添加不同的材质并进行渲染，以实现更佳的视觉效果，如图 11-107 所示，具体的操作步骤如下。

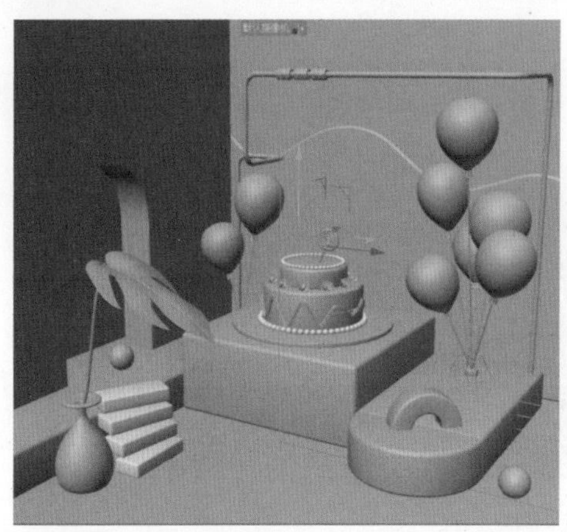

图11-107

01 要为场景定下大色调，就要先给背景和地面赋予材质。新建默认材质，在“材质编辑器”中调节颜色的参数为H：38°、S：9%、V：100%，如图11-108所示。

02 选中“反射”复选框，添加GGX，然后将“粗糙度”值修改为15%，“反射强度”值修改为80%，“菲涅耳”修改为“绝缘体”，“预置”修改为“聚酯”。随后将调好的材质赋予背景墙和米色气球，如图11-109所示。

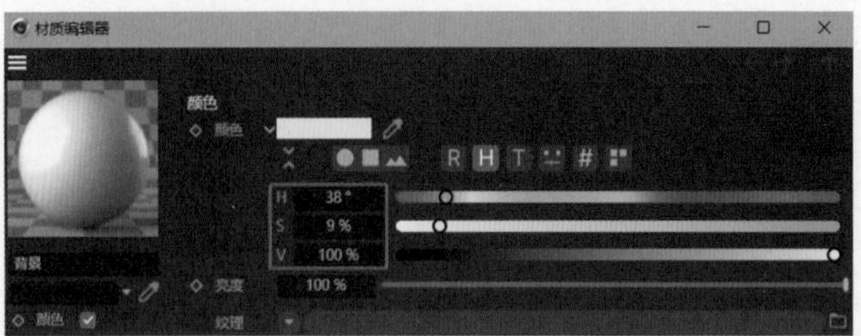

图11-108

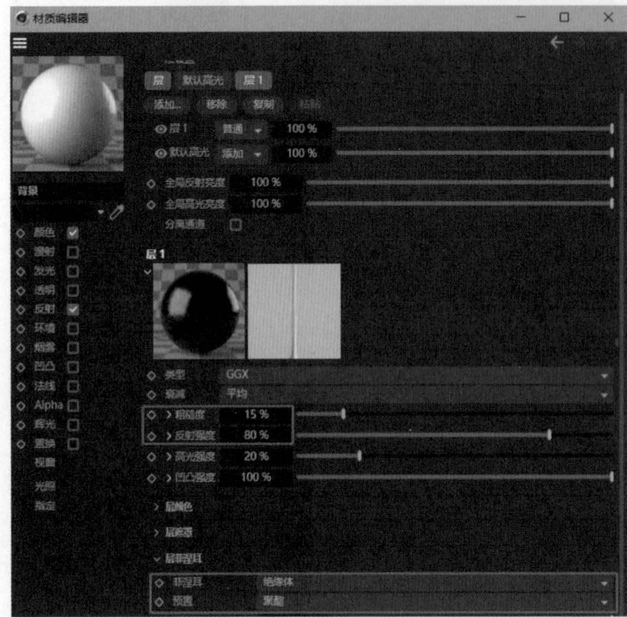

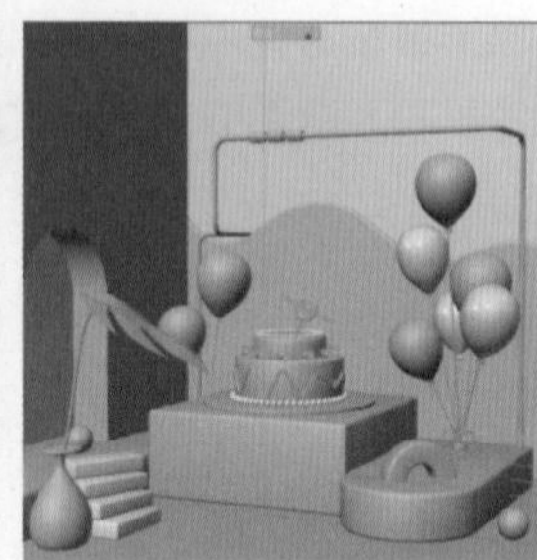

图11-109

03 新建默认材质，在“材质编辑器”中调节颜色的参数为H：352° 、S：24%、V：97%，如图11-110所示。

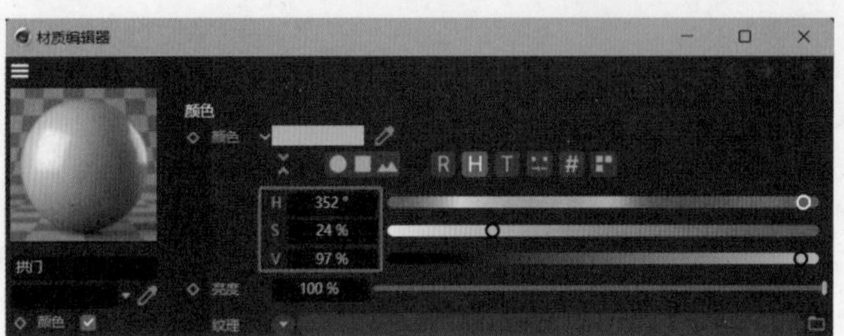

图11-110

04 选中“反射”复选框，添加GGX，然后将“粗糙度”值修改为15%，“反射强度”值修改为80%，“菲涅耳”修改为“绝缘体”，“预置”修改为“聚酯”。随后将调好的材质赋予拱门和地面，如图11-111所示。

05 新建默认材质，在“材质编辑器”中调节颜色的参数为H：145° 、S：18%、V：94%，随后将调好的材质赋予背景墙壁和拱门侧面，如图11-112所示。

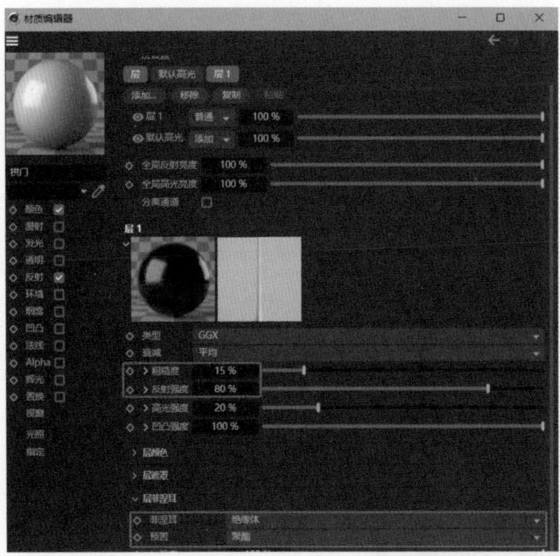

图11-111

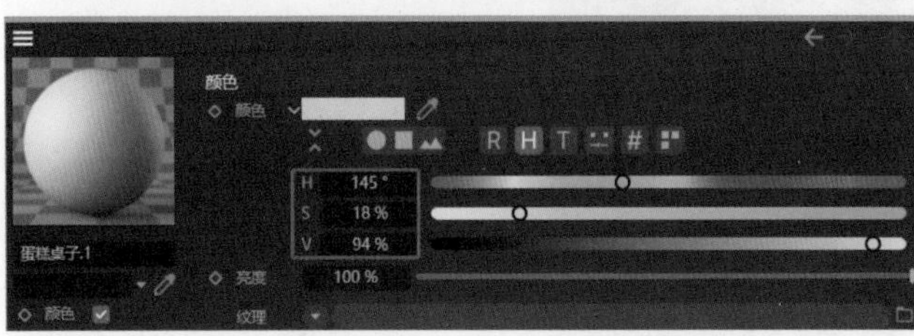

图11-112

06 新建默认材质，在“材质编辑器”中调节颜色的参数为H：52°、S：30%、V：96%，随后将调好的材质赋予楼梯和右侧平台，如图11-113所示。

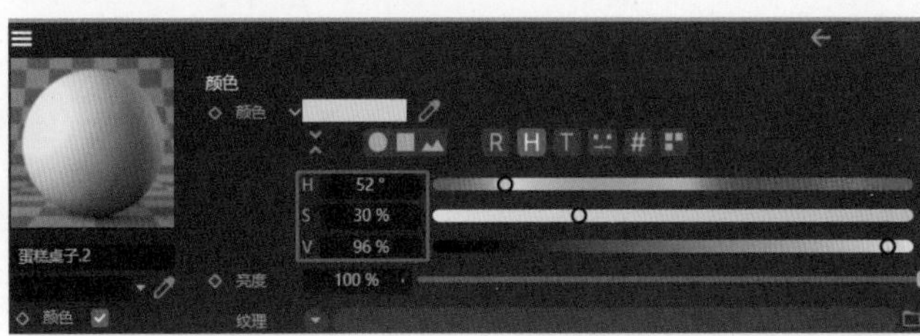

图11-113

07 背景材质设置完毕后，开始为画面中的物体添加材质。首先新建一个默认材质，并在“材质编辑器”中调整颜色参数，具体设置为H：351°、S：53%、V：92%。调整完成后，将这个调配好的材质应用到蛋糕下方的平台以及右下角的小球上，如图11-114所示。

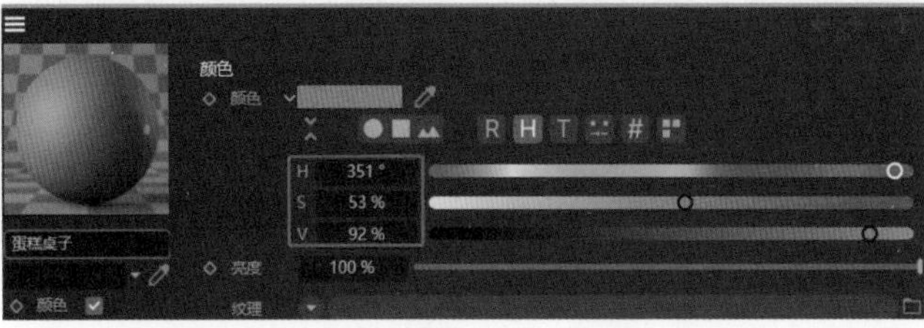

图11-114

08 为叶片制作材质，新建默认材质，在“材质编辑器”中调节颜色的参数为H：93°、S：35%、V：52%，如图11-115所示。

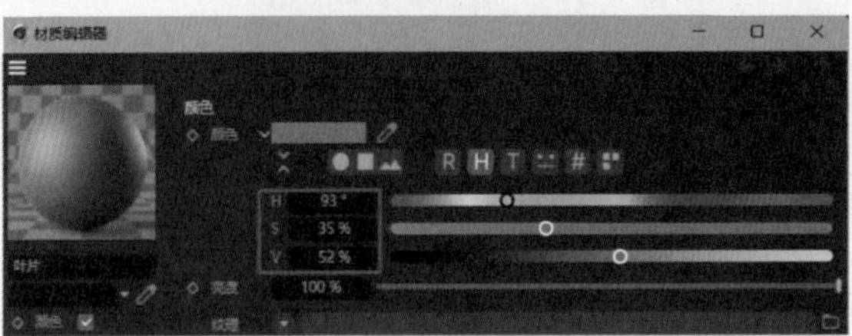

图11-115

09 选中“反射”复选框，添加GGX，然后将“粗糙度”值修改为40%，“菲涅耳”修改为“绝缘体”，随后将调好的材质赋予叶片和叶径，如图11-116和图11-117所示。

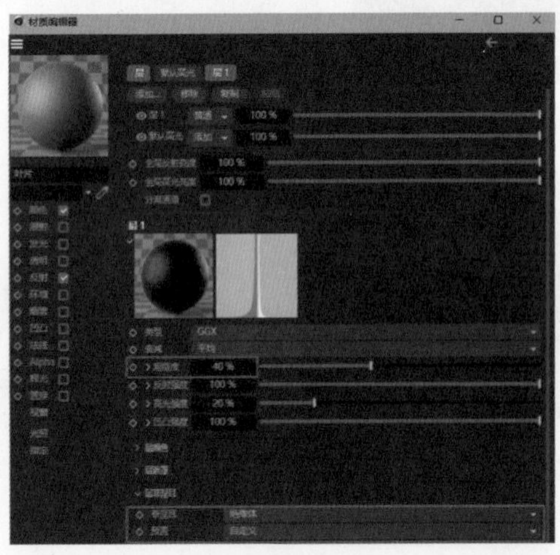

图11-116

图11-117

10 为花瓶制作瓷器的材质，新建默认材质，选中“反射”复选框，添加GGX，然后将“粗糙度”值修改为6%，“反射强度”值修改为120%，“菲涅耳”修改为“绝缘体”，随后将调好的材质赋予花瓶，如图11-118所示。

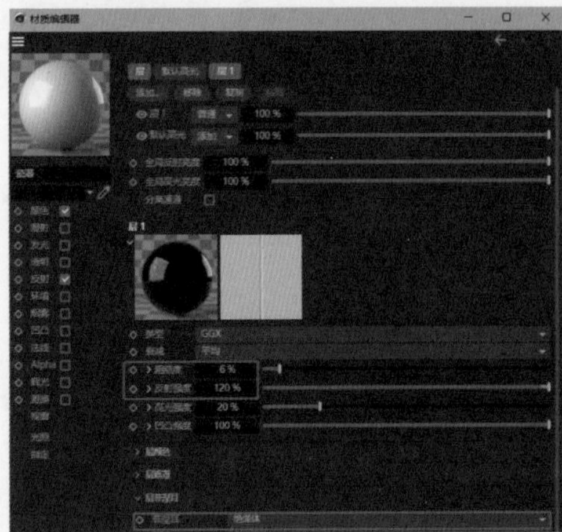

图11-118

11 制作一个粉色气球材质，新建默认材质，在“材质编辑器”中调节颜色的参数为H：0°、S：40%、V：95%，如图11-119所示。

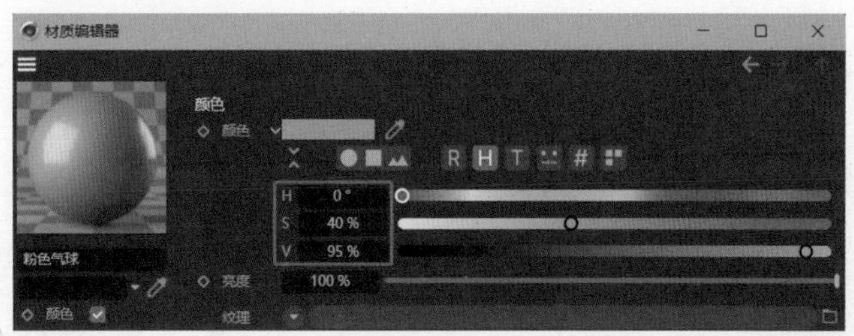

图11-119

12 选中“反射”复选框，添加GGX，然后将“粗糙度”值修改为15%，“反射强度”值修改为80%，“菲涅耳”修改为“绝缘体”，“预置”修改为“聚酯”，随后将调好的材质赋予气球，如图11-120所示。

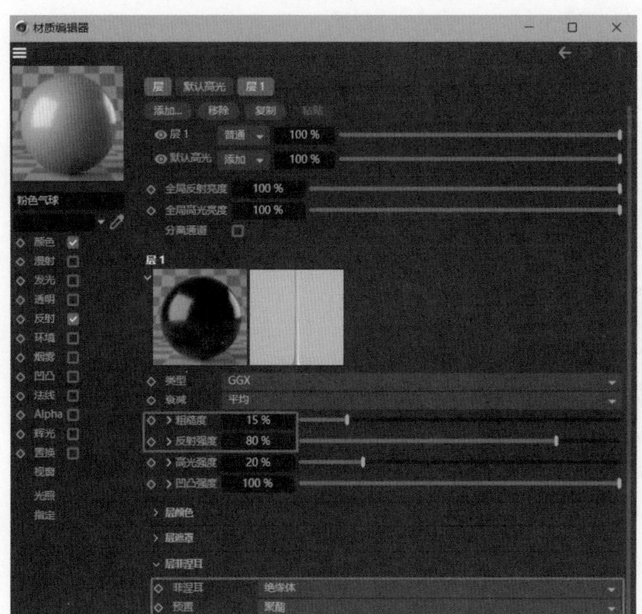

图11-120

13 为蛋糕上方部分制作一个渐变材质，新建默认材质，在“材质编辑器”的“颜色”选项卡中，将“纹理”修改为“渐变”，如图11-121所示。

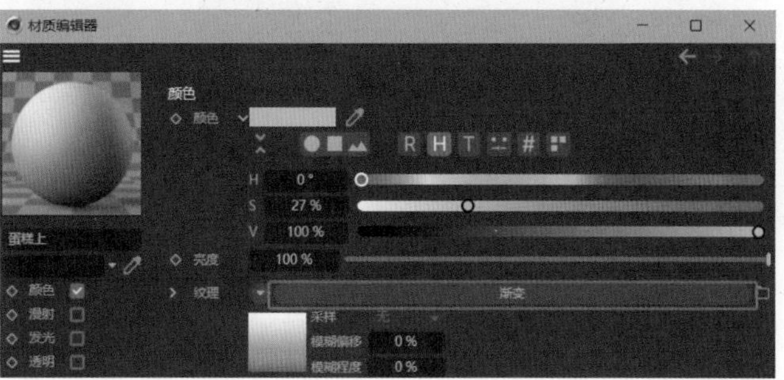

图11-121

14 调整渐变的颜色，并将“类型”修改为“二维-V”。将当前材质赋予蛋糕上层部分，如图11-122所示。

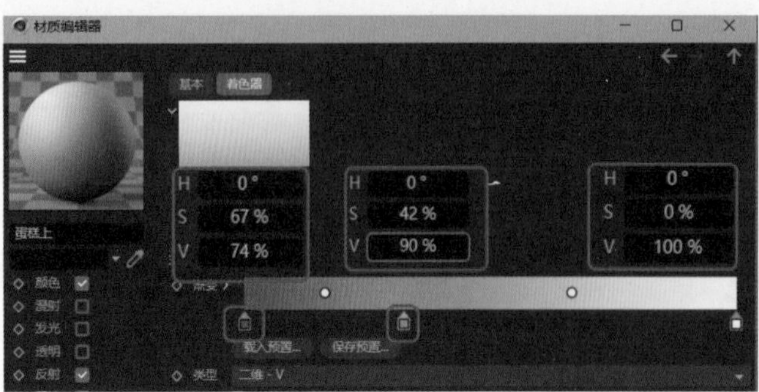

图11-122

15 为蛋糕的下半部分制作一个渐变材质，新建默认材质，在“材质编辑器”的“颜色”选项卡中，将“纹理”修改为“渐变”，如图11-123所示。

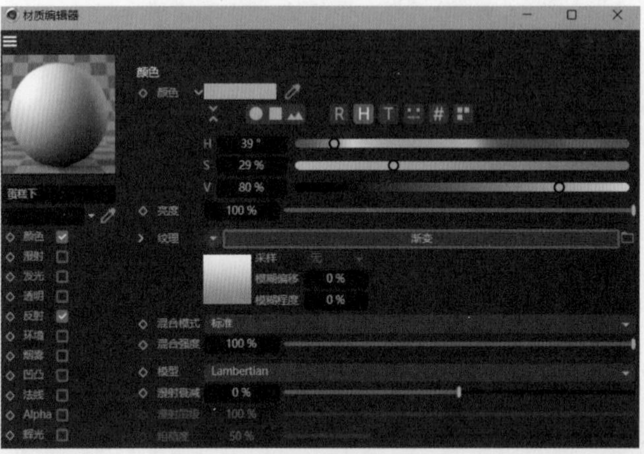

图11-123

16 调整“渐变”的颜色，并将“类型”修改为“二维-V”。将当前材质赋予蛋糕的下半部分，效果如图11-124所示。

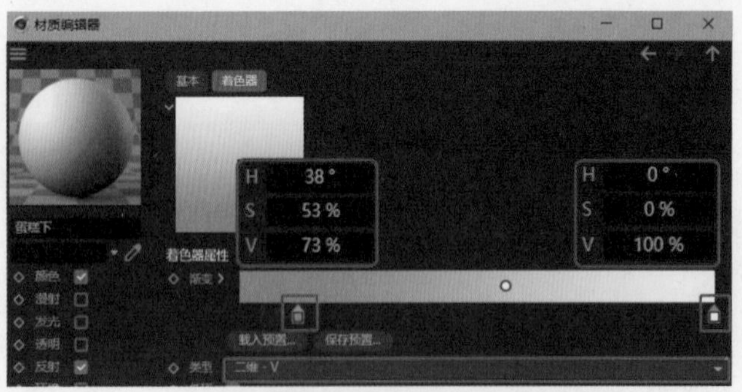

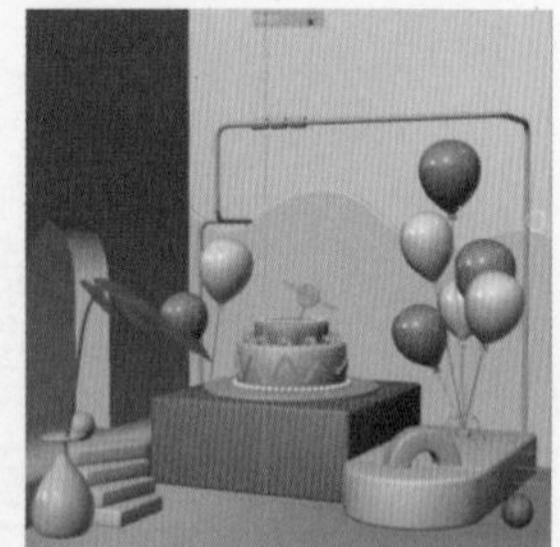

图11-124

17 新建默认材质，在“材质编辑器”中调节颜色的参数为H：11°、S：59%、V：48%，将材质赋予蛋糕外层的装饰物，如图11-125所示。

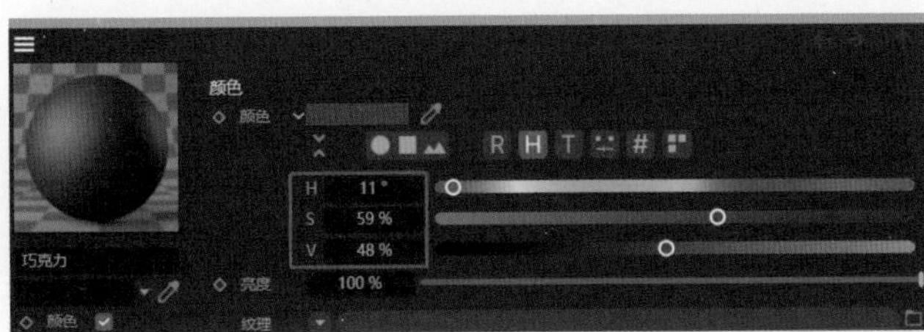

图11-125

18 制作金属材质，新建默认材质，在“材质编辑器”中调节颜色的参数为H：28°、S：84%、V：36%，如图11-126所示。

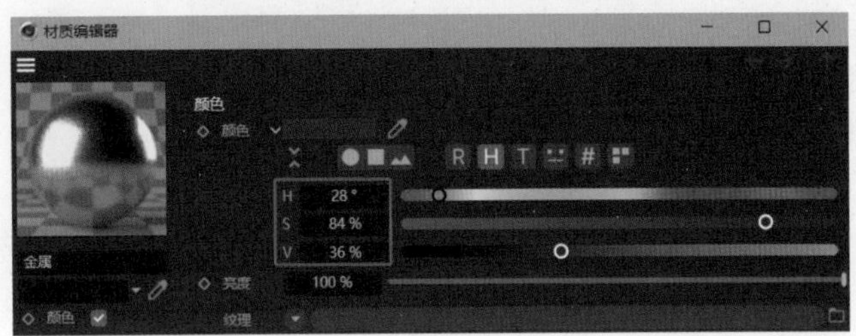

图11-126

19 选中“反射”复选框，添加GGX，然后将“粗糙度”值修改为18%，“菲涅耳”修改为“导体”，“预置”修改为“金”，随后将调好的材质赋予后方金属架和气球下方的金属架，如图11-127所示。

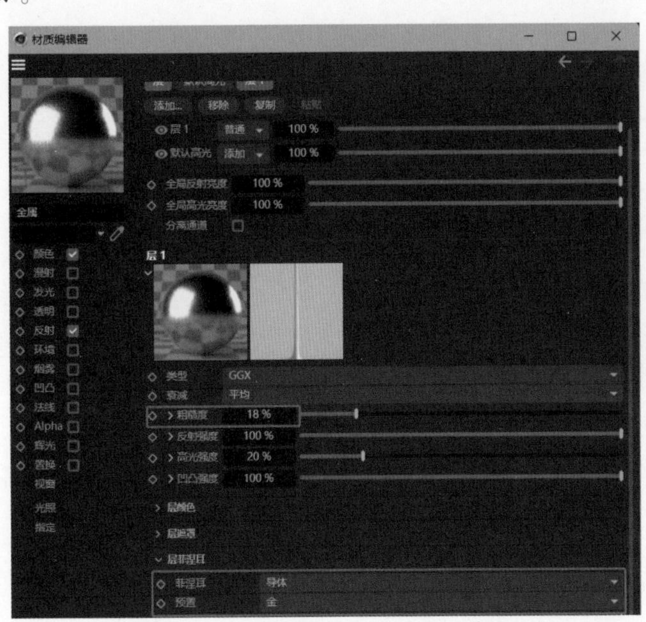

图11-127

20 再制作一个玻璃材质，新建默认材质，在“材质编辑器”中选中“透明”复选框，添加GGX。选中“反射”复选框，然后将“粗糙度”值修改为3%，“菲涅耳”修改为“绝缘体”，“预置”修改为“玻璃”，随后将调好的材质赋予右下角的圆环对象，如图11-128所示。

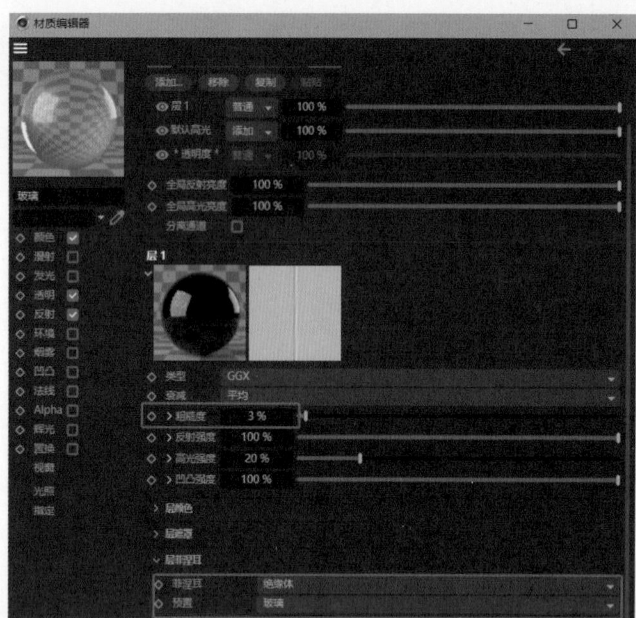

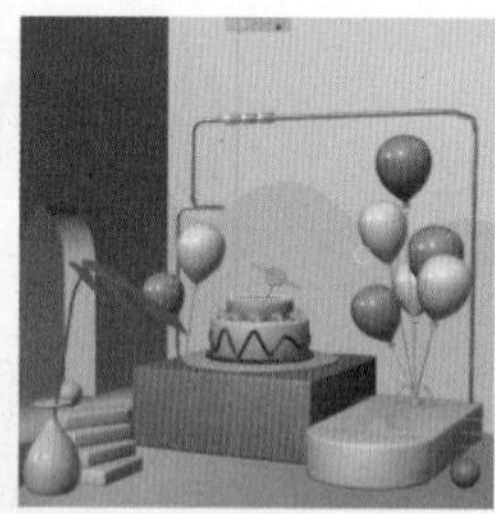

图11-128

21 将“米色气球”的材质赋予蛋糕下方的托盘，将“粉色气球”的材质赋予画面左方的小球，将蛋糕下方的玫红色材质赋予气球下方的圆柱体，将“蛋糕上”的材质赋予蛋糕顶的棒棒糖。为画面添加灯光、摄像机等，最终渲染效果如图11-129所示。

图11-129

第12章

渲染输出模块

本章深入解析 C4D 的渲染输出核心技术，全面涵盖渲染原理、输出设置以及优化技巧。旨在帮助初学者快速掌握相关知识，提高渲染效率与质量，进而实现创意的可视化。

本章的核心知识点包括如下内容。

※ 掌握渲染面板中各种参数设置方法。

※ 实战演练。

12.1 设置渲染面板

在 C4D 中，存在多种渲染器，每种渲染器所能呈现的渲染效果各不相同。其中，标准渲染器、物理渲染器、ProRender 渲染器、OC 渲染器以及 RedShift 渲染器等都是较为常见的选项。本节将重点阐述标准渲染器、物理渲染器和 OC 渲染器的使用方法与特点。

12.1.1 “输出”选项卡

单击“渲染设置”按钮，可以打开“渲染设置”面板，如图12-1所示，其中主要参数含义介绍如下。

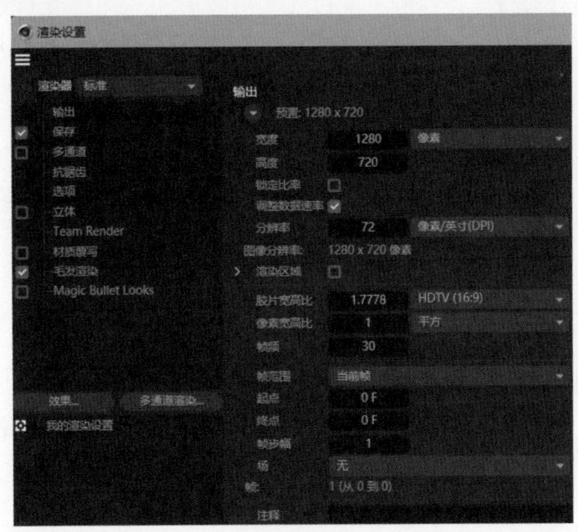

图12-1

※ 预置：自定义渲染图像的宽度和高度。可以根据需求调整这些参数。但请注意，数值越大，渲染所需的时间通常越长。为了快速预览效果，可以选择较小的预置数值，从而加速渲染过程。

※ 锁定比率：选中该复选框时，图像的长宽比将被锁定。这意味着，当修改长度或宽度中的一个参数时，另一个参数将自动按比例调整，以保持图像的原始比例。

※ 分辨率：调整图像的分辨率。一般来说，数值越大，图像的分辨率也越高，图像质量也就越好。

※ 渲染区域：选中该复选框时，可以自定义渲染区域的大小，这对于局部渲染或特定区域的细节优化非常有用。

※ 胶片宽高比：调整图像的宽度和高度的比率，以满足不同的显示或输出需求。

※ 帧频：设置动画播放的帧频，即每秒显示的帧数。

※ 帧范围：指定渲染动画时的起始帧和结束帧，从而控制渲染的具体段落。

※ 帧步幅：定义动画渲染时的帧间隔。默认情况下，此值为 1 时，意味着软件会逐帧渲染动画。增加此数值可以加快渲染过程，但会牺牲一定的动画流畅性。

12.1.2 “保存”选项卡

“保存”选项卡如图 12-2 所示，其中主要参数含义介绍如下。

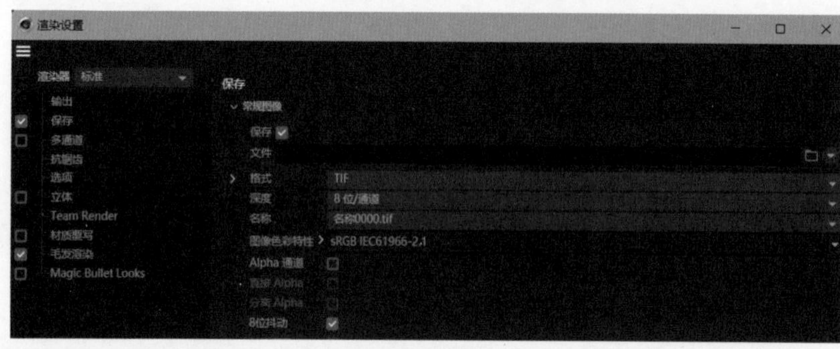

图12-2

※ 文件：设置渲染文件的保存位置，方便后续查找和管理文件。

※ 格式：选择图片保存的格式，以满足不同的使用需求。

※ 深度：调整图片的色彩深度，可选值有 8 位、16 位和 32 位，不同的深度将影响图片的色彩表现力和文件大小。

※ 名称：自定义图片的文件名，以便于识别和检索。

※ Alpha 通道：选中该复选框后，图片将保留透明信息，这对于需要在其他软件中进行合成或后期处理的图像非常重要。

12.1.3 “多通道”选项卡

“多通道”选项卡如图 12-3 所示，其中主要参数含义介绍如下。

※ 分离灯光：提供了“无”“全部”“选取对象”3 种模式，如图 12-4 所示。

※ 模式：在“分离灯光”设置为“全部”或“选取对象”时，可以进一步选择“模式”。该设置提供了 3 种模式类型供选择，如图 12-5 所示。

图12-3

图12-4

图12-5

12.1.4 “抗锯齿”选项卡

“抗锯齿”选项卡如图 12-6 所示，其中主要参数含义介绍如下。

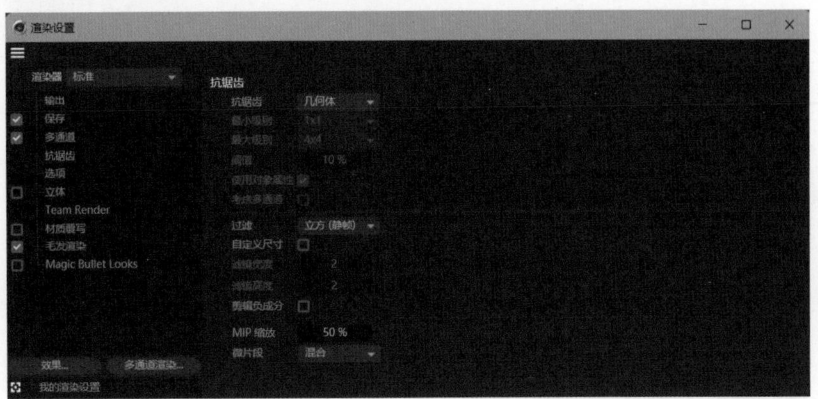

图12-6

※ 抗锯齿：分为“无”“几何体”“最佳”3 种形式。

※ 最小级别 / 最大级别：当“抗锯齿”设置为“最佳”时，此选项可以被激活。通过它，可以设置抗锯齿的最小等级和最大等级。请注意，设置的数值越大，图片渲染的精度会越高，但渲染速度会相应变慢。

※ 过滤：可以在此处设置过滤器类型。

12.1.5 “选项”选项卡

“选项”选项卡如图 12-7 所示，其中主要参数含义介绍如下。

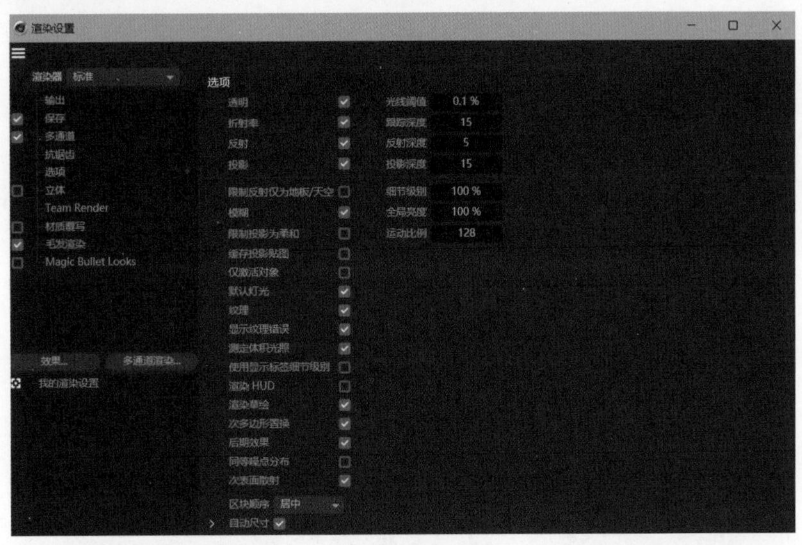

图12-7

※ 透明：选择是否渲染透明效果。

※ 反射：选择是否渲染反射效果。

※ 投影：选择是否渲染投影效果。

12.1.6　“材质覆写”选项卡

“材质覆写”选项卡如图12-8所示，其中主要参数含义介绍如下。

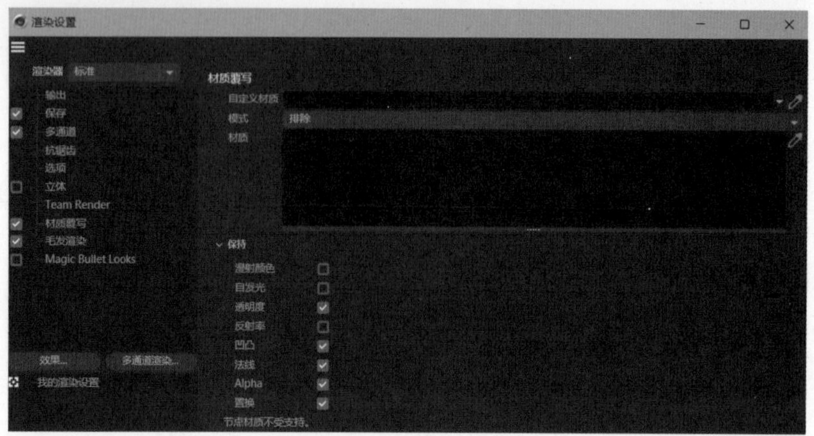

图12-8

※　自定义材质：设置一种可以覆盖整个场景的特定材质。

※　模式：设置材质覆盖的模式，提供了“包含”和“排除”两种模式。

12.2　环境吸收和全局光照

12.2.1　环境吸收

环境吸收是指在渲染转角处的阴影时，能够更真实自然地呈现转角的效果，从而优化转角阴影的处理效果。

添加环境吸收的方法如下。

01　打开“渲染设置”面板，执行“效果”→“环境吸收”命令，如图12-9所示。

02　在创建中新建一个立方体和平面，如图12-10所示。

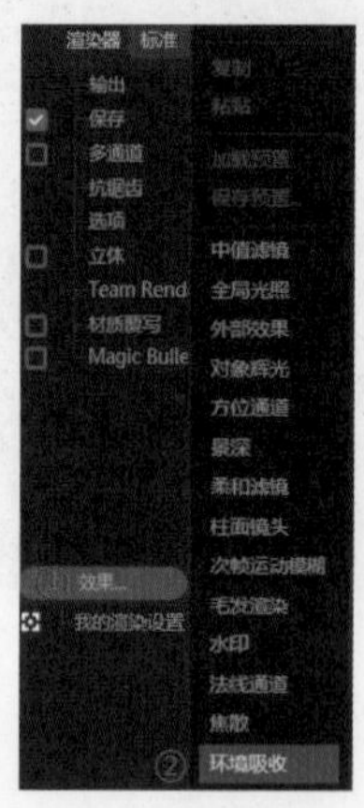

图12-9

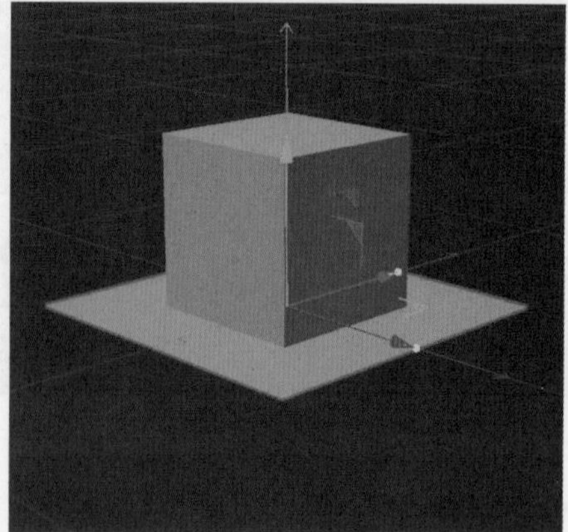

图12-10

03 单击“渲染”按钮，观察当前画面效果，没有环境吸收效果。添加环境吸收后，可以观察到转角处有阴影，如图12-11所示。

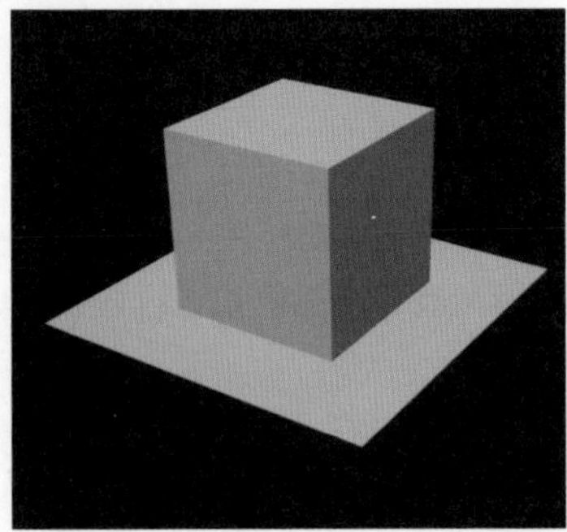

图12-11

12.2.2 全局光照

全局光照是一种特殊的光照模式，旨在模拟太阳光照射，它能够为画面带来更加自然的光影效果，并产生柔和的阴影，从而让物体看起来更加逼真。

添加全局光照的方法如下。

01 打开“渲染设置”面板，执行“效果”→“全局光照”命令，搭建一个场景，并在物体左上角打光，开启灯光投影，如图12-12所示。

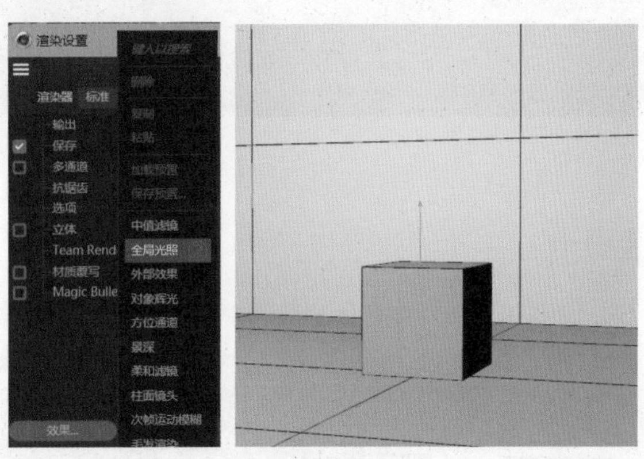

图12-12

02 单击“渲染”按钮，可以观察到物体暗部和投影较黑，没有反光，效果不太自然。在画面中添加“全局光照”效果，再次单击“渲染”按钮，可以观察到画面效果更加自然，如图12-13所示。

图12-13

综上所述，环境吸收和全局光照均能使画面效果更为自然，它们都是为了模拟现实生活中的真实效果而设计的，且这两种效果在实际应用中使用的频率也相当高。

12.3 物理渲染器

在大多数情况下，标准渲染器以其稳定和快速的优点而受到青睐。然而，当渲染一些特殊材质，如玻璃等时，标准渲染器的效果可能并不理想。因此，可以运用物理渲染器来进行渲染，其产生的效果相比标准渲染器会更为真实自然。

切换物理渲染器的方法为：打开“渲染设置”面板，执行“渲染器”→“物理”命令，如图12-14所示。

物理渲染器的面板如图12-15所示，比标准渲染器多了“物理”和Magic Bullet Looks选项卡。

图12-14

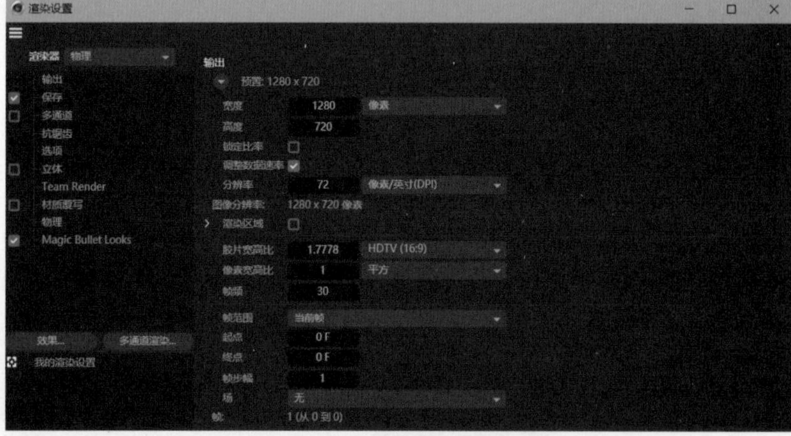

图12-15

12.3.1 “物理”选项卡

“物理”选项卡如图12-16所示，其中主要的参数含义如下。

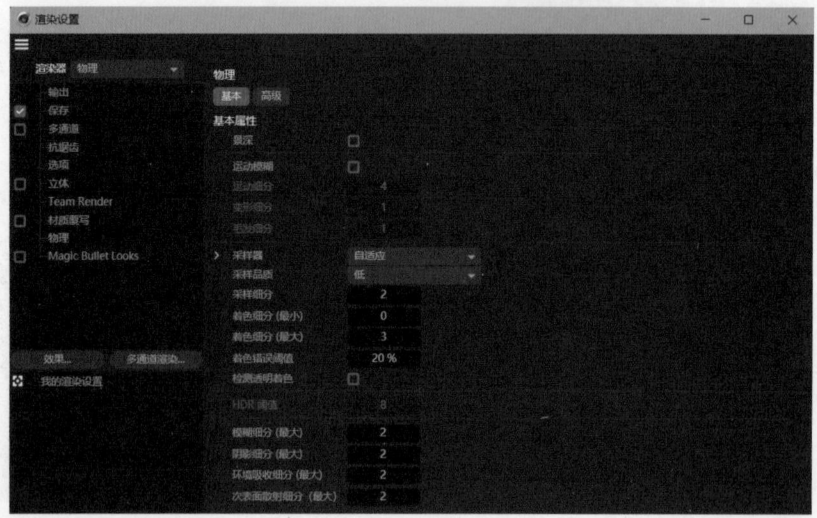

图12-16

※ 景深：选中该复选框后，画面中会根据摄像机设置产生景深效果，即远处的景象会产生模糊效果。

※ 运动模糊：选中该复选框后，运动中的物体会呈现模糊效果。

※ 采样器：提供3种类型，包括“固定的”“自适应”和“递增”，如图12-17所示。

※ 采样品质：设置图片的采样精度，如图12-18所示。

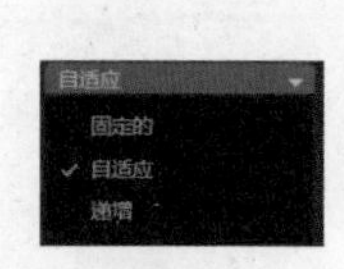

图12-17

图12-18

12.3.2 实例：渲染场景效果图

本实例将对场景进行渲染，效果如图12-19所示，具体的操作步骤如下。

图12-19

01 打开本例文件，在场景中新建摄像机。激活摄像机，并调整摄像机的位置，并在“对象”选项卡中调整“焦距”值为80cm，“目标距离”值为650cm，如图12-20所示。

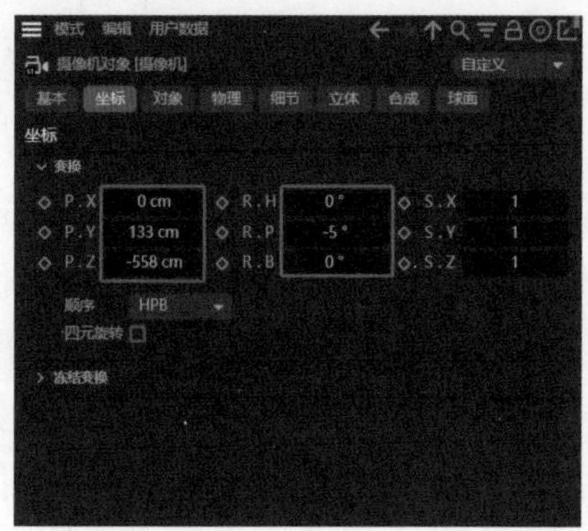

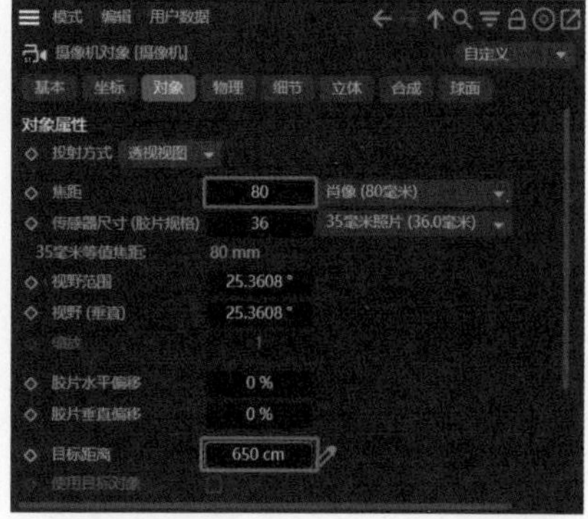

图12-20

02 在场景中新建目标聚光灯，在属性面板的“常规”选项卡中，调整光的“类型”为“区域光”，调整“投影”为“区域”，在“细节”选项卡中调整“衰减”为“平方倒数（物理精度）”，如图12-21所示。

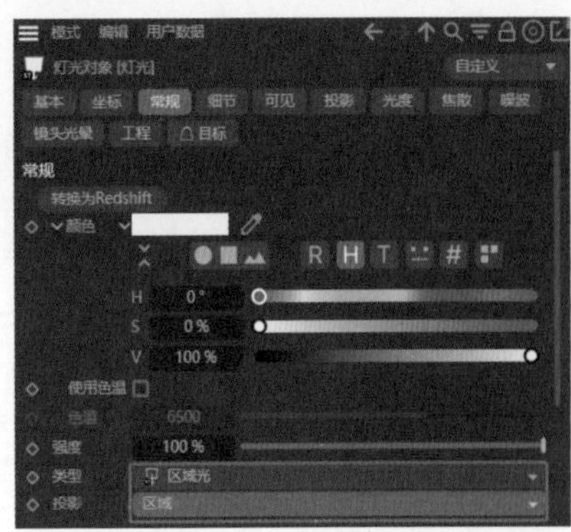

图12-21

03 在场景中新建灯光，在属性面板中调整“强度”值为40%，将灯光移至画面的右上方，打开“渲染设置”面板，在“输出”选项卡中调整“宽度”和“高度”值均为1280，并分别选中“全局光照”和“环境吸收”复选框，如图12-22所示。渲染前后的效果如图12-23所示。

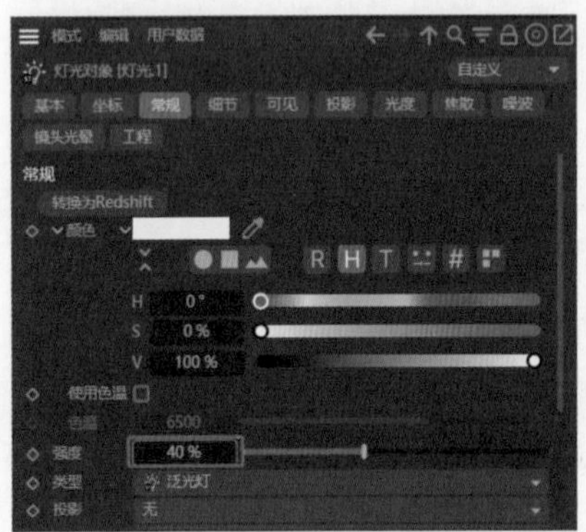
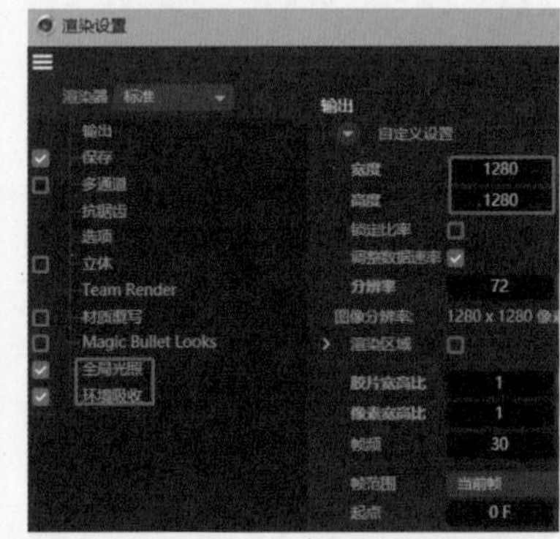

图12-22

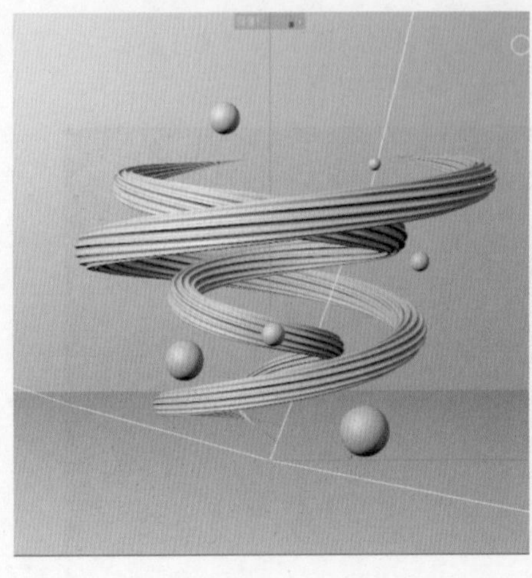

图12-23

04 为场景添加材质，新建默认材质，在“材质编辑器”中调整材质的颜色为H：229°、S：54%、V：63%，如图12-24所示。

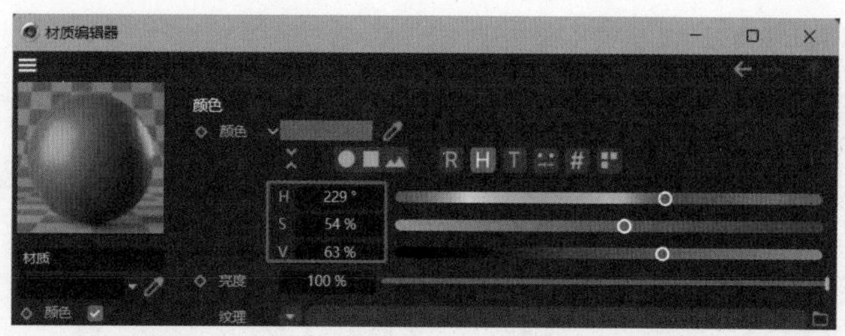

图12-24

05 选中“反射”复选框，添加GGX，调整“粗糙度”值为20%，“菲涅耳”设置为“绝缘体”，将当前材质赋予物体，效果如图12-25所示。

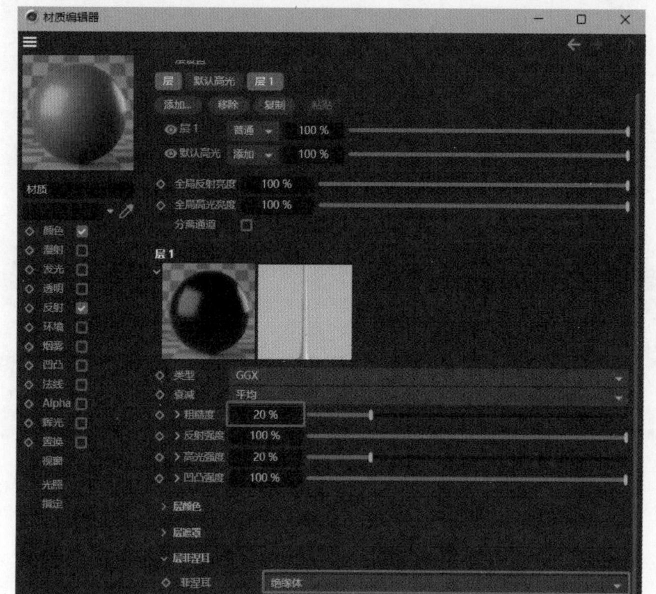

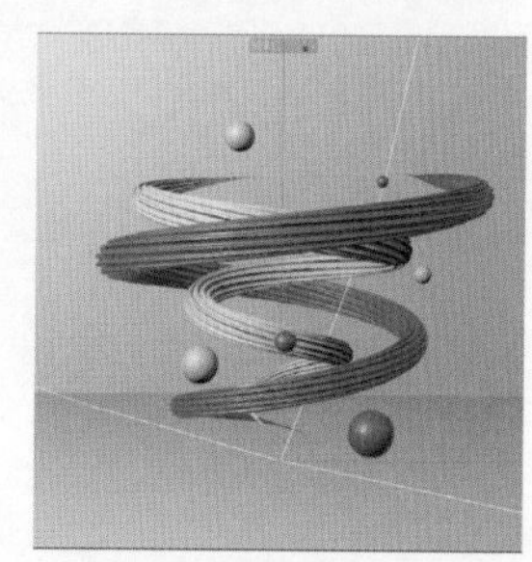

图12-25

06 复制当前材质，在“材质编辑器”中调整材质的颜色为H：194° 、S：47%、V：80%，将当前材质赋予物体，如图12-26所示。

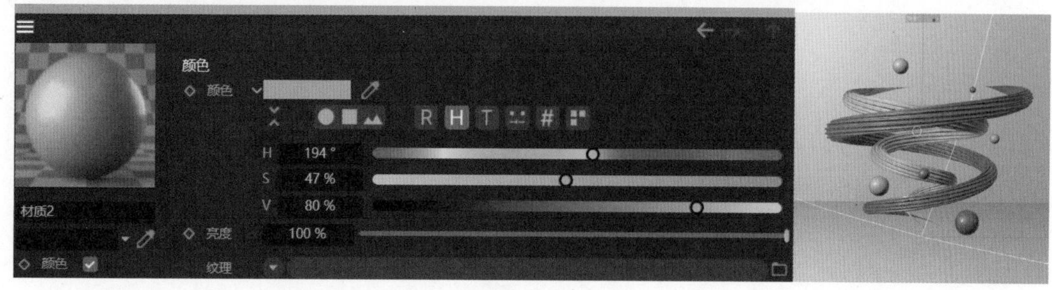

图12-26

07 新建默认材质，在“材质编辑器”中调整材质的颜色为H：190° 、S：26%、V：80%，将当前材质赋予背景和地面，如图12-27所示。渲染效果如图12-28所示。

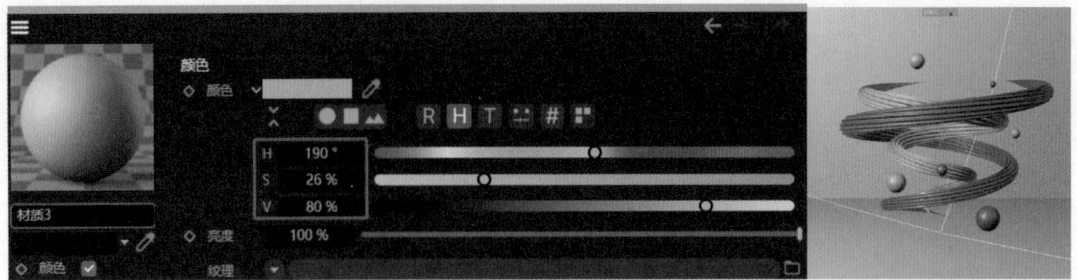

图12-27

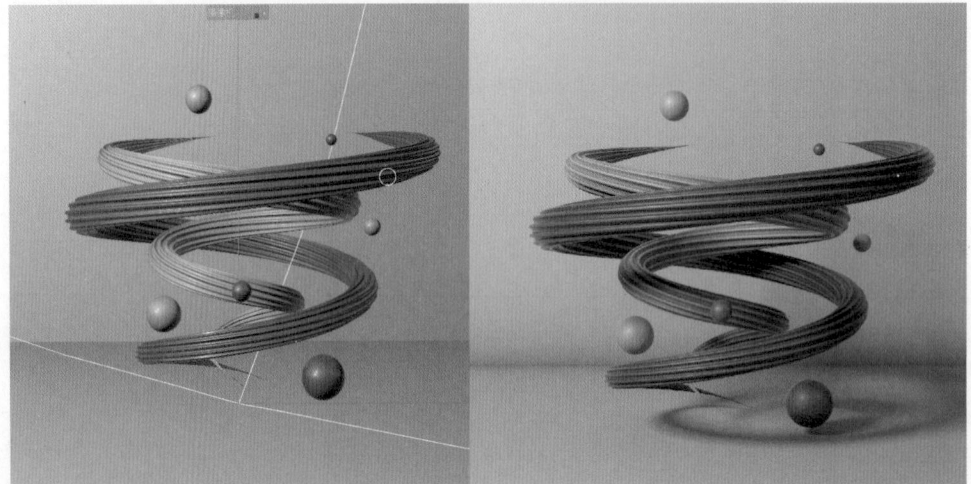
图12-28

第13章 Octane外置渲染器

Octane Render（以下简称 Octane）是一种基于 GPU 的加速渲染引擎，广泛应用于电影、游戏、动画等视觉领域。相比于 C4D 中内置的标准渲染器，Octane 渲染器具有更高的效率、更强的实时渲染能力和更逼真的渲染效果。因此，它在市场上广受设计师和艺术家的欢迎，并获得了广泛的好评。

本章的核心知识点包括如下内容。

※ 了解 Octane 渲染器的基本渲染设置。

※ 掌握 Octane 渲染器的材质、灯光、摄像机等核心渲染模块。

※ 使用 Octane 渲染器渲染简单的场景。

13.1 Octane 常用渲染设置

13.1.1 Octane 界面

安装成功 Octane 后，C4D 将会出现 Octane 菜单，如图 13-1 所示。执行 Octane → Octane Dialog 或 Live Viewer Window 命令，均可调出 Octane 界面，如图 13-2 所示。Octane 界面中的图标含义如下。

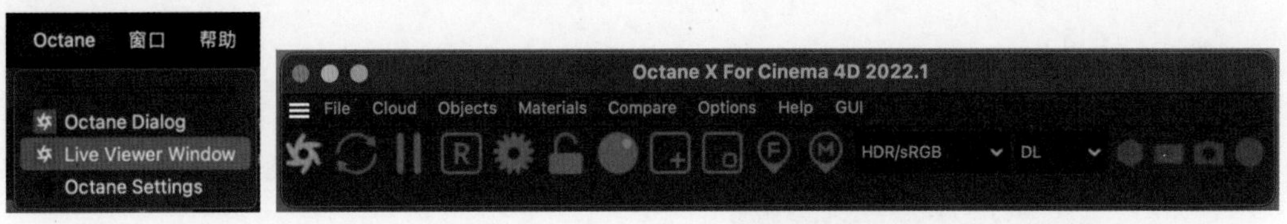

图13-1　　图13-2

※ ：开始渲染。

※ ：刷新渲染。

※ ：暂停渲染。

※ ：停止渲染并清除缓存数据，每当清除缓存数据后都需要重新开始渲染。

※ ：渲染设置，单击该图标，可设置渲染迭代次数、渲染深度等参数。

※ ：锁定渲染分辨率，单击该图标，可使预览框的渲染尺寸等于实际设置的尺寸。

※ 是渲染模式：是正常渲染模式，即渲染场景中的所有元素，如图 13-3 所示。是白模模式，即除去材质的渲染模式，如图 13-4 所示。是去除反射模式，画面中的反射信息不会被渲染，如图 13-5 所示。

※ ：区域渲染，单击该图标，可仅渲染用框选的区域，如图 13-6 所示。单击图标，可仅显示

鼠标框选的区域，常与■图标搭配使用，如图 13-7 所示。

※ ■：选取对焦点，单击该图标，可以使用鼠标左键直接在预览框内选取 Octane 摄像机的对焦点，如图 13-8 所示。

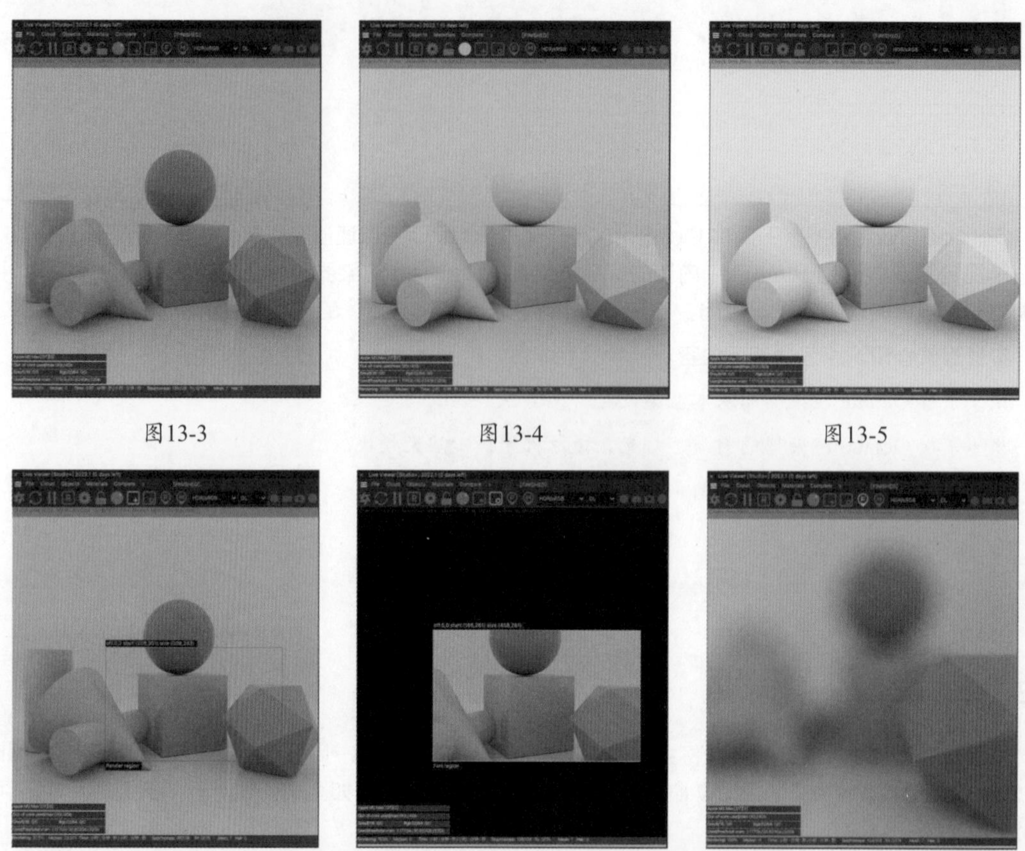

图13-3　图13-4　图13-5

图13-6　图13-7　图13-8

※ ■：选取材质，单击该图标，可以使用鼠标左键直接在预览框内选取模型所对应的材质，如图 13-9 所示。

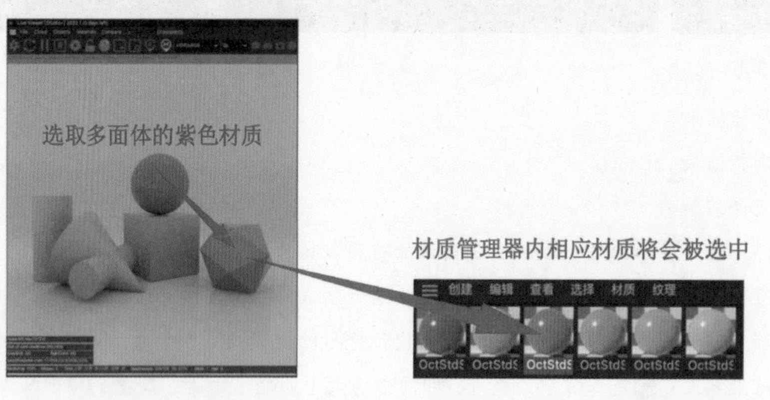

图13-9

※ ■：选择颜色模式，其中常用的是 LDR（低动态光照渲染）、HDR（高动态光照渲染）和 sRGB（标准通用色彩空间）。

※ ：选择渲染内核（Kernel），每种内核都对应不同的渲染算法，常用的渲染内核为DL（Direct lightning 直接照明）、PT（Path tracing 光线追踪）、PMC（高质量渲染）。

13.1.2 Octane 菜单栏

Octane 菜单栏分布于界面顶部，包括 File（文件）、Cloud（云服务）、Objects（物体）、Materials（材质）、Compare（对比）、Options（设置）、Help（帮助）、GUI（界面），其中前 5 个为常用选项，后 3 个一般保持默认即可。

※ File（文件）：该菜单可将渲染结果导出为不同格式的图像文件，同时也可导入 ORBX（一种包含几何、纹理、材质等的压缩存档）文件，如图 13-10 所示。

※ Cloud（云服务）：该菜单可将场景发送至云端，进行云渲染等操作，如图 13-11 所示。

※ Objects（物体）：该菜单集成了 Octane 渲染器的核心功能，如摄像机、纹理环境、HDR 环境、灯光、散焦、雾、体积等，如图 13-12 所示。

※ Materials（材质）：该菜单集成了 Octane 渲染器的所有与材质相关的功能，包括在线材质库、材质节点编辑器、纹理管理器、创建材质、材质转换、清除未使用的材质以及清除重复材质等，如图 13-13 所示。

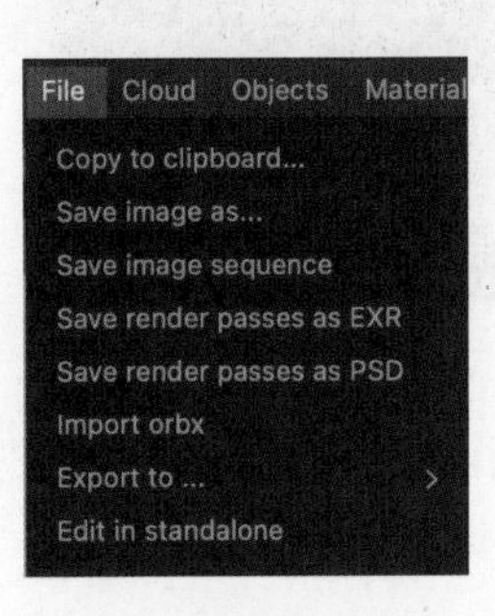

图13-10

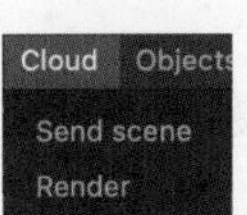

图13-11

图13-12

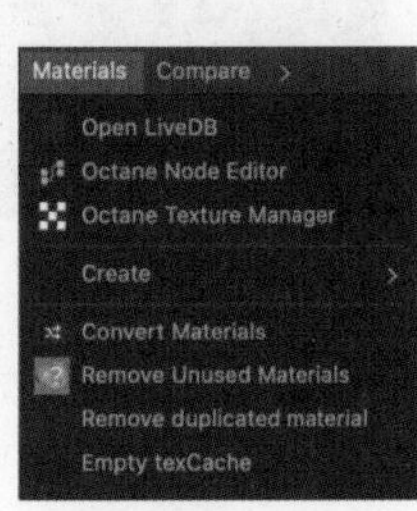

图13-13

※ Compare（对比）：该菜单提供对比渲染功能，如图 13-14 所示。执行相关命令后，Octane 渲染窗口会被分为 A 和 B 两部分，以便于用户对比不同渲染设置或场景修改前后的效果，如图 13-15 所示。

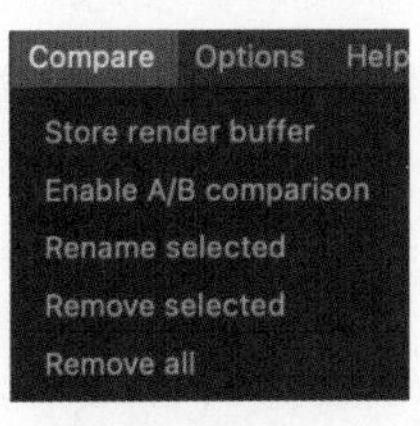

图13-14

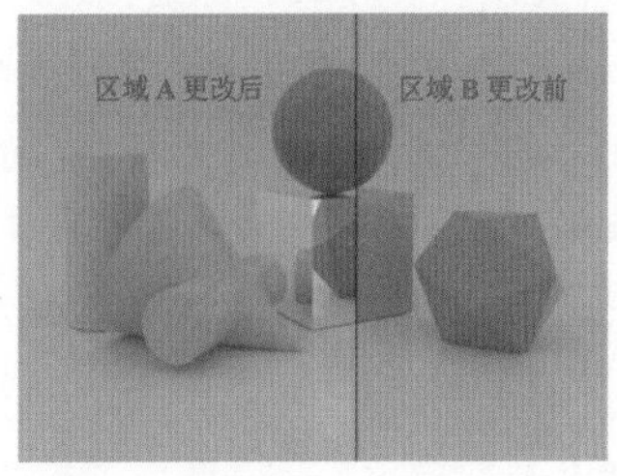

图13-15

13.1.3 Octane 常用设置参数

单击“渲染设置”按钮，即可调出 Octane 渲染器的设置面板。渲染设置可分为 Kernels（渲染内核）、Camera Imager（相机成像）、Post（后期效果）和 Setting（设置）4 部分，如图 13-16

所示，前两部分是整个 Octane 渲染器设置面板的核心。

1.Kernels（渲染内核）选项卡

如图 13-17 所示，Octane 渲染器集成了五大渲染内核，分别是：Info channels（信息通道）、Direct lighting（直接照明，简称 DL）、Path tracing（路径追踪，简称 PT）、Photon tracing（光子追踪）以及 PMC（Primary Sample Space MLS Sampling 无偏见内核）。其中，DL、PT 和 PMC 是最为常用的三大渲染内核。具体而言，DL 内核的渲染速度最快，但渲染质量相对较低，非常适合用于快速预览效果；PT 内核在渲染速度和渲染质量之间达到了较好的平衡，是既能保证效率又能确保渲染效果优秀；而 PMC 内核虽然渲染速度最慢，但其渲染质量最为卓越，非常适合用于渲染静帧图像。

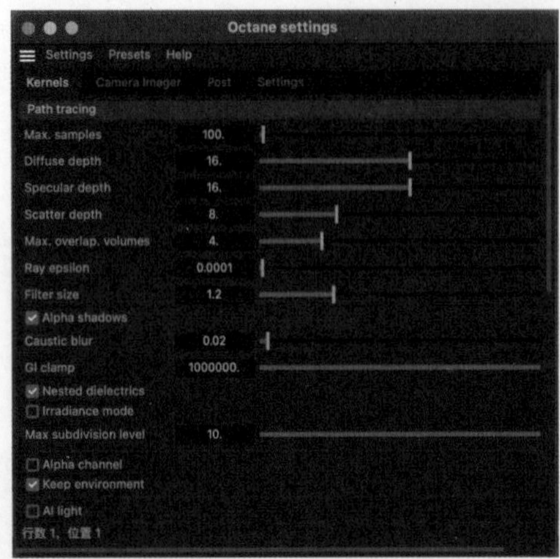

图13-16

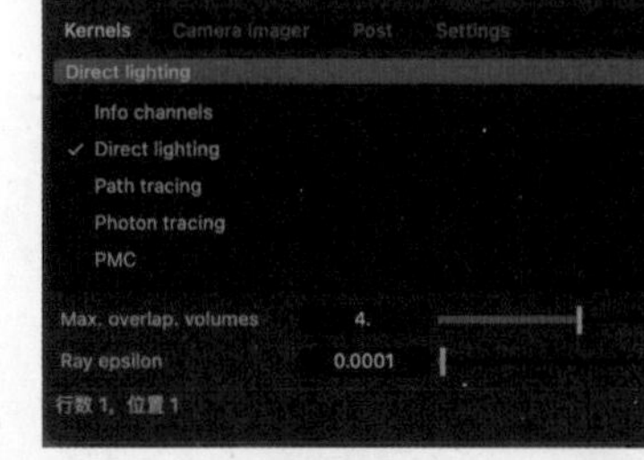

图13-17

为了兼顾渲染速度和质量，PT 成为设计师和艺术家最为常用的渲染内核。选择 Path tracing 选项，即可调出 Path tracing 内核的设置面板，如图 13-18 所示。其中主要的选项含义如下。

※ Max. samples（最大采样数量）：该参数指的是渲染器在工作时进行迭代的最大次数。数值越大，渲染的结果就越精细。同时，场景的复杂度越高，所需的采样数量也相应增多。在调整参数时，通常可以将此参数设置为 300 ~ 800。对于单帧渲染，一般设置为 5000 左右；而在渲染序列帧时，通常设置为 2000 左右。

※ Diffuse depth（漫射深度）：该参数调控场景中光线在物体表面的漫反射效果。数值越大，产生的漫反射光线就越多，从而使场景显得更为明亮。在常规情况下，建议将该数值设置为 4 ~ 16。

※ Specular depth（折射深度）：该参数控制着光线在消失前的折射次数，主要影响场景中的透明材质，例如玻璃和水。数值越大，透明材质的表现就越通透。通常，此数值可设置为 4 ~ 16。

※ Alpha shadows（Alpha 阴影）：该复选框用于控制当光线投射在模型上时，是否识别模型的 Alpha 贴图以生成相应的投影。

※ Caustic blur（焦散模糊）：该参数能调控焦散效果的模糊程度。在渲染透明物体时，光线产生的焦散效果可能会出现噪点，此时适当增大该参数的值可以起到一定的缓解作用。通常，建议将此参数设为 0.3。

※ GI clamp（GI 修剪）：该参数有助于消除画面的噪点，使画面更加纯净。一般来说，将此参数设为 10。

※ Alpha channel（Alpha 通道）：该复选框可以控制渲染时对 Alpha 通道的识别。选中该复选框后，

场景中无模型的部分将转化为 Alpha 通道信息（即透明通道）。

※ Adaptive sampling（自适应采样）：该复选框允许渲染器自主决定画面不同部分的采样情况。选中该复选框后，光线充足的部分采样率会减少，而光线不足的部分采样率会增加，具体的调整程度由渲染器自动判定。

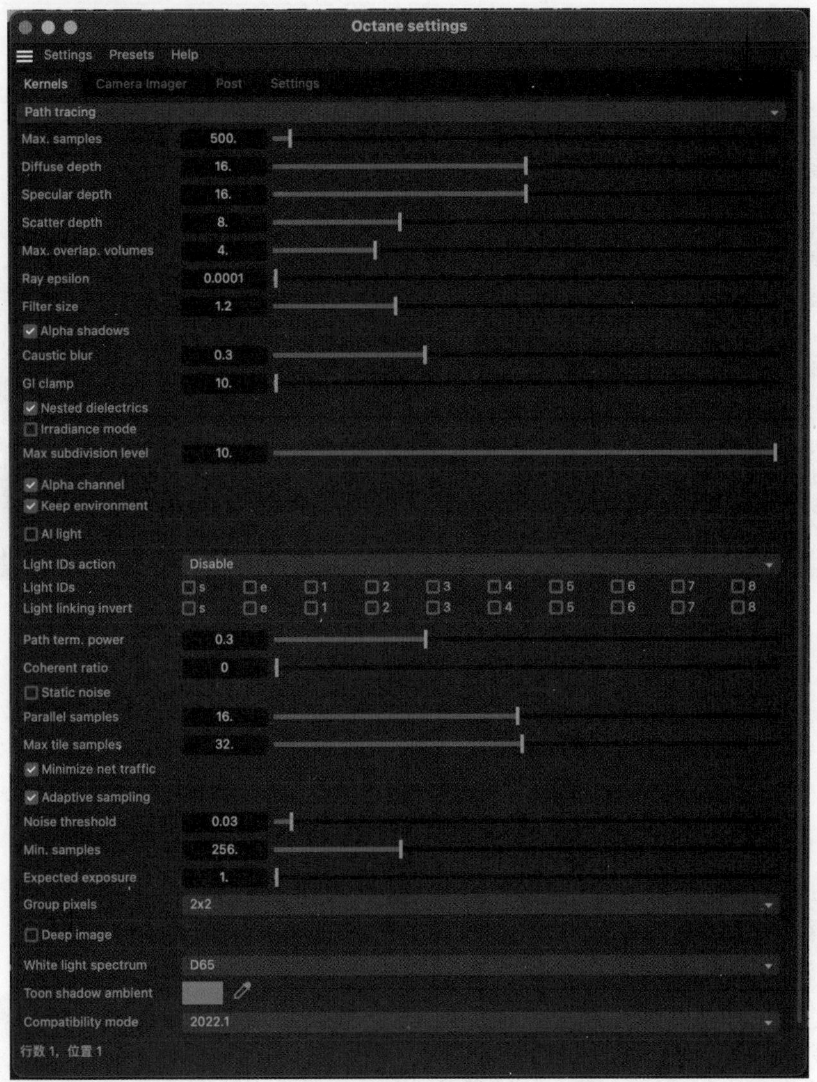

图13-18

2.Camera Imager（相机成像）选项卡

Camera Imager（相机成像）选项卡为相机的成像效果模块，控制着相机的曝光度、对比度、滤镜等设置，如图 13-19 所示。通常，为了使图像具备更大的后期调整空间，此选项卡中的大部分参数都可在图像输出后通过其他图像处理软件进行微调。除了下面提及的几个关键参数，其他参数保持默认值即可。

※ Exposure（曝光度）：此参数可调整相机的曝光度，一般建议设为 1.8。

※ Highlight compression（高光压缩）：通过此参数可以降低画面高光的强度，从而保留高光部分的更多细节。通常，此数值可保持默认设置，但也可以根据实际需求进行微调。

※ Response（滤镜预设）：Octane 渲染器内置了丰富的滤镜预设，其中 linear（线性）预设被广泛采用。

※ Gamma（伽马值）：此数值对渲染图像的亮度和饱和度有显著影响。当 Response 设置为 linear 时，建议将伽马值设置为 2.2。

3.Post（后期效果）选项卡

Post（后期效果）选项卡控制渲染器成像后的辉光效果。一般情况保持默认即可，如图 13-20 所示。

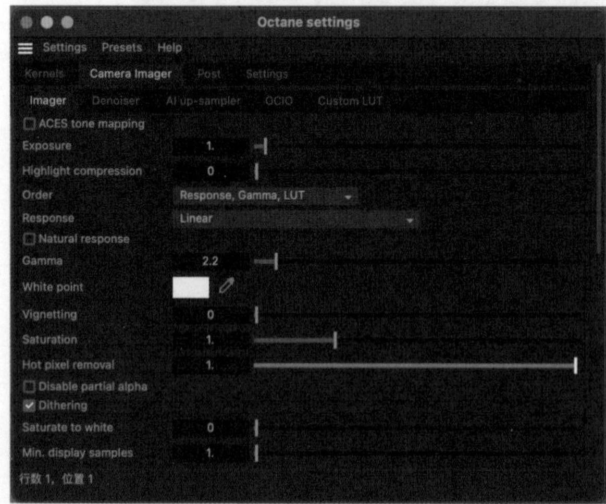

图13-19

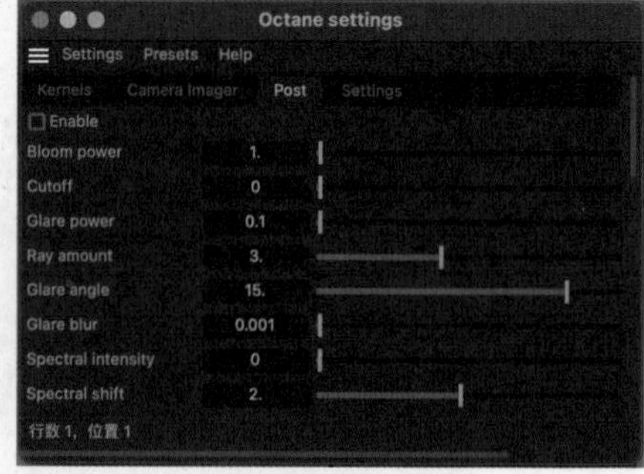

图13-20

4.Setting（设置）选项卡

Setting（设置）选项卡主要集成了 Octane 渲染器的设置功能，其中主要参数的含义如下。

※ Render size（纹理尺寸）：此选项位于 C4D shaders 子选项卡中，它影响 Octane 渲染器在采样纹理时所使用的纹理尺寸分辨率。一般建议将其设置为 2048×2048，如图 13-21 所示。

※ Default environment color（默认环境颜色）：该选项允许根据需要自定义默认的环境颜色。

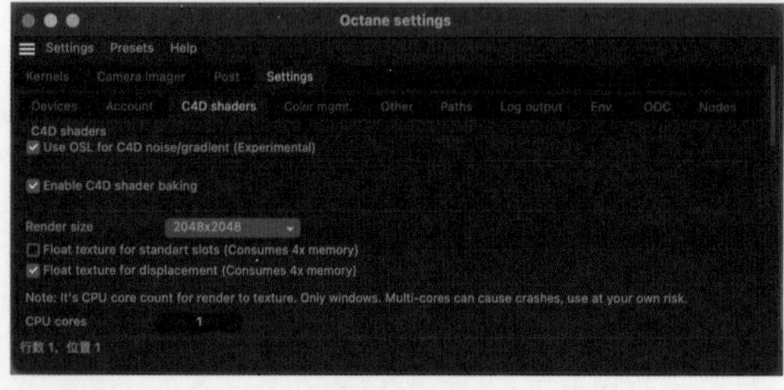

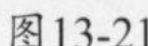

图13-21

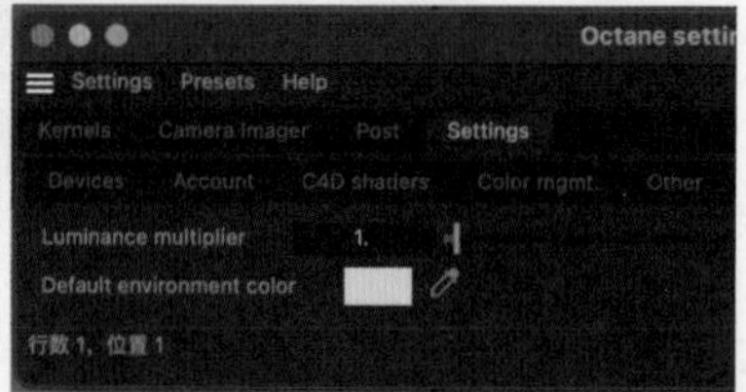

图13-22

13.2 Octane 灯光系统

Octane 渲染器配备了功能强大的灯光系统，其中常用的灯光类型包括日光灯、区域光、目标灯光、IES 灯光以及聚光灯等。要访问灯光系统的面板，只需执行 Object→Lights 子菜单中的命令，如图

13-23 所示。接下来，逐一介绍这些常用灯光的设置。

13.2.1 Octane Daylight（日光灯）

在 Octane 渲染器中，Octane Daylight 是用于模拟地球上的日光效果的光线。当用户执行 Octane Daylight 命令并创建一个 Octane Daylight 时，Octane 渲染框内会自动增加太阳、地面和天空这 3 个渲染元素（确保在设置面板中将 Alpha Channel 选项设置为关闭状态），如图 13-24 所示。

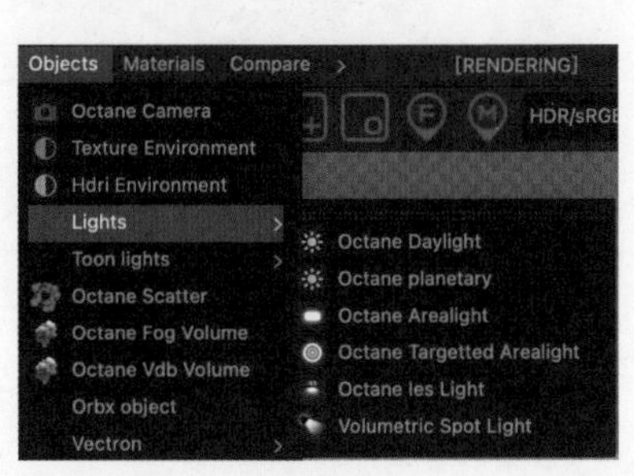

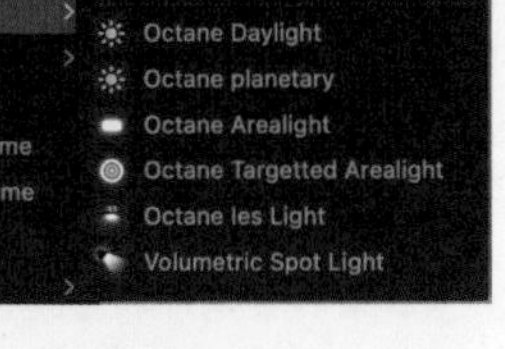

图13-23

图13-24

1.Octane Daylight光线的特点

在对象管理器中，选中 Octane Daylight 对象后，视窗内会显示 Octane Daylight 的光线发射方向，如图 13-25 所示。同时，可以观察到此时的太阳位置以及光线的颜色，如图 13-26 所示。

图13-25

图13-26

适当调整 Octane Daylight 的“旋转”参数后，光线会随着太阳位置的变化而发生改变，如图 13-27 所示。

2.主要参数

默认参数下，场景的光影关系，如图 13-28 所示，主要参数含义如下。

※ Sky turbidity（天空浑浊度）：此参数用于调控天空中介质的浑浊程度。数值越大，光线在介质中的折射次数就越多，从而使光线效果越柔和。例如，当该数值设为 2 时，光线会显得较为强烈，如图 13-28 所示；而当数值设为 15 时，光线则呈现柔和的效果，如图 13-29 所示。

※ Power（功率）：此参数决定了灯光的功率。数值越大，画面整体的曝光度也会随之增加。例如，当此数值调整为 5 时，可能会导致整体画面出现过曝现象，如图 13-30 所示。在一般情况下，推荐将此数值设置为 1。

※ Sun intensity（太阳强度）：此参数用于控制太阳光的强度。数值越大，画面的亮部曝光度会越高，

而暗部受到的影响相对较小。例如，当该数值调整为 10 时，画面亮部可能会过曝，而暗部则略有提亮，如图 13-31 所示。

图13-27

图13-28

※ North Offset（向北偏移）：此参数用于调整太阳在 X-Z 平面上的角度。通过调整该数值，可以发现太阳会围绕世界坐标轴的中心在X-Z平面上进行圆周运动。例如，当该数值调整为 0.5 时，场景会变成逆光效果，如图 13-32 所示。

图13-29

图13-30

图13-31

图13-32

※ Sun size（太阳大小）：此参数用于控制太阳的大小。当数值为 0.1 时，表示太阳大小为无限小。若将此数值调整为 10，太阳会明显变大，如图 13-33 所示。此外，该参数还会影响画面投影边缘的虚实程度。数值越大，投影边缘会显得越模糊。例如，当数值调整为 10 时，投影边缘会呈现较为模糊的效果，如图 13-34 所示。

※ Sky color（天空颜色）：此数值可以调整天空的颜色，它主要影响画面的灰部、暗部以及投影的颜色。如果将天空颜色调整为紫色，可以观察到画面相应部分的颜色变化，如图 13-35 所示。

※ Sun color（太阳颜色）：此数值用于调整太阳的颜色，它主要对画面的高光、亮部和灰部颜色产生影响。例如，将太阳颜色调整为黄色后，可以观察到这些区域的颜色发生了明显变化，如

图 13-36 所示。

图13-33

图13-34

※ Ground color（地面颜色）：这个数值可以用来调节地面的颜色，它主要对画面中少许反光部分的颜色产生影响。如果将地面颜色调整为红色，可以观察到这些反光部分的颜色会随之发生变化，如图 13-37 所示。

图13-35

图13-36

图13-37

※ Ground start angle（地面起始角度）：此数值用于控制地面的高度。数值越大，表示地面的高度越低。为了方便观察，可以将地面的颜色调整为红色。当该数值设为 0 时，地面高度达到最高，如图 13-38 所示；而当数值调整为 15 时，地面高度则会降低，如图 13-39 所示。

图13-38

图13-39

※ Ground blend angle（地面混合角度）：此参数表示地面与天空之间的融合程度。数值越大，混合的程度就越高。当数值设为 1 时，混合程度是最小的，如图 13-40 所示；而当数值增大到 10 时，混合程度会显著增加，如图 13-41 所示。

图13-40

图13-41

13.2.2 Octane Arealight（区域光）

区域光是指仅能照亮特定区域的灯光。在创建区域光后，场景内会默认在世界坐标中心增添一盏矩形的区域光。若要在对象管理器中调整区域光的设置，只需单击区域光图标，即可调出区域光的设置面板，如图 13-42 所示。

1.Octane Arealight光线的特点

Arealight 的光线强度会随着发光中心距离的增加而逐渐减弱。因此，这种光源距离物体越近，对物体的照明效果就越强烈，如图 13-43 所示。

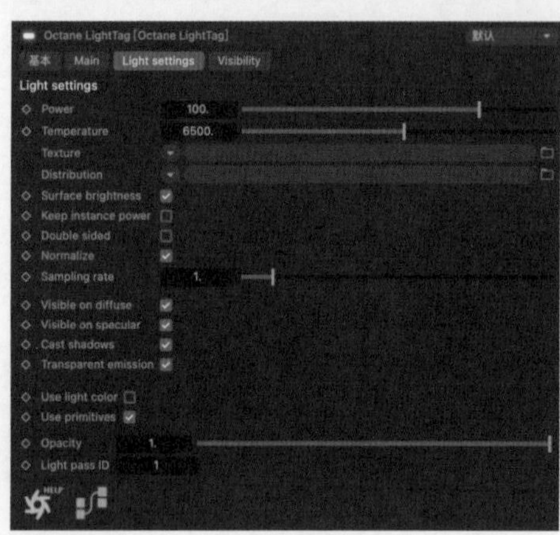

图13-42

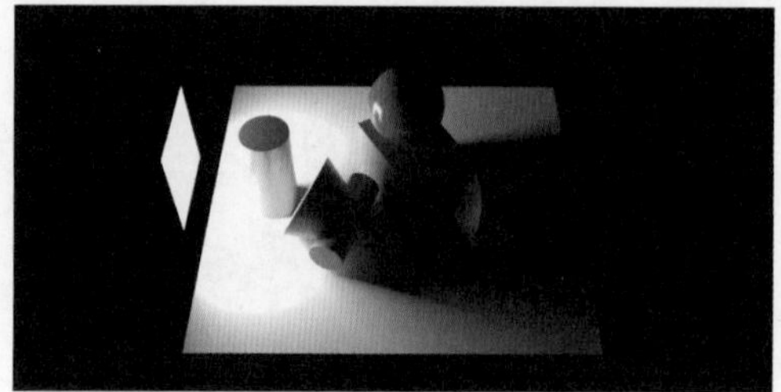
图13-43

2.主要参数

Octane Arealight（区域光）主要参数含义如下。

※ Power（功率）：此参数可用于调整光线的强度。

※ Temperature（色温）：此参数可以调节光线的冷暖程度，从而影响场景的整体氛围。

※ Surface brightness（表面亮度）：该复选框用于控制在不同光源面积下，光线数量是否保持不变。当选中该复选框时，光线的数量会随着光源面积的增大而增多，两者之间呈正相关关系，如图13-44 所示；而当未选中该复选框时，光线的数量将不会随光源面积的变化而改变，保持恒定，如图 13-45 所示。

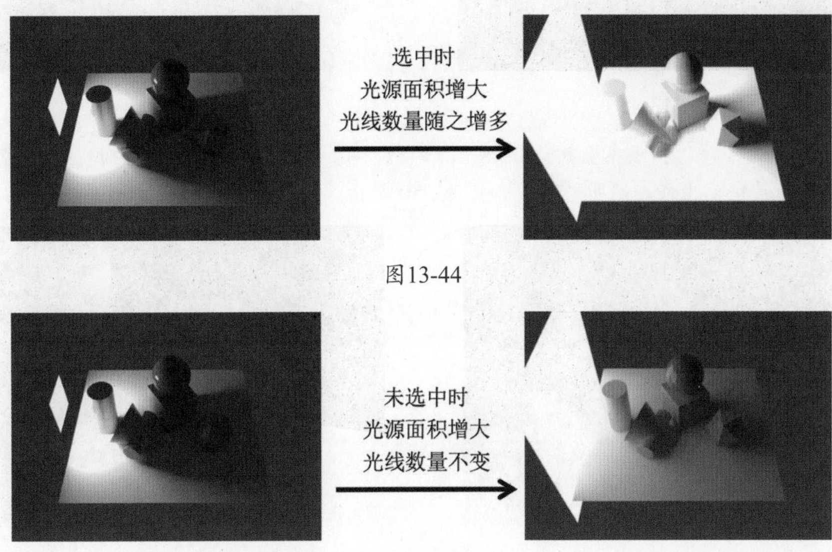

图13-44

图13-45

※ Double sided（启用双面光源）：该复选框用于控制光源是否从双面发光。

※ Sampling rate（采样率）：该参数决定了光源的光线资源分配。采样率的数值越大，光源所照射到的物体渲染效果就越精细。例如，在图 13-46 中，画面左侧的灯光采样率数值设为 1，而右侧的灯光采样率则设为 10000，可以明显看出渲染精细度的差异。

图13-46

※ Visible on diffuse（漫射可见）：该复选框用于控制场景是否接收并显示来自该光源的漫射光线信息。当未选中该复选框时，效果如图 13-47 所示。

※ Visible on specular（高光可见）：该复选框决定是否能在场景中看到由该光源产生的高光（折射）效果。如果未选中该复选框，场景中将不会显示高光效果，如图 13-48 所示。

※ Cast shadows（投射阴影）：该复选框控制光源是否在场景中投射阴影。当选中该复选框时，可以在场景中看到由该光源产生的阴影效果，如图 13-49 所示。

图13-47

图13-48

※ Opacity（透明度）：该参数用于调整光源的透明度。当透明度设置为 0 时，光源将完全透明，不会在场景中产生任何照明效果，如图 13-50 所示。

图13-49

图13-50

13.2.3 Octane Targeted Arealight（目标区域光）

Octane Targeted Arealight（目标区域光）在区域光的基础上增加了目标选项，其设置方法与 C4D 内置的目标灯光相同。在对象管理器中，将需要的物体拖入“目标对象”框中，这样灯光就会始终朝向所选的物体。其他参数保持默认设置即可，如图 13-51 所示。

图13-51

13.2.4 Volumetric Spot Light（聚光灯）

在 Octane 渲染器中，聚光灯与 C4D 内置的聚光灯非常相似。聚光灯的参数设置方法与区域光基本相同，因此在这里不再赘述。

13.2.5 Octane Ies Light（Ies 灯光）

在 Octane 渲染器中，Ies 灯光与 C4D 的内置灯光有所不同。当创建 Ies 灯光并选择 Octane

灯光标签后，Distribution 选项会自动加载默认的 Ies 文件，以模拟真实世界中的灯光分布，如图 13-52 所示。需要注意的是，Ies 灯光主要用于模拟具有特定光照分布的灯具效果，与 C4D 内置的聚光灯在功能和用途上有所区别。

图13-52

单击 ImageTexture 按钮，即可进入 Ies 文件设置界面，如图 13-53 所示。加载自定义 Ies 文件后的效果如图 13-54 所示。

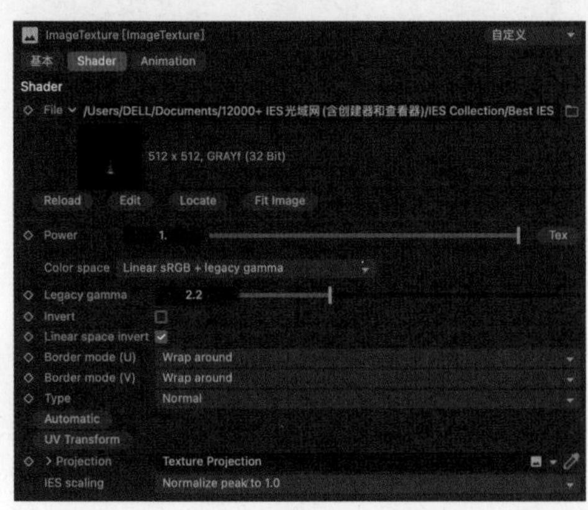

图13-53

图13-54

13.3 Octane 基础材质

Octane 渲染器集成了众多类型的材质，这些材质的概念与 C4D 的内置材质相似。但与 C4D 的内置材质相比，Octane 的材质更能精确地模拟真实物理世界的材质状态，因此其渲染效果更为逼真。

要创建 Octane 材质，可以执行 Octane → Materials → Create 子菜单中的命令，这样就会调出创建材质面板，如图 13-55 所示。

在 Octane 渲染器中，有几种常用的材质，包括 Diffuse Material（漫射材质）、Glossy Material（光泽材质）、Specular Material（镜面材质）和 Metallic Material（金属材质）。

虽然 Octane 材质与 C4D 的内置材质在参数设置和使用方法上有许多相似之处，但也存在一些差异。为了更好地理解这些材质，可以从 Glossy Material（光泽材质）开始，了解其通用控制参数。接下来，会深入探讨 Specular Material（镜面材质）的使用技巧。最后，将讨论当 Diffuse Material（漫射材质）作为发光体时，如何与设置面板中的 Post（后期）功能相配合，以达到最佳的渲染效果。

13.3.1 Octane Glossy Material（光泽材质）

光泽材质是 Octane 渲染器中非常常用的一种材质，其参数设置也相当全面。因此，我们从这种材质开始学习是一个很好的选择。要创建一个光泽材质，请在材质管理器中新建一个光泽材质，并双击它以调出材质编辑面板，如图 13-56 所示。其中主要参数的含义如下。

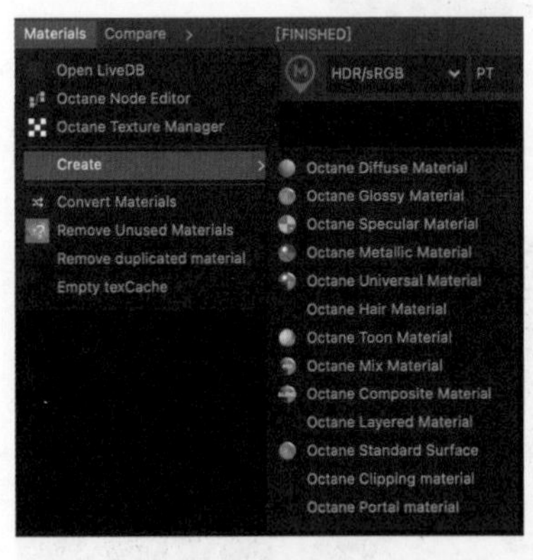

图13-55

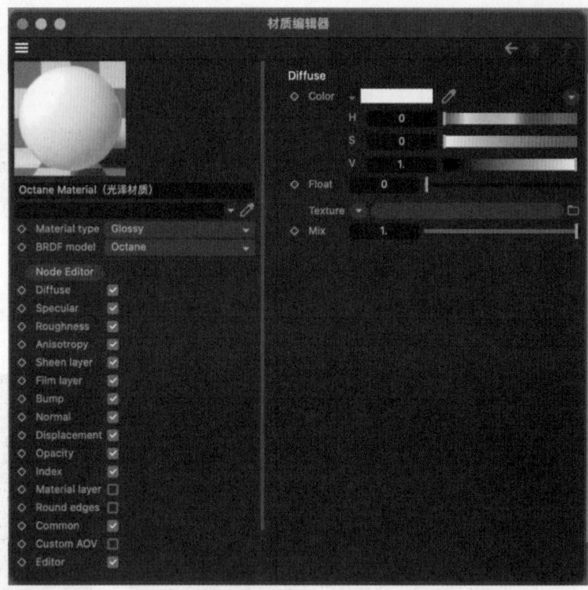

图13-56

※ Diffuse（漫射）：该选项区域主要影响材质的基础颜色。例如，将Color选项更改为红色，如图13-57所示，可以观察到漫射参数对材质颜色的影响范围，如图13-58所示。其中的Float参数用于调整漫射颜色的强度。而Texture下拉列表则允许用户自定义贴图，这样可以通过贴图来影响材质的颜色和纹理。最后，Mix参数则控制着贴图和基础颜色的混合程度。

※ Specular（反射）：该选项区域主要影响材质的反射颜色。在漫射颜色设置为纯黑色的情况下，如果改变反射颜色为红色，就可以清晰地观察到反射颜色的影响范围，如图13-59所示。需要注意的是，这里的“漫射颜色为纯黑色”是一个重要的前提，因为在这种情况下，反射颜色才会更加明显地显现出来。

图13-57

图13-58

图13-59

※ Roughness（粗糙度）：此选项区域主要控制物体表面的粗糙程度。其中Color的H（色相）和S（饱和度）将不产生影响。主要通过V（明度）和Float来调整材质的粗糙度。当V（明度）或Float值为0时，表示材质表面非常光滑，如图13-60所示；而当数值增加到1时，材质会显得非常粗糙，如图13-61所示。

※ Bump（凹凸）：此选项区域会对材质的纹理产生影响。凹凸贴图主要由黑、白、灰色调构成，颜色的深浅对应了不同的凹凸深度。在选择凹凸贴图后，单击按钮后即可查看效果，如图13-62所示。但请注意，其效果主要体现在光影的变化上，而并未产生真实的凹凸物理效果，如图13-63所示。

图13-60

图13-61

图13-62

图13-63

※ Normal（法线）：该选项区域会对材质的纹理产生影响。如图13-64所示，法线贴图主要由红、绿、蓝3种颜色组成，分别对应C4D中的X、Y、Z三个空间维度信息，如图13-65所示。图13-66展示了法线贴图的效果，其细节表现比凹凸贴图更为精致。然而，与凹凸贴图类似，其效果也主要体现在光影的变化上，不产生真实的物理凹凸。

图13-64

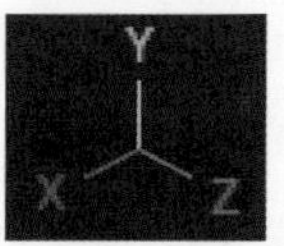

图13-65

※ Displacement（置换）：该选项区域也会影响材质的纹理。与凹凸通道类似，置换贴图的颜色主要由黑、白、灰组成。然而，与凹凸通道不同的是，置换通道能够影响模型的实际凹凸效果，而不仅是光影效果，如图13-67所示。

图13-66

图13-67

※ Opacity（透明度）：此选项区域用于控制材质的透明程度。通过调整Float参数，可以有效地控制材质的透明度。

13.3.2 Specular Material（镜面材质）

Specular Material（镜面材质）主要包含折射和反射属性，非常适合用于创建透明物体。其默认渲染效果如图13-68所示，主要的参数含义如下。

※ Roughness（粗糙度）：此选项区域用于调整物体表面的粗糙程度。当调大Float值或调整灰度图时，物体会呈现毛玻璃或磨砂玻璃的质感，如图13-69所示。

图13-68

图13-69

※ Specular（反射）：此选项区域用于控制材质的反射强度。将Float值调整为0时，其效果如图13-70所示。

※ Dispersion（色散）：此选项区域用于调节材质的色散程度。将Float值设置为1时，效果如图13-71所示。

※ Index（折射率）：此选项区域用于调整材质的反射和折射特性。在自然界，每种物体都有其独特的反射和折射特性，而折射率则将这些特性概括为一个线性的数值范围。例如，水对应的折射率数值为1.3328，而玻璃对应的折射率为1.5171，如图13-72所示。

※ Transmission（透射）：此选项区域用于控制镜面材质的颜色。通过调整Color选项，例如将其设置为红色，可以查看相应的效果，如图13-73所示。

图13-70

图13-71

图13-72

图13-73

13.3.3 Diffuse Material（漫射材质）

在 Octane 渲染器中，漫射材质不包含反射属性。通常，我们将这种材质应用于发光的物体，并与设置面板中的 Post（后期）选项相结合，以制作出优秀的发光效果。

创建漫射材质后，打开漫射材质的控制面板，并选中Emission(发光)复选框，如图13-74所示。

渲染器内置了两种发光方式：Blackbody emission（黑体发光）和 Texture emission（纹理发光）。Blackbody emission 通常用于模拟整个发光体作为光源，例如，太阳就是一个整体的发光体。而 Texture emission 则常用于具有纹理或贴图的发光体作为光源，比如显示屏就是利用纹理或贴图来发光的。

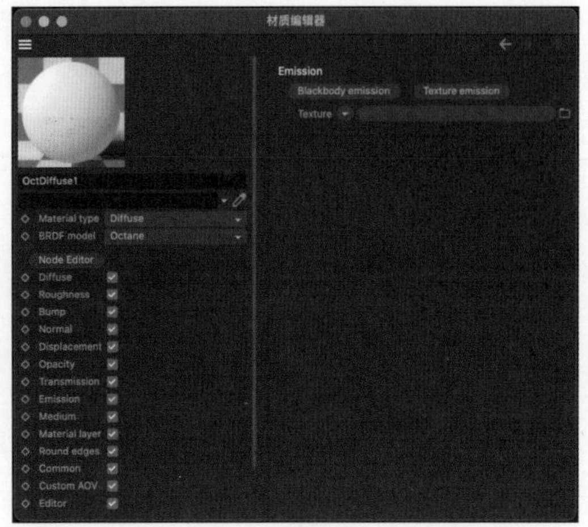

图13-74

13.3.4 Post（后期）选项卡

这里选择 Blackbody emission 来详细讲解 Post 选项卡中的参数，如图 13-75 所示。发光材质的初始形态如图 13-76 所示。

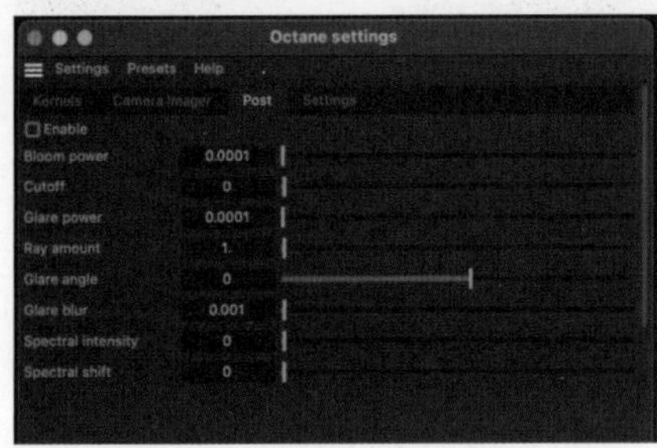

图13-75

图13-76

※ Bloom power（辉光强度）：此参数负责调控整个场景的辉光效果。将此参数调整至 100，可以显著增强辉光效果，如图 13-77 所示。

※ Cutoff（削弱程度）：此参数能够削弱场景中的所有发光效果，常用于最终的调整和平衡阶段。将此参数设置为 0.5 时，可以明显削弱辉光效果，如图 13-78 所示。

图13-77

图13-78

※ Glare power（眩光强度）：此参数控制整个场景的眩光效果。将该参数调整至 100 时，效果如图 13-79 所示。

※ Ray amount（光线数量）：此参数用于增加眩光效果中的光线数量。将此参数调整至 3 时，效果如图 13-80 所示。

图13-79

图13-80

※ Glare angle（眩光角度）：此参数用于调节眩光的旋转角度。将该参数设置为 30° 时，效果如图 13-81 所示。

※ Glare blur（眩光模糊度）：该参数可以控制眩光的模糊程度。将此参数调整至 0.1 时，效果如图 13-82 所示。

图13-81

图13-82

※ Spectral intensity（光谱强度）：此参数用于调节辉光的光谱强度。将该参数设置为 1 时，效果如图 13-83 所示。

※ Spectral shift（光谱偏移）：此参数可以调节光谱的偏移程度。将该参数调整为 1 时，效果如图 13-84 所示。

图13-83

图13-84

13.4 Octane 混合材质

混合材质是 Octane 渲染器中的一项特殊材质功能，它允许将两种材质进行融合或拼合。要创建混合材质，执行 Create→Mix Material（混合材质）命令后，可以调出混合材质面板，如图 13-85 所示。

13.4.1 混合方式一：直接融合

直接融合是一种混合方式，它将两个材质的所有参数（如漫射、粗糙度等）以一定的比例一一对应地进行融合。如图 13-86 所示，除了创建的混合材质，我们还需要创建两个需要混合的材质，即“材质 1”和“材质 2”，例如将“材质 1”设置为蓝色，而将“材质 2”设置为黄色。

图13-85

图13-86

调出混合材质面板后，将“材质 1”和“材质 2”分别拖入 Material1 和 Material2 框中，如图 13-87 所示。此时，材质球显示的颜色是“材质 1”和“材质 2”融合后的绿色。

接下来，进入 Amount 面板，并单击 Shader 按钮。此时，可以通过调节 float 参数来改变两个材质的混合比例，如图 13-88 所示。将 float 值调节至 0.6 时，混合材质的效果会更接近于“材质 1”，如图 13-89 所示。

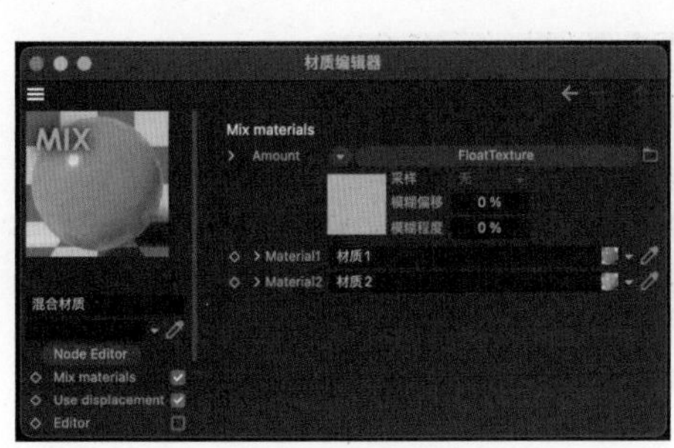

图13-87

图13-88

图13-89

13.4.2 混合方式二：贴图拼合

贴图拼合是一种混合方式，它通过黑白贴图纹理将两个材质逐一拼合在一起，而这两种材质的参数并不会相互融合。

首先，在 Amount 面板中插入一张黑白纹理贴图，如图 13-90 所示。

接着，将“金属 1”和“金属 2”（如图 13-91 所示）通过之前讲解过的“直接融合”方式中的方法链接到 Material1 和 Material2。

最后，就可以查看贴图拼合后的生成效果了，如图 13-92 所示。

图13-90

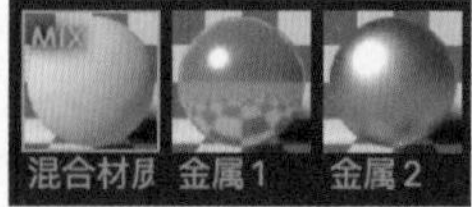

图13-91

图13-92

13.5 Octane 摄像机

Octane 摄像机实质上是在标准摄像机的基础上附加了 Octane Camera 属性。因此，Octane 摄像机不仅拥有标准摄像机的基础功能，还具备了 Octane 摄像机的特有功能。

13.5.1 创建 Octane 摄像机

创建 Octane 摄像机有两种方法。

方法一：执行 Octane → Objects → Octane Camera 命令，如图 13-93 所示，即可在对象管理器中创建一台 Octane 摄像机。

方法二：首先创建一个 C4D 内置的摄像机，然后右击该摄像机对象，选择 Octane 标签，接着选择 OctaneCameraTag 选项，为该摄像机添加 Octane 摄像机标签，如图 13-94 所示。这样也可以将内置摄像机转换为 Octane 摄像机。

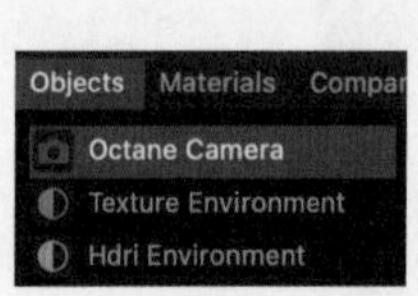

图13-93

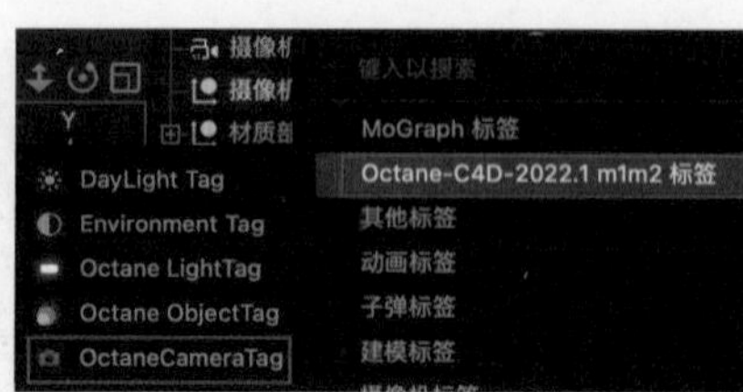

图13-94

13.5.2 Octane Camera Tag（Octane 摄像机标签）

创建 Octane 摄像机后，单击 Octane 摄像机标签即可调出对应的设置面板。该面板集成了 Thinlens（常规镜头）、Post processing（后期处理）、Camera Imager（摄像机成像）和 Motion Blur（运动模糊）选项卡，如图 13-95 所示。其中，前三者是常用的核心设置板块。

Thinlens（常规镜头）选项卡允许设置摄像机镜头的“硬件参数”，例如光圈、景深、对焦等参数。这是设置摄像机成像效果的核心部分，如图 13-96 所示，其中主要参数含义如下。

※ Orthographic（正交视图）：当未选中该复选框时，摄像机保持正常的焦距，如图 13-97 所示。选中该复选框时，摄像机的焦距将被调整至无限远，从而消除画面中的透视关系，呈现正交视图的效果，如图 13-98 所示。

图13-95

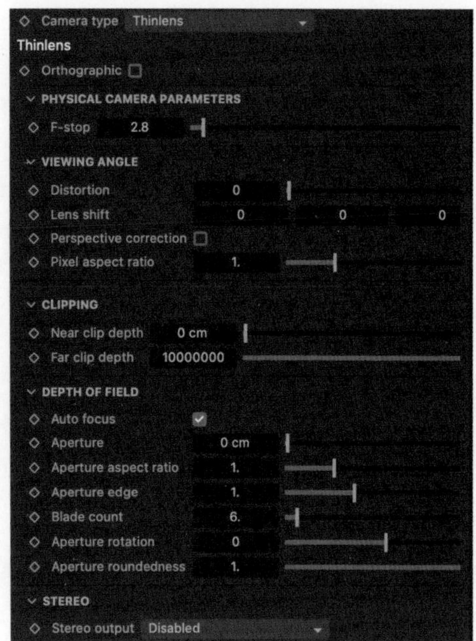

图13-96

※ F-stop（光圈）：通过调节光圈，可以控制摄像机拍摄画面中散焦部分的虚化程度。这一调节是基于光圈的F值来进行的，F值越小，虚化程度越高。例如，图13-99展示的是F值为0.5时的效果，而图13-100则展示了F值为2.8时的效果。

图13-97

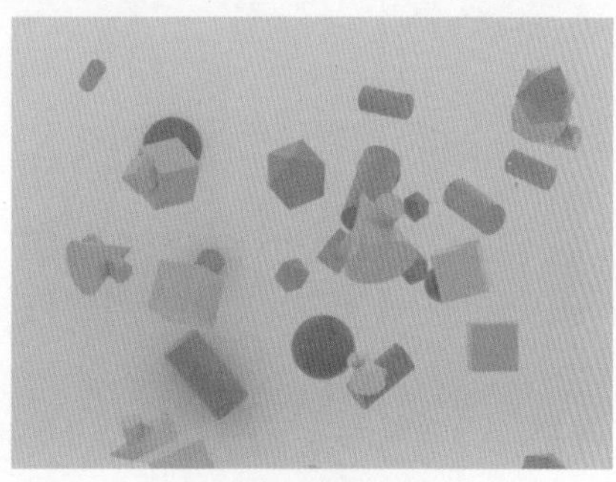

图13-98

图13-99

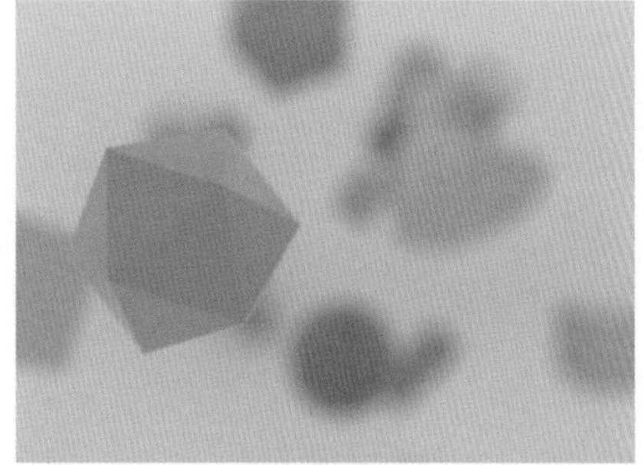

图13-100

※ Distortion（扭曲）：此参数可调节画面的光学扭曲程度。例如，图13-101展示了扭曲值为0时的效果，而图13-102则展示了扭曲值为1时的效果。

图13-101

图13-102

※ Lens shift（镜头偏移）：此参数可用于调节摄像机的镜头偏移距离。

※ Perspective correction（透视矫正）：此复选框能够检测摄像机的透视偏差，并自动进行透视关系的矫正。通常情况下，可以通过调整摄像机的旋转参数来手动矫正透视偏差，因此该复选框在默认情况下是未选中的。

※ Pixel aspect ratio（像素纵横比）：通过此复选框，可以设置摄像机像素的纵横比。

※ Near clip depth（近裁剪面深度）和 Far clip depth（远裁剪面深度）：这两个参数用于设置摄像机视角中场景的裁剪深度。图 13-103 展示了未设置裁剪深度的效果，而图 13-104 则展示了适当设置了裁剪深度的效果。

图13-103

图13-104

※ Auto focus（自动对焦）：选中该复选框后，摄像机将自动对焦场景中的物体。

※ Focal depth（对焦深度）：此参数用于控制相机的对焦距离。例如，当对焦深度设置为 150cm 时，效果如图 13-105 所示；而当对焦深度设置为 1000cm 时，效果则如图 13-106 所示。

图13-105

图13-106

※ Aperture（光圈大小）：此参数与 F-stop（光圈）功能相同，都用于控制相机的光圈大小，但

它们的计量单位存在差异。

※ Aperture aspect ratio（光圈纵横比）：此参数允许设置虚化光斑的纵横比。例如，当光圈纵横比设置为 1 时，效果如图 13-107 所示；而当设置为 1.5 时，效果则如图 13-108 所示。

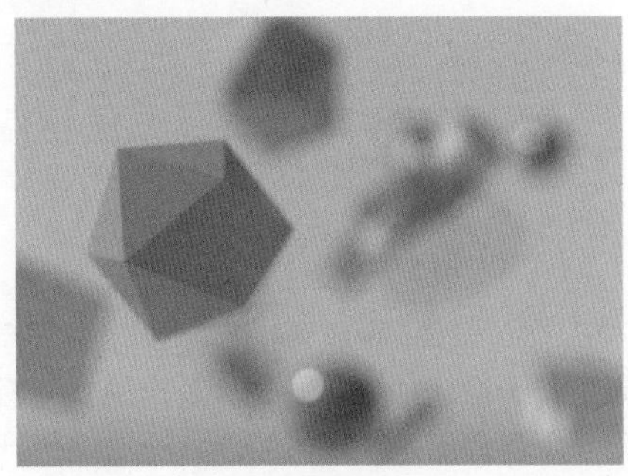
图13-107

图13-108

※ Aperture edge（光圈边缘）：此参数用于设置散焦部分的边缘强度。例如，将光圈边缘的数值调整至 3 时，效果如图 13-109 所示。

※ Blade count（散景叶片数）：此参数可以控制散焦部分的光斑边数。当散景叶片数调整至 4 时，效果如图 13-110 所示。

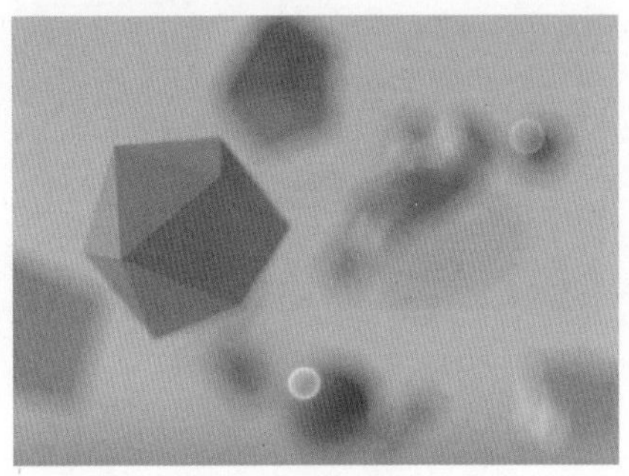
图13-109

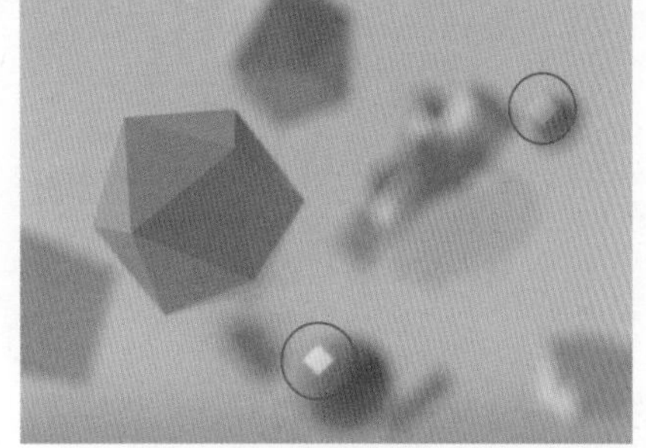
图13-110

※ Aperture rotation（散景旋转）：此参数用于调整散焦部分的旋转角度。

※ Aperture roundedness（散景圆滑度）：此参数用于控制散焦部分的圆滑程度。例如，将散景圆滑度的数值调整至 0.3 时，其效果如图 13-111 所示。

图13-111

Camera Imager（摄像机成像）选项卡中的参数与 Octane 设置中的 Camera Imager 面板参数相一致。选中此选项卡中的 Enable Camera Imager 复选框，可以启用该摄像机的摄像机成像参数，这些参数将覆盖设置面板中的原有摄像机成像参数。

Post processing（后期处理）选项卡中的参数则与 Octane 设置中的 Post 面板参数相对应。在此选项卡中选中 Enable 复选框，可启用该摄像机的成像后期效果。启用后，这些后期处理参数同样会覆盖设置面板中的原始后期参数。

第14章 产品模型制作

在工业设计领域，C4D 是一款重要的产品模型制作工具。设计师可以利用 C4D 来实现产品的外观设计、材质设置、动画制作以及渲染等任务。这些功能有助于设计师更深入地理解产品，并将其以吸引人和逼真的图像或动画形式呈现出来。本章将学习如何使用多边形建模技术来制作一个洗护产品模型，并为其设计材质和进行渲染，完成后的最终效果如图 14-1 所示。

图14-1

本章的核心知识点包括如下内容。

※ 熟练运用多边形建模技术。

※ 运用“三点布光”和“区域光”技巧布置柔和光线。

※ 制作亮面、磨砂等不同质感的材质。

14.1 需求分析

该洗护产品为乳液状或油状，质地略显黏稠，其目标受众为大众群体，即适合 18~60 岁年龄段的男性和女性使用。基于这一设定，产品应具备以下特点。

（1）定量且干净地取液：产品应采用泵头设计，确保每次都能定量取出液体。取液管应设计得稍粗一些，并直通瓶底，同时在底端留有一定缺口，以确保取液顺畅无阻。

（2）便于存放：为了节省收纳空间，瓶身的纵向横截面面积应保持相对稳定，避免因形状不规则而造成的空间浪费。

（3）简约而高级的设计感：整体色调以白色为主，展现简洁风格；瓶身采用方形设计，并融入一定弧度，既彰显时尚感和个性，又增添了几分柔和之美。瓶身材质选用利于产品保存的塑料，并通过磨砂处理提升质感和握持手感。

（4）符合人体工程学原理：瓶盖上的挤压泵设计成一定弧度，以更好地贴合手指指腹；瓶身也带有一定弧度，便于轻松握持，确保使用时的舒适度。

（5）容量一目了然：瓶身采用半透明设计，使用户能够直观地查看产品剩余量，便于及时补充。

14.2 三维模型设计

根据需求分析，本节将利用“圆柱体”等参数对象以及“矩形”“圆环”等参数样条，结合“放样”“布尔”“细分曲面”“扫描”等生成器工具，来制作这款洗护产品瓶。在制作过程中，将在点、边、面模式下灵活运用各种工具以达到预期的设计效果，具体的操作步骤如下。

01 在创建工具栏中选中“矩形”工具创建一个矩形，作为瓶身的横截面，设置参数如图14-2所示。

02 重复以上操作创建出另外两个矩形，同样作为瓶身的横截面，参数及位置如图14-3所示。也可以选中模型后，按住Ctrl键，使用“移动”工具沿X轴向右拖曳进行复制，再调整参数及位置。

03 使用“缩放”工具调整矩形的大小，中间矩形缩放85%，上面矩形缩放90%（按住Shift键可以实现量化），使瓶身出现自然弧线过渡，如图14-4所示。

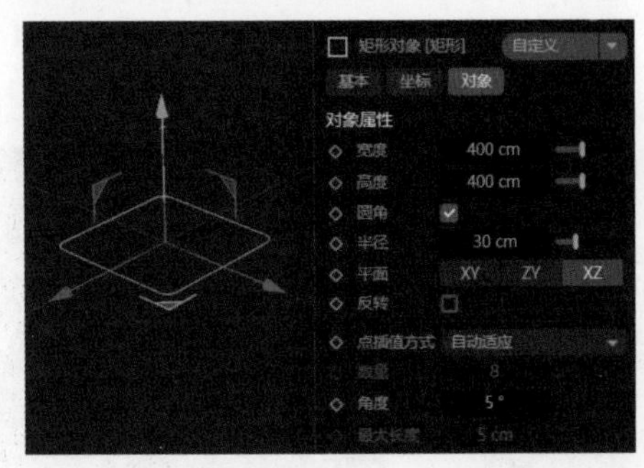

图14-2

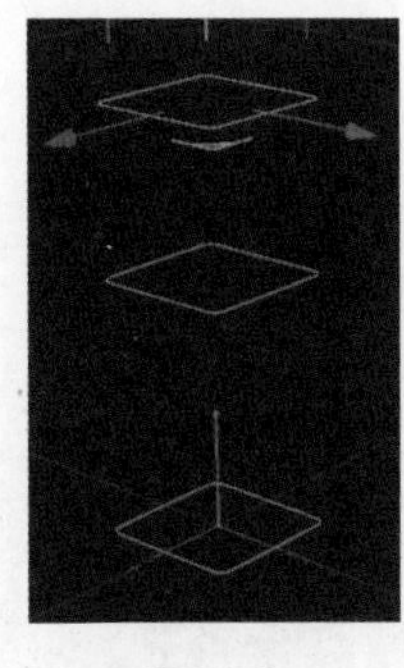

图14-3

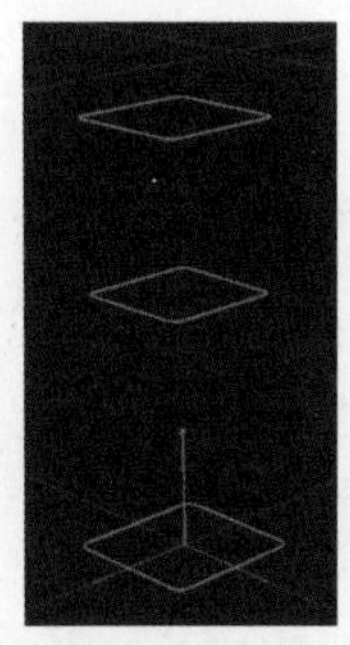

图14-4

04 选中3个矩形，同时按住Ctrl+Alt键，单击“放样”生成器按钮，3条样条线自动成为同一生成器的子级。调整生成器参数，使其更加圆滑，如图14-5所示。

05 在创建工具栏中选中“圆柱体”工具创建一个圆柱体模型，调整参数和位置如图14-6所示。

06 选中放样模型和圆柱体，同时按住Ctrl+Alt键，单击“布尔”生成器按钮，更改“布尔类型”为“AB补集”，制作瓶口，如图14-7所示。注意对象管理器中的先后位置，上面的为A，下面为B，在这里放样对象应为A，圆柱体为B。

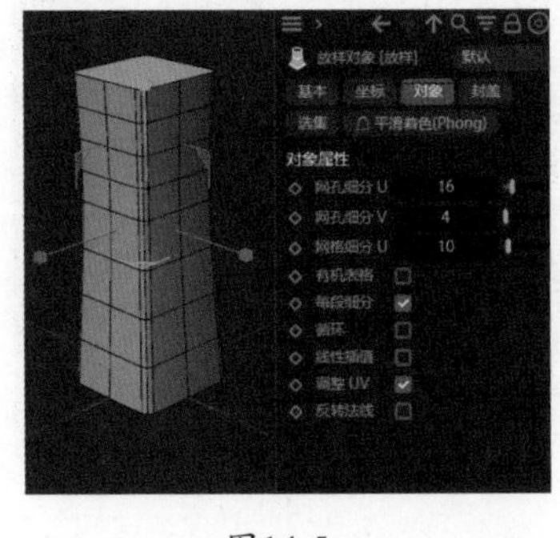

图14-5

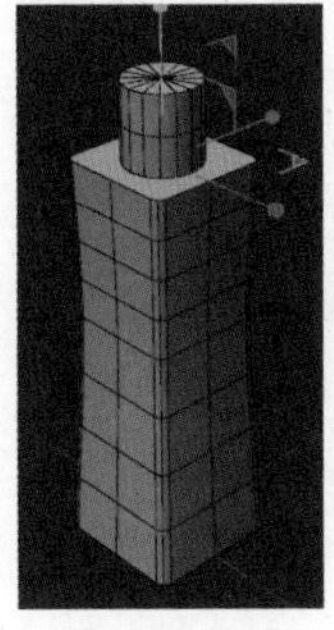

图14-6

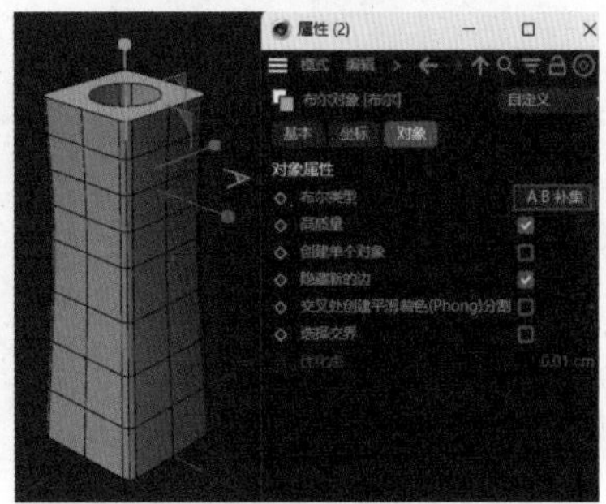

图14-7

07 选中布尔模型，按C键或在创建工具栏中选中“转为可编辑对象”工具，将其转为可编辑对象。

选中放样模型，在编辑工具栏中进入边模式，使用“循环/路径切割”工具在上下两端创建新边来调整网格，如图14-8所示。

08 进入面模式，在底视图中使用“创建点”工具在底面中心创建点，这时点与周围点自动连线，必要时使用“移动”工具将该点移至中心处，如图14-9所示。

09 使用“循环/路径切割”工具在底面创建边，如图14-10所示。

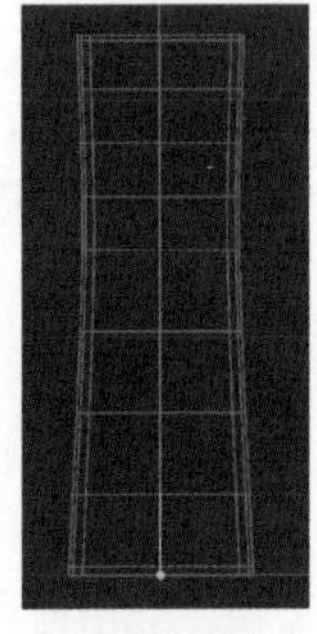

图14-8

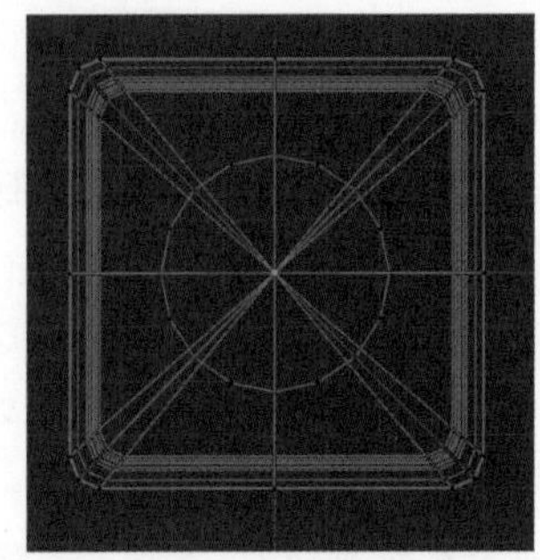

图14-9

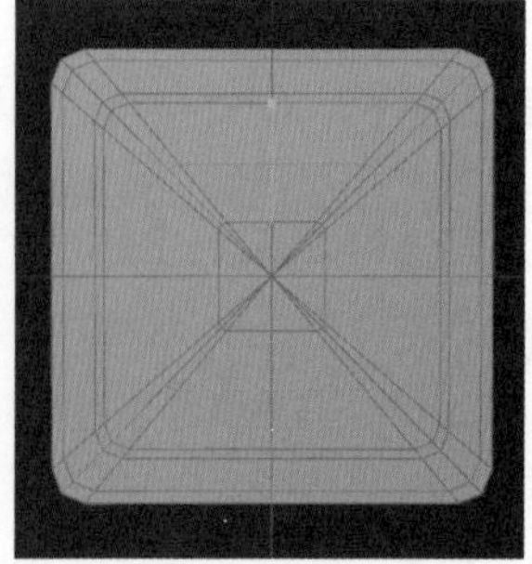

图14-10

10 进入点模式，使用“循环选择”工具和“移动”工具，把瓶子的底面做出弧度，如图14-11所示。

11 进入边模式，选中顶面圆形边，使用“挤压”工具创建新面，如图14-12所示。

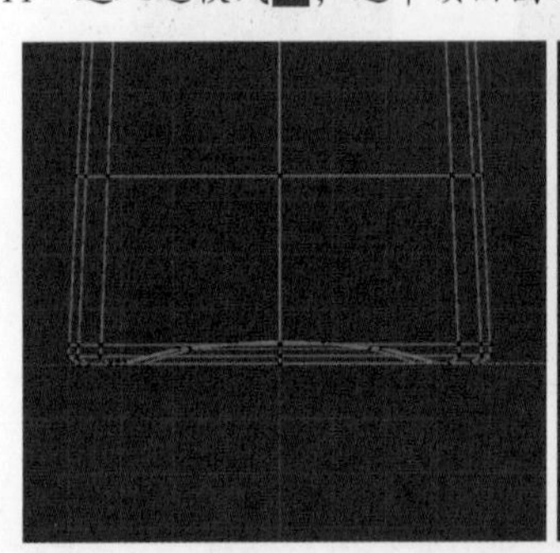

图14-11

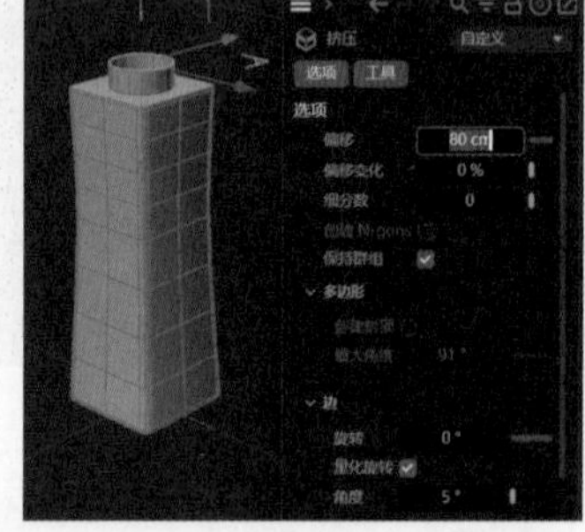

图14-12

12 使用“循环/路径切割”工具在瓶口处创建新边，如图14-13所示。

13 选中布尔模型，按住Alt键的同时单击“细分曲面”生成器按钮，如图14-14所示。

14 根据细分曲面模型，可以回到放样模型调整边，从而让模型的弧度更加合理，如图14-15所示。

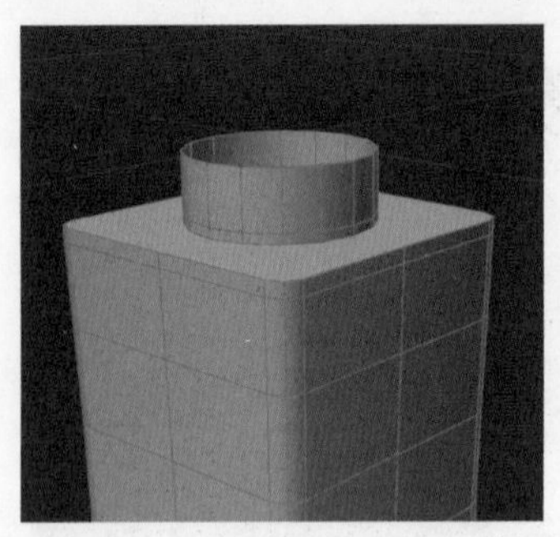

图14-13

图14-14

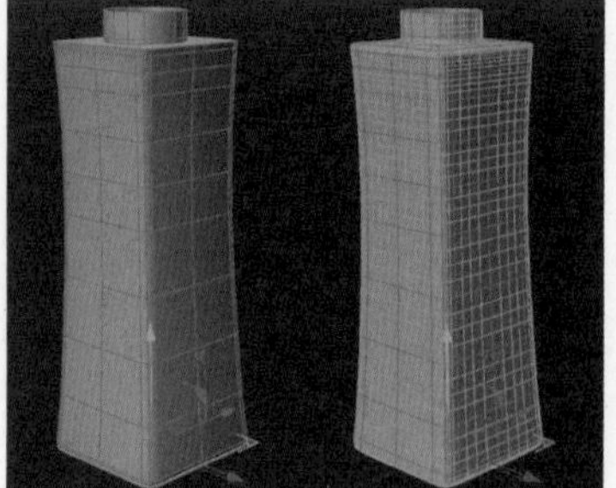

图14-15

15 在创建工具栏中选中“圆柱体”工具创建一个圆柱体模型，制作瓶盖，调整参数和位置如图14-16所示。

16 选中圆柱体模型，按C键或单击创建工具栏中的“转为可编辑对象”工具按钮，将其转为可编辑对象。在编辑工具栏中进入边模式，使用“循环/路径切割”工具在顶面创建新边，如图14-17所示。

17 进入面模式，隐藏瓶身，选中顶面中的小圆后删除，如图14-18所示。

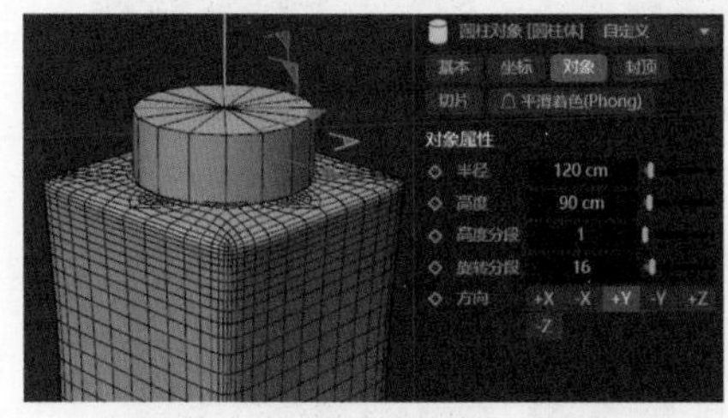

图14-16

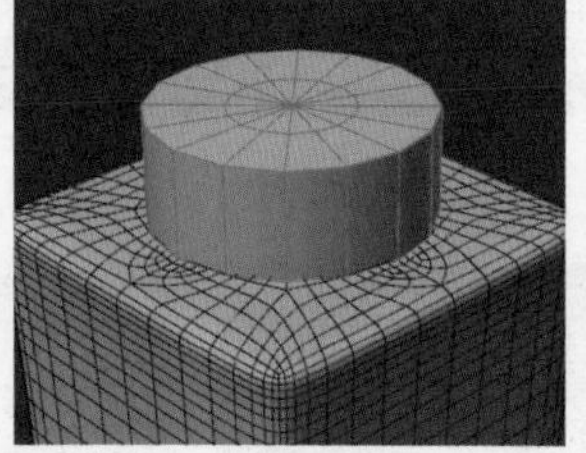

图14-17

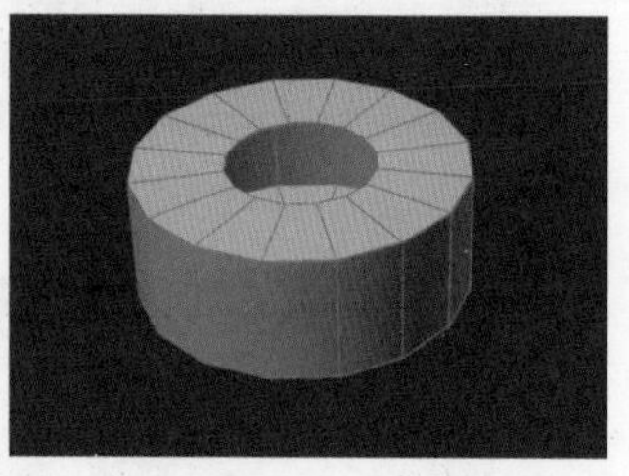

图14-18

18 进入边模式，选中顶面圆形边，使用“挤压”工具创建新面，如图14-19所示。

19 旋转视图，使用“循环/路径切割”工具在底面创建新边，如图14-20所示。

20 进入面模式，选中底面较小圆，使用“挤压”工具向上移动，如图14-21所示。

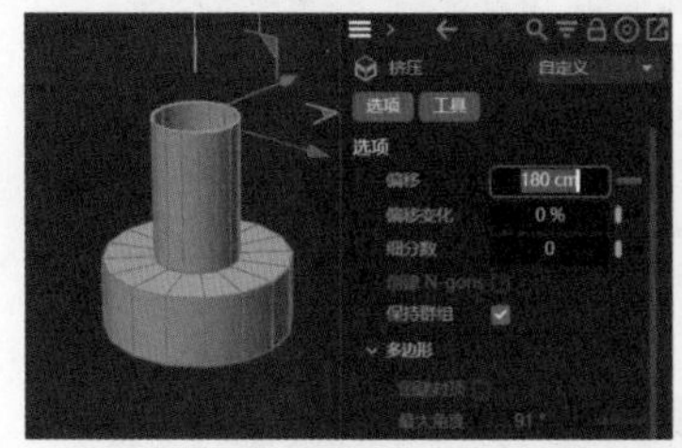

图14-19

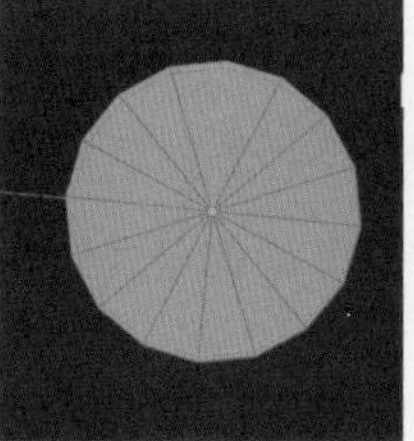

图14-20

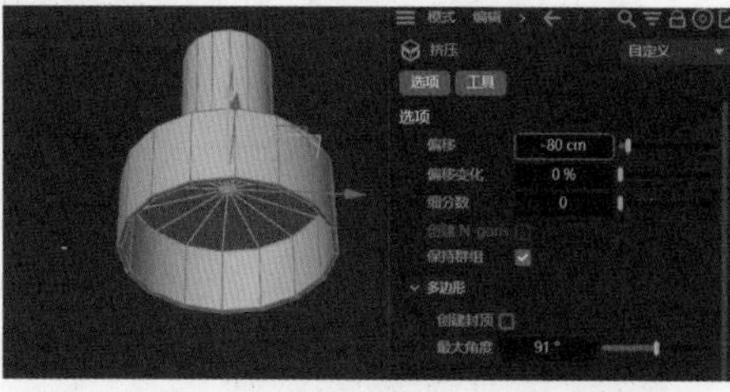

图14-21

21 使用“循环/路径切割”工具创建新边，如图14-22所示。

22 选中较小圆，使用“挤压”工具向下移动，如图14-23所示。

23 使用“嵌入”工具创建新圆，如图14-24所示，并移动合适距离。

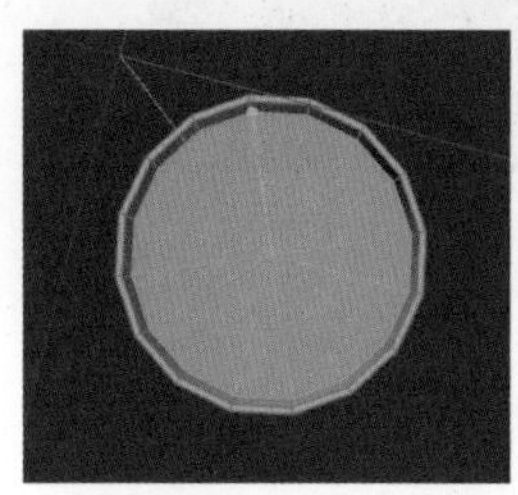

图14-22

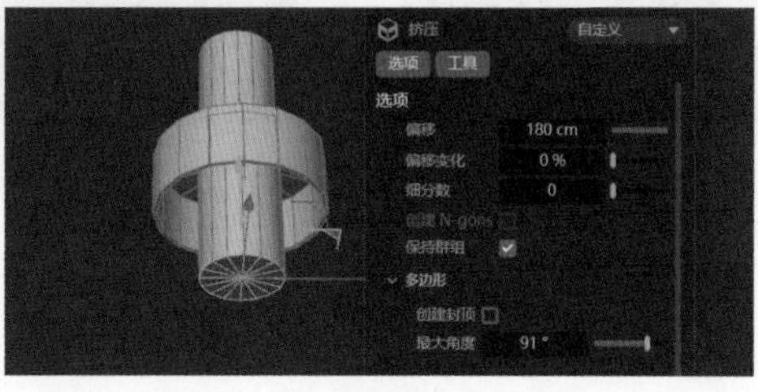

图14-23

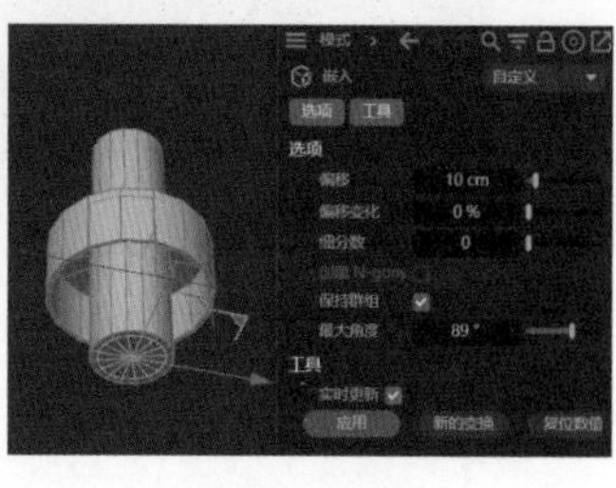

图14-24

24 使用“挤压”工具向下移动，如图14-25所示。

25 重复上述操作步骤，如图14-26所示。

26 删除所选面，如图14-27所示。

27 使用“循环/路径切割”工具创建新边来调整网格，如图14-28所示。

28 选中模型，按住Alt键的同时单击“细分曲面”生成器按钮，如图14-29所示。

29 显示瓶身，在右视图和正视图中使用样条画笔绘制曲线，制作取液管，如图14-30所示。

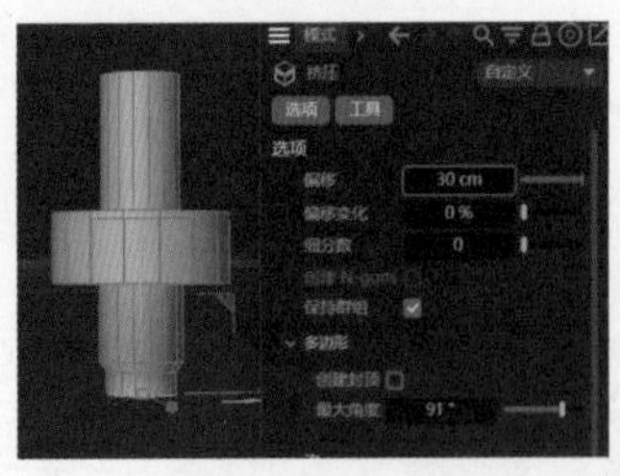

图14-25

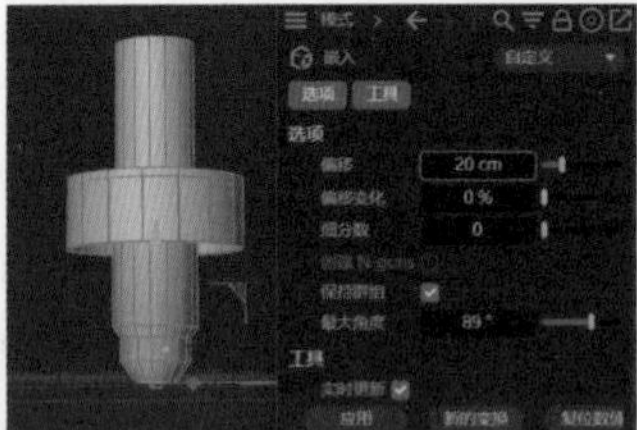

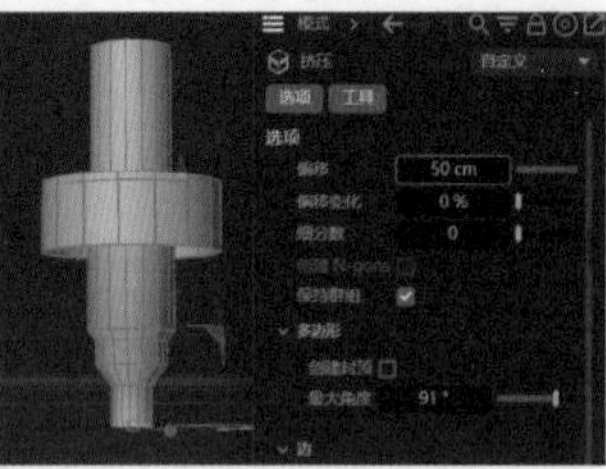

图14-26

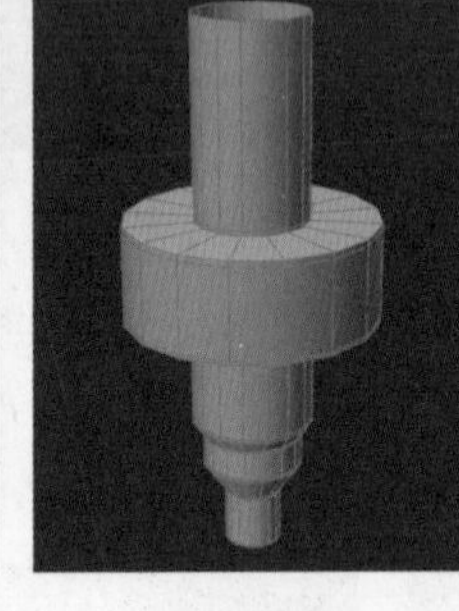

图14-27

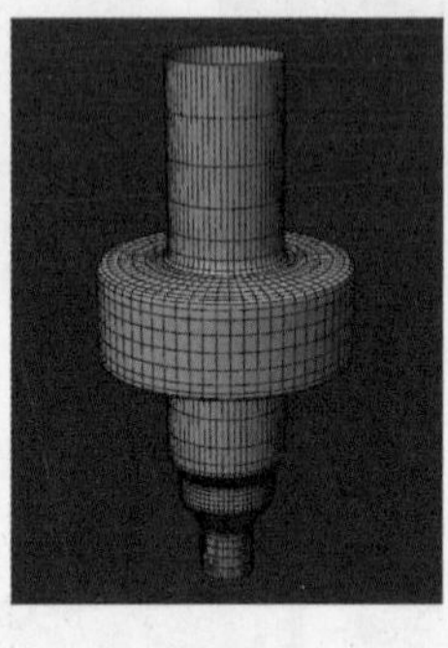

图14-28

图14-29

图14-30

30 在创建工具栏中选中“圆形”工具，创建一个圆形样条线并调整参数，如图14-31所示。

31 选中两条样条线，同时按住Ctrl+Alt键，单击“扫描”生成器按钮，两条样条线自动成为同一生成器的子级，如图14-32所示。注意不要选中封盖。

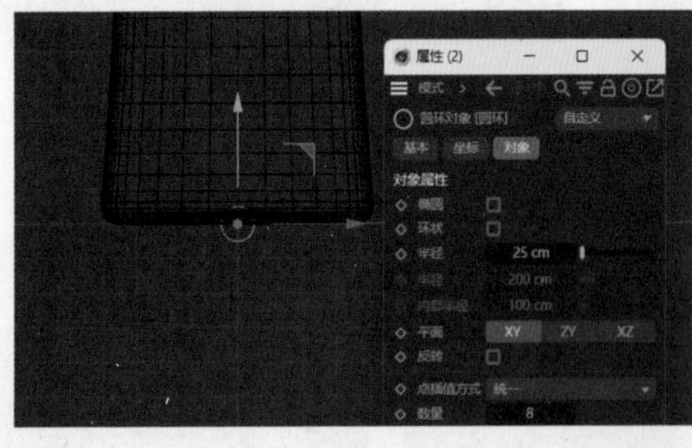

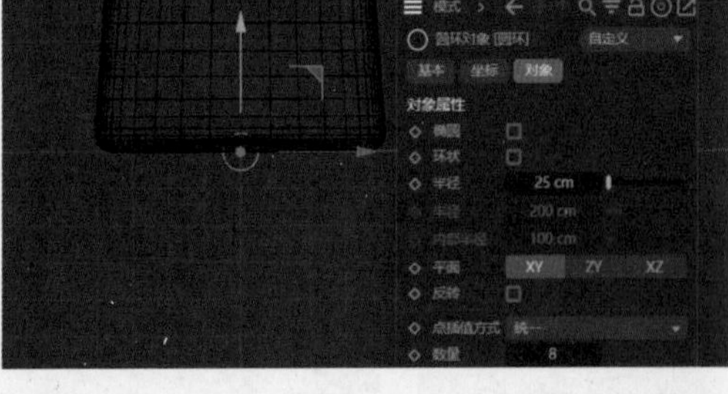

图14-31

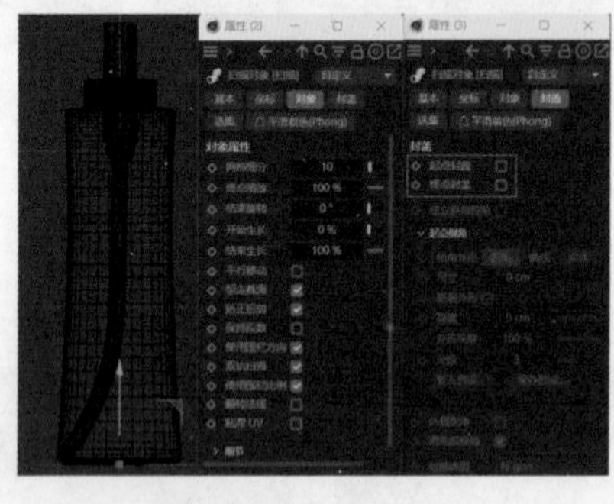

图14-32

32 选中扫描模型，按C键或在创建工具栏中单击“转为可编辑对象”按钮，将其转为可编辑对象。进入边模式，使用“循环/路径切割”工具创建新边，并在点模式中使用“移动”工具调整取液管的弧度，如图14-33所示。

33 移动取液口底端点，使其呈现三角形，方便取液，如图14-34所示。

34 在创建工具栏中选中“圆柱体”工具创建一个圆柱体模型，制作泵头，调整参数和位置如图14-35所示。

35 选中圆柱体模型，按C键或在创建工具栏中单击“转为可编辑对象”按钮，将其转为可编辑对象。进入面模式，选中顶面，使用“挤压”工具向上移动，如图14-36所示。

36 在右视图和正视图中选中两面并挤压，如图14-37所示。

37 进入点模式，在顶视图中使所选点位于同一轴线，并调整位置，如图14-38所示。

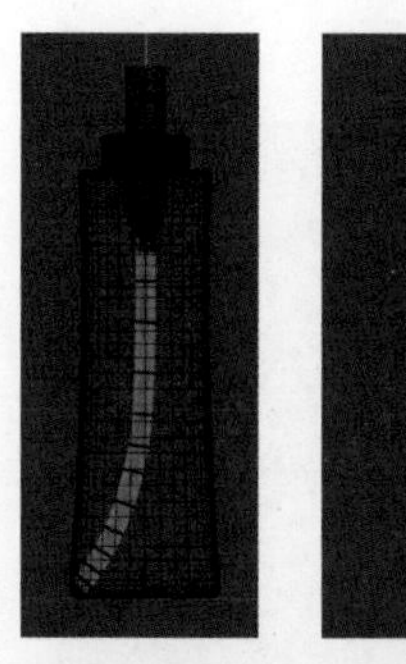

图14-33

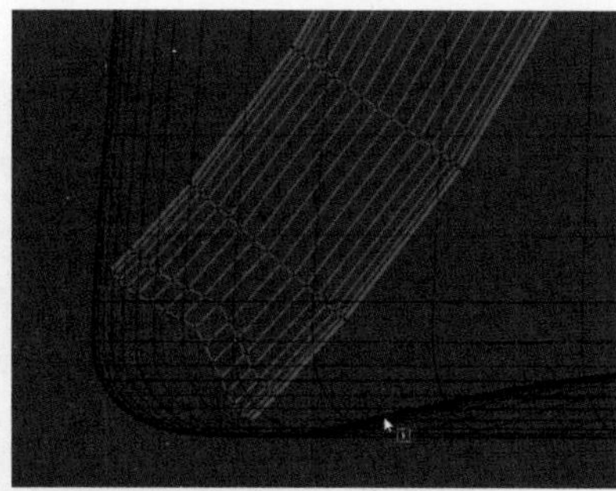

图14-34

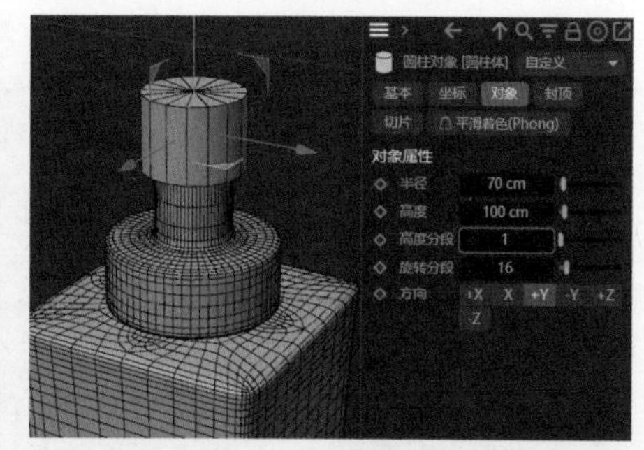

图14-35

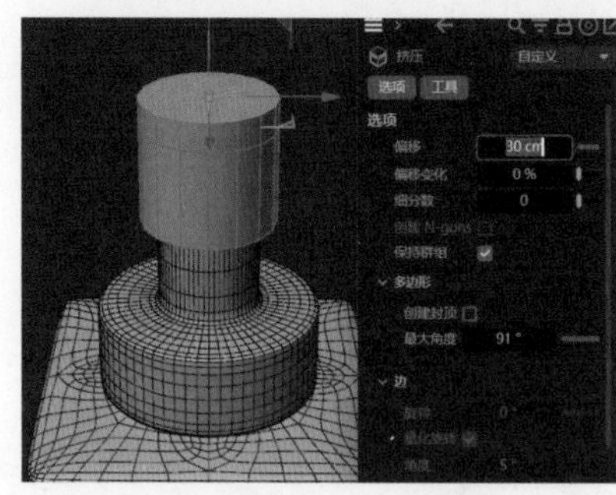

图14-36

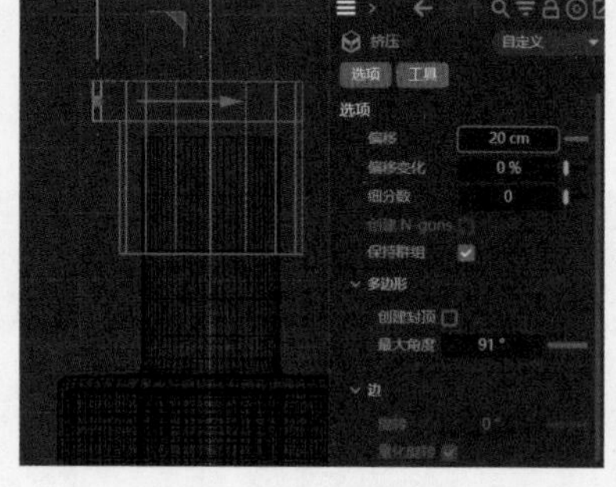

图14-37

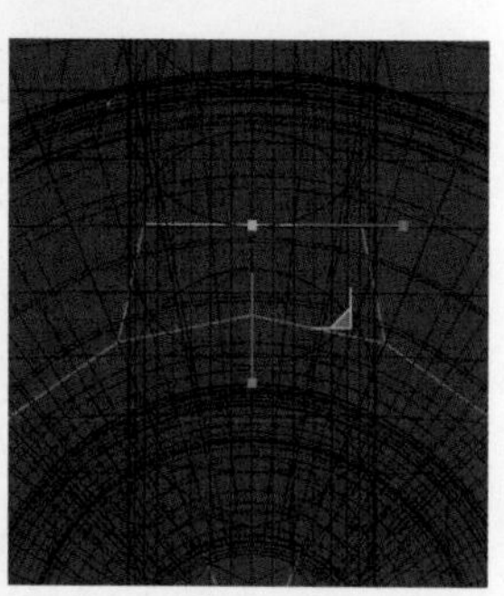

图14-38

38 回到面模式，进行连续挤压，如图14-39所示。

39 进入点模式，在右视图中调整点的位置，使泵头出现弧度，如图14-40所示。

40 隐藏瓶身、瓶口等对象，选中顶面点并进行缩放，如图14-41所示。

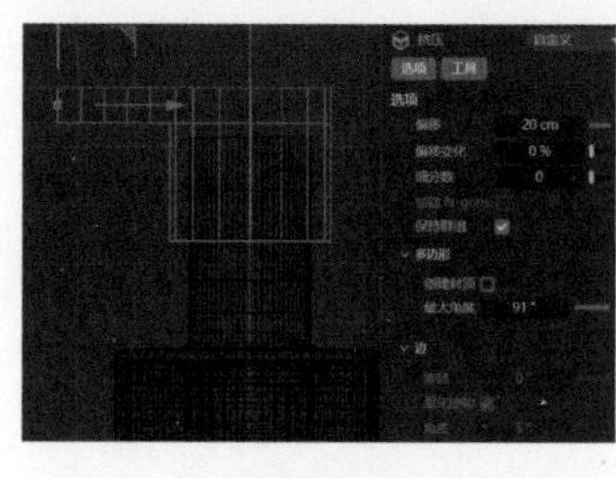

图14-39

图14-40

图14-41

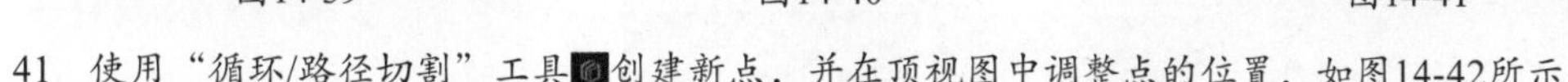

41 使用“循环/路径切割”工具创建新点，并在顶视图中调整点的位置，如图14-42所示。

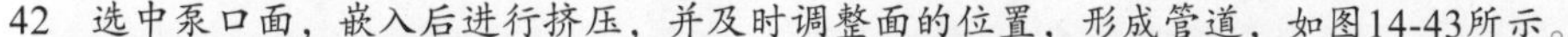

42 选中泵口面，嵌入后进行挤压，并及时调整面的位置，形成管道，如图14-43所示。

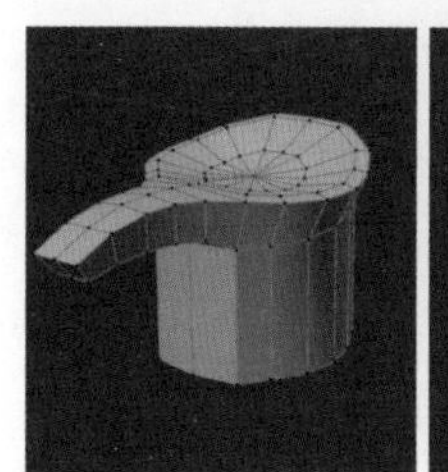

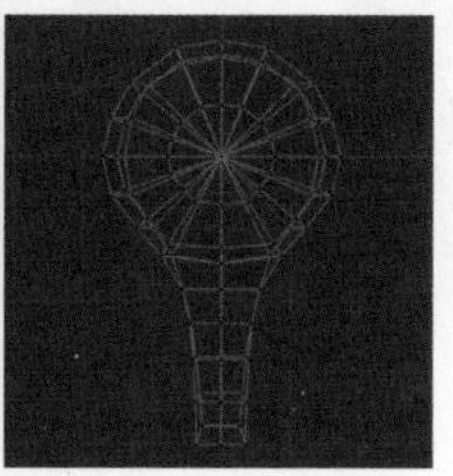

图14-42

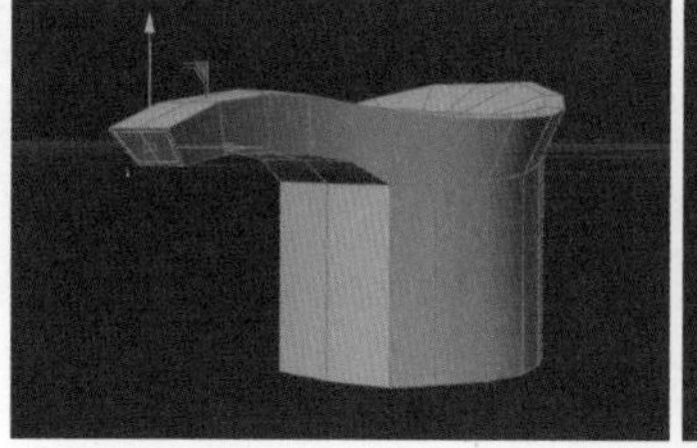

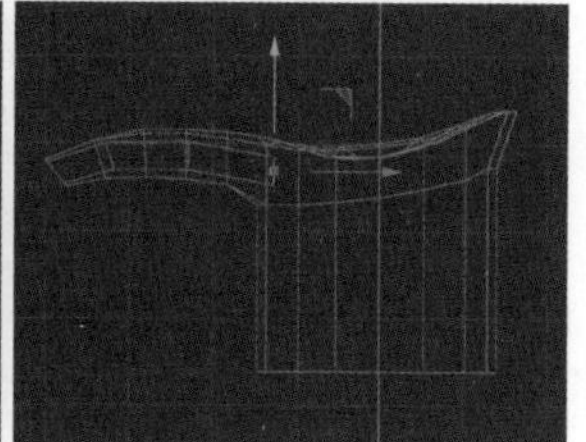

图14-43

43 使用“循环/路径切割”工具创建新边来调整网格，如图14-44所示。

44 选中模型，按住Alt键的同时单击“细分曲面”生成器按钮，如图14-45所示。

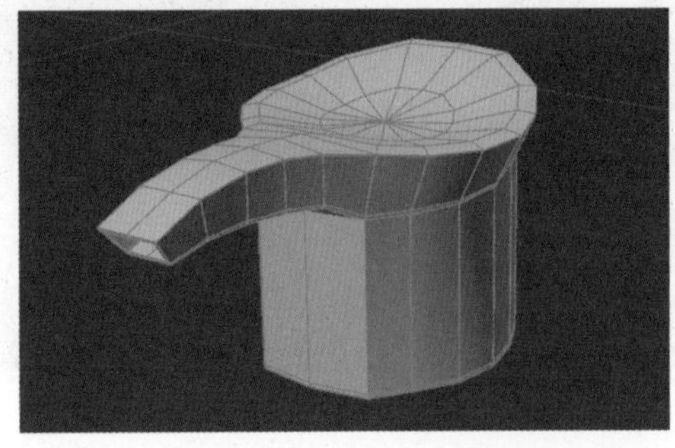

图14-44

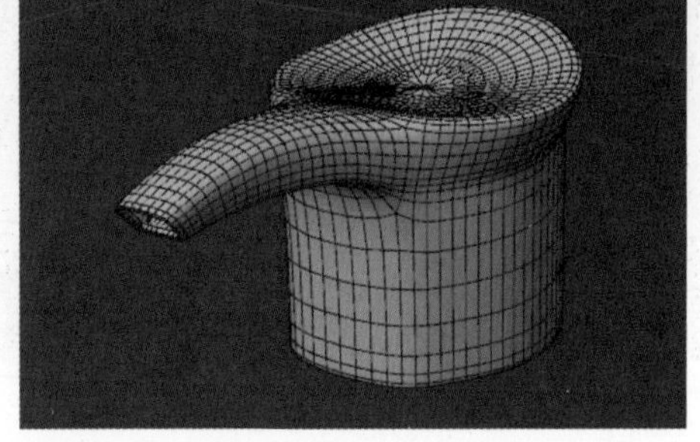

图14-45

45 显示所有对象，对场景内对象进行编组、命名等整理工作。选中多个对象后按快捷键Alt+G进行编组，双击进行重命名，最终效果如图14-46所示。

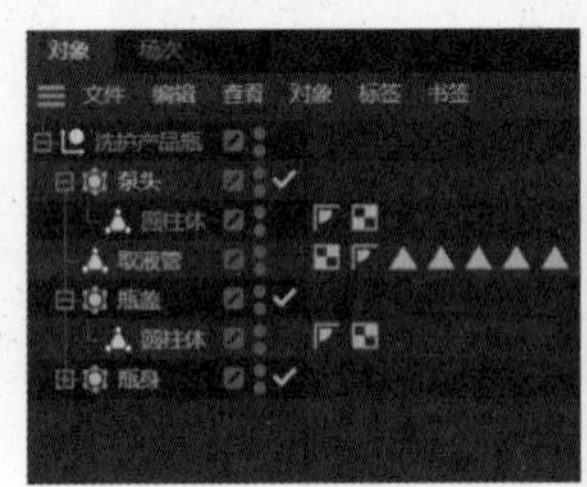

图14-46

14.3 三维材质渲染

完成三维模型的构建之后，接下来就进入为模型和场景赋予材质、设置摄像机和灯光的阶段。通过细致的调整和精心的设置，我们能够渲染出色彩鲜明、细节丰富的图片或视频。本节将针对上一节制作的洗护产品瓶子模型，快速搭建一个简单的场景，并为其添加适当的材质，最后进行渲染。具体的操作步骤如下。

01 调整产品对象大小，并使用“平面”工具搭建简单的背景，如图14-47所示。

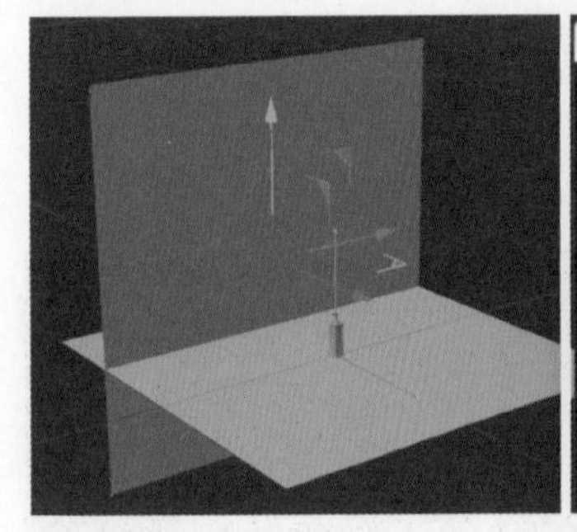
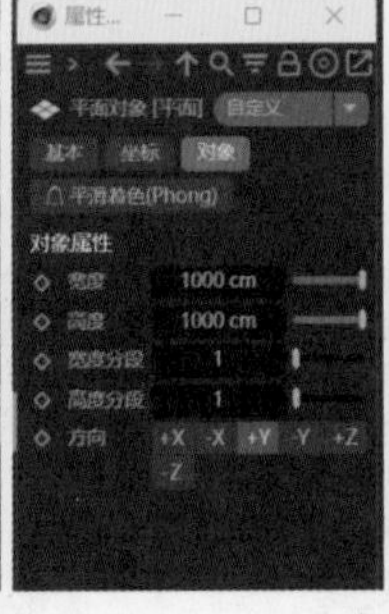

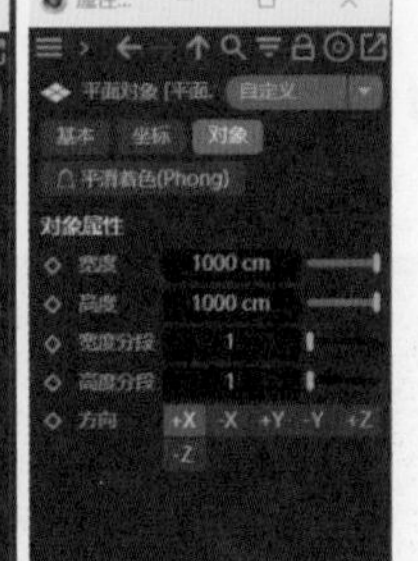

图14-47

图14-48

02 在创建工具栏中选中“场景辅助”工具创建“天空”，制作白色发光天空背景环境，如图14-48所示。

03 在渲染设置中单击“编辑渲染设置”按钮，设置渲染参数，如图14-49所示。

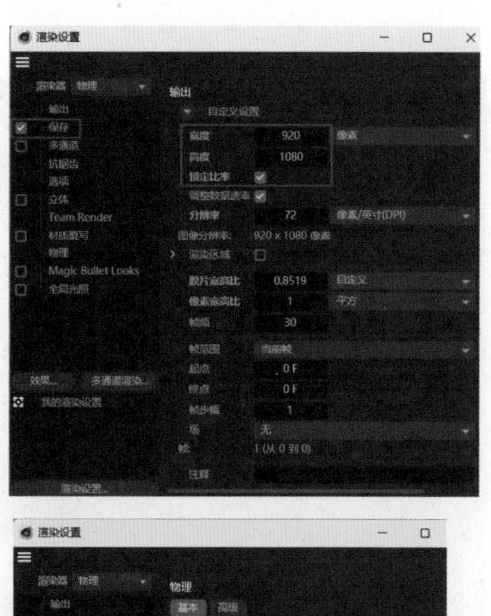
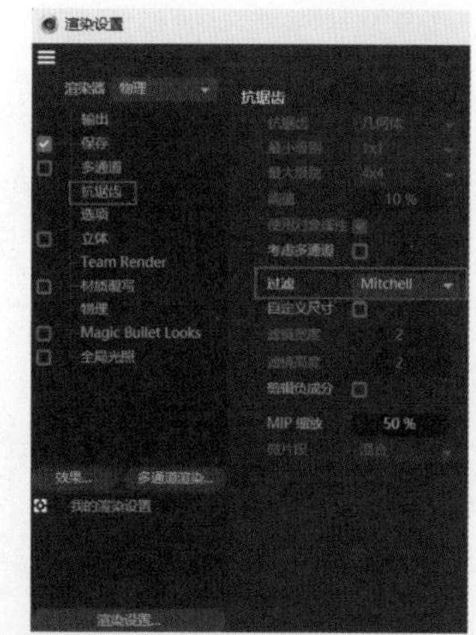
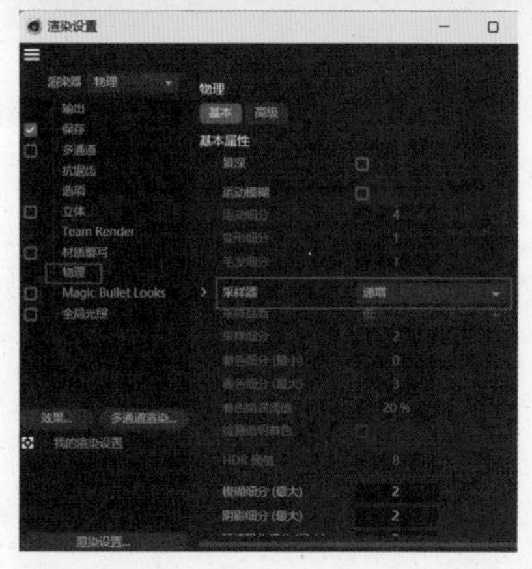
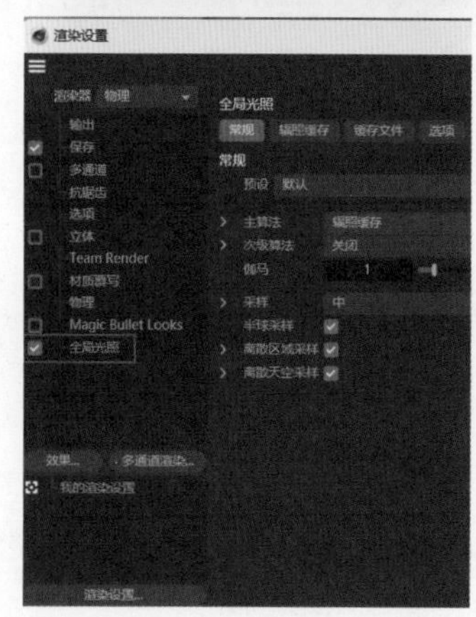

图14-49

04 若没有“全局光照”选项，可以单击“效果”按钮选择。

05 采用三点布光方式来设置灯光，使场景光线更加柔和。在创建工具栏中选中“场景辅助”工具创建区域光，并调整其位置和参数，制作左侧灯光，如图14-50所示。

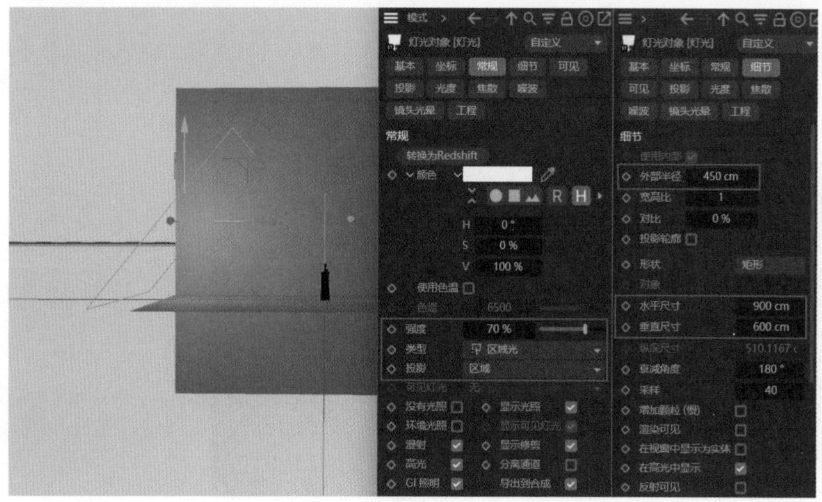

图14-50

06 重复上述操作步骤，制作右侧和前侧灯光，如图14-51所示。

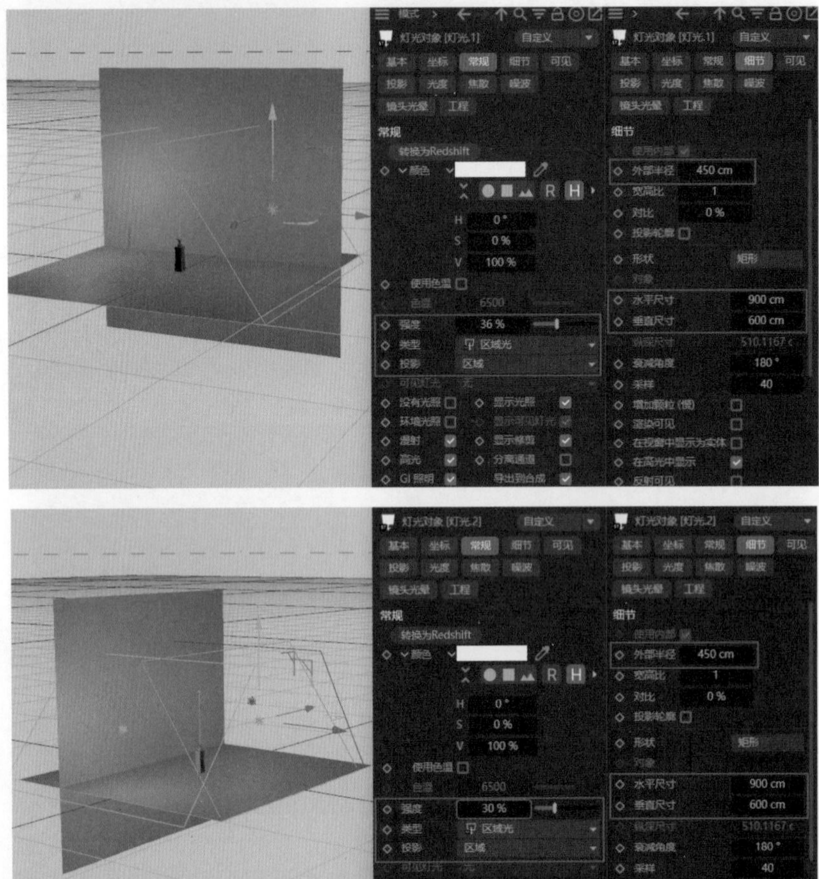

图14-51

07 打开材质管理器，单击按钮创建新的材质，双击材质球进行编辑，设置背景材质球的颜色值为H：56°、S：18%、V：100%，如图14-52所示。材质设置完成后，选中所需模型后单击“应用”按钮，或者将材质球拖至对应模型对象，即可赋予相应材质，如图14-53所示。

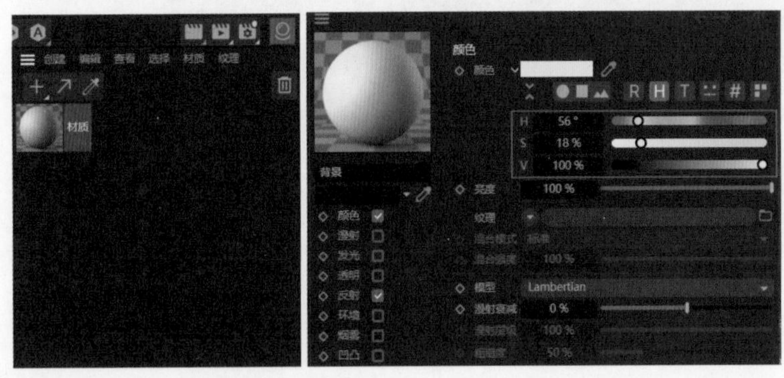

图14-52

图14-53

08 制作白色发光天空背景材质。新建材质球，选中“发光”复选框，并设置发光颜色为白色，如图14-54所示。将该材质球赋予天空对象，如图14-55所示。

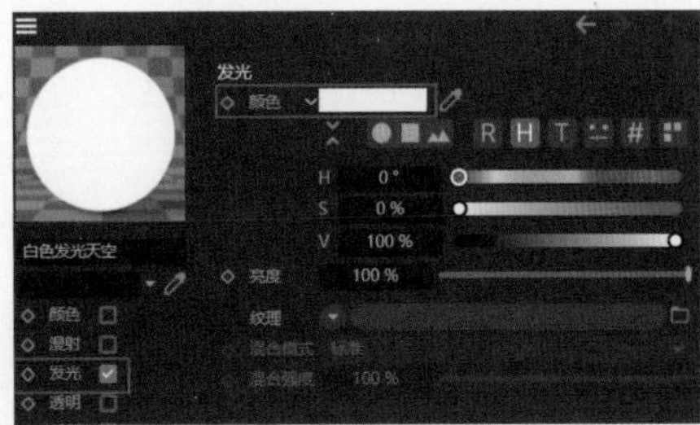

图14-54

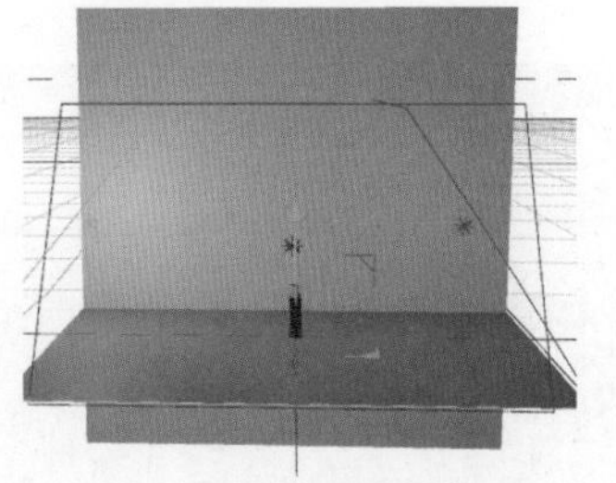

图14-55

09 制作模拟水面。新建材质球，选中“反射”复选框，设置“反射强度”值为150%；在“层菲涅耳”中设置“菲涅耳”为“绝缘体”，“预置”为“水”。选中“凹凸”复选框，设置“纹理”为“水面”，并单击纹理图设置其“着色器”，修改U频率与V频率分别为0.8和0.6，如图14-56所示。将该材质球赋予地板对象，如图14-57所示。

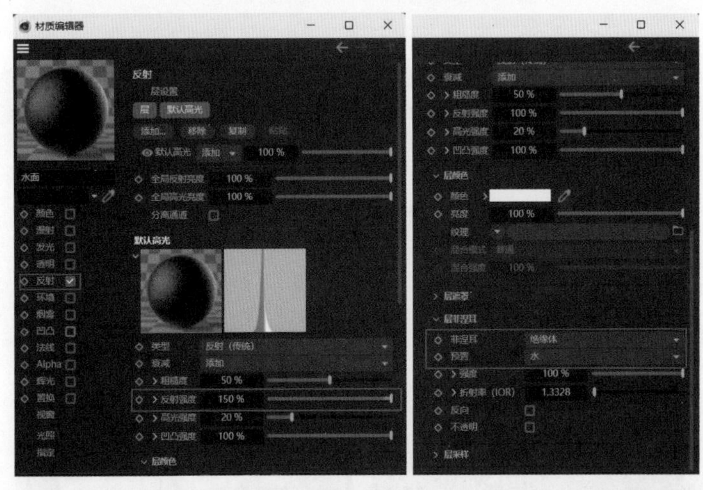

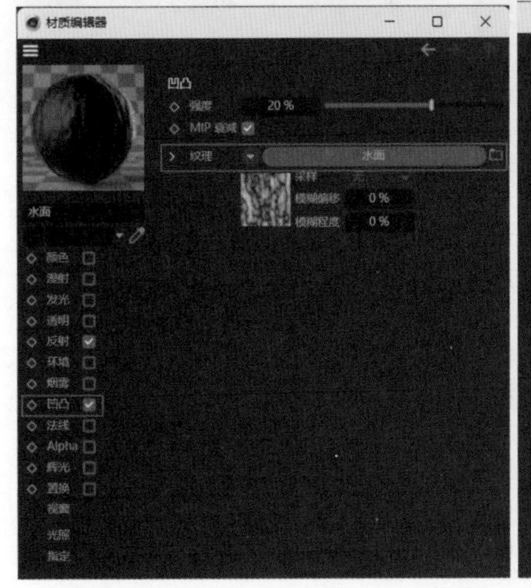

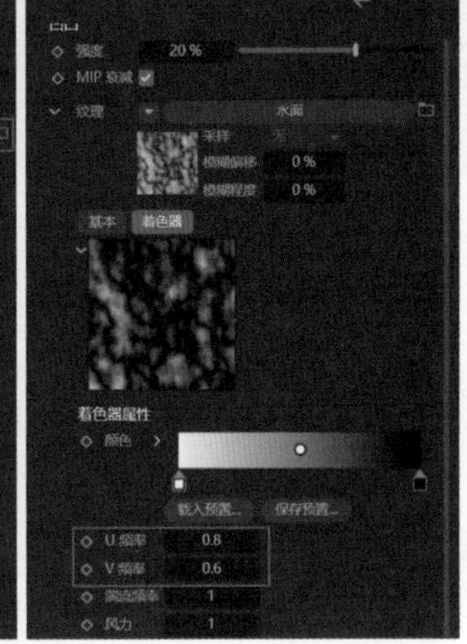

图14-56

图14-57

10 制作亮面白色塑料材质。新建材质球，选中“颜色”复选框并设置为白色；选中“反射”复选框，设置“类型”为“反射（传统）”，并设置“粗糙度”“反射强度”等值，如图14-58所示。

11 将该材质球赋予给产品模型的泵头和瓶盖部分，如图14-59所示。

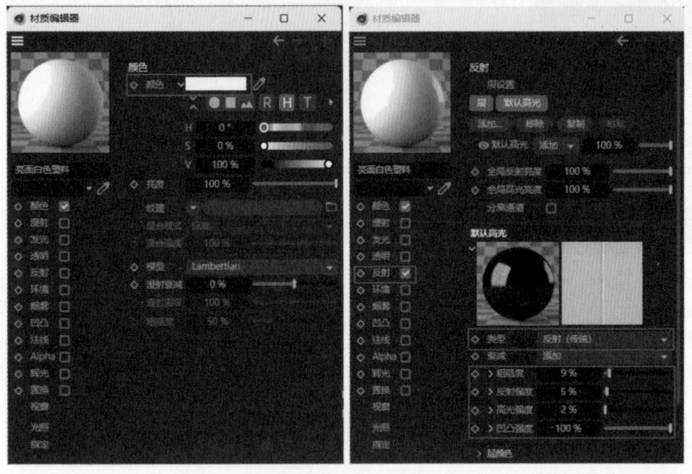

图14-58

图14-59

12 制作磨砂白色透明塑料材质。新建材质球，选中“颜色”复选框并设置为白色；选中“透明”复选框，设置“亮度”值为75%，“折射率预设”为“塑料（PET）”；选中“反射”复选框，设置“类型”为“反射（传统）”，并设置“粗糙度”“反射强度”等值，如图14-60所示。

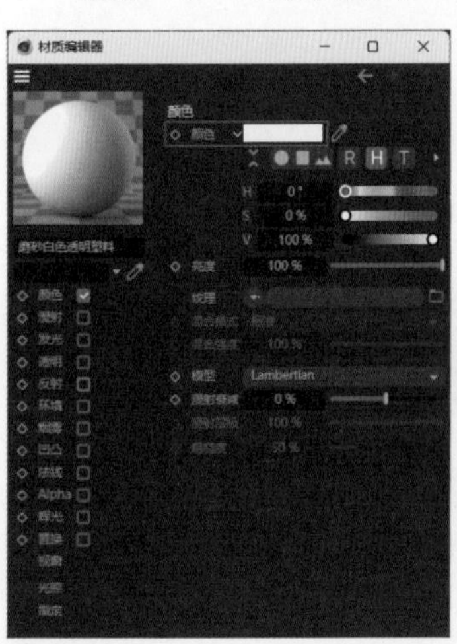

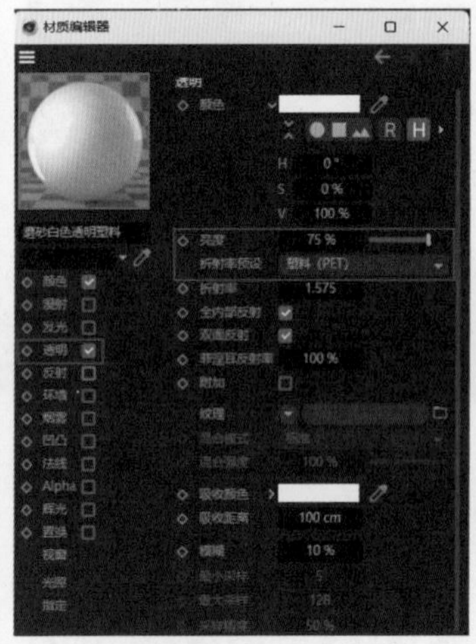

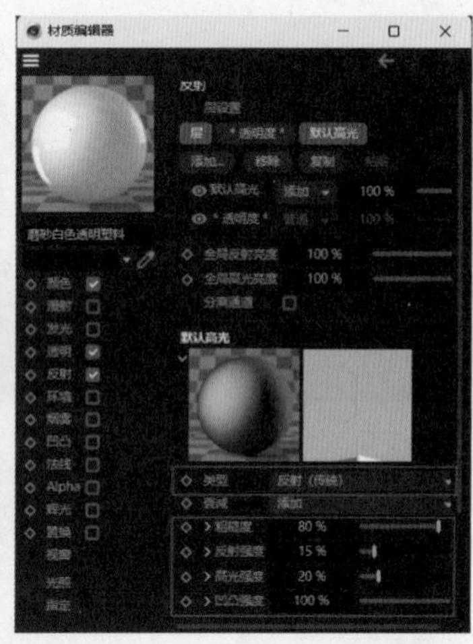

图14-60

13 将该材质球赋予产品模型的瓶身部分，如图14-61所示。

14 制作亮面白色透明塑料材质。新建材质球，选中“颜色”复选框并设置为白色；选中“透明”复选框，设置“亮度”值为85%，“折射率预设”为“塑料（PET）”；选中“反射”复选框，设置“类型”为“反射（传统）”，并设置“粗糙度”“反射强度”等值，如图14-62所示。

15 将该材质球赋予产品模型的取液管部分，如图14-63所示。

16 在透视图中调整视图至合适位置，在创建工具栏中选中“摄像机”工具，创建摄像机。单击对象管理器中摄像机后方的按钮，这时变为。单击渲染设置中的“渲染到图像查看器”按钮，渲染效果如图14-64所示。调整产品模型位置并再次渲染，如图14-65所示。

图14-61

图14-62

图14-63

图14-64

图14-65

第15章

动态海报设计

本章将引导你领略 C4D 在动态海报设计中的卓越应用，从最初的创意构思到最终的技术实现，我们将共同打造一场引人入胜的动态视觉盛宴。通过学习，你制作的海报将栩栩如生地呈现在屏幕上，深深吸引观者的目光，从而有效地传递深刻的信息。

本章的核心知识点包括如下内容。

※ 掌握动态海报的制作方法。

15.1 需求分析

C4D 制作的海报和动态海报在商业领域已经得到了广泛应用。利用 C4D 制作的动态海报不仅视觉效果出色，还能有效节约时间成本。本章将详细阐述 C4D 动态海报的设计与制作过程，具体分为需求分析、草图设计、三维模型构建、三维材质渲染以及多通道输出等几个关键环节。如图 15-1 所示，为整个设计的流程图。

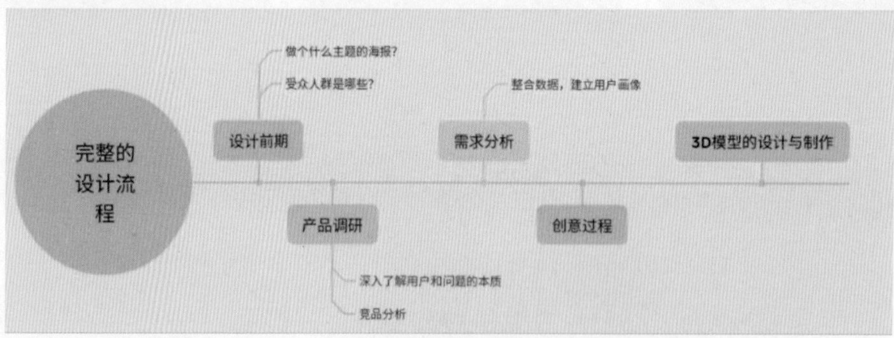

图15-1

需求分析是指设计师通过细致、详尽的调研和分析，准确理解用户和项目的功能需求、性质特点以及所要表达的思想内容，进而将用户的需求转化为一套完整且明确的需求定义。这一过程对于后续设计的顺利进行至关重要。

在设计工作开始之前，进行需求分析是不可或缺的环节。它能帮助设计师和开发人员避免许多不必要的弯路。一份出色的需求分析报告能够清晰、直观地展现出设计产品的核心理念，成为设计师在设计过程中的重要参考。

15.2 草图设计

草图设计是设计流程的初步构想，它为后续的设计工作提供了主要依据。在草图设计阶段，我们并不追求效果的精确性，只需能够大致描绘出构图布局和主要内容即可。

为了演示整个设计流程，这里将以一张夏日主题的动态海报为例。在进行需求分析后，我们开始思考可以用于本次设计的元素。提及夏日，我们可以联想到冰激凌、冷饮、水果、大海、泳圈等。从中，我们选择冰激凌和泳圈作为画面的主体元素，并选取一些小元素作为辅助，共同构建画面。

在着手绘制草图之前，参考现实生活中的相关物体是很重要的，这样可以帮助我们的草图和后续的三维模型达到更加逼真的效果，如图 15-2 所示。

在本次设计中，我们选择了冰激凌和泳圈作为海报的主体，并决定采用竖版构图来创作这张动态海报。在确定了整体构图后，我们绘制了如图 15-3 所示的草图。

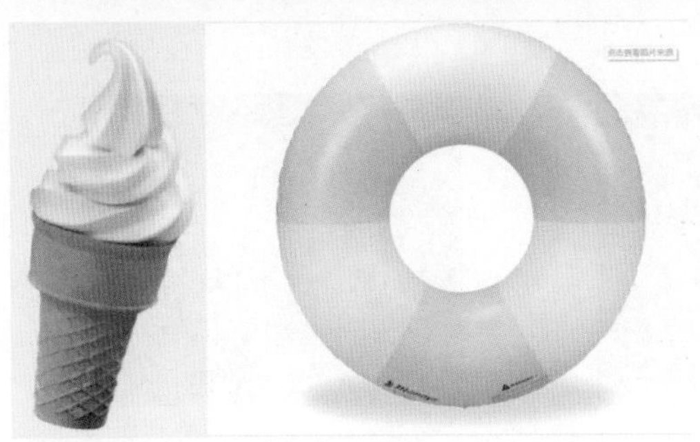

图15-2

图15-3

15.3 三维模型设计

在完成了需求分析和草图设计之后，既然已经确定了海报的主题、元素以及构图等核心内容，那么接下来就可以根据草图着手进行建模等后续步骤了。

基于前期的分析，我们明确了需要建立冰激凌、泳圈、展台等三维模型，并且需要为这些模型添加恰当的动画效果。

接下来，将通过实际实例来展示三维模型场景设计的完整过程。最终的海报效果如图 15-4 所示。

图15-4

01 在场景中新建一个圆锥体，在属性面板中将其“方向”改为-Y，然后修改其“底部半径”值为70cm，如图15-5所示。

02 按C键，使圆锥体转换为可编辑多边形，切换到“面”模式，选中圆锥体顶面，按Delete键将其顶面全部删除，如图15-6所示。

03 按快捷键Ctrl + A全选圆锥所有面，右击，在出现的工具栏中选中“挤压”工具，在属性栏中选中

“创建封顶”复选框，按住鼠标左键并拖动，将圆锥挤压出一定的厚度，如图15-7所示。圆锥体添加厚度后的效果如图15-8所示。

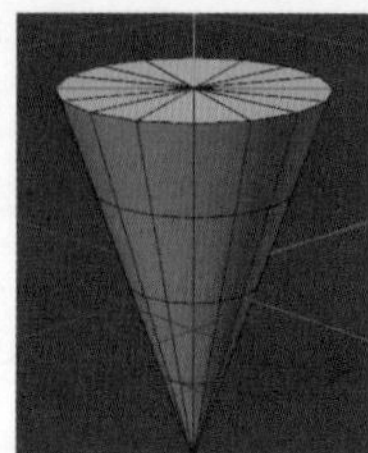
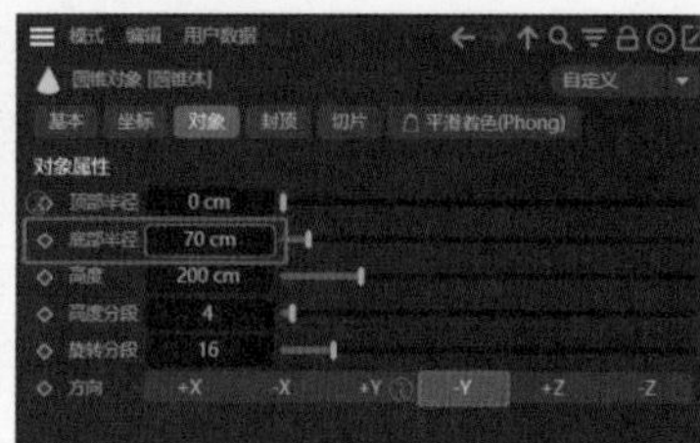

图15-5

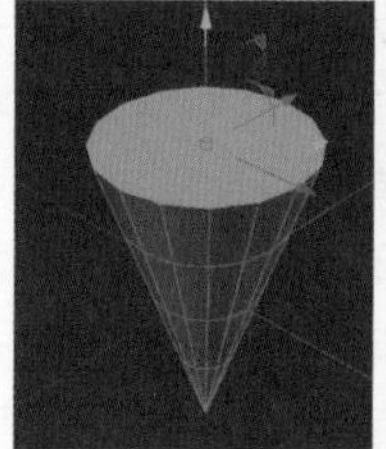
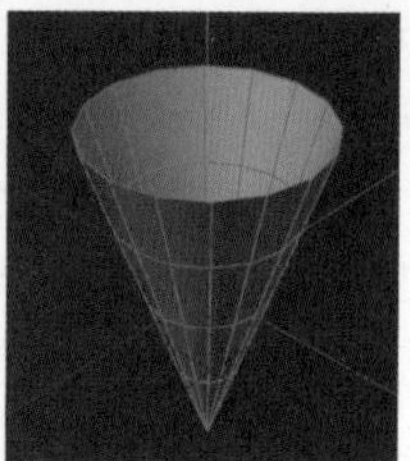

图15-6

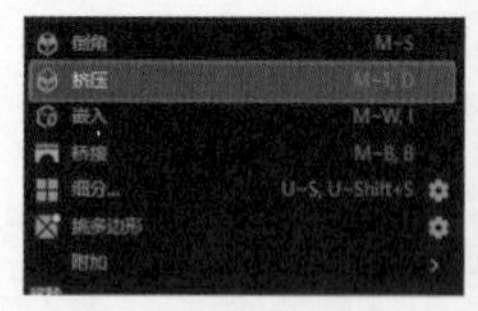

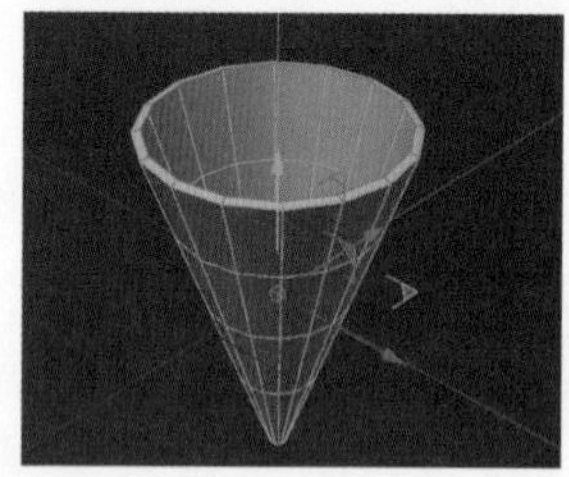

图15-7

图15-8

04 切换到线模式，右击，在弹出的快捷菜单中选择“循环/路径切割”选项，或者直接按快捷键K+L选择此工具，运用此工具为圆锥卡住边缘线，如图15-9所示。

05 利用“循环/路径切割”工具，为圆锥体增加如图15-10所示的3条线。切换到面模式，使用“循环选择”工具，选中如图15-11所示的面。

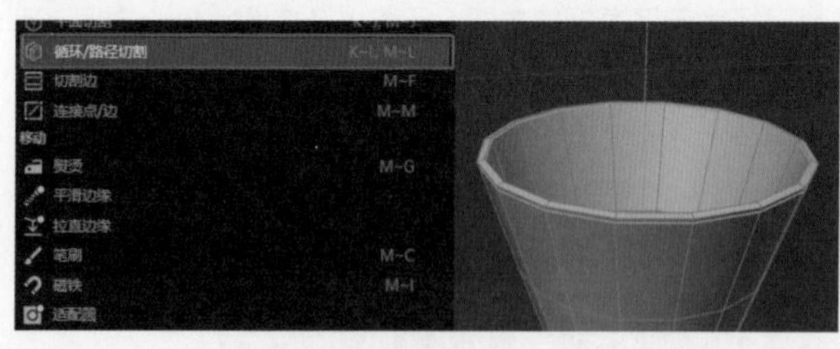

图15-9

图15-10

图15-11

06 运用“挤压”工具，将选中的面挤压出一定的厚度；切换到线模式，使用“循环/路径切割”工具为挤压出的部分“卡线”，如图15-12所示。

07 选中圆锥体，为当前圆锥体添加细分曲面，效果如图15-13所示，冰激凌的下部分制作完成。

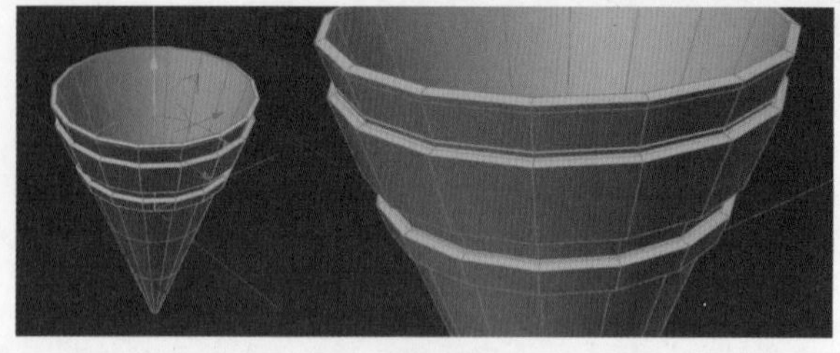

图15-12

图15-13

08 接下来制作冰激凌的上半部分，在场景中新建一个螺旋线，将其方向改为XZ，“起始半径”值修改为60，“终点半径”值修改为6，“结束角度”值修改为1440°，“半径偏移”值修改为30%，

“高度偏移”值修改为40%，如图15-14所示。

09 在场景中新建一个星形，将其“方向”修改为XY，“内部半径”值修改为25cm，“外部半径”值修改为22cm，并将星形的“点”数改为12，如图15-15所示。

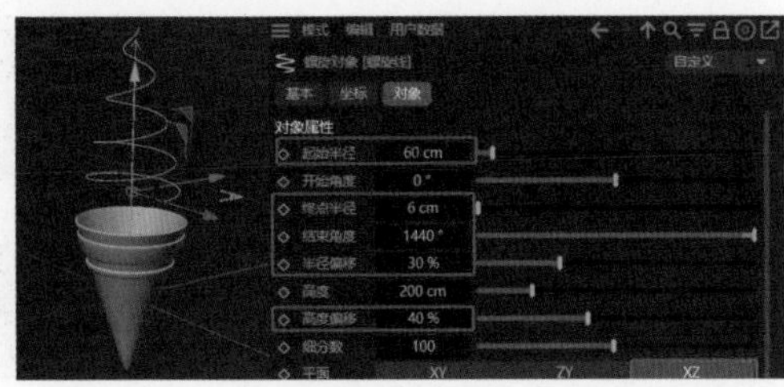

图15-14

图15-15

10 同时选中星形和螺旋线，为其添加“扫描”属性，我们可以观察到冰激凌已经开始出现花纹，如图15-16所示。

11 接下来调整冰激凌的细节与形状，在“对象”选项卡中单击“细节”按钮，将其“缩放”曲线和“旋转”曲线调整成如图15-17所示的状态。添加点的方式为按住Ctrl键，并单击需要添加点的位置即可。

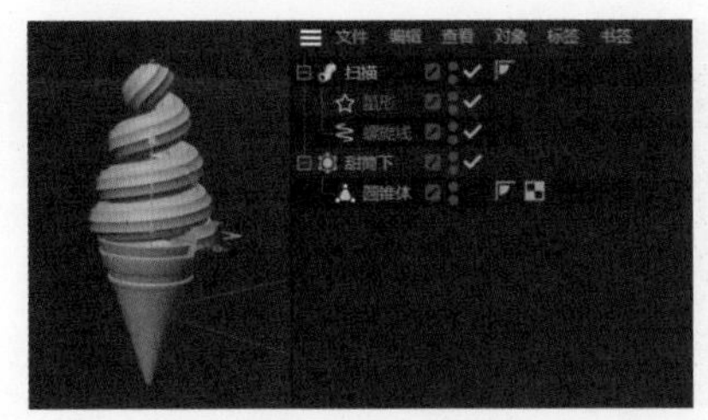

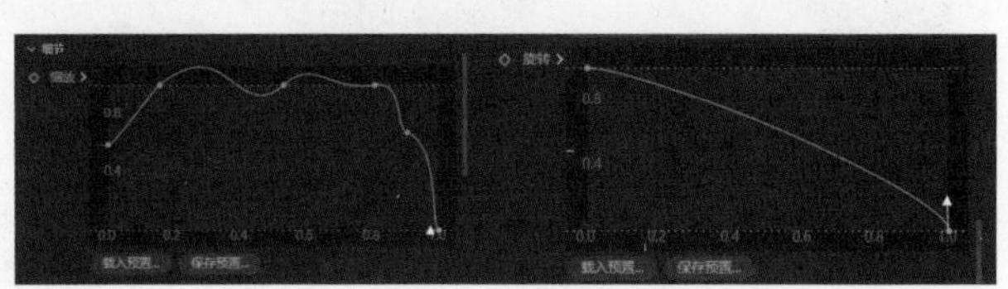

图15-16

图15-17

12 调整冰激凌下部和上部的大小和位置，如图15-18所示，冰激凌的建模完成。

13 选中“对象”面板中的所有模型，按快捷键Alt+G，将其打包并命名为“冰激凌”，如图15-19所示。

图15-18

图15-19

14 接下来开始泳圈的建模，在场景中新建一个圆环面，在属性面板中将其“圆环半径”值修改为110cm，“圆环分段”值修改为16，“导管半径”值修改为43cm，如图15-20所示。

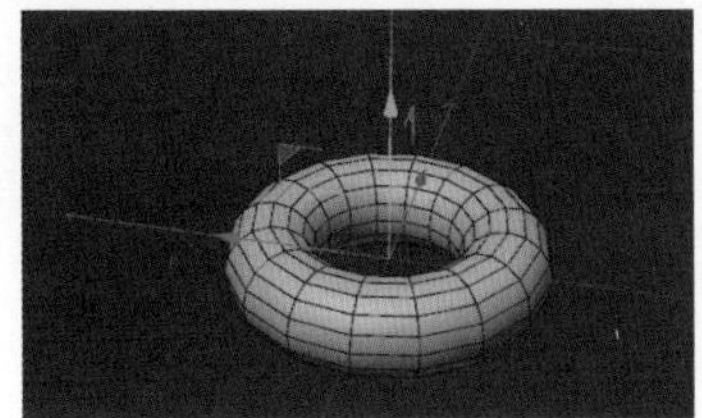

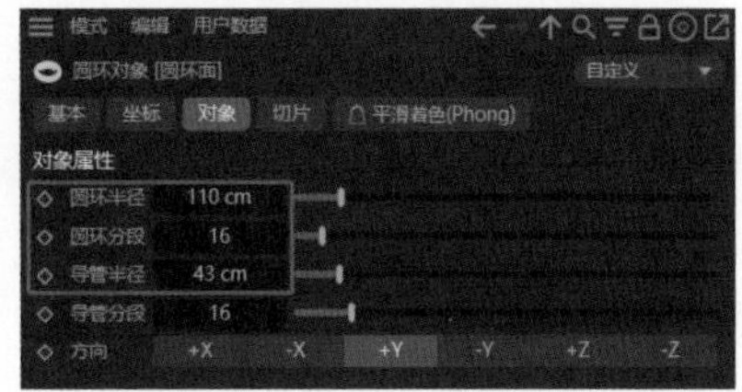

图15-20

15 按C键，将圆环面转换为可编辑多边形，选择面模式，按快捷键U+L切换到循环选择，选中并“挤压”面，如图15-21所示。

16 如图15-22所示，选中面并右击，打开工具栏，选择“嵌入”工具将其嵌入。

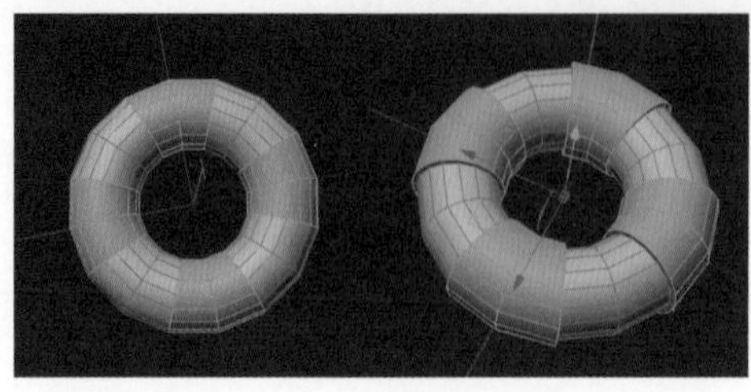

图15-21

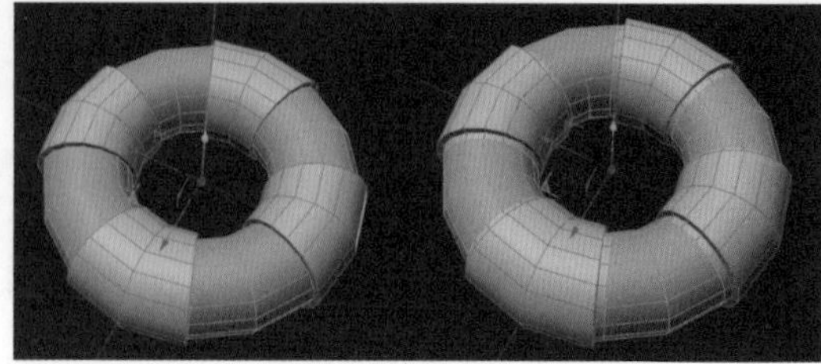

图15-22

17 右击打开工具栏，选中“挤压”工具，调整模型并为当前模型添加细分曲面，如图15-23所示，泳圈的模型建模完成。

18 将当前模型命名为“泳圈”，如图15-24所示。当场景中有多个模型时，可以取消选中对象后方的√图标，也可以在工具栏中单击“视窗独显”按钮，当前画面只显示当前选中的模型时，再次单击“视窗独显”按钮即可关闭其独显功能。

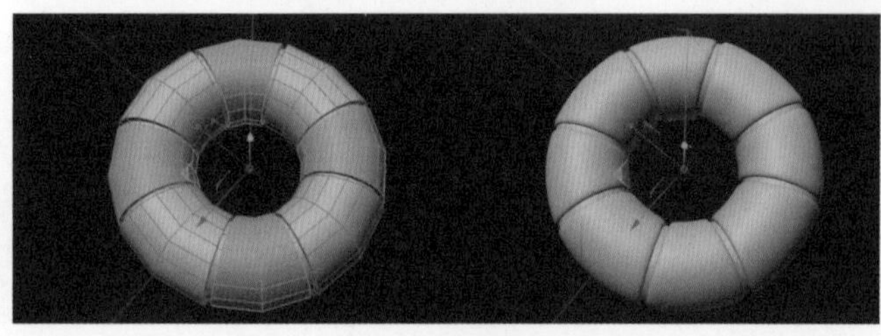

图15-23

图15-24

19 接下来建造一些场景，使冰激凌和泳圈模型在场景中不会那么单调。在场景中新建一个圆柱体，调整其“半径”值为200cm，“高度”值为20cm，“高度分段”值为1，“旋转分段”值为32，并选中“圆角”复选框，使其转角处更为平滑，如图15-25所示。

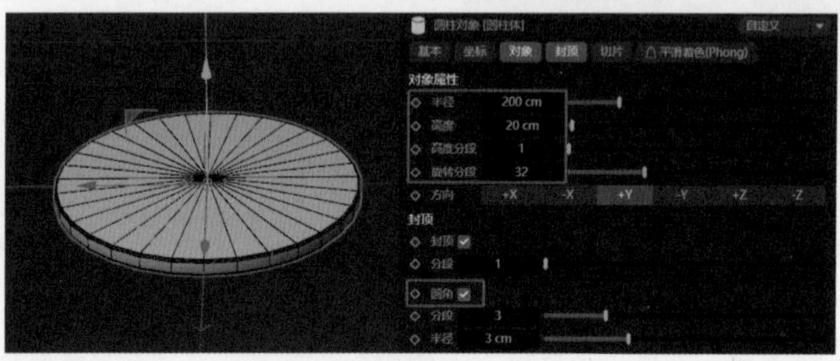

图15-25

20 在场景中再新建一个圆柱体，调整其“半径”值为130cm，“高度”值为20cm，“高度分段”值为1，“旋转分段”值为32，选中“圆角”复选框，调整两个圆柱体的位置如图15-26所示。

21 选中两个圆柱体，按快捷键Alt+G，打包并命名为“展台”，如图15-27所示。

22 在场景中新建一个平面，将其命名为“地面”，调整其大小。随后调整冰激凌、泳圈、展台的位置，如图15-28所示。

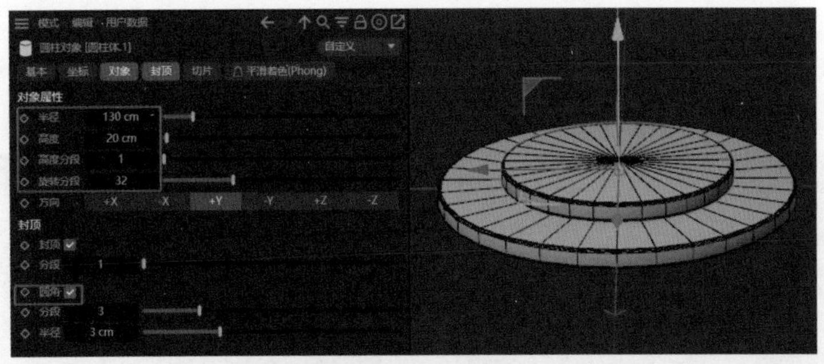

图15-26

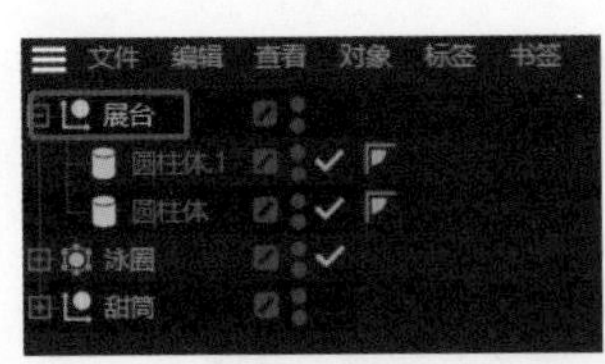

图15-27

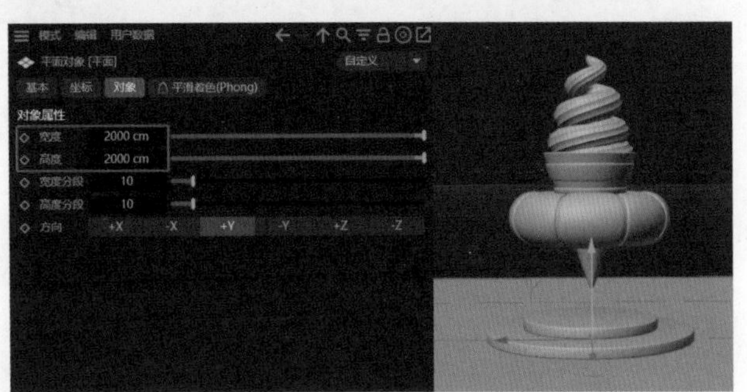

图15-28

23 在场景中新建一个正方体，调整其尺寸和位置如图15-29所示。

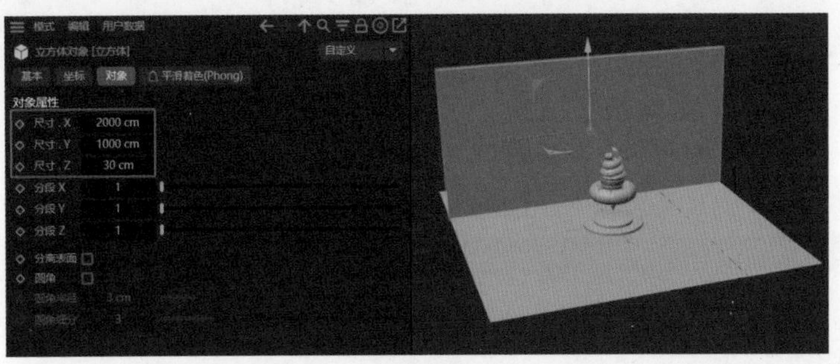

图15-29

24 在场景中新建一个矩形，调整其“宽度”值为600cm，“高度”值为700cm；将当前图形转换为可编辑多边形，切换到点模式，在正视图中框选两点，准备对其进行编辑，如图15-30所示。

25 右击打开工具栏，选择“倒角”工具，按住鼠标右键拖动，将其拖至如图15-31所示的位置。

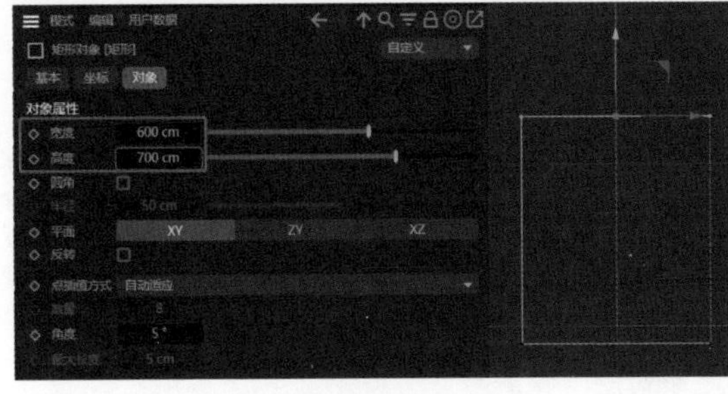

图15-30

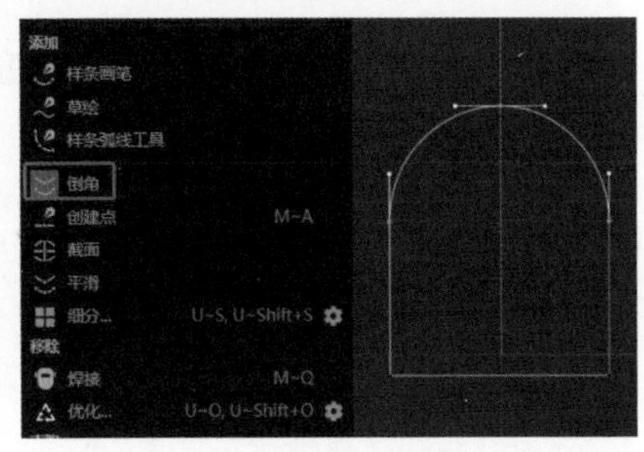

图15-31

26 选中“挤压”工具，挤压形状并移动，如图15-32所示。

27 选中当前形状和正方体，为其添加“布尔”属性，如图15-33所示，两个模型经过布尔运算出现了拱形门的效果。

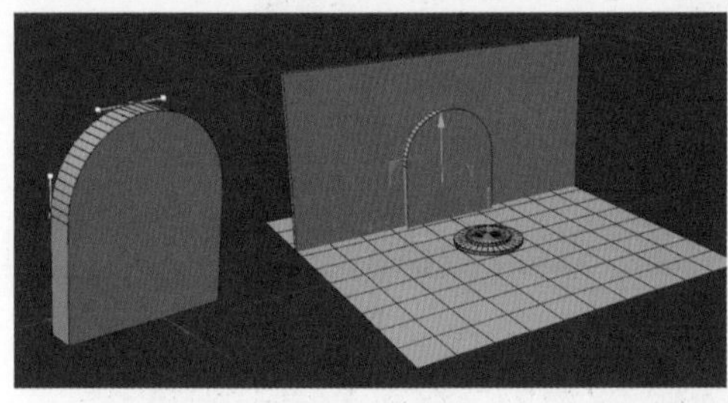

图15-32

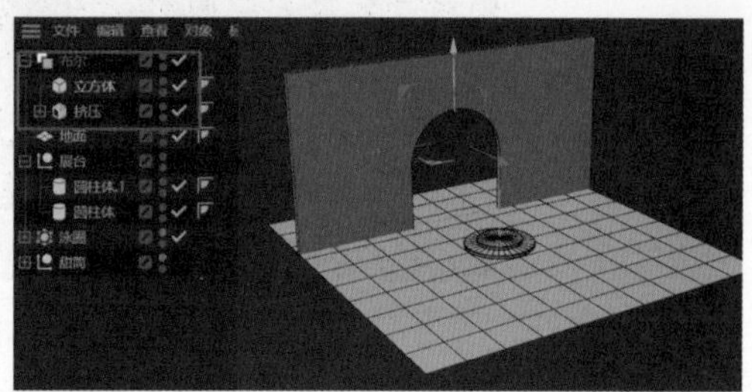

图15-33

28 新建一个平面，将其方向修改为+Z，“宽度”和“高度”值都修改为1000cm，并将平面移至拱门后方，如图15-34所示。

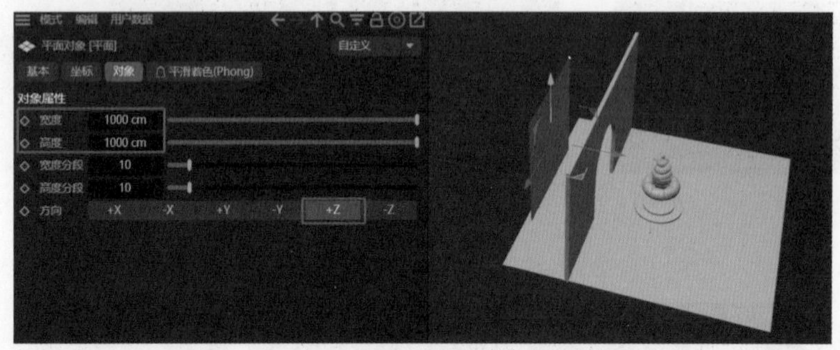

图15-34

29 为场景增添水面。新建一个平面，将平面的“宽度”值设置为1500cm，“高度”值设置为2000cm；将地面下移，使新建的平面与地面有一点儿高度差，如图15-35所示。

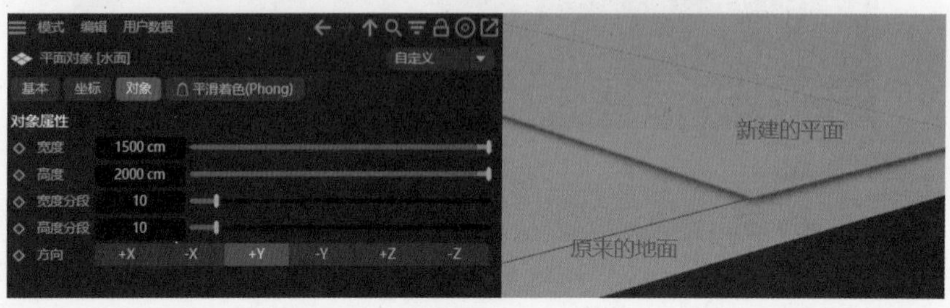

图15-35

30 选中平面，单击“弯曲”按钮，选择选项，为平面新建力改变平面的动力学状态，将公式作为平面的子集，如图15-36所示。

31 在属性面板中的“对象”选项卡中，将“尺寸”值均改为150cm；选中水面，按住Alt键为平面添加细分曲面，平面的分段增加，如图15-37所示。

32 此时可以观察到平面开始产生一些变化，单击“播放”按钮，平面产生水面波动效果，如图15-38所示。

33 接下来再为画面增加一些装饰品，以及完善画面构图。首先切换到正视图，用“样条画笔”工具画出类似小山的形状；按住Alt键，为样条增添一个“挤压”属性，如图15-39所示。

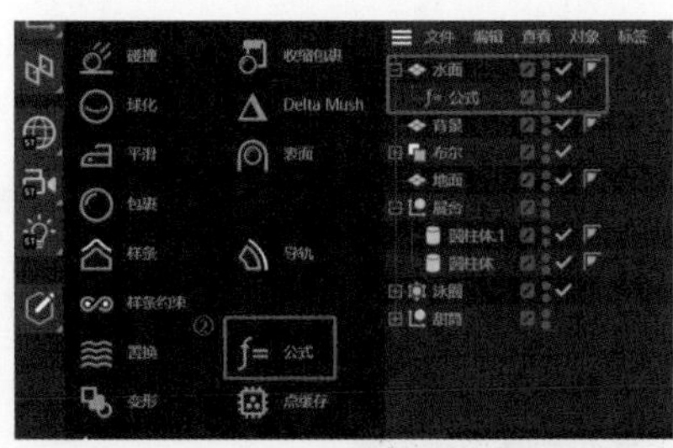

图15-36

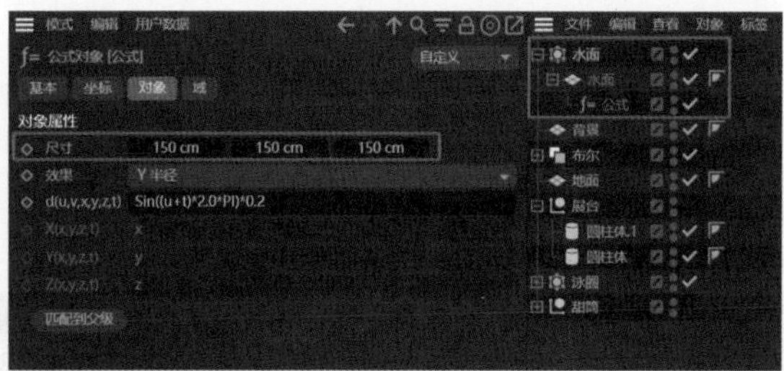

图15-37

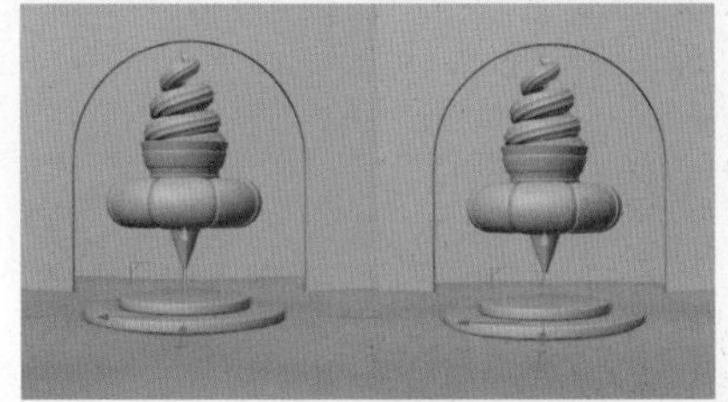

图15-38

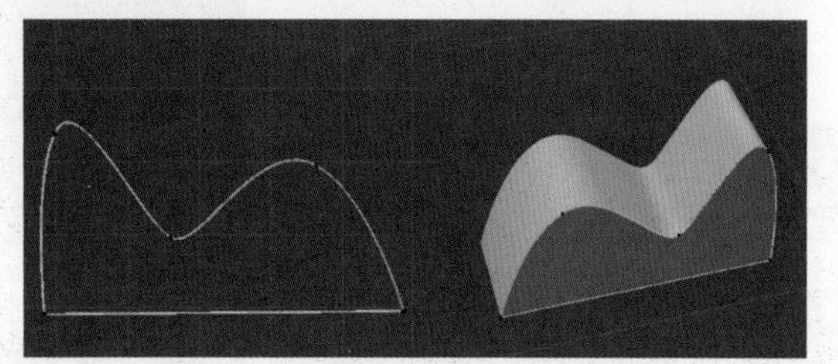

图15-39

34 在属性面板中，修改“偏移”值为20cm，将形状的厚度调得薄一点儿，如图15-40所示。

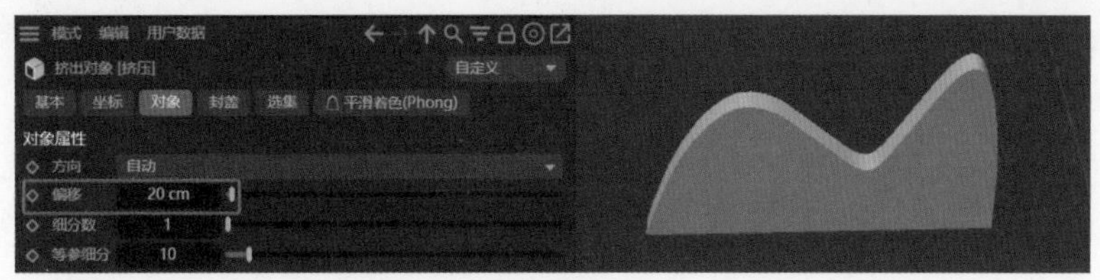

图15-40

35 根据以上方法再绘制一个类似的形状并挤压，调整其大小和位置得到如图15-41所示的效果。

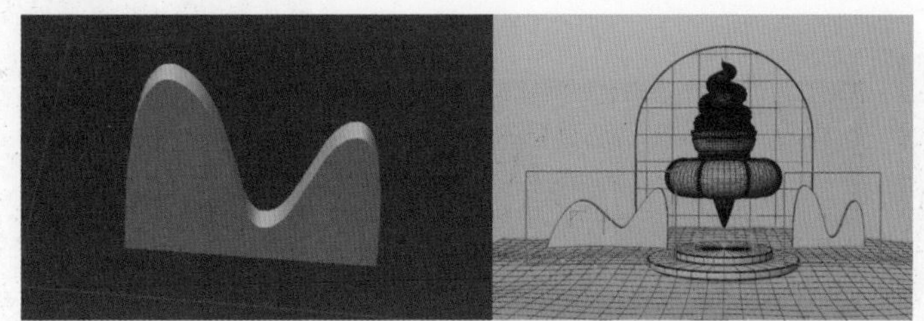

图15-41

36 接下来为冰激凌添加一些装饰的糖果，新建一个球体，将其“半径”值修改为10cm；再新建一个胶囊对象，将其“半径”值修改为5cm，“高度”值修改为20cm，如图15-42所示。

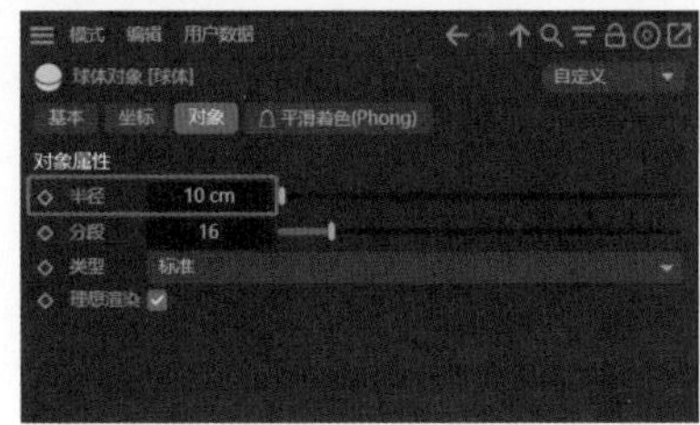

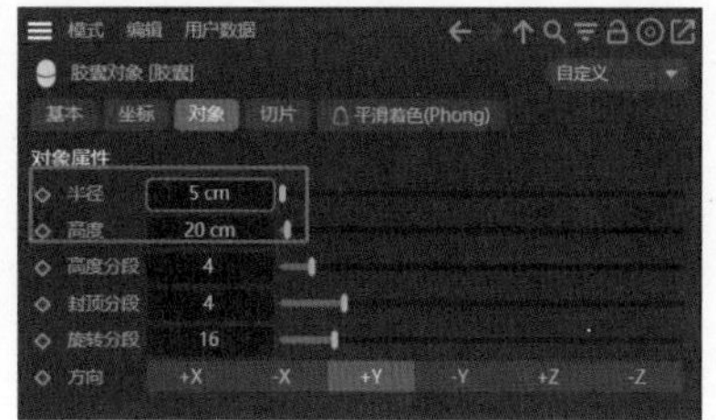

图15-42

37 选中球体和胶囊对象，新建“克隆”属性，将胶囊和球体作为克隆的子集，如图15-43所示；选中克隆对象，在属性面板的“对象”选项卡中，首先将克隆的模式改为“对象”，然后在“对象”选项卡中，将“冰激凌”的上部分拖入空缺部分，最后将“数量”值修改为30，并通过调整“种子”值来使球体和胶囊对象在冰激凌上均匀分布，如图15-44所示。为冰激凌添加球体和胶囊后，其效果如图15-45所示。

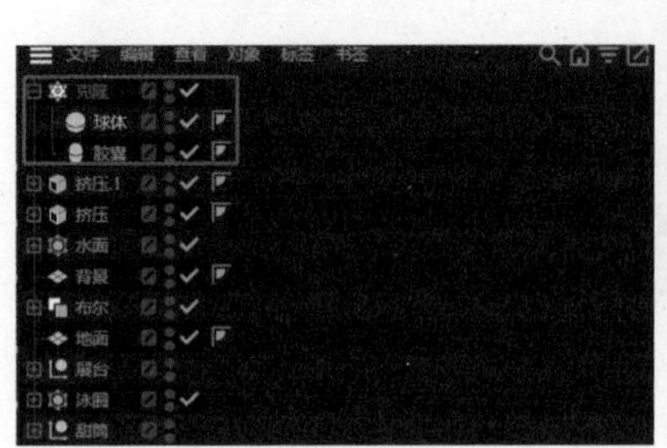

图15-43

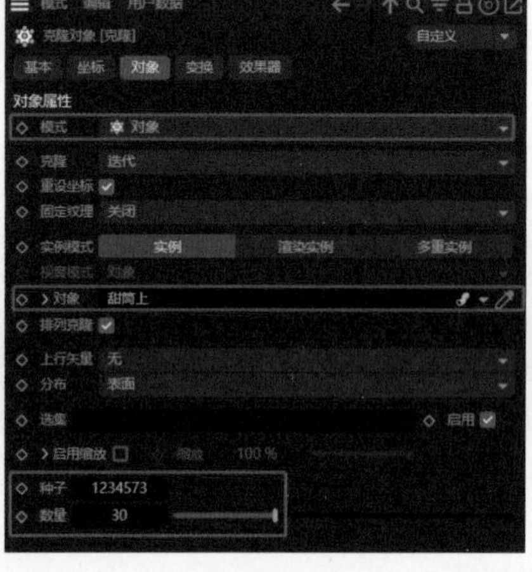

图15-44

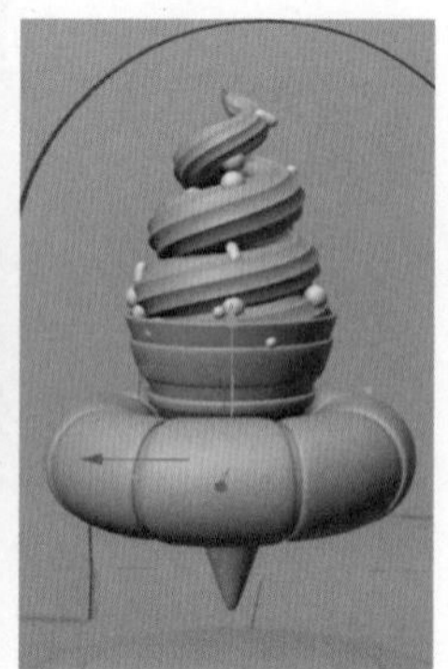

图15-45

38 将克隆对象命名为“糖果”，并将其作为冰激凌的子集，如图15-46所示。

39 再新建一个球体，将其“半径”值修改为15cm，然后为球体添加克隆属性，将克隆的模式修改为“对象”，将“水面”拖至“对象”框中，并修改“种子”值使球体在水面上自然分布，如图15-47所示。

图15-46

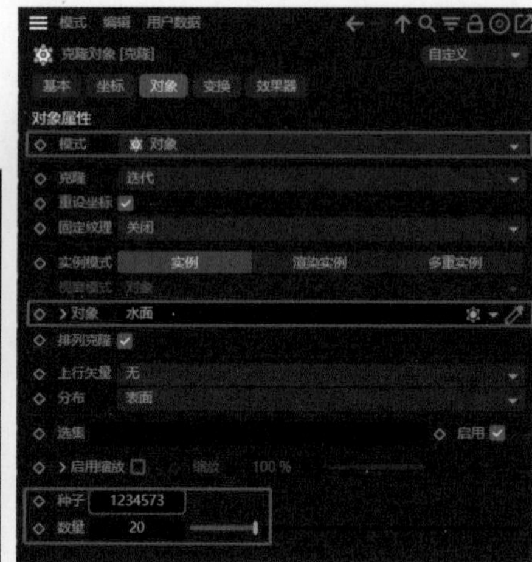

图15-47

40 调整场景的整体效果，旋转、移动冰激凌和泳圈的位置和角度，效果如图15-48所示。

41 这时发现搭配的拱门太小，选中拱门对应的样条，进入正视图，框选上方3个点并向上移动，如图15-49示。调整完拱门的效果如图15-50所示。

42 单击“渲染设置”按钮，在“输出”选项卡中将“宽度”值改为1200、“高度”值改为1600，如图15-51所示。

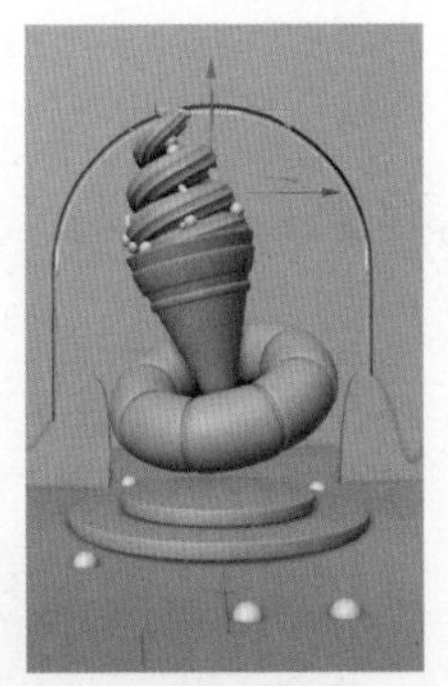

图15-48

图15-49

图15-50

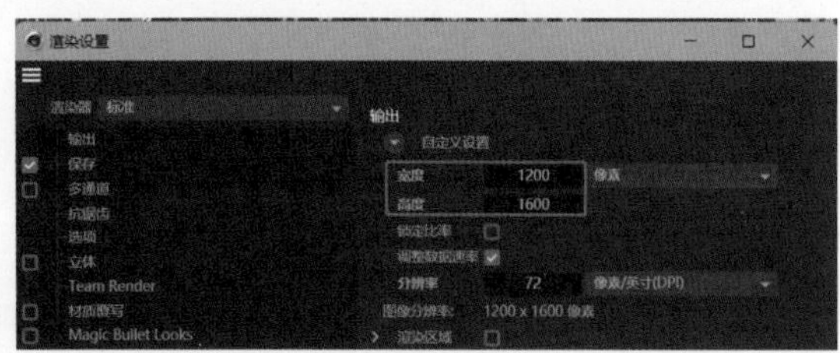

图15-51

43 接下来为场景新建一台摄像机，并且单击摄像机选项后方的按钮激活摄像机；选中摄像机，在“对象”选项卡中将“焦距”值修改为80，将“甜筒”（冰激凌）从对象面板拖至“焦点对象”框中，接下来在“坐标”选项卡中修改坐标数值，如图15-52所示。

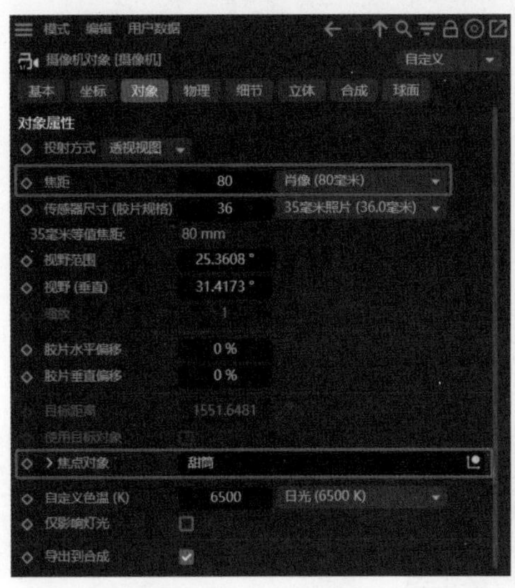

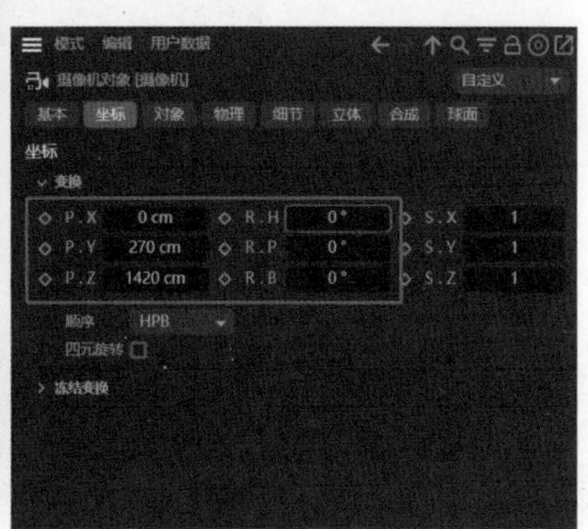

图15-52

44 当前摄像机的画面如图15-53所示，执行“标签”→“装配标签”→“保护”命令，为摄像机添加保护标签，如图15-54所示。

45 场景布置完成，在对象面板中进行命名、分组，使面板更加整洁，如图15-55所示。接下来开始为物体添加材质，以丰富画面效果。

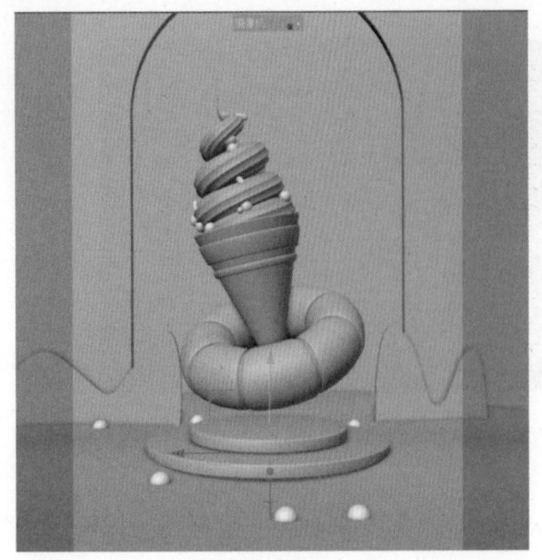

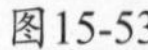
图15-53

图15-54

图15-55

15.4 三维材质渲染

接下来为模型添加材质，在制作大场景时要特别注重画面的整体配色。首先确定整体色调，随后可以寻找主体颜色的对比色、同类色等来进行搭配，以获得更出色的视觉效果。具体的操作步骤如下。

01 新建默认材质，双击材质球打开材质编辑器，在“颜色”选项卡中修改参数为H：45°、S：41%、V：80%，将该材质赋予“冰激凌下”，并将材质的名称修改为“冰激凌下”，如图15-56所示。

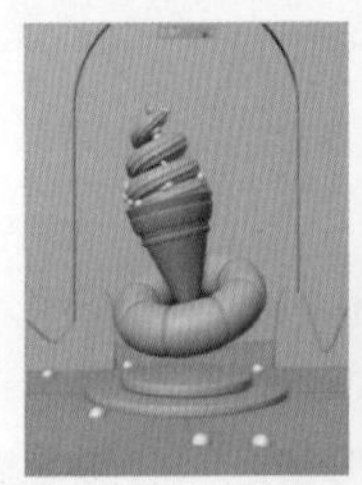

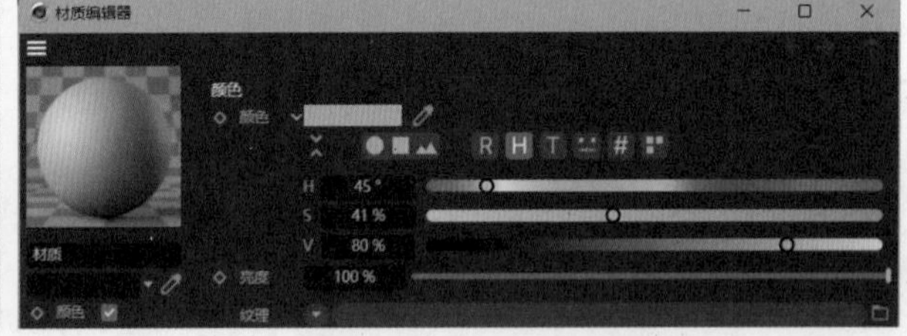

图15-56

02 继续新建材质，在“颜色”选项卡中修改参数为H：139°、S：82%、V：44%，如图15-57所示。

03 暂时关闭细分曲面（快捷键为Q），选中如图15-58所示的面，并将材质拖至该面上，并将该材质拖至糖果和展台模型上。

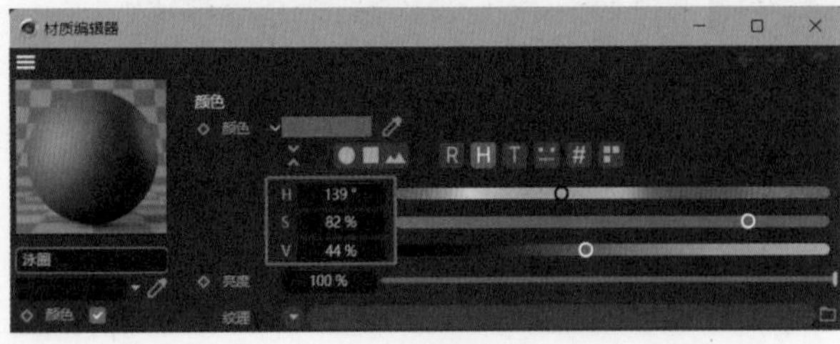

图15-57

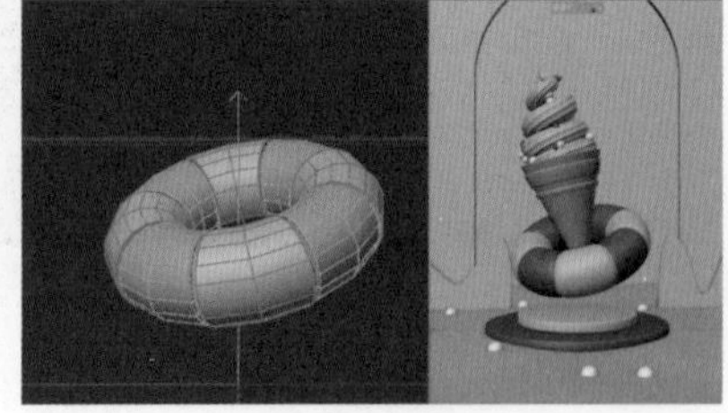
图15-58

04 新建默认材质，在“颜色”选项卡中修改参数为H：137°、S：50%、V：80%，将其赋予展台上方的圆柱模型，如图15-59和图15-60所示。

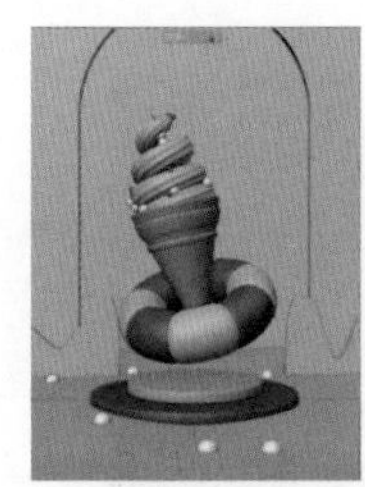

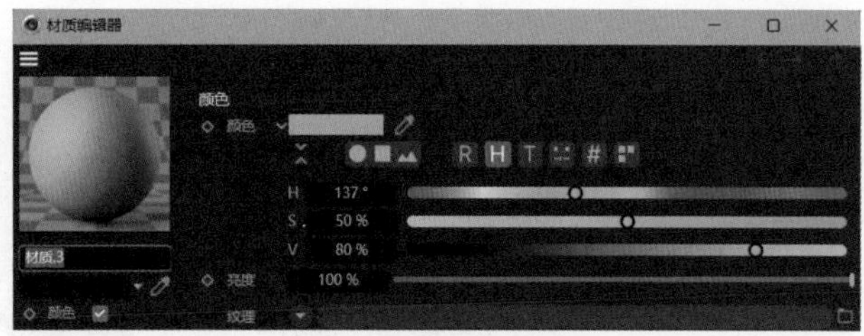

图15-59　　图15-60

05 新建默认材质，在“颜色”选项卡中修改参数为H：167°、S：57%、V：68%，将其赋予背景模型，如图15-61所示。

图15-61

06 新建默认材质，在“颜色”选项卡中修改参数为H：205°、S：55%、V：73%，将其赋予背景平面以及地面模型，如图15-62所示。

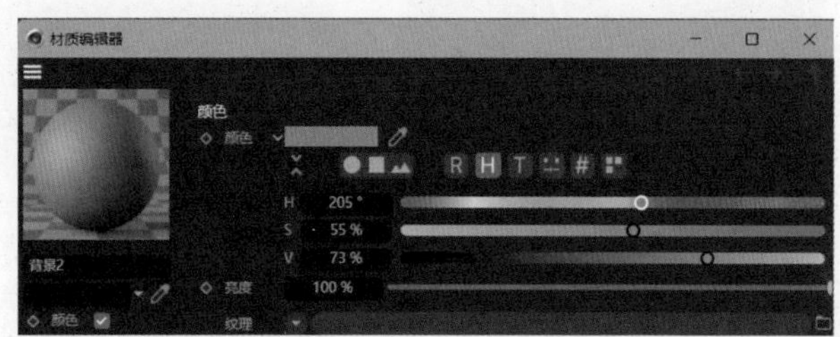

图15-62

07 新建默认材质，在“透明”选项卡中修改颜色参数为H：229°、S：13%、V：100%，将其“折射率预设”修改为“玻璃”，如图15-63所示。

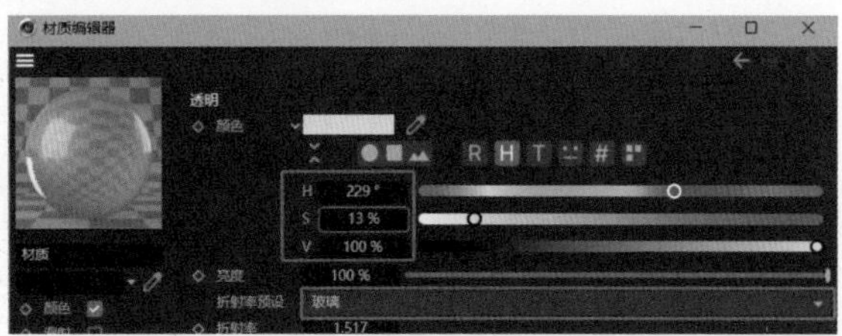

图15-63

08 在“反射”选项卡中添加GGX，修改其“反射强度”值为150%；在“菲涅耳”选项卡中“修改菲涅耳”为“绝缘体”，修改“预置”为“水”，如图15-64所示。

09 在“凹凸”中的纹理选项卡中选择“表面”→“水面”纹理，修改其“强度”值为7%，如图15-65所示。

10 将当前材质球赋予水面模型，效果如图15-66所示。

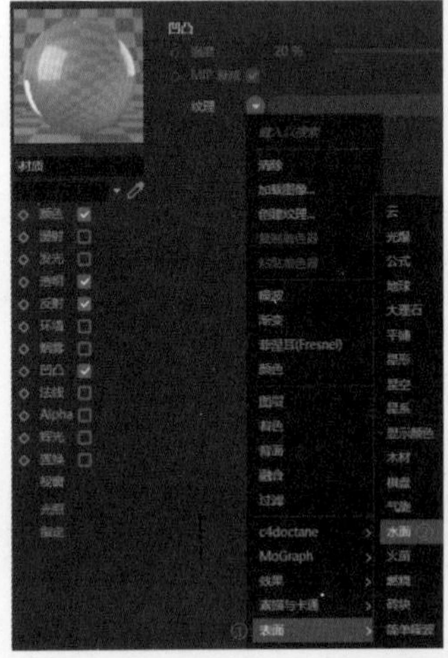
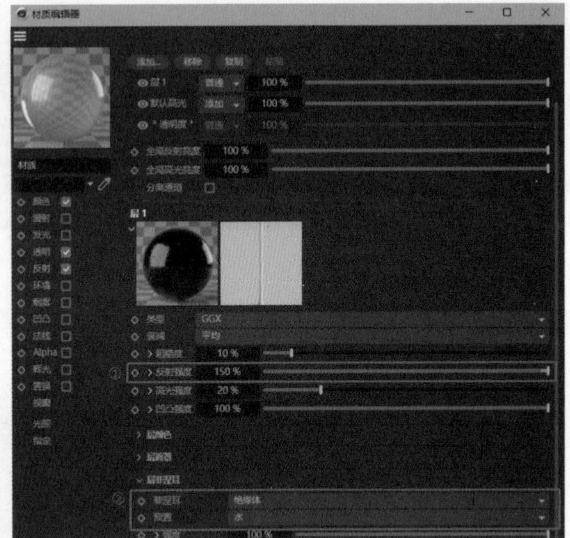

图15-64

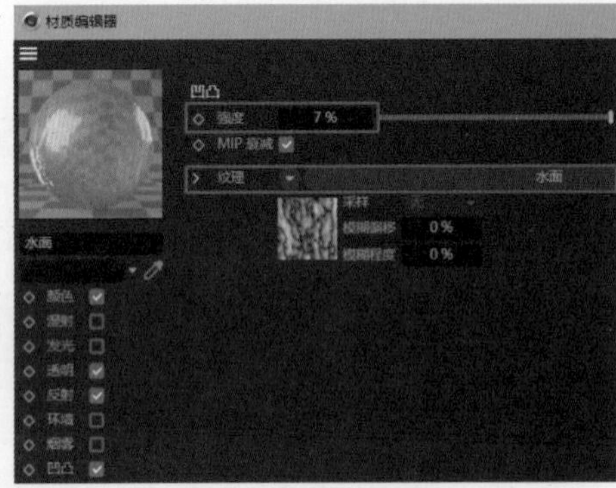

图15-65

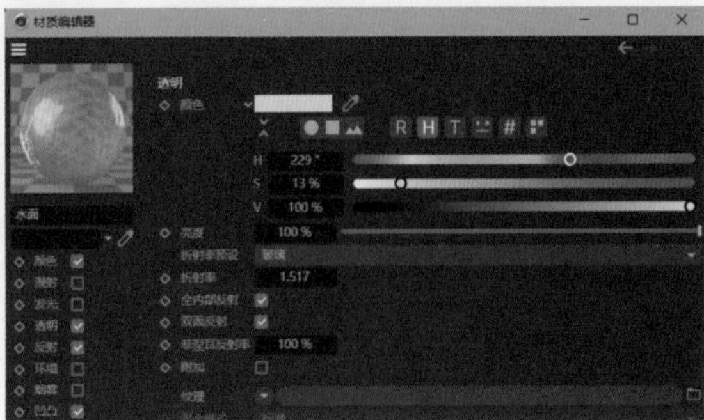

图15-66

11　新建默认材质，在“颜色”选项卡中修改参数为H：0°、S：82%、V：80%，将当前材质赋予冰激凌的球体模型，如图15-67所示。

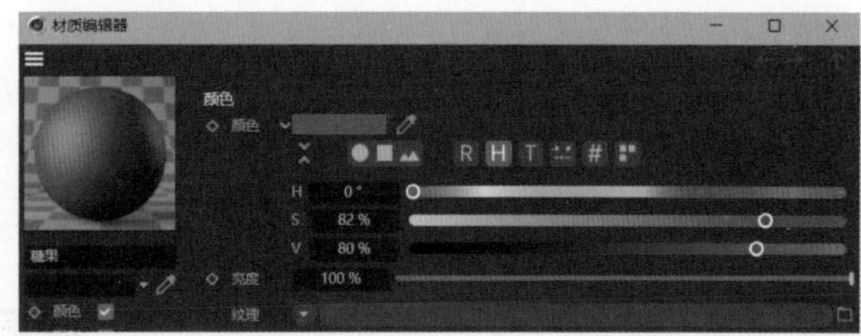

图15-67

12 新建默认材质，在“颜色”选项卡中修改参数为H：65° 、S：43%、V：80%，将当前材质赋予水面上的球体以及后方的装饰模型，如图15-68所示。

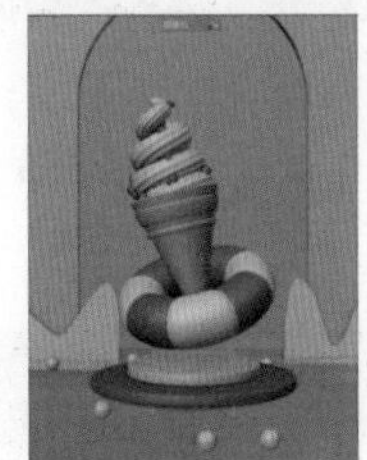

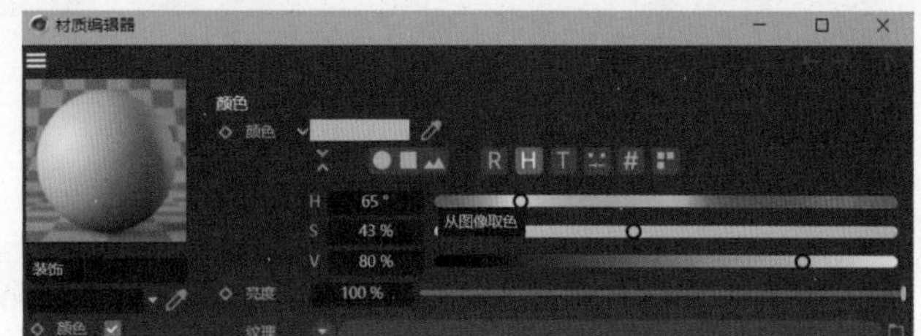

图15-68

13 为场景赋予所有材质后，开始为场景添加灯光。在场景中新建一盏目标聚光灯，执行“面板”→“新建视图面板”命令，在新的视图面板中将灯光的位置调整到场景的左上角，如图15-69所示。

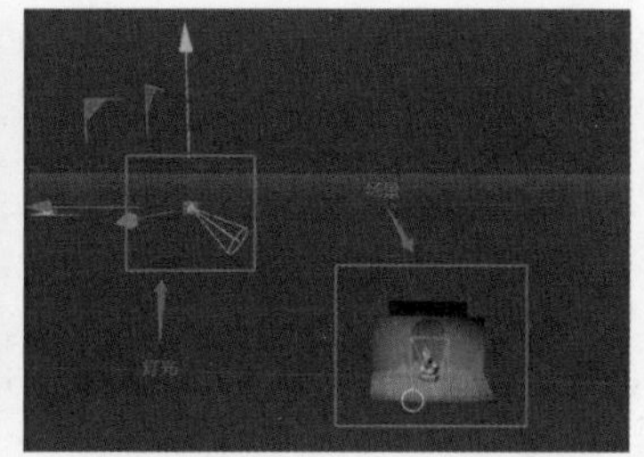

图15-69

14 选中灯光，在属性面板的“常规”选项卡中将“投影”修改为“区域”。在场景中再新建一个灯光，放在场景的右上角，在属性面板的“常规”选项卡中将“强度”值修改为50%，将此光源作为画面的辅光源，如图15-70所示。

15 打开渲染设置面板，为场景增加“环境吸收”和“全局光照”属性，随后渲染，如图15-71所示。

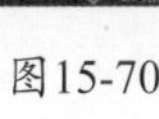

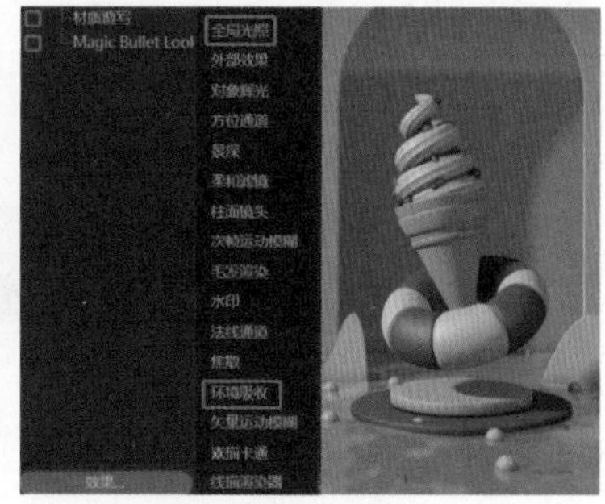

图15-70　　图15-71

16 调整好效果后，开始为模型增加动画。首先将当前帧拖至物体结束运动的位置，然后在坐标中为模型添加关键帧，再将当前帧拖至模型开始运动的帧数，移动模型的位置，在坐标中为模型添加关键帧，最后单击“播放”按钮就可以观察到模型的运动效果。

17 选中冰激凌模型，将当前帧拖到45F处，如图15-72所示。

18 在属性面板的“坐标”选项卡中，为冰激凌模型的当前位置创建关键帧，如图15-73所示。

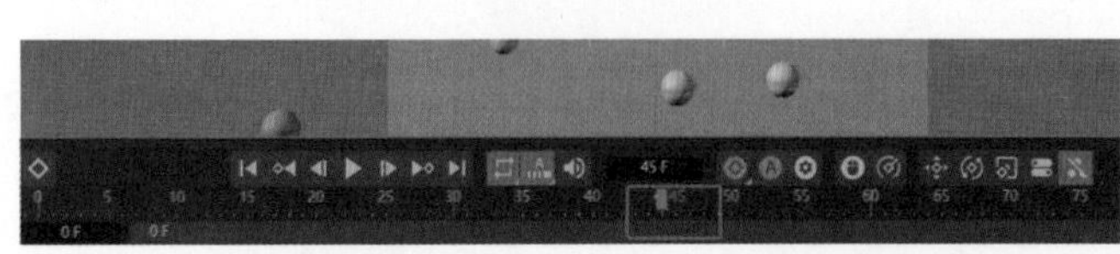

图15-72

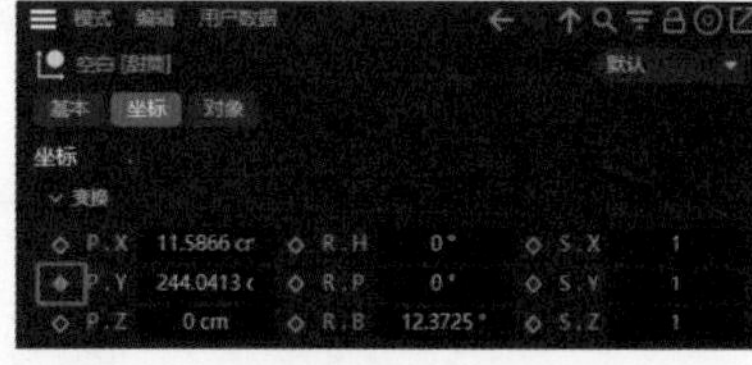

图15-73

19 将当前帧拖到0F处，如图15-74所示。在属性面板的“坐标”选项卡中，将冰激凌模型Y方向的位置改为760cm，并创建关键帧，如图15-75所示。

图15-74

图15-75

20 单击“播放”按钮，可以观察到冰激凌模型下落的动画，如图15-76所示。

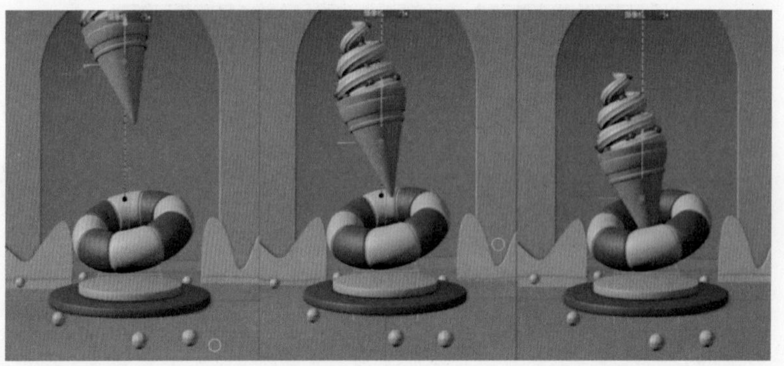

图15-76

21 采用同样的方法，为泳圈模型创建从下方移至上方的动画。先将当前帧拖至50F处，选中泳圈模型，在“坐标”选项卡中为泳圈的Y方向位置创建关键帧，如图15-77所示。

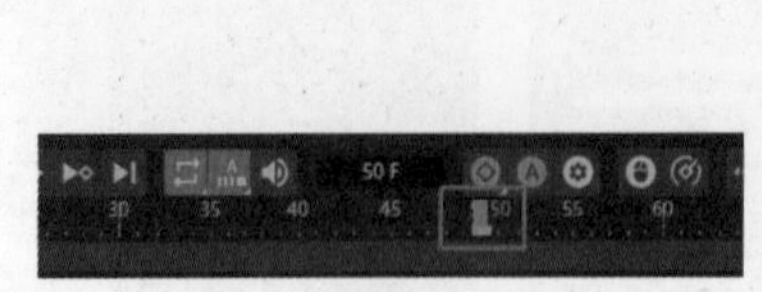

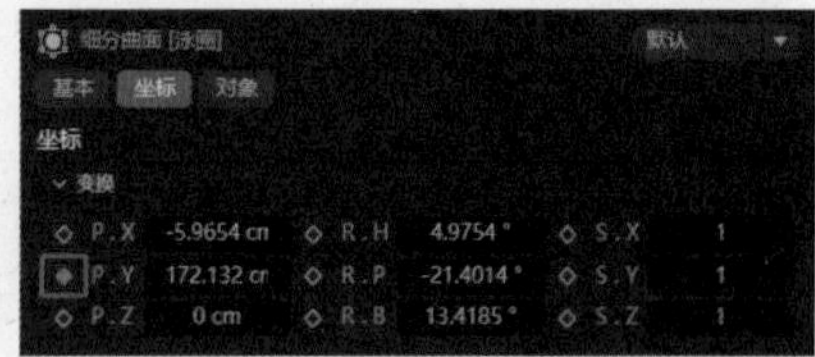

图15-77

22 先将当前帧拖至0F处，再将泳圈模型向下移出屏幕，随后在“坐标”选项卡中为泳圈的Y方向位置创建关键帧，如图15-78所示。

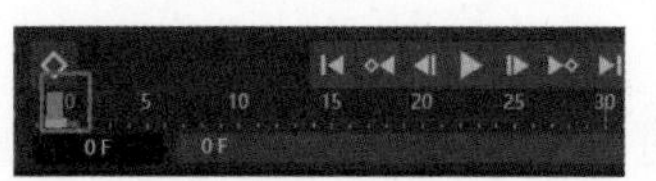

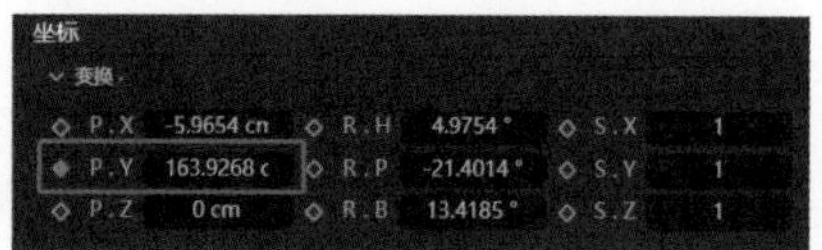

图15-78

23 单击“播放”按钮，可以观察到泳圈模型上升的动画，如图15-79所示。

24 采用同样的方法，为后方的装饰品模型添加向左和向右移动的动画，如图15-80所示。

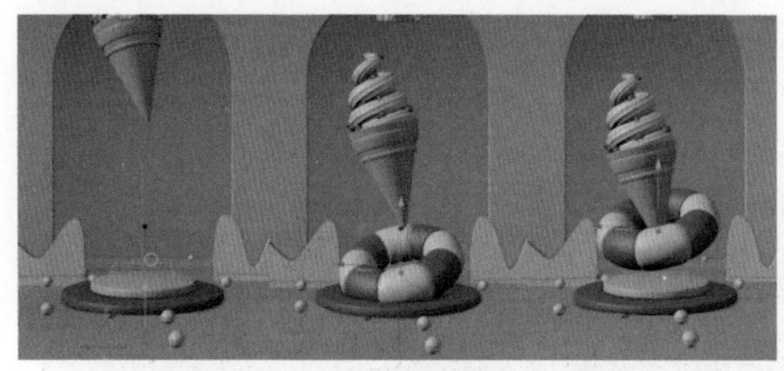

图15-79

图15-80

25 为冰激凌模型增加旋转动画，先把当前帧拖至90F处，随后在“坐标”选项卡中为冰激凌的旋转角度创建关键帧，如图15-81所示。

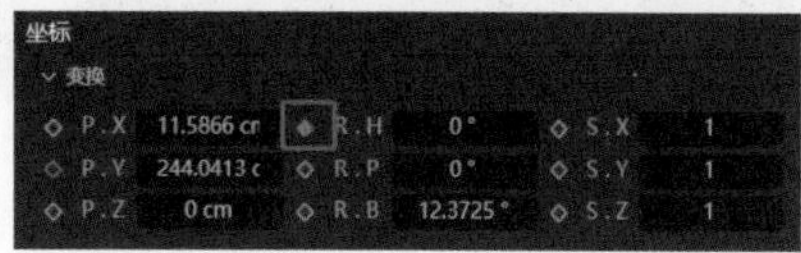

图15-81

26 先将当前帧拖至0F处，随后在“坐标”选项卡中将旋转角度修改为-720°，并为冰激凌模型的旋转角度创建关键帧，如图15-82所示。

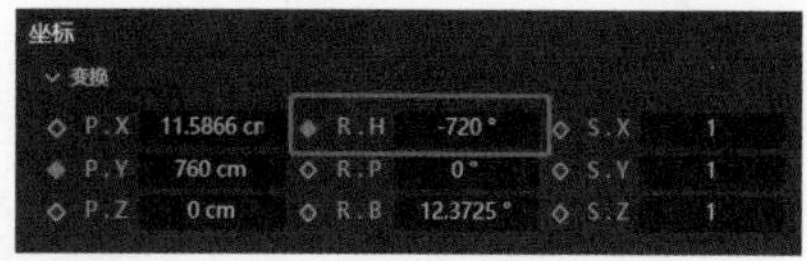

图15-82

27 单击“播放”按钮，可以观察到冰激凌模型的动画变为旋转下落，且落下后还有一段旋转动画，如图15-83所示。

图15-83

15.5 渲染输出和海报制作

为场景添加完动画后，若需要导出动画视频，需要进行一些参数调整，以下是渲染输出和海报制作的步骤。

01 单击“渲染设置”按钮，在“输出”选项卡中调整“帧频”值为25，“帧范围”调整为“全部帧”，如图15-84所示。

02 选中“保存”复选框，选择保存文件的位置，随后将“格式”调整为PNG，如图15-85所示，这样导出会得到一个PNG序列。

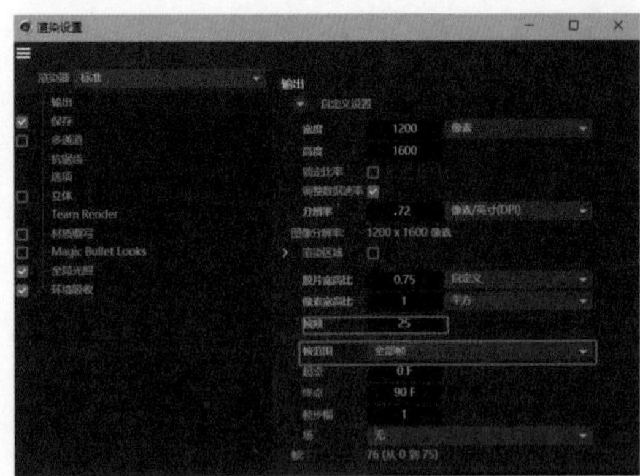

图15-84

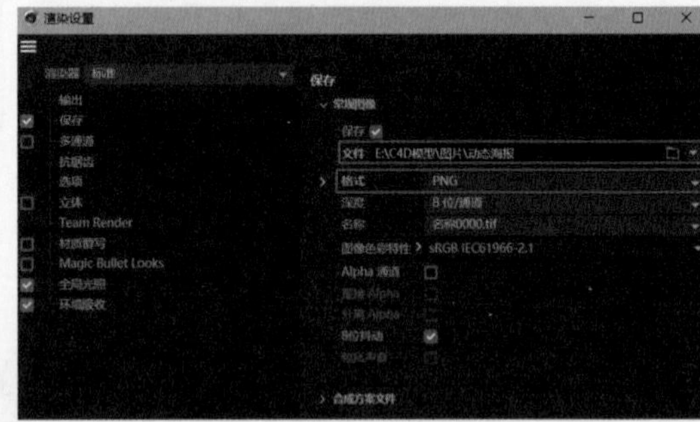

图15-85

03 选中“抗锯齿”复选框，将“抗锯齿”修改为“最佳”，这样输出的PNG序列质量会更高，如图15-86所示。

04 设置完成后，按快捷键Shift+R，开始渲染PNG序列，渲染完成后，可以得到如图15-87所示的PNG序列。

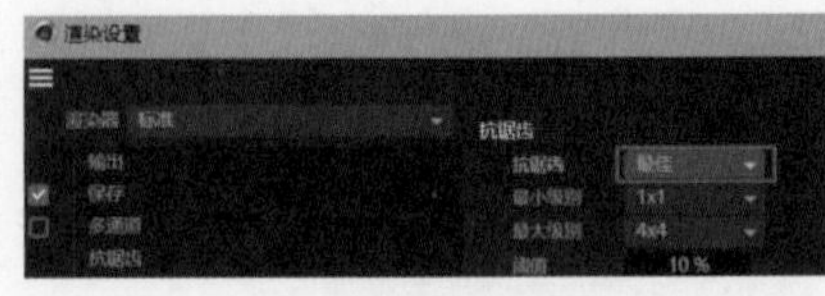

图15-86

图15-87

05 导出PNG序列后，将序列拖入After Effects中进行编辑，为动态海报添加文字，以及调整海报的色调等操作。双击空白处打开文件，找到序列文件后，随便选中序列中的一张图片，选中“PNG序列”复选框后即可导入，如图15-88所示。

图15-88

06 将序列拖入左下方，可以观察到屏幕上出现序列的画面，如图15-89所示。

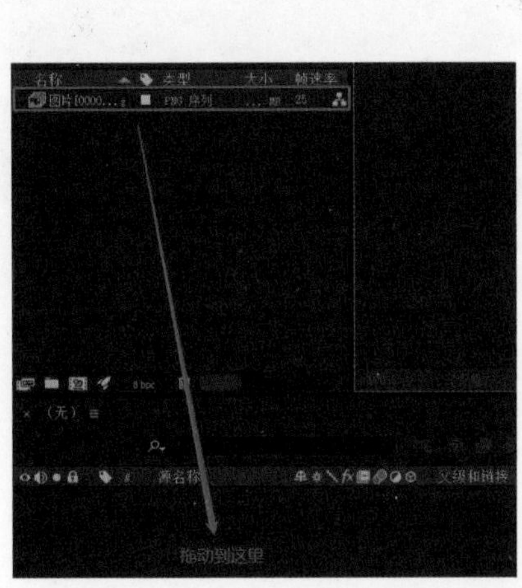

图15-89

07 选择“文字”工具，为海报添加文字，如图15-90所示。

图15-90

08 调整完所有的效果后，按快捷键Ctrl+Alt+M打开ME，如图15-91所示，在该软件中输出文件即可。

图15-91

09　导出后就得到了动态海报，效果如图15-92所示。

图15-92

第16章 运动动画设计

本章将通过制作一个高端口红模型的实例，详细介绍运动动画的制作步骤。我们将从需求分析开始，逐步深入到创意设计，然后通过建模、赋予材质，再到渲染和后期处理，全面展示三维产品动画制作的全过程。在此过程中，我们不仅会运用到 C4D 和 Octane 外置渲染器，还会结合 After Effects 进行简单的后期合成，以提升动画的整体效果。通过这个实例，读者将能够深入了解并掌握三维产品动画制作的关键环节和技术要点。

本章的核心知识点包括如下内容。

※ 掌握运动动画设计从创意到实现的一般流程。

※ 掌握分镜制作的三大动作要素。

※ 提升镜头设计能力。

※ 了解跨软件协同的重要性。

16.1 需求分析及创意

16.1.1 产品需求分析

目标受众分析：本广告的主要目标受众定位为年轻女性，特别是那些对时尚和美妆抱有浓厚兴趣的人群。这部分受众拥有一定的购买力，致力于追求高品质的生活，并且十分注重个人外在形象的塑造和展示。

外观特色分析：借助三维建模动画的先进技术，我们将以极具生动感的方式展示口红的精致外观、迷人色泽以及独特的产品特性。通过这种形式，我们期望营造出一种时尚而优雅的氛围，从而更好地吸引目标受众的目光。

广告视听分析：在广告的视听呈现上，我们将整体风格定位为简约、时尚和优雅，力求与目标受众的审美品位相契合。色彩的运用会紧密结合产品特性，以达到吸引目标受众注意力的效果。在音乐选择方面，我们会挑选轻快且节奏感强的曲目，以营造出一种充满活力、令人愉悦的广告氛围。

16.1.2 创意灵感

通过深入的需求分析，我们确定该产品的动画应该展现出时尚、年轻、高端等特质。为此，产品外观将采用经典的黑金配色方案，这种配色不仅典雅大方，还能凸显产品的时尚感。在广告配乐方面，我们将选择富有动感的音乐，以彰显其年轻、活力的特性。同时，广告动画会精心制作产品细节的特写镜头，从而凸显产品的高端品质。这样的设计旨在全方位展示产品的独特魅力和价值，吸引目标受众的关注和喜爱。

16.2 三维模型设计

16.2.1 绘制模型草稿

通常情况下，三维模型的设计流程需要首先根据产品的特点设计出模型的初稿，随后将初稿导入C4D中。现在，结合之前的需求分析及创意构思，我们已经设计出了口红的产品形态，如图16-1所示。

16.2.2 产品精细建模

产品精细建模的具体操作步骤如下。

01 单击布局预设栏中的Model按钮，将界面布局切换为“模型制作界面布局”，如图16-2所示。

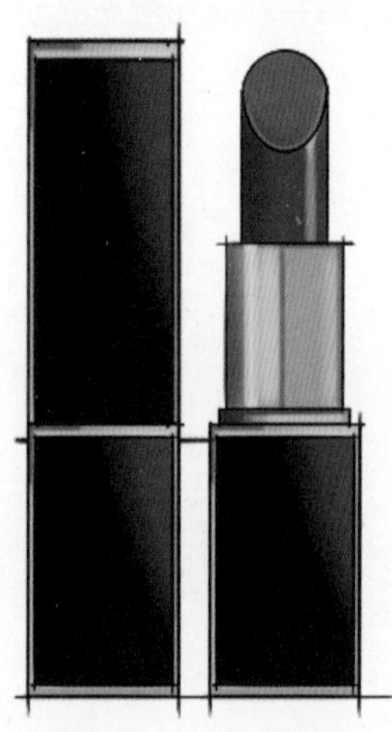

图16-1

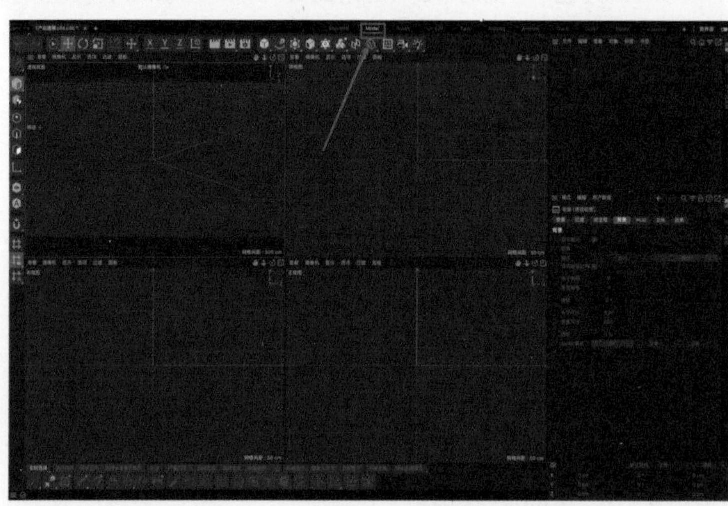

图16-2

02 将设计的草图文件拖入正视图，将图片作为其背景，如图16-3所示。按快捷键Shift+V调出视窗面板，将“水平偏移”值调整为-50，将“水平尺寸”和“垂直尺寸”值均调整为400，“透明”值改为80，如图16-4所示。

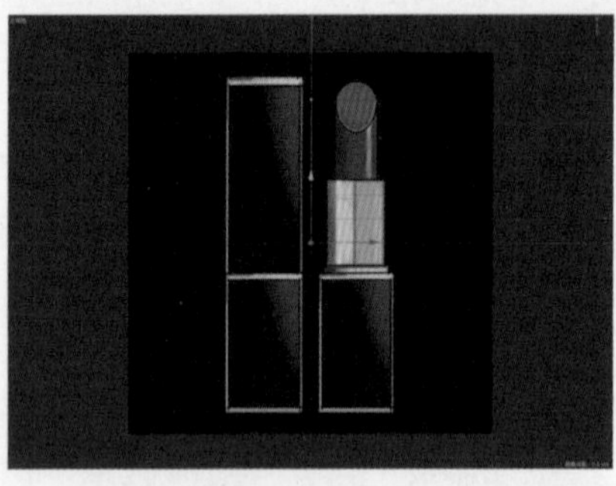

图16-3

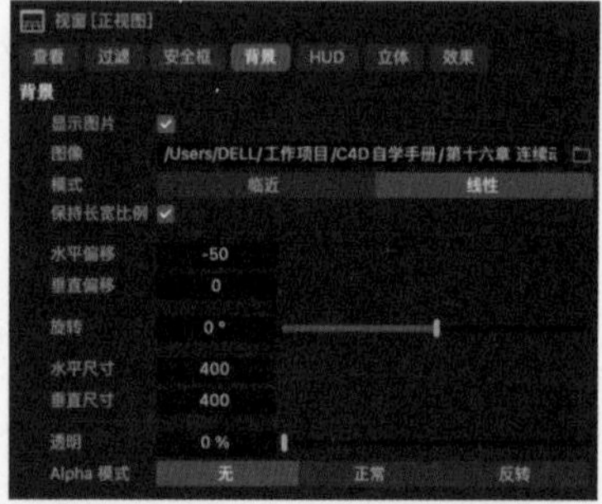

图16-4

03 制作口红的托盘。创建一个立方体，并将其“尺寸.Y”值修改为145cm，“尺寸.X”和“尺寸.Z”值均修改为80cm，并将立方体与口红托盘对齐，如图16-5所示。

04 复制“立方体”为“立方体.1”，将“立方体.1”的“尺寸.X”“尺寸.Y”和“尺寸.Z”值分别改为70cm、135cm和100cm，其透视视图效果如图16-6所示。

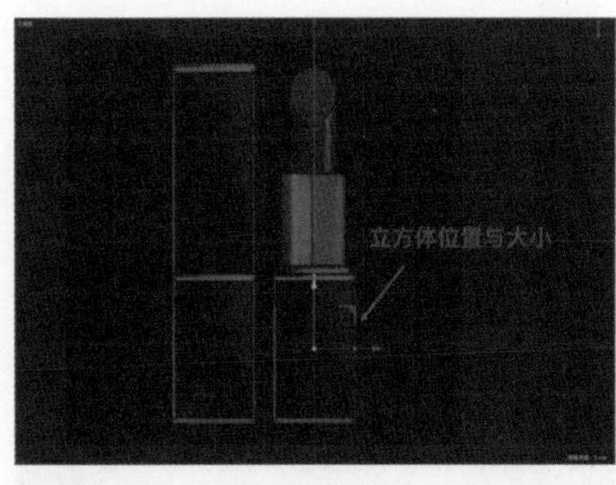

图16-5

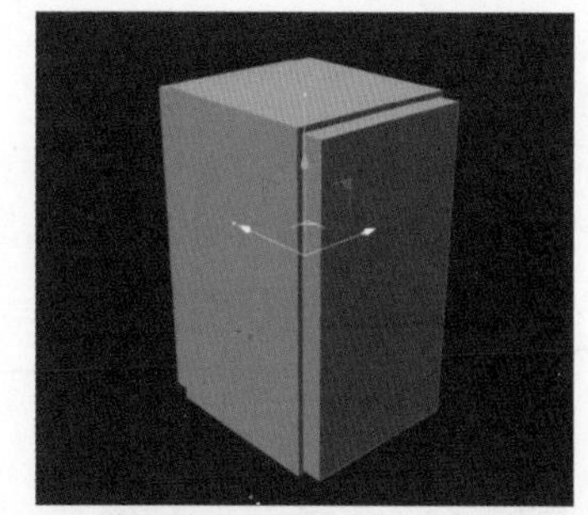
图16-6

05 复制“立方体.1”为“立方体.2”并将后者隐藏。添加“布尔”属性，用“立方体”减去“立方体.1”，并把此布尔对象转换为可编辑对象“立方体-立方体.1”，如图16-7所示。

06 显示“立方体.2”，并将其R.H值调整为-90°。添加“布尔”属性，用“立方体-立方体.1”减去“立方体.2”，如图16-8所示，并将此对象命名为“外框”。

图16-7

图16-8

07 创建“倒角”效果器，赋予外框对象。选中“使用角度”复选框，将“角度阈值”设置为40，“倒角”值为1cm，“细分”值为10，如图16-9所示。

08 创建一个新的立方体，命名为“内部”，将其“尺寸.X”“尺寸.Y”和“尺寸.Z”值分别改为75cm、140cm和75cm，“分段.Y”值为10，“分段.X”和“分段.Z”值均改为5，如图16-10所示。

图16-9

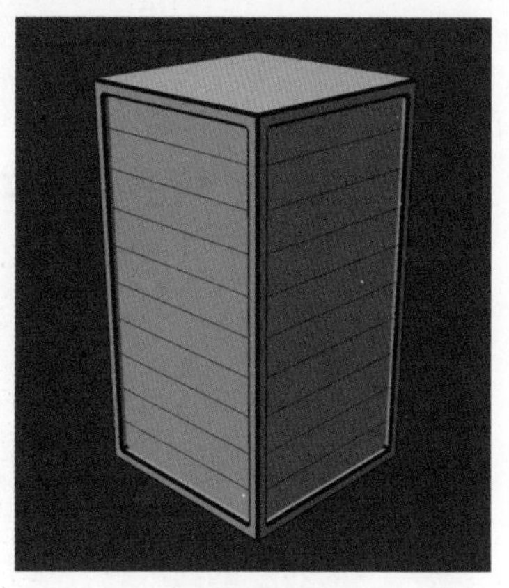
图16-10

09 创建膨胀效果器，赋予“内部”对象，匹配至父级后，将其“强度”值改为3.7%，此时的效果如图16-11所示。

10 创建一个立方体，将其命名为“托盘”，将其“尺寸.X”“尺寸.Y”和“尺寸.Z”值分别改为70cm、11cm和70cm，并与背景图片的托盘对齐，如图16-12所示。

图16-11

图16-12

11 将“外框”对象的倒角效果器移出。通过布尔运算，将“托盘”和“外框”进行A+B运算，随后转换为可编辑对象，并名为“托盘+外框”，再将“倒角”效果器赋予此对象，其透视图效果如图16-13所示。

12 创建一个圆柱体，将其命名为“管道”。利用上述同样的方式将其“嫁接”在“托盘+外框”上，并转化为可编辑对象，名为“管道+托盘+外框”，其效果如图16-14所示。

图16-13

图16-14

13 利用“U～B（环状选择）”工具选中“管道”的封顶，如图16-15所示，再利用“M～N（消除）”工具消除封顶极点，如图16-16所示。

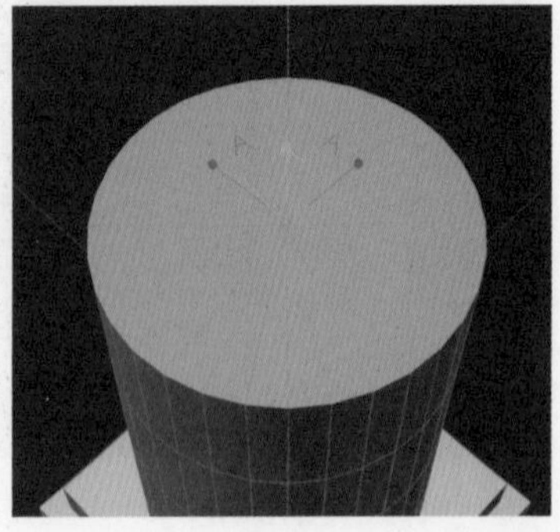

图16-15

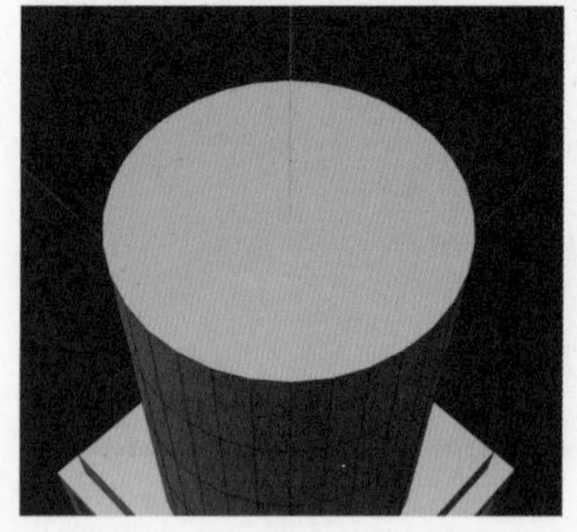

图16-16

14 利用“挤压”工具，将“管道”制作为碗状模型，透视视图效果如图16-17所示，正视图效果如图16-18所示。

图16-17

图16-18

15 创建一个球体，命名为“膏体”，将其“半径”值改为26.5cm，“分段”值改为30，并与口红膏状物顶部在正视图中对齐，如图16-19所示。

16 将“膏体”对象转换为可编辑对象，并将下半部分删除。使用“U~L（循环选择）”工具，选中“膏体”底部圈线，将其移至“管道”内部，其效果如图16-20所示。

图16-19

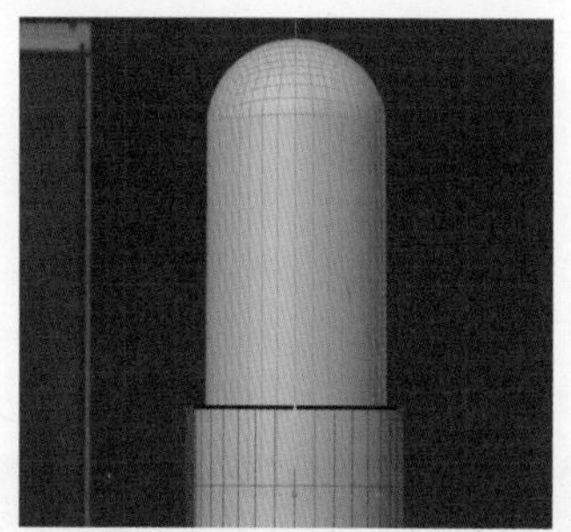
图16-20

17 创建立方体，旋转适当角度，并放置在合适位置，制作口红膏体切面，如图16-21所示。通过布尔运算，用“膏体”减去“立方体”，其效果如图16-22所示。

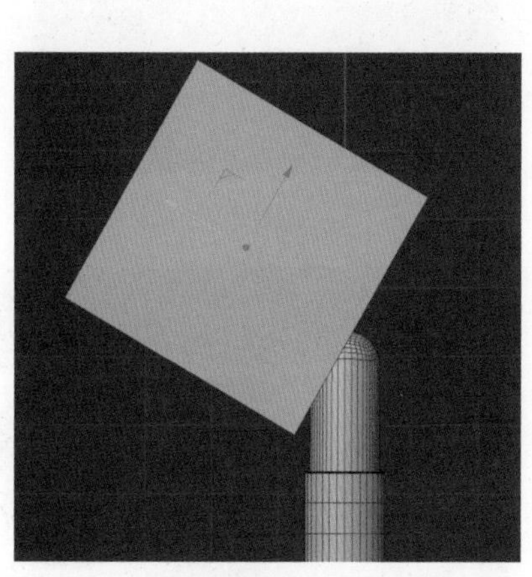
图16-21

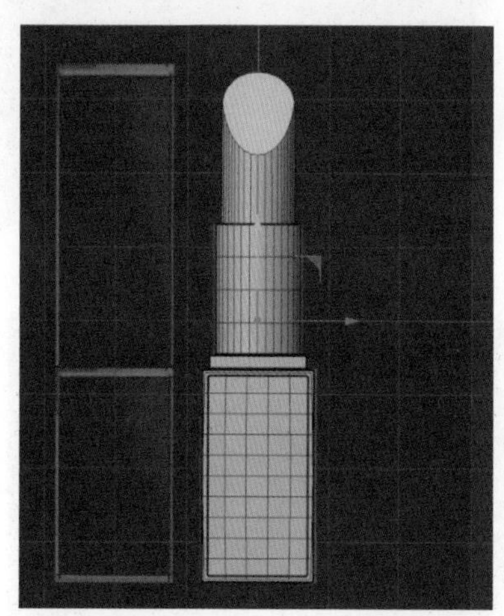
图16-22

18 创建一个“重构网格”效果器，将“膏体”对象拖入效果器中，适当调整效果器参数，使其布线均匀，其效果如图16-23所示。

19 创建一个立方体，将其“尺寸.X”“尺寸.Y”和“尺寸.Z”值分别改为76cm、210cm和76cm，并复制一个。创建“晶格”效果器，将其中一个立方体拖入效果器中，如图16-24所示。

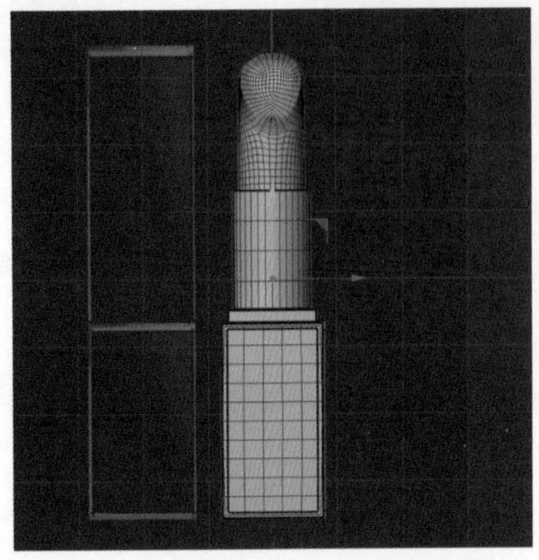

图16-23

图16-24

20 创建两个“文本样条”，设置为自己喜欢的内容和字体，在此以C4D文字为例，调整至合适的大小和位置，利用“挤压”工具将其变为实体模型，其透视效果如图16-25所示。

21 通过“布尔”运算，用“立方体”减去这两个“文本样条”，将此“布尔”对象转换为可编辑对象后，用“倒角”效果器为其添加倒角效果，如图16-26所示。至此，本例的三维建模完成，其视图效果如图16-27～图16-31所示。

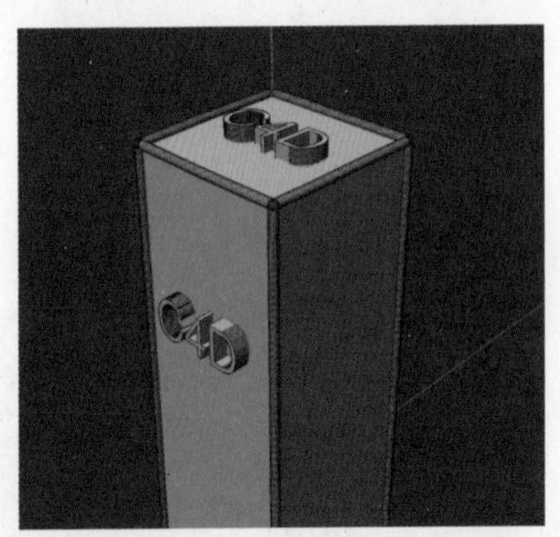

图16-25

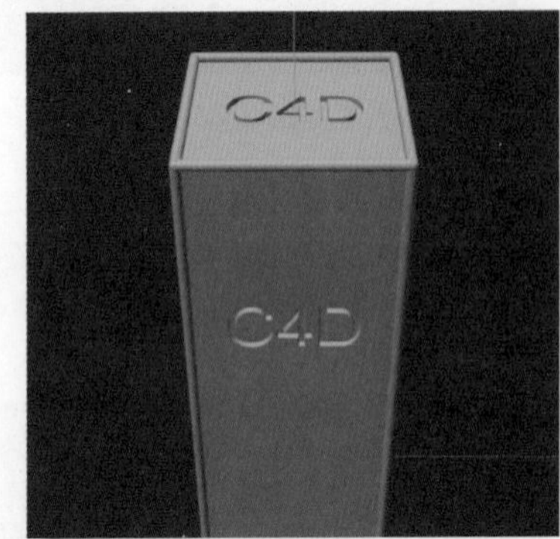

图16-26

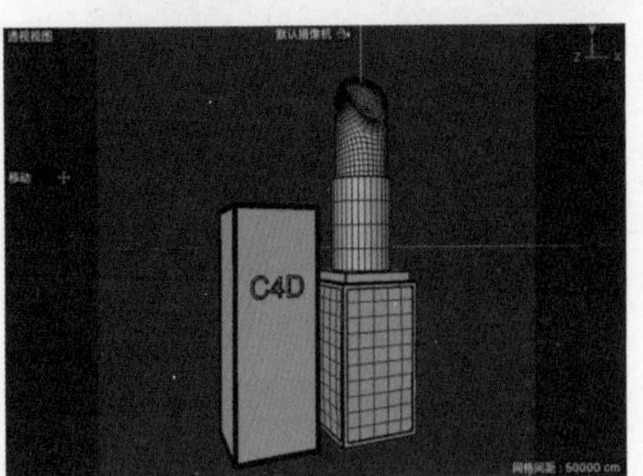

图16-27

图16-28

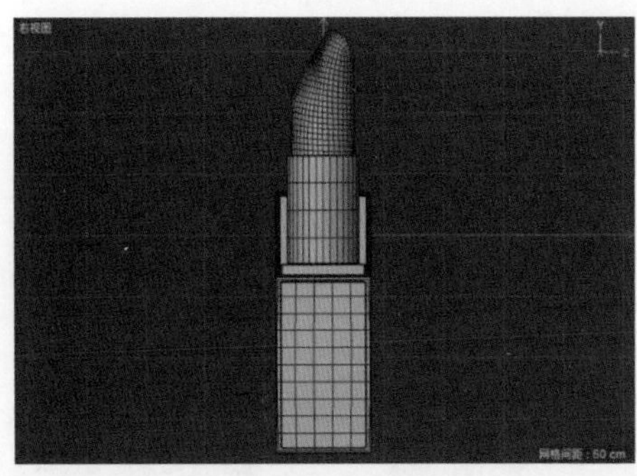

图16-29

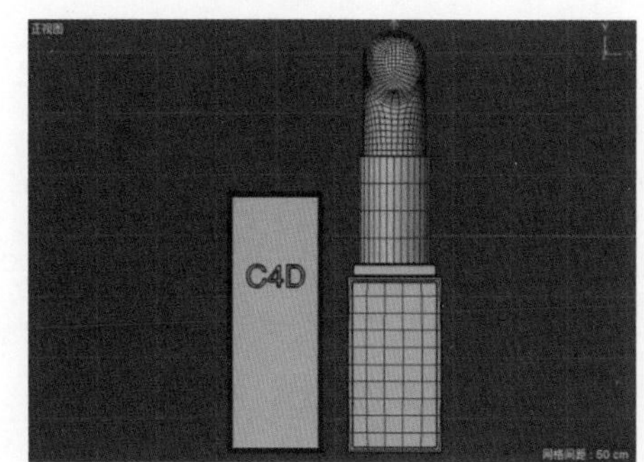

图16-30

16.3 设计模型材质

本例的材质和渲染将采用Octane外置渲染器来完成。接下来，启用Octane渲染器，并创建一台“Octane摄像机”。在开启渲染后，我们会对摄像机的位置进行精细调整。此外，还将创建一个“Octane HDR环境天空”并载入“灰白光线”贴图。完成这些步骤后，其整体渲染效果如图16-32所示。

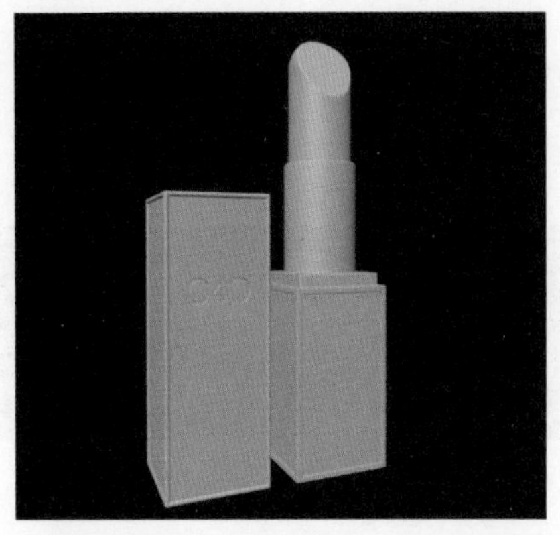

图16-31

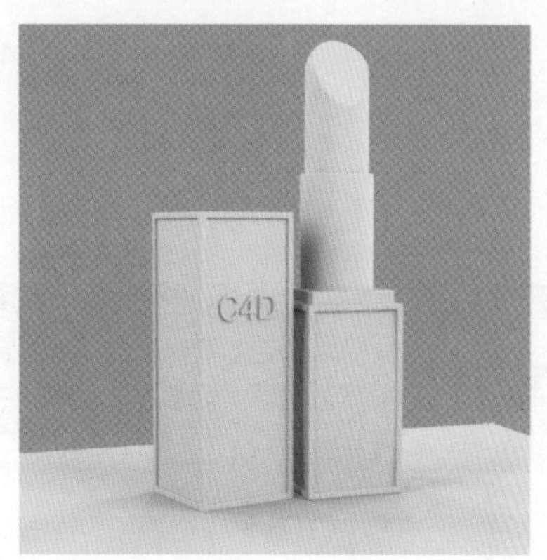

图16-32

16.3.1 金色外框材质

金色外框材质的制作步骤如下。

01 创建一个Glossy Material材质，取消选中Diffuse复选框，将其Specular的颜色调整为暗金色，详细参数如图16-33所示。

02 将Roughness值调大，Float值调整为0.2，如图16-34所示。

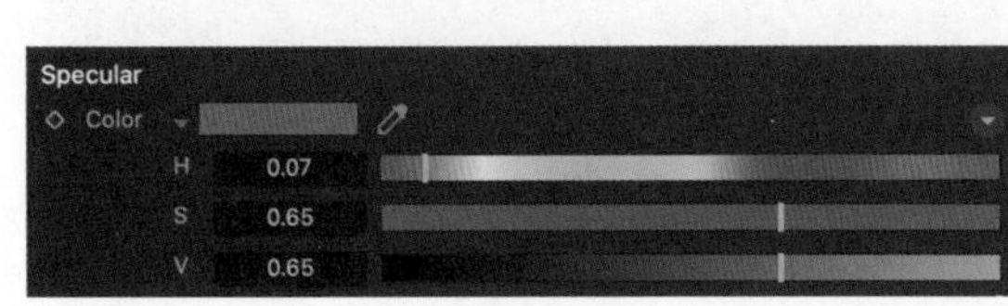

图16-33

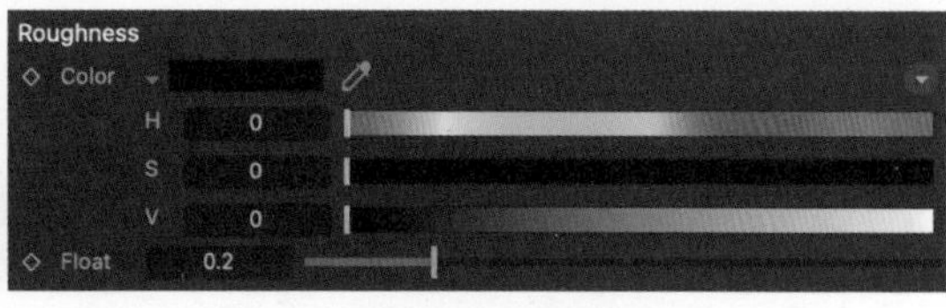

图16-34

03 将Index值调大，改变其折射和反射特征，将Float值调整为5，如图16-35所示。

04 其他参数保持默认即可，将该材质命名为“黄金”，并将其赋予“外框”和“晶格”对象，场景效果如图16-36所示。

图16-35

图16-36

16.3.2 黑色瓶体凹凸材质

黑色瓶体凹凸材质的制作步骤如下。

01 创建一个Glossy Material材质，取消选中Diffuse复选框，将Specular的颜色调整为灰色，详细参数如图16-37所示。

02 将Roughness值调大，Float值调整为0.15，如图16-38所示。

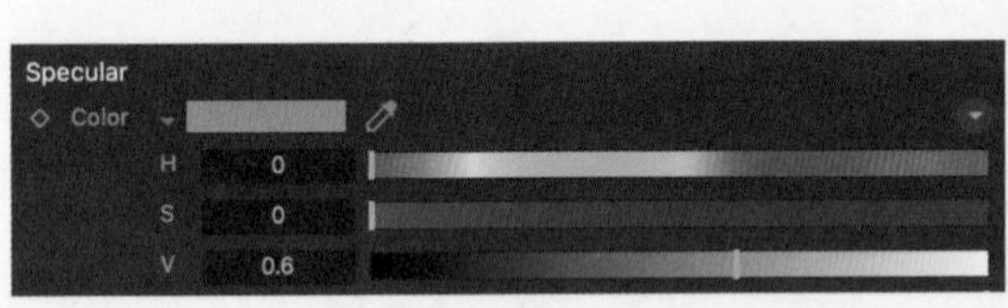

图16-37

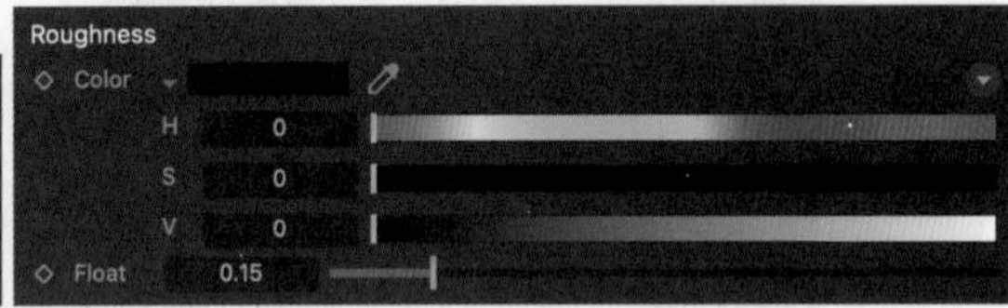

图16-38

03 将Index值调大，改变其折射和反射特征，Float值调整为1.25，如图16-39所示。

04 单击Node Editor按钮调出界面编辑器，选择Noise复选框，创建噪波编辑节点，将“噪波”类型改为“波状湍流”，“全局缩放”值为10%，“细节衰减”值为42%，“凹凸细节”值为12%，“对比”值为-85%，如图16-40所示。

Index

Index 1.25

图16-39

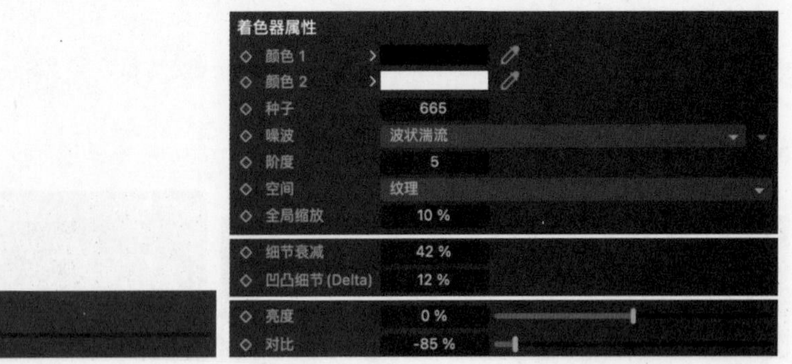

图16-40

05 选择Baking Texture复选框，调出纹理烘焙，参数根据实际需要调整，推荐参数如图16-41所示。

06 将Noise链接至Baking Texture中的Texture，再将Baking Texture链接至材质的Bump选项，如图16-42。

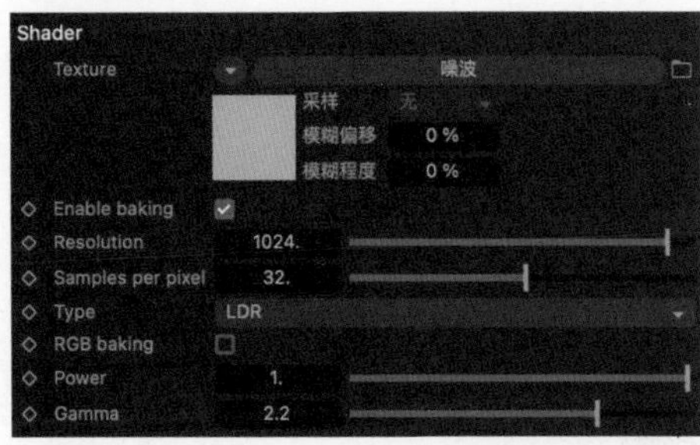

图16-41

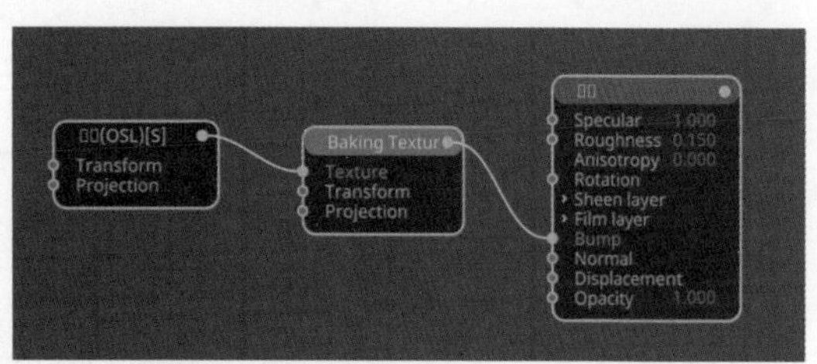

图16-42

07 其他参数保持默认即可，将该材质命名为“瓶体黑色”，并将其赋予上、下两个瓶体，并将其投射方式改为“立方体”，场景效果如图16-43所示。

图16-43

16.3.3 红色膏体材质

红色膏体材质的具体制作步骤如下。

01 创建一个Glossy Material材质，将其Diffuse的颜色调整为暗红色，详细参数如图16-44所示。

02 将其Specular的明度（V）值调整为0.2，如图16-45所示。

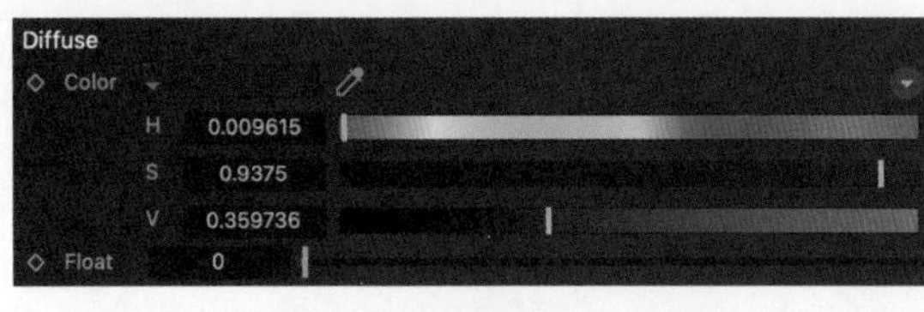

图16-44

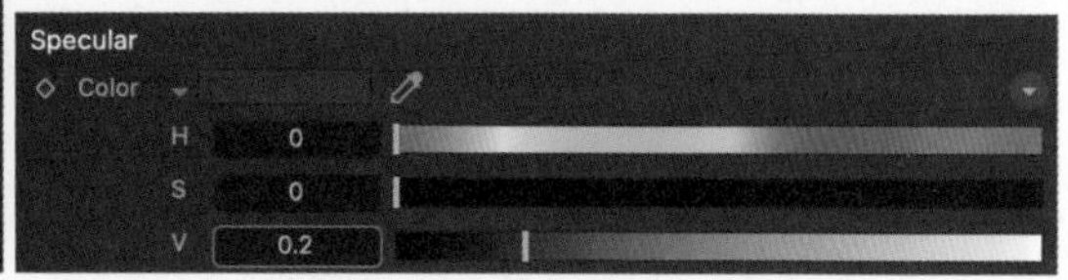

图16-45

03 将Roughness值调大，Float值调整至0.68，如图16-46所示。

04 将Index值调大，改变其折射和反射特征，Float值调整至2.4，如图16-47所示。

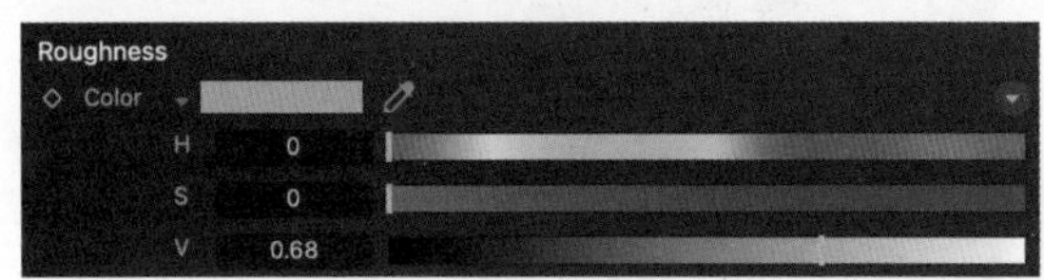

图16-46

图16-47

05 其他参数保持默认即可，将该材质命名为“膏体红色”，并将其赋予膏体模型，场景效果如图16-48所示。

图16-48

16.3.4 金色反射字体

金色反射字体的具体制作步骤如下。

01 创建一个Glossy Material材质，取消选中Diffuse复选框。将Specular中色相（H）值调整为0.07，灰度（S）值调整为0.625，明度（V）值调整至0.75，如图16-49所示。

图16-49

02 其他参数保持默认即可，将该材质命名为“金色字体”，并将其赋予瓶体文字模型，场景效果如图16-50所示。

03 利用前文提到的“三点补光法”，将灯光布置于场景中，效果如图16-51所示。

图16-50

图16-51

16.4 制作动画分镜

本节将综合运用 OC 摄像机、关键帧、OC 灯光等技术手段，制作口红的光影效果和动态展示。

在一些产品展示的广告中，灯光和光影的变化是至关重要的元素。对光影变化的细致考量，不仅贯穿于分镜的设计思路，还是情感传达的重要手段。具体来说，“分镜 1”到“分镜 3”通过光影效果来凸显口红的外部轮廓，为其增添一抹神秘色彩。而“分镜 4”至“分镜 6”则着重利用光影来展示产品的细节，以彰显其高端品质。到了“分镜 7”，则通过营造整体氛围，结合体积雾和 IES 灯光技术，将产品全貌呈现给观众。

在制作每一个分镜时，都离不开 3 个核心动作要素：模型的动态变化、摄像机的运动轨迹以及灯光的调整动作。

16.4.1 渲染设置

如图 16-52 所示，将输出“宽度”和“高度”分别改为 1920 像素和 1080 像素，“帧频”改为 30，帧范围根据情况拟定。宽度和高度必须首先设置明确，因为这影响到每一分镜的构图美感。

16.4.2 分镜一

模型设置：将口红模型在 X、Z 方向的位置设置为（0,0）。

摄像机设置：将摄像机的“焦距”值改为 135 毫米，坐标中的 P.Y、P.Z、R.P 值分别改为 900cm、400cm、-90°，其效果如图 16-53 所示。

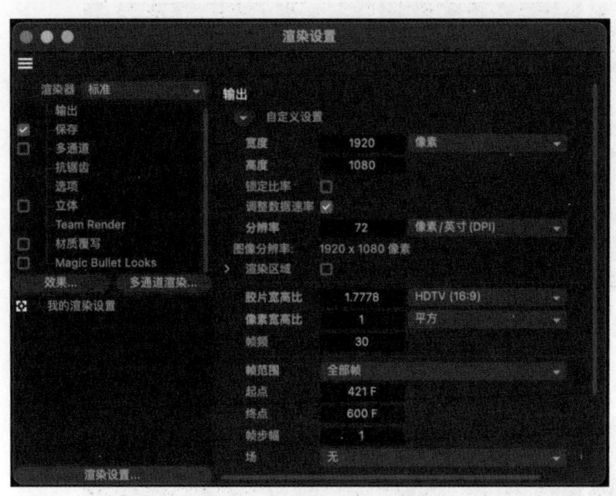

图16-52

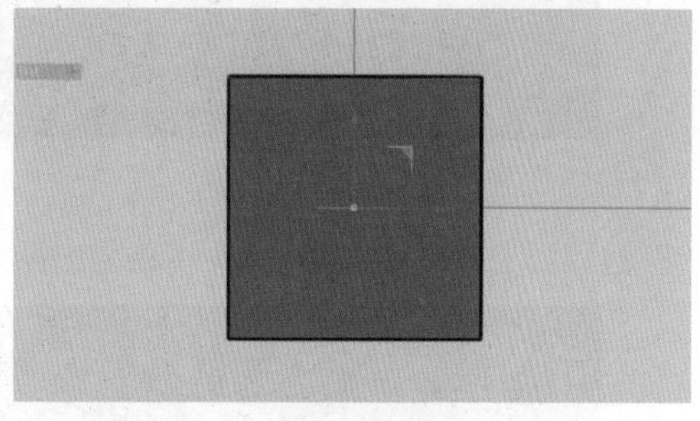

图16-53

灯光设置：首先制作模型高光。创建一个 Octane Targeted Arealight（目标区域光），将其“水平尺寸”改为 5cm 左右，“垂直尺寸”改为 450cm 左右。将该灯光随附生成的目标空对象的 X、Z 方向的位置设置为（0,0），并将该灯光作为该目标空对象的子对象，如图 16-54 所示。其光线会在口红模型上呈现漂亮的高光，如图 16-55 所示。

其次制作模型主光。创建一个 Hdri Environment，导入“高光环境”HDR 贴图素材，其渲染器效果。将 type 调整为 visable environment，移除 backplate，使其在渲染窗口中不可见，效果如图 16-56 所示。

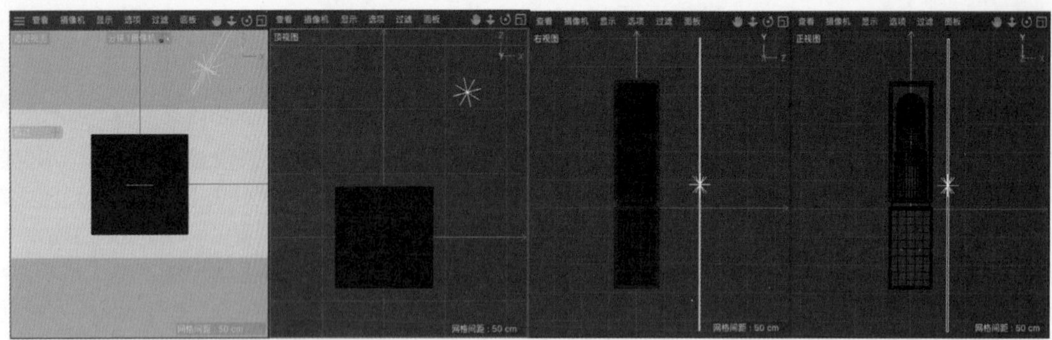

图16-54

图16-55

图16-56

三大要素动作设置：适当调整目标空对象的 R.H 值以及 Hdri Environment 的 Power、RotX 和 RotY 值，使其光影流转、明暗涌动。其具体参数可自由设置，以下仅为分镜一过程示例。

过程一：全黑画面中高光逐渐出现，开始围绕口红边缘运动。

图16-57

过程二：环境主光逐渐出现，并使其旋转流动。

图16-58

过程三：环境主光逐渐消失，高光继续运动，并停在口红边缘中下方。

图16-59

16.4.3 分镜二

模型设置：将口红模型在 X，Z 方向的位置设置为（0,0）。

摄像机设置：将摄像机的“焦距”值改为 135 毫米，坐标中的 P.X、P.Y、P.Z 值分别改为 0cm、-80cm、-2400cm，其他参数保持默认，其效果如图 16-60 所示。

灯光设置：制作模型的轮廓光。创建一个 Octane Arealight（区域光），将其“水平尺寸”值改为 400cm 左右，“垂直尺寸”值改为 700cm 左右。坐标中的 P.X、P.Y、P.Z 以及 R.H 值分别改为 0cm、-70cm、-480cm 以及 180°，渲染效果如图 16-61 所示。

图16-60　　图16-61

三大要素动作设置：适当调节 Octane Arealight 的 Power 值和“水平尺寸”值，使口红轮廓逐渐显现。其具体参数可自由设置，以下仅为分镜二过程示例。

过程一：轮廓光逐渐显现，从一个点到一条线，其效果如图 16-62 所示。

图16-62

过程二：光线逐渐蔓延至全部轮廓，分镜最后可将口红盖帽微微抬起，其效果如图 16-63 所示。

图16-63

16.4.4 分镜三

模型的设置：将模型“盖帽”部分的 P.Y 值调整至 -80cm 左右，与底座稍微分开。

摄像机设置：将摄像机的 P.Z 值调整至 -3000cm 左右，“焦距”值调整至 600，P.Y 值为 -80cm 左右，其效果如图 16-64 所示。

灯光的设置：此设置与分镜二的灯光设置相同，其效果如图 16-65 所示。

图16-64

图16-65

三大要素动作设置：适当调节“盖帽”的 P.Y 值，让其缓慢打开。适当调节摄像机的 P.Z 值，让其缓慢向前推进。其具体参数可自由设置，以下仅为分镜三过程示例。

具体过程：口红盖帽缓慢打开，摄像机缓慢向前，如图 16-66 所示。

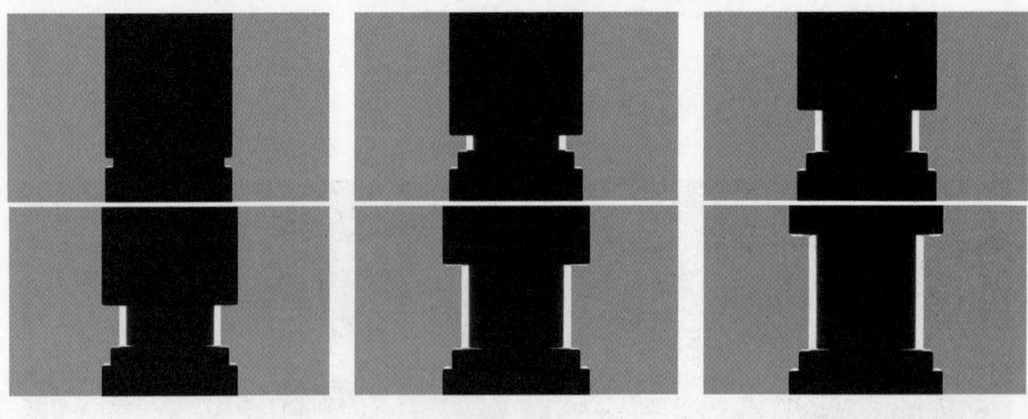

图16-66

16.4.5　分镜四

模型设置：将“盖帽”模型部分的 P.Y 值调整至 100cm 左右。

摄像机设置：将摄像机的 P.Y 值调整至 43m 左右，P.Z 值调整至 -2400m 左右，摄像机视图如图 16-67 所示。

图16-67

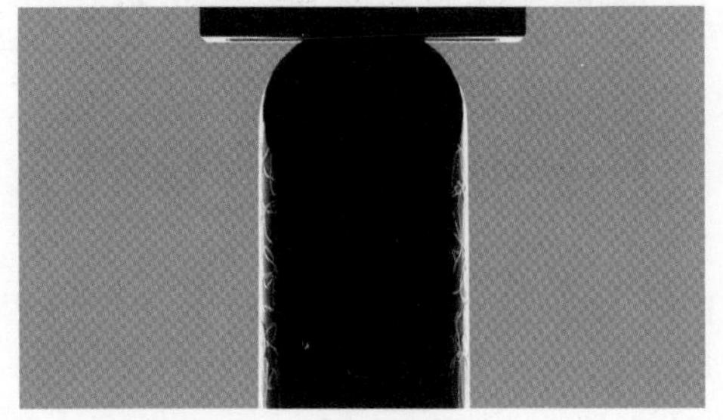
图16-68

灯光设置：此设置与分镜二的灯光设置相同，其效果如图 16-68。

三大要素动作设置：适当调节 Octane Arealight 的 Power 值和“水平尺寸”值，使口红轮廓逐渐清晰，如图 16-68 所示。其具体参数可自由设置，以下仅为分镜二过程示例。

过程一：口红轮廓边缘照亮，高光部分逐渐扩大延伸，如图 16-69 所示。

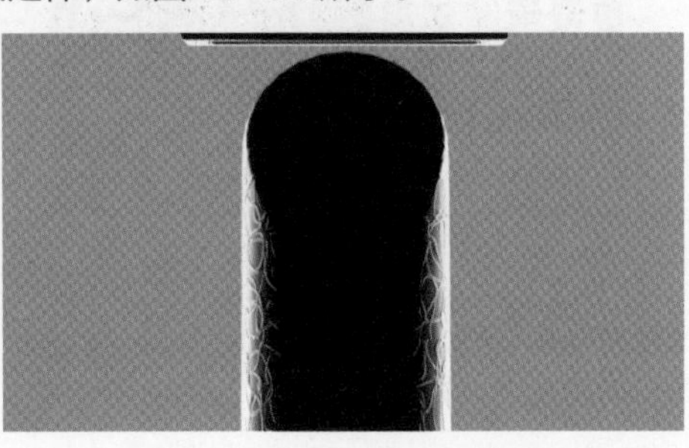
图16-69

过程二：口红的“盖帽”部分，升至画面之外，口红细节部分亮度增大，其效果如图 16-70 所示。

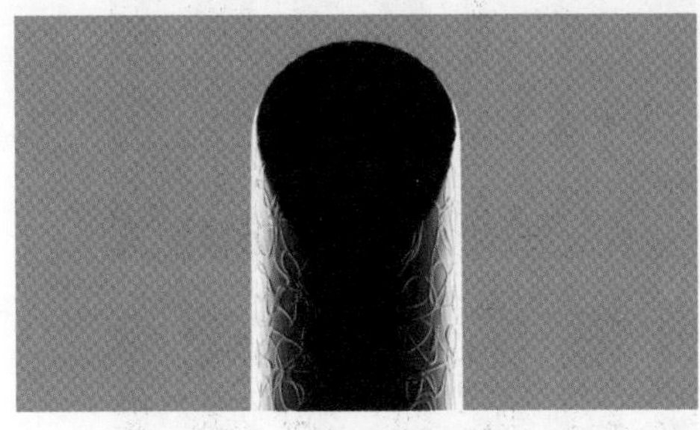
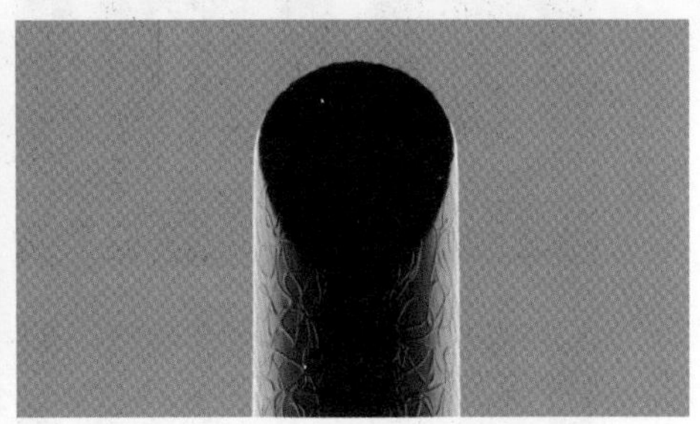
图16-70

16.4.6　分镜五

模型的设置：创建一个“克隆”效果器，将口红“内部”拖入“克隆”效果器中。将“数量”值改为 9，“尺寸 .X”值改为 81cm，具体参数设置如图 16-71 所示，效果如图 16-72 所示。

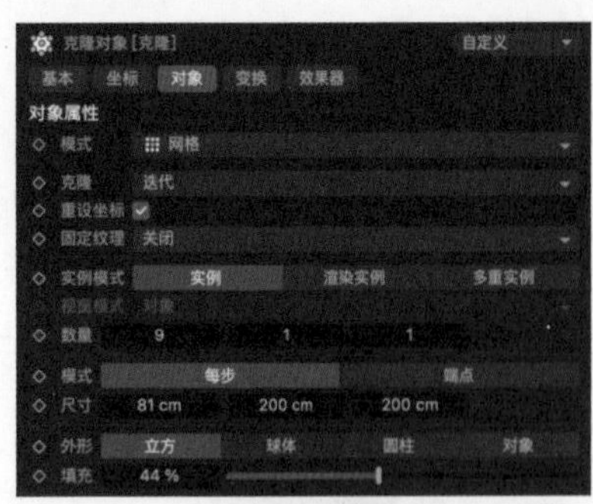

图16-71

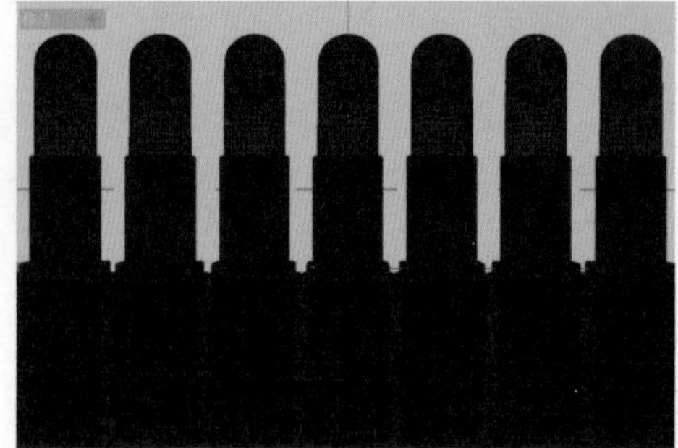

图16-72

摄像机的设置：将其坐标中的 P.X、P.Y 以及 P.Z 值分别改为 0cm、-50cm 以及 -1600cm，摄像机成像效果如图 16-73 所示。

灯光的设置：创建一个 Octane Arealight，将其“水平尺寸”和“垂直尺寸”值改为 15cm 左右和 270cm 左右。灯光与口红模型的相对位置，如图 16-74 所示。

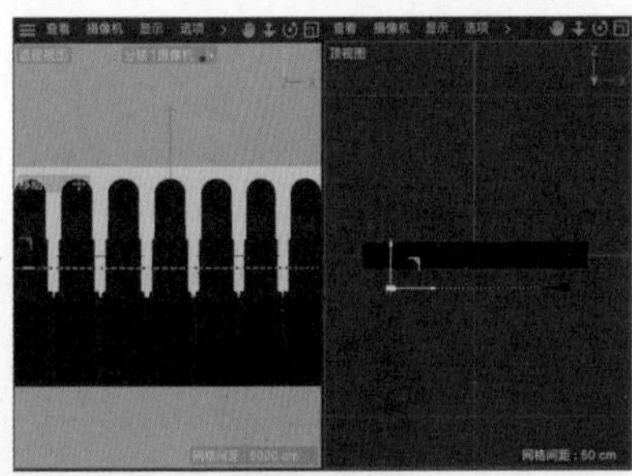

图16-73

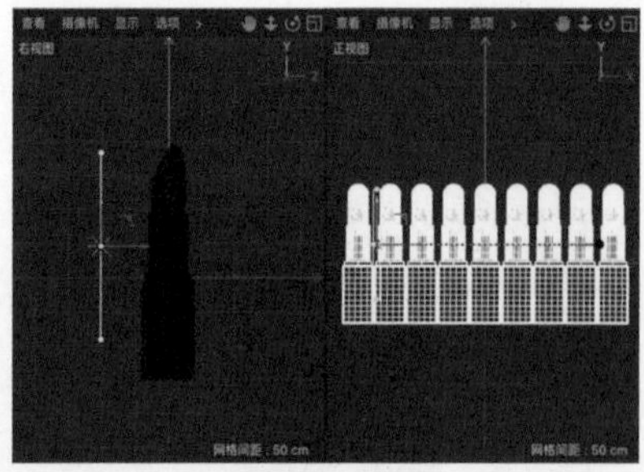

图16-74

三大要素动作设置：适当调节 Octane Arealight 的 P.X 值和其 Power 值，使之产生光影流转的特效效果。其具体参数可自由设置，以下仅为分镜五过程示例。

具体过程：光线从左至右，由弱至强再至弱，如图 16-75 所示。

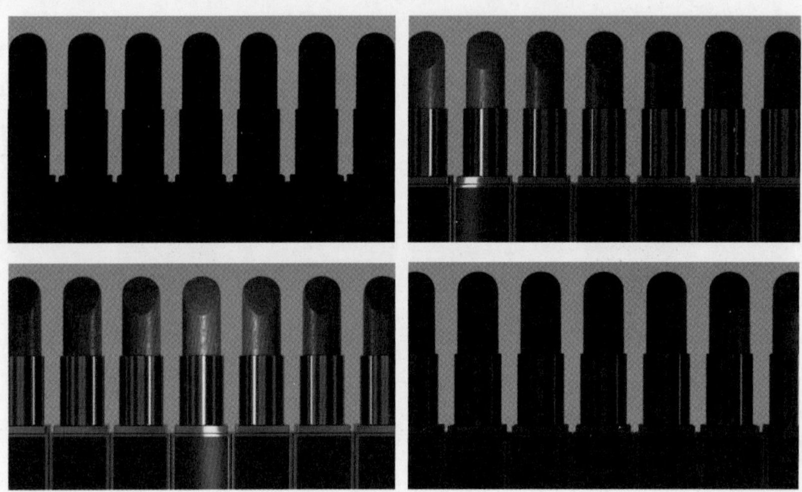

图16-75

16.4.7 分镜六

模型的设置：删去“盖帽”部分（或使其不显示），将“膏体”的 P.Y 值和 R.H 值设置为 -30cm 左右和 -15° 左右。

相机的设置：将摄像机的 R.P 和 R.B 值分别改为 -2.5° 左右和 -45° 左右，其效果如图 16-76 所示。

图16-76

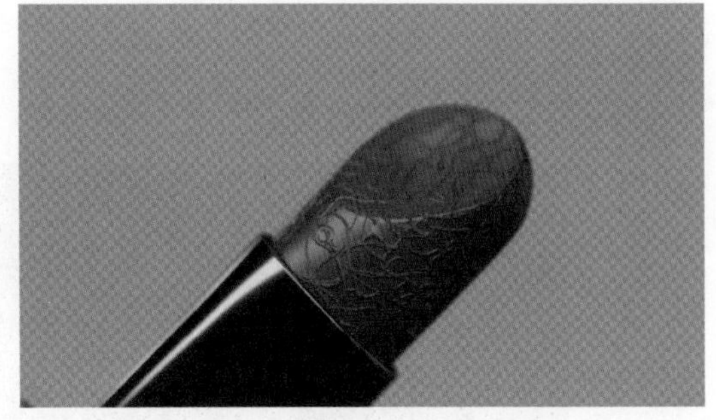

图16-77

灯光的设置：创建 3 个 Octane Arealight，利用“三点布光法”，即主光、辅光和轮廓光来照亮口红的膏体部分，其效果如图 16-77 所示。

三大要素动作设置：适当调节“膏体”的P.Y 值和 R.H 值让其缓慢旋转升高，适当调节辅光和轮廓光，使其光影流转。其具体参数可自由设置，以下仅为分镜六过程示例。

具体过程：口红膏体缓慢旋转升高，主光不变，辅光和轮廓光不断变化，其效果如图 16-78 所示。

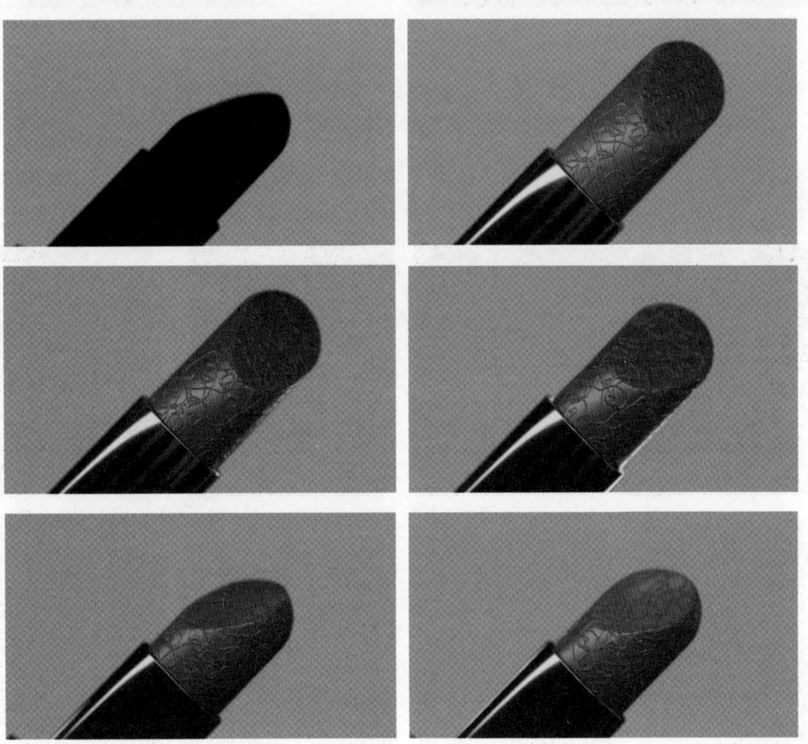

图16-78

16.4.8 分镜七

模型的设置：创建一个立方体，将其“X.Y.Z. 尺寸”值均改为 2000，P.Y 值调整为 -195 左右，使口红模型直立于立方体之上。将“盖帽”的 P.X、P.Y 以及 P.Z 值分别改为 1cm、-60cm 以及 161cm，使“盖帽”和“口红内部”立于立方体之上。

摄像机的设置：将其“焦距”值改为 80mm，如图 16-79 所示。

灯光的设置：创建一个 Octane Fog Volume（体积雾），将其“尺寸 .X”“尺寸 .Y”“尺寸 .Z”值分别改为 1000cm、500cm 和 400cm。创建一个 Octane IES 灯光，导入 IES 灯光贴图素材，将其放置在模型后方，相对位置如图 16-80 所示。

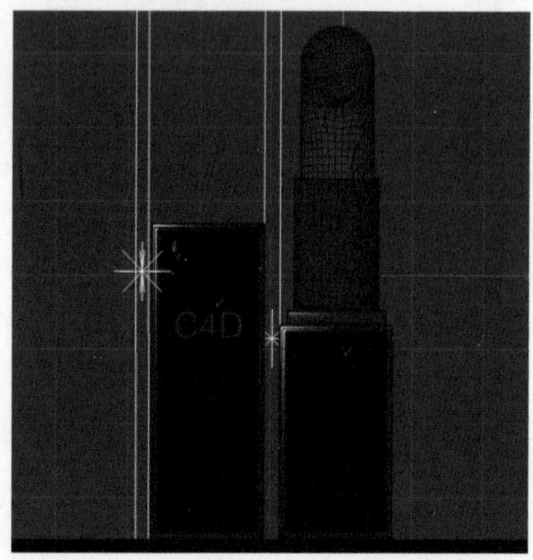

图16-79

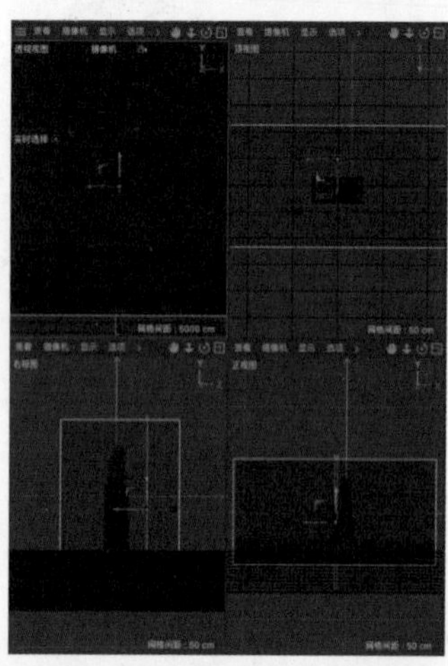

图16-80

创建一个 Hdri Environment，导入“高光环境”HDR 贴图素材。将 type 选项调整为 visable environment，移除 backplate，使其在渲染窗口中不可见。

三大要素动作设置：适当调节“盖帽”和“口红内部”的P.X值、高光Octane Arealight的总体位置，以及摄像机的P.Z值，使动画连续展开。其具体参数可自由设置，以下仅为分镜七示例，如图16-81所示。

图16-81

图16-81（续）

16.5 渲染及后期制作

在特效合成的过程中，为了使最终效果更加精美，通常会利用各种合成软件来进行图层叠加、画面调色、添加字幕等后期工作。本节将使用 Octane 渲染器来完成成品的渲染，并结合 After Effects 进行后期制作。

16.5.1 渲染输出

单击按钮，调出“渲染设置”面板，其参数设置如图 16-82 所示。

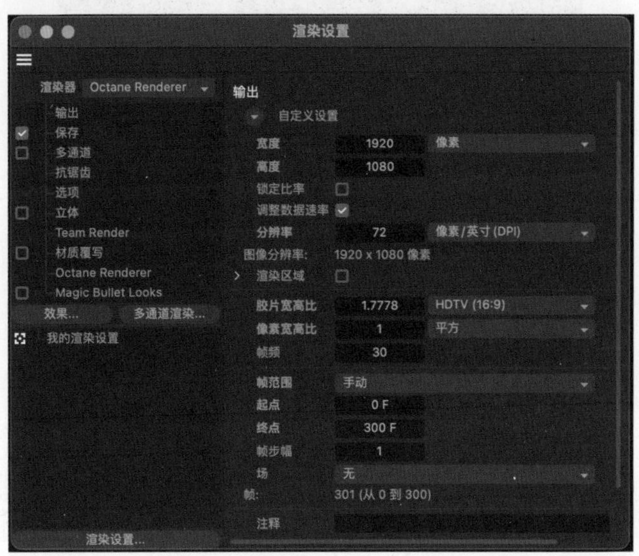

图16-82

渲染后将每个分镜头保存为 PNG 格式的序列帧，输出完成。

16.5.2 后期制作

将渲染好的序列帧导入 After Effect，如图 16-83 所示，并创建一个适用于分镜参数的合成，如图 16-84 所示。

名称	类型
分镜10	合成
分镜1_[0421-0600].png	PNG 序列
分镜2_[0001-0120].png	PNG 序列
分镜3_[0121-0191].png	PNG 序列
分镜4_[0212-0270].png	PNG 序列
分镜5_[0271-0330].png	PNG 序列
分镜6_[0331-0450].png	PNG 序列
分镜7_[0001-0300].jpg	ImporterJP
视频配乐.m4a	QuickTime
视频配乐20S.mp3	MP3
视频配乐36S.mp3	MP3

8 bpc

图16-83

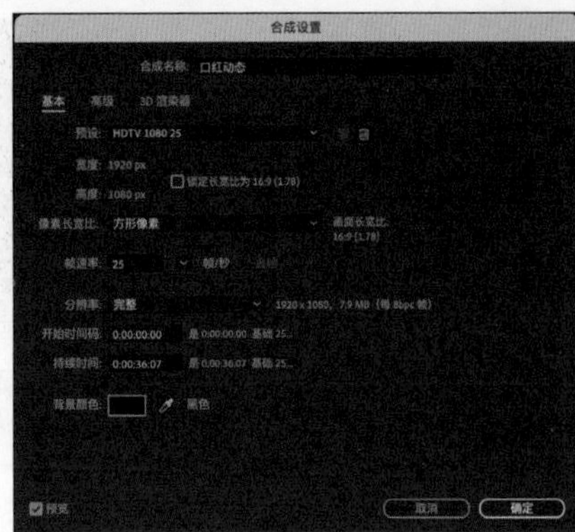

图16-84

将分镜一至分镜七按照编号的先后顺序全部导入时间线，其输出设置如图 16-85 所示。

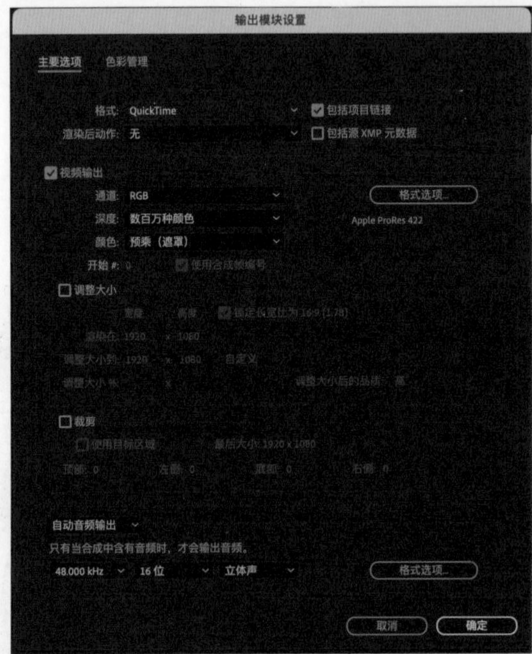

图16-85

设置好输出位置，单击“确定”按钮输出即可。